网络、群体与市场
NETWORKS, CROWDS, AND MARKETS

——揭示高度互联世界的行为原理与效应机制

Reasoning about a Highly Connected World

大卫·伊斯利（DAVID EASLEY）

乔恩·克莱因伯格（JON KLEINBERG）　著

李晓明　王卫红　杨韫利　译

清华大学出版社
北京

NETWORKS, CROWDS, AND MARKETS: *Reasoning about a Highly Connected World* 1st Ediition 978-0-521-19533-1 by DAVID EASLEY and JON KLEINBERG first publishied by Cambridge University Press 2010 All rights reserved.

This simplified Chinese edition for the People's Republic of China is published by arrangement with the Press Syndicate of the University of Cambridge, Cambridge, United Kingdom.

© Cambridge University Press & Tsinghua University Press 2011

This book is in copyright. No reproduction of any part may take place without the written permission of Cambridge University Press or Tsinghua University Press.

This edition is for sale in the mainland of China only, excluding Hong Kong SAR, Macao SAR and Taiwan, and may not be bought for export therefrom.

此版本仅限中华人民共和国境内销售，不包括香港、澳门特别行政区及中国台湾。不得出口。

北京市版权局著作权合同登记号　图字：01-2011-0431 号

本书封面贴有清华大学出版社防伪标签，无标签者不得销售。

版权所有，侵权必究。举报：010-62782989，beiqinquan@tup.tsinghua.edu.cn。

图书在版编目（CIP）数据

网络、群体与市场：揭示高度互联世界的行为原理与效应机制/（美）大卫·伊斯利（David Easley），（美）乔恩·克莱因伯格（Jon Kleinberg）著；李晓明等译. —北京：清华大学出版社，2011.10（2025.2 重印）

ISBN 978-7-302-26417-0

Ⅰ. ①网… Ⅱ. ①大… ②乔… ③李… Ⅲ. ①计算机网络—关系—经济行为—研究 Ⅳ. ①TP393 ②F20

中国版本图书馆 CIP 数据核字（2011）第 161078 号

责任编辑：张瑞庆
责任校对：李建庄
责任印制：丛怀宇

出版发行：清华大学出版社
　　　　　网　　　址：https://www.tup.com.cn，https://www.wqxuetang.com
　　　　　地　　　址：北京清华大学学研大厦 A 座　　　　邮　　　编：100084
　　　　　社 总 机：010-83470000　　　　　　　　　　邮　　　购：010-62786544
　　　　　投稿与读者服务：010-62776969，c-service@tup.tsinghua.edu.cn
　　　　　质量反馈：010-62772015，zhiliang@tup.tsinghua.edu.cn
印 装 者：三河市龙大印装有限公司
经　　　销：全国新华书店
开　　　本：185mm×260mm　　印　张：33　　　　字　　　数：824 千字
版　　　次：2011 年 10 月第 1 版　　　　　　　　印　　　次：2025 年 2 月第 16 次印刷
定　　　价：89.90 元

产品编号：040039-11

前　言

　　过去十年来，现代社会中复杂的"连通性"向公众展现出与日俱增的魅力。这种连通性体现在许多方面：互联网与万维网的快速成长、全球通信的便捷，以及新闻与信息（及传染病与金融危机）在全世界以惊人的速度与强度传播。这些现象涉及网络、动机和人们的聚合行为，它们基于人们之间的联系，使得每人的决定可能对他人产生微妙的后果。

　　受当今世界这些发展的启发，在理解高度互连系统如何运行的努力中，多个学科显现出一种相互靠拢的趋势。虽然每个学科有独到的技术与视野，但相关的研究工作显示出各种风格的融合，令人着迷。从计算机科学与应用数学，我们有理论框架来推理系统中复杂性产生的机理；从经济学，我们知道人们的行为受动机以及对他人行为预期的影响；从社会学与社会科学，我们能够鉴赏从人群的互动中形成的特征结构。这些概念的综合预示着一个新的研究领域的出现，关注复杂的社会、经济与技术系统中发生的现象。

　　本书源于我们在康奈尔大学开设的一门课程，旨在面向多学科的学生群体，介绍这个主题及其背后的思想，属于入门层次。中心概念是基本的，并且不难理解，但它们来自多个不同领域的研究文献。因此，本书的主要目的是用一种统一的方式将这些基本概念汇集起来，并将它们以尽量无需背景知识的方式展现出来。

总览

　　本书定位在本科生的入门层次，除了希望读者对基本的数学定义感到自然外，没有其他先修要求。为此，我们利用一些特殊情境来发展有关思想，并通过例子给予解释，目的是针对一些复杂的概念与理论，给出比较简单但依然保持其基本思想的形式化表述。

　　在使用本书的过程中，我们发现许多学生也有兴趣对这些主题进行深入的学习，因此提供一条从这种入门介绍到相关研究文献的道路是有益的。为此，我们在许多章的结尾都安排了可选读的深度学习材料。这部分内容不同于本书的其他部分内容，有些用到了更深的数学知识，有些则体现在一种更高层次概念的复杂性上。尽管如此，除了需要一些额外的数学背景外，这些章节本身是独立完整的；同时，它们只是选读的，即本书的其他任何部分内容都不依赖于它们。

PREFACE

概要

本书的第 1 章是关于所涉及主题的详细描述。这里给出全书的轮廓以及各章的主要内容。

本书有七大部分,每一部分包含 3～4 章。第一部分和第二部分介绍在分析网络与行为中需要的两个基本理论:图论与博弈论,前者用于研究网络的结构,后者用于人们的决定相互影响的场合。第三部分整合上述理论,分析市场的网络结构,以及在该网络中权力的概念。第四部分体现一种不同的整合,讨论作为信息网络的万维网中信息搜索的问题,以及当前搜索产业核心市场的发展。第五部分和第六部分研究在网络与群体中发生的若干基本过程的动力学,包括人们相互被他人决定影响的方式。第五部分从聚合的尺度上讨论这个主题,将个体与群体的互动作为一个整体建模。第六部分继续相关讨论,但在比较细的网络结构粒度上,从影响的问题开始,直到搜索过程与疾病传染的动力学。最后,第七部分讨论一些社会机制,包括市场、表决系统及产权,可以看到这些机制在前面研究过的一些现象中发挥的作用。

本书的使用

除了可用于教学外,对此类主题感兴趣的一般读者也会发现本书是有用的,从这里开始,读者可以奠定在更深程度上独立探索它们的基础。

基于本书可以开设若干不同的课程。在康奈尔大学,学生来自许多不同的专业,有不同的技术背景,这种听众的多样性帮助我们设定了本书的入门层次。我们的课程包括了每一章的部分内容。具体而言,下面是我们采用的周教学计划。每周有三次课,每次 50 分钟,但第六和第七周每周只有两次课。每次课,我们不一定讲到有关章节的所有细节。

第一周:第 1 章,2.1～2.3 节,3.1～3.3 节,3.5 节,4.1 节。

第二周:5.1～5.3 节,6.1～6.4 节,6.5～6.9 节。

第三周:8.1～8.2 节,9.1～9.6 节,10.1～10.2 节。

第四周:10.3 节,10.4～10.5 节,11.1～11.2 节。

第五周:11.3～11.4 节,12.1～12.3 节,12.5～12.6 节。

第六周:12.7～12.8 节,第 13 章。

第七周:14.1～14.2 节,14.3～14.4 节。

第八周:15.1～15.2 节,15.3～15.4 节,15.5～15.6 节,15.8 节。

第九周:16.1～16.2 节,16.3～16.4 节,16.5～16.7 节。

第十周:17.1～17.2 节,17.3～17.5 节,第 18 章。

第十一周:19.1～19.2 节,19.3 节,19.4～19.6 节。

第十二周:22.1～22.4 节,22.5～22.9 节,7.1～7.4 节。

第十三周：20.1～20.2 节，20.3～20.6 节，21.1～21.5 节。

第十四周：23.1～23.5 节，23.6～23.9 节，第 24 章。

使用本书可有许多设计一门课程的路线。首先，作为计算机科学与经济学的结合，人们在开设一些新的课程，特别关注在现代计算机系统的设计与行为分析中经济学推理方法的作用。在这类课程中，以第 2 章图论、第 6 章博弈、第 9 章拍卖和第 10 章匹配市场作为基础，其他内容的选择可有多种做法。例如，可以包括第二部分与第三部分的其他内容，第四部分与第五部分的全部，第 19 章，以及第七部分的某些内容，这就是一门很丰富的课程了。同时，这类课程也可有一种比较聚焦的版本，主要考虑拍卖、市场和网络应用等，可以包括第 2、6、9、10、13、15、17、18 和 22 章，以及第 11、12、14、16 和 19 章的一些内容。如果这些课程在较高的层次开设，多数章节后面的深度学习材料应该可用。取决于课程的具体层次，有关章节的许多材料可用来作为深度学习的引导。

在不同但相关的方向上，人们也在开设关于社会计算与信息网络的课程。在这类课程中，可以强调本书的第 2～6、13、14、17～20 和 22 章，这样的课程在关于 Web 的内容中经常会包括插有广告的搜索市场，于是可以用第 9、10 和 15 章的内容。取决于具体的层次，书中的深度学习材料也可以在这类课程中发挥作用。

最后，本书的一些内容可作为自封的模块，用在更多的一些课程中。例如，下面这些章节，2.3、3.6、5.5、8.3、10.6、14.2、14.3、14.6、15.9、20.3、20.4 和 20.7 节可用来组成一门网络算法的课程；第 6～9 章和第 11 章、12.9、15.3～15.6、19.2、19.3、19.5～19.7 和 23.7～23.9 节可用来组成一门博弈论应用的课程；第 2～5 章，12.1～12.3 和 12.5～12.8 节，以及第 18～20 章可用来组成一门社会网络分析的课程；第 16 章和第 22 章，以及 23.6～23.10 节可用来组成一门信息在经济活动环境中的作用的课程；2.3、3.2、3.6、4.4、5.3、13.3、13.4、14.2～14.5、18.2、18.5 和 20.5 节可用来组成一门大规模网络数据分析的课程。多数这些模块以图论和（或）博弈论作为基础，针对有些学生可能不熟悉这些内容，第 2 章和第 6 章分别提供了自封的介绍。

致谢

本书的思想诞生于康奈尔大学，一个特别有利于社会科学和计算科学相互结合的地方。从一项国家自然科学基金项目开始，我们与 Larry Blume、Eric Friedman、Joe Halpern、Dan Huttenlocher 和 Éva Tardos 合作，随后在康奈尔大学社会科学研究院资助的关于网络的校园"主题项目"中，与我们合作的研究小组成员除了 Larry 和 Dan，还包括 John Abowd、Geri Gay、Michael Macy、Kathleen O'Connor、Jeff Prince 和 David Strong。书中针对相关专题采纳的分析方法和思维方式，源自于这种跨学科的合作研究小组，其中包括我们最亲密的专业合作伙伴。

PREFACE

本书的前身课程产生于康奈尔大学专题项目中的讨论。我们两个人分别教授该研究生课程的不同内容,而由 Michael Kearns 在宾夕法尼亚大学开设的"联网生活"(Networked Life)课程表明,这些内容对本科生同样表现出它的活力和吸引力。我们对这种结合不同学科的课程的教育前景非常期待,这种结合不仅为学生提供一门课程,同样对我们也具有教育意义。创建和教授这门新兴的跨学科课程得到了我校计算机科学系和经济学系的支持,以及康奈尔大学所罗门基金会的支持。

在本书初具规模时,我们得益于采用本书初稿授课的同事们大量的反馈、建议和体验。在此,我们特别感谢 Daron Acemoglu(麻省理工学院)、Lada Adamic(密歇根州立大学)、Allan Borodin(多伦多大学)、Noshir Contractor(西北大学)、Jason Hartline(西北大学)、Nicole Immorlica(西北大学)、Ramesh Johari(斯坦福大学)、Samir Khuller(马里兰大学)、Jure Leskovec(斯坦福大学)、David Liben-Nowell(卡尔顿大学)、Peter Monge(南加州大学)、Asu Ozdaglar(麻省理工学院)、Vijay Ramachandran(高露洁大学)、R. Ravi(卡内基-梅隆大学)、Chuck Severance(密歇根大学)、Aravind Srinivasan(马里兰大学)和 Luis von Ahn(卡内基-梅隆大学)。这门课的研究生和本科生教学助理也提供了很大的帮助,我们感谢 Alex Ainslie、Lars Backstrom、Jacob Bank、Vlad Barash、Burak Bekdemir、Anand Bhaskar、Ben Cole、Bistra Dilkina、Eduard Dogaru、Ram Dubey、Ethan Feldman、Ken Ferguson、Narie Foster、Eric Frackleton、Christie Gibson、Vaibhav Goel、Scott Grabnic、Jon Guarino、Fahad Karim、Koralai Kirabaeva、Tian Liang、Austin Lin、Fang Liu、Max Mihm、Sameer Nurmohamed、Ben Pu、Tal Rusak、Mark Sandler、Stuart Tettemer、Ozgur Yonter、Chong-Suk Yoon 和 Yisong Yue。

除了用过本书初稿的教师外,还有许多人也对此书给予了大量评议,对本书的改进提供了帮助,包括 Lada Adamic、Robert Kerr、Evie Kleinberg、Gueorgi Kossinets、Stephen Morris、David Parkes、Rahul Sami、Andrew Tomkins 和 Johan Ugander。除了前面已经提到的,我们还要再次感谢我们的同事 Bobby Kleinberg、Gene Kleinberg、Lillian Lee、Maureen O'Hara、Prabhakar Raghavan 和 Steve Strogatz,他们在该项目进行过程中提出了非常有价值的建议。

很高兴能够与剑桥大学出版社编辑团队合作。剑桥大学出版社的主要联络人 Lauren Cowles 为我们提供了巨大的帮助和有价值的建议;我们非常感谢 Scott Parris 和 David Tranah 对该项目的贡献,以及 Peggy Rote 和她的同事们对本书的制作所做的工作。

最后,对我们的家庭表示深深的谢意,感谢我们的家人不懈的支持和付出。

大卫·伊斯利(David Easley)

乔恩·克莱因伯格(Jon Kleinberg)

2010 年于伊萨卡(Ithaca)

目　录

CONTENTS

C O N T E N T S

CONTENTS

CONTENTS

CONTENTS

第 1 章　概述

　　过去的 10 年,公众对现代社会中复杂的"连通性"表现出与日俱增的兴趣。这种兴趣的核心是**网络**(network)的概念。网络是事物之间相互关联的一种模式,人们在许多场合的讨论和报道中都会提到。鉴于涉及网络概念的情形实在太多,我们稍后再给出准确的定义,这里先列举几个突出的例子。

　　首先,我们身在其中的社会网络,它体现了朋友之间的社交联系。这种社交联系的复杂性随人类历史进程所发生的各种技术进步不断增加,包括便利人们长途旅行的交通技术、全球通信技术以及数字化交流与互动技术。过去半个世纪以来,地理上的含义在各种社会网络中越来越淡化(即网络结构在传统上所反映的地域性减弱了),但在其他方面则丰富起来。

　　我们消费的信息有类似的网络结构,它们的复杂性也在不断增加。大量在视角、可靠性和意图变化范围都很宽的信息源,形成了对由少数高质量信息提供者(出版商、新闻和学术机构等)支配信息生产的传统局面的冲击。在这样的环境中要理解任何一条信息,不仅要看其内容本身,还在于理解它通过网络中的连接关系得到支持以及它所引用其他信息的方式。

　　我们的技术系统和经济系统也日益依赖复杂的网络。这使得人们越来越难以推理它们的行为,对它们进行调整的风险也越来越大。网络使我们的技术系统和经济系统容易受到破坏的影响,它们会通过网络结构传播开来,有时局部出问题会导致多米诺骨牌式的崩溃或金融危机。

　　网络体现的基本意象也使它在许多其他场合出现:全球化产品加工有供应商网络,网站有用户网络,媒体公司有广告商网络,等等。在这些情况下,讨论的重点常常不在网络结构本身,而在于它所带来的另一种复杂性,即网络作为一个大型的、由各种关联成分构成的总体,以一种难以预知的方式,反作用于中央权威行动的复杂性。国际冲突的一些提法也反映了这种情形。例如,美国总统在演讲中说,以前的战争是在两个对立的政府支持的军队之间发生,现在则逐渐变成一个国家面对"一个广泛的且具有很强应对能力的恐怖主义网络"[296],或者"针对一个暴力和仇恨网络的战争"[328]。

1.1　网络的基本问题

　　应该如何在一种比较准确的层次考虑网络,才能抓住上述所有问题的要点? 在最基本的意义上,任何事物(对象)的集合,其中某些"事物对"之间由"连接"(link)关联起来,就是网络。

　　这个定义是很灵活的,取决于具体场合,有许多不同形式的关系或者联系都可以用来定义连接。

　　由于这种灵活性,在许多领域人们都容易发现网络的存在,包括上述那些。作为表现网络的"样子"的第一个例子,可观察图 1.1,它表达的是某大学空手道俱乐部中 34 个成员之间的社会关系网络,曾是人类学家怀恩·扎卡利(Wayne Zachary)在 20 世纪 70 年代研究的对象。其中,小圆圈表示人,两个人之间的线表示他们在俱乐部之外具有朋友关系。这是用图形表示网络的典型方式,线用来连接两个具有某种关系的事物。

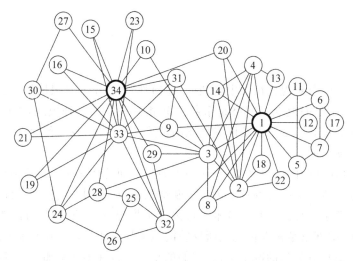

图 1.1　一个空手道俱乐部中 34 个成员之间朋友关系形成的社会网络

　　本章的后面将讨论从图 1.1 以及图 1.2～图 1.4 所示的网络中能了解到的一些事情。图 1.2～图 1.4 是几个较大的例子,分别代表一个公司中雇员之间电子邮件的交换、金融机构之间的贷款,Web 上博客之间的链接①。在每种情形,连接指出相互联系的事物对(即通过电子邮件交换涉及的两个人,有借贷关系的两个金融机构,通过一个 Web 链接关联的两篇博客)。

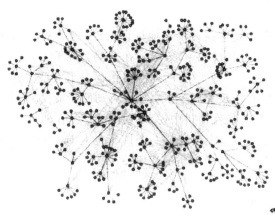

图 1.2　惠普实验室 436 个雇员之间电子邮件通信关系与组织层次结构的叠加示意图[6]

---

　　①　对于 Web 上的信息之间引用关系,在中国人们习惯上说"链接"而不是"连接"。——译者注

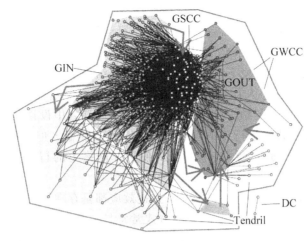

图 1.3 金融机构之间的借贷网络,其展现与标注方式揭示了不同部分及其作用[50]

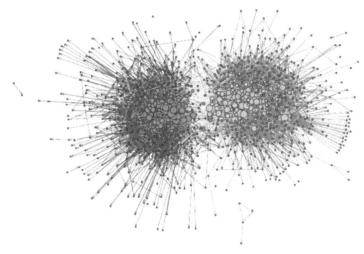

图 1.4 2004 年美国总统大选前政治性博客的网络结构,可以清楚地看出两个自然分开的群簇[5]

单单从它们的视觉形象看,我们已经能感到在网络结构中蕴涵的复杂性。一般来说,人们难以简单地概括一个网络的全部含义。网络中某些部分或多或少密集地互联,有时有处于中心地位的"核心",它包含了大多数连接,有时则自然地分开成若干在内部紧密相连的区域。网络的参与者可能处于比较中心的地位,也可能处于比较外围的地位;它们可能跨越若干个不同的紧密相连区域的边界,也可能位于一个区域的中央。因此,为了理解网络,需要有一种语言来讨论其典型的结构特征,这是重要的第一步。

1. 行为及其动力学

讨论网络的结构只是一个起点。当人们谈及复杂系统的连通性时,实际上通常是在谈两个相关的问题。一个是在结构层面的连通性——谁和谁相连;另一个是在**行为**(behavior)层面的连通性——每个个体的行动会影响系统中每个其他个体行动的后果。

这意味着,除了用来讨论结构的语言,也需要一个框架来推演在网络背景下的行为和相互作用。就像网络的结构会很复杂一样,它的参与者之间行为的耦合情况也同样是很复杂的。如果每个个体有很强的动机去获取好的结果,那么他们就不仅要懂得自己将得到的结果会取决于其他人的行为,而且还需要在计划自己行动的时候将这种因素考虑进来。这样,网络个体的行为模型必须包含策略性行为和策略性推理。

这里的要点是,在网络环境下,评估一个人行为的结果不应该是孤立的,而应该预计且综合考虑到网络环境对一个人行为的反作用的影响。这意味着其中的因果关系会相当微妙。于是,当我们要在一个产品、一个网站或者一个政府计划中设计某种变化时,若在其他所有方面保持不变的假设下进行评估,可能看起来是个好主意。但在现实中,这样的变化很可能会为某些方面带来动机,导致一些举动,使整个网络上的行为朝着有违初衷的方向改变。

进而,无论我们是不是看得见一个网络,上述效应都是存在的。如果有一大群人,他们之间相互关系紧密,那么他们对事物响应的方式常常是很复杂的。尽管个体的行为可能受到隐含的、直接看不到的网络的影响,但效果只是在整个群体层次才有明显体现。例如,考虑新产品、网站或者名人走红的情形(图 1.5 和图 1.6 是两个示例,分别表示社会媒体网站YouTube 和 Flickr 流行度在过去若干年间的增长)。在这两个图中可以看到的是对于一种创新的认识与接受的增长情况,这种增长的可见性是整个人群行为的聚集效果。什么是背后的机制,使得它们如此成功?在这种情形,标准的说法常常是:富者愈富,赢者通吃;小的优势被放大到临界点;新概念得到了关注,变得像"病毒"一样迅速传播;等等。但是,富者不一定总是变得更富,小的优势不一定总能导致成功。某些社会网络网站蓬勃发展,例如Facebook,但另一些,例如 SixDegrees.com,则很快消亡。要理解这些过程是如何工作的,它们是怎么通过许多人相互关联的行为实现的,需要研究聚合行为的动力学。

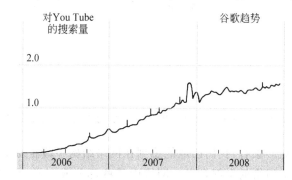

图 1.5   在 Google 上对 YouTube 的查询量随时间的变化情况

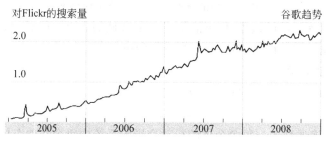

图 1.6   在 Google 对 Flickr 的查询量随时间变化的情况

2. 多学科思想的交织

要理解高度相连的系统,需要有一组概念,用来推理网络的结构、策略行为,以及它们在一个达到一定规模的人群上所产生的反馈效果。这些概念,传统上分散在许多不同的学科。然而,随着在网络方面公共兴趣的增加,围绕网络问题研究的不同科学领域开始走到一起。每个领域都带来了重要的思想,但完整地理解它们似乎要求多种视角的综合。

本书的中心目标之一,就是要将各领域分别的研究实践结合起来,以帮助形成这样一个综合。从计算机科学、应用数学和运筹学,我们有一种语言来讨论网络结构、信息和由互动个体构成的系统的复杂性。从经济学,我们有策略性互动行为的模型,以及个体行为形成的聚合效应。从社会学,特别是其数学特征比较强的社会网络方面,我们汲取讨论社会群体结构和动力学的理论框架。

同时,一个全局的图景能够帮助填补这些学科自身范畴内缺失的成分。经济学开发了丰富的理论,一方面可用于分析少量成员之间的策略性互动,另一方面则用于分析大规模、同质人群行为的累积效果。但我们注意到许多经济生活发生在这两个极端之间复杂的情形中,局部互动的内部模式可带来宏观的效果,这就是对经济学提出的挑战。社会学形成了一些基本的认识,有助于我们认识社会网络结构,但它的网络分析方法局限于传统上能够收集到的数据的规模与领域,基本上限于几十到几百人以内。当前,面对一个新的世界,海量的数字化网络数据和广泛的网络应用,对我们如何提出问题、形成理论、评估关于社会网络的预测,都带来了许多新的机会。计算机科学,随着 Web 和社交媒体的兴起,也不得不面对这样一个新世界,设计大规模计算系统的挑战不仅在于技术,还在于我们自身。当人们使用 Web 来通信、自我表达以及创造知识的时候,也就给设计提供了复杂的反馈。一个关于网络结构与行为的理论,如果想令人满意,就要有潜力来应对所有这些领域面对的挑战。

这些挑战背后一个重复出现的主题是在多个不同层次与规模下网络的形态和性质。例如,小规模人群网络有些有趣的问题,例如图 1.1 所示的 34 个人的社会网络,中等规模的也会有些特点,一直到整个社会或经济的层次,或者到由 Web 所代表的全球知识体。本书中,我们考察网络在显式结构层次的性质,例如图 1.1~图 1.4;也考察在聚合层次的效果,例如图 1.5 和图 1.6 的人数曲线。可以看到,随着网络规模的扩大,它相应变得更适合用聚合模型来处理。但随着计算机技术的提高,处理大规模网络数据集的能力也丰富了这个情形,使我们有可能在每一个连接都被记录的分辨率层次,来研究由上十亿个交互的元素构成的网络。例如,当互联网搜索引擎从整个 Web 信息的索引中给出最有用的网页,它就是在针对一种特别的任务做这件事情。当然,这还是一个正在研究中、具有挑战性的科学问题。最终,我们希望能衔接这些相当不同的规模层次,以至于在一个层次得到的预测和原理,能够在其他层次也有一致的体现。

1.2 本书的核心内容

有了上述这些概念,现在可以介绍本书中所考虑的一些主题,以及用它们来支撑网络中一些基本原理的方式。我们从两个主要的理论开始,即图论和博弈论。它们分别是关于结构和行为的理论。图论是研究网络结构的,博弈论提供了关于个体行为的一种模型,要点在于个体行为的结果取决于其他个体的行为。这两个理论是讨论本书其他内容的基础。

1. 图论

在有关图论的讨论中,我们特别关注社会网络分析中的一些基本概念,并以它们构建了若干图论概念的框架。图 1.1 和图 1.2 的网络给予我们一些提示。例如,在图 1.2 所示的公司电子邮件通信网络中,能看到通信可分为两种情形,一是在小单位内部的通信,二是跨单位边界的通信。这个例子显示社会网络中一个相当普遍的原理:**强联系**(strong ties),表示紧密和频繁的社会接触,倾向于嵌入在网络中联系密集的区域;**弱联系**(weak ties),表示比较偶然和少有的社会接触,倾向于跨越这些区域的边界。这样的两分法提供了一种考察社会网络的角度,即一方面考察那些体现强联系的稠密区域,同时也考察它们通过弱联系相互作用方式。一种专业的说法是,它提供了一种了解大型组织中社交概貌的策略,即要在网络中发现那些相互很少联系的不同部分之间的**结构洞**(structural holes)。在一种全局的尺度上,它说明弱连接可以作为"短路"使网络不同部分连接起来,导致俗称为**六度分隔**(six degrees of separation)的现象。

社会网络也可以反映出一个群组内部争斗和矛盾的现象。例如,图 1.1 的空手道俱乐部社会网络反映出一种潜在的矛盾。由 1 和 34(较黑的圈)标识的两个人在好友网络中具有特别中心的地位,这从他们分别与许多人连接的情形可见。另一方面,他们俩不是朋友①;事实上,多数人只与他们之一是朋友。这两个中心人物分别是教练和俱乐部的创始人(学生),这种没什么相互联系的群集的模式是他们以及他们小集团之间矛盾的最明显症状,最终这个俱乐部分裂成了两个对立的空手道俱乐部,如图 1.7 所示。后面,我们会看到如何应用**结构平衡**(structural balance)理论从局部的冲突与对抗的变化中推理网络中裂痕的出现。

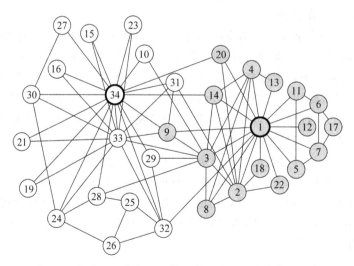

图 1.7　社会网络分析可以帮助我们发现派系存在的线索

2. 博弈论

在有些情形下,人们必须同时选择如何行动,并知道行动的结果将取决于所有人分别做

---

① 即他们之间没有一条边。——译者注

出的决定。我们关于博弈论的讨论就从这样的观察开始。一个自然的例子是在交通高峰期在一个高速公路网络选择行车路线的问题。此时,对司机来说,他所体验到的延迟取决于交通拥塞的情况,但这种情况不仅与他选择的路线有关,而且与所有其他司机的选择也有关。在这个例子中,网络的角色是一个共享资源,它的用户的综合行为既可以使它拥堵,也可能使对它的利用效率提高。而且,人们之间行为的相互作用可能导致某些违反直觉的结果。比如,增加一个运输网络的资源,可能事实上反而造成了严重影响网络效率的诱因,这种现象称为布雷斯悖论(Braess's Paradox)[76]。

另一个在本书多个场合出现的例子是拍卖出价问题。如果一个卖家要通过拍卖活动卖掉一件物品,拍卖活动中任何买家的成功(由是否得到那个物品以及付了多少钱来衡量)不仅取决于她的出价,也取决于别人的出价,优化的出价策略应该将这种情形考虑在其中。这里也可能出现违反直觉的效果。例如,如果卖家在拍卖中采用了比较灵活的定价规则,就可能使竞拍者的策略行为复杂许多,特别地,有可能导致优化的出价,抵消卖家从那些规则中预期的收益。拍卖代表一种基本的互动经济行为,我们将在网络中把它推广到更复杂的互动模式。

作为博弈论的一个基础,我们将这种情形抽象成在一个共同框架中相互依赖的行为,其中有一个个体的集合,每个个体必须认定一种**策略**(strategy),从而得到一个**回报**(payoff),而回报的多少取决于集合中每个人分别选择的策略。用这种观点来解释前面的例子,我们看到一个司机在高速公路上可采用的策略由他可能选择的不同路线构成,回报则是与他最后所花的行驶时间对应。对于拍卖来说,策略是不同的出价选择,对一个买家的回报则是其得到的物品的价值和所支付的价格之间的差别。这个通用的框架使我们能在许多这样的情形中预测人们的行为。这个框架的一个基本要素是**均衡**(equilibrium)的概念,指的是一种"自我强化"的状态,在该状态上,任何人都不可能从单方面改变他或她的策略中得到好处,即便他知道其他人会怎么行为。

3. 网络中的市场与策略性互动

一旦有了图论和博弈论,就可以将它们结合起来,形成更有表达力的模型,来描述网络中的行为。对于这种探求,一种自然的场景是商业贸易等经济活动的模型。买卖双方或者与商业或贷款活动对应的双边的互动,自然地形成一个网络。在图1.3中看到过这种网络的一个例子,其中银行之间的借贷关系由边表示。图1.8是另一个例子,网络描绘了28个国家之间的国际贸易情况[262],其中每个国家(节点)的大小表示其贸易总额,边的粗细则表示所连接的两个国家之间的贸易额。

这些网络是怎么来的? 在某些情形,它们是实际发生情况的轨迹。例如,在不同价值的交易机会引导下,参与者寻求最好交易伙伴所形成的关系。在另一些情形,它们反映了市场的某些基本的限制,使得某些参与者与其他人不能接触或者比较难以接触。在现代市场,这些限制可能是由于管理条规带来的,也可能是由于地理位置上的局限引起的。例如,图1.9是一个中世纪欧洲地区的贸易线路图,当时货物的运输比较困难,代价很高,因此不同城市的经济情况十分依赖它们在运输网上的位置。

所有这些情形,网络结构在相当程度刻画了交易的模式,参与者成功的程度受各自在网络中地位的影响。然而,一个参与者在网络中是否处于一个重要的地位,不仅取决于与它相关的连接数(对应着可能的选择),还取决于其他一些微妙的特征,例如与它所连接的其他参

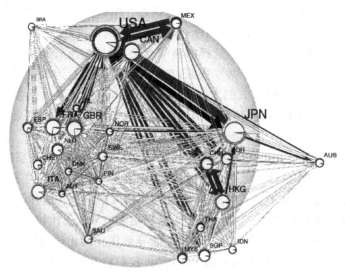

图 1.8　一个表示国际贸易的网络,从中可以看出不同国家的权力地位和经济利益关系[262]

图 1.9　一个中世纪贸易路线图,可以看出某些参与者由于地理位置特殊,从而占有经济优势

与者的重要性。后面将会看到这种网络地位具有权力的概念,不仅反映在经贸活动的意义上,而且也会在多种形式的社会关系上体现。权力的失衡有可能在表达关系的网络模式中找到根源。

4. 信息网络

在互联网上看到的信息有一个基本的网络结构。例如,网页之间的链接能帮助我们理解它们是如何关联的,它们怎么组成不同的社区,哪些网页最突出或重要。图 1.4 可以解释这样一些问题:它显示的是拉达·阿达米克(Lada Adamic)和娜塔丽·格兰丝(Natalie Glance)在 2004 年构造的一个政治性博客网络,其中的内容是关于当时的美国总统选举[5]。

尽管图中的网络太大,难以看清围绕每个博客的结构的细节,但这个图像以及它的布局,传达出一种清晰的概念,即所涉及的博客分成两个大的群集,在相当程度上恰好对应自由派和保守派。对图像背后的原始数据做更进一步的分析,有可能从这样的群集中挑出比较出众的博客。

当前,像谷歌那样的搜索引擎,普遍利用网络结构来评估网页的质量与相关性。为生成搜索结果,对每篇网页给一个重要性评价,这些搜索网站不只是要考虑网页接收到的链接个数,还要考虑它在网络中位置的一些更加深刻的方面。例如,若指向某网页的那些网页比较重要,则该网页就比较重要。这是一种循环的概念,重要性是通过它自己定义的,但后面将会看到这种循环性可以通过仔细的处理来消解,要点是利用网页链接结构中的一种平衡。

搜索引擎与网页作者之间的互动也是一个很有说服力的例子,反映出行为层次的联系可产生有趣结果。只要搜索引擎引入一种新的网页评价方法来确定哪些网页该放在搜索排序结果的高位,网页内容的创建者就会有反作用:他们会优化放到 Web 上的内容,试图在新的方法下获得较高的排序评分。这样,搜索引擎的改变从来就不能假设 Web 保持静止不变,实际情况是 Web 上的内容会不可避免地来适应搜索引擎对网页内容评估的方式。因此,在发展搜索方法的时候必须考虑这种反馈的作用。

这种本质上具有博弈特性的互动,在早期 Web 的时候就以某种潜在的形式存在了。随着时间的演进,它通过基于搜索的广告市场的设计,以拍卖机制进行广告空间的分配(竞价排名)等措施,变得越来越显式和形式化了。今天,这样的市场是主流搜索引擎的基本收入来源。

5. 网络动力学:群体效应

如果长时间观察一个大的群体,会看到一个重复出现的模式,其中新的想法、观念、创新、技术、产品,以及社会习惯不断地涌现和演变。概括之,称它们为**社会实践**(social practices)[382](例如,坚持观点、购买产品、按照某种原则行事等)。人们可以选择采纳或拒绝这些社会实践。长时间观察一群人或者社会,我们看到新的实践出现后可能火起来,也可能一直很少受人关注;同时,成熟的实践可能一直流行,也可能随时间流逝被人们逐渐冷落。回头再看图 1.5 和图 1.6,它们表示特定的实践随时间变化被采纳的情况——两个非常流行的社交网站(采用通过它们发向 Google 的查询总量作为流行度的评价)。图 1.10 给出的是社交网站 MySpace 的一个类似曲线,从中可以看到它的变化,先是一段迅速发展期(访问量增加),跟着是一段缓缓地下降,其原因是 MySpace 的支配地位受到了一些新竞争者的挑战,包括脸书(Facebook)。

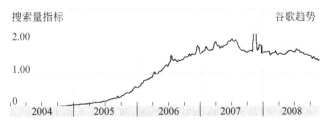

图 1.10 社交网站 MySpace 在 2005—2008 年之间成长的情形

新的实践在人群中扩散开来的方式,很大程度上取决于人们相互影响。当一个人看见越来越多的人在做某件事情,通常他也很可能会去做那件事。理解这个过程以及它的结果,是理解网络和聚合行为的中心议题。

从表层来看,我们可以假想人们模仿他人,只是因为人类的从众心理,即我们本质上倾向于像其他人那样行事。这个观察显然是重要的,但为了能用它解释我们关心的现象,还有一些关键问题需要解决。不能因为认定了模仿是人类的天性,而不去探求人们为什么被他人影响的问题。虽然这是一个涉及面较宽,而且很难的问题,但事实上我们有可能认识到若干原因,回答为什么即便是纯粹理性的个体(指那些没有什么先验愿望要和别人保持一致的个体),也会复制他人的行为。

一类原因是基于"他人行为传达信息"的事实。一个人可能基于某些私有的信息来在多种可能性上做出决定,于是当看到许多人都在做一个特别的决定,很自然会假设他们也都有各自的信息,试图从人们的行为来推测他们是怎么评估不同选择的。在 YouTube 和 Flickr 这类网站的情形,看到许多人都在用,会使人感到他们知道某些关于该网站质量的情况。类似地,看到一个餐馆每个周末都特别爆满,会使人感到许多人都认为它很好。但这种推理会产生一个微妙的问题,令人吃惊:由于许多人是随时间的推进相继做出决定的,后来的决定可能是基于私有信息和推理的一种复杂的混合物,而推理是从已发生的情况做出的。这样,许多人的行动可能事实上只是基于极少的本质信息。在这种现象极端的情形,我们可以看到**信息连锁反应**(information cascades),即使理性的个体也会选择放弃他们自己的私有信息,而去随大流。

还有一个完全不同,但足够重要的理由,说明人们为什么要去模仿他人的行为。在一种直接利益驱使下,一个人可能会选择使自己的行为与他人一致起来,而不管他们做出的决定是否最好。回过头再来看社会网络与媒体共享网站的例子。如果那些网站对人们的价值在于和其他人互动、能够访问许多内容或者有大量的用户来注意到你上载内容等方面的潜力,那么网站会随着人们的加入变得越来越有价值。换句话说,不管 YouTube 和它的竞争者相比是否有更好的特点,一旦它成为最流行的视频共享网站,使用它就注定会提供附加值。这种**网络效应**(network effects)会放大那些已经很不错的产品和技术的成功。在网络效应起作用的市场,要取代领导者会是很困难的。然而,这种支配地位又不一定是永恒的,后面还将看到,如果新技术提供某些显著不同的东西,或者它始于网络中有空间让新技术立足的部分,新旧更替就是有可能的。

这些讨论表明,流行性作为一般的现象是怎么被"富者更富"反馈过程所支配的,在这种反馈过程中,流行性倾向于自我提高。对于这种过程,我们有可能建立数学模型,通过经验数据来预测流行性的分布,看出社会的注意力被分配在少量突出的事物和一个"长尾的"稀有事物之间。

6. 网络动力学:结构效应

刚才已经看到,人们如何互相影响的问题,即便不了解其背后的网络结构,已经是相当微妙了。考虑网络结构,我们能得到关于这些影响是如何发生的进一步认识。前面讨论过的信息与直接利益,作为人们相互影响的基本机制,既在整个群体的层次出现,也在网络中个体与他(她)的朋友或者同事所限的局部出现。在许多情形,相比整个人群,你会更在意你自己的行为是否与社会网络中直接相邻的人们一致。

当个人有动机去采纳网络中邻居的行为,可能会出现**连锁反应**(cascading effects),即新的行为始于少量初始的实践者,然后通过网络迅速扩散。图 1.11 是一个小例子,说的是从 4 个最初的买者开始,一本日本图画小说通过电子邮件被推荐的情况。通过对背后的网络结构进行推理,会看到一种先进技术如果始于网络中能够引起增量推广的部分(每次增量不一定很大),是怎么取代尽管是广为使用但落后的技术的。技术的扩散,有可能被阻止在网络中一个密集相连的群集的边界,那样的群集即为一种"封闭的社区",其中的人们有大量相互之间的联系,从而形成对外来影响的阻力。

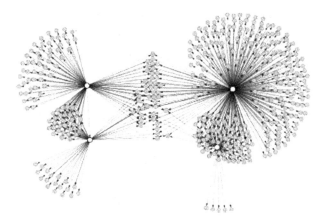

图 1.11　人们通过电子邮件推荐一本日本图画小说的网络结构[271]

在网络中产生的连锁反应,类似于生物病毒从一个人到另一个人传染的方式,因此有时被称为**社会传染**(social contagion)。图 1.12 强化了这种类比。它展示了结核病爆发开始的情形[16],形成了图 1.11 那样的社会连锁反应视觉效果。当然,社会传染与生物传染机制有根本的不同。社会传染在被影响的一方会涉及决策的问题,但生物传染则是由接触而碰到引起疾病的病原体的机会。但是,网络层面的动力学是相似的,从生物传染病学得到的认识也可用于讨论事物在网络中扩散的过程。

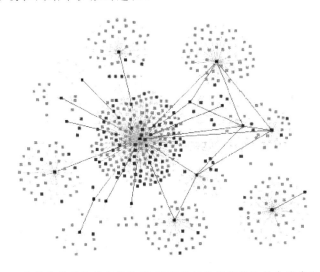

图 1.12　一次肺结核爆发的扩散过程,可以看出生物传染和社会传染的相似性[16]

　　扩散行为,无论是传播思想或疾病,只是网络中发生的动态过程之一。我们还会考虑的另一种过程是**搜索**(search),其中人们通过社会联系的链条,来获得信息或对他人的认识。实验与日常体验都证实了,人们能够以令人吃惊的有效性来完成这样的任务,得益于网络结构中的一些有助于这类活动开展的特征模式。

7. 制度和聚合行为

　　一旦认识了网络和策略行为背后的这些基本力量,就可以询问如何设计一种**制度**(institutions)来引导这些力量,以产生某种全局效果。这里关于制度的概念非常宽。它可以是一组规则、一些惯例或者机制,用于将大量个体的动作综合成一种聚合行为的模式。前面已经讨论过这种过程的特殊例子。例如,特定的拍卖机制导致出价行为以及最后价格的方式;互联网搜索引擎产业对 Web 内容创建形成重要影响的方式。

　　将这种分析应用于一些基本的社会制度能给我们带来很多认识。第一种情形,考虑市场聚合与传达信息的作用。例如,在金融市场,市场价格聚合了人们关于交易对象价值的信念。在这个意义下,市场的总体作用是综合许多参与者所掌握的信息,因此当人们谈及市场"预期",实际上说的就是这种信息组合所带来的预期。

　　这种综合的方式取决于市场的设计以及个体的种类和所导致的聚合行为。这些问题不只是局限在股市那样的金融市场。例如,最近一项工作探讨了预测市场的设计,用市场机制来提供诸如选举结果那样的未来事件的预测。这里,市场的参与者购买当某个事件发生即支付一定量金额的资产。用这种方式,这种资产的价格反映了关于该事件发生概率的一种聚合的估计,人们发现在一些情形这种估计相当准确,市场的聚合预测常常超出专家分析结果的水平。图 1.13 是 2008 年美国总统大选的例子。上面的曲线给出的是"民主党候选人赢得选举"这个未来事件作为一种资产的市场价格(随时间变化的),如果事件真的发生了,则以当时价格购买一份该资产的人将得到 1 美元,下面的则是对应共和党候选人的价格。注意,这个市场在候选人被提名出来前就已经启动了,它清楚地显示了对于某些事件的一种聚合反应,例如在奥巴马和克林顿之间的民主党初选过程的结束(五月初)和共和党全国大

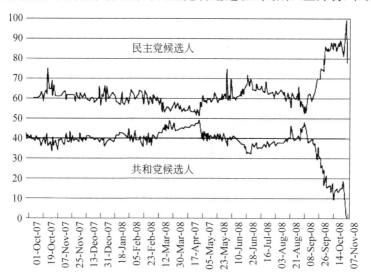

图 1.13　2008 年美国总统大选的一个预测市场(爱荷华电子市场)行情的变化

会期间(九月初),两种情形都将相对立的预测价格带到接近于相等,然后是再次分开,直至最后实际选举临近时的彻底明朗。

表决(voting)是另一种聚合人群行为的社会机构。虽然市场和表决系统都是寻求对个体信念或偏好的综合,但它们也有一些根本的不同。我们刚才所讨论的市场,扮演的是对未来事件是否发生的信念概率的聚合器的角色。以这种观点,每个个体的信念是形成市场共识的一个元素,它基于对某些未来事件是否真的发生的判断,而且最终会被确认为正确或不正确。另一方面,表决系统典型应用于人们在一组任意和主观选择面前有某种偏好或优先考虑,没办法说这些选择是对还是错。于是问题就变成尽可能地综合人们的偏好,使其与个体有冲突的人群的主流取向一致。关于表决的研究,已经有了很长一段历史,我们将看到要产生这样一个社会偏好有许多必须面对的困难。18 世纪法国哲学家们开始形式化地研究这些困难,在 20 世纪 50 年代得到了以阿罗不可能定理为代表的全面发展。

对高度相连的社会系统而言,这种关于机构的看法是很自然的。只要在一个群体上产生的总体结果取决于其中每个人行为的某种聚合,其背后机构的设计,对于规范个体行为以及所导致的社会后果,都能有显著的影响。

8. 展望

本章讨论了一些例子、现象和原理。它们对于我们分析网络、行为和人群层次动力学问题的方法具有启发意义。理解一个原理是否在不同的场合都成立,将涉及数学模型的提炼和推理,以及关于那些模型定性的认识和对其内涵的深入探究。在这个过程中,我们希望建立起一种网络的观念,以它作为看待一般复杂系统的一种有力的方式。这种方式可以用来研究社会动力学、经济行为上的相互作用、在线信息、设计技术,以及自然过程。这种方式也体现一种研究复杂系统的视角,即着眼于它们内部结构的模式以及所产生的丰富的反馈效应。

第一部分

图论与社会网络

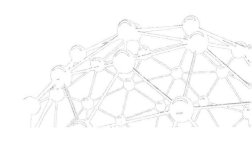

第 2 章 图论

本书的第一部分将讨论图论的一些基本概念，它们是研究网络结构的基础。这将有助于使用标准化语言来表达网络的属性。本章所讨论的若干核心定义并不复杂，因此在介绍完核心定义后也将介绍一些基本的应用。

2.1 基本定义

1. 图：节点与边

这里所说的**图**（graph），是以一种抽象的形式来表示若干对象的集合以及这些对象之间的关系。一个图是包含一组元素以及它们之间连接关系的集合，这些元素称为**节点**（node），连接关系称为**边**（edge）。例如，图 2.1(a)包含 4 个节点，分别标记为 A、B、C 和 D，其中 B 通过边和另外三个节点相连，C 与 D 也通过边彼此连接。两节点间有边相连时称这两个节点为**邻居**（neighbors）。图 2.1 所示的是一种典型的画图方法：以圆圈表示节点，以连接节点的线段表示边。

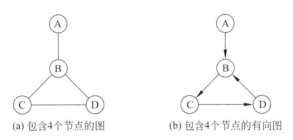

(a) 包含4个节点的图　　　　(b) 包含4个节点的有向图

图 2.1　无向图与有向图

在图 2.1(a)中，可以认为位于一条边两端的两个节点具有对称的关系。然而，许多情况下，我们希望借助图的概念表达不对称的关系。例如，A 指向 B，但 B 并不指向 A。为表示此类关系，定义**有向图**（directed graph）为节点和有向边的集合。其中，**有向边**（directed edges）为两个节点间的有向连接。有向图的表示如图 2.1(b)所示，其中箭头表示有向边的方向。相对应地，当强调一个图不是有向图时，我们称它为**无向图**（undirected graph）。通常情况下，除非特别注明，本书所讨论的图均为无向图。

2. 网络模型图

图是网络结构的数学模型,在进一步讨论之前,让我们来看一个实际例子。图 2.2 描述了最初的互联网——ARPANET① 的网络结构。在 1970 年 12 月,它仅有 13 个站点[214]。节点表示主机,如果两台主机间可直接通信,则用边将其连接。如果忽略美国地图的叠加(以及表示放大马萨诸塞州和南加州区域的圆圈),这幅图其实是一个简单的 13 节点图,图中所用的点与线的模式与图 2.1 无异。为表示连接的模式,图中节点所在的位置并不重要,重要的是节点间的连接关系。由此,图 2.3 所示的 13 节点 ARPANET 图与图 2.2 并无实际差别。

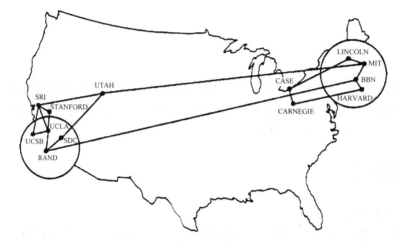

图 2.2　1970 年 12 月 ARPA 计算机网

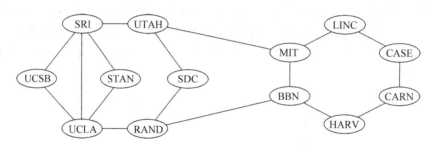

图 2.3　改写为 13 节点图的 ARPANET

图以其可以清晰反映网络中元素之间的实际或逻辑关系的特点被广泛应用于许多不同的领域。图 2.2 和图 2.3 所示的 13 节点 ARPANET 是一个**通信网络**(communication network)的例子。其中,节点表示计算机或其他可以传送信息的设备,而边则表示设备间可以直接传送信息。第 1 章曾讨论了另外两个被广泛应用的图结构:一是社会网络,其中,节点表示人或团体,而边则表示某种社会关系;二是信息网络,其中,节点表示信息资源,如网页或文件,而边则表示资源间的逻辑关系,如超链接、引用或交叉引用。当然,图论的应用领域远超过我们在此所列举的,图 2.4 介绍了一些其他的例子,展现了很多日常所见事物背后的图关系。

---

① ARPA 计算机网(Advanced Research Projects Agency Network,ARPANET)为美国国防部高级研究计划局建立的计算机网,该国际网允许其成员使用其设备并对大批不同的计算机存取数据。

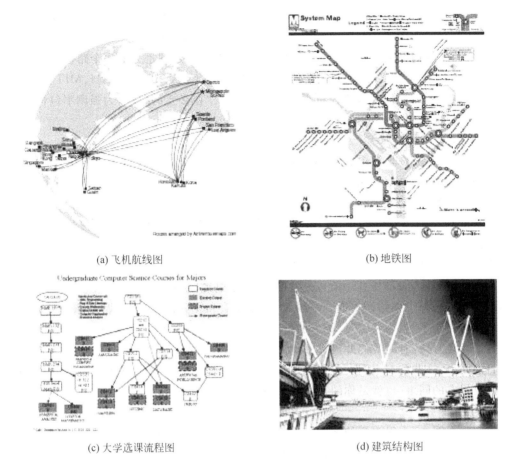

(a) 飞机航线图

(b) 地铁图

(c) 大学选课流程图

(d) 建筑结构图

图 2.4   图在其他领域应用的例子

2.2　路径与连通性

　　下面将讨论和图论相关的一些基本概念和定义。也许由于图本身的概念简单易懂,研究图论而衍生的理论术语层出不穷。社会学家约翰·巴恩斯(John Barnes)就曾形容图论如"术语的丛林,任何新人都可以在其中种下一棵树"[45]。幸运的是,根据本书的要求,我们只需介绍其中的少数核心概念。

　　1. 路径

　　前面已经讨论了许多不同领域应用到图论的实例,显然,在这些不同的例子中,存在一些共同的特点。也许,其中最重要的一点就是在图中标示某个按一定顺序穿越一系列节点的轨迹。例如,一名搭乘一连串航班的乘客,一条在社交网中相继通过一些人传递的消息,或者是一个通过相应链接访问一系列网页的电脑用户或电脑软件。

　　以上的想法引出了图论中路径的概念:**路径**(path)①即一个节点序列的集合,序列中任

---

　　①　在有些场合也称"通路"或者"路"。——译者注

意两个相邻节点间都有一条边相连。从另一个角度而言,也可把路径理解为连接这些节点的边集合。例如,在图 2.2 和图 2.3 中,节点序列 MIT、BBN、RAND、UCLA 可称为一个互联网图中的路径,而 CASE、LINC、MIT、UTAH、SRI、UCSB 则是另外一个路径。根据这个定义,路径可以包含重复的节点。例如,SRI、STAN、UCLA、SRI、UTAH、MIT 是一条路径。然而,本书所讨论的多数路径将不包含重复节点。在必要的时候,为强调不包含重复节点的路径,我们称它们为简单路径。

2. 圈

有一类很重要的非简单路径称为**圈**(cycle),也就是通俗意义上的"环状"结构,例如图 2.3 中右侧的 LINC、CASE、CARN、HARV、BBN、MIT、LINC 序列。更准确地说,圈是至少包含三条边,且起点和终点相同,而除此以外的所有节点均不重复的路径。图 2.3 中有很多这样的圈,SRI、STAN、UCLA、SRI 是符合我们定义的最短圈(由于它仅包含三条边),而 SRI、STAN、UCLA、RAND、BBN、MIT、UTAH、SRI 显然是一个较长圈的例子。

事实上,在 1970 年 ARPA 计算机网的例子中,每一条边均属于一个圈,而这是事先设计好的。这是因为,假设任意一条边失效(例如一条电缆因施工原因被意外切断),图中的任意两点间总有另外一条路径相连。一般而言,在通信和交通网中,圈通常意味着允许冗余,它们通过圈提供了"另一条路"。类似的情况在社交圈或朋友圈中亦然,甚至于在日常生活中也普遍存在,尽管有时我们并没有察觉。例如,你太太的表弟高中时代的好朋友实际上是你哥哥的同事,这就是一个圈——包含你、你的太太、你太太的表弟、你太太表弟高中时代的好友以及好友的同事(也就是你的哥哥),最终回到你这里。

3. 连通性

给定一个图,一个很重要的问题是:是否任意节点均可通过某条路到达任一其他节点。由此引发了以下的定义:若一个图中任两点间有路相通,称此图为连通图。例如,13 节点 ARPANET 图是一个连通图。一般而言,大部分通信及交通网均被期待为可连通的或至少以此为目标。毕竟,此类网络的目的就是将信息和物资在不同的节点间传输。

然而,我们没有什么理由预期其他场合的图也都是连通的。例如,在社交网中,很可能找到两个完全没有关联的人。图 2.5 和图 2.6 即为非连通图的例子。第一个为模型图;第

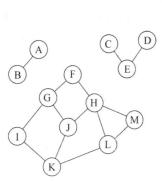

图 2.5　包含三个连通分量的图

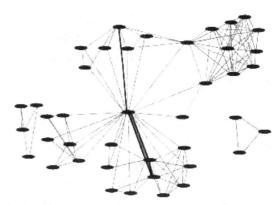

图 2.6　病源原生物结构基因组学研究中心①合作图[134]

---

① Structural Genomics of Pathogenic Protozoa (SGPP)。

二个则是一个生物研究中心的合作图[134]，其中节点代表研究员，节点间的边代表相连的两位研究员有共同署名的论文发表(因此，在第二个图中，边仅仅表达了一种特定的合作关系，即拥有一篇共同署名的论文，而并非试图涵盖其他所有合作情况)。

4. 连通分量

图 2.5 和图 2.6 展现了非连通图的一个基本特性：一个非连通图可以由一组连通"部件"表示，每个"部件"都是一个独立的连通图，且它们之间无交集。例如，图 2.5 中共有三个"部件"：一个包含节点 A 和 B，一个包含节点 C、D 和 E，还有一个包含其余的节点。图 2.6 所示的网络同样包含三个：分别有 3 个节点、4 个节点以及许多节点。

为更加精确地表示以上概念，我们如下定义图的**连通分量**(或称连通分支，connected component)：若图 G 的节点子集满足如下两个条件：①子集中任意两个节点间均有路径相连；②该子集不是其他任何满足条件①的子集的一部分，则称该子集为图 G 的一个连通分量。此处应特别注意，条件①和条件②同时满足的必要性：①强调了连通分量自身的连通性；②强调了连通分量的独立性，即本身并不是其他任一连通分量的一部分。如图 2.5 所示，节点集 F、G、H 和 J 并不能构成图 2.5 的一个连通分量，因为它们不满足连通分量定义的第二个条件：尽管该集合中的所有节点间均有边相连，但它实际隶属于连通分量 F-M。

将一个图分解为若干连通分量的集合只是从全局的角度描述该图结构通常所要做的第一步。在一个连通分量之中，可能存在着丰富的内部结构，对理解与解释网络的性质有着重要意义。例如，在图 2.6 中，当根据图中所示的合作关系，观察其中最大的连通分量，则会注意到一个颇具建设性意义的特点：该图有一个中心节点，将一些节点群联系起来，但那些节点群彼此没有连接。寻找和定义该中心节点在图中作用的方法之一，就是通过假设删除该点，继而观察到图中最大的连通分量因此被分割成三个独立的连通分量。通过观察和分析图中的密集连接部分及其边界的方法对于研究网络结构问题非常有效，这也是本书第 3 章的主题。

5. 超大连通分量

超大连通分量概念的引入，为研究大型网络中的连通分量提供了一个行之有效的方法。考察以下例子：在全球社交网络图中，两人之间若有边相连，则代表他们有朋友关系。当然，这是一个我们在任何地方都不可能真实画出的图，然而却可以靠个人的直觉针对该"图"来回答一些基本问题。

首先，该"全球友谊图"是否为连通图？答案大概是否定的。毕竟，连通性本身是个非常"脆弱"的属性，一个节点(或一个小节点集)就有可能使它们不成立。例如，一个没有任何朋友的单身青年在全球友谊图中即为一个单独的节点，而该图也就因此不可能具备连通性。又例如，一个"孤岛"中，所有人即使彼此相连，却完全与世隔绝。因此，该"岛屿"本身为"全球友谊图"的一个连通分量，但它的存在却影响了该图整体的连通性。

类似的例子还有很多。假设你是本书的典型读者，那你应该会有来自其他国家的朋友。由于你和这群朋友中的任一人均有路径(包含一条边)，则你与你的这群朋友均属于同一连通分量。现在来考虑这些朋友的父母们，他们的朋友以及衍生的朋友圈，可以认为，所有这些人也在同一个连通分量中。而这其中，可能有很多人与你素昧平生，和你语言不通，或是一生中从未来到你所生活的城市，他们的生活轨迹也可能与你截然不同。因此，即使全球友谊图本身并不具备连通性，它其中的连通分量也可能是相当巨大的——这其中的元素遍及世界各地,包含了来自不同背景的各族人群,实际上,它所占世界人口的比例很可能也是惊人的。

以上所讨论的例子,其实就发生在实际生活中。诸如此类大型、复杂的网络通常都有所谓**超大连通分量**(giant component,又称"巨大连通分量"),这是一个非形式化的对于包含其中大部分节点的连通分量的称谓。一般来说,一个网络通常只包含一个超大连通分量。若追溯其原因,再回到全球友谊图的例子。假设该图中有两个超大连通分量,每个包含几亿人,那么只需要一条边将第一连通分量中的任一节点与第二连通分量中任一节点相连,则两个超大连通分量即可合并为一个——仅一条边即可。很难想象,对于两个如此庞大的连通分量,不会形成一条满足以上条件的边。因此,在实际生活中,一个网络中有两个共存超大连通分量的例子鲜有出现。因此,可以得出一个一般性的结论,当一个图中存在超大连通分量,则它是唯一的。

事实上,在极少数的情况下,当一个网络中长期存在两个超大连通分量,则它们最终的合并将是迅速而剧烈的,而且很可能带来灾难性的冲击。例如,贾德·戴蒙(Jared Diamond)所著的《枪炮、病菌与钢铁》[130]中致力于将其注意力集中在欧洲探险家于大约五百年前抵达西半球时对其文明发展所造成的灾难。该问题也可以从网络的角度来观察:约五千年前,全球社交网可能包含两个强连通分量,一个在美洲,另一个在欧亚大陆。于是,科技在这两个连通分量内部各自独立发展。比这更糟的是,人类疾病的蔓延也是独立的。因此,当这两个超大连通分量最终合二为一时,其中一个分量中的技术、疾病等会迅速并具毁灭性的压倒对方。

超大连通分量的概念也有助于讨论小型网络结构。图2.6所示的合作关系网即是一个例子,另一个有趣的例子如图2.7所示。这是一所美国高中在18个月期间的恋爱关系描述图[49],其中的边并不都代表当前关系,在规定的时间范围内,只要两人间发生任何浪漫的事情,则以边相连。当研究人员参考该图研究性疾病传播的蔓延时,其中所包含的一个超大连通分量很明显地成为研究的重点。也许某一高中生在这18个月中仅有一名伴侣,但他(她)却从未想过,其实自己是这个连通分量中的一员,并且因此成为性疾病传播途径的一部分。

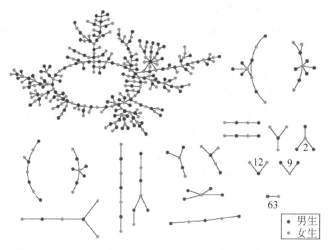

图 2.7　一所美国高中在 18 个月期间的恋爱关系描述图[49]

正如贝尔曼、穆迪和斯托夫在研究该网络的论文中所述："该结构所反映的关系也许早已结束，或者相应的关系链过长，难以成为人们的关注点。重要的是，它们是真实的，正如社会现实，只有考虑了个体行为的总体才有可能展现其宏观结构。"

2.3　距离与先宽搜索

除了单纯讨论两个节点之间是否有路径相连，另一个有趣的问题是如何计算路径的长度。在交通运输、互联网通信以及新闻和疾病传播中，中转的次数，或者说"跳数"往往是问题的关键所在。

为了能够更精确地讨论这个概念，我们定义一条路径的**长度**为其所包含的边数。例如，图 2.3 中，路径 MIT、BBN、RAND、UCLA 的长度为 3，而路径 MIT、UTAH 的长度为 1。可以利用路径长度的概念来讨论图中两个节点是靠近还是远离。我们定义**距离**为图中两节点间的最短路径长度。例如，LINC 和 SRI 的距离为 3，当然这是先确定了它们之间没有长度为 1 或长度为 2 的路径存在。

1. 先宽搜索（又称广度优先搜索法）

对于图 2.3 所示的简单图，可用肉眼判断两个节点间的距离，但对于多数较复杂的图而言，则需要系统化的方法来计算节点间的距离。

最普遍，也是当今使用计算机来计算大型网络中节点间距离最有效的方法，就是你可能会在"全球友谊图"中使用的方法，如图 2.8 所示。

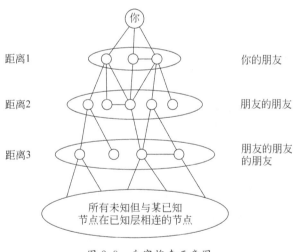

图 2.8　先宽搜索示意图

（1）首先，定义你的每个朋友和你的距离均为 1。

（2）其次，找到他们所有的朋友（但需排除这其中已是你朋友的人），并定义他们与你的距离为 2。

（3）然后，再找到（2）中所有人的朋友（需排除已经在 1 和 2 中出现过的人），并定义他们与你的距离为 3。

（4）以此类推，按次序访问，每次访问与刚才被访问过的节点相邻但未曾被访问过的节点,直到所有相邻的节点均被访问过为止。

上述方法称为**先宽搜索**(breadth-first search,又称"广度优先搜索"),其要点是以某一节点为出发点,优先访问所有与之相邻的节点。该方法不仅可以应用于节点距离的计算,还可以在很多其他方面得到广泛应用,例如图结构的组织、根据某一已知节点按距离安排图中其他节点位置等。

当然,除上述用来描述先宽搜索的社交网络之外,该搜索方法可广泛应用于任何图结构。我们只需按分级的方式,一级一级地搜索,当访问过一级节点后,再根据与该级节点相邻却与之前节点均无重复的节点建立新的级,以此类推。例如,图 2.9 描述的即为图 2.3 中从 MIT 到 ARPANET 图中其他各点距离的方法。

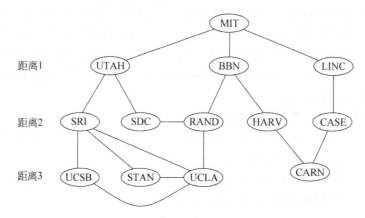

图 2.9　1970 年 12 月 APRA 计算机网中 MIT 到各点距离先宽搜索示意图

2. 小世界现象

基于前面关于连通分量所展开的讨论,可以从大型网络中的距离观察到一些有趣的问题。回到"全球友谊图",我们发现,当初解释为什么你属于一个超大连通分量的论点背后有着更惊人的特性:你和朋友间的路径不仅可延伸至世界相当比例的人群,这些路径实际上都惊人地短。假若你有一个出生在另一国家的朋友:通过他,到他父母,再到他们的朋友,仅仅三步,你就可能联系到世界上另一个截然不同的角落,路径终端的那些人很可能和你毫无共同点可言。

这便是著名的**小世界现象**(small-world phenomenon)。当你发现,通过如此短的朋友路径,即可联系到几乎世界上的任何人,世界也因此看上去变小了。相比之下,与之相关的六度分隔理论也许为更多人所知。该理论出自约翰·格雷[200]的一部电影的名称,特别是这部电影的一句经典台词:"在这个世界,任意两个人之间,只隔着 6 个人。六度分隔,在这星球上的任何两人之间"。

20 世纪 60 年代,斯坦利·米尔格拉姆和他的同事们第一次就这一概念进行了实验,并得出了这一具有历史意义的数字"6"[297,391]。当时的实验经费仅为 680 美元,而且实验也没有当今这些大型社交网络数据库的支持。在如此的实验条件下,米尔格拉姆教授尝试证明,世界上所有人之间均有很短的朋友链相连。为证明这一观点,他随机征集了 296 名志愿者作为"起始者",分别让他们传递一封信件给"目标人物",一位住在波士顿近郊的股票经纪人。每一位起始者都会得到这位目标人物的一些信息(包括他的地址和职业),之后,把信交给他认为有可能把信送到目的地的熟人,可以亲自送或者通过他的朋友。每封信均通过朋友链的形式顺序传递,以此形成一个趋近于目标人物的朋友链。

　　图 2.10 为实验中 64 个成功将信送达目标人物的路径长度分布图,其中间长度为 6。20 年后,这一数字出现在格雷的电影中。实验中,成功传递的比例之高,传递路径之短,至今仍令人惊叹。当然,这其中也有一些我们需要注意的细节。第一,仅靠以上实验不足以证明“在这个世界,任意两人之间,只需要 6 个人相连”的大胆假设。实验中所设的“目标人物”过于简单,实验中仍有大量信件根本未达到目的地,并且,由于参与人过少,该实验不可复制[255]。第二,“人与人之间相连距离甚短”的事实,究竟有何现实意义?如此信息对当今社会的普通人,到底有何价值? 这是否意味着,人们真的在社会关系上彼此“紧密相连”? 米尔格拉姆教授在他的论文[297]中就以上问题进行了深入思考。他的结论是,若我们把每个人看成是一个小型社交圈的中心,那么“6 小步的距离”即转变为“6 个社交圈的距离”,对于相同问题的不同视角让“6”在此听起来像是一个很大的数了。

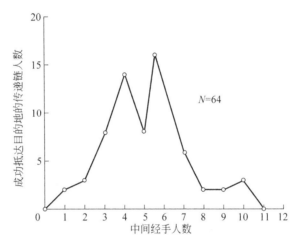

图 2.10　斯坦利·米尔格拉姆关于“小世界实验”论文中公布的成功
将信送达目标人物的路线长度分布图

　　除此之外,该实验为了解社交网络提供了重要参考。最初实验后的若干年间,各类相关实验最终得出了一个为许多人所认同的结论:社交网络中,任意两个人之间的距离都是很短的。即使你与知名首席执行官或政要之间有 6 步之遥的事实不会给你带来立刻的回报,但网络中所有这些短路径的存在,对于信息、疾病或其他什么具有传染性质的东西的传播速度有实质性作用,同时也给人们带来了更多更快接触各种机遇的可能性。所有这些问题,以及它们对于在社会网络中所发生的过程的影响,是一个含义丰富的话题,将在第 20 章详细讨论。

3. 即时消息,保罗·爱多士和凯文·贝肯

　　之所以达成以上关于“社交网络是小世界”的共识,其原因之一在于该认识已经在越来越多有网络结构的完整数据的社交网络中被验证。米尔格拉姆教授曾迫于压力尝试重现他的实验。实验内容仍是通过朋友网络传递一封信件,而这次的目标人物则是一位他不可能靠自己现有的人际关系联系上的人。然而,对于已知其图结构数据的社交网络,可以将所有信息导入电脑,再通过先宽搜索的方式来确定两个特定节点间的距离。

与之相关的一个大规模计算研究由法理·罗斯克夫(Jure Leskovec)和埃里克·霍维斯(Eric Horvitz)完成[273]。他们通过对 2.4 亿微软 MSN 活跃用户账号的分析,绘制了一个图。图中每个点对应一名用户。其中,任意两名用户若在一个月的观察期内有聊天记录,则他们之间以边相连。在研究期间,法理和埃里克同为微软的员工,有条件以研究的名义从微软的用户记录系统中获取完整的数据,因此,该研究不存在数据不全的可能。该图实际上是一个几乎包含所有节点的超大连通分量,但该连通分量中的距离却非常小。事实上,MSN网络的距离与米尔格拉姆教授实验所得的数据近乎相同,其平均距离约为 6.6,中间数约为7。图 2.11 为 1000 名随机抽取用户间平均距离的分布图:为获取数据,首先对这 1000 名用户分别施行先宽搜索,然后将所得的结果相连,得出图中的曲线。采取以上用户抽样调查评估的原因主要如下:该图所含数据庞大,如果对每一个节点进行先宽搜索所耗费的时间将为天文数字。对于大规模图采取类似以上这种高效率的处理方法本身也是一个有趣的研究课题[338]。

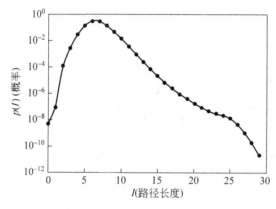

图 2.11　微软 MSN 全球活跃用户相隔距离分布图

从某种意义上说,图 2.11 所示的曲线已经开始以惊人的方式接近米尔格拉姆教授和他的同事们试图了解的问题:在全球友谊网中,人与人之间真实距离的分布情况。同时,如何通过这种海量数据的处理来实现所关心网络的测量,仍有许多问题待解决,该问题将在本书后续章节中不断地被提及。在这种情况下,即便是像微软即时消息分析这样的海量数据研究,仍与米尔格拉姆教授所期望的目标有一定距离:该研究只是通过技术手段,以 MSN 聊天记录来判断,在特定的时期内,一个人都与谁有过交流,却无法确定他们是否为真正意义上的朋友。

现在缩小研究范围:从数亿人的级别降至数百万人,研究人员同样发现了专业圈子内合作网络的短路径。例如,在数学界,作为该领域的核心人物,保罗·爱多士教授是圈内人士经常提及的对象——一位发表过超过 1500 篇论文的伟大数学家。为了更精确地表述这一概念,可以如图 2.6 所示定义一个合作图,图中节点代表数学家,而两节点间有边相连代表这两位数学家有合著论文发表(图 2.6 所表示的仅为一个单独的研究机构,而我们现在所要讨论的是整个数学界)。图 2.12 是一个小型的手绘合作图,其所有路径均指向保罗·爱多士[189]。现在,定义一个数学家的爱多士数(Erdös number)为他在该图中与爱多士相隔的距离[198]。值得注意的是,大多数数学家的爱多士数为 4 或 5,甚至于将该图研究对象的范围扩大至与数学学科相关的其他交叉学科时,大部分其他领域科学家们的爱多士数与数学领域的科学家们不相上下,或者仅仅大一点儿而已。例如,阿尔伯特·爱因斯坦①的爱多士数仅为 2,恩里科·费米②为 3,诺姆·乔姆斯基③和莱纳斯·鲍林④均为 4,弗兰西斯·克里克和詹姆斯·沃森分别为 5 和 6。由此可见,科学界真的不算大。

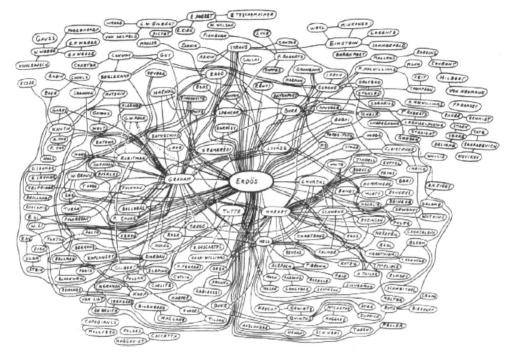

图 2.12   Ron Graham 手绘图,描述围绕保罗·爱多士的数学界合作图的一部分[189]

根据米尔格拉姆的实验、约翰·格雷的电影所启发的灵感,三名美国宾夕法尼亚州奥尔布莱特学院的学生,以"凯文·贝肯曾是好莱坞世界的焦点"为前提,在 1994 年前后把爱多士数的概念应用到了影视界:节点代表演员,若两个演员在同一部电影中出现,则他们中间以边相连,则一位演员的贝肯数为他在该图中与凯文·贝肯相隔的距离[372]。根据这个原则,通过引用网上电影数据库(IMDB)的演员列表资源,理论上可以计算出所有演员的贝肯数。相对于数学界而言,演艺界实际要小得多。IMDB 中所有演员的贝肯数平均值约为 2.9,其中鲜有人的贝肯数超过 5,这与一位一直利用业余时间尝试手动计算 IMDB 中贝肯数最大值的电影网络热衷者的结论不谋而合:"对于电影不变的挚爱支持我一直致力于在电影历史中寻找那些被人们忽略的深邃角落,直到一个周日的上午 10 点左右,我竟然在一部 1928 年出品的非常生僻的前苏联海盗电影 *Plenniki Morya* 中找到了这个令人难以置信的发现:其主演撒芬(P. Savin)的贝肯数为 7,而其他配角的贝肯数竟然为 8,这在整个电影界几乎是绝无仅有的"[197]。经过长期的探索,人们似乎终于在一部早期的前苏联

① 阿尔伯特·爱因斯坦(Albert Einstein),物理学家、思想家及哲学家。——译者注
② 恩里科·费米(Enrico Fermi),物理学家。——译者注
③ 诺姆·乔姆斯基(Noam Chomsky),语言学家,转换-生成语法的创始人。——译者注
④ 莱纳斯·鲍林(Linus Pauling),量子化学家。——译者注

电影中找到了电影世界所谓的"边界"。也可以说,从电影界的中心,只需要 8 步,我们就
走到了边界。

2.4 网络数据集概要

近年来,关于大规模网络的研究呈爆炸性增长,主要得益于人们可以得到越来越多的大
规模网络运行的海量数据。我们在本书的前两章已经看到了一些相关数据集的实例。下面
来看看人们是从哪里得到他们用于大规模网络研究数据的。

为了更客观地思考以上问题,我们首先注意到,人们研究一个特定的网络数据集,通常
有以下几个原因。其一,人们可能关心数据所属的领域,此时研究该数据集的细节就和研究
整体情况一样有趣。其二,人们希望借助该数据集作为代表,来研究真正感兴趣但可能无法
直接测量、研究的一个网络。举例而言,图 2.11 的微软即时信息分布图提供了在一个特定
社交网中人们相隔距离的分布情况,从而可以此为依据之一来估算全球友谊网络的分布情
况。其三,人们试图寻找在不同领域中普遍存在的某种网络属性。因而,如果在互不相关的
网络中发现相似的规律,则可以说明该规律在一定的条件下对于大多数网络具有某种普遍
意义。

当然,这三个因素往往在同一研究中的不同层面、以不同方式同时出现。举例来说,对
于微软即时消息图的分析帮助我们对全球友谊网络有了一些直观认识,从具体的角度而言,
研究人员其实对即时消息领域本身同样感兴趣,就一般角度而言,即时消息图的分析结果同
样适用于小世界现象框架。

最后来看大型网络的数据源。如果想要研究一个包含 20 人的社交网络,比如一家小型
公司,学校中的姐妹会或兄弟会,又如图 1.1 中的空手道俱乐部,那么研究策略之一就是采
访该网络中的所有人,直接请他们提供朋友的名单。然而,如果想要研究一个包含 2 万人的
社交网络,或包含 2 万个节点的其他类型的网络,在处理数据时就需要一个更加"聪明"的方
法:除了一些极个别的例子,不可能人工搜集网络内所有的信息,于是就需要考虑已有的数
据收集机制(以及所得到的数据)如何与研究目标关联。

在以上思路的基础上,先来讨论一些人们已经用于研究的大型社交网络数据。以下所
列出的结果仅为一些实例,谈不上完整,分类也不是很具有区别性,一个数据集可以用于刻
画网络的多种性质。

1. 合作图

合作图用于记录在一个限定条件下,人与人之间的工作关系。例如,在 2.3 节中所讨论
的两个实例:科学家之间的合著关系,以及演员间合作出演影视作品的关系。另一个社会
学界的著名案例是企业界高层人士关系图。该图中,两人间相连的条件为他们共同任职于
同一家世界 500 强企业董事会[301]。近年来,网络世界提供了一些新的例子,如维基百科关
系图(相连的条件为两人在维基百科编辑过同一篇文章)[122,246]和魔兽世界合作图(两个魔
兽世界用户相连的条件是他们在游戏中共同参与过一场突袭或其他类似活动[419])。

有时,人们研究合作图以了解其相关领域的一些情况。例如,研究商业圈的社会学
家对于企业间领导层的关系尤其感兴趣,于是可以通过一个合作图来了解他们在一些企
业董事会中的"同为成员"关系。另一方面,人们除了关心科学研究活动中的社会关系之

外,也可以通过该合作图所提供的直观信息而对该领域产生研究的兴趣[318]。通过使用在线文献目录,人们很容易跟踪查询到一个领域近一个世纪以来的合作模式,并以此为基础,尝试推断出这种合作模式对其他一些难以度量的社会结构的影响。

2. "谁和谁讲话"图

微软即时消息图是一个大型社交网络中一个月发生的对话信息的快照,包含几十亿条记录。它抓住了社区中"谁和谁讲过话"的结构。类似的数据集还有公司或大学中的电子邮件日志[6,259],以及电话通讯记录:在通话记录图中,节点代表电话号码,节点间的边代表两个节点在某一限定时期内曾有过通话记录[1,334]。完成类似的研究可以利用手机的小范围无线通讯技术来检测周围的类似通讯设备。通过为一组实验对象配备类似装置,可以记录他们在一定时间内的移动轨迹。科研人员可以在此基础上建立一个"面对面"图,来记录实验对象的实际联系情况:图中的每个节点代表携带该装置的人,如果两个人被测出在某一限定时期内物理距离较近,则将这两人以边相连[141,142]。

在这类几乎所有的数据集中,节点代表顾客、员工、学生或其他个人。这样的人群通常比较注重个人隐私,不愿意提供太多的个人信息(例如电子邮件、即时通信内容或电话通讯记录等),给相关科研机构作为研究数据使用。因此,针对这一类数据所做的研究通常被限制在一些特定的方式,以求保护数据中所包含的个人隐私。而这种对于隐私保护的考虑,在一些特定的情况下,例如在政府的情报搜集工作或公司的市场战略分析中,是一个重要的讨论议题[315]。

与这类"谁和谁讲话"数据相关,在经济网络测量中,记录一个市场或金融领域中"谁和谁交易"结构的方法已经在针对了解市场不同层面参与者的相关研究中被使用。该研究认为,市场参与者的差异将导致市场权力的不同以及商品价格的差异。这方面的研究越来越趋于用数学的方法来解释网络结构如何限制买卖双方,及其对结果产生的影响[63,176,232,261],这些内容将是本书第 10~12 章的重点。

3. 信息链接图

互联网快照是网络数据具有代表性的例子。节点代表网页,有向边代表从一个网页到另一个网页的链接。互联网数据在其规模和节点含义的多样性上脱颖而出:数以亿万计的零散信息,通过链接彼此相连。显而易见,这些信息并不仅仅因为某些人的兴趣而存在和关联,在巨大的信息集背后,存在着某种社会和经济结构:社交网站和博客网站中数以亿万计的个人网页,以及更多的公司、政府以及各种机构的网页信息在拥挤而繁杂的网络中都希望突出展现它们自己的形象。

要研究一个包含整个互联网规模的社交网络是相当困难的,仅仅有效地处理数据这一项工作已经可以成为一个独立的研究难点。因此,多数网络研究都是基于某个按兴趣分类的互联网子集,如博客关联图[264]、维基百科网页[404]或一些社交网站的网页,例如脸谱(Facebook)、我的空间(MySpace)[185]或一些购物网站的产品评估网页[201]等。

对于信息链接图的研究早在互联网之前就有了:**引文分析**(citation analysis)领域起源于 20 世纪初期,通过研究科技论文和专利的引用网络结构,来了解和推算某学科的发展过程[145]。引文网络至今仍为较流行的研究数据集,其原因和科技合著图一样,即使你对某一领域的发展史并不尽熟悉,引文网络可以帮助你轻易地追溯到早期的相关数据。

4. 技术网络

尽管万维网的建立基于众多优良技术的贡献,但仍不应该把它归类于技术网络的范畴。它更像是一个由人类创造出来的集思想、信息以及社会和经济结构于一身的事物在技术背景上的投影。然而,就像本书开篇中所提到的,近些年来,许多在社会学意义上有趣的网络数据产生于技术网络——其中节点代表物理设备,边则代表设备间的物理连接。相关的例子包括互联网上计算机的互联[155]或电网中各个发电站的连接[411]。

即便是这样的物理网络,最终也可被认为是表示各个公司、企业或组织间利益关系的经济网络。在互联网上,这可以表示为一个网络两个不同层面的视角。对低层面而言,节点代表单个计算机或终端设备,边代表两台设备间被物理相连。对高层面而言,节点实际被分为不同的组,称为"自治系统"(AS),每个组由不同的网络供应商控制。因此,在自治系统之间就出现了"谁和谁交易"图,称为"AS图",该图用来表示各个互联网服务提供商之间的数据传输关系。

5. 自然界中的网络

网络结构不仅存在于技术领域,也广泛存在于生物学和其他自然科学中,而且有一些生物网络引起了网络研究人员的特别关注。这里仅从人口层面到分子层面给出三个典型案例。

(1) **食物网**(food webs)。食物网表示生态系统中不同动物的"谁吃谁"关系[137]:每一种生物以节点来表示,若 A 以 B 为食,则 A 到 B 间以有向边相连。对食物网结构的研究可以帮助人们解释一些生物界的现象。例如,**生物连锁灭绝**现象(cascading extinctions):如果某一种生物灭绝,则以该生物为食的其他生物在没有其他食物替代的情况下也将因此逐渐灭绝,这种灭绝现象可以通过食物网解释为连锁反应。

(2) 生物体大脑中的神经关联结构。这是另一在生物界被重点研究的网络现象。每个神经元即为一个节点,而边代表两个神经元之间的连接关系[380]。对于线虫那样的低等生物,其整个大脑结构中包含 302 个节点和大约 7000 条边,人们已经基本完全搞清楚了[3]。而要理解高等生物大脑组织结构的详细情况,依然是当前科学技术无法做到的。然而,对复杂大脑中某些特定模块结构的研究,已经帮助人们在了解大脑结构中不同部分的连接关系上获得了显著的进步。

(3) 细胞代谢网。有许多方式来定义此类网络,大致而言,可用节点表示在一个代谢过程中起作用的化合物,而边则代表不同化合物间所起的化学反应[43]。人们希望对这些网络结构的分析能有助于理解细胞内部复杂的反应通路和调控反馈回路,也许可以针对干扰细胞代谢的病原展开一场"网络中心战"。

2.5　练习

1. 图论作为有效建模工具的原因之一在于它的灵活性。许多大型系统都可以通过图论语言来形式化该系统的性质,并用来系统地研究其结构。本章练习的第一部分,主要讨论上述过程的一个实例,该实例将引入关键节点(pivotal node)的概念。

　首先,第 2 章所讲的两节点间最短路径对应该节点间的最短距离。对于节点 Y 和 Z,若 X 存在于 Y 和 Z 间所有最短路径上,则称 X 为 Y 和 Z 间的关键节点(X 与 Y 和 Z 均不重合)。

　例如,在图 2.13 中,节点 B 是节点对 A 和 C、A 和 D 的关键节点(注意:B 并不是节点 D 和 E 的关键节点,因为 D 和 E 间存在两条不同的最短路

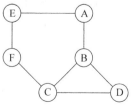

图 2.13　练习 1 示意图

径,而其中的一条(包含 C 和 F)并不通过 B。由此可见,B 并不位于 D 和 E 间的所有最短路径之中)。另一个例子是:节点 D 并非图中任意节点对的关键节点。

(1) 请列举一个图例,使其满足以下条件:该图中每个节点均为至少一个节点对的关键节点。请就你的答案给出合理解释。

(2) 请列举一个图例,使其满足以下条件:该图中每个节点均为至少两个节点对的关键节点。就你的答案给出解释。

(3) 请列举一个图例,使其满足以下条件:该图中包含至少 4 个节点,并存在一个节点 X,它是图中所有节点对的关键节点(不包括含 X 的节点组)。请给出合理解释。

2. 本题引入一组相关定义,以帮助我们规范化"一些节点可在网络中起到'看门'的作用"这一概念。第一个定义内容如下:对于节点 X,若存在另两个节点 Y 和 Z,使 Y 和 Z 间的所有路径均通过 X,则称 X 为门卫(gatekeeper)。例如,图 2.14 中,节点 A 即为一个看门节点,因为它位于节点 B 到 E 的所有路径中(除此之外,A 还位于其他节点组间的所有路径中,如 D 和 E 等)。该定义具有一个"普遍"特点:因其需要我们纵观整个图,以确定某一特定节点是门卫。相比之下,另一"本地化"版本将上述定义的条件限定在只需观察一个节点的相邻节点。将其规范化,即有以下定义:

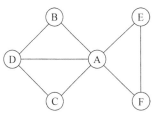

图 2.14 练习 2 示意图

定义一个节点 X 为局部门卫,若其满足以下条件:存在节点 X 的两个相邻节点,称为 Y 和 Z,其中间没有任意边相连(换句话说,X 为局部门卫的前提是,至少存在 X 的两个相邻节点 Y 和 Z,满足 Y 和 Z 分别有边与 X 相连,但彼此并不相连的条件)。如图 2.14 所示,节点 A 同时满足门卫和局部门卫的条件,而节点 D 仅为局部门卫,却不满足门卫的条件。注意:尽管 D 的两个相邻节点 B 和 C 彼此并没有边相连,但对于包括 B 和 C 在内的所有节点组之间均存在一条不包含 D 的路径。

综上所述,目前得到两个定义:门卫和局部门卫。每当讨论新的数学定义时,一个有效帮助理解定义的方法通常是:先从典型例子入手,随后将之理论化,再尝试将该理论应用于其他例子。请按以上方法来讨论下面几个问题:

(1) 给出一个图例(包含解释),满足条件:该图中超过一半的节点为门卫。

(2) 给出一个图例(包含解释),满足条件:该图中所有节点均不是门卫,但均为局部门卫。

3. 当试图就一个已知图中节点间的距离寻找一个单一的综合衡量标准时,容易想到两个自然的指标。一个是直径,我们定义它为图中任意两节点之间的最大距离;另一个是平均距离,我们定义它为图中所有节点对间的平均距离。

在许多图中,上述两个量在数值上非常接近,但在有些图中它们可能相当不同。

(1) 请给出一个直径比平均距离超过三倍的图例。

(2) 请根据你解答问题(1)的方法,说明你可以构造直径比平均距离大任意倍数的图。(换句话说,对于任意数字 c,你能否构造一个图,使其直径比平均距离超过 c 倍?)

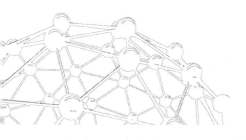

第3章 强关系和弱关系

　　网络在现今社会所扮演的重要角色之一,是将系统的局部与全局行为联系起来。研究网络,使人们有可能解释在单个节点与边的层次发生的简单过程波及开来在整体层面产生复杂效果的现象。本章主要围绕以下几个问题来讨论一些基本的社交网络概念:信息如何通过社交网络传播;不同的节点如何在这一进程中发挥独特作用;这些结构性因素怎样影响网络本身的演化。关于这三个问题的讨论将贯穿全书,在接下来的章节中以不同形式出现。本章将以社会学的一个著名假说"弱关系的力量"[190]作为切入点展开讨论。

　　首先从一些背景知识和一个启发性问题入手。20 世纪 60 年代末期,在马克·格兰诺维特①准备博士论文期间,他采访了一批最近更换工作的人,以了解他们是如何找工作的[191]。在采访中发现,多数人都是通过私人关系介绍或提供信息找到现在的工作的。其中,更加值得注意的是,被采访的人们所描述的私人关系对象,往往只是熟人,而非亲密的朋友。这个发现让人有些惊讶:一般来说,在找工作期间,你亲密的朋友应该是最愿意向你提供帮助的人,但为什么帮助你找到新工作的人往往是那些跟你关系一般的"熟人"呢?

　　格兰诺维特教授提出的这个问题的答案,将人们社会关系的两个不同角度连接起来——一种注重结构,关注点在于友谊关系在整个社交网中穿越的方式;而另一种注重关系本身,其关注点从两人之间的情谊出发,单纯考虑其关系的局部影响。从这个角度来看,该问题的答案已经超越了找工作本身,它给人们提供了一个思考社交网络结构的更为普遍的方法。为了更好地掌握这一视角,我们首先学习一些有关社交网络的基本原则及其演化历史,然后再回来讨论格兰诺维特问题。

3.1　三元闭包

　　第 2 章主要针对社交网络的静态结构进行了讨论,分析了在某一特定时间点上,节点和边的相互关系。然后在同一前提下,又学习了路径、连通分量、距离等相关概念。这种分析方式构成了思考社交网络问题的基础。事实上,许多数据集本身是静态的,为我们提供的仅是社交网络某一时刻的快照。而在针对社交网络的研究中,思考网络如何随时间的推移而

---

　　① 马克·格兰诺维特(Mark Granovetter),美国斯坦福大学人文与科学学院教授,曾任该校社会学系主任,他是20 世纪 70 年代以来全球最知名的社会学家之一,主要研究领域为社会网络和经济社会学。——译者注

演变同样具有积极意义。其中特别重要的,是导致节点的到达和离开,以及边的形成和消失的机制。

关于该问题的确切答案需要具体问题具体分析,其中,以下为最基本的原则:

在一个社交圈内,若两个人有一个共同的朋友,则这两人在未来成为朋友的可能性就会提高[347]。

我们将上述原则称为**三元闭包**(triadic closure),如图 3.1 所示。如果节点 B 和节点 C 有一个共同的朋友 A,则 B 和 C 之间一条边的形成就产生了图中三个节点(A、B 和 C)彼此相连的情形。在网络中,称该结构为三角形结构。"三元闭包"名称的由来,源于 B-C 边在该三角结构中为起到"闭合"作用的第三条边,因此也称为"三元闭合"。当观察同一社交网在不同时间点的两个网络快照,则通常会发现在后来的快照中,有相当数量通过三元闭包产生的新边出现,即两个在前一张快照中有共同朋友但相互不是朋友的人,在后来的快照中也成为朋友。图 3.2 所表示的是我们可能看到的图 3.1 中的社交网经过一段时间后所产生的新边。

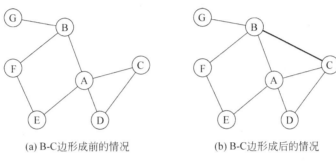

(a) B-C 边形成前的情况   (b) B-C 边形成后的情况

图 3.1 在 B 和 C 之间形成的边,解释三元闭包的效果

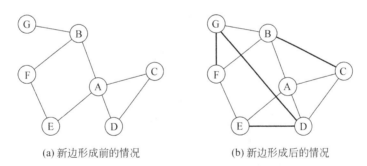

(a) 新边形成前的情况   (b) 新边形成后的情况

图 3.2 如果我们长时间观察一个网络,有些边会通过三元闭包形成,另一些也可有不同的形式

1. 聚集系数

三元闭包现象对人们形成社交网络中的一些测度具有启发性,尤其是那些体现趋势的简单测度,其中之一称为**聚集系数**(The Clustering Coefficient)[320,411]。节点 A 的聚集系数定义为 A 的任意两个朋友彼此也是朋友的概率。换句话说,A 的聚集系数即为与 A 相邻的节点之间边的实际数与 A 相邻节点对的个数之比。例如,图 3.2(a)中节点 A 的聚集系数是 1/6(因为与 A 相邻的 6 个节点对 B-C、B-D、B-E、C-D、C-E 和 D-E 中,仅有一个边 C-D),而在图 3.2(b)中所示的网络快照中,该系数增加至 1/2(因为在同样的 6 个节点对中,已有 3 个边 B-C、C-D 和 D-E 出现)。通常,一个节点的聚集系数范围在 0(该节点的朋友中没有

人互相认识)和1(该节点的所有朋友彼此也都是朋友)之间,且该节点附近的三元闭包过程越强,其聚集系数就倾向于越大。

2. 三元闭包的由来

三元闭包是一种非常直观和自然关系的描述,几乎所有人都能从自己的生活经历中找到相关的例子。不仅如此,经验还揭示了该关系运作的基本原因。当 B 和 C 有一个共同的朋友 A,他们成为朋友的几率就会增加。原因之一在于,他们和 A 的关系,直接导致他们彼此见面几率的增加:如果 A 花时间同时与 B 和 C 在一起,则 B 和 C 很可能因此认识彼此,并成为朋友。另一个相关的原因是,在友谊形成的过程中,B 和 C 都和 A 是朋友的事实(假定他们都知道这一点)为他们提供了陌生人之间所缺乏的基本的信任。

第三个原因是基于 A 有将 B 和 C 撮合为朋友的动机:如果 A 同时与 B 和 C 都是朋友,则 B 与 C 不是朋友的事实可能成为 A 与 B 和 C 友谊的潜在压力。这个认识的基础是早期社会心理学研究提出的相关理论[217],而且它也以一种自然却有些令人担忧的方式在公共卫生数据中有所体现。举例来说,贝尔曼(Bearman)和穆迪(Moody)发现[48],在社交圈中聚集系数较低的少女相比于该系数较高的人群更容易出现自杀倾向。

3.2 弱关系的力量

那么,如上所述的这些理论,又如何与马克·格兰诺维特的找工作问题相关联,显示出"较弱的关系相比较强的关系,更有助于给人带来新的工作机会"呢?事实上,三元闭包正是解释该现象的重要思想之一。

1. 桥和捷径

首先需要明确几个前提:好的工作机会信息相对稀缺,某些人从别人那里听到一个有前途的工作机会表明他们有获取有用信息的来源。现在,让我们考虑图 3.3 所示的一个简单社交网络状况。如图所示,A 有 4 个朋友,而其中的一段朋友关系与其他的有本质不同:A 和 C、D 和 E 的关系为一个闭合图形,其中每个人都与组中的其他人相连接;而 A 与 B 的关系似乎拓展到了另一个不同的社交网。我们可以就此推测,A 与 B 关系的结构特点将给 A 的日常生活带来不同以往的转机:在 A 的闭合朋友圈中,C、D 和 E

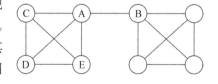

图 3.3 A-B 边是一个桥,删除了它,A 和 B 就落到图的两个不同的连通分量中了

有较大可能提供类似角度的意见和相近的工作机会信息,而 A 和 B 的关系则可能使他有机会接触完全不同的观点和信息。

为了更明确表示例子中 A-B 关系的特别,我们介绍以下定义。一个图中,已知 A 和 B 相连,若去掉连接 A 和 B 的边会导致 A 和 B 分属不同的连通分量,则该边称为**桥**(bridge)。换句话说,该边为其两个端点 A 和 B 间的唯一路径。

通过在第 2 章中关于超大连通分量和小世界现象的学习,我们可以了解,桥在实际社交网络中是极其罕见的。你可能有一个成长背景与自己完全不同的朋友,似乎友谊是连接你和他的唯一桥梁,但事实是,在这个纷杂的世界中,除了你们的友谊,总还有一些其他难于发现的潜在关联存在。换句话说,如果将图 3.3 延伸至一个更大的社交网络,则图 3.4 是比较可能出现的情况。

图 3.4 中,A-B 边并不是连接其端点的唯一路径,尽管 A 和 B 也许并没有意识到这一点——它们同时还通过一个较长的路径 F、G 和 H 相连。类似这样的结构在真实的社交网络中较之桥更为普遍,我们给出如下定义:若边 A-B 的端点 A 和 B 没有共同的朋友,则称边 A-B 为**捷径**(local bridge)。换句话说,删除该边将把 A 和 B 的距离增加至 2 以上(不含 2),则称该边为捷径。我们定义捷径的**跨度**为该边两端点在没有该边情况下的实际距离[190,407]。因此,图 3.4中,A-B 为跨度 4 的捷径;同时可以查看,该图中没

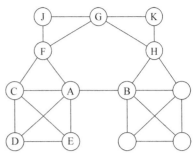

图 3.4　A-B 边是一个跨距为 4 的捷径,这是因为删除这条边,A 和 B 之间的距离增加到 4

有其他边为捷径,因为在删除该图中的任意其他边后,其顶点的距离均不超过 2。注意,捷径与三元闭包在概念上隐含着一种对立:一条边若是捷径,则不可能是三元闭包关系中的任意一边。

捷径,特别是跨度较大的捷径,其作用和桥无明显差异,只是不那么极端:其两个端点直接触及社交网的两个不同部分并可通过该方式获取原本离自己很遥远的信息。这是我们找到的第一个用来解释格兰诺维特教授关于找工作问题观察的社交网络结构。我们可以预计到,如果节点 A 需要获取全新的信息(例如找一份新工作),则对他提供帮助的很可能是(尽管不总是)一位通过捷径连接到的朋友。因为,在你所属的紧密关联的群体内,虽然每个人都热心地想要帮忙,但他们掌握的信息,多数你早已经知道了。

2. 强三元闭包性质

当然,接受格兰诺维特教授访问的人并不会说:"我是通过和我以捷径相连的朋友找到现在的工作的。"如果我们认为捷径在人们找工作的例子上被过分强调,我们又怎样认识所观察到的事实,即实际上更多是关系较远的熟人提供新信息呢?

为了便于讨论,需要区别社交网络中不同关系的强度。在为"强度"下确切定义之前,先明确其所要表达的意思,即关系的强度越大表示友谊越亲密,且互动越频繁。一般来说,关系的强度可以是一定范围内的任意值,然而,为了简化概念,并与我们的朋友/熟人二分原则相匹配,将社交网中的所有关系归为两大类:**强关系**(较强的关系,相对应朋友关系)和**弱关系**(较弱的关系,相对应熟人关系)①。

一旦决定了按强关系和弱关系将关系分类,就可以来标注社交网络中的每一条边(强或弱)。例如,我们让图 3.4 所示社交网中各节点报告所相邻节点中哪些算朋友,哪些算熟人,

①　将本来应该是用一个范围来表示的关系强度简化为两类关系(强/弱)已经是粗略了,还有一些其他的微妙之处需要理解。例如,这里所讨论的只适合社会网络的一个"快照",将其中的关系分为强和弱两种,但实际上社会网络中的关系强度会随时间和情形改变。比如,公司的一个员工被临时安排到另一个部门工作一段时间,她可能会发现原来的社会网络关系的结构基本一样,但与新部门的那些人的关系增强了(因为更频繁地接触),而与老部门的那些人的关系减弱了。类似地,一个高中生可能会发现在赛季他与一个特别运动队的队友的关系变强了,但在赛季外的时候则与某些队友的关系变弱。尽管可以主要考虑到这些因素,但对我们的目的而言,我们总认为在分析过程中的关系分为两类,且不会改变。

据此将该图标注,如图 3.5 所示。

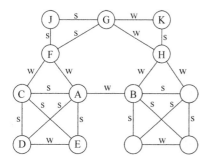

图 3.5 为图 3.4 社会网络的每条边打上表示关系强度的标签,s 表示强关系,w 表示弱关系

现在将强关系和弱关系的概念应用于三元闭包关系。首先,回顾在讨论三元闭包关系时所包含的几个重要因素:机会、信任、动机。当所涉及的边是强关系时,这三个因素均会发挥更大的功用。由此有以下定性的假设。

假设:设在社会网络中有 A-B 边和 A-C 边。如果这两条边都是强关系,则很有可能形成 B-C 边。

为了将以上讨论具体化,格兰诺维特给出了以下更为正式(也较为极端)的定义。

定义:若节点 A 与节点 B 和 C 均有强关系,但 B 和 C 之间无任何关系(强或弱),则称节点 A 违反了强三元闭包性质。否则,称节点 A 满足强三元闭包性质。

根据如上定义,可以检查图 3.5 中所有节点均满足强三元闭包性质。而如果将 A-F 边性质改为"强关系",则节点 A 和 F 均违反了强三元闭包性质:节点 A 与节点 E 和 F 均为强关系,而节点 E 和 F 之间并无 E-F 边相连;节点 F 同时与节点 A 和 G 强相连,而节点 A 和 G 并无直接关系。需要注意的是,根据定义,该图中节点 H 也满足强三元闭包性质:事实上,H 不可能违反该性质,因为它与相邻节点的关系中仅有一个为强关系。

显而易见,强三元闭包性质的极端性使我们不会指望大型社交网络的所有节点都满足,但它作为将实际问题抽象化的重要步骤,使我们能够进一步推理强关系和弱关系的结构性含义。正如在初级物理课上研究球体飞行时,常忽略空气阻力的影响。同理,在讨论社交网络问题中,一个相对严格的假设可将研究环境简单化,从而有利于问题的分析。现在将沿着已有的假设继续讨论,然后回到最初的问题,来观察这些概念如何作用于该命题。

3. 捷径和弱关系

现在已将网络中的连接关系明确划分为两大类:强关系和弱关系,这是一种纯粹局部的概念。同时,又将社交网中的边区分为捷径和非捷径,这是一种全局的结构性概念。表面上看,这两个概念间并无直接关系,但实际上,通过三元闭包概念,可以在这两者间建立起一种联系,如下所述。

断言:社交网络中,若节点 A 满足强三元闭包性质,并有至少两个强关系边与之相连,则与其相连的任何捷径均为弱关系。

换句话说,在假设满足强三元闭包性质及充分数目的强关系边存在的前提下,社交网络中的捷径必然为弱关系。

我们可以按照数学的方法来证明该断言,即说明它可以从定义出发,逻辑上推导出来的结果。这个意义上,该断言有别于第 2 章中所见的关于全球友谊网络包含超大连通分量的陈述。那是一种思辩推断(尽管具备相当的说服力),它首先要求我们相信各种关于人类友谊网的经验性表述,这些经验性表述在经过对社交网络的数据收集和分析后可能被证实,也可能被推翻。这里,我们已经对一些概念进行了数学定义,特别是捷径和强三元闭包性质,因此可在此基础上对上述断言进行论证。

论证过程实际上非常简单。使用反证法,设已知一社交网络及一节点 A,满足强三元闭包性质并涉及至少两个强关系边。现在假设 A 与 B 之间有一捷径相连,且该捷径为强关系。现需要证明以上假设是不可能成立的,其中的要点如图 3.6 所示。首先,因为 A 至少涉及两个强关系边,于是 B 只是其中之一,则 A 必与另外的某节点(称为 C)以强关系相连。试问:B 和 C 间是否有边相连?因为 A、B 间的边为捷径,则 A 和 B 必没有共同的朋友,则 B-C 边不存在。但由强三元闭包性质可知,由于 A-B 边和 A-C 边均为强关系边,则 B-C 边必然存在,两者相悖。由此可知,这样一条同为捷径和强关系的边是不可能存在的。

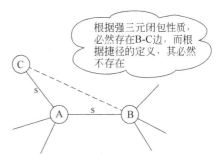

根据强三元闭包性质,必然存在B-C边,而根据捷径的定义,其必然不存在

图 3.6 若 A-B 边是一个强关系,则 B 和 C 之间必须有一条边,于是 A-B 边不能是一个捷径

该断言在网络中的局部属性(关系的强度)和全局属性(捷径与否)之间建立了一个联系,同时也为我们提供了一种将纯人际关系和网络结构相关联的新型思考方式。然而,由于该论证基于一个很强的假设(主要指强三元闭包性质),在此有必要对这种简化假设对于研究该类问题所起到的重要作用略作说明。

首先,简化假设有助于从实际例子中获取定性结论,即使假设条件不够严谨。例如,数学论证也可以用生活化的语言来总结为:节点 A 和 B 间的捷径必须是弱连接,否则,根据三元闭包原理,就很可能会形成另外的短路径将 A 和 B 连接起来,从而使 A-B 边不成其为捷径了。我们仍可以通过初级物理课的内容来进行类比。虽然推导出小球的完美抛物线飞行轨迹的假设在现实世界并不存在,但是使用该假设所推导出的抛物线轨迹却具有非常重要的现实意义。

其次,当假设条件比较明确,就像前面的例子一样,就比较容易用真实数据来测试。在过去的几年中,科研人员就关系强度和网络结构在人数众多的社交网中的定量关系进行了研究。研究表明,先前所描述的结论在实际中也是近似成立的。下节将讨论与之相关的一些结果。

最后,该分析为一些一开始看上去令人不知所措的问题提供了一个具体的思考框架,就好比一个新的工作机会往往藏匿在与某个不太常联系的熟人关系中。该论点想要说明的是,这些为我们带来新的信息资源和机会的社交关系,其在社交网中的"跨度"概念(捷径属性)事实上和它们作为"弱社交关系"有着直接的联系。这种关系虽然是弱的,但很有价值,它将我们引入了社交网络中难于达到的部分,这正是弱关系所带来的惊人力量。

3.3 大规模数据中的关系强度与网络结构

社会网络的结构特性与边的关系强度之间的关联,产生了关于现实生活中社会网络组织的有趣理论推测。然而,自格兰诺维特首次提出关系强度这一观念之后的很多年,由于很难找到可靠地反映现实中大规模社会网络中关系强度的数据,这些推测一直没有得到大范围的社会网络验证。

随着数字通信的出现,这种状态迅速得到改变。这种"谁和谁讲话"的网络数据显示出两个要素:两两通信的人们之间形成的网络结构,以及通过两人谈话的一些情况看出他们的关系强度的指标,例如在所观察期间谈得越久,表明关系强度越高。这些正是对弱关系假说进行实验性评估所需的。

以此种方式进行综合研究,欧尼拉等人通过覆盖全国人口 20% 的手机通信量,来研究"谁和谁讲话"网络[334]。其中,节点即手机使用者,在 18 周的研究期内,如果两个手机相互向对方发起过通话,那么就形成了由这两个手机使用者作为节点组成的一条边。由于手机在普通人中更广泛地用于私人通信(而不是用于商务目的);又由于不存在手机号码的总目录,意味着手机号码通常是在已经相互认识的人之间交换,于是这其中隐含着的网络可被视为在一个国家的社会网络中发生谈话的一个合理样本。此外,该数据显示了在第 2 章中所讨论的大型社会网络的许多结构特性,包括超大连通分量,即拥有网络中大多数个体(大概84%)的一个连通分量。

1. 弱关系与捷径概念的推广

前几节中的理论基于两个定义,强调明确的二分法:即一条边要么表示强关系,要么表示弱关系;要么是捷径,要么不是。当我们考察大量真实数据时,对这种定义进行一定程度的平滑处理会更有用些。

我们前面提出一种如此处理关系强度的思路:可以将一条边的强度数值化,设定为这条边两端通电话的分钟总数。一旦数值化,就可以将边按照其关系强度排序。这样,对于一条指定边,我们就可以问它排在所有边中的前百分之几。

由于手机通话数据中只有很少的边是捷径,我们可以放松该定义,将某些边看成是"差不多是捷径"。由此,定义一条边(A-B)的**邻里重叠度**(neighborhood overlap)如下式:

$$\frac{\text{与 A、B 均为邻居的节点数}}{\text{与 A、B 中至少一个为邻居的节点数}} \qquad (3.1)$$

其中,分母部分不包括 A 和 B 本身。以图 3.4 为例,考虑 A-F 边。A-F 邻里重叠度的分母取决于 6 个节点 B、C、D、E、G 和 J,因为它们至少是 A 或 F 的邻居。但只有节点 C 既是 A 的邻居也是 F 的邻居。所以,A-F 的邻里重叠度为 1/6。

该定义的一个关键特性是,当分子为 0 时,这个比率为 0,对应的边是捷径。捷径的概念包含在该定义中,即捷径是邻里重叠度为 0 的边,因此我们可以把邻里重叠度很低的边粗略视为捷径。(直觉上我们可以想到,邻里重叠度很低的边对应的节点所涉及的"社交圈"很少有共同节点。)例如,按照该定义评价图 3.5 中的边,A-F 要比 A-E 更接近捷径,这也是和直觉相符的。

2. 关系强度与邻里重叠度的实验结果

用这些定义,我们可以基于格兰诺维特的理论预测,定量地提出一些基础性问题。首先,我们可以问一条边的邻里重叠度与它的强度的相关性。关系的强度理论预测邻里重叠度随着关系增强而增加。

实际上,这种相关性十分清晰地体现在数据中。将网络中的边按它们的关系强度排序,图 3.7 表明了它们的邻里重叠度与其在排序中的百分位之间的函数关系。这样,x 轴越往右,边的强度就越大,并且因为这条曲线以醒目的线性方式增长,

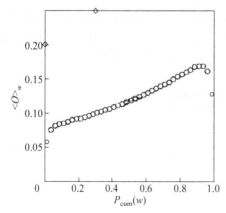

图 3.7 边的邻里重叠度作为所有边按照关系强度排序的百分位的函数

也就对应有越来越强的邻里重叠度。这两个量之间的关系从而与理论预测相当一致①。

图 3.7 反映出来的测量描绘了关系强度和局部网络结构(节点的邻居)的一种联系。考虑如何用这种数据来评估理论预测的全局性结果也是很有意思的。所谓全局性结果指的是弱关系起到将包含大量强关系的紧密社区连接起来的作用。此处,欧尼拉(Onnela)等人给出了一种间接的分析,如下所述。首先,从强度最强的关系开始,按序逐一从网络中进行边删除。由于节点间连接的删除,超大强连通分量会随之逐渐变小。然后,他们做同样的操作,但是从强度最弱的关系开始,按强度的升序进行边的删除。在这种情形下,他们发现超大连通分量缩小得更加迅速;而且,一旦一个临界数量的弱关系被删除,其残余部分会突然分裂。这个结果与理论预测是一致的,即弱关系在不同社区之间提供了更加关键的连接结构,将分散的社区连接起来,保持了超大连通分量全局结构的完整。

毕竟,这仅是在这种规模的网络数据上评估关系强度理论的第一步,它说明了一些固有的挑战:对于这种规模和复杂性的网络,我们不能只是简单地观其结构,试图"看其中有些什么"。一些间接的测量一定是需要的,因为人们对任何特定节点或边的含义或重要性都了解其少。总结出更加丰富和详细的结论,依然是一个挑战。

3.4 关系强度、社交媒体和被动参与

如今越来越多的社交活动在线进行了,我们一直维护和利用社会网络的方式也开始改变。例如,使用社会网络工具的用户都知道,人们将大量朋友的信息作为自己个人信息的一部分显式记录在那些站点中。以往不是这样,朋友圈相对来说是隐含的,即便是列举或者想一遍自己的朋友,对一个人来讲都是相对困难的[244]。这种情况对社会网络的结构有怎样更广泛的影响?理解这种由技术形式带来的变化是一种挑战,早在互联网在公众中流行的初期,巴瑞·威尔曼(Barry Wellman)等研究人员就提出了这样的问题[413, 414],并且一直以来不断扩大其范畴。

关系强度在这类问题上表现出其重要性,它提供了一种语言,让人们可以思考在线社会活动是怎么分布在不同类型的连接上的,特别是如何分布在不同强度的连接上的。当看到人们在社会网络站点上维护上百人的好友连接时,我们不禁会问这些连接中有多少对应强关系,即彼此经常联系;有多少对应弱关系,即相对交往很少。

1. 脸书(Facebook)的关系强度

研究者已经开始利用来自最活跃的社会媒体站点的数据来分析关系强度这类问题。在脸谱公司,卡梅伦·马龙(Cameron Marlow)和他的同事们分析了记录中每个用户资料的友情链接,希望了解每个链接实际用于社交活动的程度,这已超出记录中的内容[286]。换言之,一个用户与朋友之间存在的强关系体现在哪些方面?为了用现有的资料进行精确的分析,基于一个月观察期用户的使用情况,他们定义了以下三个类型的连接。

- **表示双向关系的连接**。在观察期内,如果用户不仅发出信息给连接另一端的朋友,也收到来自他们的信息。

---

① 当然,注意到图 3.7 中的最右边偏离了这种趋势也是有意思的,那些边具有最大的关系强度。对于这种偏差形成的原因不是很清楚,但很可能是,这些关系强度极强的边与用特别方式打手机的人们有关系。

- **表示单向关系的连接**。如果用户向另一端连接的朋友发出一个或多个信息（不考虑对方是否有回复）。
- **表示保持关系的连接**。如果用户关注连接另一端朋友的消息，不考虑是否有实际的信息往来，"关注对方消息"在这里表示要么通过 Face book 的新闻提醒服务（即提供朋友的更新信息）点击有关内容，或者至少两次访问朋友的信息概要。

注意，这三个类型不是相互排他的。例如，属于互相联系的连接，也总是属于单向联系连接的集合。

这种按照使用情况对连接分层的方式，让我们理解，像 Facebook 这样的站点，如何将所声明的好友关系，转化为关系程度不同的实际社会交互模式。作为一个反映这些不同交互模式的例子，图 3.8 表明 Facebook 一个样本用户的网络邻里，包括该用户的所有朋友，以及朋友间的所有关系。该图左上方表明用户资料中的被其承认的所有朋友的集合；其他三个图分别表示保持关系、单向关系和双向关系这三个关系类型，其中的联系一个比一个稀疏。此外，当限制到较强联系时，网络邻里的某些部分变弱的过程比其他部分更快。例如，图 3.8 例中用户的邻里，可以看到两个有大量三元闭包的区域：一个在图的上半部，一个在图的右侧。然而，当限定连接仅为联系或保持关系，可以看到在图的上半部这种连接要比右边部分多许多。那么，可以猜想右边部分表示用户的一些比较早期朋友的集合（或许是高中同学），他们彼此是朋友，但不是经常联系；另一方面，上半部分则包括较近期经常联系的朋友（或许是现在的同事）。

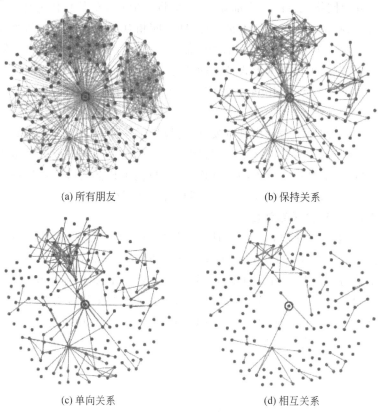

(a) 所有朋友　　　　　　　　　　(b) 保持关系

(c) 单向关系　　　　　　　　　　(d) 相互关系

图 3.8　有关 Facebook 用户的网络邻里的 4 个不同认识

我们可以通过图 3.9 的曲线来定量表达不同类型连接的相对份量。x 轴表示用户声明的朋友总数,曲线分别表示一种连接类型的数量。下面有几个有趣的结论。首先,此图确认了,即便用户在自己资料页公布的朋友总数很大(500 人左右),但实际联系的总数在 10～20 人之间,他们关注的人(例如阅读他们的资料)数不到 50 人。但在这个观察之外,马龙和他的同事们得到了一个进一步的结论,认为类似 Facebook 这样的媒介能够促进这种关注关系(passive engagement),即人们通过阅读朋友的信息来保持联系,即使没有通信。他们认为,这种关注网络处在一个非常有趣的中间地带,即处在保持时常交流的最强关系与完全没联系的最弱关系之间,后者常常仅存在于社会网络资料页的列表里。他们写道:"互相联系与关注关系的最明显不同表明了如信息订阅服务等技术带来的影响,如果要求这些人通过电话联系彼此,我们可能会发现类似互相联系网络的情况,即每个人只联系少数个体。但在一个大家都卷入关注关系的环境,某些事件,例如某家有新生儿或某人订婚了,会通过紧密联系的网络快速传出去。"

2. Twitter 网站上的关系强度

人们最近在社交媒体 Twitter 网站上也进行了类似的研究,用户利用最多 140 字的简短公开消息(称为"即时消息",tweets)参与微博这种社交活动。该网站同样具有社会网络的特性,也可以分辨出强关系和弱关系。每个用户都可以指定一组他希望关注的用户(从而可以看到他们发出的消息),也可以直接发送消息给特定的某人(在后面这种情况中,所发的消息依然是公开的,但会标注它是给特定某人的)。因此,第一种类型的互动定义了一个较弱关系的社会网络,用户很容易去关注许多人的消息而勿须直接和他们交谈。而第二种类型的互动,特别是对直接发送多条消息给其他人的用户来说,对应于一种较强的关系。

以类似马龙等人的方式,胡博曼、罗慕洛和吴分析在 Twitter[222] 网站的两种连接的强度比。具体来说,他们考虑每个用户在观察期所追随对象的个数,并且定义强关系意味着至少转发了两条消息。图 3.10 表明了强关系个数与关注对象个数的函数关系。如同在 Facebook 上看到的,即使有大量在线弱关系的用户,但强关系的数量也是相对不大;在这个例子中,稳定在 50 人以下,即使有超过 1000 的被追随者。

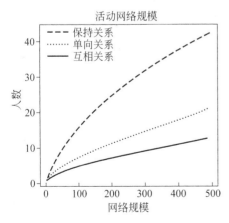
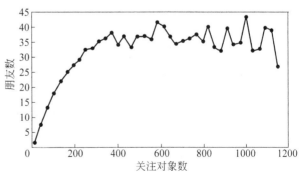

图 3.9　Facebook 用户中,单向关系、互相　　　　图 3.10　用户的强关系总数与他/她在 Twitter 上
　　　　　关系和保持关系的连接数量　　　　　　　　　　　关注对象数的关系

另外有一种考虑在 Facebook 和 Twitter 这样的环境下容易形成连接但强关系相对稀缺问题的方式。根据定义,每个强关系需要持续的时间投入和长期的坚持,而且即便愿意花费很多精力去建立强关系的人,最后所能实际维持的数也会达到一个极限,即受限于每天可利用的时间。限制弱关系形成的条件则宽松得多,只需要开始的建立,而没必要持续维护,从而一个人可以积累很多。在第 13 章中,当我们考虑社会网络从结构上是怎样不同于信息网络(如万维网)的时候,也会看到这种区别。

在线媒体对于维护和使用社会网络的效果是一个复杂的问题,有关研究还只是刚刚开始。但这些初步研究已经表明了,在线情况下,即使弱关系是大量的,强关系仍相对稀少,也显示了在线媒体的特性如何影响不同类型的连接传递信息的方式。

3.5 闭包、结构洞和社会资本

到目前为止的讨论说明了一个观察社会网络的一般方法,即社会网络是用弱联系连接起来的若干紧密群体。这种分析主要关注于网络中不同边在结构上充当的角色:多数边在某些致密联系的模式中,少数边跨越在几个不同群体之间。

分析结构中不同节点担当的角色,也可以得到许多进一步的认识。在社会网络中,并不是所有节点都有同等机会利用到那些跨群体的边:某些节点处在多个群体交界的位置,可以连接到跨越边界的边,而另外的节点都在单一群体内部。这种差别有什么影响呢? 跟随包括罗纳德·伯特(Ron Burt)在内的一些社会网络研究人员的思路[87],我们可以将这个问题的答案形式化,看成是节点在网络中的不同体验。以图 3.11 的网络为例,特别关心节点 A 和 B 的体验,前者在一个关系紧密群体的中心,后者在多个群体交界处。

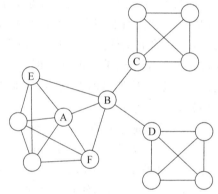

图 3.11 社会网络中节点 A 和 B 位置不同,体现关系紧密群体和跨界群体之间的不同

1. 嵌入性

先来看节点 A。节点 A 所属网络邻里有很强的三元闭包特征,它有很高的聚集系数。我们记得,一个节点的聚集系数即它的邻居中两两相互为邻居的情形在所有可能中的占比。

为了分析节点 A 周围的结构,下面这个附加定义是有用的。我们定义网络中一条边的"嵌入性"为其两个端点共同的邻居的数量。例如,A-B 边的嵌入性为 2,因为节点 A 和 B 有共同的两个邻居节点 E 和 F。该定义与前面的两个概念相关。首先,一条边的嵌入性,等于 3.3 节中定义的邻里重叠度的分子。其次,捷径就是那些嵌入性为 0 的边,因为按照定义,捷径是两个端点没有共同邻居的边。

图 3.11 的例子中,节点 A 的突出之处就是和它相关的边都有明显的嵌入性。社会学的一系列研究都试图论证,如果两个个体由嵌入性很高的边相连,他们就比较相互信任,他们就会对之间所发生的交往(社会、经济或其他)的诚实性有信心[117,118,193,194,395]。的确,共同朋友的存在,将两个人的交往行为"展现在"社会中了,即便那些行为是在私底下发生的。

如果交往的一方行为不端,潜在就会有来自共同朋友的社会制裁和信誉后果。正如格兰诺维特教授所说:"对于背叛好友的愧疚,即使没有被发现也仍旧存在。当一个朋友发现的时候,这种愧疚感可能会增加。而当我们共同的朋友发现这种欺骗背叛而告诉另一个人时,这会使你更加难以承受。"[194]

对嵌入性为 0 的边来说,由于没有那么一个人同时认识交往的双方,就没有这种潜在的威胁。在这个意义上,节点 B 与节点 C 和 D 的交往,就要比与节点 A 的交往有风险。此外,节点 B 的行为就会比较复杂,因为她涉及到对她具有不同预期的群体,导致她的行为准则具有潜在的矛盾性[116]。

2. 结构洞

到目前为止,我们一直在讨论图 3.11 中节点 A 的优势,由于其网络邻里的闭包,以及由此而产生的许多嵌入性较高的边,而自然增长。但社会学的一些相关研究(特别是 Burt 的具有影响力的工作)认为,网络中节点 B 所处的位置,虽然在大量捷径的末端,但同样也有一些基础性的优势。

这个论点的标准场景是代表一个组织或公司的社会网络,其中的人们一方面为共同的目标而合作,另一方面为个人职业生涯的发展暗自竞争。注意,尽管我们可以考虑在组织机构中的正式的层次结构(包括上下级关系等),但我们更关心那些非正式的人与人之间的沟通,谁认识谁,哪些人之间经常有交谈。对大型企业经理们的实证研究表明,一个人在公司的成功与他们对捷径的利用有关[86,87]。更一般地说,这些研究的中心论点也得到了我们一直讨论的网络原理的支持。下面进一步探讨。

回到图 3.11 的网络,把网络想象成表示在大型公司内部管理者之间的交往和合作。用 Burt 的话说,节点 B 用与她有关的多条捷径跨越了组织里的一个**结构洞**(structural hole)。结构洞看起来就是存在于网络中两个没有紧密联系的节点集合之间的"空地"。(与有严格数学定义的"捷径"不同,这里的"结构洞"是非形式化的。)下面要说明的是节点 B 所处的位置在多个方面要比节点 A 的位置优越。根据前几节的观察,第一种优势在于信息方面:节点 B 可以更早地获得来自网络中多个互不交叉部分的信息。每个人投入在维护组织中联系的精力有限,节点 B 通过积极联系多个不同的群体(而不是仅限于某个群体)更有效地投入自己的精力。

第二种优势在于,处在捷径的一端对其创造性有放大功能[88]。许多领域的经验表明,创新常常源自多个观点的意外合成,这里的每个观点本身或许是人们熟知的,但只是在不同且不相关的专业领域内部所熟知。因此,位于三个无交互群体交界处的节点 B,不仅可以得到这些群体的所有信息,还有机会整合来自不同群体的信息。

最后,网络中节点 B 的位置意味着某种社交"把关"的机会,该节点不仅可以控制节点 C 和 D 访问她所属的群体,还可以控制她所属的群体从节点 C 和 D 的群体获取信息。这样,这个位置给予 B 一种权力资源。可以想象,在这种情况下,某些人会试图阻止围绕他们所在的捷径形成三角形,例如从节点 C 或 D 产生一条到达 B 所在群体另一节点的边,很有可能会削弱 B 的社交"把关者"的地位。

这最后一点表明了节点 B 的利益不一定与其所属的群体整体的利益一致。对于组织机构而言,促进不同群体间的信息交流是有益的,但联系桥梁的建立会有损 B 自身在这些群体边界的权力。需要强调的是,我们这里对结构洞的分析主要是静态的,即研究网络在一个时间点上捷径的影响。进一步的问题是,这些捷径可以存在多久(因为有一种围绕它们形成三元闭包的力量,从而使它们不复存在)? 一个组织中的人们在多大程度上有意识地寻找捷径并试图保持它们? 这些都还不是很清楚,是人们正在研究的课题[90,188,252,259]。

总之,节点 A 和 B 的相对位置各有利弊。节点 B 在群体间交界的位置,说明她的交往不是嵌入在单一群体里,于是也很少得到网络邻居们的保护。另一方面,这种较冒风险的位置为她提供了访问多个群体信息的机会,可以控制信息流和重新整合这些信息。

3. 作为社会资本形式的闭包和桥

所有这些论点,都是围绕从一个社交网络结构中推导个体和群体利益的框架展开的,这很自然地与**社会资本**(social capital)的概念相关[117,118,279,342,344]。社会资本是一个已被广泛应用的术语,但其定义却十分困难[138]。波特斯教授①在他的综述文章中说:"在文献中关于社会资本的共识正在提高,它代表着行动者通过其在社会网络或其他社交结构中的成员地位保障其利益的能力。"[342]

"社会资本"一词的表述方式使它成为一系列不同形式资本的一种,都是作为有形或无形的资源,可以动员来完成一些任务。詹姆斯·科尔曼②和一些人在谈论**物理资本**(physical capital,帮助完成任务的技术等)和**人力资本**(human capital,个人实现目标的技能和才能)时讲到过社会资本[118]。皮埃尔·布迪厄③提出了一种相关但不同的分类,他从与**经济资本**(economic capital)与**文化资本**(cultural capital)关系的角度考虑社会资本。经济资本包括金融和有形资源,而文化资本则是一种文化的积累,其存在超出了任何个体的社会圈子,通过教育和其他大众社会机构传承[17,75]。

博尔加蒂、琼斯和埃弗里特[74]在总结社会学界讨论的时候,观察到术语"社会资本"在使用中含义变化的两个重要来源。其一,有时社会资本被视为一个群体的特性,将某些群体比其他群体的运行状态好的原因归诸于它们的社会结构或网络的优势。有时也被视为个体的特性,认为一个人拥有的社会资本与他或她在社会结构或网络的位置有关。其二,术语的变化来源在于看"社会资本"到底是纯粹属于某一群体内在的特性(仅基于群体成员间的社会交互),还是也基于群体与外界的交互。

这种一般性的看法并没有说明哪种网络结构对于创造社会资本是最有效的,本节之前提到过该问题的几个不同方面。科尔曼和其他学者关于社会资本的著作,强调了三元闭包和嵌入边的优势:它们可以强化行为准则和信誉的影响,因而能够保护社会与经济来往的诚信。另一方面,伯特讨论社会资本的时候,将它看成是"**闭包**"(closure)和"**中介**"(brokerage)之间的一种张力:前者即指科尔曼的概念,后者则指由于处于不同群体交界处,跨越结构洞的中介能力所带来的好处。

除了这些方面的结构性区别外,它们的对比也解释了对群体和个体的不同关注,以及群体内部的活动和它与更大群体的接触的不同。这种对比与罗伯特·普特南所说的**契结资本**(bonding capital)与**桥接资本**(bridging capital)[344]的二分法有关联,而这些术语的意思大致上分别相当于从联系紧密的群体内以及不同群体间的连接所产生的社会资本。

---

① 波特斯(Alejandro Portes),美国著名移民社会学家。——译者注
② 詹姆斯·科尔曼(James Coleman),美国著名社会学家。——译者注
③ 皮埃尔·布迪厄(Pierre Bourdieu),法国社会学家、人类学家和哲学家。——译者注

由此，社会资本的概念就提供了一种框架，基于它我们可以将社会结构看成是个体和群体有效行动的助推器；社会资本的概念也提供了一种讨论不同结构带来不同方面好处的方式。网络是这些研究的中心，其中既有紧密关联的群体，人们可以相互比较信任；也有不同群体间的连接，使得来自这些不同群体的信息得到融合。

3.6　深度学习材料：介数和图的划分

这是全书中一系列标注"深度学习材料"的第一节。"深度学习材料"出现在有关章节的最后部分，以数学的语言探索前面讲过内容的一些更深入的方面。这些内容仅是可选的，后面章节不会用到它们。同时，尽管这些章节涉及许多技术内容，但它们也是自封的，某些特别需要的数学知识通常会在有关"深度学习材料"一节的开始部分指明。

在本章中，我们对前面提到的若干基本概念给出具体的数学定义。本章的讨论阐明了一种考虑网络的方式，即联系紧密的区域和它们之间的弱关系。我们已经给出了一些概念的准确定义，例如聚集系数和捷径。在这个过程中，我们没有尝试去精确地讲什么叫"联系紧密的区域"这类概念，以及怎样形式化地刻画这类区域。

到目前为止，就我们的目的而言，能够比较通俗地谈论联系紧密的区域是非常有用的。根据所存在的背景不同，这个概念的准确含义也会不同，因此灵活性是有帮助的。但是，也有些场合，需要比较准确和形式化的定义。特别是，如果我们面对一个真实网络的数据，希望识别出那些稠密连接群体中的节点，形式化的定义就很关键。

因此，这里我们要来描述一种方法，它将一个网络分成一组关系紧密的区域，以及这些区域之间稀疏的互连。我们称此为**图划分**(graph partitioning，又称图分割)问题，称网络经过分割得到的组成部分为"区域"(regions)。设计一种图分割方法隐含地需要给出一组有关概念的定义，既在数学上可以处理又能实际应用于真实数据集。

为了得到这样一个方法的感性认识，来看两个例子。第一个例子如图 3.12 所示，画的是在网络研究方面一些物理学家和应用数学家为共同作者的关系网络[322]。回想第 2 章讨论的共著网络，是一种表达专业群体内合作关系的方式。从图中可以清楚地看到，这个社区中存在一些关系紧密的群体，某些人处在他们所在群体的边界上。的确，这看起来像是在一种大尺度范围内，类似于图 3.11 那种若干紧密群体的一些弱关系的情形。在我们视觉直觉之外，是否有一般的方法将这些群体从网络数据中抽取出来？

第二个例子如图 3.13 所示，是在第 1 章提到的怀恩·扎卡利研究过的一个空手道俱乐部的社会网络[421]：俱乐部的负责人(节点 34)和教练(节点 1)之间的不和导致分裂成两个对立的俱乐部。图 3.13 表现了这种网络结构，其中用灰度和白色节点分别表现了分裂后的两个俱乐部。现在，一个自然的问题是，是否这结构自身包含足够的信息来预测分界线？也就是说，是否这种分裂沿着两个联系紧密区域的弱界面发生？不同于图 3.12 的网络或本章之前的一些例子，这里两个有矛盾的群体之间依然有相当多的联系。所以，要辨别这种情况下的划分，我们需要找出更加微妙的信号，反映连接两个群体的边出现在较低"密度"的部分。我们会看到事实上这是可能的。

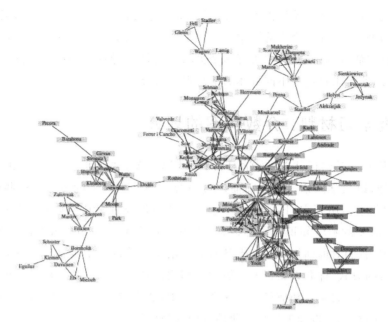

图 3.12 网络合作的物理学家和应用数学的数学学家分析网络

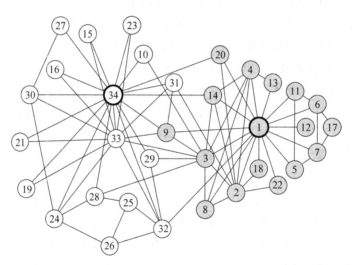

图 3.13 怀恩·扎卡利研究的一个空手道俱乐部关系图

3.6.1 图划分的一种方法

有许多不同的方法来划分一个图,将其分成一些联系紧密的区域。许多方法都很有效,它们在细节上可能相当不同,我们来看一些启发这些方法设计的不同思路。

1. 图划分的一般思路

一类方法着重在识别并移出那些在联系紧密区域之间的"跨接边"。一旦移出了这些连接,网络开始分裂成大块的碎片,在这些碎片内部,可以进一步识别出跨接边,如此继续进行。我们称这些方法为图划分的分割法,因为它们不断对网络进行分割。

另一种方法从问题的另一头开始,关注网络中关系最紧密连接的部分,而不是它们交界处的联系。这种方法找到可能属于同一个区域的那些节点,把它们合在一起。这么做之后,网络就由大量组块构成,每个组块包含紧密联系区域的一些种子;然后,找出组块可以进一步融合的组块,这样区域就"由下而上"形成了。我们称这种图分割方法为**聚集法**(agglomerative method),因为它们逐步将节点粘合到区域中来。

为了说明两种方法概念上的区别,让我们来看图 3.14(a)示意的简单图。直觉上,如图 3.14(b),在由节点 1~7 构成的区域和节点 8~14 的区域之间,存在一个很宽的分隔。每个区域里面,都有进一步的分化:左边,分成节点 1~3 和节点 4~6;右边,分成节点 9~11 和节点 12~14。注意,这个简单的例子说明了,图分割可以被视为产生自然嵌套的网络区域的过程,大区域包含许多更小甚至关系更加紧密的区域。这显然是与我们熟悉的日常生活画面一样。例如,将全球人口分成国家的群体,还可以将国家群体按区域进一步分成子群体。

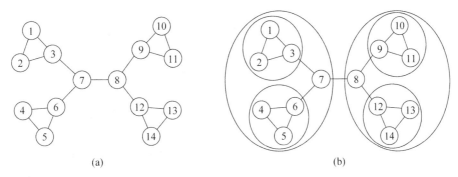

图 3.14　网络通常有很明确的关系紧密的区域

事实上,有不少图分割方法可以找出如图 3.14(b)中相嵌区域的集合。分裂方法一般首先从 7~8 边开始进行分裂,然后进一步考虑包含节点 7 和 8 区域的其他边。聚集的方法,与前一个方法是殊途同归,首先找到 4 个三角形,然后发现三角本身很自然地成双成对。

现在可以进行比较具体的讨论了,为此我们特别考虑 Girvan 和 Newman 提出的一种分割方法[184,322]。Girvan-Newman 方法近些年已被广泛应用,特别是在社会网络数据方面。不过,我们需要强调,图划分是一个很宽的领域,有许多不同的方法都在用。我们讨论的是一个特别漂亮并被广泛应用的方法。然而,理解在不同的情况下哪种方法更适合,依然是一个活跃的研究课题。

2. 介数的概念

为了启发图划分的分割法的设计,我们首先观察图 3.14(a),看看有哪些一般性原则会导致我们首先移除 7-8 边。

第一个观点由本章之前讨论的内容而来。由于桥和捷径常连接网络中联系不多的部分,所以要先将这些桥和捷径移除掉。实际上这个观点的思路是对的,但是它从两个方面看还不够强。首先,当同时存在几条桥时,没有告知哪条先被移除。正如图 3.14 所示,5 条桥中的某些比其他的能产生更合理的划分。其次,有些图,其中没有捷径,每条边都在一个三角形中,但还是存在一种自然的分割。图 3.15 是一个简单例子,我们可以看出节点 1~5 和节点 7~11 分别形成的联系紧密的区域,尽管没有捷径要移除。

然而,如果我们更一般地想想桥和捷径的功能究竟是什么的时候,可以得出 Girvan-Newman 方法核心的概念。捷径是重要的,因为它们存在于网络不同部分每对节点间的最

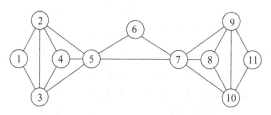

图 3.15　网络可以显示成多个关系紧密的区域,即使在这些区域间没有桥梁或捷径分隔

短路径中;若没有捷径,许多对节点间的路很可能需要改道了,导致较长的距离。因此,我们给出一种网络"流量"(traffic)的抽象定义,然后寻找承载最多流量的边。如同高速公路系统中的那些关键桥梁和主要干线,我们可以预计哪些边跨接在不同的高密度连接的区域之间,因而是分割法选择移除的合适对象。

流量的概念定义如下。对图中每一对其间存在路径的节点 A 和 B,想象有一个单位的流量,要从 A 流向 B(若节点 A 和 B 属于不同的连通分支,则它们之间没有路径,因而也没有流量的流动)。从 A 到 B 的流量,均分在所有可能的最短路径上:假设节点 A 和 B 之间有 k 条最短路径,那么每条路径上有 $1/k$ 单位的流量。

定义一条边的介数为其承载的总流量,将所有节点对引起的流量都计算在内。例如,我们可以计算出图 3.14(a)的每条边的介数如下。

(1) 首先分析 7-8 边。对于图左半边的每个节点 A 和图右半边的每个节点 B,它们之间的流量都要通过 7-8 边。另一方面,左右两边图内部的每对节点间的流量都不会用到这条边。因此,7-8 边的介数为 $7 \times 7 = 49$。

(2) 3-7 边承载了节点 1、2、3 和节点 4~14 之间所有的流量。因此,这条边的介数为 $3 \times 11 = 33$。6-7 边、8-9 边和 8-12 边也适用于这种推算。

(3) 1-3 边承载了除节点 2 外的从节点 1 到每个节点间的流量。因此,它的介数均为 12。根据对称原理可知,5-6 边、9-10 边和 12-14 边的介数也均为 12。

(4) 最后,1-2 边仅承载了其两端点间的流量,故介数为 1。相同情况的还有 4-5 边、10-11 边和 13-14 边。

因此,按照介数,选出 7-8 边是承载流量最多的边。

实际上,利用介数来识别重要的边,在社会学上已经有很长的历史了,大多数人认为是林顿·弗里曼(Linton Freeman)首先给出了明确的阐述[73,168,169]。传统上社会学家利用这种观点的时候,着重点在节点而不是边,定义基本上是一样的:一个节点的介数,即该节点所承载的总流量,(假设每对节点间的单位流量,均匀地分配在每条最短的路径上。)如同高介数的边,高介数的节点也在网络结构中占据重要的角色。的确,由于承载大流量代表其位置在关系紧密群体的交界处,因此介数与我们之前讨论的跨越社会网络结构洞的节点之间存在很清晰的关系[86]。

3. Girvan-Newman 理论:依次删除高介数的边

最高介数的边,即承载所有节点对之间最短路径上流量之和最大的边。基于这些边是连接网络不同区域的"要害"的认识,自然应被最先移除。这也是 Girvan-Newman 理论最核心的部分,总结如下。

(1) 找出一条或多条(是有可能的)介数最高的边,将它们从图中移除。这有可能导致该图分裂成多个部分。这样,就得到图划分的第一层区域。

（2）重新计算所有的介数,再将介数最高的边移除。这样可能会将一些部分分裂成更小的部分。这样,就会得到一些嵌套在大区域里的小区域。

（3）用此方法继续移除图中这样的边,每步都重新计算出介数最高的边,将其移除。

这样,图首先会分裂成较大的区域,然后大区域分裂成较小的区域,自然形成了关系紧密区域的嵌套结构。如图 3.16 和图 3.17 所示,我们看到图 3.14(a)和图 3.15 是如何利用这个原理得到分解的。注意小区域如何通过逐步移除大区域的高介数边后显现出来。

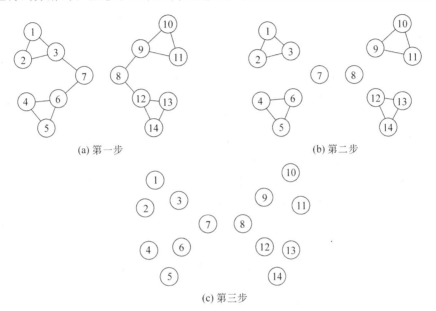

图 3.16　Girvan-Newman 理论实现的步骤

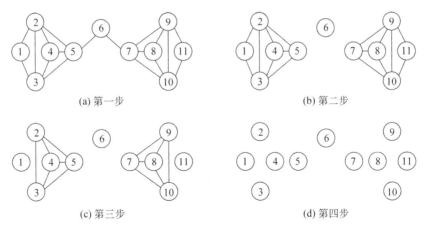

图 3.17　图 3.15 中的 Girvan-Newman 理论的分部详解

图 3.17 中的步骤序列实际上展现了这个方法的一些有趣之处。

（1）在第一步的介数计算中,5-7 边承载了节点 1～5 到节点 7～11 所有流量,其介数为 25。另一方面,5-6 边仅承载了节点 6 到 1～5 节点的所有流量,其介数为 5(6-7 边也同样)。

（2）一旦移除 5-7 边,第二步需要重新计算所有介数。这时,所有曾经通过这条被移除边的 25 个单位的流量,就会转移到这条包含节点 5、6 和 7 的路径上,因此 5-6 边(同样 6-7 边)的介数增至 $5+25=30$,这就是这两条边会在下一步被移除的原因。

在他们最初的报告中,Girvan 和 Newman 说明了该方法如何将一些真实的网络数据集划分成直觉上觉得合理的区域集合。例如,图 3.13 中扎卡利的空手道俱乐部网络,利用移除边的方法,得到第一次分成两部分的图,除了一人(即图中的节点 9)外,它和实际发生在俱乐部的分裂一致。在现实中,节点 9 加入了教练的俱乐部,而划分后的图的分析则预示他会加入负责人的俱乐部。

扎卡利当初对空手道俱乐部的分析,用的是不同方法,尽管也用到了网络结构。基于对空手道俱乐部内部关系的实际研究,他首先用边与边之间关系强度的数值估算,来补充网络的信息。然后找出一组关系强度最弱的边,将它们删除后使节点 1 和节点 34(对立一方的头)落到了不同的连通分量中,与他的预测相符。扎卡利所用的方法,即移除关系强度最弱的边,将两个指定的节点分开,称为图的 **最小切割**(minimum cut)问题,这是一个得到广泛研究和应用的课题[8,164,253]。对于空手道俱乐部的网络,这种最小切割方法得到如 Girvan-Newman 方法同样的分割,与实际发生的分裂(除了节点 9)一致。这种预言的一致性突显了不同的图划分方法可以得到相似结果。有趣的是,扎卡利追踪了节点 9 行为的异常性,归结到一个网络结构不能体现的因素:当俱乐部实际分裂的时候,对应于节点 9 的人还需要三周就可以得到黑带,以此完成他 4 年来的追求,而这件事他只能随教练(节点 1)才能实现。

在 Girvan 和 Newman 研究的其他例子中,他们对图 3.12 的合著网络进行了划分,所建议的顶层区域中的节点由不同的灰度表示。

毕竟,严格地评估图划分方法,形式化地说明一个要比其他方法都好是一个挑战,这不仅由于评估的目标难以形式化,还由于不同的方法对不同类型的网络具有不同的效果。进而,莱斯克弗等人的近期研究表明,在实际社会网络数据上,若网络的规模不大(例如在数百个节点量级),则比较容易从网络中分离出一个关系紧密的区域[275]。对一些不同的社会和信息网络的研究表明,超出了这个规模,要分离出来的那些节点变得比较"无法摆脱"网络的其余部分,这表明在这种数据上的图划分方法,对小网络和小区域的效果会不同于大规模图的效果。这是一个正在发展的研究领域。

在本章的剩余部分,我们讨论最后一个重要的问题:为了运用 Girvan-Newman 方法,如何实际计算介数值?

3.6.2　计算介数值

为了实现 Girvan-Newman 方法,在每步都需要先找出介数最高的边。具体做法是先算出所有边的介数,找出介数值最高的那条边。较难处理的部分是,介数的定义涉及每对节点间所有最短路径的集合。由于最短路径可能会有很多,能否有效地计算介数,但无需列出所有这样的路径?这对于在计算机上实现能处理像样规模数据集的方法是很关键的。

事实上,有一种更聪明的介数计算方法[77,317],它基于 2.3 节中先宽搜索的概念。我们从一个节点的角度来看图。对每个给定的节点,计算发自该节点的信息流在到达其他所有节点的过程中是如何分布到边上的。若对每个节点都这样计算,对于一条边来说,简单地把通过它的各个节点的信息流加起来,就得到它的介数。

我们来分析如何确定图中一个节点到其他节点的信息流。以图 3.18(a)为例,特别关注节点 A 到其他节点的信息流。有下面三个高层步骤,后面会有更详细的解释。

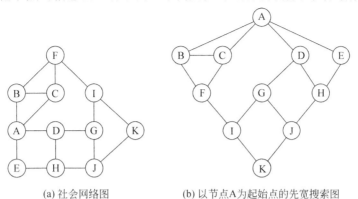

(a) 社会网络图　　　　(b) 以节点A为起始点的先宽搜索图

图 3.18　计算介数值方法的第一步:使用网络的先宽搜索

(1) 从节点 A 开始,执行先宽搜索。

(2) 确定节点 A 到其他每个节点的最短路径的数量。

(3) 基于这些数据,确定从节点 A 到其他所有节点的流量。

其中,第(1)步是先宽搜索,将一个图划分成由指定节点开始的若干层(这里的指定节点就是 A),所有在 d 层的节点到节点 A 的距离都为 d。此外,从节点 A 到位于 d 层的节点 X 的最短路径也就是从节点 A 向下向 X 移动所经过的路径,也就是用 d 步。图 3.18(b)说明从图中节点 A 开始的先宽搜索的结果,各个节点按照与 A 的距离向下分层摆放。这样就容易看到,从节点 A 到 F 有两条最短路径(每个长度为2):一个包含节点 A、B 和 F,一个包含节点 A、C 和 F。

1. 计算最短路径

现在来分析第(2)步,即计算出从节点 A 到其他每个节点的最短路径的数量。我们有一个顺着先宽搜索向下展开的非常简明的方法。

为了体会这个方法,考虑图 3.18(b)的节点 I。所有从节点 A 到 I 的最短路径,在最后一步必须通过上一层的节点,即要么经过节点 F,要么经过节点 G。(为简化术语,如果在先宽搜索中,节点 X 所在层为节点 Y 所在层的前一层,且节点 X 和 Y 之间有边,则称节点 X 在节点 Y 上面。)而为了找出到节点 I 的最短路径,这条路径首先必须通过节点 F 或 G,然后以节点 I 为终点。那么,从节点 A 到 I 的最短路径的数量,恰好是从节点 A 到 F 的最短路径的数量,加上从节点 A 到 G 的最短路径的数量。

我们把这个视为计算节点 A 到所有其他节点最短路径数量的一般方法,如图 3.19 所示。在第一层的每个节点都是 A 的一个邻居,所以它们只有一条从节点 A 开始的最短路径也就是从节点 A 到它的边。因此,每个这样的节点的值为 1。现在,先宽搜索逐层向下移动,我们运用上述推理可知从 A 到每个节点的最短路径的数量应为先宽搜索中到"上面"那些节点最短路径数量的和。通过逐层向下移动,我们就得到从 A 到每个节点最短路径的数量,如图 3.19 所示。注意,随着这个过程进展到较深的层次,通过视觉的检查可能并不那么容易算出这些数。例如,直接列出从节点 A 到 K 的 6 条不同的最短路径就要费点工夫。但如此一层层做下去,就相对容易了。

2. 计算出流量值

最后我们来分析第(3)步,计算从节点 A 到其他每个节点的流量在边上的分布。这里

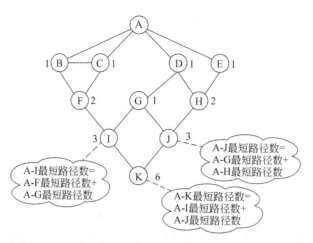

图 3.19   计算介数值的第二步：计算从节点 A 到网络其他节点最短路径的数量

还是需要用到先宽搜索结构,但这次是从最底层开始计算。首先通过图 3.20 的例子来说明基本思想,然后讲述一般过程。

- 首先从底部的节点 K 开始。一个单位的信息流到达节点 K,并且从节点 A 到 K 通过节点 I 和 J 的最短路径数量相等,这个单位的信息流被等量划分在两条边上。因此可将半个单位的信息流分别放在这两条边上。
- 现在开始向上移动,到达节点 I 的信息流总量,应该是留给自己的一个单位加上流向 K 的 1/2 单位,即总量为 3/2。这 3/2 信息流的总量如何从上层节点(F 和 G)流下来的,即如何在 F-I 边和 G-I 边上划分? 从步骤(2)得出,从节点 A 到节点 F 的最短路径数是到 G 的最短路径的两倍,于是从 F 应该流出两倍的信息流。因此,从 F 有一个单位的信息流出,从 G 有半个单位的信息流出,如图 3.20 所示。
- 继续用这种方法处理其他每个节点,通过先宽搜索逐层次向上移动。

总体而言,描述这个原理不是很难。当在先宽搜索的层次结构中自底向上进行,到达一个节点 X 时,将节点 X 下面的所有边的信息流加起来,再加上终结于节点 X 自身的信息流 1。(由于自底向上,当到达 X 时,我们已经知道了下面每条边的流)然后将这总流量按到达 X 的上层各节点最短路径数量的比例,划分在那些节点到 X 的边上。可以运用这个原理,检查图 3.20 中的数据。

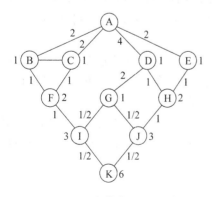

图 3.20   计算介数值的最后一步：计算节点 A 到网络中所有其他节点的流量值

现在我们基本完成了任务。对于网络中的每一个节点,建立一个从该节点开始的先宽搜索结构,按照这个流程得到发自该节点的信息流的值,然后将这些信息流值加起来,得到每条边的介数值。需要注意的是,对于每对节点 X 和 Y 间的信息流,我们计算了两次:一次是从节点 X 开始进行先宽搜索,一次是从节点 Y 开始进行先宽搜索。因此,最后我们对所有数据除以 2,以消除重复计算的影响。最后,用这些介数值,我们就能够找出介数值最高的边,并利用 Girvan-Newman 方法,将它们移除。

3. 最后的几点观察

刚描述的方法既可以用于计算边的介数,又可以用于计算节点的介数。实际上,这已经在第(3)步中出现了。注意到我们不仅记录了通过边的流量,而且也隐含地记录了通过节点的流量,这正是我们计算节点介数所需的。

这里描述的 Girvan-Newman 方法,基于高介数边的反复移除,体现了从概念上考虑图划分问题的一种很好的方式,也适用于中型网络(可多达几千节点)。而对于大型网络,在每一步重复计算介数值的要求,从计算角度看是非常费时的。考虑到这点,人们提出了多种不同方法,希望能更加高效地识别类似的关系紧密区域,它们包括对介数的近似[34],以及相关但更高效的分割和聚集法[35,321]。寻找能够快速处理极大规模数据的图划分方法,依然是人们很感兴趣的一个研究主题。

3.7　练习

1. 用两三句话解释什么是三元闭包,以及它在社会网络形成中的作用。如有必要,可以用图例来说明。

2. 分析图 3.21 中的图,其中每条边,除了连接 b 和 c 的边,以强关系(s)或弱关系(w)进行了标注。根据强关系和弱关系的理论,采用强三元闭包假设,你预计连接 b 和 c 的边该如何标注?请用 1～3 句话简明地进行解释。

3. 如图 3.22 所示的社会网络,每条边的属性不是强关系就是弱关系,哪些节点满足第 3 章中讲述的强三元闭包特性?哪些不满足这个特性?请解释你的答案。

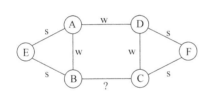

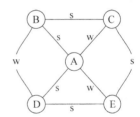

图 3.21　用于练习 2 的图,其中的边
　　　　带有强弱关系标记

图 3.22　用于练习 3 的图,其中的边
　　　　带有强弱关系标记

4. 如图 3.23 所示的社会网络,每条边的属性不是强关系就是弱关系,哪两个节点违反强三元闭包特性?请解释你的答案。

5. 如图 3.24 所示的社会网络,每条边的属性不是强关系就是弱关系,哪些节点满足第 3 章中讲述的强三元闭包特性?哪些不满足这个特性?请解释你的答案。

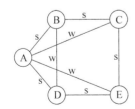

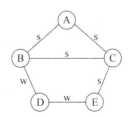

图 3.23　用于练习 4 的图,其中的边
　　　　带有强弱关系标记

图 3.24　用于练习 5 的图,其中的边
　　　　带有强弱关系标记

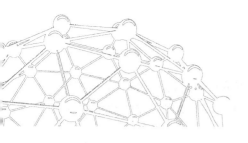

第4章 网络及其环境

第 3 章讨论了刻画社会网络的典型结构,以及影响网络中边的形成的一些典型过程。这些讨论主要针对网络本身,认为它们是独立于更广泛的世界而存在的。

然而,社交网络所在其中的背景对其结构有显著的影响。在社会网络中的每一个个体,都有某些特点,两个人特点之间的相似性及相容性能对他们之间是否形成连接产生重要影响。每个个体参与的行为活动也塑造了网络内部的连接。在这些想法的引导下,我们可以讨论所谓网络所处的环境或背景,即存在于网络的节点和边以外的因素,它们也会影响网络结构的变化。

本章我们将讨论这些因素是如何对社会网络的结构产生影响的。我们观察到,影响网络形成的那些背景,可以在某种程度上用网络的概念来讨论。通过扩充网络的概念,让它既表示个体之间的关系,也表示所在的背景,我们会发现,实际上若干不同的网络形成过程可以在一个共同的框架中描述。

4.1 同质现象

影响社会网络结构最基本的概念之一是同质性,即我们和自己的朋友间往往会有相同的特点。通常,你的朋友并不像从一个人群中随机抽取出来的人。总体上看,你的朋友在种族和观念方面和你有着很多相似之处;处于相当的年纪;还具有很多相似特征,包括居住的地方、职业、经济情况、兴趣、信仰及价值观。当然,我们都有些特别的朋友,不在以上这些相似性之列,但总体上来说,普遍的事实是,在社交网络中互相连接的人倾向于相似。

对于同质性的研究很多,如麦克弗森、史密斯·腊闻和库克等人都对同质性进行了广泛的研究[294]。其基本思想可以在柏拉图的"相似性带来友谊"、亚里士多德的"人们喜欢与自己相似的人"等作品,以及谚语所说的"物以类聚,人以群分"中找到依据。同质性的作用在现代社会学中的研究则普遍受到 1950 年代拉扎斯费尔德和默顿工作的影响[269]。

同质性为我们提供了第一个关于网络周围因素如何驱动网络连接形成的基本诠释。考虑以下两种情况的对比。一个是因共同朋友介绍认识的情况,另一个是在同一所学校就读或就职于同一家公司的两个人的情况。在第一种情况中,一个新的关系连接在已有的社交网络内部建立,我们不需要在网络外部去寻找连接形成的原因。在第二种情况中,新连接的出现同样也是自然的,但只是当我们考察网络以外的因素才有意义,即新的连接是因为节点所属的特定社会环境造成的(在此情况下是学校和公司)。

经常,当我们观察研究一个社会网络的时候,这样的背景体现了网络整体结构中的一些突出特征。例如,图 4.1 描绘了在一个镇的中学学生之间的社会网络(包括 7~12 各个年级)[304],在研究者詹姆斯·穆迪制作的这个图中,不同颜色的节点代表了不同种族的学生。在这个网络内部,两种主要的区分是显而易见的。一种区分基于学生的种族(图中从左到右);另外一种区分基于年级,分出初中和高中的学生(图中从上到下)。在这个社会网络中,有很多其他结构性细节,但是从整体来看,这两种背景情况的影响是突出的。

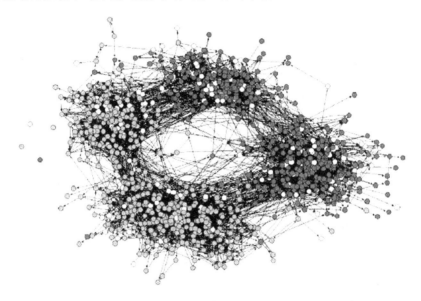

图 4.1   某市中学生的社会网络图,有两种明显的划分:一种是基于种族,
另一种是基于同学之间的友谊

当然,内在因素和外部环境对网络中边的形成的影响是混合交叉的,它们同时作用在同一个网络上。例如,三元闭包原理(网络中的三角形,随着将朋友之间连接的形成,倾向于"闭合")就是得到若干内部与外部机制支持的。在第 3 章,我们提出三元闭包的时候,主要是基于内部机制的假设:当个体 B 和 C 有一共同朋友 A,那么根据他们的交往,就会有更多机会和理由彼此信任,且 A 也会愿意去促成他们的友谊。不仅如此,社会背景也为三元闭包提供了自然基础。由于 A-B 友谊和 A-C 友谊已经存在,同质性原理告诉我们,B 和 C 在很多方面会与 A 有相似处,因此很大可能他们之间也会有很多相同点。结果,单单根据相似性,B 与 C 之间建立友谊的可能性就大,即使他们并不知道另一个人也认识 A。

这里并不是要说,哪一种三元闭包的基础是"最正确的"。相反,当我们越来越多地研究驱动形成社交网络的诸多因素时就会发现,将人与人之间建立起的连接归结到单一的因素上将变得越来越困难。毕竟,大多数连接的出现实际上是多个因素相结合的产物——部分是由于在网络中其他节点的影响,部分原因是周围的环境所致。

量化同质性

当我们看到图 4.1 社交网络中的惊人区分时,需要弄清楚它们是否"真实"存在于社交网络中,而不是由于画出这个网络的方式所致。为了让研究的问题更具体,我们需要更清楚地将它形式化:给定一个关心的特征(如种族、年龄),是否有一个简单的测试,可以用来估计一个网络是否显示出依这种特征的同质性?

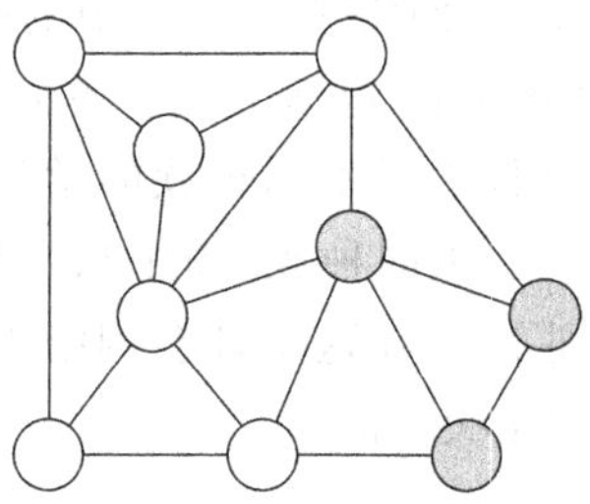

图 4.2   通过数值测度,可确定小型网络中(节点标注成两类)是否显示出同质现象

由于图 4.1 中的例子太大,不便于手工处理,可通过一个小些的例子来考虑这个问题,从中得到一些直觉。假设我们在一间小学课堂内有社交网络,根据性别来作为同质性的观察因素。即是否能看到男生偏好与男生做朋友,女生偏好与女生做朋友的现象。比如,图 4.2 表示这么一个小型的社交网络。其中 3 个有色节点代表女生,而 6 个无色节点则代表男生。如果完全不存在跨不同性别节点的边,同质性问题是容易回答的,即体现出一种极端的同质性。但我们预计同质性是一种微妙的现象,主要是在聚合的情况下看得出来,如图 4.1 的实际数据所呈现出的。那么,图 4.2 的网络也体现了同质性吗?

有一个关于同质性的自然的数值测度,可以来讨论这样的问题[202,319]。我们通过图 4.2 中的性别例子来作为引入这个测度的想法。首先,我们问:如果一个社交网络没有显示出以性别为特征的同质性,会出现什么情况? 这意味着一个人拥有的男女朋友的性别比例与人群总数中男女性别比例相同。这里有个与这种"无同质性"相关的简单公式比较容易分析:如果我们根据现实社交网络中的性别比例来随机给节点做性别标注,那么跨性别边的个数应与无同质性社交网络中看到的差别不大。这就是说,在一个没有同质性的社交网络中,友谊是在给定的特征下随机混合形成的。

这样,假设有一个社会网络,其中有 p 占比是男性,有 q 占比是女性。考虑这个网络中的一条边。如果我们独立地以概率 p 标定一个节点为男性,以概率 q 标定一个节点为女性,那么在一条边两个端点均为男性的概率为 p^2,两个端点均为女性的概率为 q^2。另一方面,如果第一个端点是男性,第二个端点是女性(或者相反),也就对应一条跨性别节点的边,其概率为 $2pq$。

因此,测试按性别体现出的同质性的方法概述如下。

同质性测试:如果跨性别边所占的比例显著低于 $2pq$,则就有同质性的迹象。

在图 4.2 中,有 18 条边,其中 5 条是跨性别的。由于这个例子中,$p=2/3,q=1/3$,可以比较 $2pq=4/9=8/18$。换句话说,没有同质性的因素下,我们应该得到 8 个跨性别的边,而非 5 个。所以这个例子中显示出同质性的迹象。

这里有几点需要注意。首先,随机设定节点的男女性别,所得到的跨性别边的比例多少会偏离期望值 $2pq$,所以在实际操作中,我们需要明确"显著低于"的含义。统计显著性的标准测度(均值下偏差的显著性)可以在此运用。其次,在社交网络中的跨性别边的比例也可能显著大于 $2pq$。在这种情况下,我们说该社交网络中存在逆同质性(inverse homophily)。在第 2 章中,图 2.7 中描述的浪漫关系即是逆同质性的一个例子。几乎所有关系都涉及不同的性别,而非同质性的关系,所以图中的边基本上都是跨性别的边。

最后,我们可以容易地将同质性的研究扩展到其他特质(如种族、年龄、母语、政治倾向等)。当特征只有两个选择时(例如在对两位竞选人投票中),则可以直接利用这个性别案例的结论,即 $2pq$ 的计算方式。当一个特征有两种以上的可能结果时,我们也可以用此计算的通用版本。如此,当相连的两个端点特征不同时,我们说此连接是相异的(heterogeneous)。我们比较相异的连接的数目与我们随机分配在网络中每个节点上的特征结果——按从实际数据中得到的结果比例分配。如此方法,即使网络中的节点被分成许多类,利用这种与随机混合基准相比较的方法,也可以来测试其中的同质性。

4.2　同质现象背后的机制:选择与社会影响

人们通常会与同自己相似的人们建立社会连接,这是关于社会网络结构形成的一种认识。就其本身而言,它并没有提供一个机制解释何种相似的人群更可能被联系起来。

在固定不变的一些特质中,如种族或族群,人们倾向于和他们相似的人形成友谊,这通常被称为选择性,即人们根据相似的特征选择朋友。选择可能在不同的模式和不同程度的意图下进行。在一个小的群体里,当人们在一个清晰的人群中选择和自己相似度很高的人作为朋友,势必存在主动的选择。在其他情况中,或在更广泛的范围内,选择可能是比较隐含的。比如,当人们在社区中居住、上学,在公司工作,比起更广大的人群范围,这种社会环境相对同构,为人们结识和自己相似的人提供了机会。在这个讨论中,我们将这些影响统统归结为选择。

当我们讨论不可变的特征与社交网络的形成关系时,这是显而易见的:一个人的属性当他出生的时候即被选定,且在他/她以后的人生中,建立社会联系发挥一定的作用。如果特征是具有可变性的,如行为、活动、兴趣、信仰和观念,那么个体之间特征的反馈效应及其在社交网络中的连接会变得很复杂。选择过程仍然存在,个体的特征影响社交网络中连接的形成。但另外一个过程也在发生作用:人们会因为需要和朋友们保持一致而改变自己的行为。这个过程被描述为社会化(socialization)[233]和社会影响(social influence)[170],由于网络中存在的社会联系影响了节点个体的特征。社会影响可以看成是和选择相反的观念:在选择中,个体的特征主导网络连接的形成,但在社会影响中,已存在的社会网络连接将会改变人们(可变)的特征。

选择与社会影响的相互作用

当只是观察社会网络在一个时间点上的快照,看到人们与自己的朋友具有共同的可变特征,我们会很难区别选择与社会影响这两个因素对社交网络的影响程度。人们会与自己在社交网络中的朋友的行为越来越像,或者他们选择了那些与他们已经相似的朋友?对于这个问题可以纵向观察社交网络,跟踪一段时间里社会关系与人们行为的变化。基本上,这就可能观察一个个体的网络连接改变前后的行为变化;相反地,也可以观察当一个个体的行为发生改变时,他/她的社交网络会有何变化。

该方法已经被应用于有关有相似特征的青少年朋友网中,例如相似的学校背景、相似的不良行为,如吸毒等[92]。诸多事例有力地证明了,在青年人群中,他们的行为与其朋友很相似,选择和社会影响都在此情况下发挥作用:青年人在社交圈内寻找与他们相似的人,且他们会因同龄人的压力而迫使自己改变行为,以便更适应他们的社交圈。比较难的问题是这两种影响是如何互动的,是否其中一种情况的影响远远大于另外一种?随着与此问题有关在不同时间点上行为数据的获得,研究者们开始量化这些不同因素的影响。科恩和坎德尔认为,虽然从数据中能看到两种作用都有表现,来自同龄人间压力的外界因素(即社会影响)作用并没有那么大,而选择的作用实际上是与社会影响的作用相当(有时会更大)[114,233]。

理解这两种力量之间的张力不仅对认识现象背后的原因有作用,而且也可能推理在系统中实现某些干预的效果[21,396]。比如,一旦我们在社会网络中发现吸毒显现出同质性——在学生中,朋友吸毒会使自己吸毒可能性提高。我们就可以考虑一个方案,瞄准某些特定的学生,并促使他们停止使用毒品。在一定程度上,若观察到的同质性是由社会影响造成的,这样的方案会对整个社交网络起到广泛的影响,使那些特定学生的朋友也停止使用毒品。不过,这里需要注意的是,如果观察到的同质性完全是从选择作用中产生,那么这项直接减少吸毒行为的计划可能行不通:这些特定的学生可以停止使用毒品,他们改变自己的社交圈,并与那些未使用毒品的学生建立新的连接,但是其他学生使用毒品的行为并未得到很大的改善。

另外一个相关研究是克里斯塔基斯和福勒关于社会网络与人群健康关系的工作。最近的一个研究用到约 12 000 人的纵向数据,克里斯塔和福勒追踪了超过 32 年的社会网络结构,取得了大量关于肥胖状态的数据[108]。研究发现肥胖人群和非肥胖人群在网络中都以与同质性一致的方式聚集。根据 4.1 节中所描述的测试,他们发现,在一个社交网络中,人们的肥胖状况倾向于与周围的邻里相近,我们将这种聚集现象存在原因的几种假说如下分类。

(1) 是否因为选择的作用,人们倾向于选择相似肥胖状态的人建立友谊?

(2) 是否因为某些其他特征的同质性所产生的混杂效果,导致网络结构反映某些其他方面的相似性,正好与肥胖情况相关联?

(3) 是否因为一个人的朋友肥胖状态的变化产生了一种影响(行为上的),影响了他/她往后的肥胖状态?

克里斯塔基斯和福勒的研究报告中指出,即使考虑(1)和(2)的影响,类型(3)也有显著的影响:肥胖症显示出一种社会影响,你朋友的肥胖状况的变化也将间接使你受到影响。该发现为我们展示了一个肥胖症在社会学角度下可能像"传染病"一样传播的有趣现象:虽然你不一定像被传染流感一样从你的朋友那儿"感染"肥胖症,但你仍有可能因社会影响下的某种潜在机制被其影响。也许,该发现同样适用于那些具有明显行为特征的其他一些健康问题。

这些例子和这种研究风格表明,为了区别贡献于一个总体结论的不同因素,需要进行特别仔细的分析,即使在社会网络中人们倾向于与自己的邻居相似,但还是不清楚为什么如此。这里的要点是,观察到同质性通常不是一个研究的结束,而是一些更深入问题的开端,为什么会存在这种同质性? 它的机制会如何影响社会网络的演化? 那些机制如何与可能的外部努力互动,从而影响社交网络中人们的行为?

4.3　归属关系

我们已经讨论了背景因素对网络中连接形成的影响——基于节点特征的相似性和节点参与的行为与活动。这些背景因素被看成是存在于网络之外的。但实际上,这些背景因素也可以通过网络的概念来进行分析。我们考虑一种特别的网络,其中包含人和情景两类节点。通过这样的网络构建,我们可对同质性有更深入的认识,并看到,可以用一个基于第 3 章中所讲的三元闭包概念的共同框架,描述情景与友谊的同时演进。

理论上,我们可以按此方法表述任何情景,但是为了具体一些,我们集中考虑如何表述一个人参与其中的活动,以及这些活动是如何影响连接形成的。这里,"活动"是一个很宽泛的概念。一个公司、组织、社区成员,或者常到某个固定地点,追求特定的兴趣爱好,都是活动,如果在两个人之间分享,那么他们将有很高的几率交往并建立社会网络的连接[78,161]。采用斯考特·福特的术语,我们称此活动为**社团**(foci),即社会交往的焦点,包含"社会的、心理的、法律的或物理的实体,围绕它们组织有各种社会活动"[161]。

1. 归属网络

第一步,我们用图来表示一群人参与一组社会活动的情况,如图 4.3 所示。每个人对应一个节点,每种活动也是一个节点,如果个体 A 参与活动 X,我们就在个体 A 与活动 X 之间建立连接,图 4.3 简单表述了此情况。图中描述两个个体(安娜与丹尼尔)和两个社团(一个文化教育机构和一个空手道俱乐部)。图中显示安娜参加了两个社团,而丹尼尔只参加了一个。

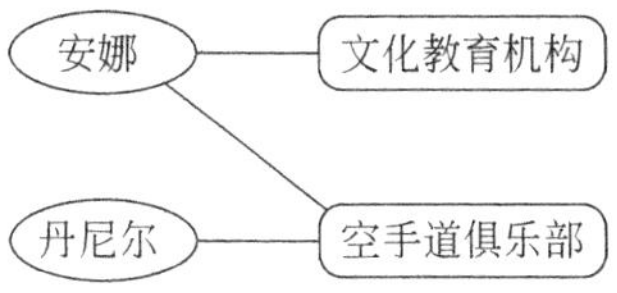

这样的图称为**归属网络**(affiliation network),因为它表明个体(图中左边)对社团(图中右边)的归属关系[78,323]。更一般地,归属网络是所谓**二部图**(bipartite graph)的一个例子。我们称一个图为二部图,是指它所有的节点可以被分成两个组,每一条边所连接的两个节点分别在不同的组中。换句话说,没有任何一条边连接同一组中的节点,所有的关联都是在两组之间发生。二部图对于研究两组数据间的关系非常有用,帮助我们分析一组数据是如何与另外一组数据关联的。在刚刚提到的归属网络中,两组数据中一组是人,一组是社团,每条边都将一个人连接到他所参加的社团。二部图如图 4.3 所示,两组节点平行垂直排列,每条边跨接在这两列节点之间。

图 4.3　双向关联图表明个体关联某个族群或参与某个活动

归属网络用来研究个体参与活动的模式。例如,这种网络在研究大公司管理层的组成结构得到了相当关注[301]。董事会通常由少量社会地位很高的人组成,且很多人同时就职于不同的董事会,他们之间的重叠参与,导致一个复杂的结构。归属网络可以表示出他们之间的重叠关系,如图 4.4 所示,每个人都由节点表示,每个公司董事会也由节点表示,且每条边代表人与其所在董事会的关联。

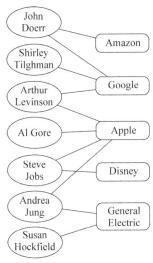

图 4.4　截至 2009 年,各个公司管理层与个体之间的相关联系

董事会归属网络可以帮助我们揭示有趣的关系网络。两个公司通过同一个董事会成员隐含地连在一起,我们就可以了解两个公司的信息流动和影响的管道。另一方面,两个人通过同时参与同一个董事会而被联系在一起,这样我们就了解了社会中最有权力的一些成员互动的特别模式。当然,即使是完整的个体与董事会的归属网络(图 4.4 只是一个小例子),仍然会遗漏这群人的其他重要信息。例如,在图 4.4 中

提及的 7 个人,其中有两所著名大学的校长和一个美国前副总统。①

2. 社会网络与归属网络的协同演化

很明显,社会网络与归属网络都随着时间在演变发展:新的朋友关系在建立,个体也和新的社团建立关系。并且,这些改变表示了一种**协同演化**(coevolution),反映选择倾向及社会影响之间的相互作用:如果两个人参与同一个活动,那么这为他们成为朋友提供了机会;而如果两人是朋友,那么他们之间会影响对方参与新的社团。

这里存在一个自然的网络意象。与之前一样,我们用节点代表个体,也用节点代表社团,但我们现在加入两类不同的关系连接。第一类关系连接是在社会网络中:连接两个个体,表明两者之间的友谊关系(或者其他的社会连接关系,如在职场上的合作)。第二类关系连接是在归属网络中:连接个体和社团活动,表明这个个体参与其中。我们称此网络为**社会归属网络**(social-affiliation network),反映它同时包含一个个体之间的社会网络及个体与社团之间的归属网络。图 4.5 描述了一个简单的社会归属网络。

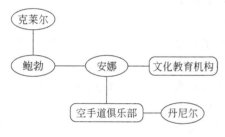

图 4.5　一个社会归属网络,显示出人们之间的友谊和他们与社会团体的归属关系

一旦有了这样的社会归属网络,我们就可以体会到其中的连接形成机制都可以看成是某种形式的闭包过程,即它们涉及网络中三角形第三条边的"闭合"。例如,假设我们有两个节点 B 和 C 都有共同的邻居 A,此外,B 与 C 之间有边相连,如图 4.6 所示,取决于 A、B、C 是个体还是社团,有如下 3 种可能的解释。

(1) 如果节点 A、B 和 C 均代表个体,那么 B 与 C 之间边的形成属于三元闭包,如图 4.6(a)所示。

(2) 如果节点 B 和 C 代表个体,而节点 A 代表社团,那么 B 和 C 之间边的形成有不同的意思:两个个体之间因为参与同一个社团而有建立连接的倾向,如图 4.6(b)所示。这是选择原理的一个体现,即人们与有相同特征的人建立关系。类似于三元闭包,我们称该现象为社团闭包[259]。

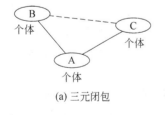

(a) 三元闭包

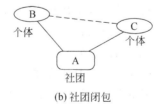

(b) 社团闭包

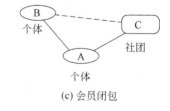

(c) 会员闭包

图 4.6　三种潜在机制示意图

---

① 　这个网络的结构也是随时间而变的,有时会强化我们这里讨论的观点。例如,图 4.4 所示的董事会成员关系是 2009 年中的情况,到 2009 年底,Arthur Levinson 辞掉了在 Google 董事会的职务(于是相应的边就删除了)。作为这个事件新闻报道的一部分,美国联邦贸易委员会主席 Jon Leibowitz 特别提到在董事会重叠兼职的问题,他说,"Google、Apple 和 Arthur Levinson 应该得到称赞,因为他们认识到了在具有竞争关系的公司任职会产生严重的信任问题,愿意解决我们的担心而不用诉诸法律程序。这件事之外,我们将继续监管董事会有共同成员的公司,并在必要的时候采取强制行动。"[219]

（3）如果节点 A、B 均代表个体，而节点 C 代表社团，那么可能看到一个新的归属产生：个体 B 参加了个体 A 已经参加的社团，如图 4.6(c) 所示。这是一种社会影响的情况，个体 B 的行为与其朋友 A 的行为取向一致。类似于三元闭包，我们将此连接的形成称为会员闭包。

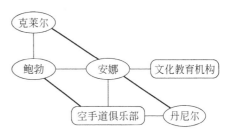

图 4.7　在包含人与社团的从属社会网络中，边的形成可随闭包的情况有多种可能

综上所述，共有三种相当不同的潜在机制，分别体现为三元闭包、选择机制和社会影响。这三种机制可以通过不同的闭包统一在这种网络中，即都可以看成是已有共同邻居的两节点之间边的形成。图 4.7 描述了这三种闭包工作的过程：三元闭包导致安娜和克莱尔之间的一条新连接；社团闭包导致安娜和丹尼尔之间形成一条新的边；而会员闭包则导致鲍勃加入了空手道俱乐部。简单概括这些机制的作用，我们可以认为：

（1）鲍勃将安娜介绍给克莱尔。

（2）安娜与丹尼尔通过空手道活动认识。

（3）安娜介绍空手道活动给鲍勃。

4.4　通过在线数据观察连接的形成

在本章及前一章，我们研究了几种导致在社会网络中形成连接的机制。这些机制在小规模网络中清楚地解释了一些社会现象，但是一直很难定量地测量。自然的想法就是在规模较大的人群中，运用这些机制，追踪分析它们的作用，研究当很多小影响聚集在一起，是否会有些新发现。但是，那些在日常生活中促进连接形成的力量常常是没有记录的。因此，选择一个合适的群体（社团），准确地量化各种因素对真实网络中连接形成的相对影响，是一个很大的挑战。

大量在线数据及其所代表的清楚的社会网络结构为此研究提供了可行性。如我们在第 2 章中所强调的，基于在线数据对社会进程的任何分析都必须有一些防止误解的说明。特别是，我们不可能事先就清楚从互动之间能推断出多少结论来，无论那些互动是否以计算机为媒介。当然，只要是从模型系统来研究现象，这个问题就总是存在的，不管该模型系统是在线或不在线。因此，这些通过大规模数据集的测量方法，作为开始的几步，会有助于更深入定性理解一些机制在实际网络连接形成中的作用。在更大范围的大数据集上探讨这些问题是非常重要的，且当数据越来越丰富的时候，这方面的工作会变得比较容易。

1. 三元闭包

让我们先从三元闭包理论来分析。这里有个基本的数学问题：如果两个个体有一个相同的朋友，那么这两个个体建立关系连接的概率是多大？（换句话说，如果存在闭合一个三角形的影响力，形成一条连接的可能性会提高多少？）

与第一个问题一致的第二个问题是：如果两个个体有很多相同的朋友，那么他们两者之间建立连接的几率会提高多少？例如，在图 4.8 中，安娜和伊斯尔有两位共同的好友，而克莱尔和丹尼尔只有一位共同的朋友。那么在第一种情况中，建立关系的几率会大多少？

如果回到三元闭包会在社会网络中起作用的论点,可以发现它们都是随着共同朋友的增多而增强的,更多的共同朋友意味着更多的机会和更强的信任感,有更多的人想要帮助两个个体建立连接,而且同质性的迹象也可以说是增强的。

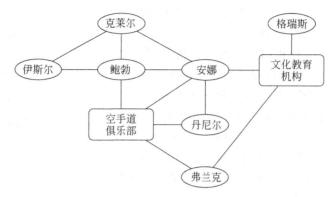

图 4.8 包括图 4.7 例子的更大网络,人们可以有更多的共同朋友(或共同参与不止一个社团)

我们可以利用网络数据按以下方法来讨论这些问题。

(1) 选取 2 次不同时间的网络快照。

(2) 对于每个 k,在第 1 次快照中找出恰好有 k 个共同朋友的节点对,且它们之间没有边。

(3) 定义 $T(k)$ 为这些对节点在第 2 次快照中形成了边的比例。这就是在两个有 k 个共同朋友的人之间建立连接的几率。

(4) 画出 $T(k)$ 作为 k 的一个函数,表示共同朋友的数量对建立连接的影响。

注意,$T(0)$ 代表没有共同朋友情况下建立连接的几率,而 $T(k)(k>0)$ 代表一条边的形成从而闭合一个三角形的几率。因此,将 $T(0)$ 与其他值比较,就可以看三元闭包的力量。

利用一所美国大学中约 22 000 名本科生和研究生在一年时间里的邮件数据[258],考斯内特和瓦茨计算了函数 $T(k)$。这就是第 2 章讨论的"谁和谁讲话"类型的数据集,从这些通信的踪迹,考斯内特和瓦茨构建了一个随时间发展的网,如果两个人在过去 60 天内有过双向邮件来往,就在网络中为他们之间建立一条边。他们然后选取多个快照对,由此得到函数 $T(k)$ 的"平均",即按照上面的方法,根据每对快照,建立函数 $T(k)$ 的曲线,然后做所有曲线的平均。特别地,这样观察到的快照的时间间隔都是一天,所以他们的计算也给出了以共同朋友个数为自变量,两人在一天里形成连接的平均概率函数。

图 4.9 即为这个曲线(黑色实线)。它清楚地显示出三元闭包的迹象:$T(0)$ 接近 0,连接形成的几率随着共同朋友个数的增加不断提高。而且,这个几率的提高基本上是线性的,在最后有些上翘。同时,这条曲线在朋友数从 0 到 1 和 2 之间有一个明显的上拐:有两个共同朋友对建立连接的影响比只有一个共同朋友的影响超过 2 倍(在从 8 到 9 和 10 个共同朋友时发生的上翘也是显著的,但那只在少得多的人群中出现,因为拥有如此数量共同朋友的两个人一般都已经有了连接)。

为进一步说明图 4.9,可以与一个简单的基准模型比较,该模型描述了人们对在三元闭包作用下数据的预期。假设,两人之间的一个共同朋友以某个小概率 p 独立地促成他们之间在一天里形成一条连接。所以,如果两个人之间有 k 个共同的朋友,那么在给定的时间中,他们之间未能建立连接的几率为 $(1-p)^k$。这是因为每个共同朋友不能促使建立连接的

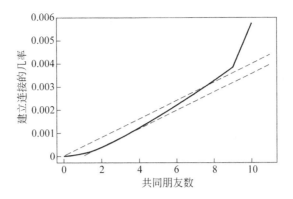

图 4.9　量化三元闭包理论在一个邮件数据集中的影响[258]①

几率为 $1-p$，且这 k 个朋友都是独立的。因 $(1-p)^k$ 是在一天内未能建立连接的几率，那么根据我们的简单基准模型，建立连接的几率为：

$$T_{\text{baseline}}(k) = 1 - (1-p)^k$$

这个基准曲线如图 4.9 中靠上的虚线所示，p 的取值使它与真实曲线接近。鉴于只有一个共同朋友的影响较小，作为比较，我们也画出了 $1-(1-p)^{k-1}$，即基准曲线右移一个单位。再次强调，这里的要点并不是想说基准线就是三元闭包的一个解释，只是比较真实数据与其的差别。真实曲线和基准线都接近于线性，因此可以定性地认为它们相似，但真实曲线趋于朝上，而基准线略微向下的事实显示出关于共同朋友的影响是独立的这一假说太简单，不能得到实际数据的全面支持。

莱斯克弗等人对这些效果进行了规模更大且详细的研究[272]，他们用 LinkedIn、Flickr、Del.icio.us 和雅虎问答的在线数据对三元闭包性质进行了分析。在不同的社会互动情境下，理解三元闭包影响的相似性与变化性，依然是一个有趣的问题。

2. 社团闭包与会员闭包

运用相同的方法，可以计算早先提到过的其他类型闭包的概率，特别是：

- 对于社团闭包，作为两个个体共同参与社团数量的函数，他们之间形成连接的几率有多大？
- 对于会员闭包，作为已参与某特定社团朋友个数的函数，一个人参与该社团的几率有多大？

图 4.8 可以用来说明社团闭包，其中安娜和格瑞思共同参加一个活动，而安娜和佛兰克参加两个。也可从中讨论会员闭包问题，例如伊斯尔有一个朋友参加空手道俱乐部，而克莱尔有两个朋友参加空手道俱乐部，那么这些差别如何影响到新连接的形成？

针对社团闭包，考斯内特和怀特在他们研究的学校邮件数据中添加了每个学生的选课信息。这样，每个课程变成了一个活动节点，且如果两个学生上同一门课，即认为他们共享一个活动节点，这样就可以如同对三元闭包情形，用类似的方法计算社团闭包的概率，即确定以共享社团个数为自变量，每天形成连接的概率函数。图 4.10 是此函数的曲线。我们看到，仅上同一门课，对连接形成的影响与只有一个共同朋友差不多，但在那之后，社团闭包的

---

① 原文为 259，但有错误，经查证，应为 258。——译者注

行为曲线与三元闭包的行为曲线有很大区别：它表现为趋势向下，而不是向上。所以，其他共享的课程产生的是"不断递减"的影响。与相同的基准线（共享 k 堂课程引起连接的概率为 $1-(1-p)^k$）相比，即图 4.10 中的虚线。我们观察到，实际数据的曲线比独立的模型明显向下。同样，理解这种效果怎样推广到其他共享社团和其他领域，也是一个开放的问题。

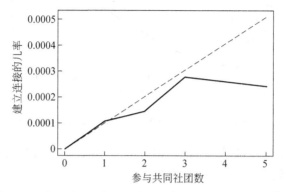

图 4.10　量化社团闭包理论在一个邮件数据集中的影响[259]

对于会员闭包而言，在一些既包含"人-人"互动，也包含"人-社团"互动的在线环境中进行了测量。图 4.11 基于博客网站 Live Journal 的数据，其中友谊关系来自用户的个人资料，社团关系对应于用户的社团成员信息[32]。这样，该图反映的是以一个人朋友中已加入某社团的人数为自变量，他加入该社团的概率函数。图 4.12 是对维基百科的一个类似的分析[122]。这里，社会归属网络里的节点包括每个维基百科编辑，每个编辑维护相应的用户账户和用户留言网页（user talk page）。两个编辑之间有一条边，若一个编辑在另一个编辑的留言网页上有留言。每篇维基百科文章就是一个"社团"（又称社会活动焦点），即人们参与在上面的编辑活动。如果一个用户编辑了一篇文章，那么就在此用户与此文章之间建立一个连接。这样，图 4.12 的曲线表示一个人将会编辑一篇维基百科文章的概率，表示为编辑过那篇文章且与这个人有留言关系的人数的函数。

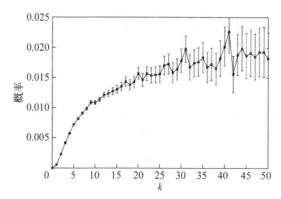

图 4.11　通过大型在线数据集对会员闭包效果量化的展示

如同三元闭包和社交闭包，图 4.11 与图 4.12 中的概率随共同邻居（即与一个社团相关的朋友）数 k 的增加而增大。边际效应随着朋友数的增加而递减，但增加的效果还是明显的。进一步地，在这两组数据中，存在着与我们在三元闭包发现的初始增加的效果，即加入 LiveJournal 社区或编辑一篇维基百科文章的概率，当连接的个数从 1 变到 2 时，增加超过

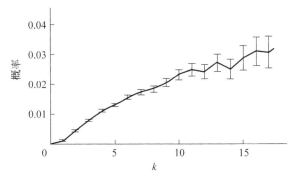

图 4.12 大型在线数据集中量化会员闭包的效果：文章编辑概率图

两倍。换句话说，第二个人对社团的连接具有特别明显的效果，在这一点之后，当人数再增加，递减边际效应就显现了。

当然，有多种因素可能同时影响一个连接的形成。例如，在图 4.8 中，三元闭包使得鲍勒和丹尼尔之间较有可能建立连接，因为他们都是安娜的朋友；同时，社团闭包也有助于他们建立连接，因为两人都参加了空手道俱乐部。如果在他们之间形成了一个连接，我们很难区分这两种影响对此连接的贡献。这与我们在 4.1 节讨论过的一个问题有关，那里针对的是三元闭包背后的机制。因为同质性原理认为朋友间倾向于具有很多共同的特质，两人之间一个共同朋友的存在常常意味着（可能没观察到）某些相似性的来源（如在此例中的共享社团），它们本身也可能使两人之间连接形成的几率提高。

3. 选择与社会影响共同作用的量化

作为最后一个用大量在线数据跟踪分析连接形成的例子，让我们回到 4.2 节考虑过的，研究选择和社会影响如何互动而引起同质性的。利用刚刚讨论过的维基百科数据，我们问：随着时间的进展，两个维基百科编辑行为的相似性是如何被他们的社会行为影响的[122]？

为了更精准地解释这个问题，我们需要定义社会网络以及行为相似性的度量。同前，社会网络包括所有维基百科编辑，每个人维护其留言网页，且如果一个编辑在另外一个编辑网页上留言或评论，那么这两个编辑间就有一条边。一个编辑的行为对应于她所编辑过的文章的集合。有很多数学方法可以定量估计两个编辑行为的相似性，其中一个简单的就是计算比率：

$$\frac{\text{用户 A 和 B 都编辑过的文章数}}{\text{至少用户 A 或 B 之一编辑过的文章数}} \quad (4.1)$$

例如，如果用户 A 编辑了关于"伊萨卡镇"和"康奈尔大学"的维基百科文章，用户 B 编辑了"康奈尔大学"和"斯坦福大学"的文章，那么按此方法计算出他们之间的相似性是 1/3，因他们共同编辑一篇文章（康奈尔），总共编辑了三篇（康奈尔、伊萨卡镇、斯坦福）。注意，该定义与 3.3 节中的邻里重叠率十分相似。实际上，式 (4.1) 描述的就是两个编辑在编辑人员与文章的二部归属网络中的重叠状况，该网络仅包括编辑人员与其所编辑过的文章之间的边①。

有过交流的两个维基百科编辑在行为的相似性方面要比没有交流的编辑显著，所以同

---

① 出于技术的原因，在下面结果中用的相似性测度稍有些变化。然而，由于这变化描述起来比较复杂，并且对我们的目的来说不很重要，我们可以认为就用刚才定义的测度。

质性在此情形有明显体现。因此,我们可以讨论如下这个关于选择与社会影响的问题:同质性的出现是因为编辑们倾向于与编辑过同一篇文章的人形成连接(选择影响),还是因为他们被引导到有过交流的编辑曾经处理过的文章(社会影响)?

因为在维基百科上的每个行为都被记录下来并且打上了时间戳,利用下面的方法,不难得到这两种因素最初作用的情况。对每一对有过交流的编辑 A 和 B,记录他们的相似性随时间变化的情况,这里"时间"采用一种离散的计量单位("嘀嗒"),也就是说,每当 A 或 B 在维基百科上有一个行动(编辑一篇文章或者与另一个人交流)就向前走一步。我们设两个编辑 A-B 第一次交流的时刻为时间 0。这样就得到很多作为时间函数的相似性曲线,每一对交流过的编辑都有一条曲线,并且每条曲线都会相对第一次交流的时刻平移对齐。平均这些曲线,得到图 4.13,它显示了相对于第一次互动的时间,所有曾交流过的维基百科编辑两两之间相似性的平均水平[122]。

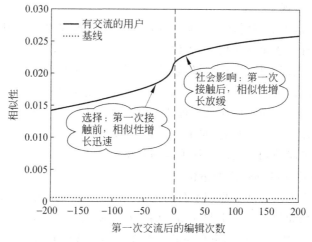

图 4.13　在维基百科中,两个编辑初次交流前后的平均相似性

关于这个曲线有几点值得注意。首先,相似性在第一次互动前后明显地增大,表明选择影响与社会影响都在起作用。但是,这个曲线在时间 0 的时候并不是对称的,相似性增大最多发生在时间 0 之前,表明选择影响起一种特别的作用:两个编辑间的相似性在他们即将接触之前迅速增加(平均而言)①。我们也注意到在图中所描绘的相似性要比两个无互动的编辑间的相似性高很多:在图下端的虚线表示在一段时间内随机抽取的一些无互动编辑间的相似性。它一方面要低得多,另一方面随着时间基本保持不变。

从一个较高层次看,图 4.13 再次体现了用大规模在线数据做研究的利弊。一方面,这个曲线十分平滑,因为是大量数据的平均,因此所显现出来的选择与社会影响的区别是真实的,但小规模测量却不容易观测到这一区别。另一方面,被观测到的影响是聚合的:它代表不同用户对互动历史的平均,而不提供具体哪对用户的细节②。更深入研究的目标是找到

---

　　①　为了保证这些编辑在维基百科上有足够长的历史,这个图只用到那些在接触前后至少都有 100 次以上行动的编辑。

　　②　由于所平均的个体的历史发生在维基百科历史中的许多不同时间点上,也很自然可以问这种聚合效果会不会在不同的历史阶段会有不同。这是进一步研究自然要关心的,但基于维基百科若干不同阶段数据的初步测试表明,所研究的这些性质的影响相对是比较稳定的。

在大数据集上提出更加复杂和精细问题的形式化方法。

　　总体而言,这些分析代表了采用大规模在线数据量化网络中连接形成机制的早期工作。尽管这些分析在揭示数据中显示出的基本模式方面是令人鼓舞的,它们也提出更进一步的问题。特别地,我们很自然地会问在图 4.9 至图 4.13 的曲线形状是否在不同的领域中都相似,包括一些技术介入不多的领域,以及这些曲线能否通过更基本的社会机制得到更简单的解释。

4.5　隔离的一种空间模型

　　发生在城市中的种族同质性是值得关注的。流连在都市区,我们发现同质性产生了一种自然的空间特征,人们与其相似的人群居住在一起,且在周围的商店、餐厅和其他商业活动都是与居住此地的人群相匹配的。当叠加到一个地图上时,这个影响更引人注目,如莫毕斯(Möbius)和罗森博特(Rosenblat)在图 4.14 中所描述的[302]。该图反映的是 1940 年至 1960 年间,芝加哥街区的非洲裔美国人的百分比情况。按照他们的记号,图中浅色的街区表示低百分比,深色则表示高百分比。

(a)　　　　　　　　　　　　　　　(b)

图 4.14　1940 年至 1960 年芝加哥居民根据种族的不同,而选择居住种族同质性社区的趋势

　　这两个图同时也反映了不同群体的聚居会随着时间的变化而逐渐加强,强调这是一个动态的过程。利用到目前为止学过的原理,现在我们来看基于相似性和选择的简单机制如何能为所观察到的动态模式提供认识。

1. 谢林模型

　　托马斯·谢林(Thomas Schelling)[365,366]发明了一个著名的模型,描述的是同质性对于空间隔离的影响与作用。当然在实际生活中,有很多因素影响空间隔离,但是谢林模型用简单的方法解释了导致隔离力量的健壮性——即使没有人刻意要求隔离的结果,但隔离也会出现。

　　关于此模型的一般形式化描述如下。我们假设有一群个体,并称为代理(agent),每个代理属于 X 型或 O 型。我们将这两种类型看成是不可变的特质，作为研究同质性的基础，例如种族、出生国家或母语。代理"居住"在一个网格的单元内，表示一个城市的二维地理空间。如图 4.15(a)所示，我们假设一些单元内居住着代理，而另一些单元则没有。一个单元的邻居是与之紧挨着的单元，包括对角线接触的，因此一个不在边缘的单元有 8 个邻居。我们可以等价地将这种邻居关系定义为一个图：单元是节点，我们将单元上的邻居连在一起。这样，如图 4.15(b)所示，占据图中单元的代理被安排成图的节点。为了视觉上的直观性，我们将会继续采用网格进行分析。

<table>
<tr><td>X</td><td>X</td><td></td><td></td><td></td></tr>
<tr><td>X</td><td>O</td><td></td><td>O</td><td></td></tr>
<tr><td>X</td><td>X</td><td>O</td><td>O</td><td>O</td></tr>
<tr><td>X</td><td>O</td><td></td><td>X</td><td>X</td></tr>
<tr><td></td><td>O</td><td>O</td><td>X</td><td>X</td><td>X</td></tr>
<tr><td></td><td>O</td><td>O</td><td>O</td><td></td></tr>
</table>

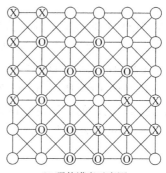

(a) 现状满意示意网格　　　　　　　　　　(b) 现状满意示意图

图 4.15　在谢林模型中，两个不同的类型（X 和 O）代表所占方格

该模型的基本制约因素是，每一个代理要和一定量的同类代理成为邻居。我们假设门槛值 t 适用于所有的代理：如果一个代理发现自己拥有比 t 少的邻居，他就有兴趣挪到其他的单元，我们称这样的代理不满意现状。例如，图 4.16(a)是对图 4.15(a)的一种标注，不满意现状的代理用"*"号指出，对应门槛值等于 3（在图 4.16(a)中，我们在每个代理后也添加了一个号码，相当于给每个代理一个名字，不过这里的关键是区分代理是属于 X 类型还是 O 类型）。

<table>
<tr><td>X1*</td><td>X2*</td><td></td><td></td><td></td></tr>
<tr><td>X3</td><td>O1*</td><td></td><td>O2</td><td></td></tr>
<tr><td>X4</td><td>X5</td><td>O3</td><td>O4</td><td>O5*</td></tr>
<tr><td>X6*</td><td>O6</td><td></td><td>X7</td><td>X8</td></tr>
<tr><td></td><td>O7</td><td>O8</td><td>X9*</td><td>X10</td><td>X11</td></tr>
<tr><td></td><td>O9</td><td>O10</td><td>O11*</td><td></td></tr>
</table>

(a)

<table>
<tr><td>X3</td><td>X6</td><td>O1</td><td>O2</td><td></td></tr>
<tr><td>X4</td><td>X5</td><td>O3</td><td>O4</td><td></td></tr>
<tr><td></td><td>O6</td><td>X2</td><td>X1</td><td>X7</td><td>X8</td></tr>
<tr><td>O11</td><td>O7</td><td>O8</td><td>X9</td><td>X10</td><td>X11</td></tr>
<tr><td></td><td>O5</td><td>O9</td><td>O10*</td><td></td></tr>
</table>

(b)

图 4.16　谢林模型移动示意图

2. 移动动力学

到现在为止，根据给定的门槛值，我们已经简单地将希望移动的代理标注出来。我们现在讨论这如何影响模型的动态性。代理们按照轮次移动：在每一轮，我们按照一定的顺序考虑不满意的代理，轮到某个代理，我们将其挪到一个空着且会让他满意的单元中。在此之后，一轮移动停止，表示不满意现状的代理经过一段时间，都已更换了他们原本所在的地方。但新的状况可能引起其他代理的不满，于是将引起新一轮的移动。

在关于这个模型的文献中，当代理移动的时候，存在不同的细节处理方式。比如，代理们可能按照随机的次序移动,或者沿着网格的行向下移动;他们可能就近选择让他们满意的地方移动或者随机移动。也可能存在当某个代理需要移动,却没有单元适合他的情况。在这种情况中,代理可以留在原处,或者搬到一个完全随机的单元。研究者发现,无论如何处理这些细节,此模型的定性结果非常相似。

比如图 4.16(b)中描述的是一轮移动的结果,起始状态是在图 4.16(a)中,其门槛值为3。从上往下,一行行考虑不满意的代理,每个代理移动到令他们满意的最近单元(每个代理唯一的名字让我们可以观察他们在起始状态和完成移动状态之间的变化)。注意,这一轮移动后,代理们已经变得比较"隔离"了。比如,在图 4.16(a)中,只有单独的一个代理没有不同类型的邻居。在第一轮移动后,我们发现在图 4.16(b)中有 6 个代理没有不同类型的邻居。如我们将会看到的,这种隔离程度的提高是从该模型中呈现出来的关键行为。

3. 较大的例子

如图 4.15 和图 4.16 所示小例子,可以帮助我们直观理解模型实现的细节,但是如此小的规模使人们难以看到从模型中出现的典型模式。计算机模拟此时就非常有用了。

有很多在线电脑程序可以帮助我们模拟分析谢林模型,如同关于该模型发表的文献,它们的差别都不大。这里,我们选取由 Sean Luke 设计开发的模拟程序[282],除了让不可能满意的代理移动到一个随机单元外,它与我们上面讨论过的模型版本一致。

在图 4.17 中,我们显示了在一个有 150 列和 150 行的网格上模拟的结果,其中每个类型有 10 000 个代理,且有 2500 个空格。门槛值为 3,如前面的例子一样。两个图描述的是两次不同的运行结果,都是从一个随机分布的代理模式开始。在每个情况中,经过大约50 轮的移动,模拟达到了每个代理都满意的状态(如图中所示)。

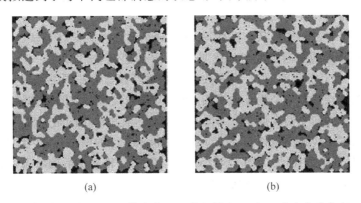

(a)　　　　　　　　　　　　(b)

图 4.17　谢林模型的两次运行,门槛值为 3,网格规模 150×150,每个类型有 10 000 个代理

因为不同的随机起始条件,两种情形中代理们最后的状况是不同的,但宏观上的相似性反映了模型的基本结果。通过寻找与同类代理邻近的地点,模型产生了许多大块的同质区域,它们在网格中交织在一起。在这些区域的中间,是许多被同类所包围的代理,并且实际上与异类代理有一段距离。几何图案已经呈隔离状,与图 4.14 中的芝加哥地图相似。

4. 模型的解释

我们已在相对比较大的数据规模上看到了此模型的运行结果,看到了它所产生的空间分隔效果。但是,它给我们带来关于同质性和隔离的更多认识吗?

首要且最基本的认识是,即使没有任何代理主动寻求隔离,空间的分隔依然发生。针对我们的门槛值3,尽管代理们都希望与他们的同类在一起,但这要求也并不过分。例如,一个代理会很高兴地在邻居中作为少数存在,即有5个异类和3个同类。而且这样的要求在全局上与整个群体也没什么不相容的。将代理们安排成如图4.18中所示的棋盘状,可以让每个代理满意,因为不在网格边缘的所有代理都拥有4个同类邻居。这样的模式同样也适用于更大的网格。

这样,隔离并不是因为在模型中有特意安排所发生的。代理们愿意是少数,且当我们细心整体安排时,可以达到一个让他们都会满意的状态。问题是,从一个随机的起始点,代理们很难达到这样一种整体的模式。更加典型的情况是,代理们喜欢与自己相似的人群聚集在一起,且这些群集会随着新的代理的加入而

X	X	O	O	X	X
X	X	O	O	X	X
O	O	X	X	O	O
O	O	X	X	O	O
X	X	O	O	X	X
X	X	O	O	X	X

图 4.18　门槛值为 3,我们可以有序地安排代理们让他们都满意

壮大。进而,随着移动的进展,一种组合效果发生了,在门槛值之下的代理要在网格中寻求同类更多的位置,也会引起先前已经满足的代理变得不满足。谢林称这种效果为规整区域的逐步"拆开"[366]。时间一长,这个过程趋向于使隔离的区域变大,而比较规整的区域受损。整体效果就是代理们自己的局部偏好产生了一种谁也没刻意追求的全局模式。

这一点是此模型的关键:虽然在实际生活中的隔离现象被某些人倾向于归属同类族群的愿望放大了,要么是为了回避属于其他族群的人们,要么是为了从同类族群中得到足够多的成员,但这样的因素并不是隔离发生的必要条件。隔离的基础已经在此系统中显明,即人们只是想避免在各自所在的局部地区成为极端少数。

当我们将例子中的门槛值从3提高到4时,这个过程进展得更明显。门槛值为4,表示节点愿意有相同数量的不同类邻居。按照图4.18的思路,可以构造一个更复杂的棋盘例子,让所有的代理都达到满意,但是大多数依然有相当数量的非同类邻居。现在,不单是很难从一个随机起始点达到一个规整的模式,而且由两类代理形成的整体模式的任何残余部分经过一段时间后倾向于彻底崩溃。如图4.19所示,其中给出的是一次模拟中的4个中间状态,其中门槛值为4,其他条件都不变(150列和150行的网格,每个类型有10 000个代表,且不满意的代理随机移动)。图4.19(a)表示经过20轮移动后的状态,我们得到的代理们的状态与门槛值为3时相似。然而,这并不能维持太久。关键地,那些反映两种类型相互牵制的长"卷须"很快萎缩,在150轮移动后留下如图4.19(b)那种更大的同质性区域。这种收缩现象继续,在350轮移动后,留下每个类别都有一大一小的两个同质区域(图4.19(c))。终于,经过800轮移动后,每个类别只有一个明显的区域了(图4.19(d))。注意,这并不是进程的结束,因为在边缘的代理依然在寻找移动的地方,但就整体而言,这两个区域的状态是相当稳定的。最后,我们强调这个图仅仅对应着一次模拟的运行结果,但多次计算实验表明,它所刻画的事件序列,在门槛值如此高的条件下,导致两种类型几乎完全隔离的现象是非常稳定的。

从一个更一般的层面看,谢林模型是一个关于不变特征(如种族、肤色)与可变特征如何变得高度关联的例子。在此情形下,可变特征是在哪里居住的决定,经过一段时间后,与代理们(不变)特征的相似性趋于一致,产生隔离。但是,同样的效果也有一些非空间意义上的

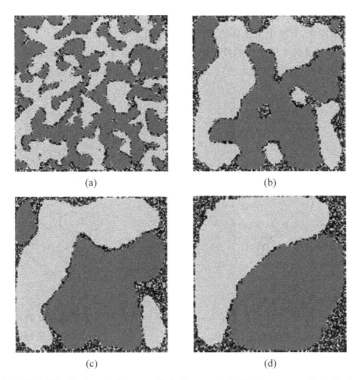

图 4.19 在谢林模型模拟中的 4 个快照,门槛值为 4,网络规模 150 * 150,每个类型 10 000 个代理

显现,例如信念与观点与种族或肤色的关联,也有类似的基本原因:同质性拉近具有相同不变特征人们之间的距离,有种自然的倾向使得可变特性按照网络结构相应改变。

最后注意到,尽管该模型在数学上是精确且自封的,但我们的讨论是借助于模拟和定性观察进行的。这是因为对谢林模型进行严谨的数学分析很困难,且依然是一个开放研究问题。在这方面的部分进展,可以参考杨的工作[420],其研究比较了在所有代理都满意的情况下各种安排的性质;Mobius 和 Rosenblat[302] 进行了一种概率分析;Vinkovific 和 Kirman[401] 则研究了这种模型与其他模型(例如两种液体的混合以及其他物理现象)的类比。

4.6 练习

1. 讨论如图 4.20 所示的社会网络。假设此社会网络是在一定时间点,观察一定族群个体间的友谊关系。另外假设我们在将来的某个时间节点会再观察此网络。根据三元闭包的理论,有什么新的关联会很可能出现?(比如哪些节点对之间目前没有连接,但当我们再次观察时很有可能建立了连接?)请简述你的答案理由。

2. 给定一个二分归属图,描述的是在不同社会活动中的友谊关系,如果两个个体间有参与共同的活动,研究者有时会创建一种仅仅关于人的"投影图",其中两人有边,当且仅当他们参与同一个社团。

   (a) 画出与图 4.4 对应的投影图。这里的节点应该是在图中的 7 个人员,且如果两个个体同时就职于相同的董事会,则他们之间应该有连接。

   (b) 给出两个不同归属网络的例子——同样的人群,但是不同的社团,以至于它们的投影图是相同的。

该例子说明,信息可能在从完整归属图到投影图过程中被"丢失"。

3. 在图 4.21 中的归属图中,有 6 个个体从 A 到 F,3 个社团为 X、Y 和 Z。

(a) 画出如练习 2 所定义的 6 个个体的投影图,即如果共同参与一个活动,则表明他们之间有连接。

(b) 在上述投影网络中,能否体会到由节点 A、C 和 E 构成的三角形与有其他三角形有不同的含义?请解释。

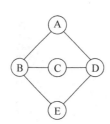

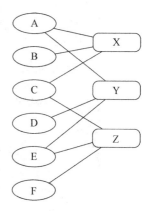

图 4.20　用于练习 1 的图,其中节点表示人,边表示人们在某一时间的友谊关系

图 4.21　用于练习 3 的图,包含 6 个个体和 3 个社团的归属网络

4. 给定一个表示人们成对分享活动的网络,我们可以重构与其中信息一致的归属网络。比如,假设你需要推断出一个二部归属网络的结构,且根据间接的观察得到如练习 2 中所构成的投影网络:如果两个个体共同参与活动,则他们之间有一条边。图 4.22 即为该投影网络。

(a) 画出包括这 6 个个体的归属图,可以自己定义 4 个社团,该归属图的投影图即为图 4.22。

(b) 解释为什么任何一个能产生图 4.22 中投影网络的归属网络,必须至少有 4 个社团。

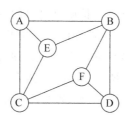

图 4.22　用于练习 4 的图,包含 6 个人,源于某个(未观察到的)归属网络

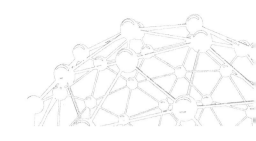

第 5 章 正关系与负关系

到目前为止,关于网络的讨论都是认为包含在其中的关系具有正面的涵义——节点之间的边通常表示友谊、合作、信息共享或者同属于某个群体等关系。在线社会网络也体现出类似的特点,连接通常意味着好友、粉丝、追随者等。但是,在大多数网络中,也有负面的因素在起作用。一些关系是友好的,另一些关系可能是对抗或者敌对的;人们或者群体之间的互动常常被争论、歧见甚至冲突所困扰。在一个混有正面和负面关系的网络中,应该如何进行推理?

本章介绍社会网络理论中一个内涵丰富的部分,其基本方法是让网络的边具有"正"或者"负"的涵义,这通过在边上进行符号标注来体现。正边表示友好,负边表示对立。社会网络研究中的一个重要问题就是要理解这两种力量之间的张力。**结构平衡**(structural balance,又称"结构均衡")概念是形成这种理解的一个基本框架。

除介绍结构平衡的一些基础知识外,本章的讨论还提出一种方法论,展示了网络中局部与全局性质之间一种漂亮的联系。在网络分析中,一个永恒的主题是理解局部作用影响全局行为的方式。所谓局部作用,即只在少数几个节点上观察到的现象;所谓全局行为,即在整个网络层面能观察到的情况。结构平衡概念带来一种方法,使我们能通过纯粹的数学分析,很清晰地把握这种关系:从一个抽象的简单定义出发,分析其如何必然地导致网络中的某些宏观特性。

5.1 结构平衡

现在来介绍正关系和负关系的最基本模型。假设一群人构成一个社会网络,其中每个人都彼此了解,于是每对节点间都有一条边。这样的网络就叫做一个**团**(clique)或**完全图**(complete graph)。用"+"或"−"标识每条边:"+"标识表示两个端点是朋友,而"−"标识表示两个端点是敌人。

由于每对节点之间都有一条边,这里实际上是假设任何两个人不是朋友就是敌人,即不会是无所谓或者相互不知晓。因此,这里讨论的模型适合于一小群人(如一个班级、一个运动队、一个互助会或联谊会),其中每个人都相互了解。这个模型也适合国际关系,其中国家是节点,每个国家对另一个国家都有一种官方的外交态度①。

结构平衡原理的基础是社会心理学理论,源于上世纪 40 年代赫德尔的工作[216],上世纪 50 年代由卡特怀特和哈拉雷推广到图论语言的描述[97,126,204]。其关键思想如下。如果观察一个群体中的任意两个人,其间的边可能标记为"+"或者"-"。换句话说,他们不是朋友就是敌人。但如果观察三人组,从社会和心理角度而言,某些"+"和"-"的组合会比其他的组合显得更可能。具体地,我们注意到有 4 种不同的组合(不考虑对称性带来的变化)用"+"和"-"标识三人间的三条边,详见图 5.1。这 4 种可能性可以通过如下方法加以区分。

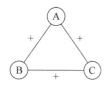 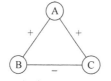 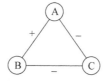 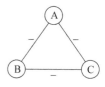

(a) A、B、C三者互相是朋友:平衡关系　(b) A分别与B、C是朋友,但B和C无法相处:不平衡关系　(c) A和B是朋友,C是他们共同的敌人:平衡关系　(d) A、B和C三者互相都是敌人:不平衡关系

图 5.1　结构平衡:每个三角形都有一个或三个正关系的边

(1) A、B、C 三个人之间有三个正号,如图 5.1(a)所示,这是一种很自然的情况,也就是说他们三个人互相是朋友。

(2) 如果在这三个人的关系中有一个正号和两个负号,也是一种很自然的情况,说明其中两位是朋友,而第三个人是他们共同的敌人,如图 5.1(c)所示。

(3) A、B、C 三者间的其他两种可能的标识,表现出他们之间关系的心理"压力"和"不稳定性"。两个正号和一个负号的三角关系(如图 5.1(b)所示),说明 A 和 B、C 都是朋友,但 B 和 C 彼此相处得不好。在这种情况下,A 很有可能会尽力促使 B 和 C 成为朋友,使得 B 和 C 的边标识变成"+"。也可能 A 与 B 或 C 联盟,一起反对其中的一个,使 A 与其之间的标识变为"-"。

(4) 同时,A、B、C 三人之间互为敌人的结构也具有不稳定的因素,如图 5.1(d)所示。这种情况下,会激发三者中的两者"联合"起来反对第三个(将三条边之一的标记变为"+")。

根据这种推理,称一个或三个"+"形成的三角关系为**平衡关系**,因为它们没有这些不稳定性因素,而零个或两个"+"形成的三角关系视为**不平衡关系**。结构平衡理论认为,由于不平衡三角关系是心理压力和心理失调的缘由,人们在人际关系中总是试图让它们尽量地少,因此在现实社会中,不平衡三角关系要比平衡三角关系少。

网络结构平衡的定义

至此所讲的都是三节点图的结构平衡。但很容易将结构平衡的定义推广到由任意一组节点和标有"+"和"-"的边组成的完全图。具体而言,称一个完全图是平衡的,若它其中的每一个三角形都是平衡的,即要满足如下性质。

结构平衡性质:对于每个三节点组而言,与它们相关联的三条边,要么都标识为"+",或者恰有一条边标识为"+"。

例如,图 5.2 有两个四节点网络。左边的图是平衡的,因为可以看到每个三节点组都满

① 在后面的 5.5 节中将考虑一般的情况,即不是每对节点之间都有一条边。

足上面提到的结构平衡性质。另一方面,右边的图是不平衡的,因为在 A、B、C 三个节点间存在两个边标有"+",这违背了结构平衡的特性。(B、C、D 节点构成的三角关系同样违背了结构平衡性质。)

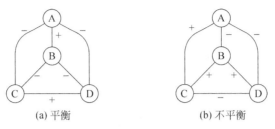

图 5.2　四节点网络,(a)图四节点完全图是平衡的,而(b)图不平衡

这里所定义的平衡网络,代表了一个社会系统的极限,它排除了所有不平衡的三角关系。就其本身而论,这个定义是相当极端的。可以给出一种定义,只要求大多数三角形是平衡的,允许少数三角形不平衡①。但所有三角形都具有平衡特性是分析结构平衡最基础的一步,如同我们将看到的,它具有一种极为有意思的数学结构,能够帮助我们分析一些更复杂的模型。

5.2　结构平衡网络的特性

在一般意义上来说,一个平衡网络(即加标识的平衡完全图)应该是什么样的? 给定一个具体网络,可以通过检查其每个三角形,来判断是否符合平衡的条件。但人们希望有一种简单的概念性描述,从整体上刻画平衡网络的特征。

在一个网络中,如果每两个人都相互喜欢,即所有三角形都有三个"+"标识,则网络是平衡的。这是平衡网络的一种形式。另一方面,图 5.2 的左图说明了网络平衡略微复杂的一种描述方法:该图包括两组朋友,即{A、B}和{C、D},组内的人之间都是正关系,不同组的人之间都是负关系。这实际上适用于一般情况:假设有一个带标识的完全图,其中的节点被分成两组,X 和 Y;若 X 组内每两个人都彼此喜欢,Y 组内每两个人也都彼此喜欢,而 X 组的每个人与 Y 组每个人之间都彼此敌对,如图 5.3 所示。可以发现这样的网络是平衡的:任何包含在一个组中的三角形都有三个"+"标识,任何有两个节点在一个组另一个节点在另一个组的三角形都恰好有一个"+"标识。

因此,我们看到了两种结构平衡的宏观特征:一种是每对节点都彼此喜欢;另一种是节点有两组,组内两两互为朋友,组间两两互为敌人。令人们惊讶的是,所有平衡网络都不离其中! 这个事实可以精确地由下述平衡定理(balance theorem)描述,该定理由弗兰克·哈拉雷(Frank Harary)在 1953 年证明[97,204]。

平衡定理:如果一个标记的完全图是平衡的,则要么它的所有节点两两都是朋友,要么它的节点可以被分为两个组 X 和 Y,其中 X 组内的节点两两都是朋友,Y 组内的节点两两也都是朋友,而 X 组中的每个节点都是 Y 组中每个节点的敌人。

①　在 5.5 节将讨论这种弱化的定义。

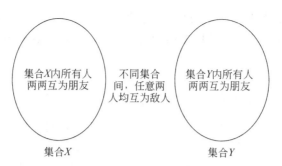

图 5.3　一个完全图是平衡的：如果该完全图可以划分成两个集合，每个集合内任意
两个人均互为朋友，属于不同集合的任意两个人均互为敌人

平衡定理既不是显而易见的事实，也不是一开始就很清楚其真相的。从本质上看，它通过一个纯粹的局部性质，即涉及到三个节点的结构平衡性质，展示了一种很强的全局性质：要么大家都相处很好，要么分成两个对立的阵营。下面来说明这个定理的正确性。

平衡定理的证明

证明的思路是：设有一个任意的标注完全图，如果它是平衡的，证明要么其中所有节点两两都是朋友，或者可以分成如上所述的两个集合 X 和 Y。回顾在第 3 章的一个证明过程，其中利用社会网络中三元闭包的简单假设，得出了网络中所有捷径都一定是弱联系的结论。虽然这里的证明要长一些，但也是很自然和直接的——利用平衡的定义直接推导出结论。

如果一个完全图是平衡的，必须证明它具有定理所述的结构。若它根本没有负关系边，即节点间都是朋友，那么无需继续证明。否则，至少有一个负关系边，此时需要有一个办法，将节点划分为两组，X 和 Y，其中 X 和 Y 内部节点互为朋友，X 和 Y 节点之间互为敌人。这里的难点在于，仅仅知道图是平衡的，不清楚如何下手来分辨 X 和 Y。

取网络中的任意一个节点，称为 A，从 A 的角度来考虑问题。其他节点要么是 A 的朋友，要么是 A 的敌人。于是，一种自然地确定 X 和 Y 的方式是让 X 包含 A 以及他的所有朋友，让 Y 包含 A 的所有敌人。这的确把图中所有节点分成了两组，因为每个节点要么是 A 的朋友，要么就是其敌人。

回顾集合 X 和集合 Y 的节点应该符合哪些要求：

（1）X 中的每两个节点都是朋友。

（2）Y 中的每两个节点都是朋友。

（3）X 中的每个节点与 Y 中的每个节点都是敌人。

现在需要证明对于选定的集合 X 和集合 Y 能够满足上述各种情况，表明集合 X 和集合 Y 都符合定理要求，因此定理得到论证。（1）、（2）和（3）三种关系如图 5.4 所示。

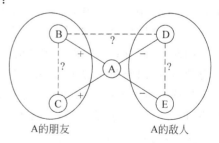

图 5.4　分析平衡网络的示意图（可能还包含其他没有画出的节点）

对于条件（1），如图所示 A 与集合 X 的所有节点为正关系。集合 X 中的任意两个节点，即 B 和 C 之间的关系一定为正关系吗？A 与 B、C 分别为正关系，若 B 和 C 为负关系，那么 A、B、C 三者就形成了一个有两个"＋"的三角形，

而这样就违反了平衡性的原则。但所讨论的网络是平衡的,所以这种情况不可能发生,从而 B 和 C 必须为正关系。因为 B 和 C 是集合 X 的任意两个节点,结论为集合 X 中的任意两个节点都具有正关系。

用同样的推理来分析条件(2)。集合 Y 中的任意两个节点,即 D 和 E 之间的关系一定为正关系吗?如我们所知,A 与 D 和 E 分别为负关系,若 D 和 E 也为负关系,那么 A、D、E 三者形成了没有"+"的三角形,这也违反了平衡特性的原则。由于网络是平衡的,以上情况不可能发生,因此 D 和 E 必须为正关系。D 和 E 是集合 Y 的任意两个节点,所以集合 Y 中的任意两个节点为正关系。

最后来分析条件(3)。以分析条件(1)和(2)的方式,考虑集合 X 中的 B 和集合 Y 中的 D,它们的关系一定为负关系吗?A 与 B 是正关系,与 D 是负关系,若 B 和 D 是正关系,那么 A、B 和 D 就形成了一个有两个"+"的三角形,这是不符合平衡性质的。因为是平衡网络,这种情况同样不会发生,因此 B 和 D 必须为负关系。B 和 D 分别属于集合 X 和集合 Y,因此集合 X 和集合 Y 之间每对节点的关系都是负关系。

由此得出结论,在网络是平衡的假设下,可以有一种方法将不同节点分别放入集合 X 和集合 Y,并使 X 和 Y 满足定理要求的三个条件(1)、(2)和(3)。因此,完成了平衡定理的证明。

5.3　结构平衡的应用

结构平衡现已成为一个很大的研究领域,这里只是描述了该理论的一个简单但核心的实例。5.5 节将讨论其基本理论的两个扩展:一是对非完全图的处理;二是完全图的"近似平衡"结构,即其中大多数(但不是所有)三角形都是平衡的。

最近的一些研究关注于结构平衡理论的动态特性,对完全图中的朋友关系与敌对关系建模,分析社会网络所追求的结构平衡随时间的变化趋势。安特尔、卡皮斯克和兰德尔[20]研究了一个模型,首先随机选择每个边的属性(用"+"或"−"表示随机选择的属性),然后反复寻找一个不平衡的三角形,变换其中一条边的属性使其变为平衡三角形。这种动态过程中网络符号的变化模式,体现了人们为了追求结构平衡不断地重新评价对他人的喜好或憎恶。这里所运用的数学推导比较复杂,类似于在某些物理系统中为了使能量达到极小化所采用的模型[20,287]。

接下来将讨论和结构平衡相关的两个领域:国际关系,网络中每个节点代表不同国家;在线社会媒体网站,其中在线用户可以表达针对他人的正面或负面的观点。

1. 国际关系

对于国际政治研究,可以很自然地假设一个节点集合,其中每个节点对另一节点都有正面或负面的看法,这里节点即表示国家,"+"或"−"属性表示联盟或敌对。政治学研究表明,结构平衡有时可以有效地解释一个国家在一些国际危机中的行为。例如,莫尔[306]在描述 1972 年孟加拉国从巴基斯坦分裂出来的冲突时曾阐述一些观点,明显引用了结构平衡理论。他指出:"苏联是中国的敌对国,中国是印度的敌对国,而印度和巴基斯坦长久以来就关系紧张,了解到这些就不会对美国支持巴基斯坦感到意外。在那段时期美国与中国外交解冻,也就支持了中国敌人的敌人。这种奇特的政治现象其深远影响是注定的:北越与印度外交示好,巴基斯坦与那些承认孟加拉国的东欧国家断交,中国否决了孟加拉国加入联合国的提案。"

安特尔、卡皮斯克和兰德尔以第一次世界大战前联盟阵营的改变为例,说明结构平衡在国际关系中的应用(见图 5.5)。这个例子也强化了结构平衡不一定是件好事的事实:因为最终结果常常涉及两个无法和解的联盟,在一个系统中寻找平衡有时就意味着滑向一种难以解决的双边敌对局面。

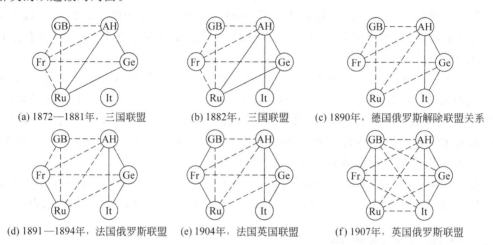

图 5.5　1872 年至 1907 年间,欧洲联盟的演化

2. 信任、怀疑和在线排名

我们使用的各种正关系和负关系的网络数据,主要来源于互联网上的用户社区,网络用户社区为人们提供了表达正面或负面情绪的平台。如科技新闻网站 Slashdot,用户可以相互表达彼此之间的正面或负面意见[266],以及在线产品评价网站如 Epinions,用户可以对不同的产品进行评估,也可以表达自己对其他用户的信任或怀疑。

Guha 等人[201]通过对 Epinions 用户评价网络的分析发现了一些有趣的现象,表明在线评价网络中信任与不信任的对立关系和结构平衡中朋友与敌人的对立关系,既有相同点也有不同之处。一个不同点是基于简单的结构差别:我们讨论的结构平衡是基于无向图结构,而像 Epinions 这种网站的用户评价构成一个有向图。也就是说,当用户 A 表达其对用户 B 的信任度时,我们无需考虑 B 是如何看待 A 的,或者 B 是否认识 A。

思考三个 Epinions 用户所形成的三角关系,有助于我们理解信任与不信任和朋友与敌对关系间更细微的差别。我们先来分析几个固定模式:如果用户 A 信任用户 B,而用户 B 信任用户 C,很自然地可以推断,用户 A 也相信用户 C。根据结构平衡定理中的正关系三角形(无向图),这种由三个同向的正关系组成的三角形同样是合理的。然而,如果用户 A 不信任用户 B,B 又不信任 C 会怎样,是否也可以推导出用户 A 信任或是不信任 C? 直觉上,这两种观点都有相对应的论据予以支持。如果把不信任作为一种敌对关系看待,那么根据结构平衡定理,A 应该信任 C;否则,A、B、C 的关系将形成一个由三个负关系组成的三角形。另一种观点是,如果 A 对 B 的怀疑体现出一种 A 自认为在知识和能力上比 B 更胜一筹,而 B 对 C 的怀疑也是基于同样的原因,那么可以推断,A 怀疑 C 的程度要更强于他对 B 的怀疑。

我们有理由相信,对于不信任的这两种解释在不同的情况下均有可能发生,并且极有可能都出现在像 Epinions 这样的商品评价网站。举例来说,如果要评价由政治评论家撰写的书籍畅销程度,用户信任或不信任的态度在很大程度上受到他们自己政治倾向的影响。在这种情况下,如果 A 不信任 B,而 B 不信任 C,那么 A 和 C 在政治偏好上可能更为相似,因而,根据结构平衡定理,A 应该信任 C。而在另一个方面,对于评价家用电子产品的用户而言,他们对于产品信任与否的标准,更多地来源于他们自身对电子产品的专业知识,如产品的功能、耐用性等。在这种情况下,如果 A 不信任 B,B 不信任 C,那么可以推断出 A 远比 C 的专业知识丰富,因此 A 也应该不信任 C。

最终,这些正负关系的作用方式,可以启发人们进一步理解用户通过在线社交网站彼此之间发表主观评价的行为。针对这方面的研究才刚刚起步,包括如何利用平衡理论以及其他相关理论分析并研究大规模数据集中的一些相关问题。[274]

5.4　结构平衡的一种弱化形式

在研究网络中的正关系和负关系模型时,人们重新审视了最初对基本框架的假设,提出了结构平衡的另一种表达方式。

具体而言,对于三人组合问题,我们知道,三人组成的三角关系中,存在两种不平衡情况:一种是两条正关系边和一条负关系边,如图 5.1(b)所示;另一种是三条负关系边,如图 5.1(d)所示。上述两种情况中,均存在一种使现有关系分解的潜在力量。然而,导致这种潜动力的根本原因是不同的:图 5.1(b)的问题在于,一个人的两个朋友彼此不合;而图 5.1(d)的情况是,三人中很可能有两人联合合起来共同对付另外一人。

戴维斯等研究人员指出,在很多情况下,上述第一种动力比第二种动力表现得更强[127]:为解决图 5.1(b)中的不平衡,两个拥有共同朋友的人会因此而同化他们的差异性;然而在图 5.1(d)中,三个人因为本身都不是朋友关系而缺乏化敌为友的动力。因此,人们自然会问:如果只排除由两个正关系边和一个负关系边组成的三角形,而允许三条负关系边组成的三角形,这样的网络具有哪些结构特性?

1. 弱平衡网络的特性

对于一个完全图,其边以"+"或"−"标记,如果满足以下条件,则称它具有**弱平衡性**。

弱结构平衡性质:任意三个节点,均不存在两个正关系边和一个负关系边的连接模式。

由于弱平衡对于网络形式的约束相对较少,基于弱平衡的定义,相应的网络结构应该比由平衡定理产生的网络结构更丰富。图 5.6 展示了一个由弱平衡定义产生的新的网络结构。假设节点可按以下原则被分成任意数量的组(可以超过两个):两个节点若在同一个组则互为朋友,不在同一个组则互为敌人。我们可以验证,如上所述的网络为弱平衡网络:任何一个包含至少两个正关系边的三角形,其三个节点必须属于同一组。因此,该三角形的第三条边也必然为正。换句话说,该网络不包含任何恰好有两个正关系边的三角形。

正如平衡定理要求所有平衡网络必须具备一个简单的结构,弱平衡网络同样具有这种特性:它必须满足图 5.6 所描述的结构,其中集合数可以是任意的。

弱平衡网络的特性:如果一个标记的完全图是弱平衡的,则它的节点可分成不同的组,并且满足同一组中任意两个节点互为朋友,不同组之间任意两个节点互为敌人。

事实上,这个特性正是早期研究弱结构平衡的另一个诱因。最初卡特莱特-哈拉雷提出

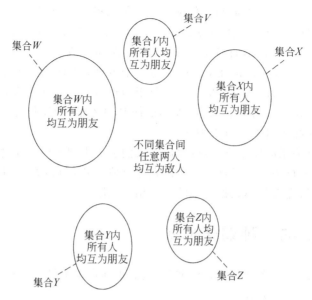

图 5.6   一个完全图满足弱平衡：该图可以分成多个组，每个组内任意两个人均互
为朋友关系，不同组之间任意两个人均互为敌对关系

的结构平衡定理仅讨论了将基本社会网络结构一分为二的情况，并没有考虑将网络分成多于两个部分的情况。而弱平衡结构根据其定义，可以包含任意数量的对立节点组，其中每个组内节点均互为朋友[127]。

2. 弱平衡特性的证明

对平衡定理的证明结构稍加改变，不难给出这种弱平衡特性的证明。给定一个满足弱平衡性质的完全图，要求证明其节点可以分成不同的组，每个组内任意两个节点互为朋友关系，而不同组的任意两个节点互为敌对关系。我们按以下步骤进行分组。

首先，任选一个节点 A，令包含 A 及其所有朋友的集合为 X。我们想让 X 成为结果中的第一组。为此需要建立两个条件：

（1）A 的所有朋友均互为朋友关系。（这样就产生了一个互为朋友关系的节点组。）

（2）A 及其朋友和图中除他们以外的所有人均互为敌人。（基于这个条件，无论剩下的人怎样分组，都可以保证集合 X 中的人与其他组的所有人均互为敌人。）

很幸运，平衡定理的证明思路在建立上述两个条件（1）和（2）时仍然适用，如图 5.7 所示。首先分析条件（1），考虑 A 的两个朋友 B 和 C。如果 B 和 C 互为敌人，则 A、B、C 形成的三角形恰好有两个正关系边，与弱平衡的定义相悖。因此，B 和 C 一定互为朋友。

对于条件（2），因为集合 X 定义为包含 A 的所有朋友，则 A 必然是与集合 X 以外的所有节点均互为敌人。那么，集合 X 中的任一节点 B 与 X 以外的任一节点 D 有什么关系？如果 B 和 D 互为朋友，A、B、D 形成的三角形就恰好有两个正关系边，同样与弱平衡的定义相悖。因此，B 和 D 只能是互为敌人。

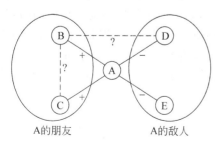

图 5.7   弱平衡网络的图示

证明了条件(1)和(2)成立,接下来可以在图中除去包含 A 所有朋友的集合 X,定义其为第一组。剩下的节点便形成一个相对更小的具有弱平衡性的完全图。在该图中找到第二组,再用相同的方法将其从原图中去除,以此类推,直到所有节点都被分到各自的组中为止。根据条件(1),所有组内的节点均互为朋友关系,根据条件(2),不同组间的节点均互为敌对关系,因此证明了弱平衡的特性。

我们可以比较一下这个证明与平衡定理证明的关系——特别是图 5.4 和图 5.7 体现出的细小差别。在平衡定理的证明中,我们必须就连接 D 和 E 的边的符号进行讨论,证明集合 X 的所有敌人组成了一个集合 Y。然而,在证明弱平衡完全图特性时,我们并不需要对 D-E 边的符号进行讨论,因为弱平衡成立的条件并不受其约束:A 的两个敌人既可以互为朋友,也可以互为敌人。因此,如果只满足弱平衡,图 5.7 中 A 的敌人集合中并不一定都要是互为朋友;它可能包含多个完全互为朋友的组,正如我们在证明过程中一步步构建的,这种结构还原了现实中存在很多派系的实际情况,如图 5.6 所示。

5.5　深度学习材料:结构平衡定义的推广

本节考虑网络结构平衡概念的更一般形式。特别地,我们注意到前面关于结构平衡的定义要求是相当高的,体现在下面两个方面。

(1) 仅适用于完全图。我们要求每个人和其他人都相互认识且有一种正或负的看法。若仅有一部分人相互认识会怎样呢?

(2) 在第 5.2 节中讲到的平衡定理,说明结构平衡意味着总体上网络被分成了两个集合[97,204],但那仅适用于网络中每个三角形都是平衡的条件。我们可否放松这个要求,说若大多数三角形为平衡的,则整个网络就可大致分为两个集合?

本节包含两个部分,主要讨论如何回答上面提到的问题。第一部分是基于第 2 章提到的先宽搜索概念的图论分析,而第二部分则是典型"计数论据"的证明风格。整个 5.5 节,采用 5.1 节和 5.2 节中关于结构平衡的原始定义,而不用 5.4 节中弱化的版本。

5.5.1　任意(非完全)网络中的结构平衡

首先,我们考虑不一定完全的社会网络。也就是说,仅有部分节点对之间存在带有"+"或"−"属性的边。这样,每对节点间的可能关系包括:正关系边表示友好;负关系边表示敌对;两节点间没有边,则表示他们互相不认识。图 5.8 具体描述了这样一个网络。

1. 一般网络平衡的定义

参考已学过的完全图的特殊例子,考虑如何定义这种比较一般的结构平衡?平衡定理中提到结构平衡可以从以下两个角度来看:局部角度,即针对网络中的每一个三角形;全局角度,即整个网络分为两个相对立的集合(每个集合内部节点间均为正关系)。这两个角度分别提供了一种定义网络结构平衡的方式。

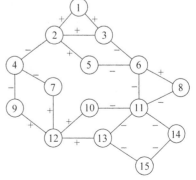

图 5.8　用正关系或负关系标识边,可以定义不完全图的结构平衡

(1) 一种方式可以将非完全网络的平衡看成补充"缺少值"的问题。可以假设以下场景：实际上一组人彼此认识并互相有一定了解；而我们所研究的这个图是非完全图，原因仅在于我们没有观察并掌握组中部分人已存在的关系。如果可以补全图中所有缺少的标识边，使得该标注完全图平衡，则说该图是平衡的。换言之，对于一个非完全图，如果通过增加一些边可形成平衡的标注完全图，则称该图是平衡的。

例如，图 5.9(a)显示了一个含标注边的图；而图 5.9(b)则显示了如何"填充"剩余关系边，使该图完全且平衡：观察到节点 3 和 5 之间缺少一条正关系边，而其余缺少的边为负关系，添上这些边，所有三角形就都平衡了。

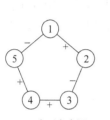 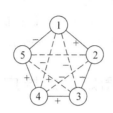 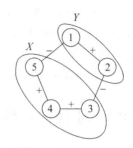

(a) 一个不完全图　　(b) 填补缺失的边，形成一个　　(c) 将节点分成集合X和Y，使得
　　　　　　　　　　　　完全的结构平衡图　　　　　　集合内所有边为正，集合之
　　　　　　　　　　　　　　　　　　　　　　　　　间所有边为负

图 5.9　通过两种方法定义不完全图的结构平衡

(2) 还可以从较全局的角度来看，将结构平衡视为网络可被分为两个相互对立的集合。考虑到这点，若可以将一个标注图的所有节点分为两个集合 X 和 Y，使得若一条边在集合 X 或集合 Y 内，则该边的属性为正关系；而任意边其中一端在集合 X 但另一端在集合 Y 中，该边的属性为负关系，我们称这个标注图是平衡的。也就是说，在集合 X 的节点，如果相互认识，就是正关系，集合 Y 中节点间的关系也是如此；在集合 X 与集合 Y 之间，若相互认识，则为负关系。

继续图 5.9 的例子，图 5.9(c)说明了如何将该图分为满足上述期望性质的两个集合。

这个例子提示了一个在一般意义上正确的原理：这两种平衡的定义是等价的。对于任意标注图，若根据定义(1)是平衡的，当且仅当根据定义(2)也是平衡的。

事实上这不难理解。如果按照定义(1)的标注图是平衡的，那么适当填充所有缺少的边后，我们得到一个标注的完全图，从而可以运用平衡定理。也就是可以把网络划分为两个集合 X 和 Y，满足定义(2)的性质。另一方面，如果按照定义(2)一个标注图是平衡的，那么在找到节点划分集合 X 和 Y 后，我们可以在每个集合内部填充正关系边，在两个集合之间填充负关系边，这样所有的三角形就都是平衡的。也就是说，可以通过"填充"让标注图满足定义(1)的要求。

事实上，正如古语说的"条条大路通罗马"，这两个相似的定义正说明了某种程度上的"本性"。可以根据实际情况，按照需要选择相对应的定义。图 5.9 的例子说明，由于定义(2)将节点分到两个集合中，比定义(1)填充图中边的属性更为直观易懂，故在实际中定义(2)通常更好用。

2. 刻画一般网络的平衡

然而从概念上来说,这两个定义还是有些不尽如人意之处:定义本身没有提供如何简单地辨别图是否平衡。毕竟,会有很多种方式来填充缺少的边,也可以有很多方式来将一个图分为集合 X 和 Y。如果一个图不是平衡的,故不存在定义所要求的结果,但是如何使别人相信呢? 从一个小例子中可以看到这其中的一些困难,观察图 5.8,不容易看出它不是平衡的图;而且,也很难看出若将连接节点 2 和 4 的边由负关系变为正关系,它就变成平衡的图了。

而实际上,如果我们进一步探讨这两个定义的结果,问题是可以解决的。我们现在所要说明的是一般标注图的一个简单的性质,也是哈拉雷的工作[97,204],其证明也给出了一种检查一个图是否平衡的简单方法。

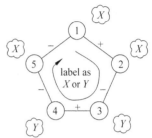

这种特性是基于考虑以下问题:什么原因导致一个图不平衡? 图 5.10 即为一个不平衡的图,它是通过改变图 5.9(a)的节点 4 和 5 之间边的符号而得的。这个图也说明了它不平衡的一种原因:若我们从节点 1 开始,试图将所有节点分成两个集合 X 和 Y,那么我们每一步的选择都是被限定的。假设开始将节点 1 归为集合 X。(第一个节点从哪开始都行)那么,由于节点 2 是 1 的朋友,它应该也归为集合 X。节点 3 与 2 敌对,因此必须归为集合 Y;由于节点 4 和 3 是朋友,也属于 Y;节点 5 与 4 敌对,应

图 5.10　如果标注图包含一个有奇数负边的圈,则该图不平衡

该属于 X。问题在于,若我们如此继续,会发现节点 1 与 5 敌对,应该归于集合 Y,但我们一开始就已经将其归为集合 X 了。在这个过程中没有选择的自由,故此说明了,无法将所有节点归入集合 X 和 Y 来满足结构平衡的互为朋友/互为敌人条件的要求,因此图 5.10 不是平衡的。

上面的解释听起来有些复杂,但事实上只是遵循着一个简单的原则:当绕着一个圈行进的时候,每当经过一条负关系的边,就要改变节点隶属的集合。这里的问题在于,当走回到初始节点 1 的时候,一共经过了奇数条负关系边。这样原本节点 1 属于集合 X,就与节点 1 属于集合 Y 这个最终要求相冲突了。

该原则适用于一般情况:若图中包含了一个奇数条负关系边组成的圈,那么表明该图不是平衡的。确实,如果我们从其中一个节点 A 开始,沿着圈行进,依次按照上述规则将节点放到两个集合之一中,其间会交换奇数次集合。因此,回到起始点 A 时,我们就会发现进入了一个错误的集合。

这样,包含奇数条负关系边的圈就是一个图不平衡的简单理由:一旦你可以指出这样一个圈,就很容易使人相信该图是不平衡的。例如,图 5.8 的一个圈包含节点 2、3、6、11、13、12、9 和 4,其中含有 5 条负关系边,这就是为何该图不平衡的简单原因。但是,是否存在其他说明该图不平衡的更为复杂的原因呢?

实际上,尽管最初似乎令人意外,奇数条负边的圈是阻碍网络平衡的唯一条件。这就是下述断言的核心内容[97,204]。

断言:一个标注图是平衡的,当且仅当它不包含有奇数个负关系边的圈。

现在我们来看如何证明该断言。证明通过一种图的分析方法来进行,基于该方法,一个图要么被分成两个满足要求的集合 X 或 Y,要么得到一个包含奇数条负关系边的圈。

3. 证明：辨别超节点

先回顾我们试图达到的结果：将所有节点分成两个集合 X 和 Y,使得两个集合内部节点间的边为正关系,横跨集合的边为负关系。当我们产生了这样一种划分的结果,就称为得到了一个平衡划分。现在我们来描述一个寻求平衡划分的过程,这有可能导致两种结果,要么这种平衡划分成功,或者它遇到了一个包含奇数条负关系边的圈而停止。由于这个过程只有两种可能的结果,于是就构成了该断言的一个证明。

这个过程分为两步：第一步将图转变成一个仅有负关系边的约简形式;第二步在这个约简图中求解这问题。第一步具体如下：注意到,只要两个节点是由正关系边连接的,则它们在平衡划分中必须属于同一个集合 X 或 Y。因此,我们先可以想象,若只考虑正关系边,图中连通分量会是哪些呢？将这些连通分量看成一个个**团点**(blobs),如图 5.11 所示。我们称这些团点为**超节点**,每个超节点内部节点都是由正关系边连接的,连接两个不同超节点的边是负关系的。(如果在两个超节点之间有正关系边,则它们可以结合成一个超节点。)

现在,如果任何一个超节点内部包含一条连接某一对节点 A 和 B 的负关系边,则图中就存在一个有奇数条负关系边的圈,如图 5.12 所示。这是因为在该超节点中,A 和 B 之间本来存在一条由正关系边构成的路径,这一条负关系边造成了 A 和 B 之间的回路,即形成了一个包含一条(奇数)负关系边的圈,因此该图是不平衡的。

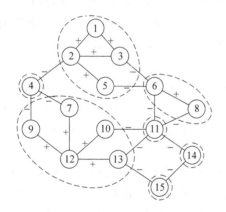

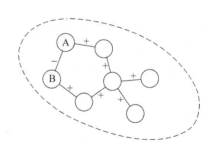

图 5.11   标注图中的超节点   图 5.12   一个超节点内由奇数条负关系边组成的圈

如果任何超节点内都没有负关系边,就表明可以声明每个超节点要么属于集合 X 或属于集合 Y。因此,现在的问题是要给每个超节点打上 X 或 Y 的标签,使得它们相互满足一种一致性。由于这些决定是在超节点层次来做的,就形成了该问题的一个新版本,每个超节点缩成了一个节点,如果原本存在一条跨两个超节点的边,现在两个节点之间也有边。图 5.13 就是在图 5.11 的基础上得到的：我们本质上是忽略超节点内部的节点,在团点基础上构架了一个新的图。当然,这么做了后,我们就画出没有团点样子的图来,图 5.14 就是一个例子。

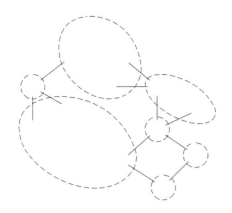

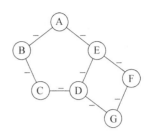

图 5.13 忽略原图的节点,形成一个简约图, 其中的节点是原图中的超节点

图 5.14 一个更为标准的简约图。该图可以明 显看出一个负关系的圈

利用这种简约图(reduced graph),其中的节点是原图的超节点,现在我们进入过程的第二步。

4. 证明:简约图的先宽搜索

记住,连接超节点的边仅为负关系(因为连接两个超节点的边如果是正关系的话,会被合并为一个超节点)。因此,我们所说的简约图中只有负关系边。我们讨论的这个过程的余下部分会产生下面两种可能结果之一。

(1) 第一种结果是将简约图中每个节点都标注成了 X 或 Y,且使得每条边的两个端点为相反的属性(即一端是 X,另一端是 Y)。由此,我们就可以建立原图的一个平衡划分,按照其所属超节点在简约图中的标注来标注每一个节点。

(2) 第二种结果是在简约图中找到一个奇数边的圈。然后我们可以将这个圈转变为原图中的一个有奇数条负关系边的圈(或许要长些),即简约图中的圈连接超节点,与原图中一组负关系边相对应。那么我们可以将这些负关系边与贯穿超节点内部完全由正关系边构成的路径结合在一起,于是就得到了原图中的一个奇数负关系边的圈。

例如,图 5.14 包含奇数负关系边的圈由节点 A 到 E 构成。对应原图(图 5.15)中那些粗实线表示的负关系边。这些粗实线可以通过超节点内的路径,延展连接成原图中的一个圈,在这个例子中用到的附加节点是 3 和 12。

其实,对于图中仅有负关系边的情形,这个问题在图论中对应判断一个图是否是二部图的问题,即该图的节点是否能划分成两组(即集合 X 和 Y),每条边都横跨这两组。我们在第 4 章分析归属网络时见过二部图,但在那个讨论中,节点已明确划分为人群和社会焦点,因此二部图显而易见。但这里不同,我

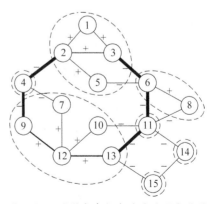

图 5.15 原图中奇数负关系边形成的圈

们面对的是一个随意给定的图,并没有事先将其节点划分成两个集合,而是需要来确定是否可以得到这个划分。我们现在用第 2 章讨论过的先宽搜索技术来尝试做这个划分,产生的结果要么是我们所寻找的划分,要么是发现一个由奇数条边组成的圈。

取图中的任意节点作为根节点开始运用先宽搜索,那么由这个根节点会产生一系列不同距离的节点层。以节点 G 为根节点,图 5.16 是对于图 5.14 中的简约图施行先宽搜索的过程。注意,由于在先宽搜索中边是无法跨越层次的,即每条边要么连接相邻层的两个节点,要么连接同一层中的两个节点。若所有边都是第一种情况(即连接相邻层的两个节点),此时可以得到将节点划分到集合 X 和 Y 中的方法:偶数层的所有节点归为集合 X,奇数层的所有节点归为集合 Y。此种情况下,每条边仅连接相邻的两个关系层,也就是说这些边的两端点一个在集合 X,另一个在集合 Y。

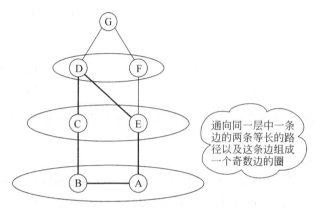

图 5.16　先宽搜索过程简化图

否则,存在一条边,其两端节点属于同一层。称这两个节点为 A 和 B(如图 5.16 所示)。对这两个节点中的每一个,都会有一条从根节点向下到达该节点的路径。考虑这两条路径的最后一个公用节点,姑且称为 D,如图 5.16。D-A 路径和 D-B 路径有同样的长度 k,这两条路径加上 A-B 边形成的圈的长度即 $2k+1$,这是一个奇数,这也就是我们要找的奇数长度圈。

这就完成了证明。概括起来:若简约图的所有边与先宽搜索相邻层的节点相连,将简约图的节点按层次交替放入集合 X 和 Y,相应地将原图的节点也归于这两个集合。在这种情况下,就得到一个平衡的节点划分。否则,有一条边连接先宽搜索同一层的两个节点,形成了图 5.16 中的简约图的奇数条边的圈。因此,可以将此圈转化为原图的一个包含奇数条负关系边的圈,如图 5.15 所示。因为仅存在这两种可能性,上述断言也就得到了证明。

5.5.2　近似平衡的网络

现在回到完全平衡图的情形,每个节点对之间都有一种关系,正关系或负关系,我们从另一种角度来推广结构平衡的特性。

首先回顾原始的平衡定理,特别强调它的逻辑结构。

断言:若完全标注图的每一个三角形都是平衡的,那么

(1) 每对节点都互为朋友,或者

(2) 可将节点划分为两组集合 X 和 Y,满足

- 集合 X 中的每对节点都互为朋友。
- 集合 Y 中的每对节点都互为朋友。
- 集合 X 中的每个节点都与 Y 中的每个节点互为敌人。

该定理的条件相当极端,其中要求每个三角形必须是平衡的。如果大多数三角形是平衡的将会怎样呢？实际上,该定理的条件可以一种很自然的方式放宽,使我们得到如下结论。我们用类似于平衡定理的方式表述。

断言：若一个完全标注图中至少99.9%的三角形是平衡的,那么

(1) 存在一个至少包含90%节点的集合,由这些节点组成的对,其中至少90%的节点对互为朋友,或者

(2) 可以将节点划分为两个集合 X 和 Y,满足

- 集合 X 中至少90%的节点对都互为朋友。
- 集合 Y 中至少90%的节点对都互为朋友。
- 分别属于集合 X 和 Y 的节点对至少有90%互为敌人。

这个说法是成立的,尽管其中数字的选择很特别。下面是一个更一般的陈述,包含了平衡定理和上述断言。

断言：设定 ε 为任意数,范围为 $0 \leqslant \varepsilon < \dfrac{1}{8}$；定义 $\delta = \sqrt[3]{\varepsilon}$。若在完全标注图中至少有 $1-\varepsilon$ 占比的三角形是平衡的,那么

(1) 至少存在 $1-\delta$ 占比的节点,其中至少 $1-\delta$ 占比的节点对都是互为朋友,或者

(2) 可以将节点划分为两个集合 X 和 Y,满足

- 集合 X 中至少 $1-\delta$ 占比的节点对都互为朋友。
- 集合 Y 中至少 $1-\delta$ 占比的节点对都互为朋友。
- 在集合 X 和 Y 之间的所有节点对中,至少 $1-\delta$ 占比的节点对互为敌人。

我们注意到,平衡定理就是此处取 $\varepsilon = 0$ 的情形；而前面的断言则对应 $\varepsilon = .001$（因为 $\delta = \sqrt[3]{\varepsilon} = .1$）。

我们现在来证明这个结论。证明本身是完整的,不过如果读者了解一些排列组合的知识则会理解得容易些,所谓排列组合知识即指从一个大的集合中选择满足特定条件的子集数量的方法。

这里的证明基本上与平衡定理的证明风格相同：对于一个指定的节点 A,我们定义两个集合 X 和 Y,它们中的节点分别是 A 的朋友和敌人。然而事情在这里有些复杂,因为并不是所有的节点 A 都会给我们一个所需的结构,尤其是当一个节点涉及太多不平衡三角形时,将该图分成朋友和敌人两个集合会产生一个相当乱的结构。鉴于此,我们的证明由两步组成。首先找到一个"良好的"节点,不涉及太多个不平衡的三角形。然后,我们说明以该良好节点为参照,将图划分为朋友或敌人,就会有所需的性质。

1. 准备工作：边和三角形的个数

在进入证明本身之前,我们先来看一些基本的计数问题,它们将构成证明的一部分。记住我们现在是有一个完全图,在每对节点之间都有一条无向边。如果一个图有 N 个节点,那么会有多少条边呢？可以如下考虑。有 N 种可能的方式选择一条边的一个端点,$N-1$ 种方式选择另一个端点,于是就有 $N(N-1)$ 种方式来相继选择一条边的两个端点。如果我们列出所有可能端点对的清单,连接节点 A 和 B 的边会在清单中出现两次：一次是 A-B,另一次是 B-A。总之,每条边将会在清单中出现两次,所以边的总数就是 $N(N-1)/2$。

一个十分类似的思路让我们得到图中三角形的总数。具体来说,就是有 N 种方法来选择一个节点作为第一个角,有 $N-1$ 种方法选择另一个节点作为第二个角,有 $N-2$ 种方法选择第三个角。这就产生了总共 $N(N-1)(N-2)$ 个三元组(代表一个三角形的三个角)。如果列出它们,会发现以 A、B、C 为元素的三元组共出现 6 次:即 ABC、ACB、BAC、BCA、CAB 和 CBA。也就是对应每个三角形会在清单中出现 6 次,所以三角形的总数是:

$$\frac{N(N-1)(N-2)}{6}$$

2. 第一步:找到一个"良好"节点

即找到一个不涉及太多个不平衡三角形的节点。

由于我们假设三角形中最多有 ε 部分是不平衡的,且图中三角形的总数是 $N(N-1)(N-2)/6$,于是不平衡三角形的总数最多是 $\varepsilon N(N-1)(N-2)/6$。假设我们定义一个节点的权重为它所涉及的不平衡三角形数,这样,我们要找的就是低权重的节点,即它只是在相对很少的不平衡三角形中。

我们也需要计算所有节点的权重之和,方法之一是,将每个节点涉及的不平衡三角形列举出来形成一个清单,将所有清单组合成一个大清单,观察它的长度。在这个组合清单中,每个不平衡的三角形会出现三次,对应其三个角的节点,这样,所有节点的总权重恰好是不平衡三角形数的三倍。结果是,所有节点的总权重最多是 $3\varepsilon N(N-1)(N-2)/6 = \varepsilon N(N-1)(N-2)/2$。

共有 N 个节点,那么一个节点的平均权重最多是 $\varepsilon(N-1)(N-2)/2$。由于不可能所有节点的权重都在这平均值之上,因此至少有一个节点的权重等于或低于这平均值。我们取这样一个节点作为 A,这也是我们所说的"良好"节点:它的权重最多是 $\varepsilon(N-1)(N-2)/2$[①]。由于 $(N-1)(N-2) < N^2$,该良好节点最多在 $\varepsilon N^2/2$ 个三角形中。因为用这个大一点的数处理起来会容易些,我们在后面的分析中就用它。

3. 第二步:参照"良好"节点拆分图

类似于平衡定理的证明,我们要将图分为两个集合:集合 X 包含节点 A 和它的所有朋友,集合 Y 包含节点 A 的所有敌人,如图 5.17 所示。现在利用不平衡三角形的定义,以及节点 A 不涉及太多不平衡三角形的事实,可以说在集合 X 和 Y 中的负关系边会相对较少,并且在 X 和 Y 之间的正关系边也相对较少。具体来说,我们有下面的认识:

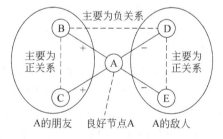

图 5.17　近似平衡完全图的特性遵循与平衡定理相似的论证分析方法

- 集合 X 中的两个节点之间的负关系边,对应一个包含节点 A 的不平衡三角形。由于最多有 $\varepsilon N^2/2$ 个不平衡三角形包含节点 A,那么在集合 X 中最多有 $\varepsilon N^2/2$ 个负关系边。

- 相似的论证也适用于集合 Y。集合 Y 中的两个节点之间的负关系边,对应一个包含节点 A 的不平衡三角形,那么在集合 Y 中最多有 $\varepsilon N^2/2$ 个负关系边。

- 最后,相似的论证也适用于两端分别在集合 X 和 Y 中的边。每条这样的正关系边,对应一个包含节点 A 的不平衡三角形,那么两端分别在集合 X 和 Y 中最多有 $\varepsilon N^2/2$ 个正关系边。

现在根据集合 X 和 Y 的规模,来分析几种可能会发生的情形。从本质上讲,如果集合 X 或 Y 的规模足够大,基本是整个图了,我们就说明断言中的(1)是成立的;否则,集合 X 和 Y 里面的节点数都不可忽略,就说明断言中的(2)是成立的。为了计算简单,这里进一步假设 N 是偶数,且 δN 是整数,尽管这不是证明所必须的。

首先令 x 为集合 X 中的节点数,y 为集合 Y 中的节点数。假设 $x \geqslant (1-\delta)N$。由于 $\varepsilon < \frac{1}{8}$、$\delta = \sqrt[3]{\varepsilon}$,那么 $\delta < \frac{1}{2}$,进而 $x > \frac{1}{2}N$。现在,回顾前面根据节点个数得到完全图中边数的方法。在这种情形,集合 X 中有 x 个节点,所以有 $x(x-1)/2$ 条边。由于 $x > \frac{1}{2}N$,边数至少是 $\left(\frac{1}{2}N+1\right)\left(\frac{1}{2}N\right)/2 \geqslant \left(\frac{1}{2}N\right)^2/2 = N^2/8$。这样,在集合 X 中最多有 $\varepsilon N^2/2$ 条负关系边,那么集合 X 中负关系边的占比最多为:

$$\frac{\varepsilon N^2/2}{N^2/8} = 4\varepsilon = 4\delta^3 < \delta$$

这里运用了事实 $\varepsilon = \delta^3$ 和 $\delta < \frac{1}{2}$。因此结论是,若集合 X 中至少包含 $(1-\delta)N$ 个节点,那么,它就包含至少 $1-\delta$ 占比的节点,其中至少有 $1-\delta$ 占比的节点对互为朋友,满足断言 (1)中的结论。

若集合 Y 中至少含有 $(1-\delta)N$ 个节点,则同样有上述结论。下面分析集合 X 和 Y 都含有少于 $(1-\delta)N$ 个节点的情形,我们要说明此时断言(2)的成立。首先,对于跨集合 X 和 Y 的边,正关系占比是多少? 可如下计算两个端点分别在集合 X 和 Y 的总边数:有 x 种方法选择集合 X 中的端点,有 y 种方法选择集合 Y 中的端点,这样就有了 xy 条边。由于 x 和 y 的值比 $(1-\delta)N$ 小,且它们的总和为 N,这也使 xy 最少为 $(\delta N)(1-\delta)N = \delta(1-\delta)N^2 \geqslant \delta N^2/2$,这个最后的不等式是由 $\delta < \frac{1}{2}$ 推断出来的。得出最多存在 $\varepsilon N^2/2$ 条正关系边,其一端在集合 X,另一端在集合 Y,因此在总数中占比最多为:

$$\frac{\varepsilon N^2/2}{\delta N^2/2} = \frac{\varepsilon}{\delta} = \delta^2 < \delta$$

最后,分析集合 X 和 Y 内部的负关系边的占比。我们计算 X 中的情况,同理也适用于集合 Y。在集合 X 中总共有 $x(x-1)/2$ 条边,由于 $x > \delta N$,故边的总数至少是 $(\delta N+1)(\delta N)/2 \geqslant (\delta N)^2/2 = \delta^2 N^2/2$。同时,在集合 X 中最多有 $\varepsilon N^2/2$ 条负关系边,那么负关系边在总数中占比最多为:

$$\frac{\varepsilon N^2/2}{\delta^2 N^2/2} = \frac{\varepsilon}{\delta^2} = \delta$$

这样,如此将节点划分到集合 X 和 Y 就满足断言中(2)部分的所有要求。证毕。

关于这个断言及其证明,最后还有一点说明。人们可能会感到断言假设中的 $1-\varepsilon$ 和 $1-\sqrt[3]{\varepsilon}$ 的差有些过大:如前面所看到的,当 $\varepsilon = 0.001$ 时,我们需要假定 99.9% 的三角形是平衡的,才能使 90% 的边有正确的符号。但事实上可以举出例子来说明现在这种 ε 和 δ 之间的关系是不可能再改进的。简言之,这个断言提供了一个平衡定理的近似版本,但为了得到较强的结论,我们必须假设一个相当小的不平衡三角形占比。

5.6   练习

1. 假设一组人类学家正在研究三个互为邻里的小村庄组成的集合。每个村庄都有 30 人,包括 2~3 个大家庭。每个村庄的人们都互相了解自己村庄的人。

   当人类学家在这三个村庄建立一个社会网络,会发现人们都会和自己村庄的人成为朋友,和其他两个村庄的人成为敌人。这就给出了 90 人形成的网络(因为每个村庄 30 人),该网络中的边也会带有正关系和负关系的标识。

   根据本章的定义,这个 90 人形成的网络是平衡的吗? 请做一个简明的分析。

2. 分析图 5.18 中的网络关系:每对节点间都有一条边,5 条边形成正关系,另 5 条边形成负关系。

   网络中的每条边都参与三个三角形:一条边与其他不在一条边上的节点形成了三角形。如由 A-B 边组成的三角形有 ABC、ABD、ABE。可以用同样方法列出每条边参与的三角形。

   对于每条边来说,它们参与的三角形中有多少是平衡的? 又有多少是不平衡的? 注意:由于这个网络的对称性,对此问题的答案对每条正边都应该是一样的,对每条负边也如此。于是你只需要分别考虑一条边就够了。

3. 当想到结构平衡,若一个新的节点试图加入到一个已存在敌友关系的网络中,将会发生什么? 在图 5.19~图 5.22 中,每对节点非友即敌,用+或-表示每条边的属性。

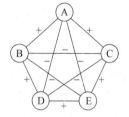

图 5.18   由 5 条正关系和负关系的
边组成的网络

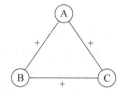

图 5.19   在由三个节点组成的社会网络中,每对
节点都了解彼此,并且关系友好

首先,分析图 5.19 中的三个节点组成的社会网络,其中每对节点都了解彼此,并且关系友好。现在第四个节点 D 想要加入该网络,与其他三个节点 A、B、C 的关系不是正关系就是负关系。该节点进入这个社会网络,不想产生任何不平衡三角形有可能实现吗? (例如,在加入节点 D 后,由该节点和其他节点组成的边,不会产生不平衡的三角形。)

事实上,这个例子中,有两种方法来实现,如图 5.20 所示。其一,节点 D 可以成为现有所有节点的朋友,这样,包含该节点的三角形会有三条正关系边,形成平衡的三角形。其二,节点 D 可以成为现有所有节点的敌人,这样,包含该节点的三角形会有三条负关系边,形成平衡的三角形。

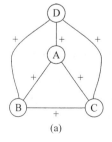

(a)

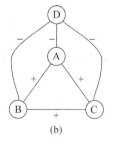

(b)

图 5.20   两种不同的方法,让节点 D 加入图 5.19 的社会网络,
而没有形成不平衡三角形

在这个网络中,对于节点 D 来说,由于它的加入没有形成不平衡的三角形。而这就不一定适合于其他网络。我们来分析其他网络。

(a) 分析图 5.21 中的三个节点组成的社会网络,其中每对节点都了解彼此,每对节点非友即敌,用 + 或 — 表示每条边的属性。现在第四个节点 D 想要加入该网络,与其他三个节点 A、B、C 的关系不是正关系就是负关系。它有可能不涉及任何不平衡三角形吗?

- 若有可能,请解释有几种不同的方式?(即与节点 D 之外的边有几种不同的特性让包含该节点的三角形为平衡的。)
- 若节点 D 没有办法如此进入该网络,请解释为什么?(在这个及后面的问题上,不一定要考虑所有可能性,通过推理新节点的选项即可得到答案。)

(b) 对于不同的网络,考虑图 5.22 中三个节点的社会网络,其中每对节点都了解彼此,每对节点非友即敌,用 + 或 — 表示每条边的属性。现在第四个节点 D 想要加入该网络,与其他三个节点 A、B、C 的关系不是正关系就是负关系。它有可能不涉及任何不平衡三角形吗?

- 若有可能,请解释有几种不同的方式?(即与节点 D 之外的边有几种不同的特性让包含该节点的三角为平衡的。)
- 若节点 D 没有办法如此进入该网络,请解释为什么?

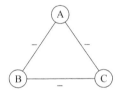

图 5.21　在由三个节点组成的社会网络中,每对节点均互为敌人

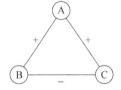

图 5.22　节点 A 与 B、C 为朋友,而 B 与 C 互为敌人

(c) 利用解决问题 2 和 3 的方法,分析下面的问题。以任意完全标注图为例,有任意个节点,并且是非平衡图,即它包含至少一个非平衡三角形。回顾具有属性完全图,其中每对节点由一条边连接,用 + 或 — 来表示边的属性。一个新的节点 X 想要进入该网络,与其他节点连接的边不是正关系就是负关系。如果节点 X 进入该网络,是否有让它所参与的三角为平衡的方法?请简要地解释。提示:考虑网络中任意不平衡的三角,节点 X 如何与它的节点连接。

4. 你和人类学家一起研究一个人烟稀少的热带雨林,其中 50 个农民生活在一条长 50 英里的河流沿岸。每个农民居住并占有沿岸的土地 1 英里长,因此他们完全瓜分了 50 英里长的河岸。(选择简单的数字,目的是使问题容易描述。)

农民都互相认识,和他们交谈后,你发现每个农民与住在 20 英里以内的其他农民都是朋友,与所有居住在 20 英里以外的农民都是敌人。

构建一个标注的完全图,对应于这种社会关系,分析它是否具有结构平衡的特性,解释你的答案。

第二部分

博 弈 论

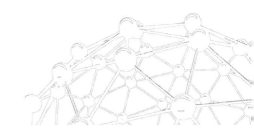

第 6 章　博弈

本书开篇曾强调了一种社会的、自然的或者技术的复杂系统之中的"连通性"。这种连通性有两方面的含义：首先，是相互连接关系背后的结构；其次，是位于系统内部的个体行为之间的相互依存性，因此任何人的行为结果至少潜在地依赖于其他人的行为。第一个问题，即网络结构，已经在本书第一部分用图论加以阐述。在本书的第二部分，将研究行为层次的关联性，用**博弈论**(game theory)的语言发展出一种基础模型。

博弈论是用来研究这样一种情境，即人们的决策结果不仅取决于他们如何在不同的备选项之间进行选择，而且取决于与他们互动的其他人所做出的选择。博弈论的思想出现在许多不同的背景之中。在一些背景中表现为字面上的博弈，比如可以用博弈论的工具来分析如何选择球员罚点球以及如何进行防守。另外一些背景并不总是被人们称为博弈，但也可以用同样的工具加以分析。这样的例子包括：当市场上已经有某一产品时，生产相似新产品的定价问题；在拍卖会上确定如何投标竞价；选择因特网或者交通网络中的一条路径；在国际关系中选择一种比较强硬的立场还是比较温和的立场；在职业体育比赛中选择是否服用兴奋剂。在这些例子中，每一个决策者的选择结果都取决于别人的决策。这就为博弈论的分析提供了一种策略要素。

正如我们在随后的第 7 章将要论及的，博弈论思想跟那些看起来似乎没有人做出明显决策的情境也存在一定的关联。也许进化生物学为此提供了最为显著的例子。进化生物学最根本的原则是变异，生物体为提高自身对环境的适应性会发生变异。但是，对这种适应性的评价常常不能单独进行。相反，它依赖于其他所有(非变异)生物体的行为，以及变异的行为与非变异的行为之间的相互作用。在这样的情境中，对变异的成功或失败的分析便加入了博弈论的界定，并且非常接近于对充满智慧的行动者做出决策的分析。类似的分析已经被应用于研究新的文化实践和习俗的成功或失败——它取决于所植入的已有行为模式。这就意味着博弈论的思想比简单地对人们在互动中的行为推理进行建模更加宽泛。博弈论一般会强调哪种行为普遍实施时更倾向于维持自身。

博弈论的思想运用于本书的许多地方。第 8 章和第 9 章描述了两个最初的和最基本的运用：一是用于对交通网络流量的研究，在这项研究中，个人的行驶时间取决于他人的路由选择；二是用于对拍卖的研究，在这项研究中，一个竞价者的成功取决于他人是如何竞价的。本书后面的章节还会列举与此相关的许多例子，包括市场上的价格是通过什么方式定出来的，以及人们在特定情境中是通过什么方式采纳一种新的想法，而这种采纳的决定受到他人行为的影响。

作为研究的出发点,我们首先讨论潜藏于博弈论背后的一些基本理念。这些讨论会牵涉到人们与他人互动的情境的描述,这些描述过程并没有使用图结构。建立了这些概念之后,我们将会在下面的章节中用图加以描述,并且将考虑如何结合图结构研究人们的行为决策。

6.1　何为博弈

博弈论关注的背景是决策者彼此之间是有互动的,即前言提到的行为的相互关联性。每个参与者对结果的预期不仅取决于他/她自身的决策,而且取决于互动的他人所做出的选择。理解具体的博弈定义,从案例分析开始是最好不过了。

1. 第一个案例

假设你是一名大学生,在规定的截止日期前一天,你有两项需要准备的工作。一是考试,二是报告。此时,你需要考虑在为考试而复习和为报告而准备二者之间做取舍。为使例子表达更加清晰,我们将利用一些假设。首先,我们假设你可以在为考试复习或者为报告做准备间进行选择,但只能选择一种。其次,我们假设在不同决策结果公布之前,你对预期成绩有准确估计。

考试结果易于预测。假设进行复习,则预期成绩是 92 分。但是,假设没有复习,则预期成绩是 80 分。

报告需考虑的因素稍为复杂。因为报告是你和拍档的合作行为。假设你和拍档都做了充分准备,则报告会十分的完美,因而你们预期的共有成绩是 100 分。假设只有一个人做了准备(另外一个拍档没有为报告准备),则你们的预期共有成绩是 92 分。假设两个人都不做准备,你们的预期共有成绩是 84 分。

这个例子在推理时需注意,所有这些对你拍档也是一样的。对于考试,假设他会有同样的预期结果。假设进行复习,则会得到 92 分,假设没有进行复习,则得到是 80 分。同样地,他也必须在复习考试或是准备报告之间做出抉择。进一步假设,你们彼此不能相互沟通,所以,你们不能共同商讨行为选择。而且,在彼此进行独立决策时,彼此都知道对方也在进行决策。

假设你们都追求得到平均成绩的最大化,则可以通过上面的结论来理解,这种平均成绩是如何通过彼此之间投入的努力决定的:

- 假设你们都选择准备报告,则彼此都将在报告上得分 100 分,考试得分 80 分,每个人的平均成绩是 90 分。
- 假设你们都选择复习考试内容,则都将在考试的得分是 92 分,在报告的得分是 84,每个人的平均成绩是 88 分。
- 假设一方复习考试,而另一方准备报告,则得分结果如下所示:
  - 选择准备报告的一方在报告的得分是 92 分,但是在考试的得分是 80 分,他的平均成绩是 86 分。
  - 另一方面,选择复习考试的一方在报告的得分是 92 分,因为报告成绩是共有成绩,这方因对方的准备报告行为而获益,而通过复习,他在考试的得分是 92 分,所以他会获得的平均成绩是 92 分。

下面,有一种简单的方法归纳这些得分情况。此处,通过 2×2 表格的行代表你的两种选择行为:是准备报告或是复习考试。也同样通过 2×2 表格的列代表你拍档的两种选择行为。所以,2×2 表格中的每个单元格都代表你们的一种联合选择行为。在每个单元格中记录你们的平均成绩:左侧是你的成绩,右侧是你拍档的成绩。全部的记录结果,如图 6.1 所示。

2×2 表格巧妙地表现了博弈论的场景。现在,需要决定行为选择:是准备报告,或是复习考试? 很显然,各自的平均成绩不仅取决于个体在这两个备选项之间的选择,还取决于拍档的决策,即互动的他人的选择。因此,作为各自决策的一部分,参与方必须对对方可能的行为

	你的拍档	
	报告	考试
你 报告	90, 90	86, 92
考试	92, 86	88, 88

图 6.1 决定复习考试还是准备报告的博弈示例

进行合理推理。当考虑自己策略的后果时,必须想到他人决策的影响,这正是博弈论的用武之地。所以,在分析考试或报告例子的结果之前,先介绍博弈论的一些基本定义,然后再继续用博弈论语言加以讨论。

2. 博弈的基本要素

以上描述的情景实际就是一个博弈的例子。一般而言,任何博弈都具有以下三个方面的特征。

(1) 存在一组参与者(不少于两个),不妨称之为博弈参与人。就上例而言,你和你的拍档就是两个参与人。

(2) 每个参与人都有一组关于如何行动的备选项,此处备选项指参与人的可能策略。在例子中,你和你的拍档彼此都有两个可能的策略,即准备报告和复习考试。

(3) 每个策略行为的选择,都会使参与人得到一个收益(也称回报)。当然,这个收益结果还受互动中他人策略选择的影响。一般用数字表示收益。每个参与人都倾向于争取更大的收益。在上例中,每个参与人在考试和报告上取得的平均成绩,就是参与人的收益。一般通过如图 6.1 所示的收益矩阵来记录不同收益情况。

我们感兴趣的关注点是在给定的博弈中,推理参与人如何进行策略行为抉择。在本章,讨论的重点将侧重在双人博弈类型。但所采用的分析思想可推广到任意数量参与人的博弈。同时,我们将会集中于简单的、一次性博弈。这种博弈类型的特征是,参与人会同时并独立的选择各自行为,并且他们的选择行为是一次性的。本章的 6.10 节还将讨论在分析动态博弈时,怎样重新解释这种理论。因为在动态博弈中,随着时间的推移,行为具有连续性。

6.2 博弈中的行为推理

一旦我们完整给出了参与人,策略集和回报,就是严格描述了一个博弈。然后,我们就可以来问参与人可能会如何选择他们的策略。

1. 基本假设

为了使这个问题可以掌控,我们从几个预设的假定开始。首先,我们假设一个参与

人关心的所有事情都表达在自己的回报中,对 6.1 节描述的"考试—报告"博弈而言,两个人只是希望让各自的平均分数最大化。然而,在上述包含三要素的博弈中并没有要求参与人只是关心个人的回报。例如,一个具有利他精神的人可能既关心他自己,也关心另一个人的利益。但在我们这个假设下,就认为如果他是那样的人,那么其回报应该反映这一点。也就是说,一旦回报定了,它们就应该是每个参与人评估博弈中各种结果的唯一依据。

其次,还假设每个参与人对博弈结构充分了解。首先,这意味着参与人都知道他/她自身的可能策略集。而且,在许多情形,也可以假设每个参与者也知道另外一个人是谁(在双人博弈中),他能用的策略,以及他在各种策略下的回报。在"考试—报告"博弈中,这个假设类似于假设你意识到你和你拍档都面临为复习考试或是准备报告的策略取舍,而且你们对不同行为的预期结果有准确的评估。尽管有这个假设,但是我们注意到有许多关于信息不完整博弈的研究工作。事实上,约翰·哈桑尼获得 1994 年诺贝尔经济学奖,就是因为他在不完全信息博弈上的贡献[208]。

最后,进一步假设每个个体策略的选择都是为了达到自身收益的最大化,假定他/她也知道其他参与人也会选择收益最大化的策略。这种个体行为模型,通常被称为是理性人模型,实际上结合了两种认识。一是每个参与人都想要自己收益的最大化。因为个体收益被定义为是个体最在意的,这种假设看起来合理。二是每个参与人实际上都会选择最优策略。在简单的设置背景下,假设博弈中的参与人都是有经验的,这似乎就更加合理。在复杂博弈中,或者博弈中的参与人是经验比较少的,则确实是不够合理。有关参与人在博弈行为中出错并继续从中学习的思考,也是值得我们感兴趣的关注点。已有大量文献分析了具有这种性质的问题[175],但我们在此不加以讨论。

2. "考试—报告"博弈中的行为推理

通过上例的"考试—报告"博弈,探寻该怎样预测你和你拍档的行为,即预测博弈中参与人的行为。

我们集中从你的角度加以分析。(对你拍档策略选择的推理与你的策略选择推理呈对称性,因为从他的角度所看到的和你所看到的是一样的博弈。)如果你可以预测你拍档的行为决策,则你的行为决策就容易决定。但是,还是先分析在你拍档的每一个可能策略选择下你的应对策略吧。

- 假设你得知拍档将复习考试。若你也复习考试,则你的收益得分是 88 分;而假设你准备报告的话,你只能得到 86 分。所以,在这种情况下,你应该采取复习考试的策略。
- 另一方面,假设你得知你拍档将准备报告。那么,若你也准备报告,则你的收益得分是 90 分。而假设你复习考试,则收益得分是 92 分。在这种情况下,同样的,你也应该选择复习考试。

这种依次独立讨论你拍档选择策略的思考方法,在上面的情境中证明是一种有效的分析途径。它显示无论你拍档如何选择,你都应该选择复习考试。

当无论其他参与人选择何种行为策略时,你都有同一个策略是最佳选择,则定义这个策略是**严格占优策略**(strictly dominant strategy)。当某参与人有一个严格占优策略,则可以预期他会确定地选择它。在"考试—报告"博弈中,对你拍档来说,复习考试也是一个严格占优策略(在同样的推理思路下)。所以,可以预期结果将是你们都为考试复习,彼此都将得到88分的平均成绩。

因此,这个博弈的分析过程是非常清晰的。它让我们很容易看到,博弈将会以什么样的预期结果结束。除了这点,还有一个与这结论有关的值得注意的情况,即如果你和你拍档商量好了,两个人都来准备报告,则双方都平均得90分。换句话说,双方的收益得分都会更高些。但是,尽管你们都理解这种潜在改进的事实,但这90分的收益是不可能在理性博弈中获得的。其中的原因,在前面的推理中已经显示得十分清楚。那就是即使你个人决定去准备报告,并且希望拍档也这么做从而都得到90分,可是假如你的拍档知道你在这么做,则他此时有动机去选择复习考试而不配合你来准备报告,因为前者会给他带来更高的收益92分。

这样的结果取决于我们的假设,即个人收益是每个参与人评估博弈结果的唯一指标。对这个例子而言,就是你和你拍档只关心各自平均成绩的最大化。如果你关心你拍档得到成绩,则在这个博弈的收益情况就会不同,博弈结果也会不同。类似地,如果你想到你拍档可能会对你没有共同准备报告而生气,那么这个要素也应作为收益的一部分来考虑,就会再次潜在地影响到结果。但就前面讨论中的收益而言,我们看到了一个不可能通过理性行为博弈取得的更好结果(每人都得到平均90分)。

3. 一个相关的故事:囚徒困境

"考试—报告"博弈的结论和博弈论发展史上最著名的囚徒困境博弈紧密相关。以下便是囚徒困境案例。

假设有两个嫌疑犯被警察抓住,并且被分开关押在不同的囚室。警察强烈怀疑这两个嫌疑犯和一场抢劫案有关,但是却没有充足的证据证明他们的抢劫行为。然而,他们都拒捕的事实也是要判刑的,尽管会少一些,比如说一年。两个嫌疑犯都被告知以下事实:"如果你坦白,而另外一人抵赖,则你可以马上释放,另外一人将承担全部罪行。你的坦白将足够证明另外一方的罪行,则他将会被关押十年。如果你们都坦白,则不需要相互证明对方有罪,你们的罪行都将被证实。(虽然,在这种情况下对你们的量刑将会减少——只有4年,这是因为你们有认罪表现。)最后,如果你们都不坦白,那么没有证据证明你们的抢劫罪,我们将以拒捕控告你们。另外一方也正在接受这样的审讯。你想坦白吗?"

为了使该案例表达为形式化的博弈结构,需要确定参与人和可能的策略集及收益。两个嫌疑犯都是参与人,每个参与人都可在两种可能策略间做出选择——坦白(confess,C)或抵赖(not-confess,NC)。最后,从上面的案例中,总结出如图6.2所示的收益情况。注意,这里的收益全是0或者小于0,因为对于这两个嫌疑犯来说,不会有正收益,只会有不同程度的坏结果。

	嫌疑犯2	
	抵赖(NC)	坦白(C)
嫌疑犯1 抵赖(NC)	−1, −1	−10, 0
坦白(C)	0, −10	−4, −4

图6.2 囚徒困境

正如在"考试—报告"博弈的推理过程,我们可以选择考虑其中一个嫌疑犯的行动,比如说嫌疑犯1,来推测他的决策集。

- 假设嫌疑犯2计划坦白,则嫌疑犯1通过坦白行为得到的收益是-4,通过抵赖行为得到的收益是-10。所以,在这种情况下,嫌疑犯1最好选择坦白。
- 假设嫌疑犯2不会坦白,则嫌疑犯1通过坦白行为得到的收益是0,通过抵赖行为得到的收益是-1。同样,在这种情况下,嫌疑犯1应该选择坦白。

因此,坦白是疑犯的严格占优策略。无论其他参与人如何进行选择,坦白都是他的最佳选择。自然地,就可以预测嫌疑犯都会进行坦白,彼此得到的收益是-4。

正如"考试—报告"博弈中,在这里也有一个值得注意的现象:嫌疑犯都知道,当他们都选择拒不坦白的时候,结果会是更优的。但在理性行为的博弈中,参与人根本不可能得到这个结果。他们只能得到对彼此都较差的结果。这里同样需要强调的是,收益反映博弈结果的一切。如果我们关心某些因素,则应该将它们纳入到收益中考虑。假如嫌疑犯害怕坦白会带来另一个嫌疑犯的威胁报复时,则选择坦白策略不是一个理性的行为,那么这会影响到收益和潜在的结果。

4. 囚徒困境解释

自从20世纪50年代早期介绍囚徒困境以来[343,346],囚徒困境便成为研究热点,并拥有大量文献研究成果,因为它很好地刻画了有关在个体私利面前,建立合作是十分困难的模型。同时,在现实生活中,没有什么模型可以像囚徒困境这么简单而精确地刻画这种复杂的情景。所以,在大量不同的现实世界场景中,囚徒困境就长期被用来充当这些场景的诠释性框架。

比如,在专业性运动比赛中,服用兴奋剂也被构建成一种囚徒困境类型的博弈例子[210,367]。在此,运动员对应参与人,服用兴奋剂与否对应两种可能策略。假设一方服用兴奋剂,然而对手方却没有服用兴奋剂,在比赛中服用方就会取得优势。但是,服用方自身将会遭受长期的伤害(而且,服用行为可能被检测到)。假设在一场比赛中,服用兴奋剂与否是很难被检测到的,进一步假设,相比起赛场得胜的获益情况,运动员认为服用兴奋剂的不利影响只是一个小因素。用数值来刻画这种收益情况如图6.3所示,这里的数值是任取的,我们只关注他们的相对大小。

	运动员2	
	没服用兴奋剂	服用兴奋剂
没服用兴奋剂	3, 3	1, 4
服用兴奋剂	4, 1	2, 2

运动员1（位于左侧，对应"没服用兴奋剂"和"服用兴奋剂"两行）

图6.3　兴奋剂博弈

此处,最佳结果(取得收益是4)是当你的对手没有服用兴奋剂时,你选择了服用兴奋剂,因为这样会使你赢得比赛的机会最大化。但是,两个运动员都服用兴奋剂的收益(此时,收益是2)却比彼此都不服用兴奋剂的收益(此时收益是3)低,因为在这两种背景下,参与人彼此间的实力相当。但是在前一种背景下,参与人会对自身造成伤害。从上可知,服用兴奋剂是一个严格占优策略。因此,即使他们都知道对于他们来说,存在服用兴奋剂外的一个更优选择。但是在上述条件作用下,参与人还是会服用兴奋剂。

一般而言,这种情形通常称为军备竞赛。在这种背景中,竞争双方为保持彼此实力相当,都会选择生产更具危险性武器。在上面提到的例子,兴奋剂就好比使用更具危险性武器。因徒困境也已被用于在形式上解释敌对国家间的军备竞赛。在此,武器对应于一个国家的军事力量总和。

总结有关因徒困境的讨论,应当注意到它之所以出现是因为收益之间存在某些特殊的关系。本章后面几节中还会提到,有许多情形,博弈结构及由此产生的行为看起来是极具差异的。事实上,即使是在博弈中出现极小的变化,也会使已有因徒困境案例博弈变得比较温和。例如,回顾"考试—报告"博弈,假设保持其他因素不变,只是让考试更容易些,例如若参与人复习考试,则将会得到 100 分,否则也可得到 96 分。因此,形成了新的收益矩阵,如图 6.4 所示。

		你的拍档	
		报告	考试
你	报告	98, 98	94, 96
	考试	96, 94	92, 92

图 6.4　"考试—报告"博弈(简化考试难度版)

进而,我们可以考察新收益背景下的博弈行为。此时,准备报告成为严格占优策略。所以,完全可以预测到参与人都会采取准备报告策略,而且彼此都将从该策略选择中获益。前述情形的遗憾之处就会消失。同样,因徒困境也只是在适当条件(某些特定的收益关系)下才显现出它的精妙之处。

6.3　最佳应对与占优策略

在前一节有关博弈的推理中,使用了两个基本概念,它们是讨论博弈论问题的中心。正因为如此,这里有必要精确定义它们,并进一步探讨它们的影响。

第一个概念是最佳应对。最佳应对即是参与人的最好选择。最佳应对以假设参与人考虑到其他参与人将有的行为策略集为前提。比如,在"考试—报告"博弈中,我们确定其中一个参与人的最好选择是对应于另一方每种可能的选择策略。

下面,为使该定义更加明确,引入符号表示。假设 S 是参与人 1 的一个选择策略,T 是参与人 2 的一个选择策略。在收益矩阵中的某个单元格对应策略组 (S, T)。我们用 $P_1(S, T)$ 表示参与人 1 从这组决策获得的收益,$P_2(S, T)$ 表示参与人 2 从这组决策获得的收益。现在,针对参与人 2 的策略 T,若参与人 1 用策略 S 产生的收益大于或等于任何其他决策,则称参与人 1 的策略 S 是参与人 2 的策略 T 的最佳应对。

$$P_1(S, T) \geqslant P_1(S', T)$$

S' 是参与人 1 除 S 外的其他策略。自然地,对于参与人 2,也有完全对称的定义,在此不详述(在下文,也侧重于从参与人 1 的角度讨论。但是,对于参与人 2,每种情况都直接类似)。

值得注意的是,在最佳应对定义中,参与人 1 可能存在不止一个策略,都是策略 T 的最佳应对。于是,很难预测参与人 1 究竟会在多个最佳应对策略中具体选择哪一个。有时需要强调最佳应对的唯一性,即若 S 会产生比任何和策略 T 相对应的其他策略都要高的收益,则称参与人 1 的策略 S 是对于参与人 2 的策略 T 的严格最佳应对。

$$P_1(S,T) > P_1(S',T)$$

S' 是参与人 1 的任意其他策略。假设参与人对另一参与人策略 T 有一个严格最佳应对策略,则很明显,针对策略 T,该参与人一定会选择这个严格最佳应对策略。

第二个概念,也是上一节分析的核心,即严格占优策略的概念。我们从最佳应对角度给出其定义如下:

- 参与人 1 的占优策略,是指该策略对于参与人 2 的每一策略都是最佳应对。
- 参与人 1 的严格占优策略(strictly dominant strategy),是指该占优策略对于参与人 2 的每一策略都是严格最佳应对。

在上一节中,我们发现,假设参与人有严格占优策略,则就可以预期他/她会采取该策略。占优策略概念也有小的不足。因为应对其他对立策略时,占优策略可能是一组最佳选项。自然地,参与人可能会有多个潜在的占优策略。在这种背景下,具体选择某个占优策略就不易预测。

因徒困境博弈分析中,实际上也正是因为参与人彼此都有严格占优策略,才会使分析过程简单,很容易推导出可能会发生的策略选择。但是,多数情况下不会如此明确。因此,现在有必要注意一些缺乏严格占优策略的博弈。

只有一个参与人有严格占优策略的博弈

首先,假设只有一个参与人有严格占优策略,而另一个参与人没有严格占优策略。举例来说,我们考虑下面的事实:

假设有两家公司,各自都规划生产并销售一款新产品。这两款新产品会直接对立竞争。设顾客总体被分成两个市场:一部分消费群体只购买廉价商品,另一部分消费群体只购买高档次商品。进一步假设,每家公司从廉价或高档次商品所得利润是等同的,于是追求利润实际上是要通过追求市场份额实现。每家公司都追求利润最大化,就等于是在追求销售量最大化。追求达到销售量最大,就需决定拟生产新商品类型是廉价的或是高档次的。

因此,该博弈就出现了两个参与者——公司 1 和公司 2。每家公司都有两种可能的决策:生产廉价商品或是高档次商品。为了确定收益,也就是确定销售量。下面是具体销售预期计算过程。

- 首先,设消费群体中有 60% 是倾向于购买廉价商品,40% 是倾向于购买高档次商品。
- 公司 1 品牌形象及效应更佳。因此,若这两家公司在同一商品市场中竞争,则公司 1 可以得到 80% 的市场销售份额,公司 2 可以得到 20% 的市场销售份额。(在给定市场划分中,若两家公司定位生产不同产品,则每家公司都会得到该商品市场的全部份额。)

基于这些假设,我们能确定不同策略选择的收益,如下所示:

- 假设两家公司分别针对不同的市场领域,则彼此都能在各自的市场领域内获得全部市场份额。所以,市场目标定位在廉价商品的公司将会得到 0.60 的收益,定位在高档次商品的公司将会得到 0.40 的收益。
- 假设两家公司市场目标都定位在廉价商品市场,则公司 1 将会得到 80% 的市场销售份额,收益是 0.48,公司 2 将会得到 20% 的市场份额,收益将是 0.12。
- 类似的,假设两家公司市场目标都定位在高档商品,则公司 1 收益是 $0.8 \times 0.4 =$

0.32,公司 2 的收益是 $0.2 \times 0.4 = 0.08$。

该计算结果用收益矩阵总结如图 6.5 所示。

在该博弈例子中,应注意到公司 1 有一个严格占优策略。相对于公司 2 的每个策略,公司 1 的廉价策略都是严格最佳应对。另一方面,公司 2 没有一个占优策略。当公司 1 采取高档次策略,廉价策略是其最佳应对;当公司 1 采取廉价策略时,高档次是其最佳应对。

		公司2	
		廉价	高档次
公司1	廉价	0.48, 0.12	0.60, 0.40
	高档次	0.40, 0.60	0.32, 0.08

图 6.5　营销战略

尽管如此,但也不难预测该博弈的结果。由于公司 1 的廉价策略是其严格占优策略,我们可以预测公司 1 将会采取该策略。此时,公司 2 应该怎样博弈呢?假设公司 2 知道公司 1 的收益情况,并知道公司 1 追求利益最大化,则公司 2 有充分理由预测公司 1 将采取廉价策略。因为高档次策略是公司 2 应对公司 1 廉价策略的严格最佳应对,也就可以预测公司 2 将会采取高档次。因此,在该市场博弈中,可以整体预测其发展趋向,即公司 1 将会采取廉价策略,公司 2 将会采取高档次策略。最终,各自收益分别是0.60 和0.40。

应注意到,虽然在推理过程中是分两个步骤进行描述,即第一步是公司 1 的严格占优策略,第二步是公司 2 的最佳应对。但是这仍在参与人同时进行策略取舍的范围内。两家公司仍是同时进行决策,同时分开、秘密地制定各自的市场策略。显然,当有关策略的推理过程自然地遵循以上两步骤的逻辑时,如何同时进行策略选择的预测也变得简单化。还应注意,直观的预测也具有吸引力。举例来说,公司 1 是如此强大,进行决策时完全可以无视公司 2 的决策行为。在该背景下,公司 2 的最优策略是要谨慎保持避免与公司 1 的决策冲突。

最后,我们也应该注意的是这种营销战略博弈是如何利用参与者关于博弈和另一个参与者的知识的。特别地,假设每个参与人都知道整个收益矩阵的信息。在推理这个特殊博弈中,假设公司 2 知道公司 1 追求收益最大化及公司 1 明确知道它的利润情况。通常,我们都会假设博弈中的参与人都有一定的常识,即参与人知道博弈的结构、知道对方也了解博弈结构、也知道对方对此也清楚等等。在此,尽管我们不需要用到所有这些常识信息,在博弈论文献中还是有这样的潜在假设和研究主题[28]。如前面所提到,在某些背景下分析信息并不充分的博弈仍是可能的。但是,这种分析将会变得复杂[208]。值得一提的是,有时充分信息的假设可能不会有太大用处。比如囚徒困境等简单博弈的推理。在囚徒困境中,无论其他参与人采取什么行动,每个参与人的严格占优策略都意味着一种特殊的行动,不用管对方是如何做的。

6.4　纳什均衡

当参与人在双人博弈中都无严格占优策略时,则需要通过其他方式来预测什么行为倾向于在实际中发生。在这节中,我们逐步深入讨论处理该类问题的方法,并将会得到对于一般性博弈都有用的分析框架。

1. 案例:三客户博弈

为了构建这个问题,回顾有关缺乏严格占优策略博弈的简单例子是有帮助的。就像我们在上节中提到的例子,它可以是两个公司间的营销战略博弈。同时,还可以构建一个略微复杂的例子。假设存在两家公司,彼此都希望和 A、B、C 三个大客户之一洽谈生意。每家公司都有三种可能的策略:是否找客户 A、B 或 C。他们决策的结果具体如下:

- 假设两家公司都找同一个客户,则该客户会给每个公司一半的业务。
- 公司 1 规模太小,以至于不能靠自身找到客户源。所以,只要它和公司 2 分别寻找不同的客户洽谈生意,则公司 1 获得的收益将会是 0。
- 假设公司 2 单独寻找客户 B 或 C 洽谈生意,则会得到客户 B 或 C 的全部业务。但是 A 是一个大客户。寻找客户 A 洽谈生意时,必须和其他公司合作才能接下业务。
- 因为 A 是一个大客户,和它做生意收益价值是 8(假设两家公司合作,则每家公司会得到收益 4)。但是,和 B 或 C 做生意的收益价值是 2(如果合作,则每个公司收益是 1)。

从上面的叙述中,我们可以制定出如图 6.6 所示的收益矩阵。

图 6.6 三客户博弈

我们研究该博弈中的收益,会发现两家公司都无占优策略。事实上,每家公司采取的策略都是另一家公司采取的某一策略的严格最佳应对。对于公司 1 而言,如果公司 2 选择 A,则它的严格最佳应对也是选择 A;如果公司 2 选择 B,则它的严格最佳应对也是选择 B;如果公司 2 选择策略 C,则它的严格最佳应对也是选择策略 C。从公司 2 角度考虑,当公司 1 选择 A,则它的严格最佳应对是选择 A;当公司 1 选择策略 B,则它的严格最佳应对是选择策略 C;当公司 1 选择 C,则它的严格最佳应对是选择策略 B。那么,我们应如何推理出该博弈行为的结果呢?

2. 定义纳什均衡

1950 年约翰·纳什在推理一般博弈行为时,提出了一个简单但非常重要的原则[313,314]。它的基本认识是:即使不存在占优策略,我们也可以通过参与人彼此策略的最佳应对,来预测参与人的策略选择行为。更准确地说,假定参与人 1 选择策略 S,同时参与人 2 选择策略 T。若 S 是 T 的最佳应对,同时 T 是 S 的最佳应对,则称策略组(S,T)是一个纳什均衡。这不是从参与者的理性行为中可以推导出来,这是一种均衡概念。均衡的观点就是,假设参与人选择的策略彼此间都是最佳应对,即具有相互一致性。在一组备选策略中,任何参与人都没有激励动机去换一种策略。所以,该系统处于一种均衡的状态中,没有什么力量将它推向不同的行为结果。纳什分享了 1994 年的诺贝尔经济学奖,就是因为他发展和分析了这个概念。

为了理解纳什均衡观点,首先,我们应该探索为什么一组彼此间不是最佳应对的策略是不能构成均衡的。答案便是,参与人会认为非最佳应对策略最终不会被用于博弈中。因为参与人知道,至少有一个参与人会选择其他策略,其收益会激励他们放弃原策略。因此,纳什均衡可以被认为是一种信念上的均衡。如果每个参与人都相信另一方在博弈中实际会采取构成纳什均衡的某个策略,则他/她就有动机采用达成这个纳什均衡中的相应策略。

现在从纳什均衡视角,回顾"三个客户"的博弈。假设,公司 1 选择 A 而且公司 2 也选择 A,那么我们可以核实到,对于公司 2 的策略,公司 1 采取的策略是最佳应对。同样的,对于公司 1 的策略,公司 2 采取的策略也是最佳应对。所以,策略组(A,A)就形成了一个纳什均衡。而且,我们可以检测这是该博弈中唯一的一个纳什均衡。再无其他策略组是彼此间的最佳应对策略了[①]。

在这个讨论中,同时表明了两种发现纳什均衡的途径。一是简单的核查所有的个体策略集,寻查它们中的每一项是否是彼此间策略的最佳应对策略;二是计算每个参与人对于对方每个策略的最佳应对,然后发现互为最佳应对的策略组。

6.5 多重均衡:协调博弈

对于只有一个纳什均衡的博弈,比如上节提到的三客户博弈,如下预测每个参与人在均衡中将会采取的策略似乎是合理的:在博弈的其他任意应对方案中,至少存在一个参与人没有采用自己的最佳应对策略。但是,存在一些自然的博弈,可以有一个以上的纳什均衡。在这种背景下,很难预测博弈中理性参与人是怎样行为的。我们这里考虑一些基本的例子中也存在这个问题。

1. 协调博弈

一种简单而又具有中心地位的例子就是协调博弈。我们可以通过以下的案例来分析。假设你和你拍档共同为一个项目准备幻灯片简报;双方不能通过电话等方式联系。现在你需要开始制作幻灯片,你必须决定通过 PPT 或是通过苹果的 Keynote 软件来制作你负责的半份幻灯片。当然,任何一种方式都可行。但是,假设你们使用同样的软件来制作,则就比较容易合并你们的幻灯片。

因此,这就产生了一个博弈。你和你拍档对应于两个参与人。选择 PPT 或是 Keynote 构成两种策略。图 6.7 显示了这个博弈的可能收益组合。

		你的拍档	
		PPT	Keynote
你	PPT	1, 1	0, 0
	Keynote	0, 0	1, 1

图 6.7 协调博弈

这便被称为协调博弈,因为两个参与人的共同目标是在相同策略上的协调。协调博弈出现在很多情形中。举例来说,两家广泛合作的制造公司,需要决定是用公制测量单位,或是英制测量单位改进他们的机器;同一军队的两支分队需要决定攻击敌军的左翼或是右翼;两个尝试在拥挤的购物中心寻找对方的人,需要决定在北出口或是在南出口等待对方。这些背景下,每种选择都可以,但参与者的选择相同则更好。

潜在的难题是,此处的博弈同时拥有两个纳什均衡。如我们在图 6.7 中的例子:(PPT,PPT)和(Keynote,Keynote)就是同一博弈中的两个纳什均衡。如果参与人之间未能形成协调,可能是因为一个人倾向于采取 PPT,另一方却倾向于 Keynote,这样他们的收益就会偏低。所以,参与人应该如何选择?

---

① 在这个讨论中,每个人均只有三个可选策略:A、B 或 C。本章的后半部分会介绍一些更为复杂的策略,通过这些策略,参与人可以在自己现有的可行策略中进行选择。我们也会相应的介绍适合三方博弈的平衡关系。

协调问题仍是值得讨论与研究的一个大主题,即使其中一些方案已经长期得到相关研究文献的关注。托马斯·谢林[364]提出一种聚点的想法来解决这个困难。他指出,博弈中会存在一些自然的原因(可能超出博弈中的收益结构),即有关该博弈正式描述以外的因素。这些原因造成参与人集中在某个纳什均衡上。举例来说,假设在晚上的一条单车道的乡村道路上,相反方向的两辆车正相互靠近。每个司机都必须决定靠左边或是右边行驶。假如司机协调,都同样选择靠近路边,则他们彼此会安全通过。但是假如他们没有协调,则他们会得到一个严重的低收益,因为这样的结果是相互碰撞。幸亏,社会习俗可以帮助司机们在这种情况下选择要怎样行为。假如该博弈发生在美国,习俗会强有力要求他们都应靠右行驶,然而,假如该博弈发生在英国,习俗会要求他们靠左行驶。换句话说,社会习俗,尽管经常是任意的,但是对帮助人们在多种均衡时协调是很有用的。在这个博弈中,习俗就是该博弈的形式化描述以外的因素。

2. 基本协调博弈的变形

基本协调博弈的变式可以丰富已有的基本协调博弈结构,进而在多重均衡问题背景中获取大量的相关议题。比如,对前面的例子进行适当的延伸。假设你和项目拍档相比起PPT,彼此都更喜欢使用 Keynote。你们追求的仍是保持协调。但是,现在你们所有的这两个可替代策略是不平等策略。从而得到一个不平衡协调博弈的收益矩阵,如图 6.8 所示。

应注意到,这里的(PPT,PPT)和(Keynote,Keynote)在该博弈中仍是两个纳什均衡。唯一不同的是(Keynote,Keynote)均衡使两个参与方的收益提高,(PPT,PPT)均衡是假设你认为拍档会使用 PPT,则你也应该选择 PPT。此处,谢林的聚点理论表明,在预测参与人将会采取的行为选择时,我们可以选择利用博弈中内化的特征,而不是选择任意的社会习俗作为预测依据。也就是,当参与人必须进行选择时,可以预测到参与人会精选策略,目的是使在该均衡条件下,参与人的收益情况都更好。(对比另外一个例子。回顾前面提到的两个参与人在拥挤的大超城中尝试寻找对方的例子。假设超市北出口有一间两人都喜欢的书店。同时,商城南出口是一个装载货物的码头,用自然聚点将会发现,两人都会选择在北出口等待对方)。

假设你和拍档在你们较喜欢的软件方面不一致,则案例可能就会更加复杂。图 6.9 显示了该背景下的收益结果。

	你的拍档	
	PPT	Keynote
你 PPT	1, 1	0, 0
Keynote	0, 0	2, 2

图 6.8 不平衡协调博弈

	你的拍档	
	PPT	Keynote
你 PPT	1, 2	0, 0
Keynote	0, 0	2, 1

图 6.9 性别战

在这个背景,两个均衡仍对应于两种有差异的协调情况。在(Keynote,Keynote)均衡中,你的收益更大,但在(PPT,PPT)均衡中,你拍档的收益更高。该博弈类型,传统称呼是性别战,因为它具有下列案例的一般特征。假设丈夫和妻子想要一起看电影。他们必须在浪漫的喜剧片和动作片之间做出选择,而且也想要协调彼此的选择。但是(浪漫片,浪漫片)均衡给予他们中的一方较高收益,同时(动作片,动作片)均衡则是另一方有较高收益。

在性别战中,则很难预测具体哪种均衡将会被采取。无论是通过内部的收益结构或是纯外部的社会公约都很难预测。然而，了解存在于参与人双方之间的约定和惯例是非常有用的。这可以解释当参与人彼此间在协调中倾向意愿不一致时，他们是如何解决分歧的。

最后值得一提的是，基本协调博弈的一个变型，在近年得到了极大的关注。这个变型就是猎鹿博弈[374]。该名称是受卢梭描述的一个例子启发而得。假设两猎人外出猎物。若他们合作，则可以猎到鹿（这可以给猎者带来最高的收益）。但是猎人要是彼此分开猎物，则彼此只能猎到兔。棘手的问题是，假设一方单独猎鹿，则他的收益是 0。同时另一方还能猎到兔。所以，我们便得到一个博弈模型。两个猎人是参与人。猎鹿和猎兔是参与人的两个策略。收益矩阵如图 6.10 所示。

排除这两个参与人不合作的情况，该例子十分类似于不平衡协调博弈。尝试获得较高收益结果的一方比起尝试获得较低收益结果的另外一方，会受到更大的惩罚。（实际上，尝试获得较低收益的一方根本不会受到惩罚。）结果，在推理何种均衡会被选择时，就是要在获得高收益和由于另一方不合作造成损失之间进行权衡。

有些人认为猎鹿博弈中也体现了囚徒困境博弈中的一些挑战。这两个博弈的结构显然是不同的（因为囚徒困境存在严格占优策略）。然而，这两个例子有一个共性，即若参与人彼此合作，则都将从中受益。但是，如果一方采取合作行为而另一方却不合作，则会遭受损失。当然，在这两种博弈类型中，还存在另一种途径来透视其相似性。假设我们回到最初的"考试—报告"博弈并对其稍加改变，使其脱离囚徒困境实例，并在某种程度上与猎鹿博弈相似。具体而言，除参与人双方为了有机会获得更好的成绩且都需要准备报告有变动外，其他收益结果保持与第 6.1 节保持一致。也就是，假设参与人双方都准备报告，彼此都在报告中的收益得分是 100，但是假设参与人中只有一人准备报告，则两人在报告上的得分是 84 分。在这个变动中，"考试—报告"博弈的收益变成如图 6.11 所示。

		猎人2	
		猎鹿	猎兔
猎人1	猎鹿	4, 4	0, 3
	猎兔	3, 0	3, 3

图 6.10　猎鹿博弈

		你的拍档	
		报告	考试
你	报告	90, 90	82, 88
	考试	88, 82	88, 88

图 6.11　"考试—报告"博弈（猎鹿博弈类型）

此时，我们得到一个十分类似于猎鹿博弈的结构，即策略组（报告，报告）或者（考试，考试）的协调都会达到均衡。但是，假设一方试图获得较高收益选择报告时，则这方可能事与愿违地得到较低成绩，因为另一方可能仍选择复习考试的策略。

6.6　多重均衡：鹰鸽博弈

多重纳什均衡也出现在其他一些基本的博弈类型中。在这种均衡中，参与人可以进行一种"反协调"活动。可能这类博弈的最基本形式就是鹰鸽博弈。这将在随后的例子中提到。

假设两只动物要决定一块食物在彼此之间如何分配。每种动物都可以选择争夺行为

(鹰派策略,H)或分享性行为(鸽派策略,D)。若两种动物都选择分享性行为,他们将会均匀的分配食物,各自的收益是3。若一方行为表现为争夺性,另一方行为表现是分享性,则争夺方会得到大多数食物,获得收益是5,分享方只能得到收益为1。但是,当两只动物都表现为争夺性行为,由于在争夺中践踏了食物(甚至会彼此伤害),则它们得到的收益将为0。收益矩阵图6.12所示,显示了这个博弈的可能收益组合。

该博弈存在两个纳什均衡:(D,H)和(H,D)。在没掌握有关动物的充分信息时,我们不能预测哪种均衡会形成。因此,正如之前在协调博弈中看到的一样,纳什均衡概念有助于缩小合理的预测范围,但它并不能提供唯一的预测。

鹰鸽博弈在很多情境中被研究。比如,用两个国家替代两种动物,进一步假设这两个国家将在外交上同时选择是争夺型或是分享型。每个国家都希望通过争夺型外交提高国际声望。但是,假设两国都采取争夺型外交,最终可能导致彼此间发生战争危险。而战争对两国来说都是灾难性的。所以,在均衡状态,我们预期一方将会表现出争夺性行为,另一方则表现出分享型行为。但是,我们无法预测哪一方将会采取何种策略。为了了解均衡状态如何在两国间达到,我们同样需要了解更多有关两国的信息。

鹰鸽博弈是在"考试—报告"博弈的收益中通过小改变,产生的另一个博弈例子。再次回顾第一节的例子背景。此时新的变化是:假设参与人双方都不准备报告,则彼此得到极低的合作成绩是60分(假如其中一方有准备报告,则报告成绩的合作成绩还是各自92分)。计算参与人在该类型博弈的不同选择策略间的平均成绩,则可以得到收益组合如图6.13所示。

		动物2	
		D	H
动物1	D	3, 3	1, 5
	H	5, 1	0, 0

图 6.12　鹰鸽博弈

		你的拍档	
		报告	考试
你	报告	90, 90	86, 92
	考试	92, 86	76, 76

图 6.13　"考试-报告"博弈(鹰鸽类型博弈)

在该类型的博弈中,存在两个均衡:(报告,考试)和(考试,报告)。事实上,参与人中的一方必须表现为分享型行为,并选择准备报告。同时,另一方则通过复习考试,取得更高收益。假设参与人都尝试避免成为分享型一方,则彼此的最终收益都会很低。但是,还是无法从这种博弈的结构中预测,哪方将会扮演该分享型角色。

鹰鸽博弈在其他博弈论文献中也被冠以许多其他名称。比如,它的另一个常见别称为懦夫博弈,两个青少年从相反方向笔直驾车驶向对方。汽车博弈只是比试谁因惧怕而转向改道。这里有两个策略:转向及不转向。第一个转向的人会颜面尽失,但是假设双方都不转向,则双方都会遭受实实在在的车祸。

6.7　混合策略

在前两节,我们讨论了其复杂性源于存在多种均衡的博弈。然而,也有一些根本就不存在纳什均衡的博弈。对于这样的博弈,人们通过引入随机性来扩大参与人的策略集,进而对参与人的行为进行预测。在博弈的框架中,一旦考虑了参与人策略选择的随机性,约翰·纳什的一个主要贡献告诉我们,博弈总会存在均衡[313,314]。

揭示该现象最简单的一类博弈称为攻防博弈。在该类博弈中,一名参与人做为攻击方,另一参与人做为防守方。攻击方可使用两个策略,简称为 A 和 B。防守方的两个策略称为"防卫 A"及"防卫 B"。假设防守方所采取的策略正好对上了攻击方的相应策略,则防守方会得到较高的收益。但假如防守方的策略错了,则攻击方将会获得较高的收益。

1. 硬币配对

硬币配对是一类简单的攻防博弈。它可如下描述。两个参与人各持一枚硬币,同时选择显示彼此手中硬币的正反面。正面记为(H),反面记为(T)。假如两枚硬币的朝向相同,参与人 2 将赢得参与人 1 的硬币。反之,参与人 1 将赢得参与人 2 的硬币。这就产生了如图 6.14 所示的收益矩阵。

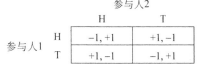

图 6.14　硬币配对博弈

硬币配对是一大类有趣博弈类型中的简单一例。其基本性质是在每个结果中,参与人的总收益是 0。此类博弈被称为"零和博弈"。大量攻防博弈,或者更一般地讲,参与人有直接利益冲突的博弈,都有这种结构。实际上类似硬币配对的博弈,常被比喻为战争中的决策。例如,1944 年 6 月 6 日盟军在欧洲登陆——二战关键性的时刻之一,它涉及盟军的一项决策,即跨过英吉利海峡后在诺曼底或是在加莱登陆。德国军方也要有一个相关的策略,即是在诺曼底或是在加莱大规模设防。这个具有攻防博弈结构的例子,非常类似于硬币配对博弈[123]。

在硬币配对博弈中,首先应注意到:不存在一对策略彼此是最佳应对。为确认这一事实,可观察任一对策略,其中一个参与人的收益为-1。并且他可以通过改变策略提高他的收益到+1。所以,对于任一对策略,都存在一个参与人想要改变自己当前的行动①。

如果我们认为参与人仅有两个策略 H 和 T,则该博弈不存在纳什均衡。如果我们考虑硬币配对是怎样运行的,这也毫不奇怪。一对策略构成了一个纳什均衡,意味着策略参与方谁都没有动机改变自己的策略,即使对于对方策略也有充分的了解。但在硬币配对中,假如参与人 1 知道参与人 2 将选择特定的 H 或 T,则参与人 1 可以通过选择对方策略的对立策略来获得收益+1。类似的推理也适用于参与人 2 的行为。

当我们从直觉上思考该类型的博弈是如何在真实生活中演绎时,所看到的将是,参与人通常会试图迷惑对手,让对手难以预测他们将有什么策略行为。这种情形暗示着,在类似硬币配对的博弈模型中,我们不应只把策略当成是简单的 H 或 T,还应注意到参与人在 H 和 T 选择中行为的随机性。下面我们来探讨如何将随机性引入这类博弈的模型。

---

①　顺便提到,虽然在此它不是讨论的关键,我们可注意到,在 6.4 节提到的"三客户博弈"例子从直觉上可看成是硬币配对博弈与猎鹿博弈的某种混合。如果只是看两个参与人如何评估接触客户 B 和 C 的结果,我们看到了硬币配对博弈的影子:公司 1 希望配对,但公司 2 不希望。然而,如果他们协同去接触 A,那么他们两家都能得到更高的收益——这类似于两个猎人合作猎鹿。

2. 混合策略

引入随机行为最简单的方式,是说明实际上每个参与人都不是直接选择 H 或 T,而是选择一个出示 H 的概率。所以,在该模型中,参与人 1 的策略由实数 p 代表,p 介于 $0 \sim 1$ 之间。给定的数字 p 是指参与人 1 以概率 p 选择 H;以概率 $1-p$ 选择 T。同样,参与人 2 的策略是实数 q,q 也介于 $0 \sim 1$ 之间,它代表参与人 2 选择 H 的概率。

鉴于一个博弈是由一组参与人、各自的策略集以及对应的收益三要素所构成的,我们注意到,通过放开随机化条件,实际上已经改变了博弈类型。它依然有两个参与人,但每个参与人不再是只有两个策略。他们的策略现在表示为概率区间 $[0,1]$ 中的数。我们称它们为混合策略(mixed strategies),因为它们涉及选项组 H 和 T 间的"混合"。应注意到这组混合策略仍包括初始的两个选项 H 和 T,分别对应概率 1 或 0,称为这种博弈中的两个**纯策略**(pure strategies)。为了使记号简单些,我们有时用参与人 1 选择 $p=1$ 指代纯策略 H。类似地,也有与 $p=0$,$q=1$ 及 $q=0$ 对应的情况。

3. 混合策略收益

对于这个新的策略集合,我们也需要确定对应的收益。定义收益的"微妙"之处体现在此时的策略是随机量:每个参与人以一定的概率得到 $+1$ 收益,以剩余的概率得到 -1 收益。当收益是具体数值的时候,如何评价收益好坏是十分明显的:数值越大则收益越好。现在收益是随机的,怎样评价它们不是立刻就能清楚的:我们需要一种原理性的方式来解释为什么一个随机的结果比另一个更好。

为了考虑这个问题,让我们从参与人 1 的角度开始思考硬币配对。首先,关注参与人 1 是怎样评估他的两个纯策略,即关注参与人 1 怎样评估绝对采取 H 或绝对采取 T。假设参与人 2 选择策略 q,即他以概率 q 采取 H,以概率 $1-q$ 采取 T。此时,若设参与人 1 选择纯策略 H,他将以概率 q 获得收益 -1(因为两个硬币配对的概率为 q,此时参与人 1 输了),而以概率 $1-q$ 获得 $+1$ 的收益(因为两个硬币不匹配的概率为 $1-q$)。另一方面,如果参与人 1 选择纯策略 T,他将以概率 q 获得 $+1$ 的收益,以概率 $(1-q)$ 获得收益 -1。所以,即使参与人 1 使用一个纯策略,他的收益仍是随机的,因为受到参与人 2 的策略随机性的影响。在这种情形,怎样确定 H 或 T 会对参与人 1 更有吸引力?

为了能对随机回报做数值性比较,我们将对每个分布附上一个数值,表示该分布对参与人的吸引力。一旦我们能够做到这点,便可以根据这种数值来评估不同的分布。我们此处用收益的期望值作为这种数值。举例来说,假设参与人 1 选择纯策略 H,参与人 2 选择概率为 q 的策略,如上所述,那么参与人 1 的收益期望是:

$$(-1)(q) + (1)(1-q) = 1-2q$$

假如参与人 1 选择纯策略 T,参与人 2 选择概率为 q 的策略,则参与人 1 的收益期望是:

$$(1)(q) + (-1)(1-q) = 2q-1$$

我们将假设每个参与人都寻求基于混合策略的收益期望的最大化。虽然这个期望是一个自然的量,但也有一个微妙的问题,即收益期望的最大化是否是参与人行为的合理假设。不过到目前为止,该假设依然是广为接受的,即参与人对收益的分布按照价值期望进行评价[288,363,398],而那些收益分别代表着参与人在各个博弈结果上的满意程度。所以,在此我们加以沿用。

现在,我们已经定义了硬币配对博弈的混合策略类型:策略表现为采取 H 的概率,收益则为 4 个纯策略结果(H,H)、(H,T)、(T,H)和(T,T)的收益期望。现在可以探寻在这种策略选择比较丰富的博弈中,是否存在一个纳什均衡。

4. 混合策略的均衡

我们这里要定义的混和策略博弈的均衡在精神上与纯策略博弈中一致:它是一对互为最佳应对的策略(现在表现为概率)。

首先,我们看到在硬币配对博弈中纯策略不可能是某个纳什均衡的一部分。这里的推理类似于本节开始处所讨论的情形。比如,假设参与人 1 的纯策略 H(换言之,概率 $p=1$)是纳什均衡的一部分,则参与人 2 唯一的最佳应对只能是纯策略 H(因为每当他们的硬币匹配时,参与人 2 获得收益 +1)。但是,参与人 1 的策略 H 并不是参与人 2 的策略 H 的最佳应对。所以,实际上这里不存在纳什均衡。类似的推理也可应用于两个参与人之间的其他可能纯策略。为此,我们可以得到一个很自然的结论:对于任一纳什均衡,两个参与人使用的策略都必须是严格介于 0~1 的概率。

紧接着,我们考虑对于参与人 2 的策略 q,什么策略应是参与人 1 的最佳应对。根据先前的推理,我们知道参与人 1 此时采用纯策略 H 的收益期望是:

$$1-2q$$

而如果采用纯策略 T,其收益期望是:

$$2q-1$$

这里,我们有一个关键的认识:如果 $1-2q \neq 2q-1$,则纯策略 H 和 T 之一就会是参与人 1 针对参与人 2 采取策略 q 的唯一最佳应对。这是因为,若 $1-2q$ 或 $2q-1$ 之一比较大,则参与人 1 在其收益较低的纯策略上安排任何概率都是毫无意义的。但是,我们前面已经说明了在硬币配对博弈中纯策略不会是任何纳什均衡的一部分,而且由于只要有 $1-2q \neq 2q-1$ 就会导致纯策略是最佳应对,那么使得这两个期望不相等的概率也就不可能是纳什均衡的一部分。

于是我们可以得到如下结论,在硬币配对博弈的混和策略版本中,任何纳什均衡都必有:

$$1-2q=2q-1$$

换言之,即 $q=1/2$。当我们从参与人 2 的角度来考虑问题并从参与人 1 采取概率策略 p 来评估其收益,分析过程是一致的。我们由此总结出:在任一纳什均衡中,必定也存在 $p=1/2$。

因此,$p=1/2$ 和 $q=1/2$ 这一对策略是纳什均衡存在的唯一可能。我们可以检查到这对策略事实上就是互为最佳应对。因此,这就是硬币配对博弈的混合策略版本中的唯一的纳什均衡。

5. 解释硬币配对博弈的混合策略均衡

在为该博弈推导出纳什均衡后,有必要进一步思考,混合策略中的纳什均衡意味着什么以及如何把这种推理思路应用到其他博弈中。

首先设想这样的一个具体情形:有两人在一起玩硬币配对游戏,他们都决定依据概率

p 和 q 随机地选择自己的行为。如果参与人 1 认为参与人 2 会在多于一半的时间里选择 H,则她一定会选择策略 T。可在这种情况下,参与人 2 选择策略 H 的次数不会多于一半。对称的推理过程适用于当参与人 1 认为参与人 2 会在多于一半的时间里选择策略 T 的情形。无论是何种情况,我们均不能得到一个纳什均衡。因此这里的要点是,当参与人 2 选择策略概率 $q=1/2$ 时,参与人 1 的策略选择 H 及 T 是无差别的:参与人 1 在参与人 2 的策略 $q=1/2$ 上实际就是"无便宜可占"的①。这种推理实际上就是我们引入随机化的最初直觉:每个参与人都想要让对方不能预测自己的行为,从而不让对方从中占到便宜。应注意到,这个例子中的两个概率都为 $1/2$,是硬币配对博弈结构高度对称的结果。在下面的例子中我们会看到,当收益不对称时,纳什均衡也可以由不相等的概率策略组成。

对于双人双策略,且不存在涉及纯策略均衡的博弈,这种无差异认识是计算混合策略均衡的一个一般性原理:每个参与人都应该随机化自己的行为,使对方在两个策略中的取舍无差异。以这种方式,每个参与人的行为就不会被对方利用纯策略来占到便宜,而这两个概率选择就是彼此的最佳应对。这个原理可以推广应用到任意有限参与人数和任意有限策略集的博弈,我们在这里不推敲其中的细节。与他对均衡的定义一道,纳什的主要数学成果是证明了每一个这样的博弈都存在至少一个混和策略均衡[313,314]。

在现实世界情形如何解释混和策略均衡也是值得思考的。事实上,存在几种可能的解释,适于不同的情形:

- 有时,特别是当人们在真正参与一场运动或游戏时,参与者可能主动地将其行为随机化[107,337,405]:一个网球选手可以随机决定将球发到中间还是边线;一个打牌的人可以随机决定是否虚张声势;在"剪刀—石头—布"游戏中,两个小孩可以随机决定"剪刀"、"石头"和"布"上的选择。我们将在下一节中考察一些这样的例子。

- 有时候,将混和策略看成是总体中的占比会是较好的视角。例如,假设两种动物在寻找食物的过程中,会不时进行类似于硬币匹配博弈结构的一对一争斗。这里,第一种动物的成员总是扮演攻击者角色,第二种动物的成员则总是扮演防御者角色。我们假设每个动物的基因遗传决定了它总是表现为 H 或者 T,并且假设在每一种动物中不同基因的各有一半。那么,在这个种群混杂中,每种动物中具有 H 特征的动物,在多次随机互动下的平均收益就会和具有 T 特征的动物一样好。因此,即使每个个体都采取的是纯策略,但整个群体就是一种混合均衡。这个例子体现了博弈论与进化生物学的重要联系,在这个方向上已有大量研究成果[375,376],我们将在第 7 章专门讨论。

- 最微妙的解释或许是基于 6.4 节谈到的一个认识,即将纳什均衡看成是一种信念的均衡常常是很有用的。如果每个参与人都相信他/她的拍档将按照一个特定的纳什均衡来行动,那么他/她也会按照这个纳什均衡来选择策略。在硬币配对博弈情形

---

① 换句话说,在这个博弈中,若参与人 2 选择以概率 0.5 出示 H 和 T,则参与人 1 出示什么都无所谓(收益期望不变),任何刻意偏向出示 H 或 T 的想法都没有意义。也就是说,参与人 1 在整个区间[0,1]中选择任何值的结果都是一样的。——译者注

中,只有唯一一个混合均衡,这意味着,你只要预料到任意的对手都会采用 1/2 概率就够了。在这种情况下,选择概率为 1/2 的策略对你也就是有道理的。因此,这种概率选择是自我强化的,它是跨整个群体的均衡。

6.8 混合策略:案例与经验分析

因为混合策略均衡是一个精妙的概念,有必要通过一些例子来进一步体会它的精妙之处。下面这两个例子都来自现实的体育领域,并都有攻防对抗的结构。第一个例子做了简化,主要表达了其中的基本特征,第二个例子展示了一种惊人的实证测试结果,对比人们在利害冲突很强的情况下的实际行为与按照混和策略均衡预测结果的关系。在本节的最后,将讨论如何识别双人双策略博弈中所有均衡的一般性问题。

1. 持球—抛球博弈

首先,我们考虑两个将要比赛的美式足球队面临的一个问题(简化版)。进攻方可以选择持球前进或者是抛球(传球)。防守方可以选择拦断持球或者选择防守抛球。下面是收益情况。

- 如果防守方的行为对应了进攻方的行为,则进攻方的收益为 0 码。
- 如果进攻方选择持球前进而防守方选择防守抛球,则进攻方的收益为 5 码。
- 如果进攻方选择抛球,而防守方却选择拦断持球,则进攻方的收益是 10 码。

我们得到如图 6.15 所示的收益矩阵。

(如果你不了解美式足球的规则,也是可以参与讨论的,直接从这个收益矩阵出发就可以了。直觉上,这里反映的不过就是我们有一个攻防博弈,两个参与人分别命名为"进攻方"和"防守方",进攻方有一个较强的策略选项(抛球)及一个较弱的策略选项(持球)。)

	防守方	
进攻方	防守抛球	拦断持球
抛球	0, 0	10, −10
持球	5, −5	0, 0

图 6.15 持球—抛球博弈

如同硬币配对的情形,容易看出这个博弈不存在涉及纯策略的纳什均衡:参与人双方都需要通过策略选择的随机化来使对方不可预测自己的行为。因此,让我们尝试找出这个博弈中的混和策略均衡:设 p 是进攻方选择抛球的概率,q 为防守方选择防守抛球的概率。(从纳什的结论可知至少存在一个混和策略均衡,但不知道 p 和 q 的具体数值。)

我们采用前述"无差异"原理,即混合均衡中一个参与人所采用的概率是使对方在他的两个策略选项中无差异。

- 第一,假设防守方以概率 q 选择防守抛球,那么进攻方从抛球策略获得的收益期望是:

$$(0)(q) + (10)(1−q) = 10 − 10q$$

同时,进攻方选择持球策略的收益期望是:

$$(5)(q) + (0)(1−q) = 5q$$

为了让进攻方的两个策略是无差异的,我们需要有 $10−10q=5q$,因此 $q=2/3$。

- 第二,假设进攻方按概率 p 选择抛球策略,则防守方通过防守抛球的收益期望是:

$$(0)(p) + (−5)(1−p) = 5p − 5$$

防守方通过拦断持球的收益期望是：

$$(-10)(p)+(0)(1-p)=-10p$$

为了使防守方两个策略无差异，我们需有 $5p-5=-10p$，所以 $p=1/3$。

这样，在混合策略均衡中唯一可能出现的概率是进攻方的 $p=1/3$ 和防守方的 $q=2/3$，它们实际上就构成了一个均衡。我们也注意到，在这样的概率下，进攻方的收益期望是 $10/3$，而防守方的收益期望则是 $-10/3$。进而，与硬币配对博弈对比来看，我们注意由于这个博弈的非对称收益结构，出现在混和策略均衡中的概率也是不相等的。

2. 持球与抛球博弈的策略解释

该均衡中有若干需要引起注意的要点。首先，涉及均衡概率的策略性含义是纠缠和微妙的。特别是，虽然抛球是进攻方的优势策略，但进攻方选择抛球的概率却小于 $1/2$，只有 $p=1/3$。这种选择初看似乎有悖常理：为什么进攻方不多用优势策略呢？但是，我们通过求解均衡概率的计算本身就提供了这个问题的答案。假如进攻方赋予抛球策略高于 $1/3$ 的概率，则防守方的最佳应对就会总是防守抛球。这就使得进攻方实际得到较低的收益期望。

通过尝试更高数值的 p，可以看到博弈是怎样运行的。比如 $p=1/2$。在这种情况下，防守方将总是会选择防守传球，则进攻方的期望收益是 $5/2$，因为进攻方有一半的机会得到收益 5，另一半的机会得到收益 0。

$$(1/2)(0)+(1/2)(5)=5/2$$

前面，我们知道在均衡概率下，进攻方的收益期望是 $10/3>5/2$。而且，因为 $p=1/3$ 使防守方在他的两个纯策略上无差异，于是进攻方选择 $p=1/3$ 可以保证得到收益 $10/3>5/2$，无论防守方采取何种策略（包括两个纯策略以及它们的任意混合）。

认识抛球策略优势的一个角度是注意到，在均衡中，尽管进攻方选择抛球的概率只是 $1/3$（低于一半），但防守方选择防守抛球的概率却是 $2/3$（高于一半）。因此，抛球的威胁在某种程度上是有助于进攻方的，尽管他实际采用抛球策略相对较少。这个例子显然过分简化了美式足球赛中的对策问题：实际上的策略远不止两个，球队关心的事情也不止他们的码数。但是，这种分析方法仍广泛应用于美式足球比赛的定量统计分析中，在一个更宽的层面验证了一些定性分析方法得到的结论，包括各个球队持球的次数一般会超过抛球次数，以及对绝大多数球队来说，每场比赛中持球获得的码数期望与抛球获得的码数期望比较接近[82,84,355]。

3. 罚点球博弈

美式足球的复杂性使得很难将它准确刻画成一个两人参与及两个策略的博弈。现在先看在一个不同的情境，也是有关专业运动的，但可以比较精确地进行形式化，这就是足球中的罚点球双人博弈模型。

在 2002 年，伊格纳西奥·帕兰乔斯－忽尔塔（Ignacio Palacios－Huerta）从博弈论的角度，进行了一项有关罚点球的大范围研究[337]，我们来看他是如何进行分析的。据他观察，罚点球能相当真实地突显双人双策略博弈的要素。射球方可冲着球门的左侧或是右侧进球，守门员则可以是扑向左侧或是右侧以阻挡进球①。由于球的速度很快，射球方和守门员几乎是要同时进行策略选择；基于这些决策，球有可能进，也有可能被守门员扑

---

① 点球踢向中间，以及守门员决定守住中间的情形十分稀有，因此在这个简化分析中忽略不计。

住。的确,这个博弈和硬币配对博弈在结构上是非常像的:如果守门员扑向来球的方向,则他就有很大机会阻止进球;如果守门员扑出的方向与来球的方向相反,则球进门得分的机会就大。

通过对大约1400次专业足球比赛中罚点球数据的分析,帕兰乔斯—忽尔塔得到了4种情况下进球的实证概率,这4种情况就对应射球方的两个策略与守门员的两个策略的组合。结果如图6.16中的收益矩阵所示。

与基本的硬币配对博弈对比,有几点值得注意。首先,即使守门员扑出的方向是来球的方向,射球方仍有较大的得分机会(尽管守门员的正确选择会大大降低进球的可能性)。其次,罚点球的球员一般是右脚踢球,因此向左或是向右罚球得分的机会也不完全相等。①

	守门员	
	L	R
射球方 L	0.58, −0.58	0.95, −0.95
R	0.93, −0.93	0.70, −0.70

图 6.16　罚点球博弈

尽管我们看到有这些不同之处,但硬币配对博弈的基本前提在这里依然存在:没有纯策略均衡,因此我们需要考虑参与人应该怎样在博弈中随机化他们的行为选择。如同前面的例子,利用无差异原理,我们看到若 q 是守门员选择 L 的概率,其值必须使射门球员的收益期望在两个策略上是无差异的,即:

$$(0.58)(q) + (0.95)(1-q) = (0.93)(q) + (0.70)(1-q)$$

从中可得 $q=0.42$。类似地,我们可以求得使守门员在两个策略间无差异的概率 $p=0.39$。

该研究中的精彩之处是,根据真实的罚点球数据统计得到的结果是守门员扑向左侧的概率为 0.42(与预测结果在小数点后两位一致),而射球手向左侧踢球的概率为 0.40(与预测结果相差不到 0.01)。由于所研究的双人博弈是由职业球员实际进行的,发现理论预测结果得到专业足球实际的支持是特别令人高兴的,而且这个结果本身对于参与者来说也是很重要的,说明他们在策略选择上投入了相当大的关注。

4. 发现所有的纳什均衡

在结束我们关于混和策略均衡的讨论之前,我们考虑如何在双人双策略博弈中发现所有纳什均衡的一般性问题。

首先,我们应该意识到博弈中可能会同时具有纯策略和混和策略均衡。于是,我们首先要检查4种纯结果(由纯策略对给出的),看它们是否有形成纳什均衡的情形。接着,为了检查是否存在混和策略均衡,我们需要找到互为最佳应对的混合概率 p 和 q。如果存在一个混和策略均衡,我们就可以基于参与人1随机化的要求来确定参与人2的策略(q)。参与人1只有当他的两个纯策略收益期望相等时才会随机化。这种收益期望相等的认识就给了我们一个方程,从中可以解出 q。对应地,我们可以得到一个方程,从中可解出参与人2的策略 p。如果所得到的数值 p 和 q 都是严格介于0到1之间,则它们就是正宗的混合策略,那么我们就有了一个混和策略纳什均衡。

到目前为止,有关混和策略均衡的例子都是限于攻防博弈的结构,因而我们没有看到一个显示既有纯策略均衡也有混合策略均衡的博弈。不过,找到这样的博弈并不难。特别是,具有两个纯策略均衡的协调博弈和鹰鸽博弈都有第三个混合均衡,其中两个参与人的行为

① 为了便于分析,我们从数据集中取出了所有左脚射手的数据,将他们的动作进行"左—右"反射,因而 R 总是代表每个射手的"自然边"。

是随机的。作为一个例子,我们考虑 6.5 节中见过的不平衡协调博弈(如图 6.17 所示)。假设你使用 PPT 来制作幻灯片的概率是 p,严格介于 0 和 1 之间,你的拍档用 PPT 的概率为 q,也是严格介于 0 和 1 之间。那么,若下面的等式成立,你在使用 PPT 和 Keynote 上的收益将是无差异的:

	你的拍档	
	PPT	Keynote
你 PPT	1, 1	0, 0
Keynote	0, 0	2, 2

图 6.17　不平衡的协调博弈

$$(1)(q) + (0)(1-q) = (0)(q) + (2)(1-q)$$

换句话说,若 $q=2/3$,你在两个纯策略上的收益就是无差异。类似地,从你拍档的角度看,情况是对称的,因而我们也会得到 $p=2/3$。这样,除了两个已有的纯策略均衡,我们又得到一个均衡,其中两个参与人都以概率 2/3 选择使用 PPT。注意,与两个纯均衡不同,这个混合均衡意味着你们两人有一个正的不协调概率,但这仍然是一个均衡,这是因为假设你是真相信你的拍档会以 2/3 概率选择使用 PPT,以 1/3 概率选择使用 Keynote,那么你在两个策略之间实际上就是无差异的,无论你如何选择,都将得到相同的收益期望。

6.9　帕累托最优与社会最优

在一个纳什均衡中,参与人的策略互为最佳应对。换句话说,每个参与人在给定其他人策略的条件下都实现了个体最优。但是,将所有参与人作为一个群体来看,这并不意味着就达到了群体最优的结果。本章开篇讨论的"考试—报告"博弈,以及相关的类似于因徒困境博弈等,就是这种情形的。(图 6.18 是我们在此重新给出的基本"考试—报告"博弈的收益矩阵。)

	你的拍档	
	报告	考试
你 报告	90, 90	86, 92
考试	92, 86	88, 88

图 6.18　考试还是报告

对博弈进行分类,不仅可以按照策略选择或者均衡的性质划分,还可以按照它们是否"对社会有利"划分。为此,我们首先需要有一种方式来说明这类概念的准确含义,下面讨论两个有用的定义。

1. 帕累托最优

第一个定义是帕累托最优,以意大利经济学家维尔弗雷多·帕累托的名字命名,他在 19 世纪晚期 20 世纪早期从事了相关工作。

"一组策略选择"指的是每个参与者从一个策略集中选择了一个策略。那么,一组策略选择被称为帕累托最优,若不存在其他策略选择使所有参与者得到至少和目前一样高的回报,且至少有一个参与者会得到严格较高的回报。

为了体会帕累托最优的直觉意义,我们考虑某个非帕累托最优的策略组。在这种情况下,存在另一组策略选择,使得至少一名参与人的收益增加,而且其他参与人的收益不会受损。从几乎任何合理的意义上讲,后者就比前者更优。如果所有参与人能够在集体行动上达成协议,并使这种协议具有约束力,则他们一定倾向于选择这个更优的策略组。

这里的关键是,参与人之间能够构建一个具有约束力的协议来采取这个更优的策略组。如果这个策略组不是一个纳什均衡,也不存在这样一个具有约束力的协议,则至少会有一个参与人想要切换到另一个不同的策略。作为一个说明,考虑"考试—报告"博弈的结果。当两个参与人都选择为考试复习,这个策略组就不是帕累托最优,因为,假如你和你拍档都为报告做准备的话,你们两个都得到更高的收益。这就是该例子的核心难点,现在通过帕累托最优的思想得以表述。它表明,即使参与人双方都认识到存在一个更优的策略选择,但是,假设参与人之间缺乏具有约束力的协议,则这种方案也是没法维持的。

在这个例子中,有两个结果也是帕累托最优,即你们中一方准备报告,另一方复习考试。在这种情况下,虽然你们中会有一方的收益较差,但是不存在其他可替代选择使每个参与人的收益至少保持一样好。所以,"考试—报告"博弈以及囚徒困境博弈都是具有这种特点的例子,其中唯一不是帕累托最优的结果却对应着唯一的纳什均衡。

2. 社会最优

一个较强但表述更简单的条件是社会最优。

一组策略选择称为社会福利最大化(或社会最优),若它使参与者的回报之和最大。

在"考试—报告"博弈中,当参与人双方都准备报告,则收益总和达到社会最优,$90+90=180$。当然,这个定义只适用于将不同参与人的收益求和是有意义的场合。毕竟,我们并不是总说得清楚一个人的满意程度与大家的满意程度之和的关系。

社会最优的结果也一定会是帕累托最优的结果。否则,若一个社会最优结果不是帕累托最优,则会存在一个不同的结果,每个参与人从中得到的收益至少一样大,而且至少有一个的收益更大,因而这个结果就会有较大的总收益,与开始那个结果号称社会最优矛盾。另一方面,帕累托最优结果不一定是一个社会最优结果。比如,"考试—报告"博弈中有三个帕累托最优的结果,但是只有一个是社会最优。

最后我们不难想到,并不是在每个博弈中纳什均衡和社会最优都是一致的。比如,在考试更容易得分的"考试—报告"博弈中,依据图 6.4 的收益矩阵可知,图中唯一的纳什均衡也是唯一的社会最优。

6.10 深度学习材料:劣势策略与动态博弈

本节,我们讨论在博弈分析中出现的两个进一步的问题。首先,我们学习在博弈行为的推理中劣势策略(也称"不利策略"或"非优策略")的作用,会发现对这类策略的分析可以提供一种预测理性参与者行为的途径,即使是在参与人都缺乏占优策略的情况下也是适用的。其次,我们讨论当策略选择不是一次性的,而是随时间相继发生时,如何重新解释策略和收益。

但是,在分析这两个问题之前,我们先从多人博弈的一个形式化定义开始。

6.10.1 多人博弈

类似于双人博弈情况,一个多人博弈的构成包括一组参与人,每个参与人都有一组策略,以及对应于每种可能结果每个参与人的收益。

特别地,假设博弈中有 n 个参与人,分别命名为 $1,2,\cdots,n$。每个参与人都有一组可能策略。博弈的一个结果（或称策略组合）是包括所有参与人的一次策略选择的集合。最后，每个参与人 i 都有一个以数值表达的收益 P_i，来对应每一个博弈结果。即每个结果都由相应策略 $(S_1, S_2, \cdots, S_n)$ 组成。对于参与人 i，存在对应收益 $P_i(S_1, S_2, \cdots, S_n)$。

现在，我们从参与者 i 的角度讨论。对于其他人的一次策略选择 $(S_1, S_2, \cdots, S_{i-1}, S_{i+1}, \cdots, S_n)$，若参与人 i 有一个策略 S_i，对于他所有的可能策略 S_i'，都存在：

$$P_i(S_1, S_2, \cdots, S_{i-1}, S_i, S_{i+1}, \cdots, S_n) \geqslant P_i(S_1, S_2, \cdots, S_{i-1}, S_i', S_{i+1}, \cdots, S_n)$$

则称对应于其他所有参与人的策略选择 $(S_1, S_2, \cdots, S_{i-1}, S_{i+1}, \cdots, S_n)$，$S_i$ 是参与人 i 的一个最佳应对。

最后，若一个结果中的每个策略都是对其他参与人策略的最佳应对，则称策略组 $(S_1, S_2, \cdots, S_n)$ 对应的结果是纳什均衡。

6.10.2　劣势策略及其在策略推理中的作用

在第 6.2 和第 6.3 节中，我们讨论了（严格）占优策略。对于其他参与人的每个可能的策略选择，（严格）占优策略都是一个（严格）最佳应对。显然，假设一个参与人有严格占优策略，则他/她就会采取这个策略。但是，我们也看到，即使在双人、双策略的博弈中，通常是不存在占优策略的。这点对于规模较大的博弈来说更加明显：虽然占优策略和严格占优策略也存在于某些多人多策略的博弈中，但它们是很稀有的。

然而，即使一个参与人没有占优策略，但他/她可能会有一些策略被其他策略占优，也就是不应该选择它们。在本节，我们着重讨论这类劣势策略在博弈推理中的作用。

我们将从一般性的定义开始：对于参与人 i 来说，一个策略 S_i 被称为是严格劣势的，若存在另一个策略 S_i'，对于其他参与人的任意策略选择都要严格优于 S_i。即对于其他参与人的任意策略选择 $(S_1, S_2, \cdots, S_{i-1}, S_{i+1}, \cdots, S_n)$ 都有：

$$P_i(S_1, S_2, \cdots, S_{i-1}, S_i', S_{i+1}, \cdots, S_n) > P_i(S_1, S_2, \cdots, S_{i-1}, S_i, S_{i+1}, \cdots, S_n)$$

在我们到目前为止所讨论的双人双策略博弈中，对于同一个参与人，若一个策略相对于另一个策略是严格劣势的，则另外那个策略就是严格占优的。在那种场合，将严格劣势策略作为一个独立的概念则没什么意义。但是，假设一个参与人有多个策略，则有可能出现所有策略都不占优，但存在某个策略是严格劣势的。在这种情况下，推理博弈的策略行为时，我们会发现严格劣势策略可以起到重要作用。特别地，我们也会遇到不存在占优策略，但是用劣势策略结构的分析仍可以唯一地预测博弈结果的案例。用这种方式，基于劣势策略的推理形成了介于占优策略与纳什均衡之间的一种分析方法。一方面，它比仅基于占优策略的推理更有力，另一方面，它仍是基于参与人寻求收益最大化的准则，但不需要引入均衡的概念。

为了认识这种方法的工作方式，下面来看一个基本案例。

1. 案例：设施选址博弈

这个案例的背景是两家公司在选址竞争上的博弈。假设有两家公司都计划在 6 个集镇之一开设一家店。这 6 个集镇分布在一条公路的 6 个相继的出口旁。用图 6.19 的 6 节点图表达这些集镇的分布情况。

图 6.19　设施选址博弈：每个参与人都有严格劣势策略，但没有占优策略

现在,根据租赁协议,公司 1 可以自由选择在 A、C 或 E 中的任一集镇开设店面。同时,公司 2 可以自由选择在集镇 B、D 或 F 开设店面。两家公司的决策将是同时制定并执行的。一旦这两家店都开张,顾客就会选择到离他们最近的店进行消费活动。所以,对于这个例子,若公司 1 在集镇 C 开店,公司 2 在集镇 B 开店,则集镇 B 的店面会吸引来自集镇 A 与 B 的顾客,但集镇 C 上的店面则会吸引来自集镇 C、D、E、F 4 个集镇的顾客。假设每个集镇上的顾客数量都是相等的,且公司的收益直接与顾客数量成正比。这样的结果便是公司 1 获得收益 4,而公司 2 却获得收益 2,因为公司 1 的客户来自 4 个集镇,而公司 2 的收益却只来自于两个集镇的客户。对于每个店面,基于位置选择所影响的集镇数量的因素,我们可以得到图 6.20 的收益矩阵。

		公司2		
		B	D	F
	A	1, 5	2, 4	3, 3
公司1	C	4, 2	3, 3	4, 2
	E	3, 3	2, 4	5, 1

图 6.20 设施选址博弈

我们称这是一个设施选址博弈。设施地点的选择竞争问题是运筹学等领域的一个广泛研究的主题[135]。进而,与此密切相关的模型还用于政治性场合,其中所讨论的“实体”不是沿着一条公路分布的商店,而是在一维思想理念空间上竞争的政治候选人。这里也是涉及到要针对竞争对手的策略来选择一个合适的立场,每一种立场都会吸引某些选民但疏离另外一些[350]。在第 23 章我们还将以一种稍微不同的形式回到政治竞争的问题上来。

可以验证,在这个博弈中参与人都没有占优策略。比如,假设公司 1 位于节点 A,则公司 2 的严格最佳应对是策略 B。同时假设公司 1 的商店位于节点 E,则公司 2 的严格最佳应对是策略 D。当我们相互交换这两家公司的角色(即从另一个方向来看这个图),则会发现情境是对称的。

2. 设施选址博弈中的劣势策略

考虑他们各自的劣势策略,我们可以在推理设施选址博弈中两个参与人的行为上取得进展。首先,应注意到,对于公司 1,A 是一个严格劣势策略。在公司 1 选择 A 的任何场合,它也可以通过选择 C 来获得一个严格的较高收益。与此类似,对于公司 2,F 也是一个严格劣势策略。在任何条件下,若公司 2 选择 F,则它可以通过选择 D 来获得一个严格较高的收益。

参与人不会有任何兴趣去选择一个劣势策略,因为那总是可以通过一个其他收益更高的策略来替代。因此,公司 1 不会选择策略 A。并且,因为公司 2 知道这个博弈的结构,包括公司 1 的收益情况。公司 2 也知道公司 1 不会采取策略 A。这个策略在博弈中会被有效的去除。同样的推理表明,策略 F 在博弈中也会被去除。

现在,我们得到了一个有关设施选址博弈的较小实例,只涉及 4 个节点 B、C、D、E。用图 6.21 显示相关收益矩阵。

有趣的事出现了。策略 B 和 E 曾经不是严格劣势的,它们在对手选择策略 A 或 F 时分别会起作用。但是,策略 A 和 F 被去除后,策略 B 和 E 就都是严格劣势了。因此,按照同样的推理,两个参与人都知道他们不会使用这些策略。因此,我们在分析中也可以去除这些策略。这便产生了一个更加简单的博弈,如图 6.22 所示。

图 6.21　简化的设施选址博弈

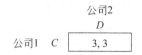

图 6.22　更加简化的设施选址博弈

此时,我们就看到了对于该博弈中行为的一个明确预测:公司 1 将会选择策略 C,同时公司 2 将会选择策略 D。这种推理的思路是清晰的:在多次排除严格劣势策略(其中有些可能是中间形成的)后,每个参与人最终都只剩下一种可能的策略。

这种指导我们逐渐化简博弈的方法,便称之为**严格劣势策略的迭代删除法**。下面我们会对它的一般性进行描述。然而,在此之前,值得再看看设施选址博弈案例的几个要点。

首先,策略组 (C, D) 在博弈中确实是唯一的纳什均衡。当我们一般性地讨论严格劣势策略的迭代删除法时,我们会看到这是一种寻找纳什均衡的有效途径。但是,除此之外,它本身还是确认所发现的纳什均衡的一种有效途径。在先前介绍纳什均衡时,我们观察到仅凭对参与人的理性假设是不会达到均衡状态的,从而进一步假设博弈达到均衡状态的标志是两个参与人都不存在动机去改变自己的行为。另一方面,在严格劣势策略的迭代删除过程中,当发现唯一的纳什均衡时,这事实上只是纯粹基于理性的预测,即基于参与人是理性人以及参与人对博弈具有充分信息的假设,因为所有导致这个结果的步骤都是基于策略删除,从收益最大化角度看,所删除的那些策略都是严格劣势的。

最后,迭代删除在原则上可以进行很多步,还是可以用设施选址博弈来说明这一点。假设不只是有 6 个节点,而是有 1000 个节点。假设这两家公司的选择,在这条路上仍旧是严格交替的(则对每个参与人都有 500 个可能策略)。则仍旧会是这种情况:远离中心的两节点是严格劣势,去除这两点外,我们在这条路上还有 998 个节点。而且,还会有两个远离中心的点变成严格劣势。我们仍旧要继续去除这些点,直到经过 499 个这样的推理步骤,得到 500th 和 501th 这两个节点仍在博弈中存在,并且,它们将是博弈中的唯一纳什均衡,通过一长串的劣势策略的删除得到了确认。

这种预测结果从直觉看也是很自然的,在现实生活中经常看到。两家相互竞争的商店经常同时建在闹市中心;在大选中,两个政治候选人总是尽量吸引中间选民。不论哪个例子,朝中间靠拢都是挤占竞争对手的空间,从而使自己利益最大化的唯一途径。

3. 劣势策略的迭代删除:一般性原理

一般地,对于任意数量参与人的博弈,严格劣势策略的迭代删除过程如下:

- 首先,设博弈有 n 个参与者。找到所有的严格劣势策略,将它们删除。
- 随后,我们考虑化简后的博弈,相比初始博弈,已有多个严格劣势策略被删除。在这种简化策略中,可能有的策略此时变成了严格劣势策略(尽管在初始完整的博弈中,这些策略不是严格劣势策略)。发现这些策略,并且加以删除。
- 继续这样的发现和删除过程,多次重复,直到再也没有发现严格劣势策略。

一个重要的事实是,初始博弈中的纳什均衡和经过迭代删除剩下的最终简化博弈的纳什均衡是一致的。为了证明这个事实,只要说明一轮删除严格劣势策略的过程不会改变博弈的纳什均衡集合就够了。倘若如此,则通过任意有限序列的删除后,博弈的纳什均衡集合保持不变。

为了证明纳什均衡集合在一轮删除过程中保持不变,需要说明两点。第一,任何初始博弈的纳什均衡都是简化后博弈的纳什均衡。为此,假设在初始博弈中存在一个纳什均衡,且该纳什均衡中涉及一个策略 S 在一轮删除中被去掉了。但是,在这种情况下,存在某个其他策略 S' 严格优于策略 S。所以,S 不可能是初始博弈中该纳什均衡的组成部分,它不是对其他参与人策略的最佳应对,因为策略 S' 要比它更优,即它是一个更优的应对。这就解释了在初始博弈中的纳什均衡不会被这种迭代删除给破坏掉。第二,需要说明简化后的博弈的纳什均衡也是初始博弈的纳什均衡。如若不然,我们假设在简化博弈中,存在纳什均衡 $E = (S_1, S_2, \cdots, S_n)$,但不是初始博弈的纳什均衡。也就是说,存在一个比 S_i 更优的策略 S'_i 已被删除。但 S'_i 被排除的事实意味着它相对于某个其他策略是严格劣势策略。于是,我们可以想到有一个策略 S''_i,相对于它,S'_i 是严格劣势策略,并且还未被删除。于是参与人 i 就会有动机去排除策略 S_i 而转向 S''_i。这就与我们的假设 E 是简化博弈中的一个纳什均衡产生矛盾。

这就说明了,在经过迭代删除严格劣势策略后得到的最终博弈,仍会保留初始博弈中的所有纳什均衡。所以,这个过程是缩小寻找纳什均衡范围的有效途径。进而,虽然我们在描述这个一轮一轮删除的过程中说每一轮删除所有发现的严格劣势策略,这并不是必须的。可以证明,以任何次序删除严格劣势策略,最终都会有一组相同的策略得以保留。

4. 弱劣势策略

很自然地,我们会问,比严格劣势策略弱一些的概念会是什么情形。在这个意义上,一个基本的定义是弱劣势策略。一个策略被称为是弱劣势的,若存在另外一个策略,其带来的收益在所有情况下都至少一样高,并且存在一种情况会严格地更高。用前面采用的符号体系,亦即 S_i 是参与人 i 的一个弱劣势策略,若存在另一个策略 S'_i 有如下不等式成立。对于其他参与人的所有策略选择 $(S_1, S_2, \cdots, S_{i-1}, S_{i+1}, \cdots, S_n)$,有:

$$P_i(S_1, S_2, \cdots, S_{i-1}, S'_i, S_{i+1}, \cdots, S_n) \geqslant P_i(S_1, S_2, \cdots, S_{i-1}, S_i, S_{i+1}, \cdots, S_n)$$

且对于其他参与人的至少一个策略选择 $(S_1, S_2, \cdots, S_{i-1}, S_{i+1}, \cdots, S_n)$,有:

$$P_i(S_1, S_2, \cdots, S_{i-1}, S'_i, S_{i+1}, \cdots, S_n) > P_i(S_1, S_2, \cdots, S_{i-1}, S_i, S_{i+1}, \cdots, S_n)$$

对于严格劣势策略,删除它们是有道理的:它们绝不会是最佳应对。对于弱劣势策略,问题则比较微妙。对于其他参与人的某些策略组合,这类策略可能是最佳应对。所以,一个理性的参与人可能会采取一个弱劣势策略,实际上,纳什均衡也可能涉及弱劣势策略。

即使在双人双策略的博弈中,也有一些可以说明这个问题的简单例子。比如,考虑猎鹿博弈的一个版本,其中成功猎鹿的收益和猎兔的收益是等同的,如图 6.23 所示。

		猎人2	
		猎鹿	猎兔
猎人1	猎鹿	3, 3	0, 3
	猎兔	3, 0	3, 3

图 6.23 猎鹿博弈:弱非优策略类型

这里,猎鹿是一个弱劣势策略,这是因为每个参与人通过选择猎兔的收益至少一样好,有时还会更高些。尽管如此,当每个参与人都选择猎鹿时,结果会是一个纳什均衡。因为,对于其他参与人的策略,这是最佳应对。所以,假设想要维持原博弈结构,排除弱劣势策略一般而言不是一个明智选择,因为那可能会破坏原有的纳什均衡。

当然,我们似乎可以合理地假设,一个参与人如果不确定另外的参与人会做什么的话,他也不应该选择弱非优策略——为什么不用那个在任何情况下都不差(而且至少在一种情况下更好)的策略呢? 但纳什均衡的概念并不包括这样的要求,因此我们没有办法排除这样的结果。 在下一章中,我们将会讨论另外一种均衡的概念,称为进化稳定性,其中涉及按照一种原则来删除弱非优策略。 纳什均衡、进化稳定性及弱非优策略的关系将在下一章最后的练习中考虑。

6.10.3 动态博弈

本章重点讨论的是所有参与人同时决策的博弈。参与人的收益是基于彼此的这种联合策略。当然,决策是否真正同时对于模型而言并不是很关键的,核心是每个参与人在做决策时都不了解其他参与人的实际策略选择。

但是,很多博弈会随着时间持续发展。一些参与人或者一组参与人先行动,其他参与人观察先行者的行为,然后再决定自己的策略,其中的次序也许是事先规定的。这类博弈称为动态博弈,现实中不乏这样的例子。棋局和纸牌游戏即为这样的例子,其中参与人依次交替动作。谈判也是个典型的例子,涉及一系列的讨价还价过程。拍卖中的竞价或者竞价性购物,参与者必须随时间做出有关各种决策。这里,我们讨论博弈的一种扩展形式,支持对这种动态特性的分析。

1. 博弈的常规形式和扩展形式

首先,具体说明动态博弈需要一种新的表达方式。迄今为止,我们讨论的都称为博弈的常规形表示,也就是指明参与人、参与人的可能策略、以及从每一组和其他参与人共同形成的选择策略中得到的回报。(对于双人博弈,我们在本章中看到的收益矩阵,是这种常规形式博弈的简洁表示。)

为了描述动态博弈,我们需要一种更丰富的表示方法。我们需要区分何人何时制定决策;每个参与人在他们有机会动作的时候知道些什么,当轮到他们决策时可以做些什么,以及博弈最终会出现的各种收益结果等。此处,我们称这样的说明为博弈的扩展形表示。

下面从一个简单的动态博弈例子开始看博弈扩展形表示的基本形态。这个博弈十分简单,它避免了在分析动态博弈时会出现的一些微妙问题,但作为第一个阐述动态博弈的例子,却非常有用。在此基础上,我们将接着讨论第二个更加复杂的例子。

这个例子如下所述。假设有两家公司——公司1和公司2,每家公司都在试图决定是否在两个可能的地区做广告和市场营销,这两个地区分别记为 A 和 B。进一步假设公司1首先进行选择。若公司2追随公司1进入同一个地区,则公司1将因为"先入为主"优势在竞争中获得该地区 2/3 的收益,而公司2则只能获得 1/3 的收益。假设公司2选择到另外一个地区去发展,则每家公司都在各自所处地区市场上获得全部的收益。最后,假设 A 地区市场份额是 B 地区的两倍,具体来说就是在 A 开发市场的收益是 12,在 B 开发市场的收益是 6。

我们用"博弈树"的形式表现这种扩展形博弈,如图 6.24 所示。这种博弈树的设计方式是自上而下的。

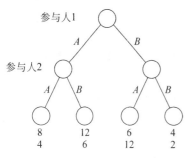

图 6.24 简单博弈的扩展形式

顶端代表公司 1 进行的初始决策。从顶点往下的两个分支代表公司 1 的两种策略选择 A 和 B。在此基础上发生的分支,则代表公司 2 在公司 1 行为后的行为选择。公司 2 也可选择 A 或 B,也是由节点往下的两个分支代表。终端节点代表博弈行为的结束。每个终端节点都附加上两个参与人的收益。

因此,一个特定的博弈行为——决定于公司 1 和公司 2 的一系列交互决策选择,对应于从博弈树起始点到某个终点的一条分支。首先,公司 1 选择策略 A 或 B,然后公司 2 选择策略 A 或 B,最后参与人在交互决策后都会得到各自的收益。在更具一般性的动态博弈模型中,每个节点都包含一个注释,主要用于对前一个行为的有关信息进行说明,供下一个参与者使用。不过,针对此处的目的,我们假设每个参与人在制定决策时都对以往的动作历史有完整的了解。

2. 动态博弈行为的推理

正如同时制定决策行为的博弈(静态博弈),在动态博弈中也是要预测参与人的行为选择。一个推理方式是采用博弈树。在前面的例子中,我们可以从公司 2 在了解了公司 1 的每个初始可能行为的相关信息后,如何确定自己的行为开始讨论。若公司 1 选择 A,则公司 2 收益最大化的选择是 B。然而,若公司 1 选择 B,则公司 2 达到收益最大化的选择是 A。现在,我们先思考公司 1 的初始行动,然后再总结公司 2 的随后行为决策。若公司 1 选择 A,则它会预期公司 2 选择策略 B,公司 1 的收益将会是 12;若公司 1 选择 B,则它会预期公司 2 会选择 A,此时公司 1 的收益是 6。我们的预期假设是,公司彼此目的都是为了达到自我收益的极大化。所以,我们可以预期公司 1 会选择 A,在公司 1 行为确定后,公司 2 会选择 B。

这是分析动态博弈的有效途径。我们的分析过程是从终端点的前一步开始。在最终行为的前一步,最终参与人对博弈的收益结果具有完全控制能力。这就让我们对于所有情形都可以预测最终参与人会做什么。建立了这种预测之后,我们就可以沿着博弈树进行更高一层的分析,利用该预测结果来推理该层参与人将如何行动。继续这种方式,直到博弈树的起始点,完成博弈的行为预测。

还有一种不同的分析方式,巧妙点出了常规形式和扩展形式的有趣联系,让我们可用一种常规的形式来表现动态博弈。假设,在博弈进行之前,每个参与人都制定一个关于博弈的方案,涵盖所有可能的结果。这个方案体现参与人的策略考量。一种思考这类策略的方法,也是保证它们包含每一个可能的完整描述的有效方法,是设想每个参与人要写一个代替他实际执行该博弈的计算机程序,考虑该为此程序提供哪些必要信息。

在图 6.24 所示的博弈中,公司 1 只有两个可能策略 A 或 B。因为公司 2 在观察公司 1 的策略行为后才决定自身策略,所以对于公司 1 的每个策略,公司 2 都分别有两个策略与之对应。在博弈中,公司 2 就有 4 个可能的方案策略。这些策略可以写成可能性的形式,即公司 2 对应公司 1 的每种可能动作该怎么做:

$(A \text{ if } A, A \text{ if } B)$,$(A \text{ if } A, B \text{ if } B)$,$(B \text{ if } A, A \text{ if } B)$ 以及 $(B \text{ if } A, B \text{ if } B)$

或者缩写成:

(AA, AB),(AA, BB),(BA, AB) 以及 (BA, BB)

假设每个参与人在博弈行为中用一个完整的方案作为各自的策略选择,则我们可以直接通过图 6.25 所示的收益矩阵的每一对策略,来决定收益的情况。

公司2

		AA, AB	AA, BB	BA, AB	BA, BB
公司1	A	8, 4	8, 4	12, 6	12, 6
	B	6, 12	4, 2	6, 12	4, 2

图 6.25　转换成常规形式

因为这样的方案描述了参与人所有的行为可能,我们就成功地通过常规形式描述了一个动态博弈,即每个参与人同时选择一个策略(由一个完整方案组成),根据他们的策略组合,决定参与人彼此的收益。在后面的分析中能看到,如此解释动态博弈中会涉及一些重要的微妙问题。特别是,从扩展形式向常规形式的转化过程中,有时将不能保持博弈中隐含的完整结构。但是,这种转化仍是有用的分析工具,而这种在转化过程中不能"保真"的微妙情形本身是一个具有启发性的概念,值得进一步探索和发现。

记住这一点,我们先来结束这个简单例子,其中的转化十分完美,然后,我们将进行第二个例子的探索,复杂性就要出现了。对应于第一个例子中的常规形式的收益矩阵,共有 8 个单元格。但是,用扩展形式表示的收益只需用 4 个终端节点。因为每个终端节点都可通过两种不同的策略对到达,所以才会出现简化。每对策略代表着收益矩阵中的一个单元格,两个策略对都指向博弈树分支上实际发生的相同行为,但在另外没有实现的路径上则描述了不同的假想行为。比如,对于(A,(AA,AB))和(A,(AA,BB))的收益是一样的,因为这两种策略对导致相同的终端节点。在这两种情形下,公司 2 都是选择策略 A 来应对公司 1 实际的行为;它为在公司 1 选择 B 条件下的预案实际上不会发生。

现在,利用常规形式表现动态博弈,我们可以马上发现对于公司 1,A 策略是严格占优的,公司 2 则没有严格占优策略。但是,对于公司 1 的策略行为,公司 2 必须选择一个最佳应对策略。这里可能是(BA,AB)或者(BA,BB)。应注意,这种有关公司 1 和公司 2 的行为预测是基于常规形式表示的,结果和直接基于博弈树的预测分析一样,即从终端节点开始向上讨论所得到的:公司 1 将会选择 A,对应地,公司 2 将会选择 B。

3. 一个比较复杂的例子:市场进入博弈

在我们的第一个动态博弈中,推理无论是基于扩展形式还是常规形式,都会产生本质上相同的结论。对于较大规模的动态博弈,扩展形表示则比常规形更加方便。但是,如果这就是唯一的区别,则很难说清楚动态博弈到底给整个博弈论增加了什么。事实上,动态性导致了新的微妙现象,可以通过考虑一种情形予以揭示。在这种情形下,动态博弈从扩展形式向常规形式转化时,会使隐含在动态博弈中的一些结构丧失。

针对这点,我们进入第二个动态博弈例子的分析。背景也是两家相互竞争的公司。我们不妨称之为市场进入博弈。这在下述的实际背景中发生。假设某地区有一家公司 2,它是该地区唯一一家像模像样的商家。公司 1 正在决定是否要进入该市场。

- 这个博弈中,公司 1 是自然的首先行动者。它要决定是否进入该市场。
- 若公司 1 选择不进入该市场,则博弈结束,公司 1 的收益是 0,公司 2 保持获得整个市场的收益。
- 若公司 1 选择进入该市场,则博弈继续。进入第二个阶段。此时由公司 2 决定行为。公司 2 要决定是否容忍公司 1 并和它共同分享该市场,或者是选择反击并进入价格战。

— 假设公司 2 选择合作,则每家公司得到对应于市场份额的一半带来的收益。

— 假设公司 2 选择反击,则每家公司都会得到负收益。

选择一定的数值来表达收益,图 6.26 表示了这个市场进入博弈的扩展形式。

4. 扩展形表示和常规形表示的微妙区别

尝试比较我们在分析前面的动态博弈和此处的分析过程中所使用的这两种方法。首先,我们可以依据博弈树从终端节点自下而上进行分析。具体说明如下。假设公司 1 选择进入市场,则公司 2 通过合作会取得比反击行为策略获得更高的收益。所以,我们可以预测合作在实际上会达到。给定这一点,在公司 1 做首先决策的时候,它看到若决定不进入市场,则自身收益是 0;决定进入市场,则自身收益是 1。所以,公司 1 会决定进入市场。因此,我们也可以预期,公司 1 将会进入市场,而公司 2 将会选择合作行为。

现在,我们考虑一下常规形式的表示。公司 1 对于博弈进行的可能计划只有两个,即选择不进入市场 S,或者进入市场 E。公司 2 对于公司 1 进入市场的可能方案也有两种策略,即报复和合作,设它们的代号分别为 R 和 C。由此,得到如图 6.27 所示的收益矩阵。

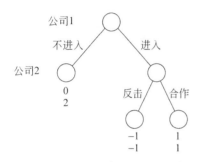

图 6.26　市场进入博弈的扩展形表示

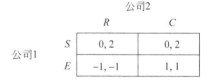

图 6.27　市场进入博弈的常规形式

令人惊奇的是,当我们通过常规形式看这个博弈时,我们会发现两个不同(纯策略)的纳什均衡,即(E,C)和(S,R)。第一个纳什均衡对应于前面基于扩展形表示的预测。那么,第二个纳什均衡又该作何解释呢?

为了回答这个问题,有必要回顾有关常规形式表示方法的一种视角,即该表示要体现每个参与人提交给一个计算机程序的信息,以使得该程序能执行这个博弈。在这种观点下,均衡(S,R)对应于一个结果,在该结果下,公司 2 会提前表态当公司 1 进入市场它会自动采取报复行为。此时,公司 1 的态度是不进入市场。考虑到给定这组选择,则公司都不会再有动机去改变他们已经设计好的程序。比如,假设公司 1 想变为进入该市场,则会触发公司 2 的报复计划。

这种扩展形式和常规形式的对比反映出几个要点。首先,这显示了隐藏在从扩展形式向常规形式转化的条件:在博弈进行中,每个参与人在提前制定一份完整计划时都会做出承诺行为。这点并不和动态博弈定义的初始预测相一致,即每个参与人在博弈中间点做出优选决策,依据仅仅是到那一点时博弈中已经发生的事情。当发生进入市场行为时,公司 2 决定报复的行为就明确地印证了这一点。假设公司 2 能够事先承诺这个计划,则均衡

(S,R)是有意义的,因为公司 1 不愿引起公司 2 计划中的报复行为。但是,假设我们依据扩展形式的初始定义看待动态博弈,则计划中的承诺行为不是该分析模型的构成部分。相反的,一旦公司 1 进入该市场,则公司 2 只能评估自己有关容忍或是报复行为的决策收益。易知,假设采取容忍,则公司 2 的收益将会比报复行为更高。考虑到这点,公司 1 就会预测到自己进入市场是安全的行为。

在博弈论中,动态博弈在扩展形式假设上的标准模型是,参与人在博弈可能会有的任何干预策略下都会寻求私人收益的最大化。这种解释下,新进入博弈中,则会存在一个唯一的预测。在常规形式上与均衡(E,C)相对应。但是,围绕着另一个均衡(S,R)的问题并不是简单的表示或者标志问题。问题比这更加困难。在任意给定的场景,这确实是个问题。我们认为这是在建模时就隐藏在动态博弈的扩展形式中。我们是否在一个参与人都明确承诺遵循确定计划中的预测行为,且这些行为是不可撤销的背景中,这是未知的。在某种程度上,其他参与人将会相信承诺行为是一种可置信的威胁或者不是,也还是个问题。

进一步讲,市场进入博弈表明,实施一种特定行为过程的能力对博弈参与方可能是很有价值的,即便这个行为过程(若真的实施)对每一方都是不利的。具体在这个例子中,假设公司 2 可以让公司 1 相信,一旦公司 1 进入市场就会真的采取报复行为,则公司 1 可能就会选择不进入市场,结果是公司 2 得到较高收益。在实践中,这就暗示公司 2 可能在博弈之前便采取一些行动。比如,假设在公司 1 决定是否进入市场之前,公司 2 可能在公布的广告中透露,将会通过降价 10% 来打击任何进入者。只要公司 2 还是这个市场唯一正式的商业参与方,则这种行为可能是安全的行为。但是,如果公司 1 真的进入市场,这种行为对两个公司都是有害的。事实上,这个承诺计划的公开宣布,意味着公司 2 违背它的代价非常高(声誉、可能的合法性等)。这样,这种公告就成为将公司 2 的报复威胁转变为它实际可能要实施报复计划的一种方式。

5. 与弱非优策略的关系

在讨论这些微妙区别时,注意到弱非优策略在这里的角色仍是有意义的。在如图 6.27 所示的常规形式表示下,对于公司 2 的策略 R 是一个弱非优。这里是一个很简单的推理:假设公司 1 选择策略 S(公司 2 不会放弃市场),公司 2 的收益不变;假设公司 1 选择策略 E,则公司 2 的收益会较低。所以,我们在将动态博弈从其扩展形转换到常规形时,如果常规形存在含有弱非优策略的均衡,则其推理要格外仔细:如果此结构产生于动态博弈的扩展形式,则在将该动态博弈进行转换时缺失的信息可能足以将含有弱非优策略的均衡排除。

但是,我们不能简单地通过弱非优策略的排除来修正转换过程中的这个问题。我们之前看到,严格非优策略的迭代删除可以以任意顺序进行,所有的顺序最终都会得到一个相同的结果。但是,对于弱非优策略的迭代删除,这种情况并不存在。为了证明这点,我们假设一个稍微不同的新的市场进入博弈,即联合策略(E,C)的收益变成是$(0,0)$(在这个类型中,两家公司都知道他们将不能得到一个正的收益,即使公司 2 对于公司 1 的进入采取容忍策略。虽然,这不至于比公司 2 采取斗争行为的收益差)。像以前一样,R 是一个弱非优策略,但是现在 E 也是一个弱占优策略(当公司 2 采取策略 C 时,E 和 S 对于公司 1 的收益是相同的;当公司 2 采取策略 R 时,公司 1 的策略 S 是一个较高收益的策略)。

在这个类型的博弈中,现在存在三个的纳什均衡(纯策略),即 (S,C)、(E,C) 和 (S,R)。假设我们首先排除弱非优策略 R,则剩下 (S,C)、(E,C) 是纳什均衡。同样,假设我们首先排除弱非优策略 E,则我们剩下 (S,C)、(S,R) 两个纳什均衡。这两种情况都不能继续排除可能的弱非优策略。所以,排除的顺序都会影响到最终的那组纳什均衡。我们可以尝试提问,作为该博弈的预测行为,实际上哪种纳什均衡更合理。如果常规形式是从这种类型的市场进入动态博弈得来的,则 C 是仍是公司 2 的唯一合理的策略。同时公司 1 则可以选择 S 或 E 中的任何一种。

6. 最后的评论

在这章中,我们给出的大多数分析风格都是基于常规形式的。在分析扩展形式的动态博弈中,一种方法就是首先找到所有可以转换成常规形式的纳什均衡,将每一项都看成是预测行为的备选策略,接着,返回到扩展形式中,检验哪些具有实际预测的意义。

有一种直接基于扩展形表示进行推理的理论。在该理论中,最简单的技术就是我们前面用过的从扩展形表示的终端节点向上分析的方式。该理论也涉及一些比较复杂的成分,从而能够处理比较丰富的结构;例如,可以讨论参与人在任何给定的节点上,只拥有部分历史信息时各种行为的可能性。我们在这里将不做进一步讨论,它已经在大量博弈论书籍和微观经济学书籍中得到深入发展[263,288,336,398]。

6.11　练习

1. 判断下列断言是否正确,并对你的答案提供一种简要的说明(1~3 句话)。

　　断言:在二人博弈中,假设 A 有一个占优策略 S_A,则存在一个纯策略的纳什均衡,其中参与人 A 采取策略 S_A,参与人 B 采用对 S_A 的一个最佳应对策略 S_B。

2. 思考下列陈述:

　　在二人博弈的纳什均衡中,每个参与人都选择了一个最优策略,所以两个参与人的策略是社会最优。

　　这个陈述是否正确?假设你认为是正确的,请给出简要说明(1~3 句话)来解释为什么正确。假设你认为不正确的,请举出一个第 6 章讨论过的博弈例子来说明它是错误的(你不需要写出有关博弈的具体细节,仅提供你认为能清楚表达你的意思的内容),附加上简要解释(1~3 句话)。

3. 在下面的博弈中找出所有的纯策略纳什均衡。在图 6.28 的收益矩阵中,每行对应于参与人 A 的策略,每列对应参与人 B 的策略。每个单元格的第一个数指参与人 A 的收益,第二个数指参与人 B 的收益。

4. 思考图 6.29 的博弈矩阵中描述的二人博弈中的参与人、策略以及收益。

　　(a) 每个参与人都会有一个占优策略吗?请简要解释(1~3 句)。

　　(b) 找出该博弈中所有的纯策略的纳什均衡。

	参与人B	
	L	R
参与人A U	1, 2	3, 2
D	2, 4	0, 2

图 6.28　用于练习 3 的二人博弈

	参与人B		
	L	M	R
t	0, 3	6, 2	1, 1
参与人A m	2, 3	0, 1	7, 0
b	5, 3	4, 2	3, 1

图 6.29　用于练习 4 的二人博弈

5. 思考图 6.30 的二人博弈。此处,每个参与人都有三个策略选择。

找出这个博弈的所有(纯策略)纳什均衡。

参与人B

		L	M	R
	U	1, 1	2, 3	1, 6
参与人A	M	3, 4	5, 5	2, 2
	D	1, 10	4, 7	0, 4

图 6.30 用于练习 5 的二人博弈

参与人B

		L	R
	U	2, 15	4, 20
参与人A	D	6, 6	10, 8

图 6.31 用于练习 6(a)的二人博弈

6. 本题将考虑到多个二人博弈问题。在下面每个收益矩阵中,行都代表这参与人 A 的策略选择,列代表参与人 B 的策略。每个单元格的第一个数代表着参与人 A 的收益,第二个数代表着参与人 B 的收益。

(a) 对图 6.31 描述的收益矩阵,找出该博弈中的所有纯(非随机性)策略的纳什均衡。

(b) 对图 6.32 描述的收益矩阵,找出该博弈中的所有纯(非随机性)策略的纳什均衡。

(c) 在图 6.33 的收益矩阵中,找出博弈中所有的纳什均衡。

参与人B

		L	R
	U	3, 5	4, 3
参与人A	D	2, 1	1, 6

图 6.32 用于练习 6(b)的二人博弈

参与人B

		L	R
	U	1, 1	4, 2
参与人A	D	3, 3	2, 2

图 6.33 用于练习 6(c)的二人博弈

(注意:这个博弈有两个纯策略的均衡以及一个混合策略的均衡。为了找到混合策略均衡,设定参与人 A 使用策略 U 的概率是 p,而参与人 B 使用策略 L 的概率是 q。正如我们在硬币配对分析一样,假设一个参与人使用一个混合策略(此处,策略不仅是概率性的纯策略),则参与人在两个策略之间的收益一定是无差异的,也就是策略一定会有等同的预期收益。比如,假设 p 不是 0 或者 1,则策略 p 一定会导致 $q+4(1-q)=3q+2(1-q)$。因为当参与人 B 选择策略的概率是 q,此时 p 是个混合策略。参与人 A 的策略 U 和 D 之间无差异的,所以,出现预期收益等同。)

7. 本题中,将考虑多个二人博弈问题。在每个收益矩阵中,行都代表参与人 A 的策略选择。列代表参与人 B 的策略。每个单元格的第一个数代表参与人 A 的收益,第二个数代表参与人 B 的收益。

(a) 试找出图 6.34 收益矩阵代表的博弈中的所有纳什均衡。

(b) 试找出图 6.35 的收益矩阵代表的博弈中的所有纳什均衡。(包括解释)

(注意:这个博弈中含有一个混合策略均衡。为了找到这个混合均衡,不妨定义参与人 A 采取策略 U 的概率是 p,参与人 B 采取策略 L 的概率是 q。类似我们在硬币配对博弈中进行的分析,假设一个参与人采取混合策略(此处,策略不仅是概率性的纯策略),则参与人在两个策略之间一定是无差异的,也就是两种策略的预期收益是等同的。比如,假设 p 不是 0 或者 1,则必定有 $5q+0(1-q)=4q+2(1-q)$。因为这是当参与人 B 采用概率 q 时,参与人 A 从策略 U 和 D 得到的收益期望。)

参与人B

		L	R
	U	1, 1	3, 2
参与人A	D	0, 3	4, 4

图 6.34 用于练习 7(a)的二人博弈

参与人B

		L	R
	U	5, 6	0, 10
参与人A	D	4, 4	2, 2

图 6.35 用于练习 7(b)的二人博弈

8. 考虑图 6.36 收益矩阵表示的二人博弈。

    (a) 找出该博弈中所有纯策略的纳什均衡。

    (b) 该博弈也有一个混合策略纳什均衡,找出参与人在这个纳什均衡采用的概率,并加以解释。

    (c) 考虑第 6 章中谢林的聚点观点。对于博弈应该怎样进行,你认为什么类型的纳什均衡是最佳预测?请加以解释。

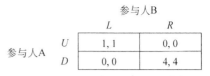

		参与人 B	
		L	R
参与人 A	U	1,1	0,0
	D	0,0	4,4

图 6.36　用于练习 8 的二人博弈

9. 下列的每个二人博弈(见图 6.37 和 6.38),试找出其中的所有纳什均衡。下面的每个收益矩阵,行代表参与人 A 的策略选择,列代表参与人 B 的策略选择。每个单元格的第一个数代表参与人 A 的收益,第二个数代表参与人 B 的收益。

		参与人 B	
		L	R
参与人 A	U	8,4	5,5
	D	3,3	4,8

图 6.37　用于练习 9 的二人博弈(一)

		参与人 B	
		L	R
参与人 A	U	0,0	$-1,1$
	D	$-1,1$	$2,-2$

图 6.38　用于练习 9 的二人博弈(二)

10. 图 6.39 的收益矩阵中,行代表参与人 A 的策略选择,列代表参与人 B 的策略选择。每个单元格的第一个数代表参与人 A 的收益,第二个数代表参与人 B 的收益。

		参与人 B	
		L	R
参与人 A	U	3,3	1,2
	D	2,1	3,0

图 6.39　用于练习 10 的二人博弈

    (a) 找出该博弈的所有纯策略纳什均衡。

    (b) 上面的收益矩阵中,策略组 (U,L) 反应的参与人 A 的收益是 3。你可以用类似方法,用一个非负数改变这组策略代表的参与人 A 的收益,并使其结果中没有纳什均衡吗?请加以简要解释(1~3 句话)。

    (注意:本题中,你只能改变参与人在策略组 (U,L) 中的收益情况。特别注意,剩下的博弈结构是没有改变的,即参与人、参与人策略、从策略中的收益都是没有改变的以及参与人 B 从策略组 (U,L) 中获得的收益不会改变,只有参与人 A 在策略组 (U,L) 的收益改变。)

    (c) 现在,先返回到(a)部分的初始收益矩阵中,并仅对参与人 B 进行类似的问题寻找。我们先返回到初始收益矩阵,参与人 A 和 B 在策略组 (U,L) 中的收益都是 3。

    你可以用类似方法,用一个非负数改变这组策略代表的参与人 A 的收益,并使其结果中没有纳什均衡吗?请加以简要解释(1~3 句话)。

    (注意:你只能改变参与人 B 在策略组 (U,L) 中的收益情况。特别注意,剩下的博弈结构是没有改变的,即参与人、参与人策略、从策略中的收益都是没有改变的以及参与人 A 从策略组 (U,L) 中获得的收益不会改变,只有参与人 B 在策略组 (U,L) 的收益改变。)

11. 本章讨论了占优策略,并指出若一参与人有占优策略,我们则预期他会采取这个策略。与占优策略相对的概念是非优策略(或劣策略)。非优策略包括弱非优和严格非优两种。这里定义严格非优策略 S_i:

    假设在一定的条件下,参与人 i 使用另外一个策略 S_i'。参与人 i 的策略收益是 S_i' 严格大于 S_i,而无论其他参与人的行为,则称策略 S_i 是严格非优策略。

    我们预期参与人不会使用一个严格非优策略。这种认识也可以帮助我们找到纳什均衡。图 6.40 是这个概念的例子。在这个博弈中,M 是一个严格非优策略(被策略 R 严格占优),参与人 B 将不会使用 M。

		参与人 B		
		L	M	R
参与人 A	U	2,4	2,1	3,2
	D	1,2	3,3	2,4

图 6.40　用于练习 11 的二人博弈

所以,在分析这个博弈中,我们可以排除策略 M,简化后的博弈如图 6.41 所示。

参与人B

		L	R
参与人A	U	2,4	3,2
	D	1,2	2,4

图 6.41　用于练习 11 的二人博弈,但去掉了其中的 M 策略

此时,参与人 A 有一个占优策略 U,很容易预测到这个二人博弈的纳什均衡是 (U,L)。你可以通过初始博弈来检验 (U,L) 是否是纳什均衡。当然,这种方法要求我们知道严格非优策略不会出现在纳什均衡中①。

考虑任意存在纯策略均衡的双人博弈。解释为什么均衡中不可能有严格非优策略。

12. 第 6 章讨论了占优策略,并指出若参与人有一个占优策略,则我们会预期参与人会采取占优策略。与占优策略相对的是非优策略。对于非优策略,有多个相关的概念。这个问题中,我们着重考虑弱非优情况。

假设参与人 i 有另外一个策略 S_i'。S_i' 有如下特性,则策略 S_i 是一个弱非优策略。

(a) 无论其他参与人如何决策,参与人 i 从策略 S_i' 获得的收益至少和策略 S_i 等同。

(b) 存在其他参与人的策略,以至于参与人 i 从策略 S_i' 获得的收益是严格大于 S_i 的收益。

① 参与人采取一个弱非优策略的可能性似乎不大。但是,弱非优策略也可以达到纳什均衡。找出图 6.42 的博弈的所有纳什均衡。其中有弱非优策略组成的纳什均衡吗?

② 用推理弱非优策略的方法,你会发现回答上面的问题需要考虑到下面的顺序博弈。假设实际上参与人行为都是顺序的,但是,后行为方不知道先行为方的信息。参与人 A 首先行为。假设参与人 A 选择策略 U,则参与人的选择策略对其是不会有影响的。有效地博弈是假设参与人 A 选择策略 U,无论参与人 B 选择什么策略,

参与人B

		L	R
参与人A	U	1,1	1,1
	D	0,0	2,1

图 6.42　用于练习 12 的双人博弈

博弈都是 $(1,1)$。假设参与人 A 选择策略 D,则参与人 B 的行为变得重要了。假设参与人 B 选择策略 L,则收益是 $(0,0)$;假设参与人 B 选择策略 R,则收益是 $(2,1)$。(注意:因为参与人 B 也没有在同时进行的博弈中,观察参与人 A 的行为。上面的收益矩阵对于连续博弈还是有效的。)

在这个博弈中,你是怎样预期参与人的行为呢?请解释你的推理过程。(参与人是不能改变博弈的。他们的行为选择只是类似于上面的给定条件。你可以从收益矩阵中进行推理或者观察博弈背后的例子。但是假设你是用例子,则会有参与人 B 不会观察参与人 A 的行为,直到博弈结束后。)

13. 我们考虑三人(A,B,C)参与的一个博弈。假设参与人 A 的策略集是 (U,D),参与人 B 的策略集是 (L,R),参与人 C 的策略集是 (l,r)。

一种给出收益的方法是写下每个可能的策略组的收益情况。另外还有一种方式,通过对策略三元组的不同但等价的解释,可使得收益的描述清晰简单些。在这种方式下,我们想象参与人 C 面对两个不同的双人(A,B)博弈,分别对应他的策略 l 和 r。假设参与人 C 选择策略 l,则我们有如下收益矩阵:

① 这实际上也适用于任何数量的博弈参与人。另一个可能的问题是,在多次删除严格非优策略(任意顺序)以及分析简化的博弈后,我们是否仍会得到和初始博弈相同的纳什均衡。回答是肯定的,见 6.10 节。

有关策略 *l* 的收益矩阵

参与人B

		L	R
参与人A	U	4, 4, 4	0, 0, 1
	D	0, 2, 1	2, 1, 0

图 6.43　用于练习 13 的参与人 A 和 B 在 C 选择 *l* 的条件下的博弈

其中,单元格的第一个数值表示参与人 A 的收益,第二个数值表示参与人 B 的收益,第三个数值表示参与人 3 的收益。

假设参与人 C 选择策略 *r*,则收益矩阵是:

有关策略 *r* 的收益矩阵

参与人B

		L	R
参与人A	U	2, 0, 0	1, 1, 1
	D	1, 1, 1	2, 2, 2

图 6.44　用于练习 13 的参与人 A 和 B 在 C 选择 *r* 的条件下的博弈

这样,假设参与人 A 选择策略 *U*,参与人 B 选择策略 *R* 及参与人 C 选择策略 *r*,则三方的收益都是 1。

(a) 首先,假设参与人都是同时行为的。即参与人 A 和 B 是在不知道参与人 C 的行为选择条件下决定各自策略的。试找出这个博弈的所有(纯策略)纳什均衡。

(b) 现在,假设参与人 C 先决定策略,参与人 A 和 B 在观察到参与人 C 的行为后才决定怎样选择。即:假设参与人 C 选择策略 *r*,则参与人 A 和 B 知道了他们面对的是对应于 C 选择了 *r* 的那个双人博弈。类似的,假设参与人 C 选择策略 *l*,则参与人 A 和 B 知道他们面对的是对应于 C 选择了 *l* 的那个双人博弈。

针对(b)这样的情形,我们进一步假设参与人 A 和 B 的策略选择(在上述两种情形)都会是趋向(纯策略)纳什均衡的。最后我们假设参与人 C 也知道参与人 A 和 B 在博弈中的行为。你预期参与人 C 会怎样做(选择哪个策略)? 为什么? 你预期何种策略三元组会被选择呢? 它是同时行为博弈的纳什均衡吗?

14. 考虑如图 6.45 所示的二人博弈。

(a) 找出所有纳什均衡。

(b) 你在(a)中发现混合策略均衡的过程中,一定注意到了参与人 1 更多地采用了策略 *U*(相对于 *D* 而言)。你的一个朋友说你对于(a)的答案一定错了,因为对参与人 1 来说,*D* 显然要比 *U* 更具吸引力。从回报矩阵的反对角线可以看到,*U* 和 *D* 给参与人 1 的回报都是 4,但从对角线上看,*D* 给出的回报是 3,*U* 给出的是 1。请解释这种推理错在哪里。

参与人2

		L	R
参与人1	U	1, 1	4, 0
	D	4, 0	3, 3

图 6.45　用于练习 14 的二人博弈

15. 两家完全一样的公司,让我们称它们为公司 1 和公司 2,要同时且独立地决定是否进入一个新的市场,并且如果进入,要生产什么产品(有 A 或者 B 可选择)。如果两家公司都进入,且都生产 A,它们各自要损失 1 千万美元;如果都进入,且都生产 B,它们则分别会获得 5 百万美元利润;如果两家公司都进入,但一家生产 A,另一家生产 B,则分别赚 1 千万美元;如果不进入市场,则利润为 0;最后,如果一个进入,另一个不进入,生产 A 就赚 1.5 千万,生产 B 的话就赚 3 千万。

你是公司 1 的经理,要为你的公司选择一个策略。

(a) 将这种情形建模成一个博弈,包括两个参与者(1 和 2)和三种策略(生产 A,生产 B,不进入)。

(b) 你的一个员工说应该进入市场(尽管他不肯定该生产什么产品),因为无论公司 2 怎么做,进入市场并生产 B 总比不进入强。试评估这种观点。

(c) 另一个员工同意刚才那位的观点,并且说由于策略 A 会导致损失(若另一家公司也生产 A),你应该进入且生产 B。如果两家公司都如此推理,都进入市场且生产 B,这个博弈形成了纳什均衡吗?请解释。

(d) 找到这个博弈中的所有纯策略纳什均衡。

(e) 你公司的另一个员工建议合并这两家公司,协作决定最大化利润的策略。不考虑有关法规是否允许这种合并,你认为这是一个好主意吗?请解释。

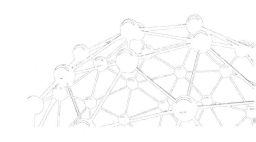

第 7 章　进化博弈论

在第 6 章中,我们讨论了博弈论的基本概念,看到参与人各自做决定,每个参与人的收益取决于博弈中所有参与人的决策组合。在这些观点中,我们看到,博弈论的一个关键问题在于推理参与者在博弈中的行为,这些行为是在给定博弈的条件下我们预期应该看到的。

第 6 章的讨论是基于参与人是怎样同时推理对方可能的行动。本章则从另一方面进行分析,我们探索进化博弈论的概念。进化博弈论表明博弈论的基本思想还可用于没有明确推理,甚至没有显式决策的场合。在进化博弈论中,博弈的理论分析将用于不同个体展现不同形式行为的场合(包括那些可能是非意识的选择结果)。我们将进一步考虑何种行为类型能够持续存在,以及何种行为类型有被其他参与人摒弃的倾向。

正如其名所示,进化博弈论在演化生物学领域得到广泛应用,该领域中的约翰·梅纳德·史密斯(John Maynard Smith)和 G. R 普赖斯(G. R. Price)首先构思了进化博弈的观念[375,376]。演化生物学是基于这样的理念:生物体的遗传基因在很大程度上决定了它的外部特征,因而决定了它是否能够适应给定的环境。适应性强的生物体往往会繁衍更多的后代,于是使得适应性强的基因在总体中的占比增加。依这种方式,适应性较强的基因倾向于长久生存,因为它们提供了较高的繁衍率。

进化博弈论的关键思想是:许多行为涉及总体中多种生物体的互动,因而任何生物体的成功取决于它和其他生物体间是如何互动的。所以,生物体的适应力无法在孤立状态下得到测量。相反,它必须在其赖以生存的整体环境中被评估。这种思路引出了博弈论的一种自然类比:由基因决定的生物特征和行为可类比作博弈中的策略,生物的适应力类比为它的收益,并且它的收益取决于它与之互动的生物的策略(特征)。仅此描述,还很难看清楚这种类比是肤浅还是深刻。但是,事实上表明这种关联是相当深刻的:诸如均衡这样的博弈论观念,可以很好地用于预测总体演化的结果。

7.1　互动中形成的适应性

为了使概念更加具体化,我们的第一个例子便是描述如何把博弈论应用于演化背景中。这个例子是为方便解释而设计的,并没有完全依据基本的生物学原理。但在例子之后,我们将讨论在该例子的核心产生的现象,该现象在大量自然情境中已经被实证观察到。

考虑一个甲虫种群。假设每只甲虫在给定环境中的生存状况在很大程度上取决于它是否可以发现食物以及更有效地从食物中汲取营养。还假设一个特定的突变基因在甲虫种群中出现,并造成携带该突变基因的甲虫体态明显增大。因此,在该甲虫种群中,便分成两种相异的群体——小甲虫和大甲虫。对于大甲虫,维持新陈代谢实际上是困难的,因为较大的体态要求它们吃较多的食物,摄入较多的营养。也就是说,该基因对甲虫的适应能力起到的是负面作用。

如果这是一个完整的故事,我们的结论就是:大体态变异基因使适应性减弱,久而久之,经过多次繁衍后,它极可能被淘汰。但事实上,如我们下面会看到的,这个故事还没有结束。

生物之间的相互作用

在该甲虫种群中,甲虫彼此之间争夺食物。当偶然发现一个食物源时,集聚的甲虫们都尽可能地抢占它们所能获得的食物。毫无疑问,大甲虫容易获得食物,不妨认为它们获得的食物量高于平均水平。

为了讨论简单,假设该种群的食物争夺总是表现为一对对甲虫之间的互动(该假设会使得观点的表述更加容易,但所建立的原理也适用于多个个体同时互动的情境)。当两只甲虫为食物争夺时,我们有以下的可能结果:

- 当争夺食物的两只甲虫大小相同时,它们会平分同样的食物。
- 当一只大甲虫和一只小甲虫争夺食物时,大甲虫会得到大多数的食物。
- 在所有情形,给定食物的数量,大甲虫在生存适应力上得到的益处要少,因为所得到的食物中有一部分要转化用来维持它们高耗的新陈代谢。

这样,每只甲虫从给定食物关系的互动中得到的生存适应力,可以认为是双人博弈中的数值收益,说明如下。第一只甲虫有两个策略:大和小,取决于它的体态。第二只甲虫也是同样的两个策略。根据这两种策略的使用情况,图 7.1 表示甲虫的收益。

	甲虫2	
	小的	大的
小的	5, 5	1, 8
大的	8, 1	3, 3

甲虫1

图 7.1　体态大小博弈

注意,其中的数值是如何满足前面描述的原则:当两只小的甲虫竞争食物时,它们会平分食物来同享适应力的增强。两只大甲虫的情况类似。但是,大甲虫无法从同等数量的食物中获得满足生存的必要营养。(在这个收益矩阵中,两只大甲虫争夺食物导致的适应力下降是特别明显的,因为它们在争夺食物时必须花费更多额外精力。)

这个收益矩阵是概括两只甲虫争夺食物情况的很好方式,但是和第 6 章的博弈相比,在所描述的问题上,这里有一些根本的差别。在这个博弈中,甲虫不会问自己:"在这个互动中,什么才是我需要的体态?"相反,在每只甲虫的生命中,它们都是由遗传基因硬性决定采取这两个策略之一。因此,作为博弈论思想核心的策略选择,在生物方面的类比中是缺失的。因此,对应基于相对利益而进行策略选择的纳什均衡思想,我们将需考虑在较长时间尺度上策略的变化。在进化的力量下,那些变化通过种群规模的变化体现。我们在下一节展开有关基本定义。

7.2 进化稳定策略

在第 6 章中,纳什均衡概念的核心在于推理博弈的结果。在双人博弈的纳什均衡中,两个参与人都没有改变他们策略的动机。均衡是参与人的一种策略选择,一旦选择后,便不会轻易改变。在进化情境中,与之类似的概念便是**进化稳定策略**(evolutionarily stable strategy)——一种由基因决定的策略,一旦在一个种群中盛行,则倾向于保持下去。

下面我们将进行系统的说明。在上述例子中,我们假定每只甲虫都重复地和其他甲虫进行食物争夺,这种行为会持续在它的一生中。接着,进一步假设甲虫种群数量足够大。所以,每两只甲虫间的食物争夺互动都是一次性的行为。每只甲虫的总体适应性等于它和许多甲虫在食物争夺互动中体验的平均适应性,这种平均适应性确定了甲虫的繁殖能力,即携带它的基因(因而也就是它的策略)的后代的数量。

在这种设定下,我们称一个给定的策略是进化稳定的,若当整个种群都采取这个策略时,任何采取不同策略的小规模入侵群体在经过多代遗传后会最终消亡。(我们可以想象这个入侵群体是移民加入到总体中来,或是种群中某些个体出现了基因突变,导致新的行为。)我们通过数值收益来体现这种想法,即当整个种群都使用策略 S,则小群入侵者使用的任意其他策略 T 都是劣势,在适应性上严格低于选择策略 S 的群体。因为适应性会转化为繁衍能力,进化原则指出,严格的低适应性是造成相应子群体(就像策略 T 的使用者)随时间而萎缩的条件,这样的子群体会以较高的概率经过多代后最终消亡。

形式化地,我们如下概括这些基本定义:

- 种群里一个生物体的适应性是指它和种群中一个随机相遇的生物体互动得到的预期收益。
- 策略 T 以 x 占比入侵策略 S,指的是在总体中有 x 占比的生物体采用策略 T,$1-x$ 占比采用策略 S,其中 x 是一个小于 1 的正数。
- 最后,假设存在一个正数 y,当任何其他策略 T 以任何 $x<y$ 程度入侵策略 S 时,采用策略 S 的个体的适应性严格高于采用策略 T 的个体,则称策略 S 是进化稳定的。

1. 第一个例子中的进化稳定策略

我们把这个定义应用到涉及甲虫竞争食物的例子中,观察将会发生什么。首先,检查策略"小体态"是否进化稳定,接着,用同样方法检测策略"大体态"。

依据定义,我们考虑一个小正数 x。种群中有 $1-x$ 比例的个体使用策略"小体态",有 x 的个体使用策略"大体态"(这就像一小群大甲虫到来的情境)。

- 一只小甲虫在该种群的一次随机互动中的期望收益是什么呢?以概率 $1-x$,与这只小甲虫竞争食物的是另外一只小甲虫,此时小甲虫的收益是 5。以概率 x,与小甲虫争夺食物的是一只大甲虫,小甲虫的收益是 1。所以,这只小甲虫的期望收益是:

$$5(1-x) + 1x = 5 - 4x$$

- 同样,一只大甲虫在该种群的一次随机互动中的期望收益又是什么呢?以概率

$1-x$，与大甲虫争夺食物的是小甲虫，它得到的收益是 8。然而，以概率 x，与大甲虫竞争食物的也是一只大甲虫，它的收益是 3。所以，它的期望收益是：

$$8(1-x)+3x=8-5x$$

不难验证，对于足够小的正数 x（在这个例子中甚至可以比较大）。在这甲虫种群中的大甲虫的期望适应性远超过小甲虫。因此，策略"小体态"不是进化稳定的。

现在我们来分析"大体态"策略是否进化稳定。为此，假设对于某个很小的正数 x，种群中的 $1-x$ 部分甲虫采用"大体态"策略，x 部分采用"小体态"策略。

- 大甲虫在该种群的一次随机互动的期望收益是什么呢？以概率 $1-x$，与大甲虫竞争食物的是另外一只大甲虫，它会得到的收益是 3。然而，以概率 x，与这只大甲虫争夺食物的是一只小甲虫，它会得到的收益是 8。所以，大甲虫的期望收益是：

$$3(1-x)+8x=3+5x$$

- 小甲虫在该种群的一次随机互动中的期望收益又会是什么呢？以概率 $1-x$，与小甲虫争夺食物的是一只大甲虫，此时小甲虫得到的收益是 1。同样，以概率 x，与它争夺食物的也是一只小甲虫，这时它的收益是 5。所以，小甲虫的期望收益是：

$$(1-x)+5x=1+4x$$

在这种情形，种群中大甲虫的期望适应性收益是超过小甲虫的，所以，"大体态"是一个进化稳定策略。

2. 关于体态博弈中进化稳定策略的解释

直觉上，这个分析过程可以总结为：若有一小股大甲虫被引进到全部由小甲虫构成的种群中，则大甲虫们会活得很好，因为大甲虫彼此争夺食物的概率非常小，几乎每次争夺食物，它们都会得到大部分。于是，小甲虫没有能力驱赶大甲虫。所以，"小体态"策略不是进化稳定的。

相反，在主要由大甲虫构成的种群中，一小股小甲虫是很糟糕的，它们几乎在每次争夺食物中都会失败。于是，大甲虫的种群能驱赶入侵的小甲虫。所以，"大体态"策略是进化稳定的。

因此，如果我们知道"大体态"基因突变是可能的，则可以预期自然状态中会存在大量的大甲虫种群，而不是小甲虫种群。以这种方式，进化稳定的概念已经预测到种群中的策略选择——正如在第 6 章中预测理性参与人的博弈结果。当然，方法是不同的。

然而，这个例子的结果有一个令人吃惊之处，那就是小甲虫的适应性指数是 5，优于大甲虫的适应性(3)。实际上，小甲虫与大甲虫的博弈例子具有明显的囚徒困境博弈结构。用食物争夺的场景来刻画这个博弈，使甲虫们看起来就像是卷入一场军备竞赛，如同第 6 章中两名竞争运动员需要决定是否服用兴奋剂的博弈例子。在那个例子中即使两名运动员知道如果都不服用兴奋剂彼此会得到更好的结果，但服用兴奋剂是占优策略，这就是因为那种对彼此都更好的结果是不能持久的。在现在的例子中，甲虫不理解任何事情，也不能改变它们身体的大小（即便它们想改变）。不过，通过多代间的进化力量，随着大甲虫从小甲虫的损失中获利，可以得到一个完全类似的效果。在本章的后面，我们会看到这种从两个不同的分析途径得到结论的相似性，实际上是一个更一般原则的一部分。

下面是从另一个不同的角度来总结例子中的突出特征：始于小甲虫种群，物竞天择的进化，久而久之便造成生物体适应能力的下降。初看起来这可能难以理解，因为我们都认为物竞天择的结果是适应能力的增加。但事实上,在物竞天择原则下,不难说清楚所发生的情况。在不变的环境中,物竞天择会提高生物体的适应能力,但如果环境因素发生变化,变得不利于生存,就可能造成生物体的适应能力下降。这就是对于甲虫种群所发生的一切。每只甲虫的环境都包括种群中的其他甲虫,因为其他甲虫的状况决定了这只甲虫在食物争夺中的成功与否。所以,大甲虫种群的日益增长,在某种意义上,就可以看成是环境发生了变化,它对每只小甲虫都是敌对的。

3. 进化性军备竞赛的实验证据

在自然界中存在具有囚徒困境结构的进化博弈现象,生物学家已经提供了最新的证据,正如我们刚刚看到的。但是,在任何真实情境中,准确确定收益都十分困难,所以有关研究都在继续进行和辩论中。我们的目的是要解释博弈的推理怎么能够有助于对各种生物互动提供定性的认识。为此,从现有研究成果中选择一些精简的例子很重要。

树木的高度也被认为是遵循囚徒困境收益原则[156,226]。若两棵相邻的树都长得矮,则它们均等地分享阳光。如果这两棵树都长得很高,它们也会均等分享阳光,但在这种情况下,由于高度的增长中会消耗一定的资源,两棵树的收益都会较低。问题在于,当这两棵树是一高一低时,较高的树会获得绝大多数的阳光。结果是,可以像甲虫间的“体态大小”博弈一样,很容易得到最终收益分配情况。树的进化策略中的“高大”及“矮小”是相对类似于甲虫的“大体态”及“小体态”策略的。毫无疑问,真实的情境比这要复杂。因为,树的基因会导致树的各种不同高度,所以,也就会有各种不同的策略(而不是仅仅归纳为矮小和高大)。在这种连续变化中,囚徒困境的收益情况有明显的局限性。它只能应用于有关树高度的某个范围。当树的高度超过这一范围时,进一步的高度增加则不再对应原收益结构,因为额外的阳光收益更多地被支撑巨大的高度所引起的适应性下滑所抵消。

类似的竞争还发生在植物的根系部分[181]。如果你在一个装满土壤的大罐中种植两棵大豆,这两棵大豆种植在大罐的相对两侧,则大豆的根系统在肥沃的土壤中将会飞快生长。当各自的根系试图索取更多的养分时,最终这两个根系会发生纠缠。这样做,使得它们能够均分土壤中的养分资源。现在,假设你人为地在大罐中间插入隔绝体,使得两边土壤的数量相等,结果是这两棵大豆的根系严格分布在隔绝体的两侧。它们各自仍从土壤中获得一半的养分资源,但在根系生长过程中它们各自投入的能量减少了,结果便是各自通过种子的生产获得了更大的繁殖成功。

这个观察对以下这个有关根系的简单进化博弈有所影响。假设大罐中间不设一个隔绝体,供大豆选择的根系发展的可行策略有两种。一是保守,代表植物的根部增长仅在自己的土壤份额内进行。二是开拓,代表植物根部生长到它们所能达到的任何位置。这样,我们再次看到“体态大小”博弈的类似情境与收益,以及相同的结论:植物最好都选择保守策略,这样会得到较好的收益,但只有开拓策略是进化稳定的。

第三个例子描述的是一件最近令人兴奋的事。人们发现病毒种群也表现出一种进化博弈的现象[326,392,393]。特纳和曹研究一个称为噬菌体 Φ6 的病毒。这种病毒感染细胞,通过自我复制进行繁殖。这类病毒的一种基因变异体称为噬菌体 ΦH2。噬菌体 ΦH2 具有这样的特性:它自身繁殖能力不强,但能够利用 Φ6 的化学产物得到大大提高。于是当病毒噬菌体 Φ6 存在时,噬菌体 ΦH2 在适应性方面便有一个明显优势。结果便是产生了囚徒困境博弈的结构:病毒有两个进化性策略 Φ6 和 ΦH2;在一个纯 Φ6 种群中,所有的病毒行为收益会优于纯 ΦH2 族群的病毒；但是，无论其他病毒如何行为，当你（作为一个病毒）选择 ΦH2 策略时，则你的收益会更好。这样，只有 ΦH2 是进化稳定的。

所研究的病毒系统的简单程度，使特纳和查奥能够用实际的收益矩阵来推理。其中，收益基于测量两病毒在不同条件下复制行为的相对速率。在那些测量上施行一种估计后，得到如图 7.2 所示的收益（其中的数值按比例进行了规格化，使得左上角方格中的收益是(1.00,1.00)）①。

		病毒2	
		Φ6	ΦH2
病毒1	Φ6	1.00, 1.00	0.65, 1.99
	ΦH2	1.99, 0.65	0.83, 0.83

图 7.2　病毒博弈

记得先前的例子中有一个案例非常类似于服用兴奋剂的博弈，这种噬菌体间的博弈，引发我们回想起先前另一个具有囚徒困境博弈收益结构的例子，即我们在第 6 章开篇提到的"考试—报告"博弈。在那个例子中，若两个大学生都将时间用在共同准备报告上，则都会得到更好的收益。但整个收益的局面使他们每个人都产生自利想法，并都代之以复习考试的行为。此处的病毒博弈说明，逃避一个共同的义务不只是理性决策者的行为，进化的力量也会促使病毒采取这个策略。

7.3　进化稳定策略的一般描述

理性参与人进行的博弈和进化博弈的紧密关系，使人们觉得理解这种关系的一般性是有意义的。迄今为止的讨论中关注双人双策略博弈，而且，仍将限定关注对称博弈，正如本章前几节所述，此处两个参与人的角色是可交替的。

		生物体2	
		S	T
生物体1	S	a, a	b, c
	T	c, b	d, d

图 7.3　对称博弈的通用收益矩阵

一个反映双人双策略的对称博弈的通用收益矩阵如图 7.3 所示。

我们来看如何用 a、b、c、d 写出 S 是进化稳定的条件。如前，首先假设存在某个很小的正数 x，$1-x$ 占比使用策略 S，x 占比使用策略 T。

- 在该种群总体中，采取策略 S 的生物体在随机互动中，期望收益是什么呢？以概率 $1-x$，该生物体将会与另一个采取策略 S 的生物体互动，得到的收益是 a。同时，以概率 x，它会与一个采取策略 T 的生物体互动，收益是 b。所以，它的期望收益是：
$$a(1-x) + bx$$

- 在该种群总体中，采取策略 T 的生物体在随机互动中的期望收益是什么呢？以概率 $1-x$，生物体将会与一个采取策略 S 的生物体互动，得到的收益是 c。同时，以概率 x，它会与另一个采取策略 T 的生物体互动，收益是 d。所以，它的期望收益是：
$$c(1-x) + dx$$

于是，若对所有充分小的数值 $x>0$，下式成立，则 S 是一个进化稳定策略。
$$a(1-x) + bx > c(1-x) + dx$$

当 x 趋于 0，左边的式子就趋于 a，右边的式子也趋于 c。所以，若 $a>c$，则当 x 足够小时，左

---

①　应该注意到，即使在这样一种简单系统中，也有许多生物因素在起作用。因此，这个收益矩阵仍然只是 Φ6 和 ΦH2 种群在真实和自然条件下表现的近似。另一些看来影响种群的因素包括种群密度和该病毒其他变异形式的出现。

式大于右式。然而，若 $a<c$，则当 x 足够小时，左式小于右式。最后，假设 $a=c$。当 $b>d$ 时，左式就会大于右式。这样，我们就有了一种简单的方式来表达 S 是一个进化稳定策略的条件：

在双人双策略的对称博弈中，若 $(1)a>c$ 或 $(2)a=c$ 且 $b>d$，则 S 是进化稳定的。

易知，这一系列计算背后的直觉，如下所述：
- 首先，为了使 S 成为一个进化稳定策略，用策略 S 应对策略 S 的回报，一定不能小于用策略 T 来应对策略 S 会取得的回报。否则，相比种群总体中的其他生物体而言，用策略 T 的入侵者就会有一个更高的适应性。久而久之，种群总体中的入侵者的机会将变得越来越多。
- 其次，若策略 S 和 T 在应对策略 S 时的收益相等。为了使 S 成为一个进化稳定策略，采取策略 S 应对策略 T 的收益要优于采取策略 T 应对策略 T 的收益。否则，在应对策略 S 的时候，采取策略 T 的参与者就会与采取策略 S 的参与者一样好。而且，在应对策略 T 的时候，采用策略 T 的至少会和采取策略 S 的一样好。所以，它们的整体适应性就会大于或等于采取策略 S 的参与者。

7.4 进化稳定和纳什均衡间的关系

利用我们刻画进化稳定策略的一般方法，可以理解它们是怎样与纳什均衡产生联系的。如果返回上一节中的一般性对称博弈，我们可以写下策略集 (S,S)（即表示两个参与人都选择 S 策略）是一个纳什均衡的条件：当 S 是对于其他参与人选择策略 S 的最佳应对时，(S,S) 是一个纳什均衡。这种关系也可以转化为下面这个简单条件：
$$a \geqslant c$$
如果我们把这个条件与使 S 策略是进化稳定策略成立的条件相比较，即：
$$(1)\, a>c \quad \text{或者} \quad (2)\, a=c \text{ 且 } b>d$$
则我们立即就会得到以下结论：

若策略 S 是进化稳定的，则 (S,S) 是一个纳什均衡。

我们也可以看到，反过来的结论并不成立：可能在某个博弈中，(S,S) 是一个纳什均衡，但是策略 S 并不是进化稳定的。上面这两种条件的不同之处，可以启示我们怎样去构建这样的博弈，即我们应该有 $a=c$ 且 $b<d$。

为了得到这种博弈可能从何而来的认识，我们回顾第 6 章的猎鹿博弈。那里，每个参与者（即猎人）都可能猎鹿或者猎兔。成功的猎兔只需要参与人自行努力。但是，捕猎更有价值的鹿则需要两个参与者（猎人）的合作，由此产生的收益情况如图 7.4 所示。

在这个博弈中，如收益矩阵所示，猎鹿和猎兔都是进化稳定的，可以从参数 a、b、c、d 的关系中加以验证。（为了检查猎兔的条件，只需要交换收益矩阵中行和列的顺序即可，把猎兔放在第一行和第一列。）

然而，假设修改猎鹿博弈，调整收益如图 7.5 所示。在这个新版本中，参与者（猎人）不合作，将导致一个猎人猎鹿，同时另外一个猎兔的情况发生。由于在猎兔时没有了竞争对手，猎兔方将会得到额外的利益。这种情况下，得到如图 7.5 所示的收益矩阵。

		猎人2	
		猎鹿	猎兔
猎人1	猎鹿	4, 4	0, 3
	猎兔	3, 0	3, 3

图 7.4 猎鹿博弈

		猎人2	
		猎鹿	猎兔
猎人1	猎鹿	4, 4	0, 4
	猎兔	4, 0	3, 3

图 7.5 猎鹿博弈新版本：独自猎兔的额外收益

在上述情况下,策略选择(猎鹿,猎鹿)仍是一个纳什均衡:假设每个参与人都预测对方会猎鹿,则猎鹿是一个最佳应对。但是,对于这个新博弈,猎鹿不是一个进化稳定策略。因为(用在一般性对称博弈中的记号)我们有 $a=c$ 且 $b<d$ 的条件。通俗地说,问题在于当对方选择猎鹿时,自己无论选择什么,都会得到一样的收益,但若对方选择猎兔,则自己选择猎兔的收益会比猎鹿高。

这里,还有一个有关进化稳定策略和严格纳什均衡概念的关系。在一个策略选择中,若每个参与人使用的都是唯一的最佳应对策略,则称这个最佳应对策略组是一个严格纳什均衡。这可以在双人双策略的对称博弈中得到检验。策略组 (S,S) 是一个严格纳什均衡的条件是 $a>c$,所以可以看到,实际上有关均衡的这些不同概念,是自然的彼此交互提炼精化。进化稳定策略概念可以看成是纳什均衡概念的精化提炼:进化稳定策略集 S 是满足纳什均衡 (S,S) 策略集的一个子集。类似地,严格纳什均衡概念(当参与人使用相同策略时)可以看作是进化稳定性的一个精化提炼:如果 (S,S) 是一个严格纳什均衡,则 S 是进化稳定的。

这种关系是值得深思的,尽管进化稳定性与纳什均衡的结论密切相关,但它们都是基于非常不同的背景例子而逐渐发展起来的。在纳什均衡中,我们认为参与人彼此应对对方的策略都是互动中的最佳应对策略。这种均衡概念对参与人选择策略的能力和与他人策略的应对提出了很高的要求。另一方面,进化稳定概念则假设参与人之间无智力及合作的影响。相反,策略被看成是对参与人的硬性要求,这也许是因为他们的行为选择就潜藏在他们自身的基因中。根据这个概念,哪个策略是更成功的就表现为后代的繁衍上。

虽然,这种进化性的博弈分析方法起源于生物学,但它也可以应用在许多其他情境中。比如,假设一大群人被配对安排来重复进行一般性对称博弈,收益情况如图 7.3 所示。现在,收益应该被解释为反应参与人的福利情况,而不是参与人的后代数量。假设任一参与人都可以看到其他参与人先前的行为,以及观察到他们的收益,则在策略选择上模仿成功者的行为可能导致一种进化性的动态发展。同样,假设一个参与人通过回顾自己先前的成功与失败经验,则他从经验中学习到的知识也可能会导致进化性的动态发展。在这两种情况下,在过去取得相当成绩的策略将会倾向于更多的被人们在将来的策略选择上使用。这种经验学习过程会导致进化稳定策略概念下的同样行为,从而促进那样的策略的使用。

7.5 进化稳定混合策略

当进化性理论在博弈中进一步发展,我们需要思考怎样处理如下情形,其中没有进化稳定策略。

实际上,不难看出,即使在存在着纯策略的纳什均衡①双人博弈中,这也是有可能发生的。最贴近的例子是第 6 章中的鹰鸽博弈。在此,我们将会通过该例子来介绍本节的基本观点。先回顾有关鹰鸽博弈的设定:有两只动物争夺同一食物,争斗是鹰派(H)的策略,分享是鸽派(D)的策略。若一方采取鹰派的争斗行为,而另一方采取鸽派的分享策略,则采取争斗行为的鹰派动物将会获得大多数食物,进而获得较大收益。但如果双方都采取鹰派策略,则彼此都存在冒险。因为在争斗时可能会破坏食物,而且在争斗中,彼此会受伤害。这些就形成了如图 7.6 所示的收益矩阵。

		动物2	
		D	H
动物1	D	3, 3	1, 5
	H	5, 1	0, 0

图 7.6　鹰鸽博弈

在第 6 章,我们考虑这个博弈的角度是看双方在博弈中如何选择行为。现在,对同一个问题我们换一个思路,认为每只动物的策略选择都依据其遗传基因而定。当我们考虑进化稳定性时,从这种视角来看会是一个什么情况呢?

无论 D 或 H 都不是策略自身的最佳应对策略。所以,依据上两节的一般性原则,它们都不是进化稳定的。直觉上,一只雄鹰在与鸽子构成的总体中总是处于优势地位。但是,在全部都是由雄鹰组成的总体中,一只鸽子反而实际上会处于有利地位。当然,它必须远离雄鹰间相互搏斗的战场。

作为参与人实际上都会选择策略的双人博弈,鹰鸽博弈中有两个理论上的纳什均衡:(D, H)和(H, D)。但是,这并不能直接帮助我们认识一个进化稳定策略。因为,迄今为止,我们定义中的进化稳态都是在一个被限定的总体中,(几乎)所有的成员都会采取相同的纯策略。为了推理在进化力量影响下的鹰鸽博弈中会发生的情况,需要推广进化稳定的思想,让它包含某种策略"混合"的概念。

1. 在进化博弈论中定义混合策略

至少存在两种自然方式来介绍把混合策略渗入进化性框架内的观点。首先,可以考虑每个个体硬性执行一种纯策略,但总体中的一部分采取一种策略,剩余部分采取另一策略。如果同一部分中的个体有相同的适应性,并且入侵者最终会消亡,则这就可以被认为是存在一种进化稳定性。其次,也可以是每个个体采用一个硬性的混合策略——也就是说,它们的基因配置选择具有随机性,在一定范围的选项中以某种概率进行选择。如果使用任何其他混合策略的入侵者最终都会消亡,则这就也能被认为是一种进化稳定性。我们将会看到,上面这两种概念实际上是等价的。首先,我们会关注第二种观点,其中,个体均采取混合策略。从本质上看,我们会发现类似鹰鸽博弈的情境,作为个体或是总体,一定要有明显的两种行为的混合,方有机会来稳定地抵御其他形式的入侵行为。

事实上,进化稳定性混合策略的定义完全类似于我们到目前为止所看到的进化稳定性的定义。我们现在扩大可能的策略集合,使每个策略都对应于在纯策略上的一个特定的随机性选择。

为了使这种分析具体化,考虑图 7.3 所示的一般性对称博弈。一个混合策略在此处代表一个概率 p,介于区间(0, 1)。这就表明,生物体以概率 p 选择策略 S 时,以概率 $1 - p$ 选

---

① 回顾参与人使用一个理论策略时的情形。假设他/她在博弈中,总是采取一个特定的策略作为一个混合策略的抗衡。在混合策略中,他/她总是随机性地在多个可能的策略中进行选择。

择策略 T。正像在第 6 章讨论的混合策略,这里也包括了选择纯策略 S 或 T 的概率分别对应于 $p=1$ 或 $p=0$。当生物体 1 使用混合策略 p 而生物体 2 使用混合策略 q 时,生物体 1 的期望收益计算如下。对应一组策略 (X,X) 的概率是 pq,第一个参与者的收益是 a;对应策略 (X,Y) 的概率是 $p(1-q)$,第一个参与者的收益是 b;对应策略 (Y,X) 的概率是 $(1-p)q$,第一个参与者的收益是 c;对应策略 (Y,Y) 的概率是 $(1-p)(1-q)$,第一个参与者的收益是 d。所以,第一个参与者的期望收益是:

$$V(p,q) = pqa + p(1-q)b + (1-p)qc + (1-p)(1-q)d$$

和以前一样,生物体的适应性即它的期望收益。这个期望又是在与总体的其他成员间的随机互动过程中产生的。现在,我们可以准确定义进化性稳定混合策略了。

在一般性对称博弈中,称 p 是一个进化稳定混合策略,若存在(小)正数 y,且当任意混合策略 q 以 $x<y$ 程度入侵策略 p 时,采用策略 p 的生物体的适应性严格高于选择策略 q 的生物体。

这个定义就像我们先前定义的进化稳定(纯)策略,除了允许进化性策略可以混合,以及入侵者也采取混合策略条件外,当 $p=1$ 或 $p=0$ 时,进化稳定混合策略就是进化稳定策略,这和最初的纯策略定义是一致的。但是,注意这里有一个微妙的地方,那就是即使 S 按照我们先前的定义是一个进化稳定策略,但在新的定义下,就算满足条件 $p=1$,也不一定是进化稳定混合策略。问题在于,可以构造出博弈,其中不可能有纯策略成功入侵执行策略 S 的群体,但混合策略有可能成功。这就告诉我们,在任何有关进化稳定性的讨论中,明确入侵者可以采用何种类型的行为是十分重要的。

直接根据定义,我们可以给出 p 是一个进化稳定混合策略的条件。对于某个 y 值以及任意的 $x<y$,下面这个不等式必须对任意的混合策略 $q \neq p$ 成立:

$$(1-x)V(p,p) + xV(p,q) > (1-x)V(q,p) + xV(q,q) \tag{7.1}$$

这个不等式也使我们看到混合纳什均衡和进化稳定混合策略之间的关系,这个关系类似于我们前面看到的纯策略关系。特别地,若 p 是一个进化稳定混合策略,则一定有 $V(p,p) \geqslant V(q,p)$。所以,p 是自身的最佳应对策略。自然地,策略组 (p,p) 是一个混合纳什均衡。然而,由于不等式(7.1)的严格不等性,当 p 不是进化稳定时,策略组 (p,p) 也可能是一个纳什均衡。所以,混合进化稳定性可以看成是混合纳什均衡概念的精化提炼。

2.“鹰—鸽”博弈中的进化稳定混合策略

现在,思考怎样把这种观点应用于“鹰—鸽”博弈。首先,在该博弈中,任一进化稳定混合策略一定对应一个混合纳什均衡。这便启发我们在研究进化稳定混合策略的可能性时,可以选择如下方式。首先寻找出“鹰—鸽”博弈中的混合纳什均衡,接着检查这些混合纳什均衡对应的策略是否是进化稳定的。

如第 6 章所见,为使 (p,p) 成为一个混合纳什均衡,一定要使两个参与人在两个纯策略的上的收益是无差异的。当另外一个参与人选择策略 p(执行“鸽”策略的概率),则本参与人选择策略 D 的期望收益是 $3p+(1-p)=1+2p$,而选择策略 H 的期望收益是 $5p$。让这两个量相等(体现对两个策略之间的无所谓),我们会得到 $p=1/3$,所以 $(1/3,1/3)$ 是一个混合纳什均衡。在该案例中,两个纯策略以及它们的任意混合,在应对策略 $p=1/3$ 时,就会产生一个期望收益 $5/3$。

此时,为了判断 $p=1/3$ 是否是进化稳定的,必须先检查当某个其他混合策略 q 以占比

x 入侵时,不等式(7.1)是否成立。下面一个观察可相对简化对该不等式的评估。因为 (p,p) 是用到了两个纯策略的混合均衡,前面说明了所有混合策略 q 在应对 p 时都有相同的收益。结果是,对于所有的 q,都有 $V(p,p)=V(q,p)$。将这两项分别从不等式(7.1)左右两边减去,就得到下面这个需要检验的不等式。

$$V(p,q) > V(q,q) \tag{7.2}$$

关键之处在于:由于策略组 (p,p) 是一个混合均衡,策略 p 不能是它本身的一个严格最佳应对——所有用来应对 p 的其他混合策略也会同样好。所以,若策略 p 是进化稳定的,则它必须在应对每一个混合策略 q 时都比 q 自身严格表现得更好(即获得更高收益),那就是使它在 q 入侵时有更强适应性的原因。

事实上,对于一切混合策略 $q \neq p$,$V(p,q) > V(q,q)$ 都是成立的,检验过程如下。利用 $p = 1/3$ 的条件,得到:

$$V(p,q) = 1/3 \times q \times 3 + 1/3(1-q) \times 1 + 2/3 \times q \times 5 = 4q + 1/3$$

同时,

$$V(q,q) = q^2 \times 3 + q \times (1-q) \times 1 + (1-q) \times q \times 5 = 6q - 3q^2$$

现在,经过初步整理,可以得到:

$$V(p,q) - V(q,q) = 3q^2 - 2q + 1/3 = 1/3(9q^2 - 6q + 1) = 1/3(3q-1)^2$$

最后这种写法表明 $V(p,q) - V(q,q)$ 是一个完全平方,所以,只要 $q \neq 1/3$,差值都是个正数,这也就是我们想要证明的,即只要 $q \neq p$,都有 $V(p,q) > V(q,q)$。而这正意味着 p 事实上是个进化稳定混合策略。

3. 进化稳定混合策略的解释

在鹰鸽博弈中,我们看到的混合均衡是一种典型的生物环境中的混合均衡类型,其中,当总是采用一种行为无法持续进化时,生物体一定会打破两种不同行为之间的对称。

我们可以通过下面这两种可能方式来解释这一结论。首先,总体中所有的参与方,实际上都可能会以一定的概率混合了两种以上的纯策略。在这种情形,总体中所有成员间的基因遗传是相同的,但只要两个个体开始博弈,D 和 H 之间的任意组合都可能被采取。我们知道任何一对策略被选择的实验性频率,但并不知任意两只动物都会实际采取这种行为。第二种解释是混合发生在总体层面的:可能是总体中 $1/3$ 的动物依据遗传基因选择了策略 D,而 $2/3$ 的动物选择了策略 H。在这种情形,实际上不存在个体策略的混合性。但是,只要是没有提前告知哪种动物会选择策略 D 及哪种动物会选择策略 H,两只随机选出的动物的互动所表现的结果,就会与我们看到两只动物实际上采用混合策略一样。还应注意到,这种情形两种动物的适应性是等同的,因为策略 D 和 H 都是混合策略 $p = 1/3$ 的最佳应对。这样,这两种有关进化稳定混合策略的不同解释会产生相同的推理过程,以及相同的总体行为观察结果。

这种纯策略混合问题在其他一些生物背景下也有讨论。其中一个常见的情形是,在生物种群中有一个大家都不愿承担、有损适应性的角色,但是如果某些生物体不充当这个角色,则所有个体都会遭受相当的损失,比如,回顾图 7.2 中的病毒博弈。假设(为了方便解释这个例子,这个假设纯属虚构)两个病毒细菌都使用策

		病毒2	
		Φ6	ΦH2
病毒1	Φ6	1.00, 1.00	0.65, 1.99
	ΦH2	1.99, 0.65	0.50, 0.50

图 7.7 病毒博弈:假设对于 ΦH2,会有较强的适应性惩罚

略 ΦH2 时的收益是(0.50,0.50),各种收益组合如图 7.7 所示。

在这个例子中,我们得到的不是典型的因徒困境博弈中的收益结构,而是鹰鸽博弈的收益结构:两个病毒同时采取策略 ΦH2 的收益太低了,以至于其中之一需要采取策略 Φ6。将这个博弈看成是理性参与者的行为,而不是生物学上的互动,就可以看到这个双人博弈的两个纯策略均衡是(Φ6,ΦH2)和(ΦH2,Φ6)。在这个病毒总体中,我们希望可以找到一个进化稳定混合策略,其中可以观察到这两种病毒的行为。

这个例子,像先前在 6.6 节中讨论的鹰鸽博弈一样,展示了因徒困境博弈和鹰鸽博弈之间存在的精细的界限。在这两个例子中,任一参与人对于其他参与人的选择可以表现为"很有帮助"或"很自私"。但是,在因徒困境中,自私受到的收益处罚却是极小的,博弈双方的自私行为会导致出现唯一的均衡。然而在鹰鸽博弈中,自私的危害性极大。所以,至少需要有一个参与人去尝试避免采取自私策略。

对于这两种博弈的界限,已经有一些专门研究,关心在其他的生物学背景下,这种界限是怎样体现出来的。一个例子是雌性狮子为保卫自己的领地所隐含的博弈[218,327]。当两只雌性狮子在它们领地的边界上遇到一只进攻性动物时,每只狮子可以选择对抗策略或者滞待策略。对抗策略意味着它要迎敌,滞待策略则意味着落在后面,希望另外一只狮子来与进攻者对抗。如果另一只雌狮选择对抗策略,则选择滞待策略的狮子将会得到较高的收益,因为,这样它受伤的可能性会比较小。在实证研究中难以确定的是,如果同伴选择滞待,选择对抗意味着冒受到伤害的风险;但如果与同伴一样选择滞待,则意味着受进攻者成功抢占领地的威胁。理解哪一种策略是最佳应对,对于理解这个博弈是否更像因徒困境博弈或是鹰鸽博弈很有意义,也有助于理解从观察到的狮群行为中推理其进化的结果。

如同来自进化博弈论的许多例子,要得到这个例子的详细解答已超出了当前实证研究的能力。不过,即使在这些不知道准确收益的情形,这种进化的分析框架还是可以提供一种启发性的理解视角。这种视角用于观察同一总体下,不同形式的行为互动,并理解这种互动是怎样重塑总体种群的构成。

7.6 练习

1. 图 7.8 的收益矩阵中,每行对应着参与人 A 的策略,每列对应着参与人 B 的策略。每个空格中的第一个数是参与人 A 的收益,第二个数是参与人 B 的收益。
   (a) 找出所有纯策略的纳什均衡。
   (b) 找出所有进化稳定策略,并简要加以解释。
   (c) 简要解释(a)和(b)答案之间的相关性。

		参与人B	
		X	Y
参与人A	X	2,2	0,0
	Y	0,0	1,1

图 7.8 练习 1 中的二人博弈

2. 图 7.9 的收益矩阵中,每行对应着参与人 A 的策略,每列对应着参与人 B 的策略。每个空格中的第一个数是参与人 A 的收益,第二个数是参与人 B 的收益。
   (a) 找出所有纯策略的纳什均衡。
   (b) 找出所有进化稳定策略,并简要加以解释。
   (c) 简要解释(a)和(b)答案之间的关系。

3. 在这个问题中,我们考虑在具有一个占优策略的博弈中,纳什均衡和进化稳定策略之间的关系。首先定义严格占优的含义。在一个双人博弈中,假如 X 策略是参与人 i 的一个严格占优策略,则无论参与人 j

使用什么策略,参与人 i 使用策略 X 的收益都大于其使用任意其他策略的收益。考虑图 7.10 的博弈,其中,a、b、c 及 d 都是非负值。

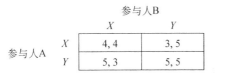

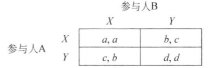

图 7.9　练习 2 中的二人博弈　　　　　　图 7.10　练习 3 中的二人博弈

假设参与人的策略 X 都是一个严格占优策略,简而言之,$a>c$,$b>d$。

(a) 找出该博弈中的所有纯策略的纳什均衡。

(b) 找出该博弈中的所有进化稳定策略。

(c) 若收益条件改为:$a>c$ 和 $b=d$,则(a)及(b)部分的答案将会怎样改变?

4. 考虑图 7.11 的双人对称博弈,其中 x 可能是 0、1 或 2。

(a) 对于 x 的每一种可能值,找出所有(纯策略)纳什均衡及所有进化稳定策略。

(b) 你对(a)的答案应该说明了,当纳什均衡用到了一个弱非优策略时,进化稳定性与纳什均衡的预测会出现差别。这里,我们称策略 S_i^* 为弱非优策略,若参与人 i 另有一个策略 S_i',具有如下性质:

ⅰ. 无论另一参与人的策略如何,参与人 i 采用策略 S_i' 的收益至少和采用 S_i^* 的收益一样大。

ⅱ. 另一参与人至少存在一个策略,使参与人 i 从策略 S_i' 中获得的收益严格大于从策略 S_i^* 获得的收益。

现在,考虑如下断言,它在进化稳定策略和弱非优策略之间建立起了一种联系。

断言:若在图 7.12 的博弈中 (X,X) 是一纳什均衡,且 X 是一个弱非优策略,则 X 不是进化稳定策略。

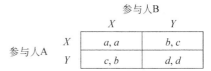

图 7.11　练习 4(a)中的二人博弈　　　　图 7.12　练习 4(b)中的二人博弈

解释该断言的正确性。(可以不必写出一份形式化的证明,详细的解释即可。)

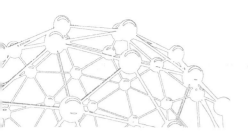

第 8 章　网络流量的博弈论模型

从第 6 章讨论博弈论时所列的例子中可以发现，不论是在一个交通运输网络中行驶还是通过互联网传送数据包，都会涉及博弈论推理：人们需要根据自己和他人的选择造成的拥塞情况来评估路线，而不是随便挑选一条路线。在本章中，我们将利用博弈论的思想构建网络流量模型。这个过程中，我们会发现一个非常意外的结果——布雷斯悖论的观点表明，增加网络容量有时反而会减慢网络流通的速度。

8.1　均衡的流量

我们首先构建一个运输网络的模型，观察它如何应对网络拥塞。在此基础上，进一步引入博弈论的思想来讨论有关问题。

用有向图表示一个运输网络：边表示高速公路，节点表示进入或离开高速路的出入口。假设有两个特别的节点 A 和 B，每个人都要从 A 开车到 B。可以想象，A 是城郊附近的一个出入口，B 是市中心的一个出入口，我们要分析上下班高峰期的车辆行驶情况。最后，根据当前的车流量，每条边都有一个特定的行程时间。

为使这个问题更为具体化，参见图 8.1。每条边都标记出当有 x 辆车行驶时的行程时间（以分计算）。简单举个例子，A-D 和 C-B 边并不受交通状况影响：无论有多少辆车行驶在其中，都需要 45 分钟穿越。相比之下，A-C 和 D-B 边受拥堵的影响较大：当有 x 辆车行驶在同一条路线时，穿越该路线所需要的时间为 $x/100$ 分钟。[①]

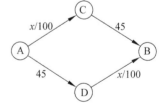

图 8.1　一个运输网络

现在，假设有 4000 辆车希望在早晨上班时能从节点 A 行驶到 B。每一辆车有两种可能的路线：通过 C 的路线或者通过 D 的路线。假设每辆车都选择上面的路线（通过 C），那么每辆所需用的总时间为 85 分钟，即 $4000/100+45=85$。如果每辆车都选择下面的路线，结果也是一样。然而，如果所有的车被均分到两条路线，每条路线承载 2000 辆车，那么两条路线每辆车所需的时间为 $2000/10+45=65$。

---

① 为使推理更加清晰，此处的行驶时间被简化：实际情况中，每条路都会有一个最少行驶时间，同时又受到那条路车辆数 x 的影响。尽管如此，此处的分析可直接适用于更错综复杂的交通行程时间分析。

均衡状态的流量

我们期待会发生什么呢？以上所描述的流量模型其实就是一场博弈，参与者相当于司机，每个参与者可能的策略是由 A 到 B 的可能路线。这个例子中，每个参与者只有两个策略；而在更大的网络中，每个参与者可选择的策略有很多，每个参与者得到的回报就是他/她行程时间的负数（之所以使用负数是因为较多的行程时间意味着比较糟糕）。

这很自然地与前面构建的框架相吻合。有一点需要注意：前两章我们专注于只有两个参与者的博弈，而这个交通流量模型中涉及很多人（以上例子中大概有 4000 人）。但这并不影响我们应用前面的理论观点。一个博弈中可以有任何数量的参与者，其中每个人又可有任何数量的策略，每个参与者得到的回报取决于所有参与者所选择的策略。一个纳什均衡是一组策略组合，每个参与者在其中有一个策略，并且每个策略都是相对于他人策略的最好选择。占优策略、混合策略以及纳什均衡，这些定义都与仅有两个参与者的博弈类似。

在这个流量博弈中，通常是没有占优策略。举例来讲，在图 8.1 中，每条路线都有可能成为参与者最好的选择，前提是其他参与者会选择另一条路线。这个博弈存在纳什均衡，正如我们将要讨论的，任何一组策略——如果司机能均等地选择两条路线（每条路 2000 辆车），都能够形成纳什均衡，并且这是形成纳什均衡的唯一条件。

为什么车辆在两条路线上等分会产生一个纳什均衡，并且为什么所有的纳什均衡都有这种等分的特性？要回答第一个问题，我们观察到当两条路线等分车辆时，没有司机会有动机想要换到另外一条路线。而第二个问题，考虑一组策略，其中 x 辆车使用上面的路线，剩余的 $4000-x$ 辆车使用下面的路线。如果 x 不等于 2000，两条路线就会有不同的行驶时间，那么在较慢路线上行驶的司机都会有动机想要换到更快的路线上去。因此，任何 $x \neq 2000$ 的策略组合都不能形成纳什均衡，而任何 $x = 2000$ 的策略组合都形成一个纳什均衡。

8.2 布雷斯悖论

在图 8.1 中，一切都运作得很好：每个司机自我利益占优的行为造成他们在均衡状态下能在可选的路线中完美地平衡。但是，仅仅对网络做一个小改变，就会形成一个有悖常理的状态。

我们做如下改变：假设市政府计划从 C 到 D 新建一条高速公路，如图 8.2 所示。为了使事情简单化，设它的行程时间为 0，不管有多少辆车在此路线上都一样，尽管由此产生的效果有别于实际情况（但影响应该很少）。按常理推断 C 到 D 的路建成后，A 到 B 的运行时间会减少很多。

实际结果令人吃惊：在这个新的运输网络中存在一个唯一的纳什均衡，但是它导致大家花费更多的行驶时间。均衡状态下，每个司机都使用从 C 到 D 的路线，结果每个司机需要的行驶时间为 $80(4000/100 + 0 + 4000/100 = 80)$。进一步分析为什么这是一个均衡，注意到此时没有司机能从改变路线中受益：有了从 C 到 D 的路线后，其他任何一条路线都需花费 85 分钟。那么为什么说这是唯一的均衡？可以看到，从 C 到 D 路线的建立事实上使此路线成为所有司机的占优策略：不管当前的流量

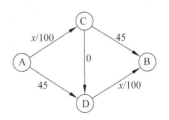

图 8.2 在图 8.1 中增加一条从 C 到 D 公路的运输网络

模式是什么,换到从 C 到 D 的路线都会受益。

换句话说,一旦由 C 到 D 的高速路建成,该路线就像一个漩涡,将所有司机都吸引至此,这对所有人都有害。在新的网络中,如果所有司机的行为都是自我利益占优,就没有办法使网络恢复到一个对大家都更好的等分状态。

这种现象,即一个运输网络增加新的资源有时反而使均衡状态中的性能受损,最早布雷斯在 1968 年提出[76],随后被称为布雷斯悖论。就像很多有悖常理的现象,它们的出现是基于实际生活中各种条件的某种特别组合。在实际的运输网络中也曾经被观察到,韩国首尔市曾拆毁一条有 6 条行车道的高速路而改建成一个公园,实际上反而减少了出入该城市的交通时间(尽管交通量跟改建之前大致相似[37])。

对布雷斯悖论的一些思考

了解到布雷斯悖论的影响方式,值得注意的是它本身并没有自相矛盾。在很多设置环境中,给一个博弈增加一个新策略会使情况变得更糟。比如,第 6 章提到的囚徒困境可用来解释这个观点:假如对每个囚徒来说,他们唯一的策略是"不认罪"(一个非常简单的博弈),那么对双方来说其结果要好于加入"认罪"这项选择(这就是为什么警方会首先提供"认罪"这个选择)。

然而直观上,基于布雷斯悖论的类似现象又似乎是自相矛盾的。我们都会有一个朴素的观念,认为升级一个网络一定是件好事情,所以当结果使其变糟时,都会感到惊讶。

此部分列出的例子实际上只是利用博弈论分析网络流量的一个起始点。比如,我们还可以分析布雷斯悖论对网络的负面影响有多大:增加一条边后平衡状态下的行程时间增加了多少?假设我们允许任意形式的图形,其中车辆在每条边上的行驶时间与该边上行驶的汽车数量呈线性关系。即穿越每边所需用的时间用 $ax+b$ 表示,其中 a 和 b 是 0 或正数。在这种情况下,Tim Roughgarden 和 Éva Tardos 的研究结果表明,如果对一个具有流量均衡的网络添加边,那么在这个新的网络中总会有一个均衡——它的行程时间最大不超过原来的 4/3[18,353]。假如我们把图 8.1 中的两个行程时间由 45 替换为 40,则 4/3 正好是从图 8.1 到图 8.2 增加的时间因子(这种情况下,如果增加 C 到 D 的边,平衡状态下的行程时间就会从 60 变成 80)。Roughgarden-Tardos 的研究通过这个简单的例子,定量地分析了当边与流量呈线性关系时,其结果正如布雷斯悖论那样糟糕。(如果边与流量呈非线性关系,结果会更糟。)

还有更多的问题可以继续探讨。比如,在设计网络时可以思考如何避免形成不好的均衡,或者通过在网络中某些部分安排收费来避免形成不好的均衡。很多此类问题及其延伸,Tim Roughgarden 在他关于网络流量的博弈论模型的著作中都有讨论[352]。

8.3　深度学习材料:均衡流量的社会成本

布雷斯悖论只是一种更普遍现象的一个方面,这种现象即均衡状态下的网络流量可能不是社会最优的。本节中,我们将尝试定量地比较均衡状态下的流量与最理想的流量。

我们希望接下来的分析能适应于任何网络,为此引入以下一些定义。网络可以是任何类型的有向图。一组司机中,不同的司机可以有不同的起点和终点。每一条边 e 都有一个行程时间函数 $T_e(x)$,指当有 x 个司机在该路线上行驶时,穿越这条路线所用的时间。这些行程时间类似于在图 8.1 中标记的简单函数。假设所有行程时间是交通流量的线性函数,因此 $T_e(x)=a_e x+b_e$,其中 a_e 和 b_e 为正数或 0。图 8.3 描绘了一个发生布雷斯悖论现象的网络,行程时间函数按比例都减少到较小的数。图 8.3(a)中明确标出了各个边的行程时间函数,图 8.3(b)直接将行程时间函数标注在每条边上。

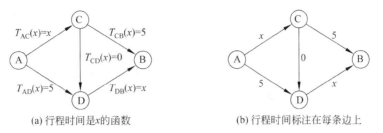

(a) 行程时间是x的函数   (b) 行程时间标注在每条边上

图 8.3 网络中每条边上标有行程时间函数

最终,我们认为一个流量模式是每个司机作出的路线选择,而给定一种流量模式,它的**社会成本**是所有司机使用这个流量模式时产生的行程时间的总和。比如,图 8.4 展示了基于图 8.3 两种不同的流量模式,其中有 4 个司机,每个司机的起始节点为 A,目的地节点为 B。第一个流量模式,即图 8.4(a)达到了最小社会成本:每个司机需要 7 个单位时间到达目的地,因此社会成本为 28。我们称实现最小社会成本的流量模式为社会最优流量模式。此网络中还有其他流量模式同样实现了 28 的社会成本,即此网络中不止一个社会最优流量模式。注意,社会最优流量模式在这个流量博弈中使社会福利达到最大,因为司机回报的总和为社会成本的负数。第二个流量模式如图 8.4(b)所示,这是一个唯一的纳什均衡,并且它的社会成本较高,为 32。

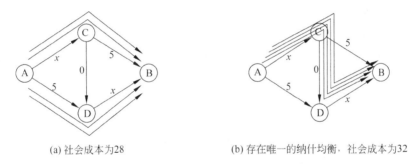

(a) 社会成本为28   (b) 存在唯一的纳什均衡,社会成本为32

图 8.4 两种流量模式中的社会成本

接着讨论的两个问题如下。第一个问题,在任何网络中(含有线性行程时间函数),是否总是存在一个均衡的流量模式?我们在第 6 章已经看到一些用纯策略不会产生均衡的例子,因此不能说我们考虑的流量博弈中一定会出现均衡。但是,我们会发现实际上一定存在某种均衡。第二个主要问题为,是否一定存在一个均衡流量模式,其社会成本与社会最优成本相当。我们将证明情况确实如此,基于 Roughgarden 和 Tardos[353]的结果,一定存在一个均衡流量模式,其社会成本最高为社会最优模式的两倍①。

---

① 基于 Roughgarden 和 Tardos 的研究工作,Anshelevich 等人的后续研究取得了进一步的成果[18],表明每个均衡状态的流量模式,其社会成本最高为最优社会成本的 4/3 倍。(可以证明,这意味着上一节提到的布雷斯悖论的结果——基于线性增长的行程时间,当增加时,结果不会超过原来的 4/3 倍)。然而,因为很难证明 4/3 这个界限,因此我们将这个限制设定介于社会最优和其他某种均衡流量模式之间的较弱的因子 2。

8.3.1　如何找到一个均衡的流量模式

接下来我们将通过描述寻找一个均衡的过程来证明它的存在。这个过程可以从任何一种流量模式开始。假如该流量模式已经形成均衡,则证明完成。否则,至少还有一个司机在其他司机的路线选择已经确定的前提下,采用另外一条路线将花费更少的行驶时间。那么,选择这样一个司机,并使其转换到一条更快的路线。这样便形成一个新的流量模式,继续检查它是否是一个均衡,如果不是,则我们再让某个司机换到更好的路线选择继续这种过程。

这个过程被称为**最佳应对过程**,因为一些司机不断地动态调整其路线选择策略以求能最佳应对当前的情况。如果达到一种状态,每个人都对现状作出了最佳选择,这个过程终止,因而形成一种均衡。所以关键是要证明在任何情况下,最佳应对过程最终将终止于一种均衡状态。

为什么会这样? 显然,在没有均衡的博弈中,最佳应对过程会一直持续下去。例如,在第 6 章提到的硬币匹配博弈中,在只允许纯策略的情况下,最佳应对过程是两个参与者无休止地交替选择 H 和 T 这两个策略。这似乎对一些网络的流量博弈也同样会发生:司机们更换到对他们更有利的路线上,致使另外一个司机行驶时间延长,并因此也会更换线路,这样不断地延续下去。

实际上,这种情况不可能在流量博弈中发生。我们将论证最佳应对过程一定会终止于一个均衡状态,不仅可以证明均衡的存在,还可以证明司机不断调整选择对现状做出最佳应对,就可以达到这种均衡。

1. 利用潜能分析最佳应对过程

如何证明最佳应对过程一定会终止? 当按照某种使用说明进行操作时,例如,“按照以下 10 个步骤操作,然后停止”,很明显这样的操作过程最终将会停止:过程本身有停止的一步。但这里是一个按照不同规则运行的过程,即“持续不停地做某件事直到特定的情况出现为止”。这种情况下,并没有先验表明该过程一定会终止。

一种有效的分析技巧是定义一种测量方法来跟踪这个过程的进展,并展示该过程已经取得了充分的“进展”,最后不得不停止。对于行程时间,很自然想到可以用当前流量模式产生的社会成本作为过程进展的测量,但实际上社会成本并不那么有用。一些最佳应对更新可以使社会成本变低(比如,如果一个司机离开拥挤的道路而换到一条相对空闲的路段),但另一些更新也可以使成本变高(正如布雷斯悖论所述,最佳应对更新将流量模式从社会最优变为较差的均衡)。所以普遍来说,在最佳应对过程中,当前流量模式的社会成本将在上升或下降之间浮动,并且它与该过程向着均衡状态发展的关系并不明显。

为此,我们定义一个看似有些神秘的量值,其特征是它严格地随着每次最佳应对的更新而减少,因此可以用来跟踪最佳应对过程[303]。我们将这个量值称为一种流量模式的**潜能**(potential energy)。一个流量模式的潜能是由每条边的潜能决定,如下所述。假如某一边 e 上有 x 个车辆在行驶,那么这个边的潜能(以 Energy 表示)为:

$$\text{Energy}(e) = T_e(1) + T_e(2) + \cdots + T_e(x)$$

假如某一边没有车辆行驶,那么它的潜能为零。一个流量模式的潜能定义为基于当前在其中行驶的车辆数,所有边的潜能总和。图 8.5 展示了图 8.4 中的网络从社会最优向唯一均衡进展时,其最佳应对过程经历的 5 个流量模式,并列出了每条边的潜能。

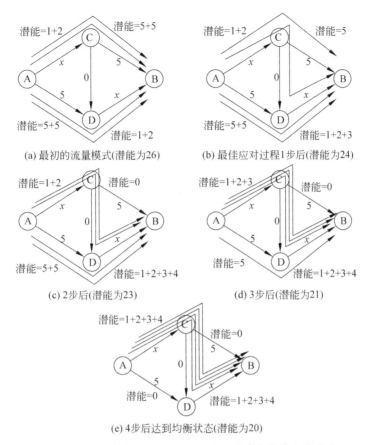

(a) 最初的流量模式(潜能为26) (b) 最佳应对过程1步后(潜能为24)

(c) 2步后(潜能为23) (d) 3步后(潜能为21)

(e) 4步后达到均衡状态(潜能为20)

图 8.5 通过观察潜能如何变化,追踪流量博弈中最佳应对过程

注意某条边 e 当前有 x 辆车行驶,其潜能并不是所有车辆穿越此边的总行驶时间。因为 x 个司机每人需要的行驶时间为 $T_e(x)$,他们的总行驶时间为 $xT_e(x)$,这与潜能定义是不同的。潜能是一种积累的量值,想象所有司机一个一个地穿越每一条边,每个司机只能"感觉到"由他和他前面车辆所造成的延迟。

当然,潜能这个概念仅对我们分析最佳应对过程的进展有意义。以下进一步说明。

2. 证明最佳应对过程会终止

我们将证明: 最佳应对过程每进行一步都会使当前流量模式的潜能严格减少。如果能证明这一点,就足以说明最佳应对过程最终将停止,原因如下。每个潜能对应一个流量模式,因此它一定是一个有限的量值。假如它随着最佳应对过程的进展而严格递减,就意味着它在"消耗"有限的供应,因为一旦它减少了就不能再增加。所以当潜能达到其可能的最小值时,最佳应对过程一定会终止。一旦该过程终止,必然会形成一个均衡,否则,这个过程还会持续下去。所以,只要能证明潜能随着最佳应对过程的进展严格递减,就足以证明存在均衡的流量模式。

举例说明,回顾图 8.5 中的最佳应对过程的几个阶段。尽管在 5 个流量模式中社会成本在增加(从 28 增加到 32),每一步潜能却在减少(26、24、23、21、20)。实际上,跟踪潜能的变化很简单。从一个流量模式到另外一个,唯一的变化是一个司机放弃当前的路线,更换到一个新的路线。可以将此变化分成两步:首先司机放弃当前路线,暂时离开系统;然后,司机回到系统中选择一条新的路线。第一步释放了因为司机离开的部分潜能;第二步增加了因为他再次加入的潜能。实际潜能的变化是什么?

例如,从图 8.5(a)向图 8.5(b)转变,原因是一个司机放弃了上面的路线而选择了之字形的路线。如图 8.6 所示,放弃上面的路线释放了 $2+5=7$ 个单位的潜能,而选择之字形路线却只有 $2+0+3=5$ 个单位的潜能回到系统中,因此潜能减少了 2 个单位。

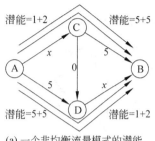

(a) 一个非均衡流量模式的潜能

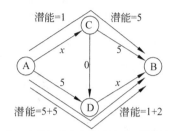

(b) 当一个司机放弃当前路线时,潜能被释放

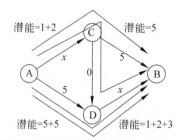

(c) 当司机重新选择新的路线时,潜能又重新回到系统中

图 8.6　当一个司机为了别的路线而放弃当前路线,潜能的改变就是司机行驶时间的改善

注意:释放的潜能 7 正是该司机在他所放弃路线上的行驶时间,而增加的 5 则是他在新选择路线上的行驶时间。这种关系对任何一种网络的任何一个最佳应对都成立,它基于一个简单的原因。具体地,有 x 个司机的边 e 的潜能是:

$$T_e(1) + T_e(2) + \cdots + T_e(x-1) + T_e(x)$$

而当一个司机离开时,潜能减少为:

$$T_e(1) + T_e(2) + \cdots + T_e(x-1)$$

因此,边 e 的潜能变化为 $T_e(x)$,即司机在边 e 上的行驶时间。综合该司机在所有边上的行驶时间,可以看到一个司机放弃当前路线所释放的潜能恰巧是该司机当前的行驶时间。同样,当一个司机选择一条新的路线,所加入的每一边 e 的潜能从

$$T_e(1) + T_e(2) + \cdots + T_e(x)$$

增加到

$$T_e(1) + T_e(2) + \cdots + T_e(x) + T_e(x+1)$$

而增加的 $T_e(x+1)$ 恰好是该司机在这条边上的行驶时间。所以,当一个司机选择一个新的路线时,系统增加的潜能等同于该司机当前的行驶时间。

当一个司机改变路线,流量模式潜能的净变化是该司机新的行驶时间减去原来的行驶时间。但是在最佳应对过程中,只有当司机的行驶时间会减少的情况下,他才会改变路线。所以每一

次最佳应对更新都产生一个负值的潜能变化。这就构成下面的结论：系统中的潜能随着最佳应对过程的进行而减少。综上所述，潜能不能永远减少下去，因此最佳应对过程最终会停止，形成一个均衡状态的流量模式。

8.3.2　均衡流量与社会最优的对比

我们已经证明一定存在一个均衡的流量模式，现在分析它的行驶时间与一个社会最优流量模式相比有什么关系？我们将看到利用潜能的概念对于这种比较非常有帮助。基本思想是建立一条边的潜能和所有穿越此边的司机所用的时间总和之间的关系。这样，就可以把所有边的这两个量值分别相加，比较均衡中的行驶时间和社会最优的行驶时间。

1. 建立一条边的潜能与行驶时间的关系

我们用 $\mathrm{Energy}(e)$ 来表示每一边的潜能，基于前面的讨论，当有 x 辆车行驶时，潜能为：
$$\mathrm{Energy}(e) = T_e(1) + T_e(2) + \cdots + T_e(x)$$
另外，x 辆车中每辆车的行驶时间为 $T_e(x)$，设每条边上所有车辆的总行驶时间为 $T(e)$：
$$T(e) = \underbrace{T_e(x) + T_e(x) + \cdots + T_e(x)}_{x\ 项}$$

由于潜能和总行驶时间皆有 x 项，但行驶时间中的每一项至少应该和潜能中的每一项一样大，因此：
$$\mathrm{Energy}(e) \leqslant T(e)$$

图 8.7 展示了当 T_e 是一个线性函数时，潜能和总行驶时间之间的对比关系：总行驶时间为水平线以下的阴影部分的面积，y 值为 $T_e(x)$，而潜能则是高度分别为 $T_e(1)$，$T_e(2)$，$\cdots$，$T_e(x)$，宽度为一个标准单位的所有长方形的面积。该图提供了一个明显的几何图示，由于 T_e 是一个线性函数，可以得出：

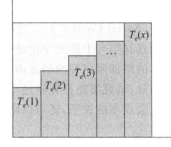

图 8.7　图中阴影的长方形是潜能，它总是至少为总行驶时间的一半，即长方形内的部分

$$T_e(1) + T_e(2) + \cdots + T_e(x) \geqslant \frac{1}{2} x T_e(x)$$

鉴于 $T_e(x) = a_e x + b_e$，做一些简单的代数运算：
$$T_e(1) + T_e(2) + \cdots + T_e(x) = a_e(1 + 2 + \cdots + x) + b_e x = a_e x(x+1)/2 + b_e x$$
$$= x(a_e(x+1)/2 + b_e) \geqslant \frac{1}{2} x(a_e x + b_e)$$
$$= \frac{1}{2} x T_e(x)$$

以潜能和总行驶时间的形式来表述得到：
$$\mathrm{Energy}(e) \geqslant \frac{1}{2}[T(e)]$$

由此得到每条边的潜能不会与其总行驶时间相差太远，它介于总行驶时间及其一半之间。

2. 建立均衡态行驶时间与社会最优行驶时间的关系

现在利用潜能和总行驶时间的关系揭示均衡状态和社会最优流量模式的关系。

设 Z 为一个流量模式；当所有司机遵循流量模式 Z 时，所有边的总潜能为 $\mathrm{Energy}(Z)$。该流量模式的社会成本记为 $\mathrm{Social\text{-}Cost}(Z)$；前面提到这是所有司机行驶时间的总和。同样,对每一边的社会成本求和,Social-Cost(Z)就是所有边行驶时间的总和。因此,将潜能和行驶时间的关系运用到每一条边,可以得出上述两者的关系同样对一种流量模式的潜能和社会成本也成立:

$$\frac{1}{2}\big[\text{Social-Cost}(Z)\big] \leqslant \text{Energy}(Z) \leqslant \text{Social-Cost}(Z)$$

　　假设从一个社会最优的流量模式 Z 开始,最佳应对过程运行直到出现一个均衡流量模式 Z'。在最佳应对过程中,社会成本可能会增加,但潜能只可能减少。由于社会成本不可能高于潜能的两倍,潜能逐渐减少,而相应的社会成本依旧不会高出其两倍;这就证明了均衡状态的社会成本最多是社会最优成本的两倍。

　　以下通过能量和社会成本的不等式进行论证。首先,前一节讨论过,潜能随着最佳应对过程而减少,因此

$$\text{Energy}(Z') \leqslant \text{Energy}(Z)$$

其次,根据潜能和社会成本之间的数量关系:

$$\text{Social-Cost}(Z') \leqslant 2\big[\text{Energy}(Z')\big]$$

并且

$$\text{Energy}(Z) \leqslant \text{Social-Cost}(Z)$$

将这些不等式联系起来,得到:

$$\text{Social-Cost}(Z') \leqslant 2\big[\text{Energy}(Z')\big] \leqslant 2\big[\text{Energy}(Z)\big] \leqslant 2\big[\text{Social-Cost}(Z)\big]$$

注意到这其实与上述文字论证的结果一致;最佳应对过程中潜能逐步减少,这种减少致使社会成本的增加限定在两倍之内。

　　因此,研究潜能变化轨迹不仅可以证明最佳应对过程一定会形成一个均衡;通过建立潜能和社会成本的关系,还可以限定均衡中社会成本的变化范围。

8.4　练习

1. 有 1000 辆车需要从 A 城行驶到 B 城。每辆车有两条选择路线:上面经过 C 城的路线或者下面经过 D 城的路线。设 x 为行驶在 A-C 边上的车辆数,y 为行驶在 D-B 边上的车辆数。如图 8.8 中的有向图所示,若有 x 辆车在 A-C 边上行驶,每辆车的行驶时间为 $x/100$;同样,若有 y 辆车在 D-B 边上行驶,则每辆车的行驶时间为 $y/100$。每辆车在 C-B 和 A-D 边上的行驶时间为 12,与车辆数无关。每个司机都想选择一条行驶时间最短的路线,并且所有司机都是同步选择。

   (a) 试求 x 和 y 的纳什均衡值。

   (b) 政府从 C 城到 D 城修建了一条新道路(单向)。这条新路为网络增添了路线 A-C-D-B。从 C 到 D 的新路上无论有多少辆车行驶,行驶时间均为 0。找到这个新网络的一个纳什均衡。与该均衡对应的 x 和 y 值是多少?增加新路线对总行驶时间有什么影响?(即 1000 辆车的总行驶时间)

   (c) 假定路况经过改善,C-B 边和 A-D 边的行驶时间均减至 5。(b)中提到的 C 到 D 的新路仍然存在。寻找此时的一个纳什均衡,均衡中 x 和 y 的值是多少?总行驶时间为多少?假使政府关闭从 C 到 D 的道路,总行驶时间又有什么变化?

2. 两条路将 A 城和 B 城连接到一起。80 个人从 A 城出发向 B 城行驶。路线 1 从 A 城开始先经过一条高速公路;这条高速公路不论有多少辆车,行驶时间均为 1 小时,然后连接到一条能到达 B 城的普通道路。这条通往 B 城的普通道路行驶时间为 10 加上行驶在该道路上的车辆数,以分钟计算。路线 2 从 A 城出发以一条普通道路开始,行驶时间为 10 加上行驶在该道路上的车辆数,同样以分钟计算,该普通道路连接一条直接通往 B 城的高速路,其行驶时间与行驶车辆无关,为 1 小时。

(a) 画出以上描述的网络,在每边标出所需的行驶时间。设 x 为采用路线 1 的人数。因为所有路线均为单向,此网络应为有向图。

(b) 所有车辆同时选择路线。找出 x 的纳什均衡值。

(c) 政府修建了一条双向的新路。这条新路增加了两条路线。一条是从 A 出发进入普通路线(在路线 2 上)、再进入新路和通向 B 城的普通路(在路线 1 上)。另一条路线由从 A 出发进入高速路(在路线 1 上)、然后进入新路以及通往 B 城的高速路(在路线 2 上)。新路非常短,其行驶时间可以忽略不计。找出这个新的纳什均衡。[提示:存在一种均衡,其中没有人选择以上描述的第二条路线。]

(d) 新路的出现对总行驶时间有什么影响?

(e) 假如你可以为车辆分配路线,实际上可以使总行驶时间比新路建成前少。就是说,通过路线分配,可以减少所有车辆的总行驶时间(低于(b)中纳什均衡对应的值)。有很多分配方法可以达到这个目标。找到其中的一个,并解释你的分配方法是如何减少行驶时间的。[提示:记住新路上可以双向行驶。你不需要找到能达到最小总行驶时间的分配方案。一种方法可以从(b)中的纳什均衡开始,将一些车辆分配到不同的路线来减少总行驶时间。]

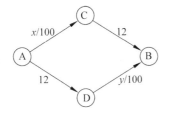

图 8.8　练习 1 的交通网络

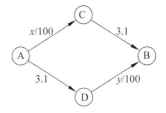

图 8.9　练习 3 的交通网络

3. 有 300 辆车要从 A 城到达 B 城。每辆车有两条路线可以选择。通过上面 C 城的路线或者通过下面 D 城的路线。x 为行驶在 A-C 边上的车辆数,y 为行驶在 D-B 边上的车辆数。图 8.9 中的有向图表示每辆车在上面路线的行驶时间为 $(x/100)+3.1$,在下面路线行驶的行驶时间为 $3.1+(y/100)$。每个司机都想选择一条需要最少行驶时间的路线。司机都同时做出选择。

(a) 试求 x 和 y 的均衡值。

(b) 政府修建了一条从 A 城到 B 城的新路线(单向)。新路的行驶时间为 5 分钟,与道路上的车辆数无关。绘制这个新的网络,并在每边标出所需的行驶时间。鉴于所有路线皆为单向,所以这个网络应为有向图。找到这个新网络的纳什均衡。新路的建成对总行驶时间有什么影响(即 300 辆车的总行驶时间)?

(c) 政府关闭了直接连接 A 城和 B 城的路线,修建了一条连接 C 城和 D 城的单向道路。这条新路非常短,无论有多少辆车在上行驶,它的行驶时间皆为 0。画出这个新网络,并且在每边标记出所需的总行驶时间。所有的道路皆为单向,故此网络应为一个有向图。试求这个新网络的纳什均衡。新路的建成对总行驶时间有什么影响?

(d) 政府对(c)的结果并不满意,决定重新开放直接连接 A 城和 B 城的道路(即(b)中建成并在(c)中被关闭的道路)。在(c)中建成的连接 C 城和 D 城的道路仍然开放。A-B 边的行驶时间仍为 5,与行驶车辆数无关。画出这个新网络,并在每边标记出所需的行驶时间。所有路线皆为单向,此网络应为有向图。试求这个新网络的纳什均衡。A 城和 B 城间路线的重新开放,对总行驶时间有什么影响?

4. A 城到 B 城由两条路线组成,路线 1 和路线 2。所有路线皆为单向。100 辆车从 A 城出发向 B 城行驶。路线 1 通过 C 城连接 A 城和 B 城。这条路线由连接 A 城和 C 城的路线开始,每辆车在这条路线上的行驶时间为 $0.5+x/200$,x 为这条路上的行驶车辆数。路线 1 结束于一条 C 到 D 的高速路,其行驶时间为 1,与行驶车辆无关。路线 2 通过 D 城连接 A 城和 B 城。这条路线起始于连接 A 城到 D 城的高速路,其行驶时间为 1,与行驶车辆无关。路线 2 结束于一条连接 D 城和 B 城的路线,车辆的行驶时间为

$0.5+y/200$，y 为这条路线上的行驶车辆数。

行驶成本可理解为行驶花费的时间加上汽油的成本。目前在这些路上没有收费站。因此政府没有收入。

(a) 绘制以上描述的网络，并在每条边上标记出所需的行驶成本。所有的道路均为单向，故此网络为有向图。

(b) 所有车辆同时选择路线。试求 x 和 y 的纳什均衡值。

(c) 政府修建了一条从 C 到 D 的道路（单向）。新的道路非常短，行驶成本为 0。寻找一个该新网络的纳什均衡。

(d) 新的道路对总的行驶成本有什么影响？

(e) 政府对(c)的结果不满意，希望加强由 A 到 C 路段的收费，同时对由 A 到 D 路段的高速路费用给予补贴。对于 A 到 C 的路段，每辆车收费 0.125，意味着这条路线的成本增加了 0.125。同时对行驶在 A 到 D 路段上的车辆进行同等量值的补贴，每辆从 A 到 D 的车辆得到补贴 0.125。寻找一个纳什均衡。（要理解补贴是如何运作的，可以想象一些负收费站，该系统中所有收费站均为电子收费，正如纽约州正在尝试的 E-ZPass 系统，这样补贴就是减少高速路使用者所欠的总数）。

(f) 正如在(e)中观察到的，收费和补贴的设计使得存在一个均衡——其中政府收取的费用等同于补贴需要的。所以政府在此项政策上收支平衡。那么(c)和(e)的总行驶成本费用有什么关系？你能解释原因吗？你是否能设计一个 C 到 B 路段和从 D 到 B 路段的收费和补贴政策，同样使政府达到收支平衡，使得最终的总行驶成本更低或更高？

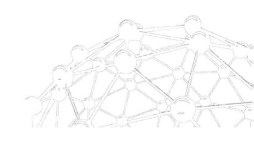

第 9 章　拍卖

第 8 章中通过分析一个网络的流量模式,讨论了博弈论思想的一个扩展应用。这一章我们将讨论博弈论的第二个主要应用——分析拍卖中买方和卖方的行为。

拍卖已经通过网络,如 eBay,成为许多人日常生活中的一种经济行为。事实上,拍卖已经有很长的历史且涉及领域广泛。例如,美国政府通过拍卖出售国库券和木材以及石油租赁;佳士得（Christie）和苏富比（Sotheby）通过拍卖出售艺术品;莫雷尔公司（Morrell&Company）和芝加哥葡萄酒公司（Chicago wine company）通过拍卖出售葡萄酒。

在本书中,拍卖也扮演着非常重要且反复出现的角色,因为其所承载的买卖双方互动的简单模式与经济互动的复杂形式密切相关。更确切地说,本书后面章节将涉及一些交易双方通过基础网络结构相联系的市场行为,会利用本章通过简单的拍卖形式而建立起来的核心思想。同样,在第 15 章,我们将通过分析谷歌、雅虎等搜索引擎公司以及微软公司用拍卖的方式出售关键词广告权的运行模式,学习更为复杂的拍卖形式。

9.1　拍卖的类型

本章我们考虑一些不同的简单拍卖类型,看它们如何影响竞拍者的互动行为。我们将讨论一个卖家向一群买家拍卖一件商品的拍卖活动。当然也存在另一种情景——一个买家试图购买一件商品,因此发起一个由多个卖家参加的拍卖活动,每一个卖家都可以提供一件商品。这种采购式拍卖经常由政府发起,实现某种购买。不过这里我们主要讨论由卖方发起的拍卖活动。

很多种拍卖都要比我们这里分析的要复杂得多。随后的章节将会针对有众多商品被拍卖,且买家对这些商品的估价各不相同的情况进行分析。其他一些更为复杂的拍卖类型超出了本书的范围,例如,按时间顺序依次出售商品的拍卖。经济学界一篇深具影响力的文献认为拍卖具有广泛层面的一般性特点,因此对本章提出的基本思想进行扩展,可以分析一些更为复杂的拍卖形式[256,292]。

构建拍卖模型的一个基本假设是每个竞拍者对被拍卖的商品都有一个固有的估值（value）。如果商品出售价不高于这个估值,竞拍者会接受并购买,否则不会购买。我们认为这个固有的估值是竞拍者认为该物品实际所值的真实估值。对于单件商品出售,主要有 4 种拍卖类型（以及一些这些类型的变体）。

（1）增价拍卖

增价拍卖又称英式拍卖。这种拍卖是实时互动的,竞拍者或身在现场或通过电子设备实时参加。卖方逐渐提高售价,竞拍者不断退出,直到只剩下一位买家,这个买家以最终价赢得商品。由竞拍者口头叫价,或电子设备提交价格都属于增价拍卖的方式。

（2）降价拍卖

降价拍卖又称荷兰式拍卖。这也是一种实时互动拍卖形式,卖方从最高价起逐步降价直到第一个竞拍者接受并支付当前价格。这种拍卖被称为荷兰式拍卖是因为在荷兰鲜花一直是以这种方式拍卖。

（3）首价密封报价拍卖

这种拍卖中,竞拍者同时向卖方提交密封报价。这个术语源于这种拍卖的原始形式,报价密封在信封里提交给卖方,卖方同时打开这些报价。出价最高者以其出价赢得商品。

（4）次价密封报价拍卖

次价密封报价拍卖也被称为维克瑞拍卖(Vickrey auctions)。竞拍者同时向卖方提交密封报价;出价最高者赢得商品但以第二高出价购买该商品。之所以被称为维克瑞拍卖是为了纪念威廉姆·维克瑞(William Vickrey),他是第一位利用博弈论分析拍卖活动(包括次价拍卖[400])的学者。维克瑞在这一方面的研究成果使他在 1996 年赢得了诺贝尔经济学纪念奖。

9.2　何时拍卖适宜

通常当卖方很难估算买方对其物品的真实估值时就会使用拍卖,当然买方之间也不了解彼此的估值。在这种情况下,用一些主流的竞拍方式可以从买方探出这些估值。

1. 已知估值

为了研究买方的真实估价未知的情况,首先考虑买卖双方知道彼此对一件商品的估值,事实上这种情况下拍卖是没必要的。假设一个卖方希望出售他认为价值为 x 的商品,所有潜在的买家对这个商品的最高估值为一个更大的数值 y。在这种情况下,销售这个商品将产生一个 $y-x$ 的盈余,其取值范围取决于较低的估值(x)和较高的估值(y)。

假使卖方知道所有买方对这件商品的真实估值,就可以简单地为商品宣布一个刚好低于 y 的固定价格,并且不会接受更低的价格。在这种情况下,估值为 y 的买方就会购买这件商品,全部盈余都归于卖方。换句话说,卖方根本不需要拍卖,只要宣布正确的价格,就可以如预期地获得最大利益。

注意到这个例子的设置具有不对称性:卖方在这个销售机制中拥有一种定价能力。这种能力对卖方非常有利:假设买方都认可这种销售机制,于是商品以刚好低于 y 的价格出售,卖方将获得所有盈余。相反,想象一下,假如我们给予有最高估值 y 的买方这种定价能力,会有什么结果? 在这种情况下,这个买方就可以宣布一个刚好高于 x 同时又高于其他买方的估值。因为这个价格高于 x,卖方仍然乐意出售,但是至少其中的一些盈余会归这个买方所有。正如卖方拥有定价权的情形,此时买方也需要知道其他所有人对商品的估值。

这个例子展示了一种销售机制中的定价权可以改变交易双方的利益。想象一个更为复杂的情形,买卖双方都知道彼此对商品的估值,但是两者都不具备单方面的定价能力。在这种情况下,就会出现讨价还价的现象(我们在 12 章中将讨论这个专题)。我们在本章中将会发现,定价权的问题对拍卖活动非常重要,特别是当卖方在一个拍卖之前就具备可靠的定价权更为重要。

2.　未知估值

以上讨论了当买卖双方知晓彼此对商品的真实估值时,双方的互动方式。在随后的讨论中,我们将分析当买卖双方不知道彼此的估值时,拍卖是如何发挥作用的。

本章的大部分内容将主要集中在买方对商品拥有独立和私密的估值这种情况,即每个买方只知道自己对商品的估值,并不知道其他人对商品的估值,并且这个估值也不取决于他人的估值。比如说,买方可能对某件商品非常感兴趣,相应的估值就反映了这种喜爱程度。

稍后我们也将考虑一种相反的情况——公共价值的情况。假设某件商品被拍卖,每个买方并非出于消费目的购买,而是计划再出售所得到的商品。这种情况下(假设每个买方转手会卖得不错),不管最终谁拥有这件商品,它都有一个未知的公共价值:等同于该商品再次出售获得的收入。每个买方对这个收入的估算因对该商品公共价值的理解而不同,因此他们对商品的估值也就不同。在此种情况下,每个买家对商品的估值会受到其他买家估值的影响,买方会使用这些信息调整他们对公共价值的评估。

9.3　不同拍卖形式间的关系

我们的主要目的是分析在不同类型的拍卖中竞拍者的操作行为。这一节我们先介绍一些简单、非正式的观察,分析互动式拍卖行为(如实时进行的增价拍卖和降价竞拍)与密封报价拍卖行为的关系。这些观察可以用数学方法严格证明,但这里的讨论仅限于一些非正式的描述。

1.　降价拍卖和首价拍卖

首先来看一个降价拍卖。当卖方从最初的高价逐步降低价格,除非有竞拍者愿意接受并支付当前价格,否则大家都不会有什么行动。当拍卖进行时,竞标者除了知道还没有人接受当前价格之外,并不了解其他任何信息。每一个竞标者 i,都会有一个愿意接受商品的价格 b_i。这样看,降价拍卖过程与首价密封报价拍卖是等同的:这个价格 b_i 的作用与竞标者 i 的竞标价相同,出价最高的竞标者获得商品,所支付的价格也是这个最高的竞标价。

2.　增价拍卖和次价拍卖

现在让我们来看一个增价拍卖。随着卖方逐步提高价格,竞标者相继退出。拍卖的赢家就是留到最后的一个竞标者,他所支付的价格是倒数第二个竞标者退出时的价格。[①]

假如你是这场拍卖的一个竞标者,思考你应该坚持多久才退出。首先,当价格增长到你的真实估值时,还有必要继续在拍卖中坚持吗?显然没有必要,如果继续坚持,要么会失掉机会什么也得不到,要么赢得商品但是要支付高于自身估值的价格。其次,当价格还未增长

---

① 从概念上说很容易想到在增价拍卖结束时会同时发生的三件事:(1)倒数第二个竞标者退出;(2)留到最后的竞标者知道只剩下自己一人,因此拒绝接受更高的价格;(3)卖方以当前的价格将商品卖给最后剩下的竞标者。当然,实际操作中,我们期望每次价格增量足够小,最后剩下的投标人实际上以较小的增量胜出。跟踪这个较小的增量会使相应的分析更加繁琐,因此我们假设在出价次高的竞拍者退出时,拍卖过程结束。

到你的真实估值时应该退出吗？当然也不应该，如果你提前退出将会一无所获，可坚持下来，你可能会以低于真实估值的价钱赢得商品。

所以，这个非正式的讨论说明在增价拍卖中，应该一直坚持到价格到达你的真实估值为止。假设每个竞标者 i 的退出价格就是他对该商品的竞标价 b_i，那么就可以说这个 b_i 是竞标者对该商品的真实估值。

基于这种定义，增价拍卖的结果可以从另一个角度确定。竞标价最高的人会坚持得最久，因此而赢得商品，他所付出的价格是倒数第二个退出时的价格。换句话说，他支付的是第二高的竞标价。因此，出价最高的竞标者获得商品，所支付的价格等同于第二高的标价。这就是次价密封报价拍卖所使用的规则，区别就在于在增价拍卖中买卖双方有实时互动，而密封报价拍卖则是每个买方提交密封报价。卖家拿到并同时打开以确定胜者。两种拍卖的密切关系能够帮助我们理解次价拍卖中反直觉的定价规则：它可以被视为是一个利用密封报价形式的增价拍卖。此外，在增价拍卖中竞标者会一直坚持，直到当前价格增加到其真实估值，这一点为我们下一节的讨论结果提供了很直观的支持：利用博弈论思想构建次价密封报价拍卖模型，我们会发现以真实估值出价是一个占优策略。

3. 拍卖形式的比较

接下来的两节我们将详细分析两种主要的密封报价拍卖形式。首先需要说明两点。第一，基于本节前面的讨论，当分析密封报价拍卖中竞标者的行为时，我们同时也在学习与他们相似的拍卖行为，即降价拍卖与密封报价首价拍卖类似，增价拍卖与密封报价次价拍卖类似。

第二，表面上看，首价和次价密封报价拍卖相比，似乎是卖方采用首价密封报价拍卖形式会获得更高的收入：毕竟他将获得最高的而不是次高的竞标价。在次价拍卖中，卖方似乎是有意少收竞拍者的钱，这看起来很奇怪。这种推理实际上忽视了我们从博弈论中得到的一个主要信息——当你设定支配人们行为的规则时，必须承认人们会在这些规则中调整他们的行为。这里的关键是首价拍卖中的竞拍者出价往往要低于次价拍卖的出价，事实上这个降低的部分可以理解成是两种拍卖中获胜竞标价之间差异的补偿。这种思想也是本章后面一些观点的基础。

9.4　次价拍卖

密封报价次价拍卖非常有意思，被广泛应用在不同的领域中。eBay 使用的拍卖形式本质上就是次价拍卖。搜索引擎针对查询词出售广告位使用的价格机制是次价拍卖的一种扩展形式，第 15 章将讨论相关内容。拍卖理论中最重要的成果之一是上一节后面提到的：在次价密封报价拍卖中，竞标者提交私密的竞标价，按照真实估值报价是一个占优策略，即对于竞标者来说，最好的选择是竞标价恰好是他认为商品的价值。

1. 从博弈论视角看次价拍卖

为了证明上述观点的正确性，我们使用博弈论的术语，如参与者、策略以及回报等，定义一个拍卖活动。竞拍者为参与者，设 v_i 为竞拍者 i 对商品的真实估值。竞拍者 i 的策略是以量值 b_i 为竞标价，其中 b_i 为真实估值 v_i 的函数。在一个次价拍卖中，竞拍者 i 的回报定义如下：

如果 b_i 不是中标价,则 i 的回报为 0。假如 b_i 是中标价,并且 b_j 是第二高的竞标价,则 i 的回报为 $v_i - b_j$。

为了完善这个定义,需要处理出现平手的情况:如果两个人提交了相同的竞标价并且是并列最高,应该如何处理。一种处理这种平手的方法是预先对竞拍者进行排列,如果一组竞拍者提交了相同的最高竞标价,那么排位最靠前的竞标者获胜。上述回报的计算方法对这种情况仍然适用。(注意,这种并列情况下,获胜者以自己的竞标价获得商品,因为此时第一出价和第二出价相同。)

利用博弈论术语描述拍卖过程还有一点值得注意。我们在第 6 章定义博弈时,假设每个参与者知道所有其他人的回报。这里却不同,竞拍者并不知道彼此的估值,所以严格地说,我们需要扩展第 6 章的概念以处理这个缺失的信息。不过这里的分析主要专注于占优策略,即不管其他人的行为如何,每个参与者都有一个最佳策略,因此我们将忽略这种微妙的问题。

2. 在次价拍卖中真实出价

我们关于次价拍卖断言的精确表述如下:

断言:在密封报价次价拍卖中,每个竞拍者 i 的占优策略是选择竞拍价 $b_i = v_i$。

要证明这个断言,需要展示当竞拍者 i 出价为 $b_i = v_i$ 时,无论其他人采用什么策略,他都不会因改变出价而改善他的回报。有两种情况需要考虑:i 提高其竞拍价,以及 i 降低其竞拍价。两种情况的关键点是 i 的竞标价只会影响到 i 是否能获胜,而不会影响到 i 获胜时所支付的价格。获胜者所支付的价格完全取决于其他的竞标价,具体来说是由其他竞标价中的最高值决定。因为当 i 改变其竞标价时,其他出价都保持不变,如果因此而改变了 i 的输赢结果,才会影响到 i 的回报。图 9.1 概述了上述分析。

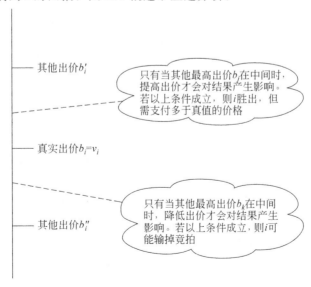

图 9.1 次价拍卖中,若竞拍者 i 的出价与估值有偏差,则只有当偏差对他/她赢或输的结果造成变化时才起作用

以下分析这两种情况。第一，假定竞拍者 i 选择另一个出价 $b_i' > v_i$，而不是 v_i。那么，只有当 i 以 v_i 出价没有获胜，以 b_i' 赢得拍卖的情况下，才会对 i 的回报产生影响。要使这种情况出现，其他出价中最高的 b_j 必须在 b_i 和 b_i' 之间。在这种情况下，i 的回报变化最多为 $v_i - b_j \leqslant 0$，所以出价 b_i' 的变化并不能改善 i 的回报。

接下来，假定 i 选择一个出价 $b_i'' < v_i$。只有当 i 会以 v_i 赢得拍卖却以 b_i'' 输掉拍卖的时候，才会对 i 的回报有影响。变化之前，v_i 是中标价，次高出价 b_k 在 v_i 和 b_i'' 之间。在这种情况下，i 在变化之前的回报为 $v_i - b_k \geqslant 0$，而在变化之后则为 0（因为 i 没有获胜），所以同样的这个变化对 i 的回报没有改善。

我们完成了密封报价拍卖中真实出价是占优策略的论证。核心思想是最初就注意到的事实：次价拍卖中，竞拍价只能决定能否获胜，而不能决定获胜后所支付的价格。因此，在改变出价时需要考虑到这个事实。这一点也进一步强调了次价拍卖与增价拍卖的相似之处。类似于出价，在拍卖过程中竞拍者愿意继续保留到的某个点，决定了其是否会在拍卖中获胜；而获胜者所支付的价格则取决于第二个坚持最久的竞拍者退出时的价格。

真实出价是占优策略这一事实使得次价拍卖从概念上非常清楚。因为真实出价是一个占优策略，无论别人做什么，这都是竞标者的最佳选择。因此在次价拍卖中，即使是其他人出价过高或过低，甚至串通一气或有些不可预测的表现，以真值出价就是最合理的行为。换句话说，无论其他竞拍者是否会真实出价，真实出价都是个高明的选择。

现在回到首价拍卖，我们会发现情况要复杂得多。特别是，每个竞拍者必须推测其他竞争者的行为以便做出最佳出价。

9.5 首价拍卖和其他拍卖形式

在密封首价拍卖中，出价不仅关系到竞拍者是否会获胜，还会影响获胜者所支付的价格。因此，前一节做出的大部分推理需要重新考虑，结论也会不同。

像前面分析次价拍卖的方法一样，可以将一个首价拍卖设置成一场博弈，竞拍者是博弈的参与者，每个竞拍者的策略就是她的出价，可以看成是其真实估值的一个函数。设竞拍者 i 的真实估值为 v_i，出价为 b_i，相应的回报定义如下：

如果 b_i 不是中标价，那么 i 的回报为 0。如果 b_i 是中标价，那么 i 的回报为 $v_i - b_i$。

首先应该注意到，以真实估值出价不再是一个占优策略。如果以真实估值出价没有获胜，那么得到的回报为 0（和前面一样），而如果获胜，回报仍然为 0，因为获胜者所支付的恰好是他认为商品所值的价值。

因此，首价拍卖中最好的出价方式是稍微降低出价，这样如果获胜就会得到一个正值回报。具体降低多少取决于两种对立力量之间的权衡。如果出价离真实估值太过接近，则获胜后的回报也不会太大。但如果出价低于真实估值较多，希望获胜时能得到较高的回报，则又减少了成为最高出价的机会，也就是在拍卖中获胜的机会。

在这两个因素之间寻找一个最佳点是个复杂的问题，这取决于对其他竞标者以及可能的价值分布的了解。举例来讲，直觉上很自然会想到，一个有许多竞拍者的首价拍卖和只有几个竞拍者的拍卖（设竞拍者的其他属性相同）相比，人们的出价应该更高些，更接近真实估值。道理很简单,在竞拍者相对多的拍卖中,最高出价应该会更高些,因此需要出价较高才能成为最高出价。我们将在9.7节讨论如何在首价拍卖中决定最佳出价。

全支付拍卖

在不同的环境中也会有其他形式的密封投标拍卖。其中一种初看似乎有悖常理的就是全支付拍卖:每个竞拍者提交出价;出价最高者获得商品;无论输赢,所有的竞拍者都得支付他们的出价。因此,回报如下所述:

> 如果 b_i 不是中标价,则 i 的回报为 $-b_i$。假如 b_i 是中标价,则 i 的回报为 $v_i - b_i$。

产生上述回报的博弈在很多情景中都会有,此时"投标"的概念比较模糊,不如说是"下注"。政治游说是一个例子:每个党派都必须在游说上花费金钱,但是只有赢的一方才能获得此项花费的回报。虽然不是在游说上花费多的一方总赢,但所花费的钱数和这种拍卖的出价之间有一个相同特点,即无论参与者输赢与否,必须全部支付他们的出价。类似的情况还有建筑设计竞标,所有竞争的公司都要有投入来完成一个初步设计以争取赢得客户的合同。在客户做决定之前,这笔钱必须花费。

在一个全支付拍卖中确定一个最优出价与首价拍卖的推理有很多相似之处:一般会以低于真实估值的价格出价,但必须在出价过高(提升你赢的可能)和过低(输的话可以减少花费,赢的话提高回报)间平衡好。通常来说,每个人都必须支付的拍卖意味着出价会大大低于首价拍卖的出价。首价拍卖中的最优出价原则也同样适用于全支付拍卖,在9.7节我们将证明这一点。

9.6 公共价值和赢家的诅咒

到目前为止,我们都是假定竞拍者对拍卖商品的估值是独立的:每个竞拍者都知道本人对商品的估值,这与其他人对商品的估值无关。这在很多情景下都讲得通,但很明显这不适用于竞拍者有意再次卖出商品的情况。在这种情况下,商品有一个公共的最终价值——再次销售的出售价——但它未必是已知的。每个竞拍者 i 对共同价值可能有些私有信息,导致一个估计 v_i。每个竞拍者的估值会有些偏差,通常这些估值不是相互独立的。一个模型就是设真实价值为 v,而每个竞拍者 i 的估值为 v_i 可定义为 $v_i = v + x_i$,x_i 是一个均值为 0 的随机数,代表 i 估算的偏差。

有公共价值的拍卖带来了一种新的复杂情况。让我们来假定一个有公共价值的商品通过次价拍卖卖出。竞拍者 i 以 v_i 出价还是一个占优策略吗?事实上不是。为了了解为什么,我们可以利用模型 $v + x_i$。假设有很多竞拍者,每一个都以他的真实估值来出价。那么这个拍卖的结果就是,赢家不仅能获得商品,还能了解关于真实估值的信息——即其估值为最高。因此,很可能是一个过高的估值。不仅如此,第二高出价——即他所支付的价格——也可能是一个过高估值。结果是在再次销售中,相对于所支付的金额他可能会亏本。

这就是**赢家的诅咒**,在拍卖研究中已有很长时间的历史。理查德·赛勒对历史的评论[387]中写到赢家的诅咒似乎被石油工业的学者第一次阐明[95]。在这个领域里,公司对有着共同价值的大片土地开采权进行竞拍,这个共同价值等同于在土地上获得的石油的价值。

棒球运动中与自由球员签署合同也涉及赢家的诅咒[98]——未知的共同价值对应于所募招的棒球队员未来的表现。①

理性的竞拍者都会把赢家的诅咒考虑在内决定其出价：竞拍者应该基于个人估值 v_i 和出价能否获胜来确定自己的最佳出价，并且要保证在最佳出价上，赢要比输好。这就意味着在一个共同价值拍卖中，尽管次价形式被使用，竞拍者还是会把他们的出价减少些；而当使用首价拍卖时，出价会降低得更多。由于决定最优出价的过程是很复杂的，此处我们就不赘述。值得注意的是实际中赢家的诅咒也会直接对赢者造成损失[387]，因为在许多竞拍者的竞拍中，犯错并出价过高者往往是竞拍的赢家。

9.7　深度学习材料：首价和全支付拍卖中的出价策略

前面两节讨论了一些首价拍卖和全支付拍卖中的出价方式，但并没有推导最佳出价原则。在本节中，我们将构建竞拍者的行为模型，推论拍卖过程中的均衡出价策略。我们将揭示最佳行为如何受到竞拍者数量以及估值分布的影响。最后，我们分析卖方从不同的拍卖中获得的收入情况。这部分分析会涉及初等微积分以及概率论。

9.7.1　首价拍卖中的均衡出价

作为这种模式的基础，我们希望设置一个环境，竞拍者知道他们有多少竞争者，并且他们了解一些其他竞拍者对商品的估值情况。尽管如此，他们并不知道其他竞拍者的确切估值。

首先分析一种简单情况，之后再推广到更普遍的公式。假定有两个竞拍者，每个人对商品有一个独立私密的估值，均匀分布在 0 和 1 之间②。两人都知道这个情况。竞拍者的策略以函数 $s(v)=b$ 描述，反映了真实估值 v 与非负出价 b 的关系。我们对竞拍者使用的策略作以下假设：

（i）$s(\cdot)$ 是一个严格递增的可导函数；具体地，当两个竞拍者有不同估值时，他们的出价也不同。

（ii）对所有 v，满足 $s(v) \leqslant v$：竞拍者可以降低出价，但永远不会以高于真实估值的价格出价。注意，所有的出价都是非负数，因此，$s(0)=0$。

这两个假设可以描述的策略范围相当宽泛。例如，以真实估值出价的策略可以用函数 $s(v)=v$ 表示，而以一个因子 $c<1$ 降低出价可以用函数 $s(v)=cv$ 表示。也可以有更复杂的策略，如 $s(v)=v^2$，尽管我们将看到它们在首价拍卖中并不是最优。

这两个假设还可以帮助我们缩小寻找均衡策略的范围。第二个假设排除了那些非优策略（出价过高）。第一个假设限定了可能的均衡策略的范围，使得我们在研究重要问题时，分

---

① 在这些情况下，人们可能会争辩，共同价值的模型并不完全准确。一家石油公司可能比另一家更能成功地开采石油，棒球自由球员加入一个团队可能会蓬勃发展，而加入另一个可能会失败。但共同价值观在这两种环境中是一个合理的近似，正像任何招标目的是为了获得一个拥有固定但未知价值的物品这种情况一样。此外，甚至当竞拍者对被拍卖的物品有相关联的但不完全相同的价值时，仍然会出现赢家的诅咒。

② 事实上，0 和 1 分别为最低和最高可能值并不是至关重要的。通过转变和缩放公式中的系数，我们同样可以得到任意大小的其他域值。

析变得简单多了。

最后,因为两个竞拍者除了真实估值不同外,其他条件完全一样,我们可以进一步缩小寻找均衡的范围:考虑两个竞拍者都遵循同一策略 $s(\cdot)$ 的情况。

1. 两个竞拍者的均衡:启示原理

让我们考虑这种两个竞拍者的均衡应该有什么特点。首先,基于假设(i),真实估值高的人出价也会高。假如竞拍者 i 有个估值 v_i,那么它高于其他竞争者的估值的概率在区间 $[0,1]$,即为 v_i。因此,i 会以概率 v_i 赢得竞拍。假如 i 真的赢了,i 获得的回报即为 $v_{i-}s(v_i)$。

结合以上所述,可得出 i 的期望回报为:

$$g(v_i) = v_i(v_i - s(v_i)) \tag{9.1}$$

现在,对 $s(\cdot)$ 来说,一个均衡策略意味着什么呢?它意味着对每一个竞拍者 i 而言,假如其竞争者也使用策略 $s(\cdot)$,则 i 就没有偏离策略 $s(\cdot)$ 的动机。我们尚不清楚如何分析满足假定(i)和(ii)的一个任意策略与 $s(\cdot)$ 的偏差。幸运的是,有一个很不错的方式可以让我们得出以下偏差的推理:与其替换另一个策略,竞拍者 i 可以通过保持策略 $s(\cdot)$ 来实现他的偏差,只要应用一个不同的真实估值。

以下进行说明。首先,假如 i 的竞争者也使用策略 $s(\cdot)$,那么 i 不应该使用高于 $s(1)$ 的出价,因为 i 可以以出价 $s(1)$ 赢得竞拍且以出价 $s(1)$ 要比任何更高出价 $b > s(1)$ 获得更高的回报。所以 i 的任何可能偏差,应在 $s(0)=0$ 和 $s(1)$ 之间。因此,为了竞拍的目的,他可以用这种偏差模拟一个替代策略,假设其真实估值为 v' 而不是 v_i,然后将 v' 代入函数 $s(\cdot)$。这是基于启示原理方法的一个特殊例子[124,207,310];为了我们的目的,出价策略函数的偏差可被视作竞拍者 i 根据相同的策略 $s(\cdot)$ 使用不同真实估值产生的偏差。

由这个启示原则,我们可以写出 i 不想偏离策略 $s(\cdot)$ 的条件:

$$v_i(v_i - s(v_i)) \geqslant v(v_i - s(v)) \tag{9.2}$$

对于函数 $s(\cdot)$,所有"假"估值在 0 和 1 之间。

存在能满足这个特性的一个函数吗?事实上,不难发现 $s(v)=v/2$ 就能满足。究其原因,请注意 $s(\cdot)$ 这样选择后,不等式(9.2)的左边变成 $v_i(v_i - v_i/2) = v_i^2/2$,而右边变成 $v(v_i - v/2) = vv_i - v^2/2$。将所有项移到左边,不等式就变为:

$$\frac{1}{2}(v^2 - 2vv_i + v_i^2) \geqslant 0$$

这个不等式永远成立,因为左边是 $\frac{1}{2}(v - v_i)^2$。

因此,这个例子的结论就很容易做出。假如两个竞拍者知道他们互相竞争,并且知道每个人都有一个在区间 $[0,1]$ 随机分布的私密估值,那么每个竞拍者以其真实估值的一半出价就会达到均衡。假如另一个竞拍者也用真实估值的一半来出价,那么你也这么做就是一个最优行为。

注意,这不同于次价拍卖的情况,我们没有确定一个占优策略,而只是一个均衡。在分析一个竞拍者的最优策略时,我们利用了每个竞拍者对另一个人出价策略的期望。在一个均衡中,这些期望是准确的。但是,假如其他竞拍者出于其他原因使用了非均衡策略,那么竞拍者也应使用其他出价策略以求最佳回应。

2. 推导两人参加的均衡

在我们关于均衡 $s(v) = v/2$ 的讨论中,我们开始猜想了函数 $s(\cdot)$ 的形式,之后核实它满足不等式(9.2)。但是这个方法并没有告知如何推导出函数 $s(\cdot)$。

另一个方法是通过对不等式(9.2)的条件进行推理,直接得出 $s(\cdot)$。接下来我们要演示如何得出。为了使 $s(\cdot)$ 满足不等式(9.2),它必须有以下特性:对于任何真实估值 v_i,期望回报函数 $g(v) = v(v_i - s(v))$ 可通过设定 $v = v_i$ 达到最大。因此,v_i 应该满足 $g'(v_i) = 0$,g' 是 $g(\cdot)$ 对 v 的一阶导数。因为

$$g'(v) = v_i - s(v) - vs'(v)$$

通过导数的乘积法则,可看出 $s(\cdot)$ 一定是以下微分方程在区间[0,1]的解:

$$s'(v_i) = 1 - \frac{s(v_i)}{v_i}$$

这个微分方程式的解为 $s(v_i) = v_i/2$。

3. 有很多竞拍者的均衡

现在假设有 n 个竞拍者,n 大于 2。仍然假定竞拍者 i 的真实估值是独立的,在 0 和 1 之间随机分布。

大部分针对两个竞拍者的推理在这里仍然适用,但是期望回报的基本公式有变化。具体是,假设(i)仍然意味着拥有最高真实估值的竞拍者是最高出价者,因此也赢得拍卖。对一个真实估值为 v_i 的竞拍者 i,其出价是最高的概率又是多少呢?这需要每个竞拍者有低于 v_i 的值;因为这些值是独立被选择,它的概率是 v_i^{n-1}。因此,竞拍者 i 的期望回报为

$$G(v_i) = v_i^{n-1}(v_i - s(v_i)) \tag{9.3}$$

$s(\cdot)$ 成为一个均衡策略的条件与在两个竞拍者的情形中一样。

利用启示原则,我们将对这个出价策略的偏离看成是向函数 $s(\cdot)$ 提交一个"假"值 v;这样,我们需要真实估值 v_i 得出的期望回报至少与从任何偏差中得出的回报一样高:

$$v_i^{n-1}(v_i - s(v_i)) \geqslant v^{n-1}(v_i - s(v)) \tag{9.4}$$

其中 v 取值范围在 0 和 1 之间。

据此,我们可用类似于两个竞拍者例子的微分方程式,来推导出价函数的形式。期望回报函数 $G(v) = v^{n-1}(v_i - s(v))$ 在 $v = v_i$ 时有最大值。设导数 $G'(v_i) = 0$,并利用导数 G 的乘积法则,则可得出:

$$(n-1)v^{n-2}v_i - (n-1)v^{n-2}s(v_i) - v_i^{n-1}s'(v_i) = 0$$

v_i 取值在 0 和 1 之间。两边同除 $(n-1)v^{n-2}$,并解 $s'(v_i)$,可以得出一个简单的方程式:

$$s'(v_i) = (n-1)\left(1 - \frac{s(v_i)}{v_i}\right) \tag{9.5}$$

v_i 取值在 0 和 1 之间。这个微分方程式的解为:

$$s(v_i) = \left(\frac{n-1}{n}\right)v_i$$

因此,如果每一个竞拍者以一个因子 $(n-1)/n$ 降低其出价,则不论其他人怎么做,这都是个最优行为。注意,当 $n = 2$,这就是我们的两个竞拍者策略。这个策略的形式突出了一个我们在 9.5 节讨论的在首价竞拍中策略出价的重要原则:随着竞拍者数量增加,你应该选择较积极的策略,出价降低得少些,以便赢得拍卖。对于通过均匀分布独立获得估值的简

单情况,我们的分析量化出策略的进取性与竞拍者数量 n 的关系。

4. 一般分布

除了考虑有更多竞拍者的例子,还可放宽竞拍者的估值是由一个区间均匀分布的假设。

假设每个竞拍者有在非负实数的概率分布中得出的估值,我们用累积分布函数 $F(\cdot)$ 来代表这个概率分布:对任何 x 来说,值 $F(\cdot)$ 是从该分布中取得一个不超过 x 的数的概率。假定 F 是一个可导函数。

此前分析的大部分内容这里仍然成立。拥有真实估值 v_i 的竞拍者 i 赢得拍卖的概率是没有其他竞拍者有更大真实估值的概率,所以它等于 $F(v_i)^{n-1}$。因此,v_i 的期望回报为:

$$F(v_i)^{n-1}(v_i - s(v_i))$$

那么,竞拍者不想偏离这个策略的条件变为:

$$F(v_i)^{n-1}(v_i - s(v_i)) \geqslant F(v)^{n-1}(v_i - s(v)) \tag{9.6}$$

v 取值在 0 和 1 之间。

最后,这个均衡条件和前面一样可以变换成一个微分方程式,不等式(9.6)的右边 v 的函数值可通过设定 $v = v_i$ 最大化。我们使用乘积法则以及导数的链式法则,注意累积分布函数 $F(\cdot)$ 的导数是这个分布的概率密度函数 $f(\cdot)$。利用与均匀分布类似的推导,可得到以下微分方程式:

$$s'(v_i) = (n-1)\left(\frac{f(v_i)v_i - f(v_i)s(v_i)}{F(v_i)}\right) \tag{9.7}$$

注意,对区间[0,1]的均匀分布来说,将累积分布函数 $F(v) = v$,密度函数 $f(v) = 1$,代入方程式(9.7)即得到方程(9.5)。

得到等式(9.7)的准确解答是不可能的,除非估值分布有一个明确形式,但它提供了一个利用任意分布来解决均衡策略的框架。

9.7.2　卖方的收入

我们已经分析过首价拍卖的出价策略,现在可以回到在 9.3 节结束时提出的一个问题:比较在首价和次价拍卖中卖家的期望收入。

此处有两个对立的力量。一方面在一个次价拍卖中,很明显卖家会收到较少的收入,因为他只是以第二高出价收费。另一方面,在一个首价拍卖中,竞拍者降低出价,同样也减少了卖家的所得。

为了了解这两个对立因素之间的权衡,假定有 n 个竞拍者,他们对商品的估值都是独立均匀分布在区间[0,1]。因为卖方的收入基于最高以及次高出价的值,即取决于最高和第二高的估值,我们需要知道这些数量的期望[①]。计算这些期望值是复杂的,但是答案本身却很简单。以下是基本论述:

假定 n 个数均匀独立地分布在区间[0,1]之间,从小到大排序这几个数。在这个排列里排在位置 k 的期望值是 $\dfrac{k}{n+1}$。

现在,假如卖家进行次价拍卖,竞拍者遵循他们的占优策略真实出价,卖家的期望收入

---

① 以概率论术语,这些是订单统计的期望值。

就是次高估值的期望。因为它是在 n 个随机值的排序中位于 $n-1$ 上的值,期望值就是 $(n-1)/(n+1)$。另一方面,假如卖家用首价拍卖,那么在均衡中,我们期望赢家以 $(n-1)/n$ 乘以其真实估值的值来出价。其真实估值的期望是 $n/(n+1)$(因为它是从单位区间独立获取 n 个数中的最大值),那么卖家的期望收入为:

$$\left(\frac{n-1}{n}\right)\left(\frac{n}{n+1}\right) = \frac{n-1}{n+1}$$

两种拍卖方式为卖家提供的期望收入完全一样!

1. 收入等价

至于卖家收益方面,这个计算只是冰山上的一角:它反映出一个更广更深的原则,在拍卖术语中叫做收入等价[256,288,311]。粗略地说,当竞拍者遵循均衡策略时,且他们的估值是独立任意分布,则一个卖家采用不同的拍卖类型获得的收入都是相同的。在参考文献[256] 中可找到一个形式化收入等价的证明。

从这里的讨论可以很容易看出,对卖家来说,承诺一个买卖机制的能力是多么有价值。比如说,一个卖家使用次价拍卖,假如竞拍者真实出价,卖家并不像承诺的那样卖出商品,那么卖家就了解到竞拍者的估值,并且可用这个有利条件与他们讨价还价。最糟糕的是,卖家能以相当于次高出价的价格卖出商品(拥有最高估值的竞拍者知道假如他拒绝以此价格交易,那么以次高出价的竞拍者就会接受交易)。但卖家能在协商中做得更好,因此,就整体竞拍而言,竞拍者将承担相当于原本承诺的次价拍卖价格的损失。假如竞拍者担心这种情况可能已出现,那么他们会认为以真实出价不再是最优做法,则卖家得到多少就不是很明朗。

2. 底价

在一个卖家应如何选择拍卖形式的讨论中,我们明确地假设卖家必须卖掉商品。让我们简单地考虑卖家的期望收入将如何改变,假如他选择留着商品不卖掉它。为了推导出此情况发生时卖家的收入,假设卖家对商品的估值为 $u \geqslant 0$,即卖家留着商品而不卖掉所得的回报。

很明显,假如 $u > 0$,那么卖家就不能使用一个简单的首价拍卖或者次价拍卖。在任何一种情况中,赢家出价可能比 u 少,那么卖家就不想卖出商品。假如在确定了首价拍卖或次价拍卖后,卖家拒绝卖出商品,那么他就没有履行诺言。

对卖家来说,在举行拍卖之前先公布底价 r 会比较好。有了底价,假如最高出价高于 r,那么商品就可卖给最高出价者;不然,商品就不出售。在有底价的首价拍卖中,赢家(如果有的话)仍然支付他的出价。在有底价的次价拍卖中,赢家(如果有的话)要支付次价以及底价 r 的最大值。正如我们看到的,即使卖家对商品的估值为 $u=0$,公布底价仍然很有用。

现在来考虑如何推出次价拍卖中底价的最优值。首先,回到在次价拍卖中真实出价为占优策略的论证上,这在有底价的情况时仍然成立。基本上,这就好像卖家是另一个总是使用出价 r 的模拟竞拍者;因为无论其他竞拍者如何表现,真实出价就是最优选择,这个额外的模拟竞拍者的存在对真正竞拍者的行为表现没有影响。

现在,卖家应为底价选择什么值?假如对卖家来说商品价值为 u,那么很明显他应该设为 $r \geqslant u$。但事实上为使卖家期望收入能最大化,底价通常是严格大于 u 的。为了理解为什么如此,我们先来考虑一个简单的例子:一个次价拍卖只有一个竞拍者,他的估值均匀分布在区间 $[0,1]$ 之间,并且有一个对商品估值为 $u=0$ 的卖家。只有一个竞拍者,没有底价的次价拍卖会以 0 的价格将商品卖出。另一方面,假设卖家将底价设为 $r > 0$,在这种情况下,有 $1-r$ 的概率,竞拍者的出价高于 r,商品会以 r 的价格卖给竞拍者。有 r 的概率,竞拍者的出价低于 r,此时卖家会留着商品,获得 $u=0$ 的收益。因此,卖家的期望收入为 $r(1-r)$,并且当 $r=1/2$ 时达到最大。假如卖家的估值 u 大于零,那么他的期望收入是 $r(1-r)+ru$(因此当商品没有卖出时,他获得的收入为 u),并且当 $r=(1+u)/2$ 时达到最大。所以当有一个竞拍者,最优底价对卖家来说是商品的估值和竞拍者的最大可能估值的中间值。基于更复杂的分析,可以确定在多个竞拍者的次价拍卖中的最优底价,以及我们曾经推论的基于均衡出价策略的首价拍卖的底价。

9.7.3 全支付拍卖中的均衡出价

我们在首价拍卖中分析的方法也适用于其他的形式。现在我们将展示这种分析方法如何应用在全支付拍卖中:回忆 9.5 节提到的拍卖形式,如设计政治游说这类活动——最高出价者赢得商品,但是其他人也要支付他们的出价。

继续使用之前在首价拍卖中使用的基本框架,有 n 个竞拍者,每一个人有随机地、独立地均匀分布在区间 $[0,1]$ 的估值。和之前一样,我们想找到一个反映出价的估值的函数 $s(\cdot)$,这样如果所有竞拍者使用 $s(\cdot)$ 时,那使用 $s(\cdot)$ 就是最优策略。

在一个全支付拍卖中,假如竞拍者 i 没有赢,i 的期望回报就是个负值。公式如下:

$$v_i^{n-1}(v_i - s(v_i)) + (1 - v_i^{n-1})(- s(v_i))$$

第一项对应假如 i 赢得竞拍的回报,第二项对应如果 i 输掉竞拍的回报。正如此前我们可以考虑一个假的估值,对应函数 $s(\cdot)$ 表示一个偏离的出价策略;那么假如 $s(\cdot)$ 是竞拍者使用的均衡选择,则

$$v_i^{n-1}(v_i - s(v_i)) + (1 - v_i^{n-1})(- s(v_i)) \geqslant v_i^{n-1}(v_i - s(v)) + (1 - v^{n-1})(- s(v)) \tag{9.8}$$

v 取值范围在区间 $[0,1]$ 之间。

注意,期望回报是由无论输赢都需支付的一个固定价格 $s(v)$ 以及假如 i 赢得拍卖的估值 v_i 组成的。消去不等式(9.8)中的同类项,我们可重写为:

$$v_i^n - s(v_i) \geqslant v^{n-1}v_i - s(v) \tag{9.9}$$

现在,将右边的写为一个函数 $g(v)=v^{n-1}v_i - s(v)$,由不等式(9.9)可以看到,当 $v=v_i$,函数 $g(\cdot)$ 得到最大值。即令 $g'(v_i)=0$,通过以下微分方程可以确定函数 $s(\cdot)$:

$$s'(v_i) = (n-1)v_i^{n-1}$$

因此得到,$s(v_i)=\left(\dfrac{n-1}{n}\right)v_i^n$。

因为 $v_i < 1$,它的 n 次方随 n 的增加以指数率减小(如函数 $s(\cdot)$ 所示)。这证明了在全支付拍卖中当竞拍人数增加时,竞拍者应该大大减少他们的出价。

我们也可以得出卖家的期望收入。在全支付拍卖中,卖家从每一个参与者中收取费用;另一面,竞拍者也因此以低价出价。每个竞拍者对卖家收入贡献的期望值为:

$$\int_0^1 s(v)\,\mathrm{d}v = \left(\frac{n-1}{n}\right)\int_0^1 v^n\,\mathrm{d}v = \left(\frac{n-1}{n}\right)\left(\frac{1}{n+1}\right)$$

因为这是卖家从每个竞拍者所得的收入,卖家的总期望收入是:

$$n\left(\frac{n-1}{n}\right)\left(\frac{1}{n+1}\right)=\frac{n-1}{n+1}$$

这个期望值当竞拍者采用同样的方法产生估值时,与首价和次价拍卖中卖家的期望收入相同。这个结果再次体现了收入等价原则,包括在一般拍卖形式下的全支付拍卖。

9.8 练习

1. 考虑一个这样的拍卖,卖家希望卖出一件商品,一群竞拍者都希望得到这个商品。卖家举行密封报价次价拍卖。你的公司也参加竞拍,但是不知道多少竞拍者会参与其中。除了你公司外,可能会有两个或者三个竞拍者。所有竞拍者都对商品有独立私密的估值。你公司对商品的估值是 c。你公司应提交什么出价,并且它是如何取决于参加竞拍者的数量? 对你的答案作出简单解释(1~3 句话)。

2. 这个问题希望你能回答在密封报价次价拍卖中,竞拍者的数量是如何影响卖家对商品的期望收入? 假设有两个竞拍者,分别有独立、私密的估值 v_i,不是 1 就是 3。对每一个竞拍者,1 或 3 的概率都是 1/2(假如最高出价 x 出现平局,那么赢家会被随机选出,支付价格为 x)。

   (a) 论证卖家的期望收入是 6/4。

   (b) 假定有 3 个竞拍者,分别都有独立、私密的估值 v_i,不是 1 就是 3。对每一个竞拍者来说,1 或 3 的概率都是 1/2。在这种情况下,卖家的期望收入是多少?

   (c) 简单解释为什么竞拍者数量的变化会影响卖家的期望收入。

3. 这个问题希望你能回答在一个密封报价次价拍卖中,卖家的期望收入是多少? 假设所有的竞拍者都有独立、私密的估值 v_i,它要么是 0 要么是 1。0 和 1 的概率都是 1/2。

   (a) 假定有两个竞拍者。那么他们的估值(v_1,v_2)就会有 4 个可能组合:$(0,0)$、$(1,0)$、$(0,1)$以及$(1,1)$。每一组合的概率是 1/4。说明卖家的期望收入是 1/4。(假设最高价 x 出现平局,那么赢家会被随机选出)

   (b) 假如有 3 个竞拍者,卖家的期望收入是多少?

   (c) 这里需要进行一个推测,即随着竞拍者数量的增加,卖家的期望收入也会增加。在这个例子中,我们考虑随着竞拍者数量增加,卖家的期望收入最终会收敛于 1。解释这为什么会发生。你不需要写出证明过程,一个直观解释就可以。

4. 一个卖家要举行一个密封报价次价拍卖。有两个竞拍者 a 和 b,都有独立、私密的估值 v_i,非 0 即 1。对两个竞拍者来说,$v_i=0$ 和 $v_i=1$ 的概率都是 1/2。两个竞拍者都理解拍卖,但是竞拍者 b 有时候对商品的估值会犯错误。一半时间上,他的估值是 1,并且他知道是 1;另一半时间,他的估值是 0,但是有时候他错误地认为他的估值是 1。让我们来假设,当 b 的估值是 0 但是他以为是 1 的概率是 1/2,就如估值是 0 的概率为 1/2 一样。所以,竞拍者 b 认为估值是 0 的概率是 1/4,认为估值是 1 的概率是 3/4。竞拍者 a 对他自己的估值从不犯错,但是他很明白竞拍者 b 犯的错误。两个竞拍者都基于自己对商品估值的看法进行最优出价。如果在最高价 x 上有平局,那么赢家随机选出并支付 x。

   (a) 对竞拍者 a 来说,以真实出价还是占优策略吗? 简单解释原因。

   (b) 卖家的期望收入是多少? 简单解释。

5. 在一个密封报价次价拍卖中,卖家有一个估值为 s 的商品,有 1、2 两个买家,各持有估值 v_1 和 v_2。s、v_1 和 v_2 值都是独立、私密的估值。假设两个买家都知道卖家也会提交密封价 s 参拍,但是他们不知道 s 的值。对买家来说,真实出价是最优出价吗? 他们该以真实估值出价吗? 对你的答案作出解释。

6. 在本题中,我们会考虑在一个密封报价次价拍卖中,买家间共谋的影响。有一个卖家使用密封报价次价拍卖来出售商品。竞拍者都有独立、私密且均匀分布在区间$[0,1]$中的估值。假如一个竞拍者以估值 v 在价格 p 上获得商品,他的回报是 $v-p$;假如一个竞拍者没有获得商品,那么他的回报是 0。我们考虑知道彼此价值的两个竞拍者之间的共谋的概率。假设这两个串通的竞拍者的目的是选择他们的出价以将其回报最大化。只要出价在区间 $[0,1]$ 之内,竞拍者可以提交任何价格。

(a) 首先考虑只有两个竞拍者的情况。竞拍者应提交什么价格? 请予以解释。

(b) 现在假设有第三个竞拍者,他没有和另两个人串通。第三个人的出现,会改变另两个合谋者的最优出价吗? 请解释。

7. 一个卖家宣称会以密封报价次价拍卖出售一箱珍贵红酒。一群竞拍者各自都想拍得这箱红酒。每个竞拍者因私人消费原因对红酒感兴趣;竞拍者对红酒的估值可能不同,但是他们不计划再次出售红酒。所以,我们将他们对红酒的估值看为独立、私密的值(如第 9 章)。你是竞拍者的一员;你是竞拍者 i,你的估值是 v_i。

你在以下场景中,应如何出价? 在每一个情况中,对你的答案做出解释;不需要正式的论证。

(a) 你知道一些竞拍者会在出价上串通。这些人会选择一个竞拍者提交一个"真实出价" v,而其他人都会提交出价 0。你不是同谋的一员,你也不能和其他竞拍者串通。

(b) 你和其他竞拍者刚刚得知卖家会收集出价,但是不会卖出红酒,因为次价拍卖的规定。相反,在收集所有出价后,卖家会告诉全部竞拍者,有其他竞拍者(虚构的)实际上提交了最高价格,并赢得了拍卖。这个竞拍者当然不存在,所以在拍卖后,卖家仍然持有红酒。卖家计划单独联系实际最高出价者,并告知他虚构的最高出价者弃权(他根本没买红酒),他可以以拍卖中提交的价格买到红酒。你不能与任何竞拍者串通(你不需要得到一个最优出价策略。只需解释你的出价是否应与你的估值不同,及假如应不同的话,是怎么变化的)。

8. 本题我们考虑在一个拍卖中,一个竞拍者不理性的行为会如何影响其他竞拍者的最优行为。一个卖家以密封报价次价拍卖出售一件商品。假设有 3 个竞拍者,各有独立、私密的估值 v_1、v_2 和 v_3,都均匀分布在区间 $[0,1]$ 中。

(a) 假设开始所有的竞拍者都很理性;他们都提交最优出价。哪一个竞拍者(就估值而言)赢得拍卖,以及这个竞拍者需支付多少(同样从竞拍者的估值来说)?

(b) 假设竞拍者 3 非理性地以高于他的估值出价;竞拍者 3 的出价是 $(v_3+1)/2$。所有其他竞拍者都知道竞拍者 3 这样做是不理性的,尽管他们并不知道竞拍者 3 对商品的真实估值是多少。这会如何影响到其他竞拍者的行为?

(c) 竞拍者 3 的非理性行为对竞拍者 1 的期望回报会造成什么影响? 这是一个竞拍者 1 所不知道的、高于 v_2 和 v_3 的期望。你不需要提供一个完整解答或论证;一个直观解释就可以。(记住,假如竞拍者赢得拍卖的话,一个竞拍者的回报是竞拍者的商品估值减去价格;如果竞拍者输掉拍卖,则回报为 0。)

9. 本题考虑一个卖家应从密封次价拍卖中期望获得多少收入。假定有两个竞拍者,各有独立、私密的估值 v_i,非 1 则 2。对每个竞拍者,$v_i=1$ 及 $v_i=2$ 的概率各是 1/2。假设在最高价 x 上出现平局,则赢家在以 x 出价的最高出价者间随机选出。我们也假定对卖家来说,商品的估值是 0。

(a) 说明卖家的期望收入是 5/4。

(b) 现在假设卖家设定底价 R 为 $1<R<2$,即假如有人出价不低于 R,商品会卖给最高出价者,竞拍者支付的价格为次高出价和 R 的最大值。假如没有出价高于 R 的时候,商品不会被卖出,卖家的收入为 0。假设所有竞拍者都知道 R。作为 R 的函数,卖家的期望收入是什么?

(c) 使用前两部分的结果,证明:想将期望收入最大化的卖家永远不会将底价设在 1 和 1.5 之间的数。

10. 本题我们将考察一个密封报价次价拍卖。假设有两个竞拍者,各有独立、私密估值 v_i,非 1 则 7。对每个竞拍者来说,$v_i=1$ 及 $v_i=7$ 的概率都是 1/2。所以竞拍者估值 (v_1,v_2) 的可能组合是:$(1,1)$、$(1,7)$、$(7,1)$ 和 $(7,7)$。每个估值组合的概率为 1/4。

假设在最高出价 x 上出现平局,那么赢家就在出价 x 的出价者中随机选出。

(a) 对每对估值组合,每个竞拍者的出价是多少? 赢家会支付什么价格,赢家会获得多少回报(赢家估值和他支付价格的差额)?

(b) 现在我们来考察在次价拍卖中,卖家会期望获得多少收入以及竞拍者会期望获得多少回报。收入和回报取决于估值,所以来计算 4 个可能估值组合的每一项的平均值。(注意,这样做,我们是在竞拍者知道自己对商品估值之前计算每个竞拍者的期望回报)在次价拍卖中,卖家的期望收入是什么?每个竞拍者的期望回报是什么?

(c) 现在卖家决定额外收取一笔参加费。任何想要参与拍卖的竞拍者必须在拍卖开始前向卖家支付此费用,并且事实上,在每个竞拍者知道各自对商品的价值之前,此费用就已征收。竞拍者只知道估值的分布,以及任何支付此费用的人才能参与到此商品的次价拍卖中。在这场博弈中增加了一个环节,即竞拍者自主决定是否支付费用加入到拍卖中,或者拒绝支付并退出拍卖。第一个环节之后,就是第二个环节,凡支付费用的人参与拍卖。我们会假设在第一环节后,两个潜在竞拍者都只知晓自己对商品的估值(但是并不知道另一个潜在竞拍者的估值)以及另一个竞拍者是否决定加入拍卖。

假设任何不参加拍卖的潜在竞拍者的回报为 0。假如没有人选择参与拍卖,那么卖家就继续持有商品,不会开展拍卖活动;假如只有一个竞拍者在拍卖中选择参与拍卖,则卖家进行一个只有一个竞拍者的次价拍卖(视次价为 0);最终假如两个竞拍者都参与次价拍卖,则这就是你在(a)部分解答的问题。在每个竞拍者都支付费用且参加拍卖中,存在均衡吗?对你的答案作出解答。

11. 这个问题将分析单品次价密封拍卖行为。考虑一种情况,其中竞拍者对商品的真实估价会有所不同,竞拍者需要做些研究工作以确实其对商品的真实估价——可能竞拍者需要确定能从商品获取多少价值(这种价值对不同的竞拍者是不同的)。

有三个竞拍者,竞拍者 1 和 2 的估值分别为 v_1 和 v_2,它们是均匀分布在区间$[0,1]$的随机数。通过研究,竞拍者 1 和 2 确定了各自对商品的估值,但并不了解对方的估值。

竞拍者 3 没有做充分的研究工作以确定估值。他知道他和竞拍者 2 很相似,因此认为其真实估值 v_3 与 v_2 完全相同。问题是竞拍者 3 最初并不知道这个价值 v_2(也不知道 v_1)。

(a) 竞拍者 1 在这个拍卖中应该如何出价?竞拍者 2 如何出价?

(b) 竞拍者 3 在拍卖中应该怎样做?解释你的回答,不需要形式化的证明。

第三部分

网络中的市场与策略性互动

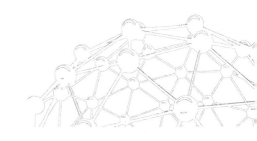

第 10 章　匹配市场

我们已经看到了分析网络结构及其节点代理①互动行为的一些方法。几个例子都涉及结构与行为两方面的问题,如网络中的流量问题,包括布雷斯悖论,等等。接下来的几章会更充分地探讨这种网络结构和策略性互动在多种场合下的共同作用。

首先,市场是体现多个代理在网络结构下互动的基本范例。当我们想到市场为买方和卖方之间的互动创造了机会,其中就隐含着一个网络,体现买方和卖方接触的条件。事实上,有不少运用网络来为市场参与者之间的互动建模的方式,下面会讨论其中几种。特别是,第 12 章将介绍网络交换理论,讨论市场方式的互动如何变成一个更广泛意义上的社会交换的形式,在这种形式下,一个群体中的社会动态性可以通过群体成员在社交网络中互动权力的不平衡来建模。

10.1　二部图与完美匹配

匹配市场形成了我们所考虑模型中的第一个层次,是本章的中心内容。匹配市场在经济学、运筹学和其他一些领域都有着很长的研究史,它们很清晰地体现了几个基本原则:人们可能对不同商品有不同喜好;价格可以使商品的分配分散化;这些价格事实上可以产生最优的社会分配。

下面通过逐步丰富的模型来介绍这些要素。作为开始,假设商品可以按人们的喜好分配,而这些喜好是以网络化的形式表达;但是没有明确的买入、卖出或价格设定。这个假设对于接下来更复杂的模型是一个关键。

1. 二部图

从二部图匹配问题开始,考虑下面的场景。假设大学宿舍管理员要为每个新学年返校的学生分配房间;每个房间一个学生,而学校要求每个学生都列出自己能够接受的房间选项清单。学生们对房间可以有不同的喜好,如更大、更安静或阳光更好等,这样,如果有许多学生,他们的清单就会以复杂的方式重合。

---

① 所谓"节点代理",指的是我们想象每个节点对应一个具有主观能动性的实体(例如一个人、一个机构),他们(它们)可根据该节点在网络中的地位表现出某种行为,并通过网络结构产生一定的全局影响。——译者注

可以用一个图来表示学生们的清单。每个学生以一个节点代表,每个房间也以节点代表,如果某学生把某个房间列在他的清单上,就有一条线把该学生和房间连起来。图 10.1 代表了 5 个学生和 5 个房间的例子(其中指出,名叫维克兰的学生列出了 1、2、3 号房间,而名叫温蒂的学生只列出了 1 号房间)。

这种图叫做**二部图**(bipartite graph),具有一种很重要的性质,此前在第 4 章讨论网络归属问题的时候见过。二部图中的节点被分为两组(或称"两类"),每条边连接的必须是不同组别中的节点。这个图中的两组分别是学生和房间。就像第 4 章中二部图可表现人们在不同活动中的参与情况,本章用它表示一类人或事物和另外一类人或事物的匹配。图 10.1 所示是一个二部图,两组不同的节点分成平行的两列,每条边的两个端点分别在不同的列。

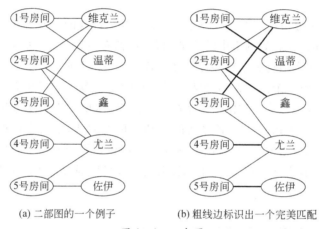

(a) 二部图的一个例子 　　　　(b) 粗线边标识出一个完美匹配

图 10.1　二部图

2. 完美匹配

回到大学宿舍管理员的任务上来:给每个学生分配一间他们愿意接受的房间。这个任务可以很自然地通过以上所画的图来解释:由于边代表学生愿意接受的房间,我们想要给每个学生分配一个房间,所以每个学生要安排到一个与他有边相连的房间。图 10.1(b)用粗线边显示出每个学生分配到的房间。

称下面的安排为一个**完美匹配**(perfect matching)。

当二部图的两边有数目相同的节点,一个完美匹配就是左右节点的配对:

(1) 每个节点都有边连接到另外一列的节点。

(2) 不会出现左边两个节点同时连到右边同一个节点上。

如图 10.1(b)所示,也可以从边的角度来考量完美匹配,即一个完美匹配就是二部图中的一组边,图中的每个节点恰好是一条边的端点。

3. 受限组

为说明二部图中有一个完美匹配,指出有关边的集合就足够了。但如果一个二部图没有完美匹配呢?如何断言一个二部图中不存在任何完美匹配?

乍看上去这并不明显,人们很自然想到一种方法是把所有可能性都试一遍,最后表明不可能配对成功。但事实上基于图 10.2 的逻辑有一种简便的方式证明不存在完美匹配。在

图 10.2 里,维克兰、温蒂和鑫三个人一共只提供了两个可被接受的选项,即三个人只有两个喜爱的房间,因此不能形成一个完美匹配——他们之一必然要被分到一个不喜欢的房间了。

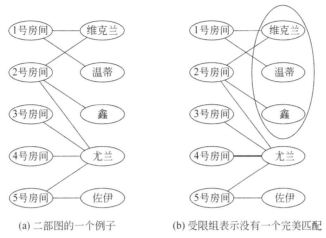

(a) 二部图的一个例子　　　　　　　(b) 受限组表示没有一个完美匹配

图 10.2　没有完美匹配的二部图

将这三个学生形成的节点组称为"受限组",原因是连接他们和二部图另一组节点的边限制了完美匹配的形成。这个例子指出了一个普遍的现象,可以通过对受限组的定义来加以明确。首先,取二部图右边任何一组节点 S,将左边通过边与其相连的节点称为 S 的邻居,用 $N(S)$ 表示所有 S 邻居的集合。最后,如果 S 比 $N(S)$ 的数量大——也就是说,S 比 $N(S)$ 包含更多的节点,那么右边的 S 就受限制。

不论任何时候,一个二部图中出现一个受限集合 S,即表示不可能有完美匹配:S 中的每个节点都要匹配到 $N(S)$ 中一个不同的节点,但 S 中所含节点比 $N(S)$ 中多,所以不可行。

很容易看到受限组阻碍了完美匹配的形成。同时,尽管不那么明显,但事实上受限组也是完美匹配的唯一阻碍。这就是被称为**匹配定理**(Matching Theorem)的要点。

匹配定理:如果一个两边节点相等的二部图无法形成完美匹配,那么它一定包含一个受限组。

匹配定理由 Denes König 和 Philip Hall 于 1931 年和 1935 年分别独立发现[280]。如果没有这一定理,人们可能认为一幅无法形成完美匹配的二部图会有多种原因,有些甚至复杂得难以解释;但这一理论以简洁的方式说明了受限组事实上是完美匹配的唯一阻碍。作为本章学习的要求,我们只需了解匹配定理的含义,不深究其证明。然而,它的证明也是相当漂亮的,因此在本章 10.6 节的深度学习材料中给予了介绍。

现在运用学生和宿舍的例子来思考匹配定理。当学生提交了他们可接受的房间清单后,宿舍管理员很容易向学生解释安排的结果。他或者可以宣布一个完美匹配,每个学生得到自己喜爱的房间,或者他可以指出一组学生提供的选择范围太小,从而无法进行分配。这样一组学生就是受限组。

10.2　估值与最优分配

前面所讲的二部图匹配问题说明了简单市场形式中的一个方面：个体以可接受的选项方式表达他们对某些对象的偏好；一个完美匹配体现了满足他们偏好的对象的分配方案；而如果不存在完美匹配，则是因为系统中包含"限制"的阻碍。

下面来更加深入地讨论二部图匹配市场的问题。首先，允许每个人表达偏好时不是用二元方式表示"接受"或"不接受"，而是以数值来表示他们对每个对象的喜爱程度。对前面10.1节中学生和宿舍的例子而言，就是让每个学生对每个房间给一个数值评价来表明他们对房间的满意程度，而不是仅给出一张可接受的房间清单。图10.3(a)是三个学生和三个房间的例子，例如鑫对于1、2、3号房间的估值分别为12、2和4(而尤兰对1、2、3号房间的估值分别为8、7和6)。注意学生们对于每个房间的评价可能存在差别。

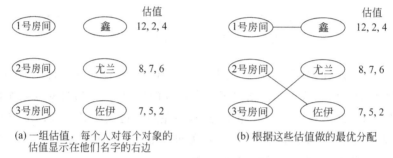

(a) 一组估值，每个人对每个对象的　　　　　　　(b) 根据这些估值做的最优分配
估值显示在他们名字的右边

图 10.3　估值与最优分配

在一组个体对一组对象进行估值的场合，可以定义一种量，来评估将那些对象分配给不同个体的方案的质量，比如：可以定义分配方案的质量等于每个人所得到的对象的估值总和。[①] 这样，图10.3(b)中展示出分配结果的质量为12＋6＋5＝23。

如果宿舍管理员知道每个学生对每个房间的评价数值，那么一个合理分配房间的办法就是寻求尽可能高的分配方案质量。我们将之称为最优分配，因为这种方法使得每个人的满意程度总体达到最高。在图10.3中可以看到那是一个最优分配方案。当然，虽然最优分配提高了总的满意程度，它并不能保证给每个人最想要的房间。比如在图10.3(b)中，所有学生都认为1号房间最好，但只有一个学生能得到它。

具体来说，寻求最优分配的问题有时也对应10.1节中二部图匹配的问题。特别是，可以看到二部图匹配问题是最优分配问题的一个特例。下面阐述原因。在10.1节中谈到的学生和房间数目相等，每个学生提交一份可接受的房间清单，而不提供数字估值，这样便形成一个如图10.4(a)所示的二部图，我们想要知道其中是否包含完美分配。这个问题也可以用估值和最优分配的观点来表达。对于学生接受的每个房间，我们将其估值定为1，而对于他们没看上的房间，我们将其估值定为0，将这个原则应用于图10.4(a)，就得到图10.4(b)。

---

①　当然，这种评价一个方案的质量的概念只是在将个体估值相加有意义的场合才合适。此处可以将个人的估值解释为他们愿意为相应对象付费的上限，于是估值的和就是群体愿意为方案支付的总量。第6章还讨论过将个体回报相加的问题，用博弈中的回报之和定义社会优化。

现在,当我们能给每个学生提供他认为是 1 而不是 0 的房间时就产生了一个完美匹配,其中最优分配的质量(估值)和学生数一致。这个简单例子说明了二部图匹配问题如何隐含在寻找最优分配的问题之中。

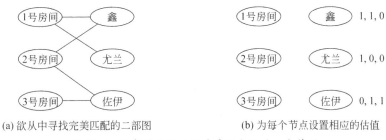

(a) 欲从中寻找完美匹配的二部图   (b) 为每个节点设置相应的估值

图 10.4 二部图匹配问题是最优分配的一个特例

虽然最优分配的含义自然且具有一般性,但找到一个最优分配的方法不是显而易见的,其中有些微妙之处。接下来的两节会在更广泛的市场语境中来讨论获得一个最优分配的方法。

10.3 价格与市场清仓

至此,我们一直在用一种比喻,即"一个管理员"通过对每个人提供的数据进行中央计算,来得到完美匹配,或最优分配。虽然有很多类似的市场行为是以这种方式来进行(如学生和宿舍的问题),但更标准的市场情景是没有如此强的中央协调机制,每个人只是根据商品的价格和他对其估值的基础上来做出决定。

对此情况的把握是我们对市场匹配问题形式化的重要一步,即理解价格如何在非集中式的市场活动中发挥作用。我们会看到如果以商品的定价策略来代替一个中央管理员,让个体根据他们对商品的评估寻求最佳个人利益,这样也能产生最优分配。

为了更好地解释这个问题,我们稍微改变上述学生与宿舍匹配的例子,让价格的角色更为自然一些。假设有一组卖家,每人都有一套房子要出售;同时有相等数量的买家,每人都需要买一套房子。与前面的情形类似,每个买家对每套房屋都有自己的估值,不同买家对同一套房屋可有不同的估价。买家 j 对卖家 i 所持有房屋的估价用 v_{ij} 来表示,下标 i 和 j 表示该估值对应的潜在买卖双方。我们同时假设每个估值都是正整数($0,1,2,\cdots$),假设卖家对每套房子的估值均为 0;他们只在乎从买家收到的金额,对此我们如下进一步说明[①]。

1. 价格和回报

假设卖家 i 以 p_i 的价格出售自己的房子,p_i 大于等于 0。如果买家 j 从卖家 i 处以该价格买到此房屋,我们就说买家的回报就是她对该房屋的估值减去她需要付的钱:$v_{ij} - p_i$。如果有一组价格,而买家 j 想要最大化她的回报,会选择使 $v_{ij} - p_i$ 达到最大值的那个卖家 i 购买,需要注意以下几点。首先,如果多个卖家都给出同样的最大值,则买家可以选择任何

---

① 出于简化的考虑,假设卖家对他们的房子都估值为 0,如果需要,也可以直接采取这样的观点:"0"在此其实只是代表某种极小的基数,所有其他估值和价格都表示在它之上的量。这种分析也可以用于卖家可能对房子有不同估值的场合。由于这些更一般的模型对我们要建立的基本概念没什么太大帮助,我们就用估值为 0 的假设。

一个卖家。其次,如果她的回报 $v_{ij} - p_i$ 对于每个卖家 i 都是负值,那么买家将不买任何房屋,我们假设她不做交易的回报是 0。

我们将能为买家 j 提供最大化回报的一个或多个卖家称为买家 j 的"偏好卖家",前提是这些卖家提供的回报不是负数。如果 $v_{ij} - p_i$ 是负数,则我们说买家 j 没有任何"偏好卖家"。

图 10.5(b)~(d)展示了对于相同的买家估值的 3 组不同价格。注意,对于每位买家,他们偏好卖家的组合如何根据价格变化而变动。例如在图 10.5(b)中,买家 x 如果从 a 买入得到的回报是 12−5=7,如果从 b 买入得到的回报是 4−2=2,如果从 c 买入得到的回报是 2−0=2,这就是为什么 a 是她唯一的偏好卖家。同样地也可以得出买家 y(3、5 和 6)和 z(2、3 和 2)与卖家 a、b 和 c 分别交易的回报。

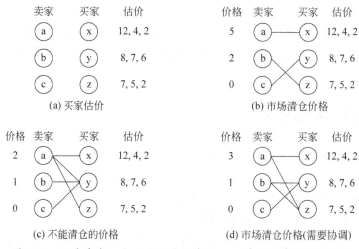

图 10.5 三个卖家(a、b、c)和三个买家(x、y、z)在不同情况下的匹配

2. 市场清仓价格

图 10.5(b)很好地表现了一种性质,如果每个买家都直接指出她最喜欢的房子[①],那么每个买家最后都会得到一套不同的房子:价格似乎完美解决了房屋购买的矛盾。尽管这是在三个买家都对卖家 a 的房屋评价最高的情况下发生的,是高至 5 的价格使得买家 y 和 z 不再寻求购买这间房屋。

我们将这样一组价格称为**市场清仓价格**,因为它们使每间房屋都有了不同的买家。相对而言,图 10.5(c)则显示了一组不能实现市场清仓的价格,因为买家 x 和 z 都想要卖家 a 的房屋——这样当每个买家都寻求能够最大化他们回报的房屋时,购房矛盾并没有解决(注意,由于给出的回报相等,对于买家 y 来说,a、b 和 c 都是她的偏好卖家,但这无助于解决 x 和 z 之间的矛盾)。

图 10.5(d)显示了市场清仓价格这一概念的另一微妙之处,即如果买家们互相协调,每人都选择一个适当的偏好卖家,这样每个买家都得到不同的房屋(这要求买家 y 购买卖家 c 的房屋而 z 购买 b 的房屋)。由于用偏好卖家可以消除矛盾,我们说这组价格也是市场清仓

---

① 按照"估值—价格"而论,不只是估值。——译者注

价格,虽然在满足最大回报的多个卖家之中选一的问题上需要一些协调。某些情况下,这种"平局"是难以避免的,比如,如果所有买家对于全部商品的估值一样,那么没有任何价格组合能消除他们之间的对称性。

由于平局的存在,我们将更加一般地思考市场清仓价格。对于一组价格来说,我们只是在每个买家和她的偏好卖家之间连上一条边来定义一个**偏好卖家图**,所以图 10.5(b)至图 10.5(d)就是针对每组价格形成的偏好卖家图。现在可以直接给出结论:如果一组价格形成的偏好卖家图有完美匹配,那么它就是一组市场清仓价格。

3. 市场清仓价格的属性

在某种程度上,市场清仓价格感觉有点太好了,不可能是事实:如果卖家把价格设定合适了,那么在人们追逐自我利益的过程中(同时可能需要一些针对平局的协调),所有买家都不会阻碍别的买家而分别购买到不同的房屋。我们已经看到这样的价格可以在一个很小的例子中实现;但事实上在更一般的情形下也是对的,即我们有:

市场清仓价格的存在性:对于任何买家估值的组合,总存在一组市场清仓价格。

所以,市场清仓价格并不是某个个案中偶然出现的结果,它们总是存在的。但这并不明显,接下来会讨论如何构建市场清仓价格,而在这个过程中会证明它们的存在性。

先来考虑另外一个很自然的问题:市场清仓价格和社会福利之间的关系。虽然市场清仓价格能让所有买家解决他们之间的矛盾而获得不同的房屋,这是否意味着最后得出的分配是好的? 其实,这里也有个很显然的事实:市场清仓价格(对于这种买卖匹配的问题)总是产生最优社会结果。

市场清仓价格的最优性:对于任何一组市场清仓价格,偏好卖家图中的一个完美匹配使估值总和在所有买家与卖家的配对中达到最高。

和以上关于市场清仓价格存在的结论相比,这一关于最优性的事实可以更加简单地予以论证,虽然可能更微妙。

论证如下。考虑一组市场清仓价格,让 M 表示偏好卖家图中的一个完美匹配。现在来考虑这个匹配的回报总和,简单地定义为每个买家得到回报的总数。由于每个买家都会拿到能最大化自己回报的房屋,那么不论房屋如何分配,M 都有最大的回报总和。现在希望的是 M 能最大化估值总和,那么回报总和如何与估值总和联系起来呢? 如果买家 j 选择房屋 i,那么她的估值是 v_{ij},她的回报是 $v_{ij} - p_i$。这样,所有买家的回报总和就是估值总和减去价格总和:

$$M \text{ 的回报总和} = M \text{ 的估值总和} - \text{价格总和}$$

但是,价格总和不取决于我们选择哪种匹配(仅仅是卖家对每栋房屋的要价,不论买家能否接受这一价格)。因此,能够最大化回报总和的匹配 M 也就是能最大化估值的匹配。论证完毕。

思考市场清仓价格的最优性还有另外一个重要的方式,它和我们刚刚描述过的方式一样重要。假设我们不是考虑匹配产生的估值总和,而是考虑市场上所有参与者得到的回报总和,包括卖家和买家。对于买家来说,她的回报由以上决定:是她对房屋的估值减去她所付的价钱。一个卖家的回报就是他通过出售房屋所得到的报酬。因此,在任何匹配中,所有卖家的回报总和便等同于价格总和(和哪个买家付给哪个卖家无关)。以上论证了所有买家的回报是匹配 M 中估值总和减去价格总和。因此所有参与者的回报总和,包括买家和卖家,和匹配 M 的估值总和完全一致;关键是从买家回报总和里减去的价格和它们对于卖家回报作出的贡献是完全一致,于是价格总和在这个计算中抵消了。因此,要使所有参与者的总回报达到最大值,需要一组价格和一个能导致估值总和最大化的匹配,而这是通过市场清仓价格和它所产生的偏好卖家图中的完美匹配实现的。对此,给出以下总结:

市场清仓价格的最优性(等价的版本):一组市场清仓价格及其对应的偏好卖家图中的完美匹配,能产生买家和卖家回报总和的最大可能值。

10.4　构造一组清仓价格

现在来看个更复杂的问题:为什么市场清仓价格总是存在的。我们将选取任意一组买家的估值,通过描述达成市场清仓价格的过程来回答。这个过程有点像拍卖,不仅是我们在第 9 章中讨论过的单品拍卖,而是有许多商品的拍卖,并且许多买家对它们有不同的估值。这一拍卖过程由经济学家 Demange、Gale 和 Sotomayor 在 1986 年描述[129],但它其实等同于匈牙利数学家 Egerváry 更早于 1916 年发现的市场清仓价格的构造过程[280]。

下面描述这个拍卖过程。起初所有卖家都把价格设置为 0,买家通过选择他们的偏好卖家作出反应,然后来看结果偏好卖家图。如果此图含有完美匹配问题就解决了;否则,这也是问题所在,即有一部分买家 S 受限。假设其邻居卖家集合是 $N(S)$。也就是说 S 中的买家只想要 $N(S)$,但 $N(S)$ 中的卖家比 S 中的买家少。因此 $N(S)$ 内的卖家很抢手,有太多的买家关注他们。他们的反应便是把价格提高一个单位,然后继续拍卖。

在价格形成过程中还有一种处理,是在价格上的“减少”操作。如果能让价格“伸缩”,以保持最小的值为 0,会有助于这个过程的描述。因此,如果遇到所有价格都大于 0,假设最小的价值 p 大于 0,那么我们可以从每个价格中都减去 p,这使最低的价格降到 0,而其他所有价格也都调低了相同值。

下面是这个过程的一般性描述。

(1) 每轮开始时,会有一组既定价格,最小值等于 0。

(2) 构造偏好卖家图,检查是否有完美匹配。

(3) 如果有,过程结束:目前的价格即为市场清仓价格。

(4) 如果没有,我们找到一组受限买家 S 和他们的邻居 $N(S)$。

(5) $N(S)$ 中的每个卖家(同时)把出价提高一个单位。

(6) 如果需要,我们统一降低卖家价格,让每个价格都减少相同数额以使得最低价格为零。

(7) 用新的价格开始下一轮拍卖。

图 10.6 显示了当我们把这个拍卖过程应用于图 10.5 所示例子时的情况。

图 10.6 所示的例子展示了这个拍卖中应当强调的两点。首先,当任何一轮中出现多于一个“过多被关注”的卖家 $N(S)$ 时,其中所有的卖家同时提高他们的价格。如在图 10.6 的第三轮,$N(S)$ 包含 a 和 b,所以他们都提高了价格,产生的价格作为第四轮开始价。其次,我们看到图 10.6 的拍卖过程产生了图 10.5(d)所示的市场清仓价格,而图 10.5(b)告诉我们对于同一组买家估价,还可能存在其他的市场清仓价格。

图 10.6 是将该过程应用于图 10.5 例中的结果。每个图分别表示相继轮次的第(1)和第

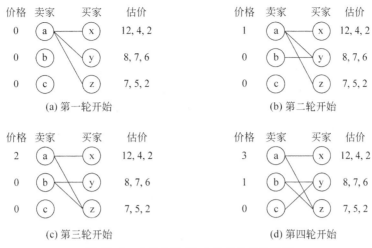

图 10.6　应用于图 10.5 例中的拍卖过程

(2)步,其中构成了该轮次的偏好卖家图。在第一轮,所有价格从 0 开始,所有买家形成受限集合 S,而 $N(S)$ 只包含卖家 a。于是 a 将其价格提高一个单位,拍卖进入第二轮。在第二轮,买家 x 和 z 形成受限集,$N(S)$ 还是只包含卖家 a,他再次将其价格提高一个单位,拍卖进入第三轮(注意,在这一轮,我们可能识别出不同的受限集,S 还是所有买家,但 $N(S)$ 包含 a 和 b。这没什么问题,只是意味着在一轮中可有多种做法来运行拍卖过程,不管是哪一种,当拍卖结束的时候,都会导致市场清仓价格)。在第三轮,所有买家形成受限集,$N(S)$ 包含卖家 a 和 b。此时 a 和 b 同时分别将他们的价格提高一个单位,拍卖进入第四轮。在第四轮,我们建立偏好卖家图,发现它包含一个完美匹配,因而当前价格是市场清仓价,拍卖结束。

说明拍卖一定会结束

我们定义的拍卖过程有一个关键性质:只有达成了清仓价格它才能结束,否则会一直继续。因此,如果能证明,对于买家的任何估值,拍卖过程都一定会结束,也就是说不可能没完没了,则就证明了清仓价格总是存在的。

然而,这种拍卖一定会结束并不是显而易见的。例如,考虑图 10.6 中的拍卖活动序列:价格改变,在不同的时间点上形成不同的受限集合,拍卖最终停在了一组市场清仓价格上。这会是一般情况吗?为什么不可能存在一组估值,使得价格来回变化,总有一些买家受限,从而拍卖结束不了呢?

事实上,这里的价格不可能没完没了地变,拍卖一定会结束。为证明这一点,我们将看到有某种“势能”支撑着这种拍卖活动,随着过程的进行而逐渐消耗;拍卖总是从一定量的初始势能开始,直到耗尽。

这种势能概念的精确定义如下。对于任何当前价格集合,定义一个**买家的势能**(potential of a buyer)是她当前可能获得的最大回报。也就是她通过实现购买可能得到的潜在回报,如果当前价格是市场清仓价格,她就可以得到这个回报。也定义一个**卖家的势能**(potential of a seller)为他当前给出的价格。也就是他通过实现出售可能得到的潜在回报,如果当前价格是市场清仓价格,他就可以得到这个回报。最后定义拍卖的势能为所有参与者的势能之和,包括买家与卖家。

在拍卖过程中这种势能是如何变化的？开始，所有卖家的势能为 0，每个买家的势能等于其最大估值，于是拍卖的势能就是某个整数 $P_0 \geq 0$。同样，在拍卖每一轮开始的时候，每个人的势能至少为 0。卖家是因为他们的价格至少为 0。由于在每一轮的价格约减后，最低的价格总是 0，因而买家的回报至少与购买 0 价格商品的回报相当，即她们的势能至少为 0。这也意味着在每轮开始的时候，每个买家都至少有一个偏好卖家，即该 0 价商品。最后，由于买家和卖家的势能在每一轮开始的时候至少为 0，整个拍卖的势能也如此。

现在，只有价格变化势能才能变化，且这只有在前述过程中的第(5)和(6)步才可能发生。我们注意到，前面所定义的价格约减并不改变拍卖的势能：如果从每个价格中减去 p，每个卖家的势能下降 p，但每个买家的势能提高了 p，相互抵消了。最后，在第(5)步，$N(S)$ 中的每个卖家将他们的价格提高一个单位，拍卖的势能会如何变化？$N(S)$ 中每个卖家的势能上升一个单位，但 S 中的每个买家的势能下降一个单位，相当于她们喜欢的房子都涨价了。由于 S 中的节点比 $N(S)$ 中的多，拍卖的势能下降的比上升的多至少一个单位，于是整个势能至少下降一个单位。

这就说明了在拍卖的每一轮，势能至少降低一个单位。也就是说，拍卖从某个势能值 P_0 开始，每一轮至少减 1，但不会低于 0，于是它一定会在 P_0 轮以内结束，届时我们得到市场清仓价格。

10.5　与单品拍卖的关系

在第 9 章谈到过单品拍卖问题，而这里讨论的基于二部图的拍卖是一种比较复杂的情况。这两者之间有什么关系吗？事实上，我们有一种自然的方法，将单品拍卖看成是二部图拍卖的一个特例，在过程与结果上都能吻合。

设我们有 n 个买家，一个卖家，拍卖一件物品；买家 j 对于该物品的估值为 v_j。为把这种情形映射到基于完美匹配的模型，我们需要买家与卖家的数量相等，这做起来不难：额外创建 $n-1$ 个"虚构的"卖家(概念上，代表 $n-1$ 种不同的使买卖不能成交的方式)，让每个买家对这些虚构卖家的物品估值为 0。设真正卖家的标号为 1，这意味着有 $v_{1j} = v_j$，即买家 j 对真实物品的估值，且对所有虚构卖家 $i > 1$，$v_{ij} = 0$。

现在我们就有了一个地道的二部图模型实例：从买家与卖家的完美匹配中，可以看到哪个买家与真正的卖家匹配(买到了该物品)，从市场清仓价格可以得到真实物品的出售价格。

此外，为形成市场清仓价格所进行的基于受限集提升价格的过程，在此也有一个自然的含义。该过程的一个简单例子如图 10.7 所示。最初，所有买家认定真实卖家为她们的偏好卖家(假设她们对物品都有正的估值)。我们看到的第一个受限集合 S 包含所有买家，$N(S)$ 就是那个真实卖家。然后，该卖家将价格提高一个单位。如此继续，直到只剩两个买家还将该卖家作为偏好卖家：这两个买家形成 S，而 $N(S)$ 还是那个卖家。这个过程中，所有虚构卖家的价格保持 0 不变。真实卖家的价格继续升高，直到只有一个买家依然将其看成是偏好卖家，完美匹配形成。此时正是给出第二高估值的买家被排除的时刻。换言之，最高估值的买家得到了物品，但付出的是次高估值的价格。因此，二部图过程精确地实现了增价拍卖。

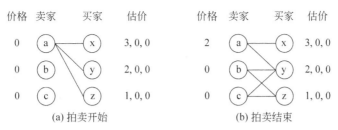

图 10.7 单品拍卖与匹配市场

10.6 深度学习材料：匹配定理的一种证明

本章的讨论提供了市场清仓价格存在性的一个完整证明，只是省略了一个细节，即 10.1 节中匹配定理的证明。这问题本身不大，因为将它当成是个"黑盒子"来使用不妨碍对本章其他内容的理解。然而，匹配定理的标准证明对我们认识二部图的结构是很有益的，我们特别在此给出。回顾匹配定理的表述如下。

断言：如果一个二部图（左右两边的节点数相同）中不存在完美匹配，则它必定包含一个受限集合。

证明这一断言的难点是，要有一种方法，在已知不存在完美匹配的条件下找到一个受限集合。我们的计划如下。取一个左右两边节点数相同，但没有完美匹配的二部图。考虑其中的一个最大匹配（即所包含的节点数尽可能多），我们要试图将它放大，即从图的两边分别增加一个节点。这应该是不可能的（因为所提到的匹配是最大的），要说明的是，当这个努力失败的时候，它就产生了一个受限集合。

自然，这种策略中有许多细节需要处理，第一个问题是考虑如何"放大"二部图中的一个匹配。这实际上就是整个证明的关键。

1. 交替与增强通路

现在需要先忘掉受限集合的事情，集中考虑匹配以及如何将它们放大。作为第一个例子，考虑图 10.8(a) 中的二部图，粗体边指出一个匹配。（称在匹配中用到的边为匹配边，没用在匹配中的边为"非匹配边"。）这个匹配不是一个最大匹配，因为由 W-A 和 X-B 构成的是一个更大的匹配，如图 10.8(c) 所示。

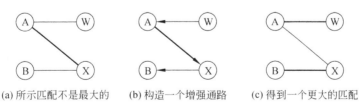

(a) 所示匹配不是最大的　　(b) 构造一个增强通路　　(c) 得到一个更大的匹配

图 10.8 简单图中寻找最大匹配的步骤

对这个例子，通过观察就可以发现更大的匹配。但对于比较复杂的二部图，则需要有一个系统的方法来做这件事。以图 10.8(a) 为例，从节点 W 开始，要找一个匹配，既包含它也包含所有已经在匹配中的节点。W 是否能与 A 匹配？并不是很明显，因为 A 已经与 X 匹配了。于是尝试拆散 A 和 X 的匹配，让 W 和 A 匹配。这使得 X 成为自由节点，然后将其和 B 匹配。这样，匹配得到了放大。

这个过程如图 10.8(b)所示。沿着二部图中的一条之字形通路，交替向匹配中加入非匹配边，删去当前匹配边：对这个例子而言，就是加了 A-W 和 B-X，删去了 A-X。这个之字形通路是简单通路的事实很重要，即没有任何节点重复。称这种在匹配与非匹配边交替的简单通路为"交替通路"。

这个例子说明了一个一般情况下也成立的原理。在任何二部图中，对于一个匹配，如果能找到一个交替通路，开始与结束在非匹配的节点，那么就能交换这条通路上的边的角色：其中非匹配边形成一个新的匹配，而原来的匹配边也变成非匹配边。这样，在通路上的所有节点都被匹配，不但包括以前匹配的所有节点，还有两个新节点；也就是放大了先前的匹配。总结这一段，我们有：

断言：在二部图中，对于一个匹配，如果存在一条其两个端点都是非匹配节点的交替通路，则该匹配可被放大。

鉴于此，我们称带有非匹配端点的交替通路为**增强通路**（augmenting path，又称增广路径），因为它对应一种增强匹配的方式。

增强通路可能要比在图 10.8 中看到的长很多。例如，在图 10.9 中看到一个包含 8 个节点的增强通路，成功地将端点 W 和 D 包含到了匹配中。同样，增强通路一般来说不会像上面这两个简单例子中的那么容易找到。在这两个例子中，寻找增强通路的过程都没有涉及选择的问题，基本上是直截了当的。在比较复杂的二部图中，搜索增广路径的过程会遇到大量死胡同。例如，考虑图 10.10(a)的例子，其中是一个标示了匹配的图。事实上，图中存在一条能成功将 W 和 D 包含到匹配中的增强通路，但即便是这样一个相对小的例子，也需要比较仔细才能找到它。此外，也有另外一些从 W 开始的交替通路，诸如 W-A-X 和 W-B-Y-C-Z，它们都不能延伸到另一个非匹配节点 D，还有从 W 到 D 的通路，如 W-B-Z-C-Y-D，但不是交替的。

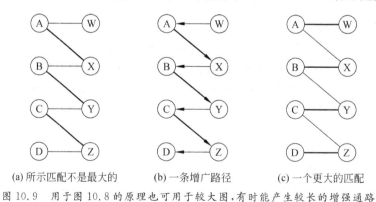

(a) 所示匹配不是最大的　　　(b) 一条增广路径　　　(c) 一个更大的匹配

图 10.9　用于图 10.8 的原理也可用于较大图，有时能产生较长的增强通路

2. 搜索增强通路

幸运的是，人们发现了一个很自然的过程，可用于在指定了一个匹配的二部图中搜索一条增强通路。它是先宽搜索的一个应用，只是增加了交替的要求，称其为**交替先宽搜索**（alternating BFS）。

交替 BFS 的工作方式如下。从右边的任意一个非匹配的节点开始，然后，如同普通的

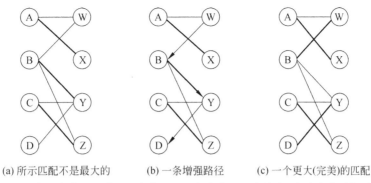

(a) 所示匹配不是最大的　　　(b) 一条增强路径　　　(c) 一个更大(完美)的匹配

图 10.10　在更复杂的图中,找到增强通路需要更仔细地搜索,有时会走到"死胡同"

先宽搜索,一层层地进展到图的其他部分,将新的节点加入到下一层,即与当前层的某节点相连但尚未考虑的那些节点。由于是二部图,这些层次所包含的节点会在图的左右两边交替。现在来看与普通先宽搜索的不同点:由于要搜索增强通路,需要一层层向下交替的通路。这样,当用左边的节点建立新的一层时,只应该用非匹配的边,以发现新的节点;同时,当用右边的节点建立新的一层时,只应该用匹配的边来发现新的节点。

　　图 10.11 显示了图 10.10(a)的例子应用上述过程的情况。从 W 开始(将它看成 0 层),沿着非匹配边,建立第 1 层(包含节点 A 和 B)。然后沿着匹配边,向右,建立第 2 层(包含 X 和 Y)。再从这一层沿着非匹配边,向左,建立第 3 层(含 C 和 D);最后,从 C 出发的匹配边将我们带到 Z,形成第 4 层。注意在这个过程中,没有用 B-Z 边:在第 1 层的时候不能用它,因为当时只允许用匹配边;在第 4 层也不能用它,因为 B 已经被发现了。

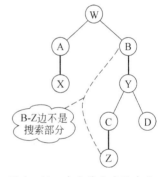

图 10.11　在交替先宽搜索中,得到增强通路的方式

　　现在,关键是要看到,如果这种交替先宽搜索过程一旦产生了一个层次,其中包含一个来自图的左边的非匹配节点,我们就发现了一条增强通路(从而就扩大了匹配)。只需要从 0 层的非匹配节点开始,沿着一条通路向下直到来自左边的那个非匹配节点。这条通路上的边将是在非匹配与匹配之间交替的,因此可作为一条增强通路。

3. 增强通路与受限组

　　这就是一种搜索增强通路的系统化方法。然而,它留下了一个基本问题:如果这个搜索过程没能找到一个增强通路,一定就没有完美匹配吗? 这肯定不是一目了然的:为什么不可能有一个完美匹配隐藏在图中,只是需要一个更加有效的方法来找到它? 事实上,交替先宽搜索足以让我们来回答这个问题。我们将说明,当交替先宽搜索没能找到一个增强通路的时候,可以从这个失败的搜索中提取出一个受限组,从而证明不存在完美匹配。

　　现在来看怎么做。考虑任何二部图,假设我们正在寻找一个不完美的匹配。进一步地,设从右边一个未匹配节点 W 开始做交替先宽搜索,没能达到一个左边未匹配的节点。这个搜索过程的结果层次将类似于图 10.12 所示。具体来说,图 10.13(a)给出了一个没有完美匹配的图的例子,图 10.13(b)则是在这例子上做交替先宽搜索对应的层次。

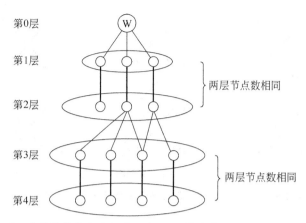

图 10.12   交替先宽搜索过程的一个视图,其中产生了同样大小的层次对

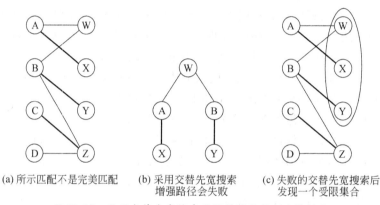

(a) 所示匹配不是完美匹配　　(b) 采用交替先宽搜索　　(c) 失败的交替先宽搜索后
　　　　　　　　　　　　　　　增强路径会失败　　　　　　发现一个受限集合

图 10.13   使用交替先宽搜索寻找增强路径失败的例子

从这个失败的搜索中,可以观察到一些结构信息。

(1) 首先,偶数层包含的节点来自右边,奇数层的节点来自左边。

(2) 此外,奇数层中节点的个数与紧跟着的偶数层中的节点个数相等。这是因为从奇数层不会到达一个未匹配节点,因此在每一个奇数层,节点都通过它们的匹配边连到下一层的不同节点,如图 10.12 所示。

(3) 这样,不算 0 层中的节点 W,偶数层中的节点数与奇数层的节点数一样多。算上 W 的话,偶数层的节点数比奇数层恰好多一个。

(4) 最后,偶数层的每一个节点的邻居都出现在图的某一个层中。这是因为除 W 之外的每一个偶数层节点在上一层有它的配对节点;如果它的某个邻居没有出现在高层,则会在下面的层次中被加进去,因为在该层我们允许用非匹配边来展开搜索。

注意,对于奇数层的每个节点而言,它们的邻居节点不一定出现在某层中。例如,图 10.13(b)中,节点 B 的邻居 Z 就没出现在任何层。这是因为按照交替先宽搜索的规则,从 B 出发仅允许用匹配边,从而没能加进 Z。

将这些观察综合起来,发现如下事实:在一个失败的交替先宽搜索结束之际,所有偶数层中的节点集合形成一个受限集合。这就是因为右边的节点集合 S 要比它左边的邻居集合严格大一点。图 10.13(b) 和图 10.13(c) 给出了一个例子的细节。

这就完成了我们的计划:从失败的交替先宽搜索中提取出一个受限集合。总结如下。

断言:考虑任何指明了一个匹配的二部图,设 W 是右边的任何未匹配节点。如果不存在一个从 W 开始的增强通路,则存在一个包含 W 的受限组。

4. 匹配定理

刚才发现的事实是证明匹配定理的关键一步。有了它,剩下的就容易了。

考虑左右两边节点数相等的二部图,假设它没有完美匹配。取一个最大的匹配,即包含的边尽可能多。由于这个匹配不是完美匹配,且由于二部图的两边节点数一样多,那么在右边一定存在一个未匹配的节点 W。我们知道,此时不可能有一个包含 W 的增强通路,否则该匹配就可以被扩大,与它是最大匹配的前提矛盾。现在,按照前面得到的结论,既然没有从 W 开始的增强通路,就一定有一个包含 W 的受限节点集合。这样,就推断出了在没有完美匹配的二部图中受限集合的存在性,从而完成了匹配定理的证明。

5. 完美匹配的计算

上述分析的一个副产品是我们实际上得到了一个高效确定一个图是否存在完美匹配,且如果存在就得到一个完美匹配,如果不存在就得到一个受限集合的方法。该方法要比蛮力尝试左右两边各种节点配对的可能情况效率高得多。

该方法如下。给定左右两边节点相等的二部图,运行一个匹配操作序列,其中每个匹配比前一个匹配多一条边。从空匹配开始,即其中没有节点的平凡情况。下面是一般的过程:观察当前的匹配,并在图中找到一个未匹配的节点 W。利用交替先宽搜索从 W 开始搜索一条增强通路。若成功,就从结果增强通路中得到一个扩大的匹配,将它看成是当前匹配,继续这个过程。如果失败,过程就结束,并得到一个受限集合,也就证明了该图没有完美匹配。

因为这个过程得到的匹配一个比一个大,其中匹配的个数不会多于二部图每一边的节点数。因此过程结束的时候,要么达到一个完美匹配,要么得到一个受限集合。

一个有趣的问题是,当这个过程以一个受限集合结束的时候,也得到了一个最大匹配吗?答案是否定的。考虑如图 10.14 所示的例子,若试图从 W 开始找到一条增强通路,结果将是失败(得到由 W 和 X 构成的受限集合)。这对于证明不存在完美匹配是足够了。然而,它不意味着当前匹配是一个最大匹配:如果从 Y 开始来寻找增强通路,就会成功,产生路径 Y-B-Z-D。换言之,若要找最大匹配,而不仅是完美匹配,从哪里开始进行搜索增强通路是有讲究的;二部图中某些部分可能"楔死了",而另外的部分还可能有扩大匹配的潜力。

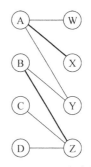

图 10.14　从 W 开始先宽搜索会失败,而从 Y 开始则会成功

不过,上述过程的变体形式可以保证产生一个最大匹配。这里不讨论所有细节[260],但基本思想不难。稍微改动一点点,就可以看到,如果从右边的任何节点开始都找不到增强通路,那么当前匹配就是一个最大匹配。这说明,如果我们在不断寻找更大匹配的过程中,总是一一尝试右边的每一个节点,那么,要么其中一个成功了,要么当前的匹配就是一个最大匹配。这听起来好像是个代价很高的事情,因为要考虑

到右边的每一个节点,但事实上可以做得相当高效,即在交替先宽搜索开始的时候让右边所有未匹配节点都在 0 层,其他照常。如果在某层达到了左边的一个未匹配节点,就可以沿着到达它的通路上溯到 0 层,从而产生一个增强通路。

人们做了许多工作,试图提高在二部图中寻找最大匹配的效率。可能的改进包括交替先宽搜索的不同版本,例如同时寻找多个增强路径,从而减少中间匹配的数量。但一般而言,人们还不知道寻找最大匹配的最高效率如何,这依然是个未决的研究问题。

10.7   练习

1. 设有两个卖家 a 和 b,两个买家 x 和 y。每个卖家各有一幢房子要卖掉,买家的估值如下。

买 家	a 的房子的价值	b 的房子的价值
x	2	4
y	3	6

假设 a 给出的价格是 0,b 给出的是 1。这是一组市场清仓价格吗?给出简短(1~3 句话)说明;作为你的答案的一部分,给出在这种价格下的偏好卖家图,并用它帮助你的解释。

2. 设有三个卖家 a、b 和 c,三个买家 x、y 和 z。每个卖家各有一幢房子要卖掉,买家的估值如下。

买 家	a 的房子的价值	b 的房子的价值	c 的房子的价值
x	5	7	1
y	2	3	1
z	5	4	4

假设 a 和 b 给出的价格都是 2,c 给出的是 1。这是一组市场清仓价格吗?给出简短说明。

3. 设有三个卖家 a、b 和 c,三个买家 x、y 和 z。每个卖家各有一幢房子要卖掉,买家的估值如下。

买 家	a 的房子的价值	b 的房子的价值	c 的房子的价值
x	2	4	6
y	3	5	1
z	4	7	5

假设 a 和 c 给出的价格都是 1,b 给出的是 3。这是一组市场清仓价格吗?给出简短说明。

4. 设有三个卖家 a、b 和 c,三个买家 x、y 和 z。每个卖家各有一幢房子要卖掉,买家的估值如下。

买 家	a 的房子的价值	b 的房子的价值	c 的房子的价值
x	12	9	8
y	10	3	6
z	8	6	5

设 a 要价 3,b 要价 1,c 要价 0。这是一组清仓价格吗? 若是,解释各买家预期要买到哪幢房子;若不是,则指出按照第 10 章的二部图拍卖过程,哪些卖家会提高他(们)的价格。

5. 设有三个卖家 a、b 和 c,三个买家 x、y 和 z。每个卖家各有一幢房子要卖掉,买家的估值如下。

买 家	a 的房子的价值	b 的房子的价值	c 的房子的价值
x	7	7	4
y	7	6	3
z	5	4	3

设 a 要价 4,b 要价 3,c 要价 1。这是一组清仓价格吗? 用第 10 章的有关概念给出解释。

6. 设有三个卖家 a、b 和 c,三个买家 x、y 和 z。每个卖家各有一幢房子要卖掉,买家的估值如下。

买 家	a 的房子的价值	b 的房子的价值	c 的房子的价值
x	6	3	2
y	10	5	4
z	7	8	6

设 a 要价 4,b 要价 1,c 要价 0。这是一组清仓价格吗? 若是,解释谁将得到哪幢房子;若不是,则指出按照第 10 章的二部图拍卖过程,下一轮哪些卖家会提高他(们)的价格。

7. 设有三个卖家 a、b 和 c,三个买家 x、y 和 z。每个卖家各有一幢房子要卖掉,买家的估值如下。

买 家	a 的房子的价值	b 的房子的价值	c 的房子的价值
x	6	8	7
y	5	6	6
z	3	6	5

设 a 要价 2,b 要价 5,c 要价 4。这是一组清仓价格吗? 若是,解释谁将得到哪幢房子;若不是,则指出按照第 10 章的二部图拍卖过程,下一轮哪些卖家会提高他(们)的价格。

8. 设有两个卖家 a 和 b,两个买家 x 和 y。每个卖家各有一幢房子要卖掉,买家的估值如下。

买 家	a 的房子的价值	b 的房子的价值
x	7	5
y	4	1

描述运行二部图拍卖过程确定市场清仓价格时发生的情况,给出在每一轮拍卖结束时的价格,包括整个拍卖结束时的市场清仓价格。

9. 设有三个卖家 a、b 和 c,三个买家 x、y 和 z。每个卖家各有一幢房子要卖掉,买家的估值如下。

买 家	a 的房子的价值	b 的房子的价值	c 的房子的价值
x	3	6	4
y	2	8	1
z	1	2	3

描述我们运行第 10 章二部图拍卖过程时发生的情况,给出在每一轮拍卖结束时的价格,包括整个拍卖结束时的市场清仓价格。

注意:在某些轮,你可能注意到受限买家集合有多种选择。按照拍卖规则,可以选任何一个。尽管不是这个练习的要求,但想想最终的市场清仓价格与这种选择的关系是有意义的。

10. 设有三个卖家 a、b 和 c,三个买家 x、y 和 z。每个卖家各有一幢房子要卖掉,买家的估值如下。

买　　　家	a 的房子的价值	b 的房子的价值	c 的房子的价值
x	9	7	4
y	5	9	7
z	11	10	8

描述我们运行第 10 章介绍的二部图拍卖过程时发生的情况,给出在每一轮拍卖结束时的价格,包括整个拍卖结束时的市场清仓价格。

注意:在某些轮,你可能注意到受限买家集合有多种选择。按照拍卖规则,可以选任何一个。尽管不是这个练习的要求,但想想最终的市场清仓价格与这种选择的关系是有意义的。

11. 图 10.15 是波士顿后湾区地图的一部分。设由 x、y 和 z 标注的黑圈代表住在后湾区公寓的一些人,他们要租停车位。由于建筑物的密度太高,停车位不一定就在他们的公寓旁边,可能需要走一段才到。标注 a、b 和 c 的黑圈表示可供出租的停车位。

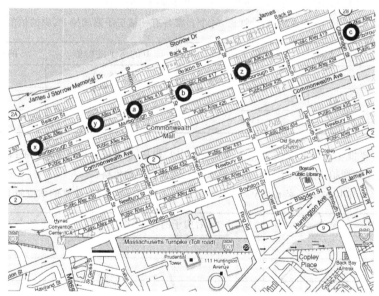

图 10.15　练习 11 中的停车位市场地图

定义一个人到一个车位的距离是从他的公寓要走过的街区数。这样,z 到 c 的距离是 2,y 到 c 的距离是 5,x 到 c 的距离是 6。(我们忽略不计街区长短的差别,每个街区在距离计算中都看成是一样的。)

假设一个人对一个停车位的估值为:8−(他到停车位的距离)。

注意,这个公式对较近的停车位估值较高。我们考虑按照这种估值该怎么对停车位收费的问题。

(a) 以第 10 章内容的风格,描述如何将这问题看成一个匹配市场问题,指出买家和卖家,以及每个买家对每件物品的估值。

(b) 针对问题(a)的结果,描述运行二部图拍卖过程会出现的情况,给出在每一轮拍卖结束时的价格,包括整个拍卖结束时的市场清仓价格。

注意：在某些轮，你可能注意到受限买家集合(A)有多种选择。按照拍卖规则，你可以选任何一个。尽管不是这个练习的要求，但想想最终的市场清仓价格与这种选择的关系是有意义的。

(c) 从一种不那么形式化的层面看，你在(b)中确定的停车位价格与那些车位直觉上对 x、y 和 z 的吸引力的关系如何？请解释。

12. 设有两个卖家 a 和 b，两个买家 x 和 y。每个卖家各有一幢房子要卖掉，买家的估值如下。

买　　家	a 的房子的价值	b 的房子的价值
x	4	1
y	3	2

一般而言，给定买家、卖家和估值，存在多组市场清仓价格：任何价格，只要能产生具有完美匹配的偏好卖家图，就是市场清仓价格。

作为对这个问题的探讨，试对上面的例子给出三组不同的市场清仓价格。价格应该都是整数(即 0,1，2,3,4,5,6,…)。注意，两组市场清仓价格被认为是不同的，只要它们的数字集合不同。解释你的答案。

13. 假设你要设计如下的拍卖活动：你有两件一样的物品，有 4 个潜在买家，每人最多要一件，买家 i 对该物品的估值为 v_i。

你决定采用类似于将单品拍卖映射到匹配市场的那种设计。也就是说，你要创建一个二部图，将这个情形表达出来，然后看二部图拍卖过程结束后的价格。

(a) 描述这种包含 4 个买家的结构是如何工作的。在构建例子的时候，首先为这些潜在的买家选择一些特别的估值，然后说明拍卖的进展，以及市场清仓价格的情况。

(b) 在单品拍卖的场合，二部图过程导致了简单的升价拍卖规则：物品以次价卖给出价最高的人。试以一种相对简单的形式描述这里拍卖两件相同物品的规则(即描述中不要有"二部图"和"匹配"之类的术语)。

14. 在第 10 章中讨论了匹配市场的社会福利最大化的概念：在所有可能的完美匹配中，找到一个能使买家估值之和最大化的匹配 M。称这样一个匹配实现了社会福利的最大化。然而，买家的估值之和不是人们唯一希望最大化的量；另一个自然的目的可能是保证没有哪个买家得到太小的估值。

鉴于此，让我们定义完美匹配 M 的基准是其中买家购得物品的最小估值。然后在所有可能的完美匹配中找到基准尽可能大的匹配。称这样的匹配为基准最大化的匹配。例如：

买　　家	a 的房子的价值	b 的房子的价值	c 的房子的价值
x	9	7	4
y	5	9	7
z	11	10	8

由 a-x，b-y 和 c-z 构成的匹配 M 有基准等于 8(这是 z 得到的物品的估值，小于 x 和 y 的)，而由 b-x，c-y 和 a-z 构成的匹配 M' 有基准等于 7。事实上，在这个例子中，M 就是基准最大化的匹配。

现在，寻找一个基准最大化的完美匹配看来是出于一种"追求人人平等"的动机——没人应该结果太差。这有时可能与社会福利最大化的目标相悖。我们来探讨这种冲突的情况。

(a) 试给出一个例子，包含同等数量的买家和卖家，以及买家的估值，但没有同时达到社会福利最大与基准最大的完美匹配。换言之，在你的例子中，社会福利最大化与基准最大化只能发生在不同的匹配中。

（b）自然地，也可以问基准最大化的匹配是否也能总被市场清仓价格支持。准确地提出这个问题：对于任何给定的例子（同等数量的买家和卖家以及买家的估值），是否总存在一组市场清仓价格，其结果偏好卖家图包含一个基准最大化的完美匹配 M 吗？

试对这个问题给出一个"是/否"答案以及支持论据。（若答案为"是"，应该解释总存在这样一组市场清仓价格；如果是"否"，就应该解释为什么会有例子，不可能在其市场清仓价格所导致的偏好卖家图中找到一个基准最大化匹配。）

15. 再考虑二部图拍卖的情形，同等数量的买家和卖家，每个买家对每个卖家拟出售的物品有个估值。设我们有这问题的一个实例，其中有个特别被偏爱的卖家 i：每个买家 j 对 i 的物品的估值都比对任何其他卖家 k 的高。（即有 $v_{ij} > v_{kj}$，对所有 j 和 $k \neq i$。）

考虑这种情形的市场清仓价格，其中卖家 i 收取的价格一定不会低于其他卖家吗？给出解释。

第 11 章   中介市场网络模型

11.1   市场中的定价

第 10 章对二部图上的交易和价格进行了分析,图中两部分节点分别表示买方和卖方,边表示其两端买方和卖方之间的联系。更重要地,说明了市场清仓价格的存在,在那些价格上的交易会导致买方和卖方之间最大的总体价值,并且找到了一种构造市场清仓价格的方法。这个分析以一种令人惊讶的方式说明了价格是如何有力量以一种所期望的方式来引导商品的配置。它没有做到的,是给出一种清晰的图像,说明在真实市场中价格本身是怎么来的。也就是说,在市场中谁来定价,为什么他们选择那些特定的价格?

在第 9 章中讨论了拍卖,它是一种在特定规则下定价的具体例子。在讨论中发现,如果有单件物品的卖方采用次价密封报价方式拍卖,或者采用有同样效果的递增竞标拍卖,那么买方会给出他们对拍卖物品的真实估值。在那个讨论中,买方按照卖方设定的流程来选择价格(通过他们的竞标)。也可以考虑一种**采购拍卖**(procurement auction),其中买方和卖方的角色对调,一个买方要从多个卖方中购买一件物品。这里,我们的拍卖结果蕴涵着,如果买方执行一种次价密封报价的拍卖(以第二低价格从报价最低的卖方那里购买),或等价地,一种递减拍卖,那么卖方会给出他们真实的价格。在这种情形,卖方按照买方设定的流程选择他们拟要求的价格。

但是,谁来定价,谁和谁交易,如果买方和卖方都有多个怎么办?为得到一点感性认识,我们先考察真实市场中的交易是如何发生的。

有中介的交易

在许多市场中,买方和卖方不直接见面,交易通过中介来进行。中介有经纪人、做市商或者中间人,价格由他们确定。这种情况见诸于许多场合,从发展中国家的农产品贸易到金融市场的交易。

为感受有中介市场的典型运作方式,我们考虑金融市场的例子,看股票市场中买方和卖方是如何互动的。在美国,每天成交超过 10 亿股。但是美国不止一个股票交易市场。交易在多个交易所进行。例如,纽约证券交易所(NYSE)或纳斯达克以及一些由 Direct Edge、Goldman Sachs(高盛)、Investment Technologies Group (ITG)运行的其他交易系统。这些交易所为它们的客户进行股票交易。这些市场运行的方式有多种:某些市场(如 NYSE 和 NASDAQ-OMX)对价格的确定就像在第10章中确定市场清仓价格一样,另外一些市场(例如

Direct Edge、Goldman Sachs 或 ITG)则是简单将买卖股票的订单按照其他市场的价格进行匹配。某些定价过程有人(在 NYSE 称为专家)的直接参与,另一些则是纯粹的电子市场,价格由算法确定;某些整天不停地进行交易,另外一些则没那么频繁,它们要等一批订单到来后进行处理;某些允许客户们至少间接地接触市场,另一些则对与它们发生关系的买方和卖方有所限制(通常只做大机构的业务)。

许多交易市场为它们处理的每支股票建立所谓订单簿(order book)。订单簿不过是买方和卖方提交的相应股票订单的清单。例如,一个交易者可能提交一个订单,要在价格 $5 或更高时卖掉 100 股;另一个交易者则可能提交一个在价格 $5.50 或更高时卖掉 100 股的订单;另外,还有两个交易者提交的可能分别是在不高于 $4 时买进 100 股,不高于 $3.50 时买进 100 股。这样的订单称为限定订单(limit order),表示所认可的买卖要在交易者设定的价格范围才能发生。如果上述是仅有的订单,那么订单簿看起来就像图 11.1(a)那样。

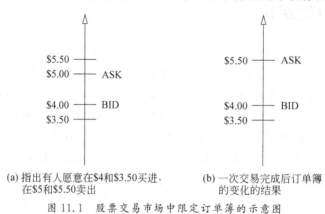

(a) 指出有人愿意在$4和$3.50买进,
在$5和$5.50卖出

(b) 一次交易完成后订单簿
的变化的结果

图 11.1   股票交易市场中限定订单簿的示意图

对同一支股票而言,在所有购买股票的订单中,提出的最高价格称为该股票的出价(bid price),出售股票订单的最低价格称为要价(ask price)。如果市场用一名专家来管理价格,那么这个人了解订单簿的内容,并且可能给出他或她自己更好的价格提议来买卖这支股票,他或她的提议也会分别成为出价和要价。例如,若图 11.1(a)是当前订单簿,这位专家可能选择提议出价 $4.25,要价 $5.00,它们成为显示给公众的价格。

大多数零售交易人(普通股民,用他们自己的资产做小规模交易)一般不会提交限定订单,他们一般都是按照现有的价格(即当前出价和要价)提交股票交易的订单。这种按照市场价格立刻产生交易的订单称为市场订单(market order)。例如,若一个股民提交一个市场订单,要买进 100 股,该股票的当前订单簿如图 11.1(a)所示,前面提交了限定订单价格为 $5.00 的人就在该价格上卖掉了 100 股,这个提交市场订单的股民就在 $5.00 的价格上买得了 100 股(注意,这卖方可能是普通人,也可能是专家)。然后,这支股票的订单簿就变成了图 11.1(b)所示,新的要价为 $5.50。这就是在交易日发生的过程:新的限定订单、专家提议,以及市场订单不断到来,交易相应发生。

当然,股票并不总是以 100 股为单位买卖的,事实上订单的大小会在很大一个范围变化。例如,若订单簿如图 11.1(a)所示,来了一个要买 200 股的市场订单,那么订单簿上的两个卖方就以他们的要价卖掉了他们的股票。买方将分别在 $5.00 和 $5.50 上各买 100 股。由于交易的执行遇到了在不同价格上的多个订单。我们可以想象这种过程是"顺订单簿而上"。

诸如 Fidelity 和 Vanguard 那样的大型基金,以及那些参与交易的机构,例如银行、养老金、保险公司,还有对冲基金等,每天会做大量的交易。它们不想和一般股民做许多诸如 200 股那样在订单簿上下游动的小交易。它们也不想向市场提交单个大宗限定订单,因为那样会使市场的其他参与者了解它们的意图,并利用之①。它们通常是利用多个交易渠道,提交多种类型的订单。典型地,它们将订单分成许多份,在一个或多个交易日里逐步提交完成,其目的之一是要尽量减小它们的交易意图对价格的影响。大券商隐藏他们交易意图的方法之一是将订单的不同部分分别提交到多个交易系统。一种特别有意思的交易系统称为**黑池**(dark pool),Goldman Sachs 的 Sigma-X 系统、ITG 运行的系统就是这种类型。对这些系统的访问是有限制的,提交到系统上的订单不显示给公众。这些系统的功能很简单,就是将客户提交的订单与公共市场形成的价格进行匹配,向客户收取一定的服务费。这是一种相对新并且正在成长的市场成分。例如,2009 年 4 月,美国证券交易的约 9% 都是通过黑池完成的。

你可能想象得到,股票市场的实际结构是非常复杂的,而且快速演化。有许多交易系统,许多类型的订单供买卖双方选择采用,并且有各种各样的市场参与者。价格如何随时间变化,股票价格与背后资产的基本价值的关系,都是很重要的问题。我们将在第 22 章讨论这些问题的某些方面。关于股市的进一步详细分析可参见文献[206,209,332]。

若干不同的股票交易渠道,最终导致若干市场,其中对参与的条件形成不同的限制。因此,当考虑所有市场参与者(无论大小)有各种交易可能性的时候,我们就看到一种网络结构显现出来,这种结构将买方和卖方连接到各种可能的中介。一个基本的问题是,在如此网络化的多个市场情形下,应该如何理解和分析交易的过程。下一节,我们发展一种交易的网络模型,其中不再考虑股票市场的其他细节,而集中关注交易的双方如何受到结构的限制,价格如何由市场参与者设定的问题。

11.2　一种交易网络模型

我们的网络模型以在讨论股市问题中得到的三个认识为基础,即买方和卖方通常经中介进行交易,买方和卖方不是都能用到相同的中介,不是所有买方和卖方都在相同的价格上交易。尤其是每个买方和卖方对价格的掌控,部分是由他们在网络中的位置体现的可能性所决定的。

在给出模型之前,先看另一个不同场合,但也展现了这些性质的例子,即发展中国家的农产品市场。在生产者和消费者之间,通常都有中间人或经纪人,他们从农民那里收购产品,再卖给消费者。由于运输条件的限制、产品的保鲜问题以及资本的局限,农民通常只能卖给有限的一些中间人[46,153]。类似地,消费者也只能从有限的一些中介那里购买农产品。

---

① 一个大的买进订单,可能对市场的其他参与者是一种信息,认为这支股票当前被低估了,价格可能会涨起来。于是那些参与者可能急忙跳进市场,也许会抢在那大宗订单一部分执行的前面,于是迅速推高了价格。这可能会伤害提交大宗订单的经纪人,因为此时他为该订单所支付的可能多于所预期的。这与信息在市场中的作用问题有关,将在第 22 章讨论。

在一个发展中国家,可能有许多这样的部分重叠的地区性市场,它们与现代化的全球市场同时存在。

可以用一个图来描述买方、卖方和中间人(经纪人)之间的商业机会。图 11.2 是这种商业网络的一个简单例子,其中叠加有地理信息。其中,卖方节点用 S 标记,买方用 B 标记,经纪人用 T 标记;边表示相关的两个对象可以直接交易。注意,在这个例子中,图中右边的买方和卖方只能接触到他们一边的中介。图中顶部的买方可接触两个中介,这也许是因为他有一条船。你可能想象,这个买方有更多的商业机会,河西岸的卖方也有类似优势,这种情况可能导致他们得到较好的价格。这也恰好是由我们的网络模型所确定的结果。

1. 网络结构

现在描述一个简单的商业网络模型,它涵盖一般商品交易和定价过程的重要特征,无论是发达国家的金融资产交易,还是发展中国家的农产品交易[63]。

在这种简单模型下,不考虑多种商品以及一种商品有多种数量。假设只有一种商品,都是同一个单位。每个卖方 i 最初有一个单位的商品,他估值为 v_i,即他愿意以不低于 v_i 的价格卖掉。每个买方 j 对商品的估值为 v_j,即她希望以不高于 v_j 的价格买到一份商品。没人希望得到多于一份商品,因此多余的商品的价值为零。所有买方、卖方和中介都知道这些估值。于是,这个模型可以很好地描述有交易历史的个体之间的互动,因而了解相互在价格上的意愿。

交易在网络上发生,网络表示出谁和谁之间可以进行买卖的关系。如图 11.2 所示的例子,节点有买方、卖方和经纪人,每条边表示交易的机会。由于我们假设经纪人起着买卖双方交易之间的中介作用,我们要求每条边一定是将买方或卖方连接到一个经纪人。图 11.3 是图 11.2 的不同画法,将网络模型的特征强调出来。在所有表示商业网络的图示中,我们采用下述规范:卖方是左边的圆圈,买方是右边的圆圈,经纪人是中间的方块。买方和卖方对商品的估值分别标在相应的节点旁边。

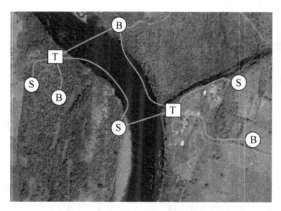

图 11.2 地理条件的限制使某些买方(节点 B)和卖方(节点 S)有更多机会接触经纪人(节点 T)

与第 10 章的匹配市场相比,这里的市场除了有经纪人之外,还有一些其他的不同。首先,这里假定一个买方对不同商品的估值是一样的,而在匹配市场中,允许买方对不同卖方的商品有不同的估值。本章的模型可以扩展到允许差异化估值,情况会变得复杂些,但模型结构与结论基本不变。第二个差别是,这里的网络是固定的,其结构受一些外部因素的影响,例如农产品市场的地理条件,金融市场的参与者资格等。在匹配市场那一章,开始时是一个固定的图,然后集中到偏好卖家图的分析上,这种变化不是外部因素作用的结果,而是随着价格的演化买方形成的偏好选择。

2. 价格与商品流

从卖方到买方的商品流由一个博弈确定,其中经纪人首先给出价格,然后是买方和卖方给出反应。

具体而言,每个经纪人 t 对与他相连的每个卖方 i 提出一个出价,记作 b_{ti},记号表明这是 t 和 i 之间的交易价格。类似地,每个经纪人 t 对与其相连的每个买方 j 提出一个要价,记作 a_{tj},即 t 愿以价格 a_{tj} 卖给 j 一件商品。图 11.4(a)展示了在图 11.3 基础上包含了出价和要价的例子。

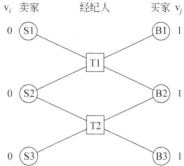

图 11.3　交易网络一种标准化视图
（以图 11.2 中网络为例）

一旦经纪人公布了价格,每个买方和卖方最多选择一个经纪人进行交易;卖方将自己的商品卖给他选中的经纪人(或者选择继续持有,不卖),每个买方从她选择的经纪人那里买得一件商品(若她没有选中任何经纪人,则不形成购买)。这就确定了一个从卖方,经过经纪人,到买方的商品流,图 11.4(b)画出了这样一个商品流,买方和卖方选中的经纪人由箭头所示。

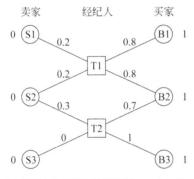

(a) 经纪人向所连接的卖家提出一个出价,
向连接的买家提出一个要价

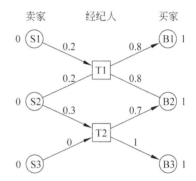

(b) 随着卖家和买家选择最有利的价格,
从而形成一个个商品流

图 11.4　市场中根据经纪人的定价形成商品流的示意图

由于每个卖方只有一件商品,每个买方也只要一件,网络的任何一条边上最多只有一件商品移动。另一方面,通过经纪人节点的商品数是没有限制的。注意到一个经纪人卖出的商品数量不能大于他买得商品的数量,我们将在模型中对违反这个条件的经纪人给予很严重的惩罚。鉴于此,经纪人就会特别在意不要给出导致其买方多于卖方的价格。同时,经纪人也会注意不要反过来,即买得太多,卖不出去,造成很大库存。下面将看到,在我们考虑的方案中,这两种窘境都不会发生,经纪人所选择的出价和要价,恰好使得他买得的商品数与卖出的商品数相等。

最后,注意这个例子中商品流的一个情况:卖方 S3 接受了与他的估值相同的出价,买方 B3 也是接受了与他的估值相同的要价。事实上,S3 和 B3 无所谓接受还是拒绝相应的交易提议。我们在这模型中的假设是,当一个买方或者卖方无所谓接受还是拒绝时,我们(作为建模者)可以选择两种行为之一作为实际所发生的结果。由于交易常常会在人们意愿的边界发生,找到一种处理无所谓态度的方法是大多数市场模型的一个重要方面。这种情况类似于第 10 章中在市场清仓价格形成中的平手消解问题。处理无所谓态度的另一种方法是假设一个极小的回报量,让它体现在交易事件中,在此情形,我们就会看到 0.01 和 0.99 这样的出价和要价。尽管这使平手消解的决定明显了,但模型变得比较乱,以至于更不容易讨论。因此,我们将还是采用 0 回报的方式,当需要时再做平手消解。这样做,我们要记得在本质上是表示价格或利润空间几乎被压缩为 0 的情形的一种形式化方法。当你见到一个无所谓的买方或者卖方做了交易与否的选择时,如果想象其价格被相应微调了 0.01 有助于考虑问题,那么你可以就那么做。

3. 回报

回顾在定义一个博弈时通常要求给出策略和回报的描述。在现在考虑的问题中,我们已经讨论了策略,即经纪人的策略是选择出价和要价,向其邻居买方和卖方提议,而买方和卖方的策略是选择一个相邻的经纪人交易(而不是议价),或是决定不参加交易。

回报则可以从这些讨论中自然地形成。

(1)一个经纪人的回报是从他所有交易中得到的利润:即他所成交的交易的要价之和减去出价之和。(如前所述,对一个经纪人而言,接受他要价的买方若多于接受他出价的卖方,我们会给他一个很大的惩罚量。这里要达到的效果是要保证在我们的方案中经纪人不会落入被惩罚的境地。)

(2)对卖方 i 而言,选择经纪人 t 的回报是 b_{ti},不选任何经纪人的回报是 v_i。前者,卖方接受 b_{ti} 个单位的钱款;后者,他继续持有商品,其价值为 v_i。(这里将只考虑所有 $v_i = 0$ 的情形)。

(3)对每个买方 j,选择经纪人 t 的回报是 $v_j - a_{tj}$,不选任何经纪人的回报是 0。前者,买方得到商品,但支付了 a_{tj} 单位的钱款。

例如,如图 11.4(b)所示的价格与商品流,第一个经纪人的回报是 $0.8 - 0.2 = 0.6$,第二个经纪人的是 $0.7 + 1 - 0.3 - 0 = 1.4$。三个卖方的回报分别是 0.2、0.3 和 0,三个买方的回报分别是 $1 - 0.8 = 0.2$、$1 - 0.7 = 0.3$ 和 $1 - 1 = 0$。

这里定义的博弈,与先前讨论过的博弈相比,还有一个重要特征。在前面的博弈中,所有参与者同时动作(即执行他们选择的策略),而此时的博弈动作以两阶段发生。第一阶段,所有经纪人同时选择出价和要价。第二阶段,所有买方和卖方同时选择要打交道的经纪人。对我们而言,这种两阶段结构不会使事情变得很复杂,部分是由于第二阶段极端简单:对每个买方和卖方来说,最好的响应就是选择出价最好的经纪人。鉴于此,我们基本上可以将买方和卖方看成是"懒汉",他们无条件地执行这个规则。尽管如此,在考虑这个博弈的均衡时还是需要用到这种两阶段结构,这是下面的任务。

4. 最佳应对和均衡

下面查看图 11.4(b)中两个经纪人的策略选择。上面的 T1 做了几个错误决定。首先,他向卖方 S2 和买方 B2 提出的价格建议使他在这笔生意上输给了下面的经纪人 T2。如果他将对 S2 的出价提高到 0.4,对 B2 的要价降到 0.6,他就可将生意从 T2 那里争过来:S2 和 B2 都会选择他,从而获得利润 0.2。

其次,更明显的是,T1 没有理由不降低对 S1 的出价,不提高对 B1 的要价。即便是最差的提议,S1 和 B1 还是要和 T1 做生意,因为他们别无选择。在这种条件下,T1 就会通过对 S1 降价,对 B1 提价而挣更多的钱。图 11.5 显示出 T1 考虑了这两点后做出调整的结果,他的回报现在增加到$(1+0.6-0-0.4)=$

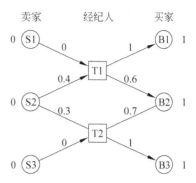

1.2。注意,卖方 S1 和买方 B1 现在是无所谓是否进行交易,如前面讨论过的,此时假设他们会进行交易。

这种讨论使我们体会到这个博弈的均衡实际上是纳什均衡的一个推广。如同第 6 章中介绍的纳什均衡的标准形式,它基于一组策略,每个参与者针对所有其他参与者的行为做出自己最好的选择。然而,这个定义也要考虑这个博弈的两个阶段结构。

图 11.5 相对于图 11.4(b)中的策略选择,经纪人 T1 通过调整价格改善其回报的示意图

为此,先看买方和卖方在第二阶段面对的问题,那时经纪人已经给出了报价。这里有一个买方和卖方之间的标准博弈,每人做一个决策选择,最好地响应所有其他人的选择。下面来看经纪人在第一阶段决定报价时面对的问题。每个经纪人要选择一个策略,希望是对买方和卖方,还有对其他经纪人的策略的最佳应对。买方和卖方的策略就是接受的价格,经纪人的策略就是给出的报价。因此,如同任何纳什均衡,每个人都采用一个最好的响应。这里的一个差别是,卖方和买方是后动作,且要求针对经纪人已经给出的报价选择一个最好的,经纪人是知道这个情况的。这种均衡称为**子博弈完美纳什均衡**(subgame perfect Nash equilibrium),在本章里简称均衡[①]。

由于买方和卖方的行为非常简单,这里博弈的两个阶段性质不会带来特别的困难。这样,为了推理均衡问题,可以主要考虑在第一阶段经纪人的策略,因为知道了买方和卖方会选择最好的报价(可能有平手消解),考虑经纪人策略就好像在同时动作的博弈中那样。

下一节通过将网络分解成比较简单的"部件",来推导图 11.3 至图 11.5 的交易网络中可能出现的各种均衡。具体来说,这些部件将对应于包含在图 11.3 至图 11.5 网络中的两种基本的结构:买方和卖方处在只有一个经纪人可做生意的被垄断结构,买方和卖方有多个经纪人可选择的**理想竞争**(perfect competition)结构。在这个过程中,可看到网络结构和接触机会能明显影响市场参与者的权力。

11.3 交易网络中的均衡

现在来分析交易网络中的均衡,从简单结构开始,逐步过渡到上一节的例子。为此,先考虑对应于垄断和理想竞争的简单网络。

1. 垄断

在我们的模型中,如果买方和卖方只能接触一个经纪人,则称他们被垄断。最简单的例

[①] "子博弈"指的是,一旦经纪人给出了报价,买方和卖方在第二阶段面对的是一个独立的博弈。"完美"指的是一种要求,即在子博弈中,在已经给定了一些选择后,玩家必须优化对待剩下的选择。在 6.10 节讨论顺序动作的博弈时,对这个概念有过一般的考虑,尽管没用这个特别的术语。

子如图 11.6 所示,有一个卖方、一个经纪人和一个买方,其中的卖方对商品的估值为 0,买方对商品的估值为 1。

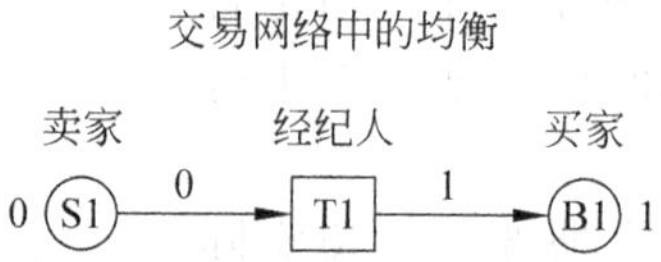

交易网络中的均衡

卖家 经纪人 买家

0 (S1) $\xrightarrow{\quad 0 \quad}$ [T1] $\xrightarrow{\quad 1 \quad}$ (B1) 1

图 11.6 交易网络的一个简单例子,经纪人的垄断地位使其获得交易中的全部剩余价值

在这个交易网络中,经纪人处于垄断地位,买方和卖方只有通过他才能交易。唯一的均衡就是经纪人给卖方报出价 0,给买方报要价 1;他们俩接受报价,从而商品从卖方流动到买方。注意,这里也利用了买方和卖方的无所谓态度:由于他们无所谓是否参与交易,我们作为建模者此时选择了他们进行交易的结果。

为什么这是唯一的均衡?因为对任何其他的 0 和 1 之间的出价和要价,经纪人都可以稍微降低出价,提高要价,从而实现更高利润的交易。

2. 理想竞争

现在来看如图 11.7 所示的两个经纪人在一种理想竞争环境中的例子。

在图 11.7 中,经纪人 T1 和 T2 要竞争从 S1 那里买得商品并卖给 B1。为了考虑均衡的状态,先想想类似于在图 11.5 中所见到的非均衡的情形。具体来说,假设 T1 在做这笔生意,且得到正的利润:设他的出价是 b,要价是 a,则 $a>b$。由于 T2 没参与交易,他此时的回报是 0,但那一定是他当前的策略不是对 T1 行为的最好应对:T2 实际上可以提出稍高于 b 的出价,稍低于 a 的要价,从而将生意从 T1 手中拿走,且得到正的回报。

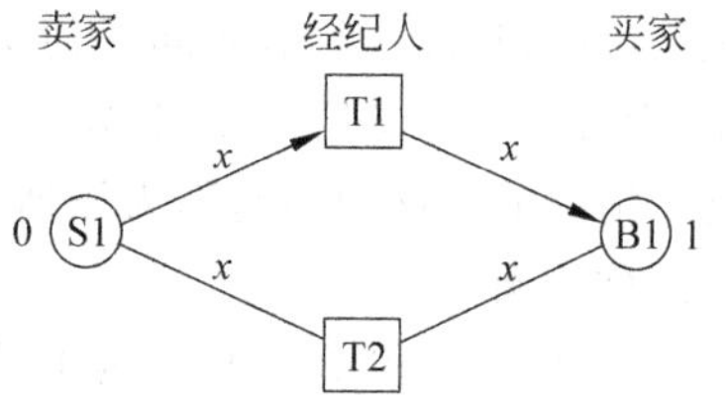

卖家 经纪人 买家

[图 11.7 的网络图]

图 11.7 两个经纪人 T1 和 T2 之间有一个理想竞争,均衡形成时有一个共同的出价和要价 x

这样,就看到不管哪个经纪人在均衡态上做这笔生意,他的回报一定是 0:他必须报出相同的出价和要价 x。设 T1 做这生意。注意到这个均衡中他是无所谓的(即做不做交易回报都是 0)。如先前对买方和卖方的无所谓态度一样,我们(作为建模者)可选择结果,这里就设交易做成了。同样,我们也可以通过假设一个极小的增量,如 0.01,促使在这种无所谓情况下的交易发生(出价 $x-0.01$,要价 x。但用 0 回报方式来处理使分析简单,且不影响结果)。记住,0 回报是模型中用来体现与 0 无穷接近的利润的。

下面,我们论述在均衡态没有做成生意的那位(这里是 T2)也必须给出相同的出价和报价 x。首先,注意到在均衡态,我们不能有经纪人买了商品但没有卖出去。因此,T2 必须给出出价 $b\leqslant x$(否则卖方就会要求将商品卖给 T2),且给出要价 $a\geqslant x$(否则,买方就要从 T2 买了)。但是,如果这出价和要价不同(即若 $a>b$),T1 就可以降低其出价或者提高其要价,使其依然严格在 a 和 b 之间。在这种情形下,T1 可能通过交易得到正利润了,说明他此时两个报价都是 x 的策略不是对 T2 行为的最好应对。

因此,均衡必须在一个共同的出价和要价 x 上发生。那么 x 可取哪些值呢?很清楚,它必须在 0 和 1 之间,否则买方或卖方之一就不愿意做这笔生意了。事实上,这也是我们关于 x 的全部认识。任何均衡都是由同一个出价和要价以及一个从卖方通过经纪人之一到买方的商品流构成。这种均衡的一个关键特征是买方与卖方都通过同一个经纪人进行交易：这是在面对无所谓场合的另一种协调，会使我们联想起在第 10 章的市场清仓价格平手消解中遇到的问题。同样有趣的是，尽管经纪人在均衡中得不到利润，均衡的选择（通过 x 的值）确定了买方还是卖方得到更高的回报。一个极端是 $x=0$，买方得到全部回报；另一个极端是 $x=1$，卖方得到全部回报；而在 $x=1/2$ 的中间情况，两人得到相同的回报。最终，均衡的选择可反映出买方和卖方相对权力的大小，但那只能从这博弈模型之外了解得到，博弈本身只能决定均衡可能出现的范围。

3. 在 11.2 节中的网络

用图 11.6 和图 11.7 的网络作为基本部件，不难得到 11.2 节中例子的均衡，如图 11.8 所示。卖方 S1 和 S3、买方 B1 和 B3 被他们相应的经纪人垄断，在任何均衡中那些经纪人都会将出价和要价设为 0 和 1。

另一方面，S2 和 B2 从两个经纪人的理想竞争中得益。此时，论述与分析图 11.7 的简单网络相似：完成交易的经纪人必须给出出价与要价相等的某个 0 和 1 之间的实数 x，否则另一个人就会将生意抢走。因此，另一个经纪人也必须是出价和要价均等于 x。

这种推理方法在分析复杂网络时也是有用的。当我们看到一个买方或卖方连接到唯一的经纪人，他们在任何均衡中得到的都是 0 回报，因为经纪人会将报价尽量推向极端。另一方面，当两个经纪人连接到同样的买方和卖方，他们谁也不可能在将商品从卖方转手到买方的过程中得到正的利润：如果一个经纪人在生意中要得到正利润，另一个就有机会切入进来，抢得那笔生意。

现在考虑另一个例子，说明网络结构也可能产生用上述两个原理解释不了的更加复杂的效果。

4. 隐含的理想竞争

到目前为止的例子中，一个经纪人不能从交易中获利的原因是因为存在另一个经纪人能够完全取代这个经纪人而做成交易，即与他连接到了相同的买方和卖方。不过，经纪人获利为 0 的原因也可能更多的是由于网络的总体结构，而不是因为与另一个经纪人直接的竞争。

图 11.9 中的网络说明了这种情况的出现。在这个交易网络中，任何从卖方到买方的"交易路线"都不存在直接的竞争。然而，在均衡态，所有出价和要价都取同一个 0 和 1 之间的值 x，商品从卖方流向买方。因此，所有经纪人都是 0 利润。

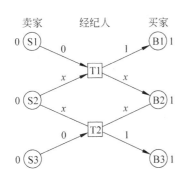

图 11.8　11.2 节中交易网络的均衡示意图，可通过代表垄断和理想竞争的简单网络进行分析

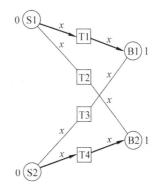

图 11.9　隐含的理想竞争：在均衡态所有价格都相等，尽管不存在经纪人之间的直接竞争

容易看到这是一个均衡：我们只需检查每个经纪人对所有其他经纪人的策略都采用了最好的响应。说清楚在每个均衡中所有报价都取相同的值则需要多费些功夫。比较容易的办法是假设某个经纪人的出价小于其要价，说明会导致一个矛盾。

11.4 进一步的均衡现象：拍卖与波及效应

我们讨论的网络模型具有足够的表达能力，可以表示其他一些多样性的现象。这里看两个不同的例子：第一个例子说明单一物品的次价拍卖是如何从一种交易网络的均衡中出现的；第二个例子探求网络中的小变化如何会产生波及其他节点的效果。

1. 次价拍卖

图 11.10 表示利用交易网络进行单一物品拍卖的结构。假设一个人 S1 有一件物品要卖掉，4 个潜在的买方，他们对该物品的估值分别是 w、x、y 和 z，且 $w>x>y>z$。例子中用 4 个买方，但这里的分析适合任意数量的买方。

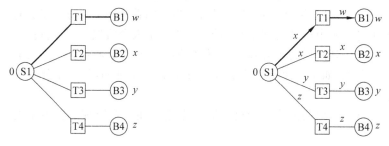

(a) 单品拍卖可用一个交易网络表示　　(b) 均衡价格和物品流，结果实现了第9章介绍的次价规则

图 11.10　单品拍卖的网络结构及其实现

与我们通过中介交易的模型一致，假设每个买方分别有一个经纪人，本质上就是买方在交易中的"代理"。这种情形如图 11.10(a) 所示。

现在考虑这个网络的一个可能的均衡。与其他经纪人相比，T1 有能力给出最好的出价，因为他有能力在价格 w 上将物品卖给他的买方。在均衡态，他将在保证得到交易的条件下用尽量低的出价，也就是 x。这里利用了无差异现象，假设 S1 会和 T1 而不是 T2 做买卖，而 B1 会以价格 w 从 T1 买得那物品；同时，买方 B2 到 B4 选择不从各自的经纪人那里买物品。

因此，得到如图 11.10(b) 所示的均衡。注意这个均衡恰好具有次价拍卖的形式，物品被最高出价人得到，卖方得到的付款额等于次高报价[①]。有趣的是，这种次价规则并不是建

---

① 稍多花点功夫就能如下描述这网络的全部均衡集合，说明次价规则在避免了某种"病态"结构的均衡上是唯一的。在任何均衡中，商品从卖方流向买方 B1，每个经纪人把商品按照买方的价格卖给他的垄断买方。在我们考虑的均衡中，T1 和 T2 都出价 x。然而，在均衡中也可以有其他的出价：从根本上讲，只要经纪人 T2、T3 或者 T4 之一出价在 x 和 w 之间，且 T1 配上这出价，我们就有一个均衡。如果 T2、T3 和 T4 中的最高报价严格大于 x，那么就有一种情形，其中 T2 到 T4 中的最高出价经纪人有一对交叉出价和要价：他的出价高于对应的要价。这是一个均衡，因为 T1 仍然做了生意，出价和报价交叉的经纪人也没有损失，并且没人有动机要改变。然而，这是一种病态的均衡，因为有一个经纪人要花高价买一个他要以低价出卖的商品[63]。这样，如果只考虑没有出价-要价交叉的均衡，则 T2 报出"第二价格"x，这就是商品的售价。因此，次价规则在没有交叉价格对的均衡上是唯一的。

立在拍卖规定中的,在我们的网络表示中它作为一个均衡自然地显现出来。

2. 网络中变化的波及效应

我们的网络模型也可以用来探索在网络中的变化会怎么影响到并不与该变化直接相连的节点的回报。可以考虑在高度相连的交易网络中的"冲击"会怎么波及网络中比较远的一些部分。这是一个非常一般的问题,通过一个特别的例子,可以具体地看到这种效应出现的情况。考虑如图 11.11 所示的两个网络:第二个网络只是比第一个多了一条 S2-T2 边。首先得到它们的均衡,然后看其差别。

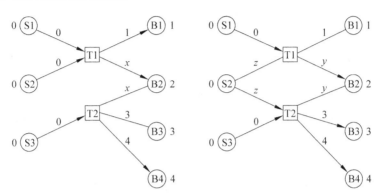

(a) 初始网络(没有S2-T2连接)的均衡　　　　(b) 添加了S2-T2后,均衡发生了变化,
　　　　　　　　　　　　　　　　　　　　　　买家B1不再得到物品,而B3得到了

图 11.11　网络中发生变化会产生波及效应的一个例子

在图 11.11(a)中,除了 B2 之外,所有其他买方和卖方节点都被垄断了,因此他们的回报都是 0。由于是否做成交易对他们无所谓,我们假设 B3 没有买,而 B1 和 B4 买到了商品。(如同在所有例子中,将这情形可以看成是 T2 向 B3 要的价格比 3 稍微多一点,于是 B3 不愿意购买了。)需要进一步分析的是向 B2 提出的两个要价。在稳态,它们必须是相同的一个值 x(否则,成交的经纪人可以稍稍提高他的要价),且在 0 和 2 之间。这里也是利用无所谓态度,假设 B2 从 T1 购买了物品。注意,不可能有 B2 从 T2 购买的均衡,由于 B2 可以付的钱只能是 2,而经纪人 T2 可以卖出 4 的价钱来。

在图 11.11(b)中,一旦加了 S2 到 T2 的边,则需要得到涉及 S2 和 B2 的出价和要价的均衡,以及相应的物品流。关于这些出价和要价的分析要比前面的例子复杂一些,需要多个步骤。

(1) 对 S2 的两个出价必须是相同的,否则得到物品的经纪人可以稍微降低其出价。类似地,对 B2 的两个要价也必须是一样的。假设这相同的出价是 z,要价是 y。

(2) 确定卖方与经纪人之间在均衡时的交易。在均衡态,S2 会卖给 T2,而不是 T1:如果 S2 卖给 T1 了,且 T1 从这交易中得到了非负的回报,那么 S2 最高能以价格 2 卖出。但此时 T2 可以给出比 T1 的出价稍高一点,将 S2 的物品卖给 B3。因此,在均衡态,T2 买得两件物品,T1 只买到一件。

(3) 现在来看要价 y 的可能数值。它至少是 1;否则,某个经纪人就在以偏低的价格将物品卖给 B2,可他其实还有另一个被垄断且愿意出较高价格的买方。这在均衡态不能发生,因此 y 至少为 1。同时,在均衡时要价 y 也不能高于 2;否则,B2 不会买的,于是 T1 会降低其对 B2 的要价到 1 和 2 之间,使 B2 从他那里买。

(4)确定在均衡时经纪人与买方交易的情况。前面已经有了 T2 买两份商品的结论,于是他可以将它们卖给 B3 和 B4,从而极大化他的回报。因此,在均衡时 T2 不会卖给 B2。由于要价 y 至少为 1,经纪人 T1 将从 S1 买来并卖给 B2。

(5)最后,z 会是个什么情况?它至少为 1,否则 T1 就能给出比 T2 更好的出价,从 S2 那里买得物品,再卖给 B1 得到正的收益。同时,z 最多不过 3,否则 T2 就不会考虑从 S2 购买了。

归纳起来:在均衡时,出价 z 可以是 1~3 之间的任何值,要价 y 可以是 1~2 之间的任何值,商品从 S1 通过 T1 到 B2,从 S2 和 S3 通过 T2 到 B3 和 B4。注意到,在给定网络的条件下,这种商品流使买方的估值得到最大化。本章的后面会看到任何均衡都有这种高效性质。

我们从一个较高的层次来观察这一对例子中发生的情况。图 11.11(a)中,T2 接触到两个买方,他们很想买到商品(通过给出的高价可见),但 T2 对卖方的接触是有限的。另一方面,T1 则可以利用所有的交易机会。在这个意义下,可以说市场有一个"瓶颈"限制了商品的流动。

一旦 S2 和 T2 之间有了一个连接,网络变成了图 11.11(b),一些事情就改变了。首先,也是最引人注意的,是 B3 得到了商品,B1 没有了。从本质上讲,市场中的瓶颈已经被打破,从而让给出好价钱的买方得到了商品,让低估商品价值的买方失去了机会。从 B1 的角度看,这是一个"非局部的"效果:在两个节点间增加了一条边,虽然那两个节点都不是她的邻居,但使她不再能得到商品了。

还有一些其他变化。卖方 S2 现在处于一个权力大得多的位置,会得到明显高得多的价格(由于在均衡中 y 至少为 1)。此外,均衡中对 B2 的要价范围已经从 $[0,2]$ 缩小到了 $[1,2]$。因此,如果早先在一个均衡中对 B2 的要价是 $x<1$,那么该均衡就要被打破,对 B2 的要价将被某一 $y \geqslant 1$ 取代。这说明了 B2 能感受到的一种微妙的变化,本来他间接地得益于卖方的弱势,但 S2 和 T2 之间一条边的建立增强了卖方的地位,他的利益就受到了挤压。

这是一个简单的例子,但已经可以解释一些由于交易网络结构的变化,消除或造成了商品流的瓶颈所带来的复杂性。多费些功夫,我们可以构造出在网络中变化的效果通过结构波及很远的例子。

这种分析方式(将网络看成是某种可变的、部分受市场参与者控制的东西),也给我们指出了一些其他问题。例如,S2 和 T2 愿意花多少钱来在他们之间创建一条边,从而将网络结构从图 11.11(a)变到图 11.11(b)?更一般地,不同的节点应该如何评估投入资源来创建和维护连接与所得收益之间的权衡?这个问题在一些其他交易网络模型有所考虑[150,261],也是一类更宽泛的研究活动的一部分。那一类研究从各种收益下的博弈活动的角度考察网络的形成[19,39,121,152,227,385]。

11.5 交易网络中的社会福利

前面讨论博弈时不仅考虑了均衡的结果,也考察了那些结果是否具有**社会最优**(social optimal)的性质,即它们是否最大化了以所有参与者的收益之和为表征的**社会福利**(social welfare)?

在我们所考虑的博弈中,每个从卖方 i 到买方 j 的商品对社会福利的贡献是 $v_j - v_i$。这是 j 对商品的估值高于 i 的那一部分,将商品从 i 移动到 j 所花的钱也就从一个参与者转移到另一个,造成总体收益为零的净效果。详细地说,如果商品通过经纪人 t,他对 i 给出的出价是 b_{ti},对 j 的要价是 a_{tj},那么 i 与 j 的收益之和,加上 t 从这个交易中得到的收益部分就等于:

$$(b_{ti} - v_i) + (a_{tj} - b_{ti}) + (v_j - a_{tj}) = v_j - v_i$$

这样,社会福利也就是所有商品从卖方 i 到买方 j 造成的 $(v_j - v_i)$ 之和。这是有道理的,因为它反映了商品的新主人比老主人更加高兴的程度。所有这些商品流能够导致的这个量的最大值,即社会最优价值,不仅取决于买方和卖方的估值,也取决于网络的结构。比较丰富连接的网络要比稀疏连接的网络具有取得更高社会福利的潜力,前者允许商品的充分流动,后者可能有阻碍商品流动的瓶颈。

例如,回头查看图 11.11 中那两个网络。在分别的情形下,均衡态的商品流动都取得了社会最优。在图 11.11(a)中,最好的社会福利值是 $1+2+4=7$,因为没办法用那个网络让 B3 和 B4 都买到商品。然而,一旦加上了 S2-T2 边,这两个买方都得到商品立刻就变得可能了,从而社会福利增加到 $2+3+4=9$。这就是较丰富连接的网络结构可使商业产生更大社会福利的简单例子。

在关于社会福利的讨论中,将经纪人的收益也算作社会福利的一部分(因为他们与买方和卖方一样,也是社会活动的参与者)。下一节考虑总体回报是如何在卖方、买方和经纪人之间分配的,以及这种分配与网络结构的关系。

均衡与社会福利

在图 11.11 的两个网络中,取得最大社会福利的商品流可通过均衡分析来达到。事实上,这对我们到目前为止看到的所有例子都是对的,而且在一般情况下也是对的。可以证明,在每个交易网络中,总存在至少一个均衡,且每个均衡产生的商品流都达到社会最优[63]。我们这里不讨论证明的细节,只是指出它在结构上类似于前一章所讨论的市场清仓价格的优化。那里,没有中间人,我们证明了达到某种均衡的价格总是存在(市场清仓性质),并且所有那些价格都产生一种极大化社会福利的分配。

11.6　经纪人的利润

现在来考虑在均衡态社会福利以回报的形式在卖方、买方和经纪人之间分配的问题。具体而言,到目前为止我们研究的例子都表明了,随着网络的互连关系丰富起来,经纪人的权力越来越小,他们的回报下降。要更准确地理解这一点,则需要回答网络模型中的一个基本问题:什么是理想竞争的结构基础?

我们的例子说明,为了得到利润(即正的回报),一个经纪人必须在交易网络中体现出某种"根本性"的功能。显然,如果有另一个经纪人能够完全取代他的功能,他就不可能获利了,在图 11.9 那种隐含理想竞争的复杂情况下他也不能获利。事实上,这种"根本性"就是一个原理,但将它严格地刻画出来需要些功夫。为此,我们从两个说明性例子开始。

首先,经纪人是否获利取决于均衡:在有些网络中,一个经纪人可能在某些均衡上获利,但在另一些均衡上没有。图 11.12 说明这个情况。0 和 1 之间的任何 x 都导致均衡,其时 T2 和 T4 不在交易中,其作用是"锁定" x 的值。然而,当 $x=1$,T1 和 T5 获利;当 $x=0$,只有 T3 获利。进而,每个均衡都产生一个社会福利等于 3 的商品流,这个社会福利分到买方和卖方(随 x 在 1 和 0 之间的变化在 1 和 2 之间变化),而经纪人没有份。

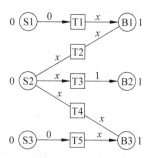

图 11.12 均衡的选择对经纪人利润的影响,当 $x=1$,T1 和 T5 都有利润;当 $x=0$,只有 T3 有利润

第二个例子,如图 11.13 所示,比较违反直觉。这里,经纪人 T1 和 T2 都对他们的卖方形成垄断,但他们的利润在每个均衡中都是 0。这事实可如下验证。首先,我们注意到任何均衡必定看起来如同图 11.13(b)或图 11.13(c)。卖方被垄断了,因此得到的出价是 0。对每个买方而言,两个要价一定是相同的,否则成交的经纪人可以稍微抬一下其要价。现在,注意到如果对某个买方的这个共同的要价是正的,没做成生意的经纪人就可以切进这个要价(给出稍为低一点的价格),获得一个对他有利的结果。

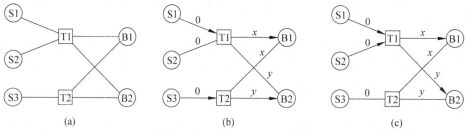

图 11.13 垄断也不一定保证获利的例子示意图

因此,在这些例子中,任何均衡时的所有报价都是 0,因而没有经纪人可以获利。尽管经纪人有垄断权力,这种情形也会发生,而且,尽管 T2 自己只能完成一项交易,T1 也挣不到利润。我们可以解释这种情形,就好像是一个小的经纪人与一个大的经纪人在所有买方上竞争,尽管他只有有限的卖方,从而实现不了所有的交易,这也就是"威胁比执行更厉害"情形的一种体现。我们看到这种情形自然地落在这个模型的表示范围中,同时也看到这样的例子也启发模型的自然扩展,即让每个经纪人有一个交易数的限制,这就会影响竞争经纪人的行为。在我们前面的例子中虽然没有这种限制,图 11.13 说明设置这样的限制会改变某些场合的结果。

有了这些例子,转过来看对网络中一个经纪人 T,何时存在一个他可以获得正回报的均衡。结论是,存在这样的均衡,仅当 T 有一条连到某买方或卖方的边 e,删除该边会改变社会最优值。在这种情形,我们说 e 是一条从 T 到另一节点的**基本边**(essential edge)。这个结论的证明比较复杂,有兴趣了解细节的读者可参阅文献[63]。在图 11.6 和图 11.8 的交易网络例子中,其中每个经纪人都有一条基本边,从而可以在均衡中获利,而在图 11.7 和图 11.9 的例子中,没有经纪人有基本边,因此都不能获利。

这种基本边条件是我们在图 11.13(a)中看到的垄断权力的一种较强的形式。那里,尽管删除节点 T1 会改变社会最优,但不存在一条边,其删除导致社会最优的价值低于 2;相反,删去任何一条边,依然会存在到两个买方的商品流。这就是为什么 T1 在图 11.13(a)中不可能获利的要点,尽管他有权力地位。

图 11.12 的例子也表明这个条件只是影响在某些均衡下的利润,而不是每一个均衡。在图 11.12 中,可得的利润实际上是随着均衡态中 x 的变化,平滑地从一个经纪人"滑动"到另一个经纪人。

11.7　关于在中介下交易的思考

在本章结束之际,我们来看对网络上交易的分析与本章开始时的几个例子的关系,一是股票市场中的交易,二是发展中国家农产品的贸易。在这一章里分析的网络模型是这些真实市场的一种抽象,抓住了某些本质特征,也忽略了一些其他特征。我们的交易模型反映了交易通过中间人而产生的限制,而且买方和卖方对这些中间人的接触能力有差别。交易网络中的均衡反映了买方和卖方在有中介的市场(如股票市场)中面对出价和要价的事实。在我们的模型中,如同在实际的中介市场中一样,这种报价的多少,以及中间人要赚多少利润,取决于中间人之间对交易流的竞争程度。

然而,在中介市场的交易中还有一些有趣的方面没有在我们的模型中得到反映。例如,我们没有问买方和卖方对商品的估值从何而来,也没有问他们是否可能利用从出价、要价或交易中得到的信息来调整那些估值。第 22 章将讨论信念和信息在股票市场中的作用。

11.8　练习

1. 考虑一个有中介的交易网络,其中有一个卖方 S,两个买方 B1 和 B2,两个经纪人(中介)T1 和 T2。卖方可以和任何一个经纪人做生意。每个买方只能和一个经纪人交易:B1 对 T1、B2 对 T2。卖方有一份商品,估值为 0;买方 B1 的估值为 1,B2 的估值为 2。

   (a) 画出这个交易网络,经纪人用方块表示,买方和卖方用圆圈表示,边表示所允许的交易关系。将节点分别标注为 S、B1、B2、T1、T2。

   (b) 设经纪人给出下列报价:
   - T1 对 S 出价为 1/3,对 B1 要价为 1。
   - T2 对 S 出价为 2/3,对 B2 要价为 2。

   这些报价是纳什均衡价格吗? 如果你认为是,给出简短解释。若认为不是,描述一种方法,使得一个经纪人可通过改变他的价格来增加他的利润。

2. 考虑一个交易网络,其中有两个买方(B1、B2),两个卖方(S1、S2)和一个经纪人(T1)。所有买方和卖方都可以和这个经纪人做生意。每个卖方有一个物品,估价为 0;两个买方都想要一个,B1 估价为 1,B2 估价为 2。

   (a) 画出这交易网络,经纪人用方块表示,买方和卖方用圆圈表示,边表示所允许的交易关系。将节点分别标注为 T1、B1、B2、S1、S2。找到纳什均衡的出价与要价(不需要给出解释)。

   (b) 假设现在加一个经纪人(T2),可以和每个买方和卖方交易。在这新的网络中是否存在如下纳什均衡:每个经纪人给每个卖方的出价为 1;给买方 B1 的要价是 1,给买方 B2 的要价是 2;一件商品从 S1 经 T1 到 B1;一件商品从 S2 经 T2 到 B2。画出新的交易网络,给出简短解释。

3. 考虑一个有中介的交易网络,其中有两个卖方 S1 和 S2,三个买方 B1、B2 和 B3,两个经纪人(中介)T1 和 T2。每个卖方可以和任何一个经纪人做生意。买方 B1 只能和经纪人 T1 交易。B2 可以和任何一个经纪人交易。B3 只能和经纪人 T2 交易。每个卖方有一份商品,估值为 0;买方 B1 的估值为 1,B2 的估值为 2,B3 的估值为 3。

(a) 画出这个交易网络,经纪人用方块表示,买方和卖方用圆圈表示,边表示所允许的交易关系。将节点分别标注为 S1、S2、B1、B2、B3、T1、T2。

(b) 设价格与商品流如下:

- T1 对每个卖方出价为 1,对 B1 要价为 1,对 B2 要价为 2。
- T2 对每个卖方出价为 1,对 B2 要价为 2,对 B3 要价为 3。
- 一件商品从 S1 经 T1 流到 B2,一件商品从 S2 经 T2 流到 B3。

(如果有用,你可以将这些价格和商品流标在前面画的图上。)这些价格与商品流构成一个纳什均衡吗? 如果答案肯定,给出简要解释。若不是,则描述一种经纪人可通过改变其价格增加利润的方式。

4. 考虑一个有中介的交易网络,其中有一个卖方、一个买方和两个经纪人(中介)。买方和卖方可以和任意经纪人交易。卖方有一件商品,估值为 0;买方给的估值为 1。

画出这个交易网络,经纪人用方块,买方和卖方用圆圈,边表示所允许的交易关系。描述可能的纳什均衡结果,给出解释。

5. 考虑一个有中介的交易网络,其中有一个卖方 S,两个买方 B1、B2 和两个经纪人(中介)T1、T2。卖方可以和任意经纪人交易,买方 B1 只能和 T1 交易,B2 只能和 T2 交易。卖方有一件商品,估值为 0;买方 B1 给的估值为 3,B2 的估值为 1。

(a) 画出这交易网络,经纪人用方块,买方和卖方用圆圈,边将可以交易的人连起来。将节点分别标注为 S、B1、B2、T1、T2。

(b) 找到这个网络中纳什均衡的出价与要价。经纪人赚多少利润?

(c) 假设现在加一些边,使得每个买方可以和每个经纪人交易。找到一个新网络中的纳什均衡。经纪人的利润有什么变化? 为什么?

6. 考虑一个有中介的交易网络,其中有三个卖方 S1、S2 和 S3,两个买方 B1、B2 和两个经纪人(中介)T1、T2。卖方 S1 和 S2 只可以和经纪人 T1 交易;卖方 S3 只能和 T2 交易。每个买方只能和一个经纪人交易:B1 只能和 T1,B2 只能和 T2 交易。每个卖方有一件商品,估值为 0;每个买方给的估值都为 1。

(a) 画出这交易网络,经纪人用方块,买方和卖方用圆圈,边将可以交易的人连起来。将节点分别标注为 S1、S2、S3、B1、B2、T1、T2。

(b) 描述有哪些可能的纳什均衡,包括价格与商品流。简要解释你的答案。

(c) 假设现在加一条 B2 和 T1 之间的边。我们要考察这条新的边改变博弈的结果。为此,取(b)的答案中的均衡,保持价格与商品的流动不变,然后假设在新的 B2-T1 边上的要价是 1,且在这条边上没有商品流。这些价格与商品流依然形成一个均衡吗? 如果答案肯定,给出简要解释。若不是,则描述一种参与者之一可以改变的方式。

7. 考虑一个交易网络,其中有两个买方 B1、B2,两个卖方 S1、S2,和两个经纪人 T1、T2。每个卖方有一件商品,估值为 0;每个买方给的估值都为 1。卖方 S1 和买方 B1 只能和经纪人 T1 交易;卖方 S2 和买方 B2 可以和任何经纪人交易。

(a) 画出这个交易网络,经纪人用方块表示,买方和卖方用圆圈表示,边表示可以直接交易的两个人。将节点分别标注为 T1、T2、B1、B2、S1、S2。

(b) 考虑下列价格与商品流:

- T1 对 S1 的出价为 0,对 S2 的出价为 1/2;对 B1 的要价为 1,对 B2 的要价是 1/2。
- T2 对 S2 的出价是 1/2,对 B2 的要价是 1/2。
- 一件商品从 S1 经 T1 流到 B1,一件商品从 S2 经 T2 流到 B2。

这些价格与商品流描述了一个交易博弈的均衡吗? 如果你认为不是,那么简要描述某人应该怎样改变。若是,则简要解释原因。

(c) 假设现在加入第三个经纪人 T3，他只可以和 S1、B1 交易，网络的其他部分不变。考虑下列价格与
　　商品流：

- 在以前的边上的价格如(b)不变。

- 在新的边上的价格是：T3 对 S1 的出价是 1/2，对 B1 的要价是 1/2。

- 商品流如(b)不变。

这些价格与商品流描述了一个交易博弈的均衡吗？ 如果你认为不是，那么简要描述某人应该怎样改变。

若是，则简要解释原因。

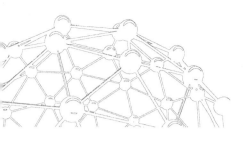

第 12 章 网络中的议价与权力

在关于交易网络的分析中,特别是按照第 11 章中的模型,我们考虑了节点在网络中的位置对它在市场中权力的影响。在某些情况下,我们能够对价格和权力有准确的预测,但在另一些情况,分析结果带给我们的只是一些可能性。例如,在经纪人之间充分竞争的情况下,我们的结论说他们不会获得利润,但不可能说清楚所导致的情形是否会偏向于买家或卖家的哪一方,因为对剩余价值进行分配的方式可能有多种。这就是早先在第 6 章讨论过的一个更普遍现象的一个例子:当存在多个均衡的时候,某些均衡会对一个参与者有好处,另一些则青睐另一个参与者,因此可能需要借助其他的信息来预测事情结果到底会如何。

在这一章,我们对网络中权力的一种观念进行形式化,以期帮助我们进一步细化对不同参与者结果的预测。这种观念主要源于社会学研究,它不仅可以用来讨论经济上的交易,而且更一般地可用来讨论许多借助网络作为中介的社会性互动现象。针对节点在网络中的位置如何影响其权力的问题,我们将发展出一组形式化的原理,力图能刻画某些细微的差别。目标是创建一个简洁的数学框架,使我们能够预测任意网络中哪些节点有权力,有多大权力。

12.1 社会网络中的权力

权力(power)是社会学的一个中心概念,人们对它的研究体现在多种形式。与许多相关概念一样,一个基本的问题是,一个个体在网络中所表现出来的权力,在多大程度上是其自身特性所决定(如超群的个人禀赋),在多大程度上源于网络结构的性质(如某人是因为在网络中占据关键位置才显得特别有权力)。

这里的目的是要从广义的社会性互动的角度来理解权力,而不仅限于将权力看成在经济、法律或者政治范畴有关实体的特性。也就是说,我们关心人们在朋友圈、社区或者组织机构中所起的作用。我们特别关注,在大型社会网络中权力是如何在直接关联的人们之间体现出来的。如理查德·爱默森在他的一项基础性工作中所观察到的[148],相比个体的特性而言,权力更是两个个体之间关系的特性。也就是说,研究一个人比另一个人有权力的条件,要比简单说某人"有权力"更有意义。

这类工作中的一个共同点是认为两个人之间的社会关系是能对他俩产生价值的一种存在。我们在此不打算说清楚到底是什么价值,因为它显然依赖于所讨论的社会关系的类型,但这个想法能自然地在许多情况下落到实处。在经济学范畴,价值可能是两人通过合作带来的收入,在政治学场合,则可能是关系的一方为另外一方帮忙的能力,在友谊关系中,则可能是两个人成为朋友的事实所派生的社会或心理价值。在上述每个例子中,价值对双方可能是对等的,也可能是某种不对等的划分。例如,关系中的某一方可能比另一方得到更多的利益。在合作业务关系上,一方可能得到一半以上的利润;在友谊关系上,一方可能成为人们注意的中心,或在有分歧的情况下更经常地使自己的意见得到采纳。关系的价值在双方划分的方式可被看做是一种社会交换(social exchange),而权力就对应于这个划分的不平衡,关系中权力大的一方获得更多价值。

　　在某些情况下,关系中的这种不平衡可能完全是由于两人个性的结果。但在另一些情形,则可能是两人所在其中的大型社会网络的作用,即一个人在关系中更有权力,是因为他在社会网络中占据了支配性的位置,使得他除这个关系之外有更多的社会性机会。在后面这种情形,关系中的不平衡可以归结到网络结构,超出了所涉及双方的个人特质。人们对社会性不平衡和权力部分源于社会网络结构的方式的探讨,推动了社会学中网络交换理论(network exchange theory)研究领域的发展[417]。

网络中位置权力的一个例子

　　下面通过一个简单例子来讨论这个问题。图 12.1 是 5 个朋友之间的社会网络,其中的边表示较强的友谊关系。直觉上看,节点 B 在网络中占有一个有权力的位置,特别是相对其三个邻居中的 A 和 C 而言,B 显得比较有权力。什么道理使我们有这种认识呢? 下面是几个角度的非形式化描述,后面会有比较精确的论述。

社会网络中的权力

图 12.1　由 5 人构成的一个社会网络,凭直觉可想象节点 B 占据着一个有权力的位置

　　(1) **依赖性**(dependence)。前面提到过,社会关系带来价值,对节点 A 和 C 来说,这种价值的来源完全在于 B;但对 B 而言,他有多种选择。

　　(2) **排他性**(exclusion)。相对于(1),B 有能力排除 A 和 C。例如,假设每人要在群体中选一个"最要好的朋友",B 可以单方面地在 A 和 C 之间挑选一个,但他俩除了 B 之外别无选择。(然而,B 对于 D 而言则没有类似的权力。)

　　(3) **饱和性**(satiation)。B 的权力的某种基础可能隐含在称为"饱和性"的心理学原理中,即对于某种可以带来回报的事物而言,随着其数量的增加,回报逐步减少。这里我们还是考虑社会关系能带来价值,B 将比群体中的其他成员得到更多的价值,而一旦变得饱和之后,B 维持这些社会关系的兴趣会降低,她倾向于不满足从一个关系中得到与对方均等的价值份额。

　　(4) **介数**(betweenness)。如果相信社会关系中产生的价值不仅是局限在单独的边上,而且会沿着网络图中的路径流动,就可以考虑所谓介数的概念。介数在 3.6 节有过深入讨论。这里只需想到,一个有高介数的节点应该是出现在许多其他节点对的路径中,特别是短路径。在我们的例子中,B 有高介数,因为 B 是网络中多个节点对之间唯一的途经点,这潜在地给 B 带来权力。更一般地看,介数是**中心性测度**(centrality measure)的一种,中心性测度用于判断谁是网络中的所谓"中心点"。在 3.5 节讨论结构洞时看到,在关心信息流动问题的场合,一个节点在网络中的权力,可以按照其作为网络其他部分之间途经点的作用来评价。然而,这里关心的是权力在两两关系的非对称性中体现的情况,我们会看到一些具体的例子,说明中心性概念的简单应用可能会产生误导。

12.2　权力与交换的实验性研究

虽然我们可以感到这些原理在许多情形下是有用的,但在大多数真实环境中却难以精确或定量地讨论它们的效果。于是,研究人员转向一些受控的实验,让被试对象参与一些规范化的社会交换活动。这种研究的方式出于一个活跃的实验计划,在网络交换理论方面的若干研究小组都参与其中[417]。实验的基本想法是利用一种经济学框架在实验室条件下具体地表示出"社会价值"的概念,该框架的形式我们在第 10 章和第 11 章里看到过。在这些实验中,关系的价值通过一定的钱数来表示,由关系的双方来分享。然而,这不是说一个人只在意他所能得到的金钱的数量。我们会清楚地看到,实验对象也会在意关系的其他方面,例如分享的公平性。

不同实验的具体细节会有所不同,下面是一种典型的安排。大致上讲,用图表示一个社会网络,将每个实验对象安排在该图的一个节点上;设想有一定量的钱放在该图的每条边上;由边关联的两个节点商议如何划分在他们之间的那份钱数。最后,这种安排的关键是每个节点只能参与和其一个邻居的关系价值划分,因此面对的选择不仅是要寻求多大的份额,还有与谁分享的问题。这种实验要进行多轮次,以让参与者有多次互动,我们研究多轮次之后金额的划分情况。下面是该机制的细节。

（1）取一个图(例如图 12.1),且为图中每个节点对应安排一个实验对象。每个人坐在一台计算机前,可以用即时通信方式与其邻居节点交换信息。

（2）每个社会关系中的价值具体体现为赋予图中邻接边上的一种**资源池**(resource pool)。设想这是可以在两个端点进行划分的一定的钱数,例如 1 美元。我们称在端点之间进行一次这种价值的划分为一次**交换**(exchange)。这种划分的结果可能是等量的,也可能是不等量的。无论结果如何,都将被看成是那条边所表示的关系中的权力非对称程度的一种信号。

（3）为每个节点设定一个其可以进行交换的邻居数量的限制。最常见的是采用极端情况,即让每个节点只能和一个邻居进行交换,称为是 **1-交换规则**(1-exchange rule)。这样,对于图 12.1 的例子来说,节点 B 最终只能和其三个邻居之一进行交换。在这种限制下,在实验的每一轮中所发生的交换集合可以看成是图的一个**匹配**(matching),即一个没有公共端点的边集。然而,它不一定是个**完美匹配**(perfect matching),因为某些节点可能没有参与任何交换。例如,在图 12.1 中,由于节点个数是奇数,交换肯定不会形成一个完美匹配。

（4）每条边上的价值分配方式如下。一个节点同时但分别与其邻居进行即时消息通信。对每个邻居,她采用相对自由的方式与其进行谈判,对相关边上的钱如何进行分配提出建议,有可能达成一个协议。这种谈判必须在给定时间内结束(不一定有结果)。为了落实上述 1-交换规则,一旦一个节点与其某一邻居达成了协议,她与所有其他邻居的谈判就立刻终止。

（5）最后，实验进行多轮。关系图和实验对象与节点的对应关系如（1）保持固定不变。在每一轮，每条边上的钱数如同第（2）点那样重置初值，每个节点如第（3）点那样参与交换，钱的分配如第（4）点那样进行。多次运行，让节点之间有多次互动，我们研究在多轮之后出现的交换价值。

这样，网络中边上"社会价值"的一般概念就通过一种特定的象征性经济学概念得以实现：价值用金钱来表示，且人们直言不讳地来商讨如何对它进行分配。若不特别说明，我们主要考虑 1-交换规则。前面讲排他性的时候举过选择"最要好朋友"的例子，可以将 1-交换规则看成是它的一种体现。也就是说，1-交换规则对应节点之间试图形成伙伴关系的模型：每个节点希望与某另一个节点建立一种伙伴关系，并且要得到在伙伴关系中隐含的价值的一个合理份额。本章后面会看到，改变节点参与交换的个数，会对有权力的节点产生有趣的影响。

这类实验的具体开展可有多种变化。一个特别有意思的方向是参与者得知多少关于其他参与者进行交换的信息。所谓**高信息**（high-information）实验，指的是每个人不仅能看见与其有关的边上发生的事情，也可以实时看到网络中所有边上发生的情况；在所谓**低信息**（low-information）实验中，每人只了解与其直接相关的边上的情形，例如，她不知道其邻居有多少邻居。与此相关的工作得到一个有意思的发现，即实验结果与参与者掌握的信息量关系不大[389]，这说明了结果的某种鲁棒性，也让我们可对参与者在实验过程中所做的推理行为进行归纳总结。

12.3 网络交换实验的结果

首先观察在一些简单的图上进行这种实验的情形。由于实验结果在直觉上是合理的并且相当稳定，我们将逐步深入地考虑关于权力在这种交换实验中起作用的原理。

图 12.2 画出了实验中用过的 4 种基本网络。可以看到，它们不过只是长度为 2、3、4 和 5 的路径图。然而，尽管简单，其每一个都带来新颖的问题，下面逐一讨论。

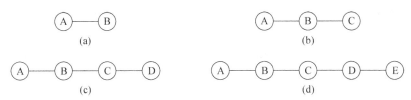

图 12.2 交换网络中的一些现象可从长度为 2、3、4 和 5 的路径图中得到启示

1. 2-节点路径

2-节点路径对应最简单的情形：让两人在一定的时间内对如何分 1 美元达成一致。但即使如此简单的情形也带来不少概念上的复杂性。博弈论中有大量工作都是针对这种情况的，即要考虑利益相对的双方坐下来谈判时结果会如何产生。在本章后面我们会进一步讨论，多数标准的理论预测结果是平分。这看起来是一种合理的预测，也是 2-节点图的网络交换实验中所近似反映出来的结果。

2. 3-节点路径

在 3-节点路径上,节点依次为 A、B 和 C,直觉上,B 要比 A 和 C 更有权力。例如,当 B 和 A 谈判时,她有备选 C 的退路,但 A 就别无选择。当 B 和 C 谈判时也有类似优势。

此外,在每一轮实验中,至少 A 和 C 之一要在交换中被排除掉。实验中,人们发现被排出的对象在下一轮倾向于要得少一些,以期不再被排除。这样,对 A 和 C 的多次排除倾向于让他们降低要求,而且在交换实验的实践中,B 的确得到了价值的大多数份额(最近的一组实验[281]结果大约是 5/6)。

这种实验的一个有趣变化是修改 1-交换规则,让 B 在每一轮可以有两个交换。人们发现,B 基本上采取对等的策略来对待与 A 和 C 的谈判。这和前面讨论过的依赖性和排他性是一致的,即 B 为了在每轮实验的每个交换中得到一半的价值,她对 A 和 C 的需要不亚于他们对她的需要。

然而,允许 B 做两次交换的版本的结果与饱和性不一致。按照饱和性原理,如果 B 以两倍于 A 和 C 的速度得到价值,变得饱和了,我们就会期望看到 A 和 C 需要让 B 在交换中得到更多一些才能使 B 保持兴趣,但实验的结果并不如此。

3. 4-节点路径

4-节点路径要比前面两种情况复杂许多了。一种结果是每个节点都参与了交换,A 和 B 交换,C 和 D 交换,但也有 B 和 C 交换,A 和 D 都被排除的结果。

这样,B 要比 A 更有权力,但与 3-节点路径的情形相比,要弱一些。在 3-节点路径情形,B 可以排除 A 而去和别无选择的 C 交换。然而,在 4-节点路径情形,如果 B 排除了 A,她是有风险代价的,因为此时她要寻求交换的 C 可能已经有了比她更有吸引力的 D。换言之,B 要排除 A 的威胁在实际执行中是有代价的。实验结果支持对这种弱权力(weak power)的认识:在 A-B 交换中,B 得到的份额大约在 7/12 和 2/3 之间[281,373]。

4. 5-节点路径

长度为 5 的路径引入进一步的微妙之处:节点 C,直觉上占据着网络的“中心”位置,但在 1-交换规则下实际上是弱的。这是因为,C 只有与 B 和 D 交换的机会,但他们俩分别有非常吸引人的 A 和 E。这样,C 在交换中几乎和 A 和 E 一样容易被排除。简言之,C 的谈判对手都有很弱的节点作为备选,这就使 C 也处于弱势了。

在实验中,人们发现 C 要比 A 和 E 稍微强一些,但也就是稍微一点点。这样,5-节点路径的情形表明,像介数这种简单的体现中心的概念,在某些交换网络中用作权力的测度可能会产生误导。

注意,C 的弱性实际上在于所采用的 1-交换规则。例如,若允许 A、C 和 E 参与一次交换,但允许 B 和 D 参与两次,那么,由于 B 和 D 需要 C 才能充分利用他们的交换机会,C 立刻就变得重要起来,有能力排除他的某个交换对手。

5. 其他网络

人们在许多其他网络上都进行过实验研究。在不少情形,可以通过综合从图 12.2 中 4 种基本网络得到的概念来理解那些实验的结果。

例如,网络交换理论家已经深入研究过图 12.1 中的社会网络图。由于 B 有能力排除 A 和 C,她在和他们的交换中趋向于取得占优的结果。有了 A 和 C 这两个备选项,B 几乎就没有兴趣和 D 进行交换。于是,D 除了 E 之外就再也没有现实的第二选项了,因而 D 和 E

趋于在大约平等的基础上进行交换。所有这些观察都得到了实验结果的支持。

另一种被深入研究过的例子是所谓"柄图",如图 12.3 所示。其中,一般是 C 和 D 进行交换,B 和 A 进行交换,从而得到满意结果。节点 B 在网络中的位置在概念上与 4-节点路径中 B 的位置相当。在柄图中,B 和 A 谈判时有权力优势,但是较弱的权力优势,这是因为若排除了 A,她就要和 C 或 D 交换,但那两位有相互交换(从而排除 B)的可能。实验表明,柄图中的节点 B 要比 4-节点路径中节点 B 稍微多挣些钱。可通过一种微妙的直觉来理解这种现象:B 在 4-节点路径中对 A 的威胁是他可与另一个节点 C 谈判,但 C 的权力与 B 相当;而在柄图中,B 的备选谈判对手要比 B 弱一些。

6. 一种非稳定网络

到目前为止,所讨论过的网络有一个共同点,即参与者之间的谈判在所限时间内趋于正常结束(即达成谈判结果),而且(在多轮实验中)结果相当一致。但是,也有一些病态网络,在其中谈判趋于拖到最后,而且参与者的结果不可预测。

研究这是怎么发生的。考虑一种最简单的病态网络,如图 12.4 所示。3 个节点相互连接。在这种三角形网络上运行交换实验,不难看到会发生的情况。在 3 个节点之间,只有一个交换可能完成,因此当时间快到时,两个节点(如 A 和 B)将要结束谈判,而第三个节点(这里是 C)完全被排除在外,就要一无所获了。这意味着,C 会愿意在最后时刻切入到 A 和 B 的谈判中,向其中一个让出大多数价值份额,自己只留一点点。如果这样(如 C 给了 A 很大好处),那么就要有另一个节点被排除在外了(这里是 B),而他也会愿意让出很大的价值份额回到交换中。

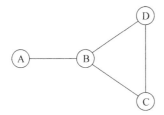

图 12.3　交换网络的一个
例子,其中节点 B 的优势具有
弱权力性质

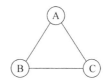

图 12.4　一种谈判不可能达成稳定
协议的交换网络

这个过程自身会无限循环,总是有某个节点被排除在外,因而会做出很大让步来试图返回,于是这个过程只能通过"时间到"机制来结束。在这种情况下,总会有节点"玩最后一下子",从而对任一节点的结果都很难预测。

我们再次看到一个前面讨论中没有出现过的情况。三角形网络的独特之处在于无论两个节点之间要达成什么交换结果,被排除的节点总有一种自然的方式"打破"正在进行的谈判,从而破坏掉网络中趋于稳定的过程。另外,也是值得注意的是,在大型网络中存在三角形不一定总会引起问题,图 12.3 所示的图中包含一个三角形,但由附加节点 A 带来的交换可能性使我们有可能得到稳定的结果,即 A 与 B 交换,C 与 D 交换。与图 12.4 中"独立"三角形所带来的问题具有本质的不同。其中,总会有一个节点被排除,从而就有动机和能力来做点什么。

12.4　与买卖网络的一种联系

在第 10 章讨论匹配市场时，我们考虑的是由买家和卖家构成的二部图。这里谈论的则是所有参与者都有相同作用的图（不区别买家和卖家），他们不是做买卖，而是对如何分配关联边上的价值进行谈判。

在这些表面的差别之外，两种情形有一种相当密切的联系。以 4-节点路径为例，我们来看这种联系的情况。为此，设 A 和 C 为买家，B 和 D 为卖家。我们将一个单位的货物分别交给 B 和 D，将一个单位的钱分别给 A 和 C；假设 A 和 C 对一份货物的估值为 1，B 和 D 对货物估值为 0。现在来看货物出售的价格。

这需要琢磨一会儿，但我们能看到它与在 4-节点路径上做的交换网络实验完全等价，情形如图 12.5 所示。例如，若 B 以价格 x 将货物卖给了 A，B 得到回报 x（x 单位的钱），A 得到回报 $1-x$（货物的一个单位价值，减去所支付的 x 单位的钱）。这样，A 和 B 在买卖网络中关于价格的谈判就像是 A 和 B 之间在交换网络中关于将 $\$1$ 分成 x 和 $1-x$ 的谈判。进而，1-交换规则对应于每个卖家只卖一个单位的货物，每个买家只能要一个单位的货物的要求。

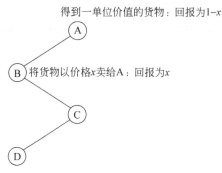

图 12.5　按 4-节点路径图构成的交换网络也可以看成是两个卖家和两个买家的买卖网络

对图 12.1 和图 12.2 中所有的图，都可以做类似的转换。然而，在讨论交换网络与买卖网络之间关系时，需要注意到两个问题。首先，这种转换只是在二部图的情况下才有可能（在图 12.1 和图 12.2 中所有的图都是），尽管它们画出来的不是两排节点那种样子。图 12.4 中的三角形图不是二部图，尽管我们可以讨论在上面进行的交换网络实验，但不可能给节点贴上买家和卖家的标签，使得每条边都关联一个买家和一个卖家。我们可以让一个节点成为买家，另一个节点成为卖家，但没法给第三个节点贴上标签。类似地，图 12.3 中的图也不是二部图，因此与买卖网络的类比也不能应用于其中。

第二个问题是，对二部图而言，两种形式的等价只是在数学意义上成立。即便对同一个图而言，我们都并不清楚安排在买卖网络上的实验对象是不是会与交换网络中的实验对象有相同的行为。最近有实验证据表明，以这两种方式向实验对象描述同样的过程，我们事实上可能看到不同的结果[397]。

12.5　两人交互模型：纳什议价解

到目前为止，我们看到了在一些网络上进行交换实验的情形，并且提出了一些非形式化的理由来解释实验的结果。现在，我们要来发展一种数学框架，使我们能对任意网络中进行交换所发生的情况进行预测。我们希望能解释的现象有：边上价值对等与不对等分配之间的区别；强权力（极端的不平衡）与弱权力（如在 4-节点路径中，存在一定程度的不平衡）的区别；结果稳定的网络与不稳定网络（如图 12.4 中的三角形）的区别。

事实上，通过一种基于简单原理的模型，我们会在一种令人吃惊的程度上实现这个目标，从而把握上述每一种现象。下面两节我们先发展出模型的两个重要元素，各自基于一种不同的两人互动形式。第一个元素，纳什议价解，数学味道比较浓些；第二个元素，终极博弈，主要是基于人类对象的实验。

1. 纳什议价解

从两人议价的简单形式开始。假设，如同网络交换中的 2-节点路径，A 和 B 两人谈判如何在他们之间分 \$1。不过，现在扩展这个故事，让 A 有一个外部选项 x，B 有一个外部选项 y（如图 12.6 所示）。这么做的意思是，如果 A 不喜欢在和 B 的谈判中形成的他在 \$1 上的份额，他可以放弃谈判而去获得 x。这是有可能发生的，例如，若 A 在谈判中得到的要少于 x，他就可能放弃谈判结果。类似地，B 也有可能在任何时候放弃谈判，而去获得

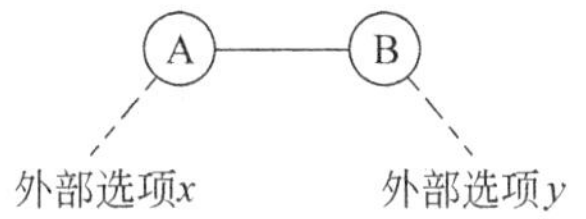

图 12.6　两个有外部选项的节点进行议价的示意图

她的外部选项 y。注意，若 $x+y>1$，在 A 和 B 之间就不可能达成协议，因为不可能两人从 \$1 中得到的分别都不少于 x 和 y。于是，在考虑这种情形时，假设 $x+y\leqslant1$。

给定这些条件，A 会要求在谈判中至少得到 x，B 会要求至少得到 y。于是，谈判实际上就是在说如何分配剩余（surplus）$s=1-x-y$（因前面假设了 $x+y\leqslant1$，s 至少为 0）。一种自然的预测是，如果 A 和 B 两人有相等的谈判权力，那么他们将同意均分这剩余，即 A 得 $x+\frac{1}{2}s$，B 得 $y+\frac{1}{2}s$。这也就是包括纳什议价解（Nash bargaining solution）在内的一些理论预测的结果[312]，我们这里采用它。

纳什议价解：当 A 和 B 就如何划分 \$1 进行谈判时，若 A 有外部选项 x，B 有外部选项 y，且 $x+y\leqslant1$，则纳什议价结果为：

对 A 来说是 $x+\frac{1}{2}s=\dfrac{x+1-y}{2}$。

对 B 来说是 $y+\frac{1}{2}s=\dfrac{y+1-x}{2}$。

在关于网络交换理论的文献中，这种分配的情况有时称为对等依赖（equidependent）结果[120]，这是因为在谈判中双方相互依赖，指望对方让步的程度相同。从高层看，纳什议价解强调了谈判过程中的一个一般性要点：在谈判开始之前，有一个很强的外部选项对于获得有利的结果是十分重要的。对本章大部分内容来说，将纳什议价解看成是一种自圆其说的原理就够了，而它是得到实验支持的。不过本章最后一节要考虑它是否能从一个更基本的行为模型推导出来。事实上，当我们将这个议价过程看成一种博弈时，纳什议价解就是它

的一个自然的均衡。

2. 关于状态效应的实验

当我们在人类对象实验情形下考虑议价的时候，当然需要认为两个人有同等的议价权力。同时，会看到外部信息会对他们的相对议价权力产生影响，下面考虑这种情况。

对社会状态的感受可能会对人们的议价权力产生影响。社会学家设计了一些实验来研究这个问题。在实验中，两个人还是考虑钱的分配问题，但分别被引导相信一个人是"高状态"的，另一个是"低状态"的。例如，在最近的一组实验中，A 和 B 都是大学二年级女生，通过即时消息进行谈判，但实验人员分别给了她们关于对方的虚假信息：告诉 A，说 B 是一个成绩不好的高中生；告诉 B，说 A 是一个成绩很好的研究生[390]。这样，A 觉得 B 是低状态的，B 认为 A 是高状态的。

实验结果显示，对这种状态区别的感受，在谈判中会起作用，所导致的结果与一般议价理论的预测有所偏差。首先，每个对象要以通信方式告诉对方自己外部选项的情况，这也是谈判的一部分（实验人员不向被试人提供这种信息，由他们自己相互告知）。研究发现，如果一个人认为自己的状态要高于谈判对手，他会夸大自己的外部选项；而认为自己状态不如的人则倾向于贬低自己的外部选项。将这效果综合起来，在认为对手状态较低的情形，人们倾向于给对手自报的外部选项打些折扣。换句话说，低状态的人倾向于往低里报他们的外部选项，且即使这样还要被他们的对手小看。总的来说，被对手认为高状态的对象倾向于获得比理论预测明显高的议价结果。

自然，这些状态效应是可以放到交换模型中的有趣因素。不过，就建立最基本的模型而言，我们将以纳什议价结果为基础，集中在没有附加状态效应的互动情形。

12.6　两人交互模型：最后通牒博弈

纳什议价结果给我们提供了一种理解两个人行为的方式，他们的权力差别来源于他们外部选项的差别。从原理上讲，这甚至可以适用于权力极端不平衡的情形。例如，在 3-节点路径的网络交换中，中间节点有全部权力，因为它可以排除其他两个节点的任何一个。但在该网络上的实验中，中间节点一般并不能将其对手的份额挤压到 0，而会得到类似于 5/6 和 1/6 的分配。

是什么原因使得谈判从一种完全不平衡的结果"回退"？这在交换实验中实际上是一种常见的效果：安排在权力严重失衡情形下的实验对象会系统性地偏离简单理论模型的极端性预测结果。探讨这个效果的最基本的实验框架之一称为**最后通牒博弈**（Ultimatum Game）[203,386]，具体如下。

与前面讨论过的议价框架相似，最后通牒也是涉及两个人要分配一美元的问题，但遵循的过程非常不同。

（1）首先让 A 提出一个分配一美元的方案，多少给 B，多少自己留下。

（2）B 有两个选择，要么接受，要么拒绝。

（3）如果 B 接受了 A 的方案，各得其所；若 B 拒绝了，两人都得不到任何东西。

此外，假设 A 和 B 通过即时消息联系，实验人员告知他们，他们以前从来没见过，并且今后很可能也不会再见面。就是说，这是一个一次性互动。

首先，假设两人都希望最大化自己所得，他们该如何表现？这个并不难。先看 B 该如何。如果 A 提出的方案多少给了 B 一些,那么 B 的选择就是在得到那些(接受 A 的建议)和什么都得不到(拒绝建议)之间。因而,B 应该接受任何非零的安排。

给定这就是 B 的行为准则了,A 该怎么办? 由于 B 会接受任何不为零的安排,A 应该给 B 一点点,而自己尽量多得些。这样,A 的建议应该是他自己留 \$0.99,让 B 得 \$0.01,知道 B 会接受这个分配。或者,A 可能建议他自己留 \$1.00,让 B 得 \$0.00,因为此时对 B 是无差异的,A 就算冒一下风险。但在我们的讨论中,假设给 B 留一美分的方案。

这就是对人们纯粹只考虑金钱多少,在权力极端不平衡情形下的行为的预测:具有绝对权力的那一位(A)将尽量克扣,几乎没权力的则会接受哪怕是一点点份额。直觉上,以及我们下面看到的实验结果,都显示这不是人类的典型行为方式。

最后通牒博弈的实验结果

1982 年,古斯、斯米特博格和施瓦茨[203] 做了一系列颇有影响的实验,研究人们实际上会怎么进行这种博弈。他们发现,扮演 A 的人倾向于给出相当平衡的分配,平均约三分之一给 B,而且相当一部分人事实上给出一半。此外,他们还发现扮演角色 B 的人常常会拒绝非常不平衡的分配提议。

跟着有大量的工作都发现这种现象相当普遍[386],即使所涉及的钱数很大。这类实验也在不同的国家做过,倾向于相对平衡分配的情形是一致的,但我们也看到不同的文化背景带来的有趣差异[93]。

能用前面学过的博弈论框架来解释在最后通牒情形这种倾向于相对平衡的结果吗? 事实上,可有多种方式。最自然地,可能是要记住我们在博弈论中定义回报时讨论的基本原理:一个参与者的回报应该反映他对给定结果的完整评估。因此,对于参与者 B 评估她只得到总数的 10% 从而决定放弃这个结果的情形,一个解释是因为感到不公平而产生的明显负面情绪回报,于是当我们考虑 B 对于各种可能的完整评估时,就能想到 B 会觉得拒绝很低的分配而感觉好,要比接受那种分配而感觉受欺侮的总体价值更高。此外,由于扮演角色 A 的人们理解这可能是 B 在这种情况下的态度,他们也就倾向于给出相对平衡的分配以避免拒绝,因为拒绝意味着 A 也是什么都得不到。

当然,如果你在这个博弈中的角色是 A,对手 B 是一个以金钱最大化为目标的机器人,你应该给它越少越好。这一系列实验所表明的是,严格的金钱最大化原则不适合用来建立真人感受的回报模型。而且,即使是机器人,如果你给它在感觉受到欺侮后反抗的指令,它也会拒绝很低的分配份额。

当我们考虑权力很不平衡条件下相邻节点交换问题的时候,上述这些观察都是有用的。在那些情况下,我们应该预期看到资源分配上的不对称性,但不对称的程度并不一定像基本模型预测的那样高。

12.7　网络交换模型:稳定结果

前面从理论和实验上建立起了一些关于两人互动的原理,下面应用这些原理,建立一个能近似预测任意图上网络交换结果的模型。

1. 结果

先来说清楚结果(outcome)到底是什么。在一个给定图上网络交换的结果由下面两个方面构成。

（1）在节点集合上的一个匹配，指明谁和谁交换。我们记得在第 10 章讨论过，匹配是边的集合，每个节点最多只是其中一条边的端点。这与 1-交换规则对应，其中每个节点最多完成一个交换，某些节点可能被漏掉（排除在外）。

（2）每个节点与一个数字关联，称为它的价值（value），指出该节点在交换中的所得。若两个节点在结果中匹配，则它们的价值之和等于 1，表示它们在一个单位价值上的份额划分。若某节点不在任何匹配中，它的价值应该是 0，也就是它没参与任何交换。

在 3-节点和 4-节点路径上交换结果的一些例子如图 12.7 所示。

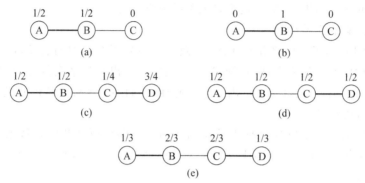

图 12.7 在 3-节点和 4-节点路径图上若干网络交换的示例，解释结果的稳定性

2. 稳定结果

对于任何网络，总会是有各种结果的可能。我们的目的是识别出那些在网络交换实验中可能出现的结果。

所期望的结果应该具有的一种基本性质是稳定性（stability）：不存在节点 X，它可以对节点 Y 提出一种划分价值的建议，使 X 和 Y 都得到更多的价值，从而将节点 Y 从一个已有的协议中"偷过来"。例如，考虑图 12.7(a)。节点 C 被排除在交换之外，但 C 可以做点事情来改善自己的处境，例如，C 可以向 B 提出，若 B 终止与 A 的协议而与 C 交换，C 将给 B 2/3（自己留 1/3）。这个提议的结果对 B 和 C 都是一种改善（B 的价值从 1/2 变到 2/3，C 的价值从 0 变到 1/3）。由于没法阻止这种情形发生，因此当前情况是不稳定的。（尽管这里说的是 C 发起这个提议，实际上 B 也是可以发起同样提议，从而提高自己的价值。）

在图 12.7(b)中，C 也是比较糟糕，但他没法做任何能改善境遇的事情。B 的价值已经是 1 了（最大可能），C 没法破坏当前的 A-B 交换。这种情形，尽管对某些参与者不利，但是稳定的。我们可将这个概念精确定义，称结果中存在一个不稳定性，如果有两个节点既有机会也有动机来破坏已存在的交换模式。特别地，我们有以下定义。

不稳定性：给定一种由匹配和节点价值构成的结果，一个不稳定性指的是不在该结果匹配中的一条边，其两个端点 X 和 Y 的价值之和小于 1。

注意这个定义是如何体现我们所讨论的情况的：在一个不稳定性中，两个节点 X 和 Y 有机会破坏当前状态（因为他们由一条边相连，从而可以交换），并且他们也有动机，因为他们的价值之和小于 1，从而就可能找到一种分配 $1 的方式使两人都比现在的情况好。

在我们讨论的例子中，图 12.7(a)的不稳定性是连接 B 和 C 的边，且价值之和为 1/2，于是 B 和 C 可以通过交换变得更好。另一方面,图 12.7(b)没有不稳定性,其中不存在什么力量来破坏当前状态。这样,可给出网络交换结果稳定性的定义。

稳定性:网络交换的结果是稳定的,当且仅当它不包含任何不稳定性。

由于不稳定结果的脆弱性,我们希望在实践中看到稳定的结果,而且对于有稳定结果的网络来说,我们从实验中真看到接近于稳定的结果。

图 12.7(c)～(e)是进一步说明这些定义的几个例子。在图 12.7(c)中有一个不稳定性,由于节点 B 和 C 之间有一条边,且他们价值之和小与 1,因此他们可以通过交换得到更多。另一方面,图 12.7(d)和图 12.7(e)的结果都是稳定的,因为不属于匹配的那条边所涉及的两个节点的价值之和不小于 1。

3. 稳定结果的应用

除了直觉上是自然的外,稳定结果的概念有助于解释某些在网络交换实验中观察到的原理。

首先,稳定结果的概念让我们可以近似把握权力极端不平衡情况下的行为。如果我们想想图 12.7(a)和图 12.7(b)的情况,我们会相信在 3-节点路径下唯一稳定的结果是 B 和 A 或 C 交换,且自己得到全部价值。的确,如果 B 得到的少于 1,不在匹配中的那条边就形成了一个不稳定性。因而,稳定性显示了 B 在网络中位置的支配作用。事实上,稍加分析,我们可见在图 12.2(d)的 5-节点路径情形下,唯一稳定的结果是让偏离中心的 B 和 D 得到 1。因此,稳定结果的概念也可以用来说明中心节点 C 实际上很弱这种比较微妙的情形。

现在我们知道了,在 3-节点和 5-节点路径情形下的人类实验对象不会追求 0-1 结果,有权力的节点倾向于得到 5/6 之类的价值。我们关于终极博弈的讨论表明,在一定意义下,这实际上就是在真人实验中可得到的最极端情况。由于稳定性概念并不是用来避免极端性的,可以这样解释这种理论与实践的差别:当在实验中看到 1/6 和 5/6 分配之类的强权力结果,我们就认为这就是接近了 0 和 1 之分。[①]

我们现在的框架也可用于识别没有稳定结果的情形,例如在图 12.4 的三角网络交换中不可能达到可预测结果的病态行为。我们现在可以来解释"三角形网络中不存在稳定结果"的观察是个什么情况。为此,首先注意到在任何结果中,若某个节点没有匹配,则它得到的价值是 0。假设这个节点就是 C(由图的对称性,选哪个节点都一样)。这个未匹配的节点 C 到另外两个节点都有边,而且无论他们俩如何分配那 \$1,至少一个人(如 B)得到的会少于 1。此时,连接 B 和 C 的边就是一个不稳定性,因为他们加起来的价值小于 1,因而有能力进行交换。

没有稳定结果的事实向我们提供了一种思考在三角网上谈判动力学的方式——无论暂时达成了什么协议,系统总是存在要破坏该协议的内部压力。

4. 稳定结果的局限性

然而,稳定性的解释能力也有明显局限性。其一,在于它常常依赖于人们在实际活动中不会做出极端结果的假设。但是,如同我们已经看到的,这就是理论的近似性会遇到的困

---

① 事实上,我们可以相当容易地扩展稳定性理论,让它能显式地处理这种结果。但对此处的讨论而言,我们依然采用这种比较简单的版本,允许极端的情况发生。

难,我们可以认识到其中的差别并比较容易地处理。

与稳定结果的概念相关的一个更加本质的困难在于它在权力弱不平衡情况下的模糊性。例如,我们回过头再看图 12.7(d)和图 12.7(e)。它们都表示在 4-节点路径上的稳定状态,但第一个让每个节点都有等量的价值分配,尽管中间的节点有权力优势。事实上,在 4-节点路径上有许多可能的稳定结果——只要匹配包含外面两条边,并且在它们上面的价值分配使 B 和 C 的价值之和不小于 1。

综合起来,我们说稳定性是理解交换结果的一个重要概念,但它对于具有微妙权力差别网络的作用有限。在那些网络中,稳定的概念限定性不强,依然会包含太多实际不会发生的结果。那么,有没有办法加强稳定性概念,使其能反映实际生活中最典型的结果?回答是肯定的,这是下一节的内容。

12.8 网络交换模型:平衡结果

在一个给定网络中,若有许多可能的稳定结果,本节考虑如何挑选出一个称为"平衡的"结果的集合。

平衡结果的概念可通过 4-节点路径来很好地解释。图 12.7(d)是一个稳定结果,但它在实际实验中见不到。此外,其中某种东西显然"不对":节点 B 和 C 之间谈判得太不充分。尽管他们都有备选项,而 A 和 D 没有,可他们还是分别与 A 和 D 平分了那份钱。

我们考虑这个问题,可以将网络交换看成是一种议价,其中"外部选项"(在 12.5 节的纳什议价解意义下)通过网络中的其他节点提供。图 12.8(a)画出了我们考虑的"全 1/2"结果。给定每个节点的价值,我们看到 B 实际上有一个外部选项 1/2,这是因为 B 可给 C 提供

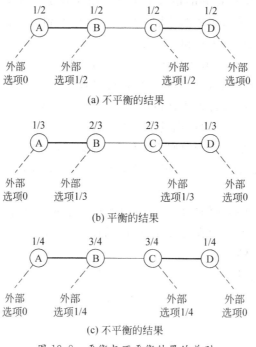

图 12.8 平衡与不平衡结果的差别

1/2(也可以是比 1/2 稍大一点的值)从而将 C 从当前与 D 的协议中拉过来。同样原因,C 也有一个外部选项 1/2,这里是考虑 C 需要给 B 提供的价值从而将 B 从 A 拉过来。另一方面,网络此时给 A 和 D 提供的外部选项是 0,对他们当前的协议,他们没有其他备选可能。

1. 定义平衡结果

上述讨论提供了一种看待全 1/2 结果问题的方式:针对节点的外部选项而言,那是些不体现纳什议价结果的交换。在这个意义下,图 12.8(b)的结果就看起来特别自然。对那些值而言,B 有一个外部选项 1/3,因为 B 若要将 C 从当前伙伴关系拉过来,B 需要至少给 C 提供 2/3,给自己最多留下 1/3。这样,在网络的其他部分提供了一定外部选项价值情况下,B 和 A 的 2/3~1/3 划分就体现了 B 和 A 的纳什议价解。同样的推论也适用于 C-D 交换。因此,在 4-节点路径上的这一组值有一种自我支持的性质:给定网络中其他地方的交换和价值分配,这里的每个交换都体现纳什议价结果。

如同文献[120,349]所述,我们可以给出适合任何网络的平衡概念的一般性定义。首先,对于网络中的任何结果,我们可以识别出每个节点最好的外部选项,如同在 4-节点路径中那样:一个节点的最好外部选项是该节点通过将一个邻居从其当前伙伴关系拉出来所能得到的最大价值。于是,定义**平衡结果**(balanced outcome)为:给定网络的其余部分为每个节点提供的最好外部选项,一个交换结果(由匹配和节点价值构成)称为平衡的条件是,对匹配中的每条边来说,价值的划分体现了两个节点的纳什议价结果。

注意这种结果如何"平衡于"各种极端情况之间的。一方面,它防止 B 和 C 得到太少,就像图 12.8(a)中那样。另一方面,它也防止 B 和 C 得到太多。例如,图 12.8(c)中的结果是不平衡的,因为 B 和 C 分别都得到了多于在纳什议价结果中的份额。

此时,也应注意到图 12.8 中所有的结果都是稳定的。于是在这个例子中我们有理由将"平衡"看成是"稳定"的一种细化。事实上,对任何网络来说,每个平衡结果都是稳定的。在一个平衡的结果中,匹配中的每个节点至少得到它的最好外部选项,也就是该节点能通过任何未用到的边所能得到的最大值。因此,不存在两个节点有积极性来通过利用一条当前未用到的边来破坏一个平衡结果,因而结果是稳定的。但是,平衡性比稳定性要求更加高,可以有许多不平衡的稳定结果。

2. 平衡结果的应用与解释

除了其漂亮的定义外,平衡结果比较近似于人类对象的实验结果。我们已经在 4-节点路径上看到过这情形。柄图的结果是另一个基本例子。

图 12.9 显示柄图唯一的一个平衡结果:C 和 D 对等交换,给 B 一个 1/2 的外部选项,因此,导致 A 和 B 之间达到 1/4~3/4 的纳什议价结果。这样,平衡结果不但抓住了弱权力优势,也抓住了不同网络中这些优势的细微差别——在这个情形,也就是 B 在柄图的优势要稍大于在 4-节点路径中的优势。

给定平衡结果定义中精巧的自引用——节点的价值由外部选项值确定,而外部选项值又是由节点价值表达——很自然会问是否对所有网络都存在平衡结果。当然,由于任何平衡结果都是稳定的,平衡结果只能存在于稳定结果存在的网络中,而从前面已经知道了某些图(如三角形图)是没有稳定结果的,因而也就不存在平衡结果。但可以证明,在任何具有稳定结果的网络中,也都有平衡结果,而且给定网络也有方法来求得其中所有平衡结果的集合[31,242,254,349,378]。

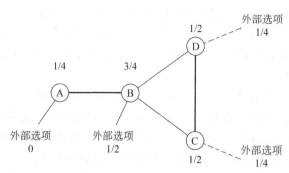

图 12.9　柄图上的一种平衡结果

事实上,在这两章中讨论的稳定性和平衡性的概念可运用所谓**合作博弈论**(cooperative game theory)的思想来表达。合作博弈论研究的是一群人如何分配源于集体活动(如目前情形中的网络交换)的价值。在这个框架中,稳定性可用合作博弈论中称为**核心解**(core solution)的概念来形式化,平衡则可形式化为核心解和另一个称为**内核解**(kernel solution)概念的组合[234,289,349]。

最后要说的是,人们提出了多种细化稳定结果的概念以更好地与实验一致的定义,平衡只是其中之一。有竞争力的理论包括所谓**对等阻力**(equiresistance),它能得到类似的效果[373]。当我们考虑更大更复杂网络的时候,理解所有这些理论产生的预测结果与人类实验结果的匹配程度,依然是一个未解决的研究问题。

12.9　深度学习材料:讨论议价的一种博弈论方法

在 12.5 节中考虑的基本情形是两个都带有外部选项的人在一个共享资源上讨价还价。我们宣称,纳什议价解给出了剩余价值会如何分配的一种自然预测。当约翰·纳什最初形成这个概念的时候,他首先写下一组他认为任何议价结果都应该满足的公理,然后证明这些公理刻画了他的议价解[312]。但是,人们也可以问同样的解能否通过一种模型推导出来,该模型要考虑到人们在进行议价时的策略行为。也就是说,是否可以定义一个博弈,体现议价活动的本质,其中纳什议价结果作为一种均衡显现出来。这项工作在 1980 年由宾摩尔、鲁宾斯坦和沃林斯基完成[60],其中用到了鲁宾斯坦提出的一种关于议价的博弈论表达[356]。

下面描述这种导致纳什议价解的策略性方法是如何工作的,它基于 6.10 节讨论过的动态博弈的概念。在关于议价的形式化中,将用到 12.5 节的基本场景,即有 A、B 两人,要在如何瓜分 $1 的问题上谈判。A 有一个外部选项 x,B 有外部选项 y。我们假设 $x+y<1$,否则就不可能形成对两人都有好处的一个 $1 划分。

1. 将议价形式化为一个动态博弈

第一步是要将议价表达成一个博弈。我们想象 A 和 B 两人商讨如何划分一美元的情形,下面是一个假想的对话场景(假设 A 具有较强的外部选项):

A:我给你 30%。

B:不,我要 40%。

A:34% 如何?

B：36％还差不多。

A：成交。

我们定义一种可以在一个周期序列上无限进展下去的动态博弈来体现这个对话的精神。

- 第一周期，A 向 B 提议一种划分，A 得 a_1，B 得 b_1。下标 1 表示第一个周期。用 (a_1, b_1) 表示。

- 然后，B 可以接受或者拒绝 A 的提议。若接受，博弈结束，每人得到相应份额；否则，进入第二周期。

- 在第二周期，B 提出 (a_2, b_2) 的划分，其中 B 得 b_2，A 得 a_2。现在该 A 来决定是接受还是拒绝；同样，若接受，各得其所，博弈结束，否则博弈继续。

- 这种周期可如此无限期进行下去，A 的建议由奇数下标表示，B 的建议由偶数下标表示。一旦出现接受，博弈立刻结束。

如果我们用符号重新描述一下 A 和 B 之间先前的对话，能看到与这种博弈的结构相适应。

（周期一）A：(.70, .30)？ B：拒绝

（周期二）B：(.60, .40)？ A：拒绝

（周期三）A：(.66, .34)？ B：拒绝

（周期四）B：(.64, .36)？ A：接受

这个博弈还有一个很重要的方面，它要体现双方都受到要达成交易的压力。在每一轮结束下一轮开始之前，都要用一个固定的概率 $p > 0$，来裁决谈判是否要被强行中止。如果强行中止了，博弈就不再进行，双方都只能拿到各自的外部选项。

于是就有完整的博弈描述如下：它是一个双方交替给出建议的序列，继续到某人接受建议或者谈判破裂。在结束之际，每人都得到一个回报，要么是一美元的划分结果，或者在谈判破裂情况下则是外部选项。

谈判中断的可能性意味着若 B 决定拒绝 A 在第一个周期中提出的划分，B 就会承担失去进一步机会而不得不回到 B 自己的外部选项的风险。各方在拒绝一个提议的时候都要考虑到这个风险。这个中断概率，对于我们推导议价的结果是必要的，可以将它看成是反映了参与者的一种认识，即博弈有可能在达成一致之前终止。有可能是另一个参与者放弃了谈判，或者是他突然被某种意外的更好机会拖走了，或者就是因为某种简单的外部原因使博弈突然终止。

2. 博弈的分析：概述

按照 6.10 节所介绍的，我们刚定义的博弈是动态博弈，但有两点值得注意的区别。第一，当每个参与者提建议时，可用的策略是无穷的（6.1 节中的情形是有穷的），自己所得的只要是 0 和 1 之间的任何实数就行。对我们讨论的目的来说，这个差别相对影响不大，但的确对问题的分析带来了些麻烦。第二个差别更加重要些。在 6.10 节中考虑的是**有穷视野博弈**（finite-horizon game），进行的周期数是有限的，而这里是无穷视野，博弈过程原则上可以永远进行下去。这就给在 6.10 节中的分析方式带来一些问题，其中，我们从博弈的最后一个周期开始，倒推到博弈初期。这里，我们没有"最后一个周期"，因而需要不同的分析

方法。

尽管如此,我们在 6.10 节采用的推理形式对解决这个问题还是有帮助的。我们要寻求的均衡是一个子博弈完美均衡,在第 11 章的交易博弈中见到过。交易人提出价格,买家和卖家相继做出反应。子博弈完美均衡也就是一种纳什均衡,但具有从博弈中间任何点开始的策略都能形成纳什均衡的性质。

我们的主要结果包括两个方面。首先,这个议价博弈有一个简单结构的子博弈完美均衡,即 A 的最初提议被接受。其次,对这个均衡而言,我们可以得到提议 (a_1, b_1) 中的数值。它们取决于终止概率 p,并且随 p 趋于 0,划分 (a_1, b_1) 收敛到纳什议价结果。因此,这里的要点是,当两个策略性议价者通过谈判互动时,如果谈判不太可能很快破裂,纳什议价方案的结果是一个不错的近似预测。

这里还值得考虑的是,所做的议价问题的形式化结果与本章前面提到的网络交换实验性工作的一些区别。首先,先前讨论的实验涉及多个谈判的同时进行——每个对应网络中的一条边。用议价博弈的形式来讨论多个同时进行的谈判,是一个有趣但基本上没有解决的问题。但是,即便不考虑那么复杂的情况,仅考虑网络中的一条边,我们的博弈论模型和交换理论实验也还是有差别。第一,实验通常允许一条边的两个端点之间的自由讨论,但在博弈论模型中我们设定了一种固定的格式,即从 A 开始,两人轮流提出关于划分的建议。博弈中 A 首先出价的事实给了 A 某种优越性,但在我们关心的情形,谈判破裂的概率 p 很小,这种优势可以忽略不计。第二,实验通常会强制一个固定的时限,以保证谈判最终要结束,而在理论中是在每一轮之后利用破裂概率来决定谈判是不是要强行终止。人们不是很清楚谈判中的这两种时间压力机制有什么关联,因为即使有一个固定时限,在交换实验中节点有多个网络邻居的事实使得我们很难推理在任何边上的谈判要延续多久。

3. 第一步:分析议价的一个两阶段版本

由于博弈的无穷性带来了复杂性,先看一个有穷博弈的版本。

特别地,以前面的博弈为例,假设它在第二周期末肯定会结束。(如前,它也可能在第一周期末以概率 p 结束。)由于现在是一个有限周期的博弈,可以通过倒推来求解如下。

- 首先,A 在第二周期接受 B 的提议 (a_2, b_2),条件是 a_2 不小于 A 的外部选项 x。(由于谈判在这一轮一定结束,A 此时就是在 a_2 和 x 之间做选择。)

- 给定这个情况,B 没有道理分给 A 多于 x 的份额,这样,B 在第二周期的建议就是 $(x, 1-x)$。由于我们有假设 $x+y<1$,于是有 $1-x>y$,这样,与谈判终止时得到的 y 相比,B 就会更喜欢现在这结果[①]。

- 现在,当 B 考虑是否接受 A 在第一轮提出的建议时,B 就会与若拒绝而让博弈继续所能得到的预期回报相比较。拒绝时,有一个概率 p,使得谈判立刻终止,B 得到 y。否则,博弈继续到第二轮也就是最后一轮,已经看到结果,即 B 得到 $1-x$。因而,B 在拒绝情况下的回报期望是 $py+(1-p)(1-x)$。用 z 表示这个量,结论是,在第一轮,B 将接受不小于 z 的提议。

- 最后,需要决定 A 在第一轮怎么提议。A 没理由给出比 $(1-z, z)$ 更慷慨的提议,因

---

① 如同前面一些模型一样,我们利用无所谓情形,假设 A 接受建议的划分 $(x, 1-x)$ 而不是让谈判终止。同时,我们也可以想象 B 向 A 提出稍高于 x 的建议,以保证 A 的接受。

为这是 B 将接受的,于是现在的问题就成了,相比较 A 的外部选项 x,A 是否更喜欢这个分配。事实的确如此:由于 $y<1-x$,且 z 是 y 和 $1-x$ 的加权平均,于是就有 $z<1-x$,即 $1-z>x$。

因此,A 将在第一轮建议 $(1-z,z)$,而且被 B 立刻接受。

这就是两周期议价博弈的完整解决方案,其中看到了每个参与者的结果是怎么依赖于中断概率 p 的。当 p 接近于 1,谈判很可能在第一轮就破裂,B 的回报 $z=py+(1-p)(1-x)$ 很接近于 B 的备选项 y;相应地,A 得到几乎所有的剩余。另一方面,当 p 接近于 0,谈判很可能继续到第二轮,B 的回报很接近 $1-x$,而 A 的回报基本上就被挤压到他的外部选项。

直觉上这是有道理的。当 p 接近于 1,A 就具有谈判的主动权,因为 A 的提议可能就是唯一将达成的结果。当 p 接近于 0,B 就有谈判的主动权,因为她将可能得到最终提议的权利,因而可以安全地忽略 A 所做的对 B 不利的最初提议。还注意到,当 p 恰好为 1/2 时,回报就对应于纳什议价结果:每个参与者得到是他们的备选项和备选项加上全部剩余的平均值。因此,这个事实也就向我们提供了从两参与者博弈中获得纳什议价方案的第一种方式——两个参与者进行一个两轮谈判,第一轮后谈判终止的概率为 1/2。然而,作为一种合理的议价模型,这个结构有点人为牵强:为什么只有两轮?为什么终止概率恰好是 1/2? 人们感到更合理的是,应该允许谈判进行较长的时间,而谈判破裂概率要小一些,让参与者有些需要达成协议的压力就行。这就是我们最初提到的无穷视野版本,下面进行分析。

4. 回到无穷视野议价博弈

一种分析无穷视野博弈的方法是从有穷视野议价博弈开始,逐步增加轮次,论述这样的博弈最终会接近无穷视野的版本。在偶数长度的有穷博弈中,最后的提议由 B 给出,奇数长度的,则是由 A 给出最后的提议。然而,随着博弈长度的增加,达到最后一轮的机会会减少。如此分析虽然有可能,但事实上还有比较容易的方法,那就是用我们在两轮博弈中得到的认识,直接猜想无穷博弈情形下均衡的结构。

具体而言,我们在两轮议价博弈的分析中看到过,提议在均衡时没有被拒绝。有两个原因。第一,两个参与者坚持想得到剩余 $1-x-y$ 的某种方式划分,如果拒绝了提议,谈判就可能终止,从而就失去了剩余。第二,每个参与者可以推理另一个人会接受的最小值,因此他或她在得到提议机会的时候就可以用那个最小值作为提议。在一般水平,这些考虑也可应用于无穷视野博弈,于是我们可以自然地猜想,有一个 A 的初始提议被接受的均衡。我们将寻找这样一个均衡——事实上,更强一些的结果是,我们要寻找的是从博弈的任何中间点看,下一个提议会被接受的均衡。

另外一个问题也需要考虑。至少在一个意义下,有穷视野议价博弈要比无穷视野博弈的结构更复杂。对有穷视野议价博弈而言,在每个周期的推理都会稍微有些不同——在还剩下十轮的时候,你评估预期回报会不同于还剩九轮或八轮的时候。这意味着所提议的划分也会随着朝着博弈结束时间的变化而有些变化。无穷视野博弈则完全不同:A 和 B 一个来回的提议后,所留下的是一个完全一样的无穷视野博弈。博弈的结构与回报不随时间而改变。当然,如果博弈经过了第一周期,参与者会观察到提议的提出与拒绝的情况,从而他们可以根据那些历史信息调整他们的行为。但是,既然博弈的结构具有随时间的平稳性,很自然我们应寻找**平稳策略**(stationary strategies)集合中的均衡。所谓平稳策略,就是在 A

和 B 各自负责提议的博弈轮次中,提出的相同提议,以及为接受一个提议所要求的(固定)价值份额。利用平稳策略的均衡称为**平稳均衡**(stationary equilibrium)。

5. 博弈的分析:一种平稳均衡

平稳均衡有一个很好的特征,即很容易描述和分析。尽管博弈是复杂的,但 A 和 B 的任何一对平稳策略都可以通过几个数来表示如下:

- 一旦轮到 A 提议,A 所要给出的划分是 (a_1, b_1)。
- 一旦轮到 B 提议,B 所要给出的划分是 (a_2, b_2)。
- 保留量 $\overline{a}$ 和 $\overline{b}$,即 A 和 B 分别会接受的最低提议。

此外,由于这里说的提议是对一美元的划分,两部分之和为 1,于是有 $b_1 = 1 - a_1$,$a_2 = 1 - b_2$。

我们的计划是要写下一组关于描述平稳策略这些数量关系的方程,使得任何满足这些方程的平稳策略对都构成一个均衡。然后,解这组方程,得到一个平稳均衡,并且说明随着破裂概率 p 趋于 0,A 和 B 的回报趋于纳什议价结果。

首先,如同在两周期版本的情形,为了让 B 接受提议,A 最少需要给出 B 的底线,有:

$$b_1 = \overline{b} \tag{12.1}$$

类似地,为了让 A 接受提议,B 最少需要给出 A 的底线,于是:

$$a_2 = \overline{a} \tag{12.2}$$

同样是沿着两周期版本的思路,B 会将他的保留量 $\overline{b}$ 设在 B 无所谓接受还是拒绝 A 的提议的水平。如果 B 接受,就得到 b_1;若拒绝,B 就得到让博弈继续进行的期望回报。我们可以如下确定这个期望值。以概率 p,博弈在 B 拒绝后立刻结束,此时 B 得到 y。否则,博弈继续,轮到 B 向 A 提议,按照方程(12.2),$a_2 = \overline{a}$,这提议将被接受。在这种情况下,B 得到 b_2;于是 B 让博弈进行的期望回报是 $py + (1-p)b_2$。为了让 B 无所谓接受还是拒绝,我们需要:

$$b_1 = py + (1-p)b_2 \tag{12.3}$$

类似地推理也可用于 A 的保留量:如果 A 拒绝 B 的提议,让博弈继续,A 的期望回报就是 $px + (1-p)a_1$,为了让 A 无所谓接受还是拒绝,我们有:

$$a_2 = px + (1-p)a_1 \tag{12.4}$$

按照上述推理,可验证方程(12.1)至方程(12.4)足以保证一对平稳策略形成一个均衡。

由于 $b_1 = 1 - a_1$ 和 $a_2 = 1 - b_2$,就得到一个二元一次方程组:

$$1 - a_1 = py + (1-p)b_2$$
$$1 - b_2 = px + (1-p)a_1$$

求解得:

$$a_1 = \frac{(1-p)x + 1 - y}{2 - p}$$

$$b_2 = \frac{(1-p)y + 1 - x}{2 - p}$$

在这个均衡中,A 的初始提议被接受,因而 A 得到回报 a_1,B 得到的回报则是:

$$b_1 = 1 - a_1 = \frac{y + (1-p)(1-x)}{2 - p}$$

我们可以看看 a_1 和 b_1 的这些值作为 p 的函数是怎么变化的。当 p 接近 1,它们分别差不多就是 $1-y$ 和 y。A 得到几乎所有剩余,而 B 得到的差不多就是其外部选项。这里的解释是,在 $p \to 1$ 的条件下,谈判一开始,在 A 给出了提议后就可能破裂,而 A 利用了这个优势。

更有意思的是,当 p 趋向 0,参与者可预期谈判会长时间进行,在这平稳均衡上的开局提议也会被接受,但回报收敛到:

$$\left(\frac{x+1-y}{2}, \frac{y+1-x}{2} \right)$$

即纳什议价解的值。这就完成了我们的分析,说明了纳什议价结果如何很自然地从一种博弈论模型中体现出来,在这个模型中,两个议价者按照一种简单规则进行策略性谈判。

12.10 练习

1. 设按照如图 12.10 所示的网络进行一个网络交换试验,采用 1-交换规则。你预期哪个(或哪些)节点挣的钱会最多(即得到最大的交换结果),简短解释你的结论。

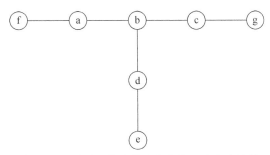

图 12.10 练习 1 中用作网络交换理论实验的图

2. 设按照如图 12.11 所示的网络(即 3-节点路径)进行一个网络交换实验,采用 1-交换规则。
   现在你要扮演第 4 个节点的角色,可以用一条边与图中三节点的任何一个相连。你会和谁相连,使得在结果 4-节点网络中你的权力尽量大(权力指的是在其上进行网络交换实验的预期结果)? 给出简要解释。

图 12.11 练习 2 中作为网络交换理论实验初始的 3-节点图

3. 设按照如图 12.12 所示的网络进行一个网络交换实验,采用 1-交换规则,每条边上放 \$10。
   (a) 你预期哪个(或哪些)节点挣的钱会最多(即得到最大的交换结果)? 简短解释你的结论,不需要给出节点得到的实际钱数。
   (b) 现在改变网络,增加第 6 个节点 f,只是与节点 c 相连。假设一个新的人加入进来,充当 f 的角色参与 6 节点的实验。试解释网络改变前后各参与者的相对权力变化情况,同样也不需要给出节点得到的实际钱数。

图 12.12 练习 3 中作为网络交换理论实验出发点的 5-节点图

4. 设按照如图 12.13 所示的网络进行一个网络交换实验,采用 1-交换规则,每条边上放 \$10。
   (a) 你预期哪个(或哪些)节点挣的钱会最多(即得到最好的交换结果),简短解释你的结论,不需要给出节点得到的实际钱数。

(b) 现在稍微改变一下实验条件：在 b-c 边上，改放 $2，其他都不变。试简释条件改变前后各参与者的相对权力变化情况，同样也不需要给出节点得到的实际钱数。

图 12.13　练习 4 中用于网络交换理论实验的 4-节点图

5. 设按照如图 12.14 所示的网络进行一个网络交换试验，采用 1-交换规则，每条边上放 $10。

(a) 实验执行了一段时间后，实验人员改变网络：引入两个新节点 e 和 f，并让两个新人加入。节点 e 连到 b，节点 f 连到 c。

新的一轮实验在这 6 节点网络上进行。对比最初 4 节点的情况，解释你对参加者相对权力变化的认识，不需要给出节点得到的实际钱数。

(b) 实验人员决定再次改变网络，节点不变，但增加一条 e-f 边（其他的边也不变）。

新的一轮实验在这改变后的 6 节点网络上进行。对比 (a) 的情况，解释你对参加者相对权力变化的认识，不需要给出节点得到的实际钱数。

图 12.14　练习 5 中作为网络交换理论实验初期的 4-节点图

6. (a) 设运行两组网络交换理论实验，采用 1-交换规则，分别在如图 12.15 所示的 3-节点路径和 4-节点路径上进行。在哪组实验中 b 会挣到较多的钱？简要解释，不需给出实际钱数。

(a) 3-节点路径图　　　　　　　　(b) 4-节点路径图

图 12.15　练习 6(a) 中 3-节点路径图和 4-节点路径图

(b) 设按照如图 12.16 所示的网络进行一个网络交换试验，采用 1-交换规则。你预期哪个（或哪些）节点挣的钱会最多（即得到最好的交换结果）？

进一步地，你认为图 12.16 中最有权力节点的优势更加类似于本题 (a) 中 3-节点路径中的 b，还是 4-节点路径中的 b？简要解释你的答案，不需给出节点得到的实际钱数。

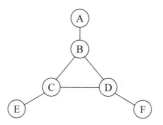

图 12.16　用于练习 6 中 (b) 部分网络交换实验图

第四部分

信息网络与万维网

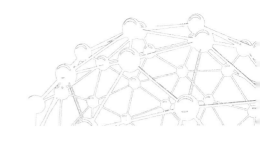

第 13 章　万维网结构

在我们之前讨论的网络中,所连接的基本单位是人或者某种社会实体,如公司或组织机构等,这些实体之间的连接对应着它们之间的社会关系和经济关系。

接下来的几章,我们将讨论一种不同类型的网络,其中被连接的基本单位是各种信息,彼此相关的信息通过某种方式被联系起来,我们称这种网络为**信息网络**。**万维网**(world wide web,WWW)可以算是当今最卓越的信息网络,尽管信息网络的使用可以追溯到很久以前,但万维网的迅速发展才使得信息网络在全球范围内受到广泛关注。

尽管信息网络与我们前面讨论的社会网络和经济网络存在根本差别,在研究信息网络时,仍然可以沿用之前所学习的一些核心思想和基本原理:采用图论的一些基本概念,包括短路径和超大分量,基于网络图结构形成节点权力的概念。而且,在考虑网络搜索公司的业务设计的时候,甚至也会涉及与匹配市场的联系。

万维网在当今的信息网络中扮演着非常重要的角色,因此我们首先对万维网做一些基本介绍,然后回来讨论信息网络的历史以及其向万维网的发展历程。

13.1　万维网

读到这本书的人很可能对使用万维网非常熟悉。鉴于万维网将全球各种信息资源基础设施有效地融合在一起(包括因特网、无线通信系统、全球媒体产业等),我们不妨先对万维网及其产生过程有一个基本的了解。

本质上,万维网是能够让人们通过因特网共享各种信息资源的一个网络应用,最初由蒂姆·伯纳斯·李(Tim Berners-Lee)于 1989—1991 年创建[54,55]。简单地说,万维网的原始构想和设计包含两个基本特征。首先,它提供了一种通过因特网方便使用的文档格式——**网页**(web page),网络中共享的资源都可以网页的形式创建并存储在计算机中。其次,它提供了一种能够方便访问这样的网页的方式——**浏览器**(browser),连接在因特网上的计算机使用浏览器能获取并浏览存储在网络中的网页。

简单地说,人们使用万维网的过程就是浏览一系列的网页。例如,图 13.1 描述了 4 个独立的网页:某大学一门网络课任教老师的主页、网络课程博客主页、网络课博客中一篇与微软相关的博客以及微软公司主页。这些网页文件可以由完全独立的分属不同组织机构管理的计算机提供,基于万维网的设计思想,它们却可以构成一个与一门网络课程相关的信

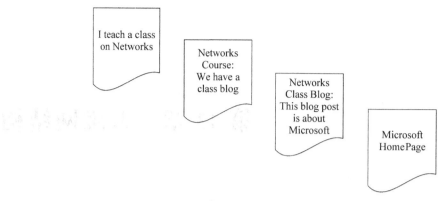

图 13.1 一组网页组合

息系统,通过遵循一种共识的万维网协议便可以访问这些信息。

超文本(hypertext)

除了上述基本特征,万维网一个关键的设计思想是通过一种网络方法组织信息。基于这种方法,图 13.1 中的一系列网页被组织成图 13.2 中的网页"网"。每个网页都可以在任何位置设置一个指向另一个网页的虚拟链接①,访问者通过这些链接能够直接从一个网页转到另一个。这些被链接在一起的网页因而构成一个图,实际上是一个有向图:图中的节点代表网页本身,有向边表示从一个网页指向另一个网页的链接。

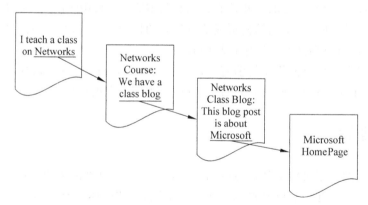

图 13.2 万维网中的信息以网络的方法组织:网页之间的链接将万维网构成一个有向图

通过网页之间的链接可以浏览不同的网页,其中蕴含巧妙而神奇的设计思想:链接将网页组织起来构成网络。组织信息的方法有很多,图书馆采用分类系统检索书籍;计算机系统使用文件夹管理文件;电话簿则按照姓名的字母顺序排列电话,等等。这些信息组织系统能够成功地应用在不同的领域,自然也可以运用在万维网中实现信息组织。然而,基于网络结构的信息组织方式提供了一种强大的全球化的能力,它允许任何人创建的网页都能够与其他任何一个已存在的网页建立链接关系,无论这个网页保存在世界哪个地方。

这种网络法的设计思想并非凭空而来,它源于计算机辅助设计的一个应用——超文本,超文本于 20 世纪中期开始开发,并被不断地改进和完善[316,324]。超文本的基本思想是以一

---

① 在万维网语境中,常称为"链接"。——译者注

种网络结构替代传统文本的线性结构,基于这种设计,文本中任何一部分都可以直接链接到其他文本,进而传统意义上文本之间隐含的逻辑关系通过这种明确的链接关系而明朗化。最初,超文本只在小范围技术领域内被热捧,随着万维网的普及,超文本的概念被全球化,其应用规模之大是所有人都始料未及的。

13.2　信息网络、超文本和关联存储器

万维网中超文本结构为我们呈现了一种重要的信息网络,其中节点(即网页)包含信息,节点之间的链接表明它们之间的相互关系,这种模式对于我们来说并不陌生。事实上,信息网络的概念早在计算机技术发展之前就已经存在,而最早使用超文本是为了将大量相关联的信息组织起来。

1. 超文本的技术雏形

最初使用超文本可以追溯到学术著作和论文中的引用方法。当学术论文或著作涉及某些他人的学术思想或成果时,作者通常采用引用的方式注明相关内容的来源。例如,图 13.3 展示了一些社会学方面的论文引用早期他人研究成果的情况,本书第一部分内容也采纳了其中的一些关键思想,(图的底部是最原始的种子论文,从左至右分别为:三元闭包、小世界现象、结构平衡以及同质性。)基于这种论文引用结构,可以清楚地了解相关学术领域建立起来的研究基础。同样可以将这种引用结构看成一个有向图,节点代表相关的著作和论文,有向边则表示一个研究工作对另一个的引用。在专利领域,同样采用这种结构引用之前相关

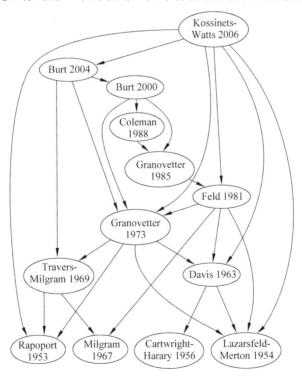

图 13.3　学术论文中的引用网络构成一个有向图,引用网络的时间流向很强,所有链接
　　　　都严格地指向之前发表的论文

的工作和早期的发明;在法律判决中,也常引用以前的判决作为本案的判例,或与本案加以区别。当然,图 13.3 仅仅描述了一个庞大有向图的一小部分。比如,Mark Granovetter 于1973 年表发的关于弱连接的力量的论文在学术界已被引用过高达数千次,可以想象,一个完整的引用结构图应该有数千个箭头指向"Granovetter 1973"这个节点。

　　引用网络与万维网存在不同之处,引用网络具有严格的"时间流向"特性。学术著作、论文、专利或法律判决都是在某个特定时间点完成的,其中的引用——指向其他节点的有向边——被严格地"冻结"在它的写作时间点。换句话说,你只能够引用以前的文献或专利:如果论文 X 引用了论文 Y,通常意味着论文 Y 在 X 之前发表,因此我们很难再看到论文 Y引用 X 的情况。当然也有例外,如果两篇文章同时发表,可以彼此引用对方;或者某篇早期的文章最近一次修订也可以引用后来发表的一些文章,不过前面提到的时间流向特征是引用网络的主导模式。与之相反,万维网中虽然也有些网页被创建后一直保定固定不变,但相当一部分网页包括其中的链接会随时间不断地被更新。尽管万维网中的链接是有向的,但并不存在很强的时间流向特征。

　　引用网络并非早期信息网络的唯一形式。另一个例子是百科全书或参考工具书中使用的**交叉参考**(cross-references)结构,一篇文章通常包含一些指向其他相关文章的指针。在线参考工具维基百科(那些彼此链接的一组文章,实际上在网络中是独立的)同样采用这种交叉参考结构。这种信息组织原则更接近超文本的原始设计思想,一些相关联的文章通过交叉参考联系起来。无论是百科全书还是在线维基百科,读者都可以通过这些交叉参考提供的线索,从一个专题转到另一个专题。

　　图 13.4 展示了一个实例,维基百科中一些与博弈论相关的文章通过交叉参考指针联系起来[①]。例如,可以看到最初从一篇关于纳什均衡(Nash Equilibrium)的文章,通过交叉参

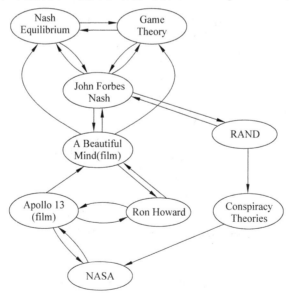

图 13.4　此图交叉网络结构将维基百科中一些关于博弈论的文章联系起来

---

　　①　鉴于维基百科的内容不断被更新,图 13.4 所描述的这些文章之间的关联状态是本书撰写时的情形。这里特别强调这一点,这与图 13.3 中讨论的论文引用结构的"冻结"属性形成了鲜明的对比。

考导向,最终连接到关于美国国家航空航天局(NASA)的文章,中间经过介绍约翰·纳什(John Nash,纳什均衡的创造者)的文章、影片《美丽的心灵》(影片记录了约翰·纳什的生平)、罗恩·霍华德(Ron Howard,影片《美丽的心灵》的导演)、影片《阿波罗 13》(由罗恩·霍华德执导的另一部影片),最后是关于美国宇航局的文章(NASA 负责实施阿波罗 13 号航天任务)。简言之,纳什均衡理论由某人发明,一个导演以该发明者的生平为主题拍了一部电影,这个导演还拍了另外一部关于 NASA 的电影。除了这条从纳什均衡理论到 NASA 的文章链,图 13.4 的交叉参考结构还提供了另一条短链,从约翰·纳什到他曾经工作过的美国兰德公司(RAND),像 NASA 一样,兰德公司常成为一些阴谋论讨论的对象。看似彼此不相关的概念通过短路径联系起来,这种现象类似于在第 2 章讨论社会网络时提到的"六度分隔"现象,短路径将相隔遥远的人联系起来。

事实上,通过交叉参考链浏览不同的专题能很好地迎合人们自由联想的意识流方式。例如,你刚刚在读一本关于纳什均衡的书,在回家的路上很自然地联想起书中的内容,可能你的思想会不经意地突然转到 NASA。反思一下为什么会这样? 在你的大脑中也有一幅像图 13.4 似的自由联想链,将一些彼此相关的概念联系起来。这启发人们开始研究另一种信息网络:**语义网络**,其中节点代表概念,边表示概念之间存在的某种逻辑或感知关系。研究人员利用词汇关联研究方面的技术(如"当提到词'冷'时,你会想到什么?")探索人类大脑中隐含的语义网络结构[381]。

2. 樊尼夫·布什(Vannever Bush)和麦克斯存储器(Memex Memory)

信息网络可以追溯到很早以前,数百年来,信息网络更多地与图书馆和学术文献密切相联,而并非计算机技术和因特网。真正带来信息网络的技术革命并成就万维网,要归功于樊尼夫·布什在 1945 年大西洋月刊上发表的开创性文章"我们也许会想"[89]。当时正值二战结束时期,文章大胆地预言,新生的计算和通信技术可能会彻底改变我们对信息的存储、交换和访问方式。

布什观察到,传统的信息存储方式如书籍、图书馆或计算机内存都是高度线性的,即这些存储方式依赖于某种排列顺序来组织信息。而人类的思维意识是以一种**关联记忆**的方式展开,正如我们提到的语义网络——人们在思考一件事时,会联想到其他的事;读一部小说时,会产生一些新的思想。布什因此提倡效仿这种记忆方式构建信息系统,他构想了一种称为麦克斯存储器的系统原型,其功能与万维网很相像,人类所拥有的所有知识将以数字化信息的形式存入麦克斯存储器,这些信息通过链接相互关联,布什还设想出一套利用这种设备实现商业应用和知识共享的活动模式。布什的文章不仅预示了万维网的出现,也代表了人们对理想信息系统的展望:全宇宙的百科全书、庞大的社会经济系统、全球的大脑,等等,如今这些都已经成为万维网的代名词。

樊尼夫·布什的预测如此准确并非偶然,他曾经就任于美国政府科研资助机构,因而对未来的科技发展方向有相当的洞察力。显然,早期超文本系统的设计者从布什的想法中得到启发,而蒂姆·伯纳斯·李开发万维网的灵感同样源于布什的思想。

3. 万维网及其演变

20 世纪 90 年代是万维网发展的第一个十年,这期间它从一个研究项目迅速发展为具有全球影响力的新媒体。早期阶段,万维网的基本特征如图 13.2 所描述:大多数网页处于相对静止状态,大部分链接主要提供**导航服务**——按照超文本的链接关系从一个网页转到另一个。

在延续这种基本的导航式服务的同时,万维网也在日益超越这种简单的工作模式,了解这种发展变化的原因将有助于我们解释和分析万维网结构。在万维网发展初期,提供网页的计算机扮演着相对被动的角色:它们的主要工作只是提供被请求的网页。而现在,这些计算机能够提供更强大的计算功能,链接往往会触发计算机一系列复杂的程序运行。点击这样的链接:"添加到购物车"、"提交我的查询"、"更新我的日历"或"上传我的照片"等,不再只是将使用者导向一个新的页面(尽管也会出现一个新网页),这些链接的主要目的是激活一系列的计算处理操作。以图13.2为例,想象我们进入微软公司的主页,下一步可能进入微软公司的产品在线销售网页,如果选中某个产品并点击标有"立即购买"的链接,此时你的信用卡将被扣除相应的金额,选中的产品也会在指定日期内送到你家,这都是真实世界发生的事。随后会出现一个新的收据页面,显然超文本链接"立即购买"的主要目的并不是导向这个收据网页,而是实现真实世界的交易活动。

根据上述讨论,我们粗略地将万维网中的链接分为两类:**导航性**和**事务性**,前者提供传统的超文本网页服务功能,而后者则主要实现某些事务性操作。虽然这不是一种完美而明确的区分方式,因为许多链接同时具有导航性和事务性功能,但这种二分法仍不失为一种评估网页以及网页链接功能的有效方法。

尽管目前许多网站内容都是以事务处理为目的,但大部分这类内容都可以通过传统的导航式链接访问,可以说相对稳定的彼此互联的导航性网页构成万维网的"骨干",也是我们将专注分析和研究的对象。确定哪些属于导航性骨干网页需要进行判断,很多经验和方法可以支持这种判断。一直以来,搜索引擎在构建基于内容的索引结构时,首先需要处理的是区分导航式链接和事务式链接。显然,公共用户通常不会对某个体在网上购物后产生的收据、查询某航空公司的航班时刻表、某种产品的规格信息等产生兴趣,搜索引擎自然没必要对这类网页建立索引。搜索引擎公司已经研究开发出一系列方法,利用一些自动检测规则对所搜集的网页进行评估和筛选,保留相对稳定和面向公众的并且能够通过导航式链接进行访问的网页。在接下来讨论万维网结构时,也将针对这类网页,13.4节中使用的基于大规模网页的实验数据也是搜索引擎根据上述规则所收集的网页。

13.3　将万维网看成一个有向图

在研究社会网络和经济网络时,已经体验到采用图结构方法的有效性,这对研究信息网络是一个很好的借鉴。将万维网看成一个有向图,有助于更好地理解链接所表示的逻辑关系;同时可以把网络分解成更小的紧密结合的单位;将在第14章看到,它还有利于对网络搜索结果进行评估,鉴别重要的网页。

这里需要注意两点:第一,在讨论万维网图结构时,将主要关注13.2节后面提到的导航式链接。如前所述,尽管万维网中的内容越来越丰富多彩,其骨干结构仍然主要由导航式链接的网页构成。第二,万维网的有向属性从根本上区别于前面讨论过的其他网络。一个有向图,边并不是以对称的方式连接一对节点,而是从一个节点指向另一个节点。这一特点与万维网非常吻合,假如某人发布了一篇博客,其中有一个链接指向某个公司或机构,并不意味着这个网页也要有一个链接再指回到该博客。

有向性和无向性体现了社会网络和信息网络两种不同的网络特征。一个类比是我们在第 2 章讨论的全球友谊网络和全球姓名知晓网络,前者描述了人们的朋友关系,而后者则描述了一种听说关系,如果 A 听说过 B,则有一个自 A 到 B 的连接。后一种网络是有向的,而且是相当不对称的——很多人都知道一些名人,还有人热衷于密切跟踪这些名人的生活,但不意味着名人会对他们粉丝的姓名和身份有什么认识。在结构上,万维网这样的信息网络更接近于全球姓名知晓网络,而不是以友谊为基础的传统社会网络。

1. 路径和强连通

无向图中的连通性通过路径定义:如果两个节点可以从一个节点通过一系列的边到达另一个节点,我们说它们之间通过**路径**连接;如果图中的每对节点都有路径相连,则这个图是**连通**的;一个非连通的图可以分解成几个连通图的**分量**。对于有向图,我们试图用同样的方法讨论它的连通性,为了更有效地定义有向图的连通性,考虑到路径的方向性,首先需要修改对它的定义。

首先,有向图中一条从节点 A 到节点 B 的路径是一个节点序列,从 A 开始,到 B 终止,其中每对相邻的节点由一条指向前行方向的边连接。这里的"指向前行方向"使有向图对路径的定义区别于无向图,无向图中的边不具有方向性。万维网中,我们也是跟随着链接,以这种前行的方向浏览不同的网页,换句话说,我们可以从当前网页跟随一个链接进入新的网页,但却不了解都有哪些网页能够链接到这个当前网页。

我们试用图 13.5 中的例子说明这个定义,这是由一小组网页以及它们之间的链接构成的有向图,描述了与某个假想的大学 X 相关的学生和课程,假设该大学曾经被一家全国性杂志提名。通过跟踪一系列的链接(以前行方向),可以发现一条路径,从标为"X 大学"的节点到标为"美国新闻周刊的大学排名"的节点:从网页"X 大学"开始,经过网页"课程"沿着链接到达名为"网络"的课程主页,进入"网络课程博客",由此再链接到关于大学排名的博客,最终通过这个博客帖子上的链接到达网页"美国新闻周刊的大学排名"。不难发现,图中并没有从节点"Z 公司主页"到节点"美国新闻大学排名"的路径,如果允许沿着链接往回走,倒是有一条,在只允许沿着链接前行方向的前提下,自节点"Z 公司主页",只能链接到节点"创办人"、"新闻发布"和"联系我们"。

有了对路径的定义,我们进一步说明有向图连通性的概念。如果一个有向图中每个节点都有到其他所有节点的路径,则这个有向图是**强连通**的。显然,图 13.5 所描述的有向图不是强连通的,正如前面观察到的,图中一些节点彼此之间没有从前一个节点到后一个节点的路径。

2. 强连通分量

如果一个有向图不是强连通的,那么描述它的**可达性**就非常重要:识别图中的节点可以通过相应的路径由哪些其他节点通达。为了更准确地定义这个概念,不妨还是先讨论简单的无向图。对于一个无向图,连通分量可以有效地描述可达属性,换言之,如果两个节点属于同一个分量,则它们可以通过路径彼此通达;如果两个节点属于不同的分量,则不能彼此通达。

有向图的可达性概念比较复杂。一个有向图中,有的节点对彼此都能够通达到对方(如图 13.5 中的"X 大学"和"美国新闻周刊的大学排名"),有的节点对可以从一个节点通达到另一个,但反过来不行(如"美国新闻周刊的大学排名"和"Z 公司主页"),还有的节点对彼此都不能通达到对方(如"我是 X 大学的学生"和"我在申请大学")。此外,有向图中可达性概

图 13.5 一组网页之间的链接构成一个有向图

念的复杂性还表现在"视觉"上,无向图中的分量可以很自然地对应于图中没有边连接的分离组块,而一个不是强连通的有向图并不是很直观地分隔成独立的组块。那么,我们如何描述其可达性属性?关键是要对有向图的"分量"有一个正确的认识,可以严格参照无向图对分量的定义。

有向图的强连通分量(strongly connected component,SCC)是一个节点子集,满足:①子集中每个节点都有到其他每个节点的路径;②该子集不属于某个较大的节点集合,且这个较大的节点集合中每个节点有到所有其他节点的路径。

如同无向图的情况,定义第一部分说明一个强连通分量中所有节点都可以通达到其他的节点;第二部分则表明,强连通分量对应于尽可能分隔的组件,而不是包含在一个较大组件中的一部分。

通过实例有助于理解有向图的强连通分量,图 13.6 展示了图 13.5 所描述的有向图中的强连通分量。注意定义的第二部分对构成独立组件所起的作用:4 个节点组合"X 大学"、"课程"、"网络课程"、"我在 X 大学任教",共同满足定义的第一部分,但它们不能构成一个强连通分量,因为这个节点组合属于一个更大的满足定义第一部分的节点集合。

这个例子告诉我们,对于有向图,可以用强连通分量 SCC 来描述它的可达性属性。给定两个节点 A 和 B,通过以下方式能够判断是否存在由 A 到 B 的路径。首先,我们寻找包含 A 和 B 的强连通分量,如果 A 和 B 属于同一个强连通分量,则它们通过路径彼此通达。否则,将包含 A 和 B 的强连通分量分别看成是更大的"超级节点",观察是否存在一条路径,由包含 A 的强连通分量以前行的方向通达到包含 B 的强连通分量。如果存在这样的路径,则可以由 A 通达到 B;否则,A 不能通达到 B。

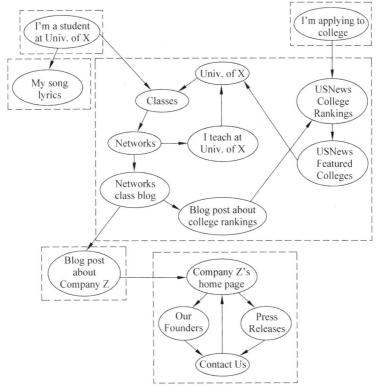

图 13.6　一个有向图中的强连通分量

13.4　万维网的领结结构

万维网经过了十年的高速发展后,1999 年安德烈·布罗德(Andrei Broder)和他的同事们[80]着手构建全球万维网概图,采用图论中的强连通分量作为基础模块,并利用当时最大的商业搜索引擎之一 AltaVista 构建的网页和链接索引形成最初的原始数据。随后,研究人员不断利用更大规模的万维网快照继续他们的研究工作,数据源包括早期谷歌搜索引擎收集的网页[56]和一些大型研究收藏的网页[133]。类似的研究方法也在万维网的一些特定应用领域展开,如分析维基百科中文章之间的链接关系[83],甚至在涉及复杂有向图结构的领域,如 1.3 节提到的银行同业贷款(interbank loan)网络,也采用这种分析方法[50]。尽管布罗德等最初的研究数据源自万维网发展早期的快照,这种将万维网视为一个超大有向图的映射模式,以及因此而建立的万维网概图依然对研究万维网非常有帮助。

1. 超大强连通分量

万维网"地图"与物理世界的地图意义完全不同,我们通常说的地图注重于所分析网络的比例及其复杂性。相反,布罗德等更关注概念性意义,这是一种抽象地图,将万维网分隔成几大组块,并以程式化的方式展示这些组块怎样组合在一起。

布罗德等研究者首先观察到,万维网包含一个超大强连通分量。回顾在第 2 章曾讨论过的,许多自然产生的无向图都包含一个超大连通分量——一个包含大部分节点的单一分量。从经验出发,不难理解以有向图表示的万维网也具有类似的特征。简单来说,一些主要的搜索引擎以及其他作为"起始网页"的门户网站都提供目录式的网页链接,可以链接到一些主要的教育机构、大型公司、政府机关的主页,使用户能够很方便地从"起始网页"进入这些大型网站;而且,许多这类大型网站的网页本身又提供返回搜索引擎或起始网页的链接(图 13.5 和 13.6 中从"美国新闻周刊大学排名"到"课程博客"以及再回来的路径体现了上述观点)。因此,所有这类网页都可以互相访问,它们都属于同一个强连通分量。如果这个强连通分量包含全球主要的商业、政府、非盈利组织的主页,很容易理解这是一个超大的强连通分量。

有必要说明一点,类似于无向图,有向图最多只能有一个超大强连通分量。因为如果一个有向图有两个超大强连通分量,设它们为 X 和 Y,那么当 X 中任何一个节点到 Y 中任何一个节点有链接,并且 Y 中的任一节点到 X 中的任一节点也有链接,则 X 和 Y 就合并成为一个单一的强连通分量。

2. 领结结构

布罗德等所做的第二项研究工作是分析网络中其余的强连通分量与这个超大强连通分量之间的关系。这需要将超大强连通分量以外的节点进行分类,按照它们是否能够链接到超大强连通分量和能否从超大强连通分量链接到来进行,首先将这些节点分成链入和链出两类。

(1) **链入**(IN):所有能够链接到超大 SCC,但并不能通过超大 SCC 链接访问的节点,即超大 SCC 的"上游"节点。

(2) **链出**(OUT):所有可以从超大 SCC 链接访问,但不能链接到超大 SCC 的节点,即超大 SCC 的"下游"节点。

可以通过图 13.6 对上述定义进行说明。尽管图 13.6 中的网络相对一个超大 SCC 来说显得过于渺小,仍可以将图中最大的 SCC 想象成超大 SCC,观察其他节点与这个 SCC 的关系。网页"我是 X 大学的学生"和"我在申请大学"组成链入集合 IN,网页"关于 Z 公司的博客"和整个 SCC 中涉及 Z 公司的网页构成链出集合 OUT。更直观的描述是,链入集合中的网页无法被超大 SCC 中的网页成员"察觉"到;而链出集合中的网页可以从超大 SCC 中的某些网页链接到,但这些链出集合中的网页没有链接访问超大 SCC 中的网页。

图 13.7 为布罗德等研究者建立的原始示意图,描述了链入、链出、超大 SCC 组成部分之间的关系。视觉上,链入和链出部分很像中央 SCC 向两侧展开的支叶,布罗德等因此称此图为万维网的"领结图形",超大 SCC 是位于中央的"结"。图中不同组块的实际尺寸是基于1999 年 AltaVista 收集的数据,目前看这些数据早已过时了,但其基本框架却跨越时间和领域,仍然保持正确如初,图中展示了链入、链出、超大 SSC 这三大部分占所有节点的绝大部分。

如图 13.7 所示,还有些网页不属于链入、链出、超大 SCC 中的任何一个集合。也就是说,这些网页既不能链接到超大 SCC,也不能通过超大 SCC 链接访问。这些网页可以进一步划分为卷须和游离。

(3) **卷须**(Tendrils):领结结构的"卷须"部分包括:①能够从链入集合链接访问但不能链接到超大 SCC 的节点;②有路径到链出集合,但不能从超大 SCC 链接访问的节点。例如,图 13.6 中的网页"我的歌曲"是一个卷须网页的例子,它可以通过链入集合中的节点链接访问,但并没有到达超大 SCC 的路径。卷须节点可能同时满足①和②,此时,它属于一个

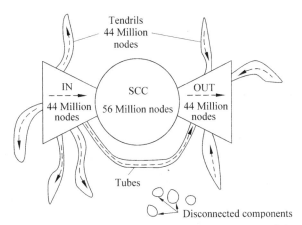

图 13.7　万维网领结结构示意图（摘自 Broder et al.[80]）

"管道"，从链入集合通达到链出集合，而不需要经过超大 SCC。（例如，若图 13.6 中网页"我的歌曲"可以链接到网页"关于 Z 公司的博客"，它就成为一个管道节点。）

（4）**游离**（Disconnected）：最后，有些节点不存在到超大 SCC 的路径，即便我们完全忽略边的方向性。这些节点不属于上述所讨论的类别。

领结图形为我们提供了万维网宏观层次的结构视图，它的构建基础是万维网结构的可达属性及其强连通分量的相互关系。从中可以观察到，万维网拥有一个中央"核心"部分，包含了大部分最突出的网页，其他节点位于这个核心部分的上游或下游，或是与这个核心部分分离。这是一个高度动态的图形结构，随着人们不断创建新的网页和链接，节点也会不断地进入或离开超大 SCC，领结的各个组块会因此而改变它们的边界。研究表明，随着时间的推移万维网领结结构会发生一些细节变化，但总体上仍保持相对稳定。

领结图形展示了万维网的全局面貌，但它不能揭示各组成部分内部网页之间更细粒度的关系模式，比如识别一些重要的网页或主题相关的网页。解决这类问题涉及更深层的网络分析，我们需要为网页赋予一个"强度"，并探讨有效地定义或识别网页"强度"的方法，我们将在第 14 章讨论相关内容，其中涉及的分析和处理方法直接影响网络搜索引擎的设计思想。总之，基于万维网的网络分析和研究形成了一个新兴的研究领域，旨在通过万维网自身的现象揭示它的结构、行为和演变过程[220]。

13.5　Web 2.0 的涌现

从 2000 年到 2009 年是万维网发展的第二个十年，其间，万维网在内容上发生了显著的变化，不再仅仅是我们之前介绍过的由导航性和事务性链接组成的网页。促成这种变化有三个主要动因：

（1）网页创作模式的发展让更多人能够参与到共同创造和维护某些共享内容。

（2）存储在个人计算机上的数据（包括电子邮件、日历、照片、影片等）逐步转向存放到由大公司提供的存储与服务设施上。

（3）新兴的连接模式更注重人们彼此之间的在线连接关系，而不仅仅是文档之间的连接。

面对万维网一系列用户体验的变化,2004 年至 2005 年,由 Tim O'Reilly 领导的技术团队率先提出 Web 2.0[335]。Web 2.0 听起来象是一个新发布的软件版本,但人们一致认为它主要是一种"对万维网的新视角,而不是一种新技术"[125]。一直以来,对 Web 2.0 的含义都没有一个令人满意的公认的解释,不过人们普遍认为它是万维网发展的一个重要阶段,是受多种因素相互作用而驱动的,如上述三种因素(1)、(2)、(3)或其他一些因素,它并非是由某个组织的集中决策而产生。

2004 年至 2006 年间,一些突出的新兴网站发生了爆炸性的成长,充分体现了前面提到的三个动因(1)、(2)、(3)或者是它们的结合体所起的作用。举几个例子,维基百科在这期间迅速发展,因为人们热衷于在网络上共同创建一个开放的百科全书[动因(1)];谷歌邮箱(Gmail)及其他在线电子邮件服务鼓励个体将邮件文档交由谷歌这样的公司保存并管理[动因(2)];我的空间(MySpace)和脸谱网(Facebook)能够建立在线社交网络,因此而受到广泛应用[动因(3)]。

有些网站的创建和存在同时受到多种因素的驱动和影响。例如,照片共享网站 Flickr和随后出现的视频共享网站 YouTube 为用户提供一个集中地,存放自己的照片或视频[动因(2)],同时,允许大量用户群体对某些内容进行跟踪或发表评论,从而更丰富集中地的内容[动因(1)],通过对某些内容的关注和跟踪,用户之间建立起相应的社会关系[动因(3)]。微博服务 Twitter 的产生受到动因(2)的影响,在此基础上又对其基本功能加以扩展,它是一个个体化的网上论坛,以简短的形式实时地记录用户个人的一些经验、想法和问题,以往这些内容是很难被实时记录下来的。很多人往往会在大致相同的时间对新闻时事发表评论,Twitter 因此创建了全球范围针对新闻事件的实时评述平台[动因(1)],用户还可以通过对相应事件的关注而建立关系[动因(3)]。

这一类网站即便是有些后来被其他网站所取代,它们所表现出的特征对万维网内容的变化趋势具有直接影响。这也印证了第 1 章提出的一个观点,当今的网站设计者不仅要考虑如何组织信息,更要关注维持数百万的用户所带来的社会反馈效应,因为用户不仅与网站本身产生互动,用户和用户之间同样会产生关系。

本书的许多核心概念都与目前万维网发展阶段出现的现象有关。例如,许多伴随Web 2.0 涌现出的一些流行的短语,从某种程度看也是当今社会现象的缩影(曾在其他章节中讨论过这些社会现象):

- "用的人越多,软件就越好"。Web 2.0 的基本原则是,使在线网站和服务能够吸引更多的用户,而事实上,用户越多将越有益于网站和服务商。这个作用何时以及如何发生,是本书接下来的两部分主要关注的问题,具体将在第 16、17 和 19 章讨论。

- "群众智慧"。维基百科实现了数百万人共同创建百科全书,新闻网站 digg 通过用户发表新闻评论而提高某些新闻的被关注度,一些突发新闻照片往往会更早出现在Flickr 网站上,而不是一些主流新闻媒体,等等。以这种 Web 2.0 的方式,每个个体贡献特定的专业知识(当然有时也难免是错误信息),形成拥有巨大价值的集体智慧。微妙的是,这个被称为是"群众智慧"的现象,正如它的成功一样,也很容易失败。第 22 章中将运用市场理论的基本方法,解释如何能够有效地合成这种大众群体共同创建的信息,并在第 16 章讨论某些因素可能导致这一过程产生意外的甚至是不良的结果。

- "长尾理论"。随着更多的用户向 Web 2.0 网站提供资源,系统会逐渐达到某种平衡,少数拥有非常受欢迎内容的网站和具有各种级别的细分内容的"长尾"之间的平衡。这种流行度的分布结果非常有研究价值,是第 18 章的讨论专题。

除此之外,Web 2.0 的发展也为本书其他章节的分析和讨论提供了基础。如第 2 章中所介绍的,基于 Web 2.0 网站发生的社交活动,为社会网络结构研究提供了丰富的素材,也为第 3 章和 4 章讨论的三元闭包和社团隶属提供了实证研究的基础,同时也是第 20 章中评估小世界现象的理论基础。

很多 Web 2.0 网站的设计都具有一个共同特征,能够对用户的操作行为进行有效的引导。例如,**信誉系统**和**信任系统**能够跟踪用户的正当行为或违规行为。在第 5 章讨论结构平衡时提到过这样的系统,后面将在第 22 章中讨论它们对网络市场正常运行提供了必不可少的信息。Web 2.0 网站也利用**推荐系统**,引导用户对不熟悉的项目进行操作。除了为用户提供引导性的功能服务,这种推荐服务还以一种复杂而又很重要的方式影响着网站的流行度分布以及长尾细分内容的分布,我们将在第 18 章中讨论相关内容。

以谷歌为主导的当代网络搜索引擎的发展,有时被视为是从初期的万维网到 Web 2.0 时代的转折点。接下来的两章将讨论,搜索引擎实现的基础是将万维网看成一个网络,而其盈利模式则是基于匹配市场的拍卖模型。

13.6　练习

1. 图 13.8 由 18 个网页链接构成一个有向图。图中哪些节点集合构成最大的强连通分量? 将这个 SCC 看成是超大 SCC,哪些节点属于 13.4 节中定义的链入部分和链出部分? 哪些节点属于卷须部分?

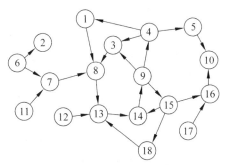

图 13.8　一组网页组成的有向图

2. 随着创建新的链接和移除原有的链接,页面在领结结构的不同部分之间移动。
   (a) 请指出图 13.8 中一个可以添加或删除的边,使其可以增加最大强连通分量的规模。
   (b) 请指出图 13.8 中一个可以添加或删除的边,使其可以增加链入部分的规模。
   (c) 请指出图 13.8 中一个可以添加或删除的边,使其可以增加链出部分的规模。

3. 练习题 2 讨论了如何通过添加或移除有向图的边来改变领结结构的各组成部分。进一步讨论这种变化的幅度也非常有意思。
   (a) 试描述一个实例,删除图中的一条边,可以使最大强连通分量减少至少 1000 个节点。(不必将整个图画出来,可以通过语言描述,需要时画出必要的部分。)
   (b) 试描述一个实例,图中增加一条边,可以使链出部分减少至少 1000 个节点。(同样,解释并说明实际的变化,不必画出整个图。)

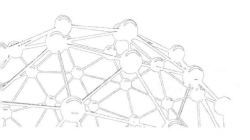

第14章　链接分析和网络搜索

14.1　网络搜索：排名问题

如果在谷歌中输入查询词"康奈尔"(Cornell)，搜索结果的首选项会显示美国康奈尔大学的主页 www.cornell.edu。这个结果让人无可置疑，但谷歌怎么会"知道"这是最好的答案呢？搜索引擎通过某种自动机制确定网页的排名，这完全取决于万维网的自身特性，与外界因素无关，具体来说，当万维网中的信息量足够多时，通过分析它的网络结构可以确定网页的排名。

在讨论网页排名方法之前，我们先来思考这个问题的复杂性。不仅仅是在万维网环境中，任何其他领域用计算机实现信息检索都是个难解决的问题。事实上，**信息检索**[36,360]早在万维网之前就已经有几十年的历史了，20世纪60年代开始出现以关键词查询的计算机信息检索系统，检索档案库中的报刊文章、科学论文、专利、法律摘要和其他文档收集。一直以来，信息检索系统的问题是，用关键词或关键词列表描述复杂信息的方式非常有限，难以和实际信息很好地对应。除此之外，还涉及同义词(多个词表示同样的意义，如用关键词"青葱"检索相关的食谱，却因食谱中使用的是另一个词"绿葱"而检索失败)或多义词(一个词表达多个意义，如要搜索有关美洲豹动物的信息，结果却有大量与美洲豹这个名字相关的汽车、足球运动员，甚至苹果电脑的操作系统)的困扰。

在很长一段时间，直到20世纪80年代，只有图书管理员、专利代理以及其他专门做文档搜索工作的人员使用信息检索系统，这些人经过培训掌握如何有效地进行查询，被检索的文档往往由专业人员编写，格式上符合一定的规范。随着网络时代的到来，人人都可以提供资源，人人都需要搜索信息，信息检索的规模和复杂程度面临巨大的挑战。

首先，网络中文档的创作风格多种多样，很难按照一个统一的标准为每个文档排名。对于一个主题，可以找到由不同作者提供的文章，包括专家、新手、儿童、阴谋论者或是难以区分的作者。以前，出版一部著作需要消耗资金和人力物力，经过排版、印刷、装订等专业生产过程，出版被认为是件很严肃的事，而如今，任何人都可以创作出高质量的网页。

此外，人们查询提问的方式也丰富多样，多重词义的问题变得尤为严重。例如，对于单个查询词"康奈尔"，搜索引擎并没有足够的信息判断，用户感兴趣的是康奈尔大学、康奈尔大学冰球队、康奈尔大学创办的鸟类实验室，还是位于爱荷华州的康奈尔学院，或是诺贝尔奖得主物理学家埃里克·康奈尔(Eric Cornell)。每个人可能期待不同的搜索结果，一种排名机制不一定能适合每一个人。

这类问题在传统的信息检索系统中同样存在,只是对于网络搜索显得更为严重,而网络搜索还引发了一些新的问题。首先,万维网中的内容具有动态变化的特性。2001 年 9 月 11 日,"911"事发当天,许多人用谷歌搜索"世贸中心",试图查询与"911"事件相关的信息,结果没能查到相匹配的内容,因为当时谷歌搜索模型是基于定期收集的网页而建立索引结构,因此搜索结果都是几天或几周前收集到的网页,排在最前的几个结果大都是描述世贸中心本身建筑的网页,而不是关于"911"事件的。为了提供这种搜索服务,谷歌及其他主要的搜索引擎开始提供专门的"新闻搜索"功能,实时地从相对稳定的新闻发源地收集新闻稿件,以便更及时地响应有关新闻报道的查询。目前,搜索引擎并没有完全将这种新闻搜索功能集成到其核心部分,因此便新兴起了像 Twitter 这样的网站,集静态内容和实时新闻内容于一身,来填补这个空间。

还有一个最核心的问题,大多传统的信息检索系统,其检索结果往往不够充分,而万维网的搜索结果则太过于繁多。万维网时代之前,信息检索系统应用就有"大海捞针"的说法,例如,一个知识产权律师可能这样描述需要的信息,"查找利用模糊逻辑控制器设计电梯速度调节器方面的专利"。这类问题今天仍然存在,但大多数网络搜索引擎的困境在某种意义上正好相反,广大公众需要的是从一个庞大数量的有关结果中过滤出少数最重要的。换句话说,搜索引擎完全可以找到大量字面上与"康奈尔"相关的文件,但问题是查询的人只可能浏览大量结果中的几个。搜索引擎应该将哪几个推荐给用户?

接下来将讨论理解网页的网络结构是解决这些问题的关键。

14.2 利用中枢和权威进行链接分析

回到本章一开始提出的问题,查询一个词"康奈尔",搜索引擎根据什么将康奈尔大学的主页:www.cornell.edu 作为查询结果的首选,这是一个好的答案吗?

1. 由链入链接(In-Links)投票选择

事实上可以采用一种很自然的方式解决这个问题。首先需要明确一个事实,我们无法单纯从 www.cornell.edu 所指网页本身找到答案,这个网页没有什么特别的特征,比如频繁使用或突显"康奈尔"这个词,这一点与其他网页没有明显的不同。实际上,它能够突显是因为其他网页的缘故,当一个网页与查询词"康奈尔"相关时,通常这个页面有一个指向康奈尔大学的链接 www.cornell.edu 。

链接是影响网页排名的第一个重要因素:利用链接评估一个主题相关网页的权威性(authority),是针对一个主题其他网页通过链接到一个网页而赋予这个网页的认可程度。当然,每个链接可能有不同的含义,可能是与主题相关;也可能是传递批评的信息;或者是一个付费广告。搜索引擎很难自动评估每个链接的实际意图。不过从总体上看,一个网页收到来自其他相关网页的链接越多,它得到的认可度也应该越高。

对于查询词"康奈尔",首先要根据传统的基于文本的信息检索方法,收集大量与该查询词相关的网页样本,然后对每个网页的链接行为进行统计,"投票"选择出样本中从其他网页链入数量最多的网页。对于查询词"康奈尔",这种简单计算链接数的方法效果很好,因为最终得票最高的网页只有一个,说明大家都同意它的首选位置。

2. 一种发现列表网页的技术

深入研究网络结构,可以发现除了简单地计算网页链入数,链接对网页排名还有第二个影响因素。思考一个典型的例子,查询词"报纸"不同于"康奈尔",搜索结果未必对应一个单一的、直观的、最好的答案;网络中有很多突出的在线报纸网站,理想的搜索结果应该包含一系列这样的在线报纸网站。对于查询词"康奈尔",收集相关网页并计算它们的链入数便可以选出最佳答案,如果查询"报纸",再使用同样的方法会发生什么呢?

通过实验,我们发现搜索结果中排名较高的的确有一些突出的报纸网站,而同时出现的是一些链入数较高的网站,如 Yahoo、Facebook、Amazon 等,而且无论对于什么查询词,这些网站都会以较高的排名出现。图 14.1 以一种简单的链接结构描述了这个问题,其中无标记的圆表示与查询词"报纸"相关的网页样本,4 个得到最高链入数的网页中,两个是报纸网站(纽约时报和今日美国),另外两个则不是(雅虎和亚马逊)。当然,这个例子的网页样本基数很小,实际环境中,还会出现很多貌似在线报纸的网页以及根本与报纸无关的网页。

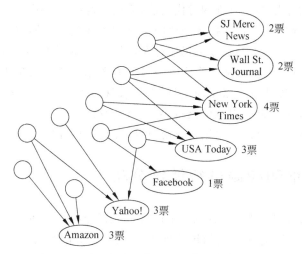

图 14.1 对于查询词"报纸"计算网页的链入数

计算网页的链入数只是一种很简单的网页排名评估方法,仔细研究网页之间的链接结构,还可以进一步挖掘出更多的信息。为此,我们尝试从另一个角度思考问题。对于查询词"报纸",除了关注在线报纸网页本身,还应该注意到另一类网页:它们汇集了一系列与各种主题相关的资源。这种网页往往对应于更宽泛的查询,例如,对于查询词"报纸",它们汇集了指向多家在线报纸网站的链接列表;对于查询词"康奈尔",也可以找到许多校友创建的网页,包含一些与康奈尔大学相关的链接,如康奈尔大学、冰球队、医学院、艺术博物馆等等。如果能够搜索到这种汇集报纸网站的列表网页,可以帮助我们更有效地查询在线报纸网站。

事实上,图 14.1 已经展示出一种寻找好的列表网页的方法。那些链接到右边结果网页的网页中,有些实际上投票选择了多个获得较高链入数的网页。可以很自然地这样理解,这些网页比其他网页更清楚哪些是较好的搜索结果,因而赋予它们作为列表网页较高的分数。具体地,可以说一个网页的列表值等于它所指向的所有网页所获得的链入数总和。图 14.2 展示了应用这一规则后的结果。

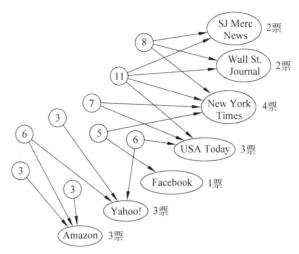

图 14.2　为查询词"报纸"寻找好的列表网页,圆中的数字表示该网页的列表值

3. 反复改进规则

如果我们确信得分较高的列表网页更清楚哪些是更好的结果,就应该加重它们对所链接网页的表决权。因此,重新制定图 14.1 的投票方案,对网页的投票用其列表值加权。图 14.3 展示了经过这种改进的结果,因为被列表值较高的网页推荐,一些在线报纸网站已经超过了最初得分较高的雅虎和亚马逊。

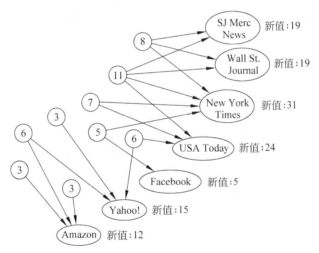

图 14.3　对查询词"报纸"重新加权网页的投票权,图中标注的新值是所有指向该网页的网页列表值之和

事实上,日常生活中也有这种再次加权投票选择的实例。假如你刚刚搬迁到一个新的城市,向许多人打听好的餐馆,你会发现某些餐馆被很多人提到,同时注意到有些人向你推荐了大部分这些认可度较高的餐馆,很自然地,你会特别相信这些人的判断能力,因而更看重他们的推荐,这些人发挥的作用就像万维网中列表值较高的网页一样。接下来我们运用这种再次加权的投票方式计算网页的排名。

链接分析思想的最后一部分是:为什么不继续呢? 假如图中右边的网页得到较高的选

票,反过来可以进一步改进左边网页的列表值。用这些更精准的列表值再重新加权它们对右边网页的推荐强度。这个过程反复地重复,被视为**反复改进规则**,其中对一部分网页评估的精准化能够促使对另一部分网页评估更加精准。

4. 中枢网页和权威网页

现在介绍网页排名的精确计算过程[247]。首先,将针对一个查询得到的那些认可度较高的突出网页称为该查询的**权威**网页,将那些列表值较高的网页称为该查询的**中枢**网页。对于每个网页 p,我们尝试用其潜在的网页权威值 $\text{auth}(p)$ 和网页中枢值 $\text{hub}(p)$ 来估算网页本身的价值,因为最初并不了解每个网页的情况,因此设每个网页的这两个值初始为 1。

改进后的投票选择方案是利用网页中枢值进一步提高网页权威值的精准度,实现规则如下。

权威更新规则:对于每个网页 p,以所有指向该网页的网页中枢值之和更新这个网页的权威值 $\text{auth}(p)$。

另一方面,列表网页查找技术利用网页的权威值进一步提高网页中枢值的精准度,实现规则如下。

中枢更新规则:对于每个网页 p,以它指向的所有网页的权威值之和来更新它的中枢值 $\text{hub}(p)$。

注意,运行单次权威更新规则(所有初始值设置为 1)正是简单的通过链入数投票选择方案,而接下来再运行单次中枢更新规则,得到的结果则是采用列表查找技术产生的列表网页。为了获得更好的估值,运用反复改进规则以交替的方式执行上述两个规则,具体操作过程如下。

(1) 设所有网页的中枢值和权威值初始为 1。

(2) 选择一个运行次数 k。

(3) 执行 k 次中枢-权威更新操作,每次更新过程如下:

① 首先运行权威更新规则,利用当前中枢值更新当前网页的权威值;

② 然后运行中枢更新规则,用权威更新产生的值对网页中枢值进行更新。

(4) 最后,中枢值和权威值可能会变得非常大。因为我们只关心它们的相对值大小,为此将它们进行归一化处理,将每个权威值除以所有权威值的总和,同样将每个中枢值除以所有中枢值的总和。图 14.4 展示了图 14.3 经过归一化处理之后的权威值。

如果 k 值选择得越来越大会怎样?事实上,当 k 值趋近于无穷大时,经过归一化处理后的中枢和权威值也收敛于稳定的极限值,换句话说,此时再继续运行改进操作对结果产生的影响越来越小。在本章的 14.6 节将证明这一结论。进一步,通过分析还可以发现,除极少数情况下(表现为一种退化特征的链接结构),只要选取的中枢和权威初始值为正数,无论多大,最终它们都会得到相同极限值。也就是说,中枢和权威的极限值只与网络链接结构有关,与计算过程中选用的初始值无关。(图 14.5 展示了对于查询词"报纸",经过计算得到的极限值,到小数点后三位。)

最后,这些极限值维持一种均衡状态:运行权威更新和中枢更新规则,这些极限值的相对值能够保持不变。这种均衡实际上反映了中枢和权威概念的固有本性:网页的权威值与指向该网页的所有网页的中枢值之和成正比,而中枢值又与该网页指向的所有网页权威值之和成正比。

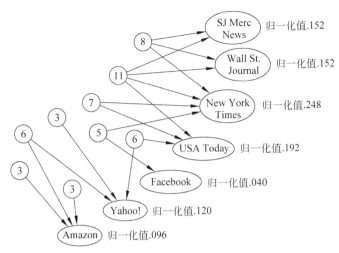

图 14.4　对于查询词"报纸",进行重新加权投票选择和归一化处理

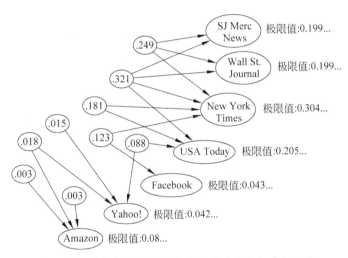

图 14.5　对于查询词"报纸",网页的中枢和权威极限值

14.3　网页排名

中枢和权威的概念意味着网页在网络中扮演着多重角色,一些网页可能会强烈推荐其他网页,而自身却不一定被别的网页强烈推荐。商业性查询如上一节谈到的查询在线报纸,搜索某些特定的产品或是其他一般性的查询,都体现了网页这种自然特点。通常,除非是某些特殊情况,竞争公司之间不会链接到对方相互推荐,唯一能使它们联系起来的途径是一些中枢网页同时包含指向这些公司的链接。

有些情况下,被一些突出网页的认可是更有价值的,换言之,如果一些重要的网页都链接到某个网页,那么这个网页也是重要的。这通常是判断认可程度的主导模式,特别是学术和政府网页、博客网页、个人网页表现得更为明显,这种方式在科学文献中也占主导地位。它也就是"网页排名"(Page Rank)测度的基础。[79]

　　类似于中枢和权威的计算步骤,网页排名首先通过投票选择机制计算网页的链入数,然后利用反复改进规则对结果进一步完善。具体规则是,节点通过指向其他节点的链接来传递推荐,而推荐的力度则取决于当前该节点网页排名的估值,就是说当前被视为重要的节点,其推荐力度也被认为是较强的。

1. 网页排名的基本定义

　　直观上,可以把网页排名看成一种通过网络流通的"流体",沿着边从一个节点流到另一个节点,汇集在一些最重要的节点上。网页排名具体计算方法如下。

　　(1) 对于一个有 n 个节点的网络,设所有节点的网页排名初始值为 $1/n$。

　　(2) 选择操作的步骤数为 k。

　　(3) 对网页排名做 k 次更新操作,每次更新使用以下规则:

　　基本网页更新规则:每个网页均等地将自己当前的网页排名值分配给所有向外的链接,这些链接将这些均等的值传递给所指向的网页。(如果网页没有指向其他网页的链接,就将当前所有网页排名值传递给自身。)每个页面以其获得的所有网页排名值的总和更新它的网页排名。

　　注意,网络中网页排名值的总和在运行上述操作后保持不变,这是因为每个网页拥有一个初始网页排名值,均分后,分别沿着向外的链接传递给其他网页,网页排名值不会再生,也不会消失,只是从一个节点转移到另一个节点。因此,不需像处理中枢和权威值那样做归一化处理,以免排名值过大。

　　以图 14.6 为例,运用上述方法计算 8 个网页的网页排名。所有网页初始排名为 $1/8$,经过两次更新操作之后,每个网页的网页排名值由表 14.1 给出。

表 14.1　8 个网页的网页排名值

步骤	A	B	C	D	E	F	G	H
1	1/2	1/16	1/16	1/16	1/16	1/16	1/16	1/8
2	5/16	1/4	1/4	1/32	1/32	1/32	1/32	1/16

　　例如,第一次更新后,A 的网页排名值为 $1/2$,分别获得 F、G、H 的全部网页排名值,以及 D 和 E 各一半的网页排名值。而 B 和 C 各得 A 一半的网页排名值,第一次更新后分别为 $1/16$。一旦 A 获得了较高网页排名值,下一次更新时 B 和 C 就会从中受益。这与反复改进规则相吻合,如果前一次更新后,A 被视为重要的网页,那么在下一次更新中,A 的推荐力度就会相应增加。

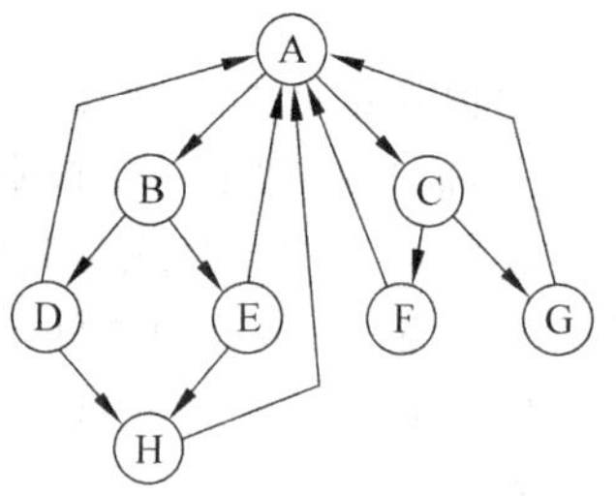

2. 网页排名的均衡值

　　像中枢-权威计算方法一样,可以证明除了某些特殊的退化情况,当更新操作步骤 k 趋于无穷大时,所有节点的网页排名值收敛于相应的极限值。

　　因为网页排名在整个计算过程中具有守恒性,即所有网页排名值的总和为 1,这个过程的极限就可有一个简单的解释。可以认为每个节点的网页排名极限值体现一种总体的均衡状态,换句话说,如果采用这些极限值再进行一次基本

图 14.6　由 8 个网页组成的网络,A 的网页排名值最高,其次是 B 和 C(因为被 A 推荐)

网页排名更新操作,每个节点的值将保持不变,即以网页排名极限值更新后会再生与自身完全一致的结果。这一特征可以用来检查一组网页是否达到了网页排名的均衡状态,首先确定它们的总和为 1,再运行基本网页排名更新规则,确定是否得到相同的值。

例如,对于图 14.6 的网页,可以验证图 14.7 显示的值达到了预期的均衡状态,此时,A 得到网页排名值为 4/13,B 和 C 分别为 2 /13,另外 5 个网页分别为 1/13。

取决于网络结构,这样一组极限值可能不是满足均衡要求的唯一数值。但可以证明,如果是一个强连通网络(根据第 13 章中的定义,每个节点可以通过有向路径到达每个其他节点),那么存在一个唯一的均衡值集合,于是只要网页排名极限存在,该极限值就是满足均衡状态的那一组值。

3. 按比例缩放网页排名

网页排名的基本定义还存在一个问题,一些网络中,网页排名值可能会集中并终结在某些"错误"的节点上。幸运的是,有一种简单而自然的方法可以解决这个问题,下面首先来描述这个问题。

为说明这个问题,将图 14.6 的网络做一些小改变,使 F 和 G 互相指向对方,而不是指向 A,如图 14.8 所示。显然,这会削弱 A 的值,但实际上会触发一个非常极端的事件发生,从 C 传递到 F 和 G 的网页排名值不会再传递到网络的其余部分,因此由 C 链出的链接形成一种"慢泄漏",最终导致所有的网页排名值终结在节点 F 和 G 上。通过反复运行基本网页排名更新规则,F 和 G 的网页排名值收敛于 1/2,而其他所有节点的值收敛于 0。

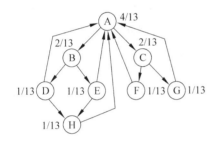

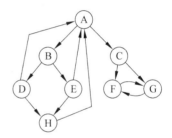

图 14.7 图 14.6 中 8 个节点组成的网络,
其网页排名值达到均衡状态

图 14.8 同样由 8 个网页组成的网络,
F 和 G 改变它们指向 A 的链接为相互链接,
导致所有网页排名值集中在 F 和 G

这显然不是我们期望的,但却无法避免。几乎所有的网络,运行网页排名更新规则都会面临这个问题,只要网络中一小部分节点能够从图中其他节点通达,但没有返回路径,那么网页排名值将在那里累积[①]。所幸的是,用一个简单而自然的方式修正网页排名定义可以解决这个问题,它遵循网页排名"流动"性的说法。思考一下这个问题(当然是过于简化的),为什么地球上所有的水并没有全部流到低处并完全地驻留在最低点?这是因为有一个平衡过程在起作用,在海拔高的地方,水会蒸发,然后形成雨,再回到地面。

受这一自然现象的启发,我们选择一个**缩放因子** s,严格限定在 0 和 1 之间。用以下规

---

① 第 13 章中讨论的万维网领结结构可以解释这个问题,有很多从超大强连通分量出来的"缓慢泄漏",最终,超大强连通分量中的节点网页排名值将趋于 0,所有的网页排名值将集中在 SCC 的下游节点链出分量中。

则替换基本网页排名更新规则。

缩放网页排名更新规则：首先运行基本网页排名更新规则。然后用缩放因子 s 缩小所有网页排名值。这意味着网络中网页排名值的总和由 1 缩小为 s。将剩余的网页排名值 $1-s$ 平均地分配给所有的节点，每个节点得到 $(1-s)/n$。

这一规则仍然维持网络的网页排名总和不变，运用"水循环"的再分配原则，每一步蒸发掉的 $1-s$ 单位的网页排名值，转换成"雨水"均匀地降落到所有节点上。

可以证明，当反复运行缩放网页排名更新规则的次数 k 趋于无限大时，网页排名将收敛于一组极限值。并且，对于任何网络，这些极限值形成这种更新规则的唯一一种均衡状态：这些极限值对这种更新规则具有唯一性。当然，这些值取决于我们选择的比例因子 s：实际上，不同的 s 值对应于不同的更新规则。

在实际应用中，通常将比例因子 s 选择在 0.8～0.9[①] 之间。引入比例因子 s 还可以减少网页排名对加入或减少少量节点和链路的敏感度[268,422]。

4. 随机游走：一种网页排名的等价定义

作为本节的结束，我们从另一个角度定义网页排名，尽管表面上看不是很直观，但实际上它与之前的定义完全相同。

试想某人随机地浏览网络中的网页，像图 14.6 描述的那样，首先以相同的概率随机地选择一个网页，然后，从当前网页中随机选择一个指向其他网页的链接，转到一个新的网页（如果当前网页没有指向其他网页的链接，则停留在原地），这样跟随链接的操作进行 k 次。在网络中，这种随着链接在节点之间随机移动的行为称为**随机游走**。应该说，这并不是人们浏览网页的准确模式，相反，它只是一个为导出特定定义的假设。

在 14.6 节将分析这种随机游走行为，并证明以下结论。

断言：经过 k 步随机游走到达网页 X 的概率，正是网页 X 在运行 k 次网页排名基本更新规则后所得到的网页排名值。

我们给出了两种网页排名的表达方式，即反复改进规则和随机游走描述方法，实际上是等同的。对于随机游走，我们没有给出更多的严格和深层的描述，但它可以直观地将网页排名与网页的重要性联系起来：网页 X 的网页排名可以理解为，当游走的步数越来越大时，通过超链接随机游走到达网页 X 的极限概率。

这种随机游走的定义方式提供了一种新的视角，能够帮助我们理解前面提到的一些问题。例如，图 14.8 中点 G 和 F 的网页排名"慢泄漏"问题，从随机游走的角度可以很自然地理解，当游走的步数越来越多时，极限情况下，到达 F 和 G 的概率会收敛于 1，即一旦游走到 F 或 G，便会永远停留在这两个节点。因此，F 或 G 的极限概率收敛于 1/2，而其他节点的极限概率却收敛为 0。

在 14.6 节中将展示如何用随机游走的概念构建缩放网页排名更新规则。此时，不再是

---

① 作为前面例子的补充说明，s 在这个范围内取值并不能完全解决图 14.8 中的问题，按比例因子 s 调整更新规则后，节点 F 和 G 仍然获得大部分（尽管不再是全部）的网页排名值。图 14.8 只有 8 个节点，这对于说明以再分配的方式解决网页排名慢泄漏问题实在太少，只有 8 个节点的网络，慢泄漏实际上并不慢。而在实际应用中使用的大型网络，网页排名补偿分配方案能够让超大强连通分量之外的节点只得到很小的网页排名极限值。

简单的随机选择一条边行走,而是运行一种"调整"的行走方式:以概率 s 进行随机游走,以概率 $1-s$ 随机选择网络中的任一个节点,并跳转到这个节点。

14.4　链接分析在现代搜索引擎中的应用

14.2 节和 14.3 节提出的链接分析方法,在当代搜索引擎包括 google、yahoo、微软的 Bing 以及搜索引擎 Ask 的排名计算中发挥了重要的作用。20 世纪 90 年代后期,采用这种链接分析方法计算网页排名成为主要的搜索技术,随着万维网的高速发展,特别是网页内容不断向多样化扩充,链接分析方法也在不断发展和扩充,目前搜索引擎在计算网页排名时,会参考更宽泛的影响因素。

很难完整和详细地描述当前主要搜索引擎采用的排名机制,一方面是由于搜索技术本身的复杂性及其不断演变的特性,另一方面搜索引擎公司通常对外严格封闭所采用的排名计算技术(后面我们会讨论它们有必要这样做)。在此,我们结合网络搜索领域的常规知识,仅对搜索引擎采用的排名技术作一般性论述。一直以来,网页排名都是谷歌搜索技术最重要的组成部分之一,是其计算方法的核心。然而,随着时间的推移,网页排名对谷歌排名函数的影响作用却在逐渐下降。例如,在 2003—2004 年间,谷歌对排名函数做的一次重要修正涉及非网页排名[1]模式的链接分析方法,包括由 Krishna Bharat 和 George Mihaila 开发的 Hilltop 算法[58],作为中枢权威这种双向推荐机制的扩展。同期,搜索引擎 Ask 重建了基于中枢和权威机制的排名函数,随后不断地扩展其排名函数,也融入了许多其他的特征因素。

1. 结合链接、文本和使用过程中产生的数据

虽然我们希望展示一种清晰的链接分析方法,而在实践中往往需要将网络结构和文本内容相结合,以便产生高质量的搜索结果。一种有效的结合方式是分析**锚文本**,即网页中那些突出显示的可以点击的文字,点击后可以链接到其他的网页[102]。锚文本可以看成是对链接所指的网页一种简单而直接的描述,例如,如果你在某人的主页上看到"我是康奈尔大学的学生",自然会猜到,点击突出的文字"康奈尔大学"对应的链接,会进入一个关于康奈尔大学的网页[2]。

事实上,可以对之前讨论的链接分析方法进行简单的扩展,使其包括相应的文本特征,如锚文本。中枢权威机制和网页排名更新规则只是直接累加链接数,然而有些链接包含高度相关的锚文本,有些却没有,可以加强这些高度相关的链接对排名贡献的权重。例如,当通过链接传递中枢和权威值或网页排名值时,使其乘以一个因子,以表明该链接的锚文本质量[57,102]。

除了文本和链接,搜索引擎还可以利用其他特征计算排名。用户对搜索结果的选择同样传递了有价值的信息,例如,查询关键词"康奈尔",在搜索引擎返回的结果列表中,如果大多数用户跳过排在首位的结果,而点击排名第二的结果,说明这两个结果的排序有问题,应

---

① 本书中网页排名方法指以链接数计算的排名机制,而非网页排名方法则指用其他因素得到的排名。——译者注。

② 当然,并非所有的锚文本都有用,比如网页中最常见的文字"更多信息,请点击这里"就是一个例子,因此在编写超文本文件时应该注意创建有效的锚文本。

该考虑对调。研究人员正在致力于这种利用反馈信息来调整搜索结果的方法研究[228]。

2. 移动的目标

网络搜索的最后一个重要特征是它体现了我们曾多次提到的博弈论原则——人们总是要预期世界对其所为作出反应。网络搜索已经发展成为人们访问各种信息的主要手段,因此搜索引擎的排名结果会直接影响到很多人。例如,许多小公司的业务模式完全取决于谷歌排名结果,无论是查询词"加勒比海度假"还是"古老的唱片"等等,关键是谷歌的搜索结果能否把它们排在第一页上。如果谷歌修正其排名算法,致使相应的搜索结果不再出现在第一页上,会造成这些公司的经济损失。搜索产业界因此将谷歌对其核心排名函数的一些重大更新按照命名飓风的方式命名,这种比喻很恰当,因为每次更新就像一种不可预测的自然灾害(这里是谷歌),都会造成一些公司数百万的经济损失。

鉴于这些原因,依靠网站生存的公司便开始高度重视其网页的创作风格,以便能够在搜索引擎的排名中获得高分。对于那些把网络搜索看成是传统信息检索应用的人来说,这实在是很新奇。早在 20 世纪 70—80 年代,当时设计的信息检索工具,主要用于查询科技论文或报刊文章,作者在撰写论文或摘要时无需刻意考虑这些搜索工具①。而自万维网发展的早期,人们在设计网站时就很清楚搜索引擎的存在。一些提高排名的技巧曾一度引起搜索行业的恼怒,数字图书馆员 Cliff Lynch 曾指出:"网络搜索是一种新型的信息检索应用,而其中的文档表现得过于活跃。"

随后,采用专门的技术提高网页在搜索引擎中的排名逐渐正规化并被接受,一个相当大的行业**搜索引擎优化**(search engine optimization,SEO)应运而生,由搜索方面的专家指导商家创建排名高的网页或网站。回到博弈论的观点:SEO 随着网络搜索的广泛应用而发展;众多的人都会非常在意他们是否能够被很容易地搜索到。

这些发展导致几个结果。首先,对于搜索引擎,"完美"的排名函数将永远是一个移动的目标:如果搜索引擎维持一种排名方法的时间过长,网页的创作者及其顾问会有效地掌握提高排名的基本方法,而搜索引擎也就很难控制排名结果。其次,这导致搜索引擎极度保守其内部排名函数的技术细节——这不仅是因为竞争对手,也是为防止网站设计师掌握其中的秘密。

最终,面对这些盈利商机,搜索行业成功地发展了一种商业广告的盈利模式。在结果页面,除了基于排名函数计算得出的结果,搜索引擎还在结果页面上提供一部分额外的空间用于销售,商家可以购买这些空间。因此,当人们进行搜索时,在基于排名函数计算的结果旁边,会看到一些付费的搜索结果。本章我们看到排名函数背后的一些考虑,下一章将讨论这种付费的搜索结果遵循第 10 章提到的匹配市场。

14.5　在万维网之外的应用

我们讨论的链接分析技术,在万维网发展之前就已经广泛地应用在其他领域。本质上,只要信息的相互关联与网络结构有关,就可以通过链接模式来推断节点的权威度。

---

① 当然,有人可能会说,倡导科技论文写作风格标准化的目的之一就是要使这些类型的文件更容易进行分类和组织。

1. 引用分析

在第 2 章和 13 章提到,早在万维网出现之前,科学论文和期刊的引用研究就已经有了很久远的历史[145]。该领域有一个衡量标准,即科技期刊的 Garfield **影响因子**[177],定义为特定期刊中的论文在过去两年中被引用的平均次数。这实际上是一种对"链入"票数的统计,它体现了科学界对期刊中论文的关注程度。

20 世纪 70 年代,Pinski 和 Narin[341] 提出不应该将所有的引用视为等同计算影响因子,相反,极具影响力的期刊,其引用应该视为更重要,因此扩展了影响因子的计算方法。这正像前面讨论网页排名中的重复改进原则,它同样被应用在科技文献中。Pinski 和 Narin 因此定义了期刊的**影响权重**[180,341],与网络中的网页排名的概念非常相似。

2. 美国最高法院的引用链接分析

近日,研究人员将网络中的链接分析技术应用到美国法院法律裁决相关的引用网络研究中[166,377]。引用对法律文件编撰非常重要,它可以以之前的判决为基础,或解释新的判决与之前的判决之间的关系。采用链接分析可以有效地识别那些在整体引用结构中发挥重要作用的案例。

以下是一个与该项研究相关的案例,Fowler 和 Jeon[166] 收集了美国最高法院跨越两个多世纪的全部判决材料,并采用中枢权威的方法进行分析。发现引用网络中权威值较高的判决恰好也是法律专家判定为法院最重要的判决。这其中包括一些案例,在判决后不久就获得很高的权威值,但经过了很长时间以后才得到法律界的认可。

最高法院的判决还提供了丰富的素材,让我们了解权威值在一个较长时期内的变化情况。例如,Fowler 和 Jeon 分析了 20 世纪与美国宪法第五修正案相关的一些案例,它们的权威值上升和下降情况如图 14.9 所示。其中,**布朗诉密西西比州案**(Brown v. Mississippi)是 1936 年有关酷刑取得供词的案例,20 世纪 60 年代初,该案例的引用权威值开始迅速上升,当时沃伦法院(Warren Court)正强制推行一系列围绕法律诉讼程序和自证其罪的议题。这一发展最终引发 1966 年具有里程碑意义的**米兰达诉亚利桑那州案**(Miranda v. Arizona),有了这个案例,对**布朗诉密西西比州**的引用权威迅速下降,而对**米兰达**的引用权威值骤升。

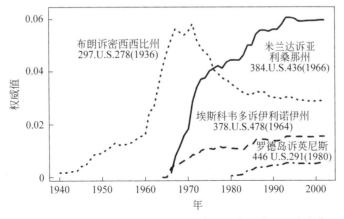

图 14.9　20 世纪与第五修正案相关的一些案例权威值的变化展示了这些案例之间的关系

对最高法院引用的分析还表明,重要的判决获得的引用权威值的速度变化非常大。例如,图 14.10(同样摘自参考文献[166])表明,罗伊诉韦德案(Roe v. Wade)(正如米兰达案例)其权威值从它最初判决开始增长速度就非常迅速。而另一种情况,同样重要的布朗诉教育委员会案(Brown v. Board of Education),在开始判决大约 10 年后,才开始获得较高的引用权威值。Fowler 和 Jeon 认为这种变化轨迹与法律学者对案件的看法相吻合,指出:"司法界通常将布朗(Brown)案的判决视为一种典型案例,在判决时其法律影响较弱,当 1964 年通过民权法案后,其法律影响得到加强,特别是对于后来的公民权案例的影响增大。[166]"

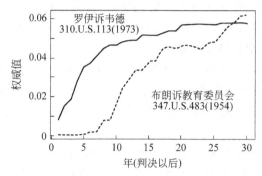

图 14.10 罗伊诉韦德案例和布朗诉教育委员会案例获得权威值的速度不同

这种分析方法表明,严格以网络为基础对某一复杂的专题进行分析研究,可以揭示一些复杂而隐晦的现象,并能够较好地与相关学术领域的观点相吻合。同时,对一个复杂领域权威值的变化模式的跟踪还可以发掘一些有价值的信息,对于相关领域的分析研究提供必要的支持。

14.6 深度学习材料:谱分析、随机游走和网络搜索

接下来进一步讨论中枢、权威、网页排名值的计算方法。这需要一些矩阵和向量的基础知识。我们将展示,链接分析策略涉及的极限值可以解释为由底层网络派生的矩阵的特征向量。利用特征值和特征向量来研究网络结构被称为图的**谱分析**,这一理论形成了讨论重复改进方法结果的自然语言。

14.6.1 中枢权威的谱分析

第一个主要目标是要说明为什么在如 14.2 节所描述的中枢-权威计算中,结果会收敛于一组极限值。首先,我们将展示如何用矩阵向量相乘来描述中枢和权威值的更新规则。

1. 邻接矩阵和中枢-权威向量

n 个网页构成由 n 个节点组成的有向图。以标号 $1, 2, 3, \cdots, n$ 标记每个节点,以一个 $n \times n$ 的矩阵 M 表示这些节点之间的链接,矩阵 M 中第 i 行 j 列元素表示为 M_{ij},如果从节点 i 到节点 j 有一个链接,则 M_{ij} 等于 1,否则为 0。我们称 M 为网络的**邻接矩阵**(adjacency matrix)。图 14.11 描述了一个有向图及其邻接矩阵。对于一个包含大量网页的集合,通常其中大部分网页仅有很少的向外链接,因此这个邻接矩阵中大部分元素等于 0。这样看来,采用邻接矩阵描述网络似乎不一定非常有效,但从概念上看这种表达是很有帮助的。

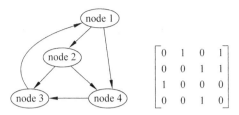

$$\begin{bmatrix} 0 & 1 & 0 & 1 \\ 0 & 0 & 1 & 1 \\ 1 & 0 & 0 & 0 \\ 0 & 0 & 1 & 0 \end{bmatrix}$$

图 14.11 网页之间的有向超链接以邻接矩阵 M 表示：如果从节点 i 到

节点 j 有一个链接，则 M_{ij} 等于 1，否则 M_{ij} 为 0

鉴于中枢和权威值是一组与网络中每个节点相关的数字，我们以 n 维向量表示它们，其中第 i 项表示节点 i 的中枢或权威值，具体地，以 h 表示中枢值向量，其中 h_i 为节点 i 的中枢值，同样以 a 表示权威值向量。

2. 以矩阵向量相乘表示中枢权威更新规则

回顾曾经定义的中枢更新规则。对于节点 i，如果存在由节点 i 指向 j 的边，则它的中枢值 h_i 更新为所有节点 j 的权威值 a_j 的总和，换句话说所有这些节点 j 满足 $M_{ij}=1$。因此，更新规则可以表示为：

$$h_i \leftarrow M_{i1}a_1 + M_{i2}a_2 + \cdots + M_{in}a_n \tag{14.1}$$

其中，符号"←"表示用右边的量值更新左边的量值。因为乘数 M_{ij} 值代表了我们希望选择的网页权威值，以这个总和形式表达更新规则是准确的。

式(14.1)与矩阵与向量相乘的定义完全吻合，因此其等价表达方式为：

$$h \leftarrow Ma$$

图 14.12 以这种表达方式再现了图 14.11 的例子，经过中枢更新规则计算，权威值(2，6，4，3)，产生中枢值(9，7，2，4)。事实上这个例子阐述了一个一般原则：如果更新一组变量需要根据相应的规则选定一些选项累计相加，可以将更新规则转换成适当选择的矩阵与向量相乘。

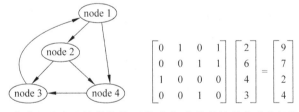

$$\begin{bmatrix} 0 & 1 & 0 & 1 \\ 0 & 0 & 1 & 1 \\ 1 & 0 & 0 & 0 \\ 0 & 0 & 1 & 0 \end{bmatrix} \begin{bmatrix} 2 \\ 6 \\ 4 \\ 3 \end{bmatrix} = \begin{bmatrix} 9 \\ 7 \\ 2 \\ 4 \end{bmatrix}$$

图 14.12 以邻接矩阵表示链接结构，中枢和权威更新规则表示为矩阵和向量相乘

权威更新规则非常类似，只是权威值沿着边流向另一个方向。也就是说，a_i 更新为所有节点 j 的中枢值 h_j 的总和，其中节点 j 有指向节点 i 的边，因此：

$$a_i \leftarrow M_{1i}h_1 + M_{2i}h_2 + \cdots + M_{ni}h_n \tag{14.2}$$

这同样相当于一个矩阵与向量相乘，只是矩阵的行元素与列元素进行了对调，称为矩阵 M 的转置，记作 M^T，矩阵 M^T 中的元素 (i,j) 等同于矩阵 M 中的元素 (j,i)，即 $M_{ij}^T = M_{ji}$。因此等式(14.2)对应的更新规则可以表示为：

$$a \leftarrow M^T h$$

3. k 步中枢与权威计算

到目前为止,我们讨论了单次更新规则,如果运行 k 次中枢权威规则,当 k 选得很大时会怎样?

首先,设中枢权威的初始向量分别为 $h^{<0>}$ 和 $a^{<0>}$,是所有元素都为 1 的向量。以 $a^{<k>}$ 和 $h^{<k>}$ 表示经过 k 次更新之后的权威向量和中枢向量,更新过程按照 14.2 节所描述的顺序。根据以上公式,首先得到:

$$a^{<1>} = M^T h^{<0>}$$

和

$$h^{<1>} = Ma^{<1>} = MM^T h^{<0>}$$

这是进行一次中枢权威计算的结果,第二步,我们得到:

$$a^{<2>} = M^T h^{<1>} = M^T MM^T h^{<0>}$$

和

$$h^{<2>} = Ma^{<2>} = MM^T MM^T h^{<0>} = (MM^T)^2 h^{<0>}$$

下一步得到更清晰的模式:

$$a^{<3>} = M^T h^{<2>} = M^T MM^T MM^T h^{<0>} = (M^T M)^2 M^T h^{<0>}$$

和

$$h^{<3>} = Ma^{<3>} = MM^T MM^T MM^T h^{<0>} = (MM^T)^3 h^{<0>}$$

继续运行更多的步骤,可以发现 $a^{<k>}$ 和 $h^{<k>}$ 表示为矩阵 M 和 M^T 的乘积形式,但其顺序是交替的,$a^{<k>}$ 的表达式以 M^T 开始,而 $h^{<k>}$ 的表达式以 M 开始,如下所示:

$$a^{<k>} = (M^T M)^{k-1} M^T h^{<0>}$$

和

$$h^{<k>} = (MM^T)^k h^{<0>}$$

这是经过 k 步计算之后得到的中枢权威表达式:权威和中枢向量分别表示为一个初始向量与 $M^T M$ 和 MM^T 越来越大的幂的乘积。现在讨论为什么这个过程会收敛于稳定的值。

4. 特征向量相乘规则

因为上述定义的中枢和权威值每次更新后都会增长,只有对其进行归一化处理,才有可能收敛。换句话说,所收敛的是中枢和权威向量的方向,具体来说,需要证明存在常数 c 和 d,当 k 趋近于无穷大时,向量序列 $\dfrac{h^{<k>}}{c^k}$ 和 $\dfrac{a^{<k>}}{d^k}$ 将收敛于极限向量。

先来看中枢向量序列,然后通过直接类比的方式考虑权威向量。如果

$$\frac{h^{<k>}}{c^k} = \frac{(MM^T)^k h^{<0>}}{c^k}$$

将收敛于一个极限 $h^{<*>}$,那么 $h^{<*>}$ 应该具有哪些性质? 由于方向是收敛的,我们预期在极限的时候,$h^{<*>}$ 乘以 (MM^T) 的方向不应该改变,尽管它的长度可能增长了 c 倍,即 $h^{<*>}$ 会满足下面的等式:

$$(MM^T)h^{<*>} = ch^{<*>}$$

满足这种属性的向量称为矩阵的**特征向量**,即当乘以一个给定的矩阵时,其方向不变,常数因子 c 称为对应于该特征向量的**特征值**。如果上式成立,$h^{<*>}$ 为矩阵 MM^T 的特征向量,c 是该特征向量的特征值。现在我们证明向量序列 $\dfrac{h^{<k>}}{c^k}$ 收敛于矩阵 MM^T 的一个特征向量。

为了证明这一点,利用下列关于矩阵的基本事实。我们说一个方阵 A 是**对称矩阵**,当它进行转置后保持不变,即对于任何 i 和 j,都有 $A_{ij} = A_{ji}$,或者说 $A = A^T$。利用如下事实[268]:

任何 n 行 n 列的对称矩阵 A 有 n 个特征向量,且都是相互正交的单位向量,它们形成空间 R^n 的基。

因为矩阵 MM^T 是对称的,应用上述事实,将产生的相互正交的特征向量表示为 $z_1, z_2, \cdots, z_n$,对应的特征值为 $c_1, c_2, \cdots, c_n$;对特征值进行排序,设排序结果为 $|c_1| \geqslant |c_2| \geqslant \cdots \geqslant |c_n|$。进一步,为了解释简单,假设 $|c_1| > |c_2|$。(在链接分析应用中经常会这样处理,以下我们将解释,如果这个假设不成立,需要做些小的改动,再进行讨论。)现在,给定任何一个向量 x,思考矩阵向量乘积 $(MM^T)x$ 的一种方法是首先将 x 表示为向量 $z_1, z_2, \cdots, z_n$ 的线性组合。也就是说,$x = p_1 z_1 + p_2 z_2 + \cdots + p_n z_n$,其中 $p_1, p_2, \cdots, p_n$ 为系数,因此得到:

$$
\begin{aligned}
(MM^T)x &= (MM^T)(p_1 z_1 + p_2 z_2 + \cdots + p_n z_n) \\
&= p_1 MM^T z_1 + p_2 MM^T z_2 + \cdots + p_n MM^T z_n \\
&= p_1 c_1 z_1 + p_2 c_2 z_2 + \cdots + p_n c_n z_n
\end{aligned}
$$

第三行等号是基于每个 z_i 是一个特征向量的事实。

这说明 $z_1, z_2, \cdots, z_n$ 是表达 x 的一组很有用的坐标:向量 x 乘以 MM^T 只是简单地将 x 表达式的每个 $p_i z_i$ 由 $c_i p_i z_i$ 替代。我们将看到当 x 与 MM^T 的较大幂次相乘时,这样处理会使问题简单化。

5. 中枢-权威计算的收敛

前面看到,任何向量 x 可以表示为 $p_1 z_1 + p_2 z_2 + \cdots + p_n z_n$,乘以矩阵 MM^T 得到 $c_1 p_1 z_1 + c_2 p_2 z_2 + \cdots + c_n p_n z_n$。如果重复乘以矩阵 MM^T,那么结果比前一次多一个因子 c_i,c_i 表示第 i 项的因子。因此,得到如下等式:

$$
(MM^T)^k x = c_1^k p_1 z_1 + c_2^k p_2 z_2 + \cdots + c_n^k p_n z_n
$$

现在考虑中枢值向量,其中 $h^{<k>} = (MM^T)^k h^{<0>}$,而 $h^{<0>}$ 是固定的起始向量,其中每个坐标等于 1;可以表示为基向量 $z_1, z_2, \cdots, z_n$ 的线性组合形式,即 $h^{<0>} = q_1 z_1 + q_2 z_2 + \cdots + q_n z_n$,因此:

$$
h^{<k>} = (MM^T)^k h^{<0>} = c_1^k q_1 z_1 + c_2^k q_2 z_2 + \cdots + c_n^k q_n z_n \tag{14.3}
$$

两边除以 c_1^k,得到:

$$
\frac{h^{<k>}}{c_1^k} = q_1 z_1 + \left(\frac{c_2}{c_1}\right)^k q_2 z_2 + \cdots + \left(\frac{c_n}{c_1}\right)^k q_n z_n \tag{14.4}
$$

回顾之前的假设,即 $|c_1| > |c_2|$,可以看到,当 k 趋近于无穷大时,右边除第一项外的每一项将趋近于 0。由此得到,k 趋近于无穷大时,向量序列 $\dfrac{h^{<k>}}{c_1^k}$ 收敛于极限 $q_1 z_1$。

6. 总结

我们基本完成了上述推论,还有两点需要说明。首先,系数 q_1 必须确保不为零,从而保证极限 $q_1 z_1$ 实际上是一个非零向量。其次,极限 z_1 的方向与中枢初始值 $h^{<0>}$ 的选择无关:其意义是极限中枢值只受网络结构影响,与初始值无关。我们以相反的顺序证明这两个事实,先考虑第二点。

首先,我们以一个不同的初始状态为起点计算中枢向量:改变向量 $h^{<0>}$ 所有坐标等于

1 的初始设置,以向量 x 表示 $h^{<0>}$,只是假设 x 的每个坐标为正——我们称这种向量为**正向量**。如前所述,任何向量 x 可以表示为 $x = p_1 z_1 + p_2 z_2 + \cdots + p_n z_n$,其中 $p_1, p_2, \cdots, p_n$ 为乘数,因此,$(MM^T)^k x = c_1^k p_1 z_1 + \cdots + c_n^k p_n z_n$,并且 $h^{<k>}/c_1^k$ 收敛于 $p_1 z_1$。换言之,选择一个新的初始向量 $h^{<0>} = x$,它仍然收敛于 z_1 方向的向量。

接下来证明 q_1 和 p_1 不可能为零(因此极限是非零向量)。对于任何给定的向量 x,可以通过表达式 $x = p_1 z_1 + p_2 z_2 + \cdots + p_n z_n$ 来考虑 p_1 的值:只需要计算 z_1 与 x 的内积。事实上,由于 $z_1, z_2, \cdots, z_n$ 是相互正交的单位向量,因此:

$$z_1 \cdot x = z_1 \cdot (p_1 z_1 + \cdots + p_n z_n) = p_1(z_1 \cdot z_1) + p_2(z_1 \cdot z_2) + \cdots + p_n(z_1 \cdot z_n) = p_1$$

上式中除了 $p_1(z_1 \cdot z_1) = p_1$,所有其他项之和均为 0,由于 p_1 是 x 与 z_1 的内积,因此中枢向量序列收敛于 z_1 方向的非零向量,前提是初始中枢向量 $h^{<0>} = x$ 不与 z_1 正交。

现在证明,没有正向量可能与 z_1 正交,然后就可以结束对收敛性的总体讨论。通过以下步骤证明。

(1) 不可能所有正向量都与 z_1 正交,因此存在某个正向量 x,满足 $(MM^T)^k x/c_1^k$ 收敛于一个非零向量 $p_1 z_1$。

(2) 由于表达式 $(MM^T)^k x/c_1^k$ 只涉及非负数,且它收敛于 $p_1 z_1$,因此 $p_1 z_1$ 只能有非负的坐标;那么 $p_1 z_1$ 必须至少包含一个非零坐标,因为它是非零向量。

(3) 这样,任何一个正向量与 $p_1 z_1$ 的内积均为正,因此得出结论,没有正向量可能与 z_1 正交。这就是证明了,以任何一个正向量为初始向量(包括全 1 向量),中枢向量序列收敛于一个 z_1 方向的向量。

到此,我们基本完成了相关的讨论,还有一点未交待的是 $|c_1| > |c_2|$ 的假设。我们来放宽这个假设,一般情况下,存在 $l > 1$ 个特征值,它们有相同的最大绝对值,即 $|c_1| = |c_2| = \cdots = |c_l|$,而特征值 $c_{l+1}, \cdots, c_n$ 的绝对值都较小。尽管在此没有涉及过多的细节,但不难看出,MM^T 的所有特征值都是非负数,因此得到 $c_1 = \cdots = c_l > c_{l+1} \geqslant \cdots \geqslant c_n \geqslant 0$。这样,回到等式(14.3)和式(14.4),得到:

$$\frac{h^{<k>}}{c_1^k} = \frac{c_1^k q_1 z_1 + \cdots + c_n^k q_n z_n}{c_1^k}$$

$$= q_1 z_1 + \cdots + q_l z_l + \left(\frac{c_{l+1}}{c_1}\right)^k q_{l+1} z_{l+1} + \cdots + \left(\frac{c_n}{c_1}\right)^k q_n z_n.$$

上式中从 $l+1$ 到 n 的分项之和为零,因此该序列收敛于 $q_1 z_1 + \cdots + q_l z_l$。当 $c_1 = c_2$ 时,仍然保持这个收敛,只是该序列收敛的极限可能取决于初始向量 $h^{<0>}$ 的选择(具体的是该初始向量与 $z_1, z_2, \cdots, z_l$ 的内积)。应该强调,对于实际中足够大的超链接结构对应的矩阵 M,MM^T 具有属性 $|c_1| > |c_2|$。

最后应该注意到,上述讨论是针对中枢向量序列,完全可以采用同样的方法分析权威向量序列。对于权威向量,应该处理 $(M^T M)$ 的幂次,其基本结果是权威值向量将收敛于矩阵 $M^T M$ 的一个特征向量,对应于它的最大特征值。

14.6.2 网页排名的谱分析

此前我们着重分析了以特征向量描述反复改进规则的极限,下面接着讨论同样可以采用矩阵和向量相乘以及特征向量来分析网页排名规则。

正如中枢和权威分数一样,一个节点的网页排名是一个用更新规则反复修正的数值。首先分析 14.3 节提到的基本网页更新规则,然后再讨论缩放比例的更新方法。根据基本规则,每个节点将其当前的网页排名值等分,每一份值分别赋给该节点指向的其他节点。这个更新规则表现出的网页排名传递可以自然地以矩阵 N 表示,如图 14.13 所示:定义 N_{ij} 为节点 i 的网页排名份额,将在一次新的更新中赋予节点 j,意味着,如果 i 没有到 j 的链接,$N_{ij}=0$;否则,N_{ij} 为 i 指向其他节点总链接数的倒数。换句话说,如果有 i 到 j 的链接,则 $N_{ij}=1/l_i$,其中 l_i 是节点 i 链接到其他节点的总链接数(如果 i 没有指向其他节点的链接,则定义 $N_{ii}=1$,按照规则,一个节点没有指向其他节点的链接,它所有的网页排名值传递到其自身)。这样,N 类似于邻接矩阵 M,只是对 i 链接到 j 有不同的定义。

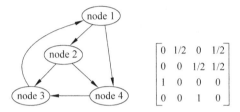

图 14.13　基于基本网页排名更新规则,网页排名的传递可以通过矩阵 N 表示,N_{ij} 是下一次更新中由节点 i 传递到节点 j 的网页排名值的分额

现在,以一个向量 r 表示所有节点的网页排名,其中坐标 r_i 表示节点 i 的网页排名。使用这种表达方式,基本网页排名更新规则表示为:

$$r_i \leftarrow N_{1i}r_1 + N_{2i}r_2 + \cdots + N_{ni}r_n \tag{14.5}$$

这相当于乘以转置矩阵,正如权威更新规则,因此,等式(14.5)可以写为:

$$r \leftarrow N^T r \tag{14.6}$$

本质上,缩放网页更新规则可以相同的方式表示,只是用一个不同的矩阵 $\tilde{N}$ 来表示不同的网页排名传递,如图 14.14 所示。回想一下缩放更新规则,更新的网页排名以因子 s 缩小,而剩余的 $1-s$ 个单位以所有节点为基数进行等分,再传递给所有的节点。因此,可以简单地定义 $\tilde{N}_{ij}$ 为 $sN_{ij}+(1-s)/n$,则缩放更新规则可以写为:

$$r_i \leftarrow \tilde{N}_{1i}r_1 + \tilde{N}_{2i}r_2 + \cdots + \tilde{N}_{ni}r_n \tag{14.7}$$

或等价为:

$$r \leftarrow \tilde{N}^T r \tag{14.8}$$

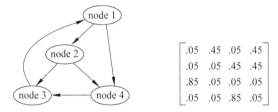

图 14.14　基于缩放网页更新规则,网页排名的传递以矩阵 $\tilde{N}$ 表示(这里选用的缩放因子 $s=0.8$):$\tilde{N}_{ij}$ 是下一次更新中由节点 i 传递到节点 j 的网页排名值的分额

1. 利用缩放网页排名更新规则进行反复改进

当反复运行缩放更新规则时,设网页排名初始向量为 $r^{<0>}$,得到一个向量序列 $r^{<1>}$,$r^{<2>}$,$\cdots$,其中每个向量由前一个向量与 $\tilde{N}^T$ 相乘而获得。因此,解这个过程,得到:

$$r^{<k>} = (\tilde{N}^T)^k r^{<0>}$$

此外,网页排名在更新过程中具有恒定性,即所有节点网页排名的总和在执行缩放更新规则时保持不变,因此无需考虑向量的归一化问题。

采用与中枢权威计算极限值同样的方法(附加条件是不需要进行归一化处理),如果缩放网页排名更新规则收敛于一个极限向量 $r^{<*>}$,这个极限向量应该满足 $\tilde{N}^T r^{<*>} = r^{<*>}$,也就是说,我们期望 $r^{<*>}$ 是 $\tilde{N}^T$ 的特征向量,且对应的特征值为 1。因此,$r^{<*>}$ 的属性是经过缩放网页更新规则的修正后,仍然保持不变。

事实上,这一切都说明:反复运行缩放网页排名更新规则将收敛于向量 $r^{<*>}$。要证明这一点,不能采用与中枢权威计算同样的方法:那里的矩阵($M^T M$ 和 $M M^T$)是对称的,其特征值为实数,因此形成正交特征向量。一般情况下,像 $\tilde{N}$ 这种矩阵不是对称的,特征值可以是复数,并且特征向量彼此的关系可能会比较混杂。

2. 缩放网页排名更新规则的收敛

对于像 $\tilde{N}$ 这样所有元素都是正数的矩阵(即对于所有元素 $\tilde{N}_{ij}$,都有 $\tilde{N}_{ij} > 0$),可以应用著名的 Perron 定理[268]。Perron 定理表明,任何矩阵 P,如果其所有元素都为正数,则具有以下属性:

(1) P 有一个实数特征值 $c > 0$,且对于所有其他特征值 c',都有 $c > |c'|$。

(2) 存在一个对应该最大特征值 c 的特征向量 y,y 的所有坐标均为正实数,且 y 是唯一的,只不过有一个常数因子的差别。

(3) 如果最大特征值 c 等于 1,则对任意初始向量 $x \neq 0$,且其所有坐标均为非负数,当 k 趋近于无穷大时,向量序列 $P^k x$ 收敛于 y 方向的一个向量。

要解释缩放网页排名算法,Perron 定理告诉我们,存在一个唯一的向量 y,在运行缩放更新规则后仍然保持不变。也就是说,从任何初始状态开始反复运行更新规则,都会收敛于向量 y。这个向量 y 就是我们寻找的网页排名极限值。

14.6.3 利用随机游走构建网页排名

作为本章的结束,我们讨论如何用在网络节点中随机游走的概念构建网页排名,在 14.3 节中曾提到过这个观点。

首先,我们对随机游走做一个精确的描述。一个游走者随机选择一个起始节点,每个节点具有相同的被选择概率。(如果一个随机选择以相同的概率选择所有选项,称为**均匀随机选择**。)之后的每一步,游走者均匀地从当前节点沿着向外的链接随机选择一个节点,移动到它。这样,图中构建起一条随机路径,每次经过一个节点。

我们提出下面的问题:如果 $b_1, b_2, \cdots, b_n$ 表示在某一步游走经过节点 $1, 2, \cdots, n$ 的概率,那么,下一步游走到节点 i 的概率将是什么?要回答这个问题,首先给出以下推理。

(1) 对于任何链接到 i 的节点 j,如果当前停留在节点 j,则下一步游走将有 $1/l_j$ 的机会

从节点 j 移动到节点 i，其中 l_j 是节点 j 向外的链接数。

（2）这需要游走已经达到了节点 j，所以在下一步游走到达 i 的概率中，节点 j 的贡献是 $b_j(1/l_j)=b_j/l_j$。

（3）因此，对所有链接到节点 i 的节点 j，将相应的 b_j/l_j 求和，得到下一步移动到节点 i 的概率 b_i。

下一步游走到节点 i 的总概率是，所有链接到节点 i 的节点 j，对应的 b_j/l_j 总和。引入分析网页排名时用到的矩阵 N，得到概率 b_i 的表达式如下：

$$b_i \leftarrow N_{1i}b_1 + N_{2i}b_2 + \cdots + N_{ni}b_n \tag{14.9}$$

以向量 b 表示游走到不同节点的概率，其坐标 b_i 代表游走到节点 i 的概率，则这个更新规则可以以矩阵和向量乘积的方式表示，正如我们之前采用的分析方法：

$$b \leftarrow N^T b \tag{14.10}$$

我们发现，这个结果与基本网页排名更新规则等式（14.6）完全一致。由于网页排名值和随机游走概率的初始值一致（所有节点初始值为 $1/n$），它们依据的运行规则也一样，因此两种方法保持相同的结果。这证明了 14.3 节的结论。

断言：经过 k 个步骤的随机游走，到达网页 X 的概率恰好是网页 X 经过 k 次基本更新规则运算所得到的网页排名。

这一点也很容易理解，像网页排名一样，随机游走到某个特定节点的概率，实际上是由一个节点所有向外的链接均匀分配，然后再传递到连接在另一端的节点。换句话说，概率和网页排名都是通过相同的过程在图中传递。

同样可以用随机游走的方法解释缩放网页排名更新规则。在 14.3 节提出，这个经过改进的随机游走方式为，选择一个大于 0 的数 s：以 s 的概率像之前讨论的那样沿着边游走，以 $1-s$ 的概率跳转到均匀随机选择的一个节点。

同样，我们提出以下问题：如果 $b_1, b_2, \cdots, b_n$ 表示某一步游走到节点 $1, 2, \cdots, n$ 的概率，那么下一步游走到节点 i 的概率是什么？游走到节点 i 的概率应该是所有链接到节点 i 的节点 j，对应的 sb_j/l_j 之和，再加上 $(1-s)/n$。使用分析缩放网页排名更新规则定义的矩阵 $\tilde{N}$，概率更新可以表示为：

$$b_i \leftarrow \tilde{N}_{1i}b_1 + \tilde{N}_{2i}b_2 + \cdots + \tilde{N}_{ni}b_n \tag{14.11}$$

或等价为：

$$b \leftarrow \tilde{N}^T b \tag{14.12}$$

这与计算缩放网页排名值的等式（14.8）的更新规则相同。随机游走概率和网页排名使用相同的初始值，并基于相同的更新规则，所以它们的结果保持一致。这个结论描述如下。

断言：经过 k 步缩放随机游走到达网页 X 的概率，与网页 X 运行 k 次缩放网页排名更新规则而得到的网页排名值完全一致。

还可以证明，当缩放随机游走的步数趋近于无穷大时，到达节点 X 的极限概率与 X 的缩放网页排名极限值相同。

14.7　练习

1. 利用图 14.15,计算网络中网页经过 2 次循环后的中枢值和权威值。(提示:运行 k 步中枢权威算法,选择步骤数 k 为 2。)

   给出归一化处理之前和之后的值,即将每个权威值除以所有权威值之和,将每个中枢值除以所有中枢分值之和。结果可以保留分数。

2. (a) 利用图 14.16,计算网络中网页经过 2 次循环后的中枢值和权威值。给出归一化处理前后的值,可以直接保留分数形式的归一化分值。

   (b) 由于图 14.16 中节点 A 和 B 是对称的,因此(a)的计算结果应该是 A 和 B 有相同的权威值。现在改变节点 E,使其同时也链接到 C,构成如图 14.17 所示的网络。类似于(a),对于图 14.17 的网络,计算每个节点运行 2 次中枢权威更新规则而得到的归一化中枢和权威分值。

   (c) 在(b)中,节点 A 和 B 哪个具有较高的权威值。简单地从直观的角度来解释由(b)计算而得到的 A 和 B 权威值不同的原因。

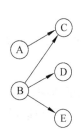
图 14.15　网页构成一个网络

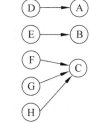
图 14.16　网页构成一个网络

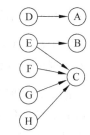
图 14.17　网页构成一个网络

3. 第 14 章讨论了这样的事实,网页设计者希望了解如何使创建的网页在搜索引擎中具有较高的排名。针对这个问题设定一个缩小的环境,探索影响网页排名的一些因素。

   (a) 如图 14.18 描述的网络,运行 2 次中枢权威算法,给出得到的中枢权威值。

   (b) 现在分析对于一个给定的超链接结构,如何创建一个能够实现较高权威值的网页。具体地,在图 14.18 的网络中创建一个新的网页 X,使其能够得到(归一化)尽可能大的权威值。同样再创建第二个网页 Y,使得 Y 链接到 X,并赋予它相应的权威值。这样做,很自然再质疑如果 Y 再链接到其他节点,是否会使 X 的权威值获益或损失。

   假设将 X 和 Y 添加到图 14.18 的网络,为此,需要确定它们拥有哪些链接。这里有两个选择,第一个选择是 Y 只链接到 X,第二个选项是,Y 除了链接到 X,还链接其他具有较强权威值的节点。

   - 选项 1:在图 14.18 中添加新节点 X 和 Y,创建一个单一由 Y 指向 X 的链接;对于 X 不创建向外的链接。
   - 选项 2:在图 14.18 中添加新节点 X 和 Y,分别创建由 Y 指向 A、B、X 的链接;对于 X 不创建向外的链接。

   对于这两个选择,我们希望了解 X 的权威值有何变化,对每一种选择,给出该网络经过 2 次中枢权威计算后节点 A、B、X 的归一化权威值(归一化处理是对得到的权威值除以总权威值)

   上述两个选择,哪一个网页 X 得到较高的权威值(归一化处理后)? 简单解释为什么这种选择会使 X 得到较高的权威值?

   (c) 现在,添加 3 个网页 X、Y、Z,同样为它们策划一些向外的链接,使得 X 得到尽可能高的排名。描述在图 14.18 中添加这 3 个节点 X、

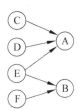
图 14.18　网页构成一个网络

Y、Z 的策略,使每个节点都有向外的链接,当运行 2 次中枢权威算法(如同(a)和(b)),以权威值对
所有节点排名,使节点 X 的排名居第二名。提示:无法使 X 的排名为第一,对于只添加 3 个节点
X、Y、Z 的情况,第二名是最好的结果。

4. 考量基本网页排名更新规则(即没有引入比例因子 s)的极限值。在第 14 章,这些极限值描述为"一种基
于直接推荐的平衡状态:当每个节点将其网页排名值均匀划分并传递给外向链接指向的节点,这些值
保持不变。"

这种描述提供了一个方法,可以检测网络中的网页排名值分配是否达到一个平衡状态:所有数值总和
为 1,并且再次运行基本网页排名更新规则时,保持不变。例如,第 14 章图 14.6 所示:如果指定 A 的网
页排名为 4/13,B 和 C 为 2/13,其他 5 个节点均为 1/13,这些数字加起来总和为 1,并且再次运行基本
网页排名更新规则,都保持不变。因此,它们形成一个网页排名值平衡状态。

对于下面的两个网络,检查图中给出的数值是否达到网页排名值的平衡状态。如果没有形成这种平衡
状态,你不需要找出达到平衡的值;只需要简单地解释为什么所列出的值没有达到平衡。

(a) 如图 14.19 所示的网络,每个节点(网页)得到网页排名值如图中所标,是否达到平衡状态? 对你的
结论进行解释。

(b) 如图 14.20 所示的网络,每个节点(网页)得到网页排名值如图中所标,是否达到平衡状态? 对你的
结论进行解释。

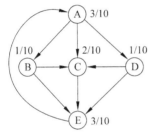

图 14.19　网页构成一个网络

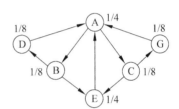

图 14.20　网页构成一个网络

5. 图 14.21 描述了 6 个网页之间的链接,同时提供了每个网页的网页排名值,节点旁边显示的小数字。这
些数值是否代表基本网页排名更新规则的平衡状态? 对你的答案给出简单的解释。

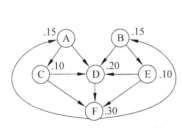

图 14.21　6 个网页构成一个网络,网页排名值如图所示

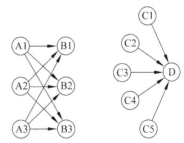

图 14.22　网页构成一个网络

6. 中枢权威算法的基本思想是区别具有多项加强推荐的网页和那些只是简单拥有较高链入数的网页。
考虑图 14.22 描述的网络。(尽管它包含两部分,将其视为一个网络。)上面所述的两种网页可以对应于
节点 D 和节点 B1、B2、B3,D 有许多链入的链接,是从其他节点只链接到 D,节点 B1、B2、B3 仅有少数的
链入数,但都是从互相加强的节点链入的。
利用这个例子来解释这种不同。

(a) 采用本章学习的链接分析方法,运行 2 次中枢权威算法,给出结果。(可以省略掉最后的归一化处理步骤,只保留得到的较大的数值。)

(b) 运行 k-步中枢权威算法计算每个节点的值,给出表达式。(同样可以省略最后对数值进行归一化处理的步骤,仅给出以 k 表示的表达式)

(c) 当 k 趋近于无穷大时,每个节点的归一化值收敛于什么值?对你的答案进行解释;这个解释不必是严格的论证,但应该论述为什么该过程会收敛于你得到的结论。此外,简单讨论这与我们一开始提出的问题有什么关系,即具有强推荐力的网页和链入数较多的网页之间的区别。

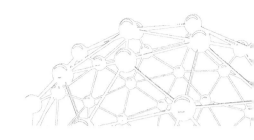

第 15 章 广告支撑的搜索市场

15.1 与搜索行为关联的广告业

传统的网络搜索基于一个非常"单纯"的动机：试图在万维网中搜索到与查询词最接近、最有用、最权威的网页，然而，很快人们便发现这种框架蕴含着某种赢利的商机，针对用户发出的查询，可以将搜索结果与广告结合起来。

这背后的想法很简单。早期的网络广告销售主要基于"观感"，类似于报纸或杂志上的平面广告：像雅虎这种网络公司会与广告客户洽谈，对显示一定次数的广告费用达成共识。但是，如果网络所显示的广告不依赖于用户本身的搜索行为，那么就忽略了互联网广告业相比平面广告或电视广告所拥有的主要优势。例如，一家很小的零售商试图通过互联网出售某种专用的产品，比如说一种书法笔。显然，向所有的互联网用户显示这种书法笔的广告是非常低效的，不过，该零售商可以与某个网络搜索公司合作，要求它"向所有查询'书法笔'的用户显示这个广告"。毕竟，搜索引擎的搜索是了解用户意图的一个非常有效的途径，用户当前的查询反映出他们兴趣所在，而此时再显示与这个搜索相关的广告正好准确地抓住了这些用户。

这种**基于关键词广告**的模式最早由 Overture 公司提倡，它成为搜索引擎公司非常成功的赢利方式。

目前这种广告业年产值高达数百亿美元，对于谷歌公司，几乎是公司的全部年收益。从本书的角度看，这也很好地融合了我们在前面提出的观点：亿万民众遍历万维网的信息搜索行为创造了市场和商机；我们很快会看到，这与第 9 章和第 10 章讨论的拍卖和匹配市场有着惊人的深层联系。

基于关键词的广告在未付费的搜索结果（由"算法"产生）旁边显示。图 15.1 展示了在谷歌上查询"库克湖"（Keuka Lake）的搜索结果，库克湖是位于纽约州北部的五湖（也称手指湖）之一。通过搜索引擎内部算法计算出的排名结果列在结果网页的左边，付费广告（此处是房地产和度假租房信息）排列在右边。对于一种搜索词可能有多个付费的广告结果，这意味着搜索引擎公司向多家广告商出售了基于某个关键词的广告。在一个页面显示广告的区域中，位置较高的广告，费用也高，因为这些较高的广告位点击率也高。

搜索产业已经发展起来一系列出售关键词广告的方式，为了更好地了解这个市场的运作，值得特别了解其中的两种。

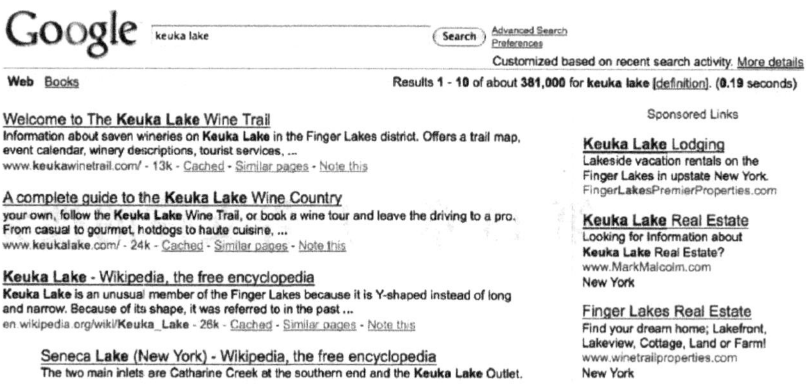

图 15.1 搜索引擎在页面右边显示与用户查询相关的付费广告,在左边显示基于排名算法得出的搜索结果

1. 按每次点击支付

图 15.1 中显示的广告是基于**点击价格**(cost-per-click)模型。这意味着,如果你的广告在用户查询"库克湖"的结果页面显示,它会包含一个指向贵公司网站的链接,只有当用户点击广告中的链接时,你才需要向搜索引擎公司支付广告费。点击一个广告比简单发出一个查询更能体现用户的意图;因为用户先发出查询,再浏览广告,之后点击并访问广告指向的网站。因此,大部分广告商实际上非常愿意为每次点击支付广告费。例如,在谷歌最突显的位置做"书法笔"的广告费用约为每点击 1.70 美元,而在突显的位置做关于"库克湖"的广告费用约为每点击 1.50 美元(这是撰写此书时的广告费用)。(而对于因拼写错误而误点击"书法笔"的广告,仍然要收取约每点击 0.60 美元的费用,毕竟广告商对潜在的客户也有兴趣。)

对于某些查询,每点击费用可能是天价。像查询"贷款兼并"、"重新抵押贷款"、"皮瘤病"(mesothelioma)等关键词,每点击广告费用常常高达 50 美元或更高。可以这样理解,广告商预期能够从每个访问这些网站的用户身上平均获取 50 美元的赢利[①]。

2. 通过竞拍制定广告费

现在的问题是搜索引擎如何设定针对不同查询词的点击价格。一种可能是简单地发布一套价格,像商店里销售的商品一样。但是,有这么多可能的关键词以及它们的组合,每一种查询又要求对应于相对较少数量的广告,实际上很难期望搜索引擎为每一种查询设定并维持一个合理的广告价格,因为广告商的需求也在不断的变化。

搜索引擎实行一种竞拍过程,由广告商投标来决定广告价格。如果只有一个广告位可以显示某种广告,就是一种单品竞拍,正如曾经在第 9 章讨论的,密封次价拍卖是一种非常诱人的单品竞拍机制。但现在的情况更复杂,因为这里有多个可以显示的广告位,而且这些广告位的价值也不相同。

我们将分几个步骤讨论如何设计这种竞拍。

---

① 很自然地,你也许会怀疑"皮瘤病"的每点击价格。在谷歌进行快速查询可以发现,这是一种不常见的肺癌症,被认为是由于工作场所暴露在石棉中而引起的。因此,查询这个关键词的人很可能已经被诊断为皮瘤病,并在考虑控告其雇主。许多与该查询相关的广告都链接到律师事务所。

（1）首先，如果搜索引擎知道所有广告商对点击的估价（valuation），这种情况正如第 10 章所讨论的匹配市场，本质上，这些广告位就像要出售的商品，被分配给作为买方的广告商。

（2）假如广告商的估价不为人所知，就需要思考一种竞拍方式，鼓励真实出价，惩治虚假出价。这就引出了一个有趣的一般性问题，远远早于基于关键词的广告问题：如何为匹配市场设计一个价格制定机制，使得真实出价成为竞拍者的一种占优策略。解决这个问题涉及一个优雅的过程称为 **VCG 机制**（Vickrey-Clarke-Groves mechanism）[112,199,400]，它可以被看做是第 9 章讨论的次价单项拍卖规则的进一步推广。

（3）VCG 机制提供了一种匹配市场的价格制定方式，包括基于关键词的广告价格制定。然而由于种种原因，搜索业并没有采用这种方式。因此，第三个主题是探索目前用于销售搜索广告的竞拍过程——**广义次价拍卖**（Generalized Second-Price Auction，GSP）机制。虽然对 GSP 机制的描述很简单，它的投标行为却非常复杂，涉及不真实的出价以及非社会优化结果。了解拍卖过程中竞拍人的行为是一种非常有意思的案例研究，因为它发生在复杂而真实的拍卖过程中。

15.2 广告业作为一种匹配市场

1. 点击率和点击收入

在详细讨论搜索广告如何出售之前，先来思考搜索引擎针对一个查询显示广告的可用"空间"，如图 15.1 中显示广告的区域。这个空间从页面的顶部向下以 1、2、3、⋯编号分成若干广告位，显然用户更可能点击页面顶部的广告。假设每个广告位都对应于特定的点击率，即相应区域的广告每小时被点击的次数。

为使问题简化，我们对点击率做一些假设。第一，假设广告商清楚广告的点击率。第二，假设点击率只与广告位有关，而与广告本身没有关系。第三，再假定一个广告位获得的点击率与其他广告位上的广告没有关系。实际上，第一个假设没什么问题，广告商能够通过多种手段来估算广告的点击率（包括可以通过搜索引擎提供的工具）。第二个假设非常重要，一个相关的、高质量的位于高位的广告会比一个不相关的广告获得更高的点击次数，我们将在本章的最后扩展这种基本模式，讨论如何处理广告的相关性和提高广告质量的问题。第三个假设涉及不同广告之间的相互作用，是一个比较复杂的问题，至今在搜索业界对此仍然没有很好的理解。

从搜索引擎的角度，广告位是试图出售的商品。从广告商（商家，也称广告主）的角度，我们假设每个广告商有一个**点击收入**（revenue per click），是广告商预计从每次点击并浏览其网站的用户获得的收入。这里我们同样假设广告商对这个值心中有数，它并不依赖于网页上显示的广告本身的内容。这里，还要假设如果广告商选中了某个广告位，那么，对每个相关的查询都在这个广告位上显示这则广告。实践中，广告商可以向搜索引擎指定更复杂的显示方式，如只对部分特定的查询显示其广告，此处暂不考虑这些情况。

以上是我们分析关键词广告市场所需要的两个术语：广告位的点击率以及每次点击广告商获得的收入。图 15.2 展示了一个小例子，有三个广告位和三个广告商，广告位的点击率分别为 10、5、2，广告商的点击收入分别为 3、2、1。

点击率	广告位	广告商	点击收入
10	(a)	(x)	3
5	(b)	(y)	2
2	(c)	(z)	1

图 15.2　每个广告位对应一个点击率，物理位置较高的广告位获得较高的点击率，
每个广告商有一个点击收入

2. 构造匹配市场

现在利用第 10 章的研究方法，将基于关键词的广告市场描述成一个匹配市场。为此，首先回顾第 10 章讨论的匹配市场及其基本组成。

- 匹配市场的参与者包括一组买方和一组卖方。
- 每个买方 j 对于每个卖方 i 提供的商品有一个**估值**。这个估值的大小取决于买方和卖方本身的一些特性，我们用 v_{ij} 表示。
- 我们的目标是让买方与卖方匹配，使得没有一个买方购买两种不同的商品，同一种商品也只能卖给一个买方。

以这种框架构造搜索引擎基于关键词的广告市场，用 r_i 表示广告位 i 的点击率，v_j 表示广告商 j 的点击收入。那么，广告商 j 从广告位 i 中所获得的收入为 $r_i v_j$，即点击率与每次点击收入的乘积。

采用匹配市场的术语，广告商 j 对广告位 i 的估值为 v_{ij}，即从广告位 i 获取的价值。如果把广告位视为卖方，广告商视为买方，那么买方的估值 $v_{ij} = r_i v_j$，这个广告商和广告位之间的匹配问题便转换成匹配市场中买方和卖方之间的匹配问题。图 15.3(a) 展示了图 15.2 中的例子经过这种转换得到的结果，其中列出了买方对广告位的估值。如图所描述，广告以一种特殊的结构形成了一种匹配市场，因为估值是由点击率与点击收入相乘而得，这样就形成一种状态，所有的买方在广告位之间的偏好表现出一种一致性，即一个买方对广告位的估值总是另一个买方估值的倍数。

(a) 广告商对广告位的估价是其点
击收入和广告位点击率的乘积

(b) 确定广告位的市场清仓价格

图 15.3　向广告商分配广告位可以看成一种匹配市场，广告位是被销售的对象，广告商是购买者

在第 10 章讨论匹配市场时，我们关注的是买方与卖方数量相同的情况。这使得问题相对简化，特别是，买方和卖方可以达到完美匹配，即每个商品都被卖掉，而每个买方又恰好买到一个商品。这里我们延续这种假设，广告位充当卖方的角色，而广告商充当买方的角色，同样关注广告位和广告商数量相同的情况。值得注意的是这个假设其实根本不必要，出于分析的目的，我们总可以将不同数量的广告位和广告商转换为数量相同，如下所述。如果广

告商比广告位多,我们只要简单地创建额外的"虚构"广告位,令其点击率为0(因此所有买方对它的估值为0),直到广告位的数量与广告商相同。广告商与一个点击率为0的广告位相匹配,意味着该广告商没有被分配一个(真实的)广告位。类似地,如果广告位的数量比广告商多,就创建额外的"虚构"广告商,使其对所有广告位的估值均为0。

3. 获得市场清仓价格

与匹配市场建立了联系,就可以利用第 10 章的框架来确定**市场清仓价格**。接下来会用到第 10 章讨论的一些概念,为此再来回顾一些细节。简单地说,由卖方设定了一组价格,如果每个买方都以这些价格买到了喜欢的并且是不同的商品,那么这一组价格为清仓价格。更准确地说,市场清仓价格的基本要素如下所述。

- 每个卖方 i 对其商品宣布一个价格 p_i。(这里指广告位)
- 每个买方 j 估算其选择特定的卖方 i 所获取的回报:等于其对商品的估值减去商品的价格,$v_{ij} - p_i$。
- 将每个买方连接到能获取最高回报的卖方,便构建了**偏好卖方图**,如图 15.3(b)所示。
- 如果图中包含一个完美匹配,那么相应的价格为清仓价格,此时每个商品分配给不同的买方,每个买方从所得的商品中获取最高的回报。

第 10 章中谈到每个匹配市场都包含市场清仓价格,并展示了构建市场清仓价格的过程。还讨论了把买方分配给卖方,从而实现一种市场清仓价格,总是伴随着买方对所获得商品的估值总和达到最高值。

回到搜索引擎的广告市场,广告商对不同的广告位的估值不同,正好成就了广告位的市场清仓价格,由此而形成的广告商和广告位的分配结果,使得所有广告商对所得广告位的估值总和达到最高值,如图 15.3(b)所示。事实上,这并不难实现,广告市场中的估价具有一种特殊形式:点击率与点击收入的乘积,那么要达到最高的估值总和,应该将点击率最高的广告位分配给点击收入最高的广告商,点击率次高的广告位分给点击收入次高的广告商,以此类推。

结合匹配市场的理论,在设定广告价格时,还应该考虑一些更一般性的情况,比如说不同的广告商可以比较宽泛地对广告位进行估值,而不必严格按照点击率和点击收入的乘积。例如,广告商可以分析和比较通过第三个或第一个广告位进入其网站的用户。事实上,有理由相信这两组用户群体有可能具有不同的行为特点。

最后,这种价格构成机制只能在搜索引擎公司了解广告商估值的前提下运作。下一节我们将讨论在搜索引擎不了解广告商的估值时如何设定广告费;这需要依赖于广告商的报告,而且无从了解这些报告的真实性。

15.3　在匹配市场中鼓励真实出价:VCG 原理

如果搜索引擎不知道广告商的估值,应该采用什么样的价格制定策略?在搜索产业的初期,采用一种**首价拍卖**(first-price auction)的变化形式:广告商以投标的形式报告其点击收入,然后按这些出价递减的顺序依次将广告位分配给相应的广告商,每点击广告费与报价完全相同。回顾第 9 章所讨论的,如果完全按照竞拍者的报价收费,那么竞拍者就会降低报价,同样的情况也会发生在这里。竞拍者通常会报出比真实估值低的价格。更严重的是,由于广告竞拍通常会持续一段时间,广告商可以不断地以较小的变化调整其报价,试图以较小的优势战胜竞争对手。这就产生了一个高度动荡的市场,以及广告商与搜索引擎双方的巨大资源开销,因为大部分的查询词都要通过这种极其繁琐的价值更新过程来确定最终售价。

在第 9 章看到,对于单项拍卖的情况,这些问题可以通过运行一种**次价拍卖**得到解决,这个单项物品被出价最高的竞拍者得到,但是以第二高的价格出售。我们知道,次价拍卖能促使真实报价成为一种占优策略,或者说它至少是一种不错的策略,可以不受其他参加者的影响。基于这种占优策略,次价拍卖避开了复杂拍卖过程中可能出现的许多弊端。

然而,这种次价拍卖对于广告市场中的多个广告位有什么意义?联系上一节讨论的匹配市场,我们提出一个特别有趣的基本问题:如何设计一种匹配市场的价格制定方案,使得买方真实报告自己的估价成为一种占优策略?这种方案是对只适用于单一物品的次价拍卖原则的一个巨大推广。

1. VCG 机制

匹配市场包含许多商品,而单项次价拍卖,即出价最高的竞拍者中标,但支付次高的价格,仅针对单项拍卖而言,从文字描述上很难直接推广到多项。通过观察,我们发现这种次价拍卖方式有一个不太明显的特点,可以概括到多个商品的情况。

我们的观察如下。第一,次价拍卖产生的分配方式能够最大化社会福利——出价最高的竞拍者中标。第二,拍卖的获胜者所支付的费用等于他因获得这个商品对其他竞拍者造成的"损失"[①]。换句话说,假设竞拍者对该商品的估价按递减顺序分别为 $v_1, v_2, \cdots, v_n$,如果竞拍者 1 不出现,那么竞拍者 2 以估价 v_2 中标,其他竞拍者仍然不会中标。因此,由于竞拍者 1 的出现,使得竞拍者 2 到 n 共同损失了价值 v_2,其中竞拍者 2 损失了总值 v_2,竞拍者 3~n 没有受到影响。这个总值 v_2 正是竞拍者 1 所应该支付的总值。同样,其他的竞拍者应该支付的费用也等于他们对其他竞拍者所造成的"损失",此时这些"损失"为 0,因为在单项拍卖中,竞拍者 2~n 的出现不会影响到哪个其他的竞拍者。

这是针对单项拍卖的一种特殊的思考方式,也是在更为普遍的情况下鼓励真实报价的一个基本原则:每个个体支付他对其余所有个体造成的总"损失"。可以这样理解,每个个体所支付的价格等于当这个个体不出现时,其他所有个体获取的价值增量总和。我们称这个原则为 VCG 原则,它基于 Clarke 和 Groves 的工作,推广了 Vickrey 的单项次价拍卖原则的核心思想[112,199,400]。基于这一原则,Herman Leonard[270] 和 Gabrielle Demange[128] 发展了匹配市场的一种价格机制,能够鼓励买方真实地报告他们的估价。

2. 将 VCG 机制运用到匹配市场中

匹配市场包含一组数量相同的买方和卖方,买方 j 对卖方 i 所卖的商品有一个估价 v_{ij}[②]。假设每个买方只知道自己的估价,不了解其他买方的估价,卖方也不了解每个买方的估价。再假设每个买方只关心自己所得到的商品,不关心其他买方和卖方之间的合作结果。用拍卖行业的术语,买方拥有**独立私密的估价**(independent, private values)。

基于 VCG 机制,首先要为买方分配商品,使得所有估值总和最高。然后,买方 j 为所得的商品向卖方 i 支付的价格是因为获得该商品对其余买方所造成损失的总值。这个总值是

---

① 这里讲的对竞拍者的损失,是在估值意义,而不是差价意义上的——译者注

② 处理不同数量的买方和卖方,可以通过建立"虚构"个体以及价值为 0 的估价,正如 15.2 节所述。

在买方 j 没有出现的情况下达到最优匹配时,所有其他买方所能提高的估值总和。为了更好地理解这一原则,首先以图 15.3 为例,观察它实现匹配市场的运行过程,然后进一步定义一般情况下的 VCG 价格制定过程。下一节将展示这种原则能够成为真实报价的占优策略:对每一个买方,无论其他买方怎么做,真实报价至少是与其他选择同样好的策略。

在图 15.3 中,广告商作为买方,广告位是被卖的商品,以最大化总估价分配原则进行匹配,商品 a 分给买方 x,商品 b 分给买方 y,商品 c 分给买方 z。按照 VCG 原则把商品分配给买方会是什么结果? 我们通过图 15.4 来推导。

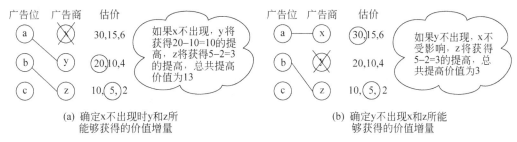

(a) 确定 x 不出现时 y 和 z 所　　　　(b) 确定 y 不出现 x 和 z 所能
　　能够获得的价值增量　　　　　　　够获得的价值增量

图 15.4　一个买方为某个商品所付的 VCG 价格确定为如果这个买方不出现,
其他所有买方获取的总价值增量

- 首先,如果买方 x 不出现,最优匹配方案是买方 y 获得商品 a,买方 z 获得商品 b。这使得 y 和 z 对其所得商品的估值分别提高了 20－10＝10 和 5－2＝3。由 x 造成的总的损失为 10＋3＝13,因此这个值就是 x 应该支付的价格。
- 如果买方 y 不出现,最优匹配方案是买方 x 仍然获得商品 a(因此 x 不会受到影响),而买方 z 获得商品 b,使得其估值提高了 3。因此由 y 造成的总损失为 0＋3＝3,这个值是 y 应该支付的价格。
- 最后,如果买方 z 不出现,最优匹配方案是买方 x 和 y 分别获得与 z 出现时同样的商品。z 并没有给其他买方造成损失,因此 z 的 VCG 价格为 0。

基于这个例子,我们来描述一般情况下匹配市场的 VCG 价格。它完全符合我们之前提出的原则,但需要一些符号来处理多个商品和估价。首先,用 S 表示一组卖方,B 表示一组买方,以 V_B^S 表示在买卖双方所有的完美匹配中对应的最高总估值,这是所有买方和卖方都出现时的社会最优结果。

现在,用 $S-i$ 表示一组不含 i 的卖方集合,$B-j$ 表示一组不含 j 的买方集合。因此,如果将商品 i 分配给买方 j,那么其余的买方获得的最高总估值为 V_{B-j}^{S-i},这是在不考虑商品 i 和买方 j 的情况下,其余卖方和买方最优匹配总估值。另一方面,如果买方 j 不出现,而商品 i 仍然可以被其他买方选择,则其他所有买方能够得到的最高总估值为 V_{B-j}^S。因此,买方 j 对所有其余买方造成的损失是 j 不出现和 j 出现得到的最高总估值之差,也就是 $V_{B-j}^S - V_{B-j}^{S-i}$。用 p_{ij} 表示买方 j 为获得商品 i 支付的 VCG 价格,得到等式:

$$p_{ij} = V_{B-j}^S - V_{B-j}^{S-i} \tag{15.1}$$

3. VCG 价格制定机制

基于前面的讨论,现在可以定义匹配市场中完整的 VCG 价格制定机制。假设有一个价格制定权威("拍卖商")可以从买方收集信息,并将商品在他们之间分配,然后按价格收费。很幸运,这种框架在广告市场也能够很好地工作,所有的商品(广告位)都由一个单一代理商掌控(搜索引擎)。

这种机制的工作过程如下。

(1)要求买方公布他们对商品的估值。(这种公布可以不必真实)

(2)选择一个买方和商品的社会最优分配方案——一个完美匹配,使得每个买方所获得的商品估价总和达到最高。这种分配是以买方宣布的估价为基础(因为这是我们能够使用的全部信息)。

(3)每个买方支付相应的 VCG 价格:如果买方 j 在最优匹配下获得商品 i,那么买方 j 支付的价格是 p_{ij},由式(15.1)定义。

从本质上说,拍卖商的工作是设计一个由买方参与的价格制定活动。买方需要选择一种策略(即宣布一组估价),并因此获得相应的回报——对所得商品的估价减去为该商品所支付的费用。尽管不十分明显,这个价格制定的设计原则就是要让讲真话,即宣布真实估价,成为买方的占优策略。我们将在下一节对此进行证明;在此之前,我们先描述一些观察结果。

首先,应该注意这里定义的 VCG 价格与第 10 章谈到的拍卖过程产生的市场清仓价格有根本的区别。那里定义的市场清仓价格是**通告价格**,简单地由卖方宣布一个价格,任何有兴趣的买方都可以这个价格购买。而 VCG 价格属于**个性价格**:它们取决于商品本身和购买这些商品的买方。根据等式(15.1),买方 j 为商品 i 所付的 VCG 价格 p_{ij},与买方 k 为商品 i 所付的 VCG 价格 p_{ik} 可能完全不同[①]。

可以用另一种方式来思考第 10 章提到的市场清仓价格与这里的 VCG 价格之间的关系,即它们是对不同类型的单项拍卖形式的推广。第 10 章定义的市场清仓价格,是增价拍卖(英式拍卖)的一个重要推广,其中价格被一步步提升,直到每个买方都获得不同的商品,如 10.5 节所示,可将单项增价拍卖视为市场清仓价格一般结构的一种特殊形式。

而 VCG 价格是密封次价拍卖的重要推广。从本质上看,VCG 价格和次价拍卖都隐含“对他人损害”的说法,而实际上,我们可以很直观地看到,次价拍卖是 VCG 价格机制的一种特殊的案例。具体来说,假设有 n 个买方和一个单一的商品,每个买方都希望获得这个商品,买方 i 对商品的估价是 v_i,以降序排列 v_i,则 v_1 最大。现在我们要把这个问题转变成有 n 个买方和 n 个卖方,可以简单地添加 $n-1$ 个虚构商品;使所有的买方对这些虚构商品的估价均为 0。现在,如果所有的买方都真实地报告他们的估价,那么 VCG 机制将把商品 1(唯一有价值的真实商品)分配给买方 1(估值最高的买方),而所有其余的买方得到价值为 0 的虚构商品。买方 1 应该为所获的商品支付多少?根据等式(15.1),应该支付 $V_{B-1}^S - V_{B-1}^{S-1}$。式中第一项是买方 2 对该商品的估价,如果买方 1 不出现,按社会最优匹配原则,买方 2 将获得该商品,上述第二项为 0,因为如果买方 1 和商品 1 都不出现,剩余的商品价值为 0。因此,买方 1 应支付的价格是买方 2 对商品的估价,这正是密封次价拍卖的定价规则。

---

① 除此之外,这两种价格之间还存在更深层的微妙联系;我们将在本章最后进一步揭示这些。

15.4　分析 VCG 机制：真实报价是一个占优策略

我们来展示 VCG 机制能够鼓励在匹配市场中说实话，具体地，我们将证明以下结论。

断言：如果按照 VCG 机制分配商品并计算价格，报告真实估价是每个买方的占优策略，并且在所有的商品和买方形成的完美匹配中，这种分配结果使得估值总和最高。

上述结论的后一部分（估值总和达到最高）比较容易证明，如果买方真实报告估价，那么按照定义此时商品的分配就会使总估值达到最高。

结论的前一部分比较微妙：为什么会是以说实话为占优策略？假如买方 j 真实地宣布其估价，在匹配中得到商品 i，那么 j 得到的回报是 $v_{ij} - p_{ij}$。我们来说明买方 j 并没有虚假报告估价的动机。

如果买方 j 决定要虚假报告估价，那么有可能发生的是，要么这个假话会影响其获得同一个项目，或者不会影响。如果 j 说了假话，但仍然获得同一个商品，那么 j 的回报仍然不变，因为价格 p_{ij} 是由其他买方宣布的估价计算而得，与 j 的虚假报价无关。因此，如果说假话会对买方 j 有影响的话，只有在他获得另一个商品时。

那么，如果买方 j 报告了虚假估价，并且因此获得了另一个商品 h，而不是 i。这时，j 得到的回报应该是 $v_{hj} - p_{hj}$。注意 p_{hj} 值只取决于其他买方的估价，与 j 的估价无关。我们来说明买方 j 并没有说假话的动机来获取商品 h 而不是 i，我们需要证明以下式子成立。

$$v_{ij} - p_{ij} \geqslant v_{hj} - p_{hj}$$

用等式（15.1）对 p_{ij} 和 p_{hj} 进行扩展，得到下式

$$v_{ij} - [V_{B-j}^{S} - V_{B-j}^{S-i}] \geqslant v_{hj} - [V_{B-j}^{S} - V_{B-j}^{S-h}]$$

这个不等式的两边都含 V_{B-j}^{S}，因此两边都加上这一项，上述不等式转换成

$$v_{ij} + V_{B-j}^{S-i} \geqslant v_{hj} + V_{B-j}^{S-h} \tag{15.2}$$

我们来讨论为什么这个不等式成立。事实上，不等式的左边和右边描述了不同匹配的总估值，如图 15.5 所示。左边所表达的是在一个最优匹配中 j 和 i 的配对，以及剩余部分的最优匹配。换句话说，在所有可能的完美匹配中，这种匹配达到了最高估值总和，因此我

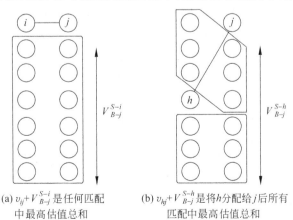

(a) $v_{ij} + V_{B-j}^{S-i}$ 是任何匹配　　(b) $v_{hj} + V_{B-j}^{S-h}$ 是将 h 分配给 j 后所有
中最高估值总和　　　　　　匹配中最高估值总和

图 15.5　证明 VCG 机制鼓励真实估价的核心实质上是比较两种匹配的估值

们可以将左边写成：

$$v_{ij} + V_{B-j}^{S-i} = V_B^S \qquad (15.3)$$

对比而言，不等式(15.2)右边表达的则是首先将 j 与某个不等于 i 的 h 匹配，以及剩余部分的最优匹配。因此，这种匹配只是在所有将 j 与 h 结对的匹配中，达到最高总估值的匹配。因此得到：

$$v_{hj} + V_{B-j}^{S-h} \leqslant V_B^S$$

不等式(15.2)的左边是没有任何限制条件的最高估值总和，而右边是基于某种限制条件下的最高估值总和，因此左边至少应该与右边相同。这正是我们需要的结果。

上述推论都不会依赖于其他买方所宣布的估价。例如，并不要求他们真实报告估价；这种通过比较不同匹配产生的估价的论证方法同样可以用来分析任何其他买方的估价行为，并能够推出同样的结果。由此，我们论证了真实报告估价是 VCG 机制下的占优策略。

结束本节之前，我们回到基于关键词的广告市场，广告商相当于买方，广告位相当于要出售的商品。到目前为止，讨论一直围绕着如何发现一种广告位和广告商之间的分配方案，使得广告商对相应广告位的估值总和达到最高。当然，这并不是搜索引擎出售广告位最关心的事。相反，搜索引擎最关心它的收入：那些广告位的总售价。我们并不确定 VCG 机制是搜索引擎获取收益的最佳方案。确定哪一种机制能够使卖方获取最高收益是当前研究的热点。可能卖方利用某些机制达到最优匹配是最好的方案，这些机制可能比 VCG 机制具有潜在的优势，能够把总估值转换为卖方的收入。或许卖方还有更好方案，而不需要达到最优匹配。还可能有一些类似于收入均等原则的方案，正如在第 9 章讨论单品拍卖时提到的，某些拍卖类型无论买方采用什么策略，都会为卖方提供相同的收入。

下一节将涉及一些搜索引擎收益方面的问题，分析一种在搜索业被实际采用的 VCG 机制的替代方案，简单地描述为**广义次价拍卖**，并讨论因此而诱发出的复杂的投标行为。

15.5　广义次价拍卖

经过初步尝试一些方案之后，主要的搜索引擎都采用一种称为**广义次价拍卖（GSP）**机制出售其广告空间。GSP 在某种程度上像 VCG 一样是单项次价拍卖的推广形式。不过我们将看到，GSP 只是表面意义上的推广，因为它不能保持次价拍卖和 VCG 的优质特点。

GSP 机制中，每个广告商 j 宣布一个出价，即一个数值 b_j，表示愿意支付的每次点击价格。例如，在本章开始提到的，"书法笔"的每点击价格为 1.7 美元，"库克湖"的每点击价格为 1.50 美元。照例，广告商可以决定这个出价是否与其对每点击收入的真实估价 v_j 相同。当每个广告商提交了出价后，GSP 机制将每个广告位 i 分配给出价排在第 i 位的广告商，所支付的每点击价格是出价排在第 $(i+1)$ 位广告商的出价。换句话说，在结果页面上显示的每个广告，所支付的每点击价格是在它下面显示的广告所报的出价。

GSP 和 VCG 具有一定的相似之处，它们都要求广告商报价，然后再利用这些报价为广告商分配广告位，并计算相应的费用。如果只有一个广告位，这两种方式都等同于次价拍卖。当存在多个广告位时，它们产生价格的方式不同。VCG 规则由等式(15.1)定义。GSP 规则是，如果用 $b_1, b_2, b_3, \cdots$ 以递减顺序表示广告商对每次点击的报价，广告位 i 的收费价格为 $r_i b_{i+1}$。也就是说出价排在第 i 位的广告商得到广告位 i，支付的费用是第 $(i+1)$

个广告商的每点击报价 b_{i+1} 乘以广告位 i 的点击率 r_i，即 r_ib_{i+1} 为广告位 i 的售价（单位时间的预期支付价）。

这里讨论的 GSP，没有最低出价，正如在第 9 章最初介绍次价拍卖时也没有最低出价（或底价）一样。实际中，搜索引擎会强制性的设置一个最低出价，这样会增加拍卖的收入，特别是当最小的点击率很低时。这个最低出价扮演的角色如同次价拍卖中的底价一样（在第 9 章最后部分曾讨论过）。

1. 分析 GSP

GSP 机制最初由谷歌公司提出；在搜索业应用了一段时间后，研究人员 Varian[399]、Edelman、Ostrovsky、Schwarz[144] 等开始研究它的一些基本属性。他们采用的分析方法是利用第 6 章定义的一些概念，将这个机制看成一个博弈，每个广告主参与这个博弈，他们的出价是选择相应的策略，得到的回报是他们的估值减去所支付的广告费。我们考虑这个博弈中的纳什均衡，即看看哪些出价组合使得广告主都没有改变其行为的动机①。

首先，我们看到 GSP 存在一些 VCG 试图避免的弊端：讲实话并不一定构成一个纳什均衡，而且有可能存在多个均衡，其中一些均衡对应的广告主和广告位的分配状态不能满足估值总和为最高。我们将在下一节展示一个比较乐观的推论，GSP 机制中至少存在一组满足纳什均衡的出价，而且在多个均衡中，总会存在一个均衡，最大化广告主的估值总和。这些有关均衡的分析结果是以广告主和广告位匹配市场的市场清仓价格为基础，这样就建立起 GSP 机制和市场清仓价格的联系。

因此，GSP 机制具有纳什均衡，只是它缺乏 15.3 节和 15.4 节讨论的 VCG 机制的优质特性。然而正如我们上一节讨论的，搜索引擎最关心的是最大限度提高收入（在广告主行为已知的条件下）。这样看来，GSP 未必是一种错误的选择，但人们并不十分确定它是最正确的选择。我们在 15.4 节曾经提到，基于关键词广告销售的不同机制所产生的效益回报具有很广阔的研究空间，是当前倍受关注的研究课题。

2. 说实话不一定形成纳什均衡

很容易通过实例说明采用 GSP 机制时，说实话不一定形成纳什均衡。正如图 15.6 所描述：

- 图中有两个广告位，点击率分别为 10 和 4。为了满足广告位和广告商数量一致，图中还设有一个虚构广告位，其点击率为 0。
- 三个广告商 x、y、z，点击收入分别为 7、6、1。

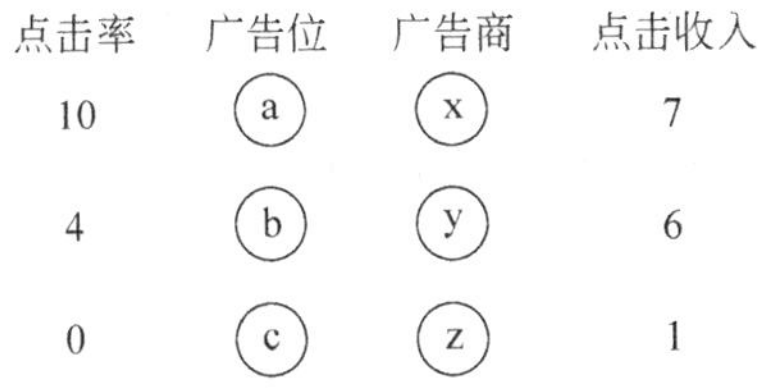

点击率	广告位	广告商	点击收入
10	a	x	7
4	b	y	6
0	c	z	1

图 15.6　该实例采用 GSP 拍卖机制将一组广告商和广告位匹配，真实出价并没有形成均衡，而且存在多重均衡，其中有些并不是社会最优

①　为了适用于第 6 章定义的纳什均衡理论框架，假设每个广告商清楚其他人的估价，因此广告商很清楚所有人的回报。如果不了解其他人的回报，选择策略同样很有意思，我们暂不考虑这种情况。

如果每个广告商按真实估值出价,广告商 x 以每点击为 6 的价格得到最高广告位;因这个广告位点击率为 10,x 为该广告位支付的费用为 $6 \times 10 = 60$。广告商 x 对这个广告的实际估价为 $7 \times 10 = 70$,因此获得的回报是 $70 - 60 = 10$。现在来看广告商 x 降低其出价为 5,那么就会以每点击为 1 的价格得到第二个广告位,为这个广告位支付的费用为 4。而 x 对这个广告位的实际估值为 $7 \times 4 = 28$,则它获得的回报为 $28 - 4 = 24$,这个结果要好于真实出价的结果。

3. 多重和非最优均衡

图 15.6 的例子还可以说明 GSP 拍卖中出价行为表现出的一些其他的复杂特性。特别是,存在多种均衡出价组合,其中一些均衡形成的广告商和广告位的分配形式并不产生社会最优分配。

首先,假设广告商 x 出价为 5,y 出价为 4,z 出价为 2,不难验证这样一组出价可以形成一种均衡:检查 z 的情况比较容易,而通过分析回报差别能看到,x 不想降低其出价低于 4 而得到第二个广告位,y 也不想提高其出价高于 5 而得到第一个广告位,这便产生一种广告商和广告位的社会最优分配结果,即 x 得到 a,y 得到 b,而 z 得到 c。

不过同样可以观察到,如果广告商 x 出价为 3,y 出价为 5,z 出价为 1,形成的一组出价同样可以构成纳什均衡。即也可以推断出 x 不想使其出价高于 y,y 也不想使其出价低于 x。由于 y 被分配了最高的广告位,而 x 被分配了第二高的广告位,因此这种均衡并不是一种社会最优分配。

由 GSP 机制形成的次优均衡结构,还有很多方面没有被普遍理解。例如,一个有趣的还没有解决的问题是,如何量化一个基于 GSP 的纳什均衡与社会最优的距离。

4. GSP 和 VCG 机制产生的收入

搜索引擎采用 GSP 机制所产生的收入取决于竞拍者形成的出价均衡,因为存在多重均衡,这就增加了推算搜索引擎收入的困难。前面的例子可以看到,根据 GSP 机制中广告商所形成的均衡不同,搜索引擎获得的收入可能比采用 VCG 机制更高,也可能更低。

我们来看前面列举的两种 GSP 均衡,搜索引擎的收入情况。

- 出价分别为 5、4、2,点击率为 10 的最高广告位以每点击为 4 的价格出售,点击率为 4 的广告位以每点击为 2 的价格出售,搜索引擎获得总收入为 48。
- 另一种情况,出价分别为 3、5、1,点击率为 10 的广告位售价为 3,点击率为 4 的广告位售价为 1,搜索引擎获得的总收入为 34。

与 VCG 机制产生的收入相比会怎样?为了计算 VCG 收入,需要将 15.6 节的例子转换成匹配市场,正如 15.2 节中讨论的,对于每个广告商和广告位,列出广告商对每个广告位的估价(点击收入与点击率的乘积),如图 15.7 所示。

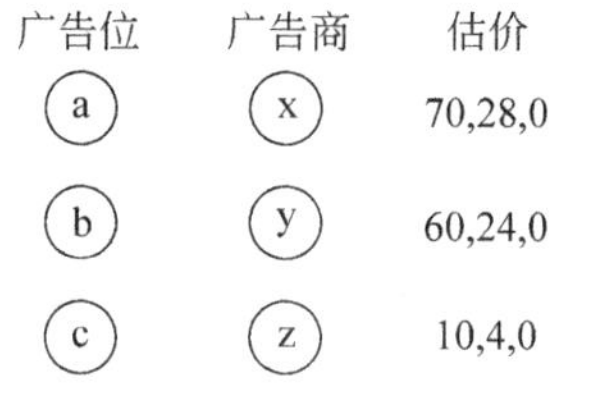

VCG 机制采用的匹配原则是使广告商对所有广告位的估价总和最高;这可以通过将广告位 a 分配给 x,b 分配给 y,c 分配给 z 来实现。现在,我们计算每个广告商为所得到的广告位支付的价格,可以通过计算每个广告商对其他广告商所造成的损失得到。x 对 y 和 z 造成的损失计算如下:如果 x 不出现,y 得到更高一级的广告位,估价提高

广告位	广告商	估价
a	x	70,28,0
b	y	60,24,0
c	z	10,4,0

图 15.7　将图 15.6 的例子转换为一个匹配市场,图中列出了广告商对每个广告位的估价

了 $60-24=36$,z 也得到高一级的广告位,估价提高了 $4-0=4$。因此,x 应该为第一个广告位支付的价格为 40。类似地,如果没有 y,z 将获得 4 而不是 0,因此 y 应该为第二个广告位支付的价格为 4。最终,因 z 不对其他广告商造成任何损伤,因此它支付的价格为 0。由此,搜索引擎获得的总收入为 44。

这个例子可以回答前面的问题,"是 GSP 还是 VCG 让搜索引擎获得更高的收入?"事实上,这取决于广告商形成哪一种 GSP 均衡。第一种 GSP 均衡搜索引擎获得收入为 48,第二种是 34。采用 VCG 机制获得收入为 44,介于 GSP 机制产生的两种收入之间。

15.6 广义次价拍卖的均衡

上一节的例子让我们感受到 GSP 拍卖机制的复杂性。这里将展示 GSP 和市场清仓价格有一种自然的联系:在广告主和广告位的匹配市场中,从一组市场清仓价格出发,我们总可以构成一组满足纳什均衡的出价,并且它能够形成广告主和广告位的社会最优分配。因此,GSP 机制总是存在一组满足社会最优的均衡出价。

继续利用图 15.6 中的例子,解释构建均衡的基本思想。事实上,前面在这个例子中已经看到两种均衡,这里的重点是阐述社会最优均衡可以通过几个简单规则构建,并通过这个例子了解这些规则,进而延伸至更普遍的情况。

1. 图 15.6 形成的一种均衡

这里的基本思想是利用市场清仓价格导出一组产生这种价格的出价。要构建市场清仓价格,首先要将图 15.6 中的例子转换为匹配市场,这可以通过确定每个广告商对广告位的估价实现,正如在上一节中做的(如图 15.7 所示),然后再确定这个匹配市场的市场清仓价格,如图 15.8 所示。

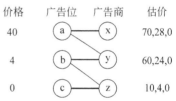

价格	广告位	广告商	估价
40	a	x	70,28,0
4	b	y	60,24,0
0	c	z	10,4,0

图 15.8 确定图 15.6 中例子的市场清仓价格,首先以匹配市场的形式表示

这些市场清仓价格是每个广告位的价格(一定点击数量的总价),用这个总价除以点击率可以转换回每点击价格。图 15.8 中第一个广告位每点击价格为 $40/10=4$,第二个为 $4/4=1$。如何确定第三个广告位的每点击价格并不重要,我们还是将其设为 0。

下一步,我们寻找一组出价,使它们产生这样的每点击价格。这并不难实现,前两个广告位的每点击价格为 4 和 1,所以这应该分别是广告主 y 和 z 的出价。而 x 的出价可以是任何比 4 大的值。这样,x 为第一个广告位支付每点击价格为 4,y 为第二个广告位支付每点击价格为 1,z 为第三个广告位(虚构的)支付每点击价格为 0,因此广告主和广告位的分配满足社会最优分配。

以上利用市场清仓价格推导出一组出价,现在我们利用市场清仓价格的特性证明这些出价满足纳什均衡。以下分几种情况进行分析,所得出的结论可以超越这个实际案例,构成普遍原则。首先,我们证明 x 不想降低出价。假如 x 降低了出价,降到与 y 的出价相当时,就会以 y 当前付的价格得到第二个广告位,类似地,当 x 的出价降到与 z 的出价相当时,则会以 z 当前所付的价格得到第三个广告位。不过,因为市场清仓价格的作用,x 不会这样做。同样的原因,y 也不会降低它的出价,而以 z 当前支付的价格得到第三个广告位。

接着,我们再证明 y 不想提高它的出价。实际上,假如 y 想要提高其出价而获得第一个广告位,就要使它的出价与 x 的出价相当。但如果这样,x 变成出价第二的广告主,y 就会以 x 当前的出价获得到第一个广告位,此例中是 4 以上的值。因为市场清仓价格的原因,y 并不想放弃当前的广告位,而以每点击为 4 的广告费获得第一个广告位,也就是说它不希望以更高的价格换取更高的广告位。因此,y 并不想提高其出价。同样的原因,z 也不希望提高自己的出价。

综上所述,没有广告主希望提高或降低自己的出价,因此上例中这一组出价形成纳什均衡。

很容易将以上的推导方法推广到普遍情况;接下来进行详细讨论。

2. GSP 总会存在一个纳什均衡:一般性论证

现在考虑有一组广告主和广告位的一般情况。如果需要,添加价值为 0 的广告位,因此,可以假设广告主和广告位数量相同。

设广告主分别以 $1,2,3,\cdots,n$ 标记,以它们对每点击估价递减的顺序排列,广告位用 $1,2,3,\cdots,n$ 标记,以点击率递减的顺序排列。首先用一个匹配市场描述这一组广告主和广告位,考虑任何一组广告位的市场清仓价格按顺序表示为 $p_1,p_2,p_3,\cdots,p_n$。同样,这些价格是每个广告位在单位时间下点击的总价,下面我们将转换回广告位的每点击价格。在 15.2 节中谈到,偏好卖方图中的完美匹配,能够满足广告主对广告位的估价总和最高,这意味着每点击估价最高的广告主获得第一个广告位,每点击估价次高的广告主获得第二个广告位,以此类推,估价排在第 i 位的广告主获得第 i 个广告位。

我们现在证明,GSP 机制形成的一组均衡出价同样可以得到这个结果。首先构建一组出价,使它们产生一组同样的市场清仓价格,并且广告主和广告位的分配满足同样的社会最优匹配。然后再证明这组出价形成纳什均衡。

3. 构建一组出价

第一步,考虑一组市场清仓价格对应的每点击价格:$p_j^* = p_j/r_j$。首先证明这些每点击价格随着广告位下移,价格也随之减小:$p_1^* \geqslant p_2^* \geqslant \cdots \geqslant p_n^*$。为了证明这一点,比较两个广告位 j 和 k,其中 j 在数值上小于 k,需要证明:$p_j^* \geqslant p_k^*$。

基于市场清仓价格的原则,我们知道广告主 k 更希望得到广告位 k,而不是广告位 j。如果广告主 k 得到广告位 k,获得的总回报是每点击回报 $v_k - p_k^*$ 与点击率 r_k 的乘积;而如果它得到广告位 j,获得总回报为每点击回报 $v_k - p_j^*$ 与点击率 r_j 的乘积。因为广告位 j 的点击率更高,如果广告主 k 选择广告位 k 比选 j 能获得更高的回报,那只能是每点击回报 $v_k - p_j^*$ 比 $v_k - p_k^*$ 更小,也就是 $p_j^* \geqslant p_k^*$。这个不等式正是我们需要证明的。

有了这一组递减的每点击价格,可以构建一组出价。简单地让广告主 j 出价 p_{j-1}^*,其中 $j > 1$,同时再设广告主 1 的出价为任何大于 p_1^* 的值。注意,这正是在图 15.6 的例子中构建纳什均衡时的情况。这些出价具有我们需要的所有特性:对每个标记符号 j,广告位 j 分配给广告主 j,所支付的每点击价格为 p_j^*。

4. 为什么这一组出价形成纳什均衡

要证明为什么这一组出价形成纳什均衡,采用图 15.6 中分析均衡的方法。首先证明没有广告主希望降低出价,然后再证明也没有广告主愿意提高出价。

考虑广告主 j,当前得到广告位 j。如果要降低其出价,最好的途径是选择较低的广告

位 k,出价正好低于广告商 k,以广告商 k 当前支付的费用获得广告位 k。因为市场清仓原则,相比以广告商 k 所支付的价格获得广告位 k,广告商 j 至少会对当前的广告位和支付的价格同样满意。这就说明,没有广告商希望降低他们的出价。

那么广告商会愿意提高出价吗?广告商 j 要提高出价,最好是选择较高的广告位 i,出价正好比广告商 i 高,因此获得广告位 i。如果 j 这样做,需要为广告位 i 支付多少费用?因为广告商 i 降低了一个广告位,因此 j 要以当前广告商 i 的出价支付广告位 i。这要比广告商 i 当前为广告位 i 支付的费用高:因为广告商 i 是以当前广告商 $i+1$ 的出价支付广告费,因此广告费要低一些。因此结论是,广告商 j 要以比当前广告位 i 的费用更高的费用得到广告位 i。市场清仓条件表明,j 不愿意以当前的价格得到广告位 i,更不会愿意以更高的价格得到 i。这就说明没有哪个广告商希望提高其出价,因此这一组出价的确形成一个纳什均衡。

15.7 广告质量

我们迄今已经讨论的内容是搜索广告市场基本框架的一部分。当然,一些主要的搜索引擎在使用这些基本框架的过程中,还会引发进一步的问题。我们在接下来的章节中进一步讨论这其中的几个问题。首先讨论广告质量的问题。

1. 固定点击率的假设

在前面的分析过程中,我们一直假设每个广告位 j 的点击率 r_j 是一个固定不变的值。换句话说,广告位的点击率与广告本身的内容无关。但一般来说并不是这样:用户会浏览广告的简短描述(进行一些判断,例如是否知道这个公司),结果将影响他们是否会点击相应的广告。这实际上也会影响搜索引擎的收入,因为搜索引擎是按实际点击收费。

因此对搜索引擎来说,最头痛的是低质量的广告出价很高,因 GSP 机制而占据高广告位。用户没有兴趣点击这些广告(也许他们不相信这个公司,或者这个广告与查询关系不大),结果,这则广告以高价占据首位,但搜索引擎却因用户没有点击它而没获得收入。如果搜索引擎可以去除这则广告,提升其他高质量的广告,便可以获取更高的收入。

我们所讨论的模型很难解决这个问题,因为在最初我们就假设广告位 i 的点击率为 r_i,而不考虑是什么广告。这种基于 15.5 节和 15.6 节的"纯粹"GSP 模型,本质上是 Overture 公司在被 Yahoo 公司并购时所采用的,也是 Yahoo 最初使用的模型。事实上,Yahoo 为此遭受了损失——广告商占据了高广告位,却没有给搜索引擎带来收入。

2. 广告质量的作用

谷歌公司发展了它的广告系统,并采用以下方式解决广告质量问题。对于每个广告商 j 提交的广告,公司以质量参数 q_j 对其进行评价。这就像点击率的"容差系数":如果广告商 j 获得广告位 i,那么该广告位的点击率不是 r_i,而是乘积 $q_j r_i$。广告质量的引入适用于我们前面讨论的所有模型,特别是,如果让所有的因子 q_j 等于 1,那么便得到前面的模型。

从匹配市场论的观点出发,很容易理解这些质量因子:它可以简单地改变广告商 j 对广告位 i 的估价,从 $v_{ij}=r_i v_j$ 改变成 $v_{ij}=q_j r_i v_j$。采用这些新的估值,其余的分析方法保持不变。

谷歌采用类似于 GSP 的机制,不过不是以广告商出价 b_j 的递减顺序分配广告位,而是以广告商出价和质量因子的乘积 q_ib_i 的递减顺序分配广告位,这可以理解为是搜索引擎期望从广告商获取收入的顺序。这样一来,广告商所支付的费用也相应地发生变化。之前的规则是,支付费用是排在后一位广告商的出价,也可以解释成为保住当前的广告位而支付的最小出价。考虑质量因子之后这个规则仍然成立:当以 q_ib_i 进行排名后,每个广告商需要支付保持其当前广告位的最小费用。

经过这种改变之后,可以回过头来分析 GSP 机制更普遍的情况。之前我们所采用的分析方法在这里依然适用;只是引入质量因子后使得分析变得更复杂些,但主要思想基本保持不变[144,399]。

3. 广告质量的神秘特性

如何计算一个广告的质量?在很大程度上是通过观察广告的点击率来进行评估,这样做是有道理的,因为质量因子的目的就是作为点击率的一个补充。然而,其他一些因素也需要考虑,如广告的文字与广告链接指向的"着陆页面"的相关性。正如搜索页面左边显示的未付费的搜索结果一样,搜索引擎非常隐秘他们计算广告质量的方法,不会向投标的广告商透露这些算法的细节。

广告质量因子的引入使得基于关键词的广告市场对广告商更加不透明。对于纯 GSP 机制,规则很简单:对一组给定的出价,广告商和广告位的具体分配情况非常清楚。然而由于广告的质量因子完全由搜索引擎控制,它赋予搜索引擎无限的权利,可以左右广告商实际获得广告位的排序。

如果商品分配过程的规则对投标人保密,这样的匹配市场行为会怎样变化?这是搜索业中热议的一个问题,也是一个很有价值的研究专题。

15.8 复杂查询和关键词之间的相互作用

首先,应该注意到搜索引擎同时在为数百万的查询词和短语提供搜索服务。在以上的分析中,主要是研究针对单一关键词的市场行为模型;而实际上,对于不同关键词,存在复杂的相互作用的市场行为。

考虑一家公司,试图做一个基于关键词的广告;假设该公司正在销售瑞士滑雪度假旅游项目。在广告中,该公司可以使用许多种相关的关键词和短语:"瑞士"、"瑞士度假"、"瑞士酒店"、"阿尔卑斯山脉"、"滑雪度假"、"欧洲滑雪度假",等等(还包括这些词的不同组合)。对于一种固定关键词的广告市场,用户行为以及广告商行为的评估都是针对单一的关键词而进行,公司应该怎样将它的预算分配给不同的关键词?这是一个具有挑战性的问题,也是当前研究的热点[357]。

从搜索引擎方面看也存在类似的问题。假如广告主对很多与瑞士滑雪度假相关的关键词都参与了竞拍,但如果一个用户发出"12 月份苏黎世滑雪"这样比较不常见的查询,还是有可能没有完全匹配的广告。如果对基于关键词广告市场的匹配规则制定得过于严格,搜索引擎只显示与查询词完全匹配的广告,那么就会造成搜索引擎和广告商双方的损失,毕竟还有些广告商很愿意为这些用户展示自己的广告。

搜索结果页面应该显示哪些广告是一个很具挑战的问题。最简单的规则是显示与关键词最大程度吻合的广告,但这并不是一个好方法。例如,某些广告可能对"度假"排名很高

（销售一般性度假的公司），而另一些广告又对"滑雪"排名很高（销售滑雪项目的公司），但对于上述查询，这两种广告都不吻合。看来必须要考虑到这样的事实，用户要表达某种意思，所以能够选择的查询词有时非常有限。

另外，即便是相关的广告能在结果页面中显示，但如果广告并没有与查询词完全匹配，搜索引擎应该如何索取每点击费用？一些主要的搜索引擎公司都希望能与广告商达成协议，商定出针对某些隐含的复杂查询词的出价，正如上面的例子，但目前还没有一个双方都满意的最佳方案。这个问题是搜索行业的热点问题，同样也是很有意义的具有深入研究潜力的专题。

15.9　深度学习材料：VCG 价格和市场清仓

在 15.3 节结束时，我们提到匹配市场中的两种不同的定价方式表现出来的一些差异：本章定义的 VCG 价格和第 10 章形成的市场清仓价格。这种差异反映了个性化价格与统一标价之间的差异。VCG 价格只是在买方和卖方之间已经匹配的前提下才能确定——这种匹配要满足买方对所得商品的估价总和最大的要求。一个商品的 VCG 价格的确定不仅与商品本身的情况相关，还取决于谁买了这个商品。市场清仓价格在某种意义上以相反的方式工作，首先确定价格，然后将定好价的商品提供给有兴趣的买方，这样，特定的买方选择某些特定的商品，形成相应的匹配[1]。

鉴于这些显著的差异，人们可能认为这两种价格也会不同。然而通过一个简单的实例对比，能够揭示出一些有趣的现象。例如，图 15.3 和图 15.4 所示的匹配市场，图 15.3 以第 10 章的内容为基础形成一组市场清仓价格。图 15.4 基于 VCG 机制形成相同的一组价格。

并非点击率和点击收入产生了这种特殊的价格结构。例如，回顾第 10 章图 10.6 的例子，其中的估价结构非常"混乱"。我们在图 15.9 中重新绘制了拍卖过程最终产生的偏好卖方图，图中（唯一）的完美匹配以粗体线标记。这种匹配满足买方对所得到的商品的估价总和最高，可以应用本章前面讨论的定义确定其 VCG 价格。例如，要确定卖方 a 为商品所收取的费用，我们观察到：

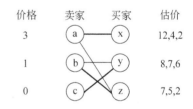

价格	卖家	买家	估价
3	a	x	12,4,2
1	b	y	8,7,6
0	c	z	7,5,2

图 15.9　一个匹配市场，估价和市场清仓价格如图所示，偏好卖方图的完美匹配以粗线标记

- 如果 a 和 x 都不出现，让其余的卖方和买方进行匹配，能够达到的最高总估价为 11，即 y 和 c 匹配，z 和 b 匹配。
- 如果 x 不出现，a 出现，那么可能的最高总估价为 14，是 y 与 b 匹配，z 与 a 匹配。
- 这两种总估价的差别正是商品 a 的 VCG 价格，即 14−11＝3。

采用类似的分析方法可以得到 b 和 c 的 VCG 价格，分别为 1 和 0。换句话说，我们再次展示了 VCG 价格同样是市场清仓价格。

本节将证明这两种价格在上例中的关系同样具有普遍性。我们的主要结论是，尽管

---

①　在下面的讨论中，二部图左面的节点有时表示"商品"，另一些时候又表示"卖方"；从我们的目的出发，它们代表相同的事物。

VCG 价格从定义上看是个性化价格,但它始终都是市场清仓价格。也就是说,如果要计算一个匹配市场的 VCG 价格,首先要确定一个满足最高总估值的匹配,然后基于这个匹配为每个买方分配一个商品,形成的价格满足这种买-卖匹配关系。但如果是公开发布价格,不要求买方遵循 VCG 构成的匹配,而是允许任何买方以指定的价格购买任何商品,情况会怎样呢。我们将看到尽管有如此高的自由度,但如果采用的是 VCG 价格,每个买方实际上能够从所分配的商品中获得最高的回报。这样的价格正是第 10 章定义的市场清仓价格。

证明的第一步

思考一下如果质疑一个简单却又可能是正确的事实,应该如何证明? 我们从极为简洁的 VCG 价格公式(15.1)开始,然后进一步推导出这个公式具有市场清仓特性。

事实上,这种方法有些巧妙,我们来解释为什么这样说? 回顾等式(15.1)的定义,如果最优匹配中商品 i 分配给买方 j,那么相应的费用应该是:

$$V_{B-j}^S - V_{B-j}^{S-i}$$

其中,V_{B-j}^S 是当 j 不出现时的最优匹配所达到的总估值,V_{B-j}^{S-i} 是 i 和 j 都不出现时的最优匹配所达到的总估值。实际上,V_{B-j}^S 是一些分项之和,即最优匹配中每个不同的买方对所分配的商品估值总和。类似地,V_{B-j}^{S-i} 也是一些分项之和,这里理解上的一个关键是:V_{B-j}^S 和 V_{B-j}^{S-i} 产生于不同的匹配,可能是完全不同的匹配,因而没有一种直接的方式可以对它们所表示的分项之和进行比较,或简单地从一项减去另一项。

为了取得进展,我们需要理解定义 V_{B-j}^S 和 V_{B-j}^{S-i} 这两项的匹配在结构层面上的相互关系。为此,我们将展示,形成这两项量值的匹配实际上源于一组共同的市场清仓价格:对于一个商品集合 S,存在一组单一的市场清仓价格,与它对应的匹配中,满足 V_{B-j}^S 和 V_{B-j}^{S-i} 的匹配由彼此相关联但略有不同的偏好卖方图的完美匹配定义。这个结论可以帮助我们理解两种匹配的关系,特别是如何从一种匹配构建另一种,这样就可以将相关的项彼此相减,进而对等式(15.1)的右边进行分析。

首先,要了解哪一组市场清仓价格对应于 VCG 价格。在上述实例中,存在很多可能的市场清仓价格,通过观察发现 VCG 价格对应于一组加和最小的价格,并且符合市场清仓价格的特性。可以通过以下方式更严格地描述这个现象。在所有可能的市场清仓价格集合中,考虑那些总价最低的价格集合。(例如图 15.9 中,总价为 $3+1+0=4$。)我们把这些价格称为一组**最低市场清仓价格**。原则上说,可能有多组最低市场清仓价格,但事实证明只存在一组这样的价格,并且它们构成 VCG 价格。下面的结论由 Leonard[270] 和 Demange[128] 证明。

断言:在任何匹配市场中,VCG 价格形成一组唯一的总价之和最低的市场清仓价格。

我们将在本节对这个结论加以证明。

这个结论的证明相当漂亮,但其分析过程也可以算是本书最错综复杂的;整个证明涉及数个较为复杂的步骤。处理这种复杂结构的证明,最好的方法是分两个阶段进行。首先,我们概述与基本匹配结构相关的两个关键事实。每个事实都需要相应的证明,但我们先假设它们的成立,并在此基础上证明上述断言。这是一种独特的论证工作方式,为该证明过程提供了一种高层次的概观。之后,我们再描述如何论证这两个事实本身,补充完成余下的证明细节。

注意,像前面几次讨论匹配市场一样,假设所有的估值都是整数,同样所有其他价格也都是整数。

15.9.1 证明的高层次概述

我们的基本计划是要揭示产生 V_{B-j}^S 和 V_{B-j}^{S-i} 的两种匹配是基于同一种结构,进而理解定义这两项量值的匹配存在相互关系。为此,第一步要证明,最低市场清仓价格形成的偏好卖方图不仅包含一组完美匹配的边,还包含足够多其他额外的边,使得以 VCG 机制建议的方式消除买方时,可以很容易地组成另外的完美匹配。

1. 第一个事实:最低市场清仓价格的偏好卖方图

第一个事实表述一组市场清仓价格总和最低时的偏好卖方图结构。作为第一步,首先回顾第 10 章最初讨论市场清仓价格使用的例子,比较同一组估值的两组不同市场清仓价格形成的偏好卖方图,如图 10.5(b) 和图 10.5(d) 所示。(图 15.9 是以后者为基础重新绘制的图。)注意第一个图 10.5(b) 中的价格更高,也更"展开",而图 10.5(d) 中的价格总值最低。两者结构之间的差异还包括,图 10.5(b) 中的偏好卖方图方比较稀疏,只有三个单独的边组成一个完美匹配,图 10.5(d) 的偏好卖方图更密集,尽管它同样只包含一个完美匹配,但它还有一些额外的边支撑着,"锚定"相应的匹配。

我们现在证明,这种锚定效应具有普遍性:当一组市场清仓价格具有最低价格总和时,相应的偏好卖方图不仅包含一个完美匹配,还包含其他足够多的边,构成从每个商品连接到一个价格为 0 的商品的路径。10.6 节将这种路径从意义上定义为**交替路径**(alternating paths):对于图中一个给定的完美匹配,路径上的边在属于这个匹配和不属于这个匹配之间交替变化。我们分别将这两种类型的边称为**匹配边**和**非匹配边**。

以下是对第一个事实的准确描述,图 15.10 是对它的图示描述。

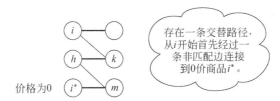

图 15.10 最低市场清仓价格形成偏好卖方图的主要特性:任何价格大于 0 的商品,都存在一条交替的路径,从一个非匹配边开始,到达一个价格为 0 的商品

事实 1:考虑一组总和最低的市场清仓价格对应的偏好卖方图,选择一个特定的完美匹配,i 是任何价格高于 0 的商品。那么,存在一个交替路径,从非匹配边开始,将 i 连接到价格为 0 的商品。

图 15.9 中以粗线标记的匹配中,有一条从 b 经过 y 再到 c 的交替路径;这条路径从非匹配边 b-y 开始,终结在价格为 0 的商品 c。类似地,还有一条较长的交替路径,从 a 开始经过 z、b、y,到达 c。图 15.11 显示了一个较大规模的例子,同样是价格总和最低的市场清仓价格,相应的匹配以粗体标记;可以看到分别从 a、b、c 到价格为 0 的商品 d 的交替

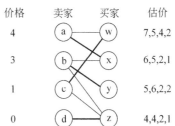

图 15.11 一个匹配市场满足市场清仓价格总价之和最低

路径。

按计划我们应该将对事实1的证明推迟到本节的后面。不过,我们在此先提供一些有利于证明的直观信息。粗略地说,如果没有交替路径锚定所有商品到价格为0的商品,那么就可以发现一组自由"浮动"的商品,它们与价格为0的商品没有任何关系。这种情况下,如果略微降低这些自由浮动商品的价格,仍然可以保持市场清仓价格的特性。这将产生一组价格总和更低的市场清仓价格,这与我们之前关于最低市场清仓价格的假设相矛盾。这个矛盾可以说明,最低市场清仓价格都能通过到零价商品的交替路径所锚定。

2. 第二个事实:清空一个买方

第二个事实将最低市场清仓价格与形成量值 V_{B-j}^S 的匹配相关联,这是等式(15.1)右边第一项。

为了解释这一事实的工作方式,首先思考 V_{B-j}^S 的量值。从形式上看,V_{B-j}^S 是当 j 不出现但所有商品都存在时,市场中任何匹配能够满足最高估价总和的匹配。现在对 V_{B-j}^S 给出另一种等价的定义方式。假设 j 对每个商品的估值改为0;我们将这种情况视为在匹配市场中 j 被清零。在 j 被清零的市场中寻找最优匹配,对于 j 得到哪个商品都无关紧要(因 j 对它们的估价均为0);因此可以先对其他买方和商品进行最优匹配,然后再将剩下的商品分配给 j,最终的匹配得到量值 V_{B-j}^S。也就是说,V_{B-j}^S 是 j 被清零的市场中最优匹配的值,实际上 j 仍然存在,只是其对所有商品的估价为0.

现在,j 被清零后的市场产生的最优匹配结构与原始市场中的最优匹配相比差别很大;不同的买方可能会获得完全不同的商品。例如,图15.11中将 x 清零后,除了买方 y 仍然获得商品 b,其他买方和商品之间的分配已经完全改变,如图15.12所示。这体现了推导等式(15.1)的另一个难点:当去除买方或商品时,匹配将以复杂的方式重新构建。

尽管如此,原始市场和清零市场之间有一个重要联系:**原始市场的最低市场清仓价格同样也是清零市场的市场清仓价格**。可以通过图15.13的例子对此进一步说明。保留图15.11所用的相同的价格,可以看到即便 x 已经被清零,偏好卖方图仍然包含一个完美匹配,这意味着价格仍然是市场清仓。此外,还可以从这个例子看到一些其他的特征。首先,x 现在得到价格为0的商品。其次,思考每个买方的回报,定义为相应的估价减去所获商品的价格,对于每个其他买方,其回报在图15.11中和图15.13中是一样的。

图15.12 以图15.11为例,将买方 x 清零,最优匹配结构发生显著变化　　图15.13 即便将买方 x 清零,仍然保持一组同样的市场清仓价格

第二个事实说明所有上述观察结果具有普遍性。

事实2:任何匹配市场,设其加和最低的市场清仓价格组合为 p,j 代表任何买方。

(1)价格 p 同样是 j 被清零的市场的市场清仓价格组合。

此外,清零市场对应的偏好卖方图中,对于任何完美匹配,

(2) 买方 j 获得价格为 0 的商品,并且

(3) 每个其他的买方获得与他们在原始市场中相同的回报。

同样,将对事实 2 的证明推延到本节的后面,事实上它可以很容易从事实 1 推导出。本质上,当 j 被清零后,找到 j 在被清零前的原始市场中获得的商品 i,按照事实 1 提供的交替路径,从 i 可以连接到一个价格为 0 的商品 i^*。然后,我们证明如果将商品 i^* 分配给 j,再利用这个交替路径的边改变其他买方和商品的分配,便得到清零后的一个完美匹配,其价格与清零之前的原始市场相同。这表明,这个相同的价格实际上是清零市场的清仓价格,同样,事实 2 的第(2)和(3)部分也因此而成立。

3. 利用事实 1 和事实 2 证明结论

用事实 1 和事实 2,可以完成对结论的证明——VCG 公式定义了最低市场清仓价格。

首先,回顾一些符号说明,v_{ij} 表示买方 j 对商品 i 的估值,p_i 表示商品 i 的清仓价格(对于没有任何买方被清零的原始市场而言),P 表示所有商品价格总和。假设在偏好卖方图的完美匹配中,买方 j 被分配了商品 i。买方 j 从商品 i 获得的回报是 $v_{ij} - p_i$;用 z_j 表示这个回报:

$$z_j = v_{ij} - p_i \tag{15.4}$$

Z 表示所有买方从匹配的商品中获得的回报总和。

下一步,回顾前面得到的两个结果。第一,每个买方 j 从匹配的商品中获得的回报是 $v_{ij} - p_i$,正如在第 10 章注意到的,如果将每个买方获得的回报相加,将得到匹配 M 中买方和商品的关系式:

　　　M 中所有回报总和 ＝ M 中所有估值总和 － 所有商品价格总和

以符号变量表示,就是:

$$Z = V_B^s - P \tag{15.5}$$

第二,我们在 15.4 节中提到,如果在最优匹配中 i 分配给 j,则有:

$$v_{ij} + V_{B-j}^{S-i} = V_B^S \tag{15.6}$$

这是 15.4 节得到的等式(15.3),它简单地对应如下方式实现一个最优匹配,首先让 i 和 j 匹配(估值为 v_{ij}),然后最优匹配所有剩余的买方和商品。

最后,利用事实 2 所描述的一组市场清仓价格和偏好卖方图的完美匹配,思考 j 被清零的市场中这个同样的关系式,M 中所有回报总和 ＝ M 中所有估值总和 － 所有商品价格总和。正如我们早些时候提出的,这个匹配的总估值为 V_{B-j}^s。价格没有变化,因此它们的总价依然是 P。那么,总回报是多少?基于事实 2 的第(2)部分,买方 j 的回报从原始市场中的 z_j 降至 0。基于事实 2 的第(3)部分,其他每个买方的回报保持不变,因此清零市场的总回报为 $Z - z_j$,得到等式:

$$Z - z_j = V_{B-j}^s - P \tag{15.7}$$

基于这些等式,能够使等式(15.1)右边两项与一组共同的量值相联系,利用简单代数操作可以完成这个证明。首先将等式(15.5)两边减去等式(15.7),得到:

$$z_j = V_B^s - V_{B-j}^s$$

然后,利用等式(15.4)展开 z_j,利用等式(15.6)展开 V_B^s,得到:

$$v_{ij} - p_i = v_{ij} + V_{B-j}^{S-i} - V_{B-j}^s$$

消除相同的项 v_{ij} 并取反,得到:

$$p_i = V_{B-j}^S - V_{B-j}^{S-i}$$

这正是我们期待的 VCG 公式。说明了满足最低总价格的市场清仓价格由 VCG 公式定义,因此证明了我们前面提出的结论。

15.9.2　详细证明

到目前为止我们完成了一个完整的证明过程,其中假设了事实 1 和事实 2 的成立。要完成这个证明,还需要对事实 1 和 2 进行证明。对事实 1 的证明比较关键,需要采用 10.6 节所述的方式分析交替路径。完成这个分析之后,可以利用事实 1 轻松证明事实 2。

1. 证明事实 1 的准备工作

首先考虑一组最低市场清仓价格,其中商品 i 的价格大于 0,我们尝试构建一条交替路径(从一个非匹配边开始),从 i 连接到某个零价格商品。

首先阐述该论证的一些核心思想。设商品 i 的价格 $p_i > 0$,至少连接一条非匹配边(除了连接到获得该商品的买方 j 的匹配边)。显然,如果想要证明 i 有一条通向零价格商品的交替路径,就需要展示在任何情况下 i 都存在一条这样的非匹配边。

这里采用反证法,假设 i 没有连接一条非匹配的边:它仅有的边是连接到买方 j 的匹配边。这样,我们尝试从价格 p_i 中减去 1,然后论证由此产生的改变价格依然是市场清仓价格。这是一个矛盾的结论,因为我们已经假设市场清仓价格是满足总和最低的价格。

显然,如果从 p_i 中减去 1,它仍然是一个非负数,所以我们只需要证明偏好卖方图仍然包含一个完美匹配。实际上我们将推导出一个更强的事实,偏好卖方图仍然包含所有原有的匹配边。试想,降价后匹配边为什么会从偏好卖方图中消失呢?唯一可能更有诱惑力的是商品 i,因此,如果偏好卖方图有一个匹配边消失,必然是某个不是 j 的买方 k,曾经与商品 h 匹配,因为转而选择 i 而放弃了它连接到 h 的边。这种情况如图 15.14 所描述。因为 i 的价格仅减少 1,并且所有的价格和估值均为整数,如果降价之后 k 更倾向于 i 而不是 h,那 k 之前一定视它们为相当的。这就意味着,在 i 降价之前,k 就有一个连接到 i 的偏好卖方边。由于 k 曾经与 h 匹配,这个 k-i 边就只能是一个偏好卖方图中的非匹配边,这与最初我们假设偏好卖方图中 i 仅有一条连接到 j 的匹配边相矛盾。至此,完成了我们需要的结论:当 i 的价格减少 1 时,偏好卖方图中没有匹配边消失,因此降价后仍然保持市场清仓价格,这就与我们最低市场清仓价格的假设相矛盾。

图 15.14　当 i 的价格减少 1 时,买方 k 强烈希望得到 i,可以消除首选卖方图中到 h 的匹配边,k 此前应该将 i 视为其回报与 h 相当,因此存在一条由 k 连接到 i 的非匹配边

2. 证明事实 1

以上所述是证明事实 1 的关键,为完成这个证明,我们不仅仅是简单地证明存在这样一条自 i 开始的非匹配边,还要展示一条完整的交替路径,从这条边开始,一直延伸到一个零价格商品。

为此,我们以商品 i 开始,考虑一个包含二部图中所有节点的集合 X(包括买方和商品),可以自 i 经过一条由非匹配边开始的交替路径到达。关于集合 X 有两个观察结果。

(a)对于 X 中的任何买方 k,与之匹配的商品 h 同样在 X 中。图 15.15 有助于我们理

解这一点。从 i 到达 k 的交替路径必然以非匹配边结束,因此如果在这条路径的末端添加一条到达 h 的匹配边,可以看出 h 一定在 X 中。

(b) 对于 X 中的任何商品 h,如果任何买方 m 通过一条偏好卖方图的非匹配边连接到 h,那么这个买方必然也在 X 中。这是与前一个事实相对应的,同样通过图 15.15 说明,从 i 到达 h 的交替路径必然以一个匹配边结束,因此通过在这条路径的末端添加一条到达 m 的非匹配边,可以看到 m 也一定在 X 中。

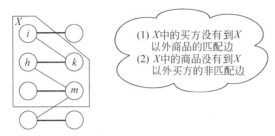

图 15.15 所有能够利用交替路径自 i 从一条非匹配边开始到达的节点在集合 X 中

如果集合 X 包含一个价格为 0 的商品,那么就可以得到所需要的路径,因此证明结束。假设这个集合 X 不包含价格为 0 的商品,同样可以利用前面对事实 1 初步证明采用的降价证明方法:将 X 中每个商品的价格减少 1,证明结果价格仍然是市场清仓价格,这与我们关于最低市场清仓价格的假设相矛盾。因此,结论是 X 必须存在价格为零的商品。

这是我们需要证明的主要结论:

如果 X 中每个商品的价格减少 1,那么在降价之前所有偏好卖方图中的匹配边,在降价之后仍然保留在偏好卖方图中。

这个论证本质上与我们之前讨论的只减少商品 i 的价格是一样的。试问:为什么降价后偏好卖方图中的匹配边会消失?图 15.16 显示了这种情况出现的可能是:买方 n 之前与商品 e 匹配,现在某个商品 f 降价后能够使其产生更高的回报。因为所有的估价、价格、回报都是整数,所有价格变化都不会大于 1,对 n 来说,e 和 f 的最高回报曾经持平(因此降价前,在偏好卖方图中,n 有到达这两个节点的边),f 在 X 中,而 e 不在(因此 f 价格减少,而 e 的价格保持不变)。

图 15.16 如果将 X 中所有商品价格都减少 1,仍保持市场清仓价格,就违背了图 15.15 中的事实

现在,我们得到与前面(a)和(b)中对 X 的基本观察相矛盾的结论。因为 n 之前匹配给

e，而 e 不在 X 中，观察(a)表明 n 必然也不在 X 中，n 之前没有匹配给 f，（现在匹配给 f），而 f 在 X 中，观察(b)表明 n 必然也在 X 中。这个矛盾——n 必然在 X 中和 n 必然不在 X 中——说明降价之后没有匹配边会从偏好卖方图中消失。这就证明了降价后的价格仍然是市场清仓价格，与我们关于最低市场清仓价格的假设相矛盾。

总结上述证明，如果回过头来思考它的工作方式，可以体会到非匹配边通过连接到零价格商品的交替路径，充当了锚定所有商品的角色。特别是，如果没有这种锚定作用，那么将存在一个集合 X，浮游在任何到达零价商品的连接中，这样，X 中所有商品的价格会被迫进一步下调。如果市场清仓价格已经是最低的，这种情况是不可能发生的。

3. 证明事实 2

为证明事实 2，首先设置一个匹配市场，最低市场清仓价格为 p，然后分析这些价格对应的偏好卖方图。假设买方 j 被清零，但其他价格保持不变。现在，偏好卖方图的结果有所变化，我们需要证明它仍然包含一个完美匹配。

当 j 被清零后，偏好卖方图要怎样变化才能保持价格不变？对于不包含 j 的其他买方，由于他们的估价不变，因此遵守同样的价格，形成的边也保持不变。另一方面，对于 j，目前只有零价商品能使其获得非负的回报，因此在偏好卖方图中形成的边会准确地指向这些零价商品。这正是从图 15.11 转变成图 15.13 的结果：买方 x 被清零，x 的偏好卖方边从指向 b 转而指向零价商品 d。

我们知道，原始市场的偏好卖方图结构由事实 1 确定，可以利用图 15.17 和图 15.18 建议的方式解释偏好卖方图中的这种变化。j 被清零之前，被匹配给某个商品 i，在偏好卖方图中有一条交替路径，以非匹配边开始，从 i 到达一个零价商品 i^*。当 j 被清零后，就有一条由 j 直接到达 i^* 的偏好卖方边（以及到达其他零价商品的边）。

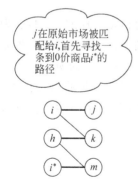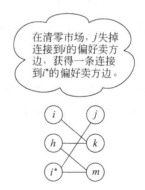

图 15.17　分析 j 被清零的市场第一步：在原始市场中寻找一条从 j 的匹配对象 i 到一个零价格商品 i^* 的交替路径

图 15.18　分析 j 被清零的市场第二步：构建新的偏好卖方图，重新部署 j 的偏好卖方边，使其指向零价商品

从这两张图中很容易看到，发生这种结构变化时，如何在偏好卖方图中确定一个完美匹配。如图 15.19 所示：对于任何一个不是 j 的买方，如果包含在从 i 到 i^* 的交替路径中，只要简单地将它的边沿着交替路径向上移动。这个移动为 j 匹配 i^* 腾出了空间，因而重建了完美匹配。

因为这个偏好卖方图包含一个完美匹配,因此证明了这一组价格仍然是清零市场的市场清仓价格。我们还可以用这个结论直接证明事实 2 中的第(2)和第(3)部分。第(2)部分遵循这样的事实,在偏好卖方图中 j 只有到达零价商品的边。对于第(3)部分,首先注意到这是一个关于买方获得回报的陈述。即便一个偏好卖方图中可能有多个潜在的完美匹配,任何一个买方在每一种完美匹配中都会得到同样的回报,因为每个买方在偏好卖方图中所有边产生相同的回报。因此,对于我们刚刚建立起来的完美匹配,足以证明第(3)部分论述的正确性,同样也可以利用它分析偏好卖方图中每种完美匹配回报相同的特点。考虑我们刚刚建立的匹配,设 k 是任何一个不是 j 的买方,k 可能得到与原始市场完美匹配中相同的商品,此时会得到同样的回报,k 也可能基于交替路径转向匹配另一个

图 15.19 分析 j 被清零的市场最后一步:重建的偏好卖方图仍然包含一个完美匹配,其中 j 被匹配给 i^*

项目。对于后一种情况,由于 k 在原始市场的偏好卖方图中有连接这两个商品的边,并分别从这两个商品获得相同的回报,因此,k 的回报仍然保持不变。这就完成了对事实 2 的证明,并且完善了对前面提出的结论的整体证明需要的全部细节。

15.10 练习

1. 假如一个搜索引擎有两个广告位可以出售。广告位 a 的点击率为 10,b 的点击率为 5。有三个广告主有兴趣购买这些广告位。广告主 x 对每点击的估价为 3,广告主 y 对每点击的估价为 2,广告主 z 的每点击估价为 1。分别计算社会最优分配方案和 VCG 价格,对你的答案给出简要的解释。

2. 假如一个搜索引擎有三个广告位可以出售。广告位 a 的点击率为 6,b 的点击率为 5,c 的点击率为 1。三个广告主有兴趣购买这些广告位。广告主 x 对每点击的估价为 4,广告主 y 对每点击的估价为 2,广告主 z 的每点击估价为 1。分别计算社会最优分配方案和 VCG 价格,对你的答案给出简要的解释。

3. 假如一个搜索引擎有三个广告位可以出售。广告位 a 的点击率为 5,b 的点击率为 2,c 的点击率为 1。三个广告主有兴趣购买这些广告位。广告主 x 对每点击的估价为 3,广告主 y 对每点击的估价为 2,广告主 z 的每点击估价为 1。计算社会最优分配方案和 VCG 价格,对你的答案给出简要的解释。

4. 假如一个搜索引擎有两个广告位可以出售。广告位 a 的点击率为 4,b 的点击率为 3。三个广告主有兴趣购买这两个广告位。广告主 x 对每点击的估价为 4,广告主 y 对每点击的估价为 3,广告主 z 的每点击估价为 1。

   (a) 假设搜索引擎采用 VCG 机制分配广告位。广告位将如何分配? 广告主支付的费用是多少? 对你的答案进行解释。

   (b) 搜索引擎考虑创建第三个广告位 c,点击率为 2。假设搜索引擎仍然使用 VCG 机制分配广告位。广告位将如何分配? 广告主为得到相应的广告位支付费用是多少? 解释你的答案。

   (c) 采用 VCG 机制,在(a)和(b)中搜索引擎从广告位中获得的收入分别是多少? 如果你运转一个搜索引擎公司,拥有这些广告位,并且可以选择是否创建广告位 c,你会怎么做? 为什么?(回答这个问题时,假设必须使用 VCG 机制分配广告位。)

5. 假如一个搜索引擎有两个广告位可以出售。广告位 a 的点击率为 12,b 的点击率为 5。有两个广告主有

兴趣购买这两个广告位。广告主 x 对每点击的估价为 5,广告主 y 对每点击的估价为 4。

(a) 计算社会最优分配方案和 VCG 价格。

(b) 假设搜索引擎不打算出售广告位 b,而是采用密封次价拍卖方式出售唯一的广告位 a。广告主应该出价多少才能赢得该广告位? 最终该广告主为该广告位实际支付费用是多少?

(c) 上述(a)或者(b),哪一种方案能够为搜索引擎获取更高的收入? 能够高出多少?

(d) 现在分析(c)得出的结论是否具有普遍性。这个结果是否与点击率或估价有关? 假如有两个广告位和两个广告主,广告位 a 的点击率为 a_r,b 的点击率为 b_r,并且 $a_r > b_r > 0$,广告主的估价分别为 v_x 和 v_y,且 $v_x > v_y > 0$。你能分析出哪一种机制为搜索引擎获取更高的收入? 解释你的答案。

6. 第 15 章讨论了 VCG 原则和次价拍卖的关系。特别是,我们看到 VCG 原则具有多项次价拍卖隐含的一些特性。这个练习中我们通过一个实例揭示它们的这种关系。假设一个卖家拥有一个商品,记为 x。有三个买家 a、b、c,它们对商品 x 的估价分别为 6、3、1。

(a) 假如这个卖家采用次价拍卖原则出售其商品。哪个买家会在拍卖中胜出? 所付的费用是多少?

(b) 现在,假设这个卖家改用 VCG 机制分配这个商品。注意,VCG 机制的第一步是,如果买方比商品多,则要创建一些虚构商品,使得商品和买家数量一致,并且使买家对这些虚构商品的估价为 0。设创建的虚构商品为 y 和 z。找出基于 VCG 机制的最终分配。每个买家为所得商品付出的费用分别是多少? 并解释为什么买家 a 所付的费用是它因获得该商品而对其他买家所造成的损失。

网络动力学：群体模型

第 16 章　信息级联

16.1　"随大流"现象

当人们之间形成一个关系网络后,他们在行为和决策方面的相互影响就成为可能。在接下来的几章中,我们将探讨这一基本原理所引发的一系列社会效应,其中网络起的作用在于聚合个体的行为,进而产生总体范围的集体效果。

人们可以在很多方面受他人影响,如他人的意见、他人购买的产品、他人的政治立场、他人参与的活动、他人所使用的技术等。这里,我们要超越这些现象,来思考为什么人们会受到他人的影响? 我们将看到,在很多情况下,人们实际上是很理性地放弃自己的选择,而去跟随别人的选择。

我们来看一个例子,假如你要在一个不太熟悉的城市选择一家餐馆,根据你对当地餐馆的了解,决定去餐馆 A。然而,当你到了那家餐馆,却发现没什么人在就餐,而隔壁的餐馆 B 却几乎爆满。此时,如果你觉得那些在餐馆 B 就餐的人和你口味差不多,而且他们同样也是做了一番了解才选择了餐馆 B,因此你放弃原来的计划,转而加入餐馆 B 的人群就可能是合理的。我们来看为什么会这样,假如每个就餐者都独自拥有一些不太完全的餐馆信息,如果此时已经有许多人在餐馆 B 就餐,这些人的选择提供给你的信息可能要比你自己通过其他途径了解到的信息更有说服力,因此,忽略自己的信息而加入这些人群就是很合情理的。这种情况下,我们称发生了**羊群效应**(herding)或**信息级联**(information cascade)效应。这个术语包括上面的例子,来自 Banerjee 的研究工作[40];同一时期,这一概念通过 Bikhchandani、Hirshleifer、Welch 的研究工作得到进一步发展[59,412]。

简单地说,产生信息级联的先决条件是,人们在不同时刻依次做出决定,而后面的人可以观察到前面人的决策行为,并通过这些行为推断出他们所了解一些信息。就像餐馆的例子,当第一批就餐者选择餐馆 B,就对后来者传递了他们所了解的信息。当人们放弃自己拥有的信息,转而以之前人们的行为为基础做出推断,便建立起级联。

有趣的是,在级联效应中,个体模仿他人的行为并不是盲目的。相反,它是根据有限的信息进行合理推论的结果。当然,模仿也有可能是出于社会压力导致的顺从,与所谓的的信息没什么关系,有时并不容易分辨这两种现象。我们来看 Milgram、Bickman 和 Berkowitz 在 20 世纪 60 年代进行的一个实验[298]。他们将参加者分成不同规模的小组,从每组 1 个人到15个人不等,分别让这些组的人站在街头凝视着天空,然后观察有多少路人停下来,也跟着凝视天空。研究人员发现，当只有一个人抬头看天空时，极少数路人停下来。如果 5 个人盯着天空看，会有多一些路人停下来，但大多数人仍然忽视他们。最后，当 15 人的组一起盯着天空时，他们发现，45％ 的路人会停下来，也盯着天空看。

这个实验结果表明，从众的社会力量随着一致性群体活动规模的壮大而增强。而另一种解释是，这种从众现象的形成从本质上是植根于信息级联的思想。这就是为什么最初的路人认为没什么理由要抬头看天空（既没有个人信息，也没有公共信息促使他们这样做），随着越来越多的人抬起头来看，后来的路人可能很合理地认为有充分的理由这样做（他们可能会觉得那些向上看的人知道些什么自己不知道的事）。

从本质上说，信息级联可以在一定程度上解释一些社会环境中的模仿现象。如，时尚和潮流、对候选人的表决、高度畅销的书籍、新技术的推广和使用，甚至具有本地化特性的犯罪行为和政治运动等等，都可以看成是从众的例子，人们基于对别人行为的推断而做出决定。

信息效应和直接受益效应

模仿别人有两种本质上不同的合理性理由。如果模仿别人的行为能够从中获益，人们可能会要这样做。考虑第一台被出售的传真机，如果不存在另一台传真机，那么这台传真机没有任何用途，因此，在考虑是否购买一台传真机时，非常重要的是要知道其他人是否也拥有这种设备，此时，不仅仅是因为其他人的购买决策传递了某种信息，更主要的是它会直接影响传真机给你带来的价值。类似的例子还有计算机操作系统，社交网站，以及其他类型的技术，这种情况下，人们可以直接受益于选择一个拥有庞大用户群体的选项。

这种直接受益效应不同于我们前面提到的信息效应：此时，其他人的行为会直接影响到你的回报，而不是间接地改变你的信息。许多决策行为同时受到信息和直接受益效应的影响。例如，刚刚提到的采纳某种技术的决策中，除了得益于它的兼容性，透过别人的决策，还可以获得一些潜在的信息。在某些情况下，这两种效应甚至发生冲突。例如，为了在一个很受欢迎的餐馆就餐而甘愿排队等待很长时间，意味着别人的信息优势要大于它所带来的不方便（等候）。

在这一章中，我们将研究一些信息级联的简单模型，下一章将讨论直接受益效应的模型。研究这些简单的程式化模型，是为了探讨上面谈到的那些现象是否有某种理性的基础，我们将看到，尽管前面的讨论是非形式化的，但实际上已经体现了非常基本的个体决策模型。

16.2　一个简单的羊群效应实验

在推导信息级联的数学模型之前[40,59,412]，我们首先进行一项由 Anderson 和 Holt[14,15] 设计的群集实验，以解释这些模型的工作方式。

这个实验的目的是让我们把握一些情形，其中体现了上述讨论中的一些基本要素：

（a）人们需要作一个决定，例如，是否采用一项新技术，穿一种新款式的服装，到一家新餐馆吃饭，或支持某一政治组织。

（b）人们在不同的时间依次作出决定，每个人可以观察到前面其他人作出的决定。

（c）每个人都有一些私有信息，可以帮助他们做出决定。

（d）每个人只能从其他人的决策行为中推测他人所拥有的相关信息，但不能直接得到其他人的私有信息。

想象这个实验在一个教室里进行,由一群学生参加。实验者在教室前面放置一个装有 3 个小球的小罐;然后向大家宣布罐中有两个红色球和一个蓝色球的可能性是 50%,有两个蓝色球和一个红色球的可能性也是 50%。我们称前一种情况为"多数红色(majority-red)",后一种情况为"多数蓝色(majority-blue)"①。

现在,每个学生一个一个来到前面,背着大家拿出一个球看清颜色,再放回去。然后,让这个学生猜测罐中是多数红色还是多数蓝色,并向全班宣布他的猜测。(假设猜中的学生能获得奖金,没猜中的学生得不到任何奖励。)公开宣布是这个实验设置的关键,还没轮到自己去抓球的人看不到前面学生抓到的球的颜色,但能听到那些学生宣布的猜测结果。这与我们早先关于餐馆的例子很相像,每个就餐者都可以独立评估哪个餐馆更好,虽然没有机会直接看到别人对两家餐馆的评价信息,但可以看到他们最终的选择。

我们来思考这个实验会有什么结果发生。假定所有的学生都能基于所听到的信息做出正确的推理。我们仍然采用一种非正式的方法对实验进行分析,之后再通过数学模型来论证相应的分析结果。

按顺序分别考虑每个学生的情况。前两个学生的情况相当简单;第三个学生的情况变得很有趣。

- 第一个学生。第一个学生应该遵循一个简单的推测规则:如果他拿到一个红球,应该猜小罐是多数红色;拿到一个蓝球,最好猜小罐是多数蓝色。(这是一种直觉的法则,同处理其他的推论一样,我们将利用后面发展出的模型从数学上证明这个法则。)这意味着第一个学生的猜测结果向大家传递了一个完整的信息,即他抓到球的颜色。

- 第二个学生。如果第二个学生抓到和第一个学生公布的颜色相同的小球,那么第二个学生选择很简单,她应该也猜同样的颜色。

但如果第二个学生拿到的是另一种颜色,假设第一个学生猜蓝色,而第二个抓到一个红色球。因为第一个猜测应该是第一个学生真实看到的颜色,于是第二个学生从本质说相当于有了两次拿出小球的机会,一次是蓝色,一次是红色。这种情况下,两种颜色在第二个学生看来有相等的机会,我们假设她为了打破僵局,会猜自己拿到的小球颜色。因此,无论第二个学生公布什么颜色,同样是向大家传递了完整的信息,即她所拿到球的颜色。

- 第三个学生。事情开始变得更有意思。如果前两个学生猜测了不同的颜色,第三个学生就应该猜测其所看到的颜色,这样可以有效地打破前两个猜测形成的僵局。

但如果前两个猜测一致,假如都是蓝色,而第三个学生拿到一个红色球。因为我们已经说明前两个学生的猜测传递了完整的信息,第三个学生此时相当于有过三次机会抓球,两次抓到蓝色,一次抓到红色。基于这些信息,他应该猜这个小罐属于多数蓝色,而忽略他自己所掌握的信息(也就是说,若仅根据他自己抓到一个红色球,应该猜测小罐是多数红色。)

————————————

① 很重要的一点是,学生们都相信这项有关红蓝色球的概率声明。可以这样想象,实验者其实准备了两个罐子,一个装有两个红色球和一个蓝色球,另一个装有两个蓝色球和一个红色球。实验所用的罐子是从这两个罐子中随机选择的,每个罐子被选中的概率相同。

　　总之，上述推论的关键是如果前两个猜测是相同的，第三个学生也会猜这个颜色，不管他从小罐中拿到什么颜色的小球。班里的其他学生只能听到他的宣布结果，没有机会看到他拿到的小球颜色。这种情况下，便开始形成了信息级联。第三个学生做了和前两个学生相同的猜测，无论他自己拿到什么颜色的球，也就意味着他此时忽略了自己的个人信息。

- 第四个以及以后的学生。出于这种非正式讨论的目的，我们仅考虑一些"有趣"的情况，其中前两个猜测一致，假如都是蓝色，这样，第三个学生也会同样宣布蓝色，不管他看到的是什么颜色。

　　现在我们来思考当听到前三个猜测都是"蓝色"时，第四个学生会面临什么样的选择。他/她知道前两个猜测传递了完整的信息，就是这两个学生所看到小球的颜色。他/她还知道第三个学生不管看到什么都会猜测是"蓝色"，意味着第三个学生并没有传递任何信息。

　　结果，从做决定的角度看，第四个学生进入与第三个学生相同的状态。无论他/她看到什么颜色，都会倾向于前两个学生的猜测："蓝色"，所以第四个学生也应该猜测"蓝色"，而忽略自己所看到的。

　　这个过程将在所有的学生中持续进行，如果前两个猜测都是"蓝色"，那么后面每个人都会同样猜测"蓝色"。（当然，如果前两个猜测是"红色"，结果也一样。）一个信息级联持有的特征是，人们并没有幻觉每个人都拿到一个蓝色的球，但是一旦前两个猜测都是"蓝色"的话，后面所有人宣布的猜测也就没有什么参考价值了，因此每个人的最佳策略是依靠那些少量的有参考价值的信息来做决定。

　　下一节，我们将讨论一种非确定性的决策模型，用来分析学生的猜测行为。虽然我们的讨论没有考虑所有可能的情况（例如，如果你是第六个学生，并且所听到的猜测是"蓝色、红色、红色、蓝色、蓝色"，那么你应该怎么猜测？），但我们提出的模型应该能够预测任何猜测序列的结果。

　　以上讨论了一种特定情形，只要前两个猜测一致便发生级联效应。尽管这种设置非常简略，但仍然能够体现出一些关于信息级联一般原则。第一，它表明这种级联非常容易发生，只要满足适当的结构条件。它还展示了决策行为的怪异模式，一个群体中每个学生都会做出完全一致的推测，而且是发生在所有的人都是在很理性地做决定。

　　第二，它表明信息级联可能会导致非优化结果。例如，假如小罐是多数红色，就有 1/3 的概率第一个学生抓到一个蓝色球，1/3 的概率第二个学生抓到一个蓝色球；这两次抓球是独立的，因此前两个学生都抓到蓝色球的概率是 1/3 * 1/3＝1/9。如果是这样，前两个学生就会都猜"蓝色"；正如我们所讨论的，其余所有的学生也都会跟着猜"蓝色"，但这些猜测都是错误的，因为这个小罐是多数红色。这个 1/9 的出错概率不会因更多的人参加而得到修正，因为在理性决策引导下，如果前两个人猜蓝色，后面每个人都会跟着猜蓝色，无论这个群体有多大。

　　第三，这个实验还说明尽管级联可能形成最终的一致，但从根本上它也是很脆弱的。例如，假设班里有 100 个学生，前两个都猜"蓝色"，则所有后面的人也会跟着都猜"蓝色"。现在，假设 50 号和 51 号学生都拿到红色球，他们向全班展示手中的小球来"迷惑"大家。这种情况下，级联就会被打破，52 号学生抉择时，就拥有四种真实的信息可供参考：1 号和 2 号学生公布的颜色，以及 50 号和 51 号学生展示的颜色。由于这些信息中两个是蓝色，两个是红色，52 号学生应该根据自己拿到小球的颜色进行抉择，以此来打破僵局。

问题的关键是,每个人都知道前 49 个关于"蓝色"的猜测只有很少量的信息支撑,这就为新信息的注入甚至完全颠覆原有的信息提供了很大的机会。信息级联的脆弱性本质上表现为,即使某种级联已经持续了很长一段时间,但却可以被一个很小的力量推翻①。

大量的相关研究工作伴随着这一类实验而产生,毕竟,要理解受试者在真实实验中遵循某种行为规则的程度,是一个非常微妙的问题[100,223]。出于我们的目的,我们先对实验进行简单的描述,生动地说明信息级联在受控环境下的一些基本特性,在了解这些基本特性的基础上,我们开始构建相应的模型,它可以精确地推论级联中的决策行为。

16.3 贝叶斯规则:非确定性决策模型

如果要建立一个描述信息级联如何发生的数学模型,就必然要思考一些人们会问的问题,例如,在看了用户评价或者看到餐馆中的人群后,人们会问:"这个餐馆更好的概率是多少?"或者,看到自己拿到小球的颜色以及对其他人猜测结果进行推断后,会问:"小罐是多数红色的概率有多少?"换句话说,我们需要一种方式,利用已有的信息来定义一个事件发生的概率。

1. 条件概率和贝氏规则

我们将计算各种事件的概率,并利用这些概率对决策行为进行推论。在 16.2 节描述的实验中,一个事件可以是"小罐是多数蓝色",或者"第一个学生拿到一个蓝球"。对于任何一个事件 A,我们用 $Pr[A]$ 表示它发生的概率。一个事件发生或者不发生是一些随机事件产生的结果(哪个小罐放置在教室的前面,某个学生会抓到哪个小球? 等等)。因此,我们设想一个很大的样本空间,其中每个点代表一种特定的随机结果。

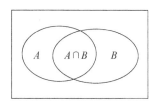

图 16.1 样本空间包含两个事件 A 和 B,以及联合事件 A∩B

给定一个样本空间,可以用图 16.1 的形式来描述事件:图中长方形代表所有可能的结果样本空间,事件 A 在这个样本空间内占一定区域,是所有事件 A 发生的结果集。图中,A 的概率相当于这个区域的面积。两个事件的关系同样可以以图形的方式描述。图 16.1 中,我们看到两个事件 A 和 B,它们重叠的区域对应于 A 和 B 都发生的联合事件。这个事件是 A 和 B 的交集,表示为 $A \bigcap B$。

思考本节一开始提出的一些问题,我们发现要解决那些问题只讨论事件 A 的概率是不够的;相反,在考虑事件 A 的概率时,还应该考虑到一些其他已经发生的事件 B。举例来说,用事件 A 表示 16.2 节讨论的小罐是多数蓝色,可以用事件 B 表示学生抓到一个蓝球。我们称在给定 B 时,A 发生的概率为条件概率,表示为 $Pr[A|B]$。图 16.1 的描述方式对理解条件概率非常有帮助:要确定 A 在给定 B 时的条件概率,首先定位在样本空间对应 B 的区域中,再确定同样也在区域 A 的概率(即在 $A \bigcap B$ 区域)。可以理解成是区域 $A \bigcap B$ 占据 B 的份额,我们因此定义:

① 需要注意,并不是所有的模仿效应都很容易被推翻。下一章我们将看到,直接受益驱动下的模仿效应在进行中就非常难以被逆转。

$$Pr[A \mid B] = \frac{Pr[A \cap B]}{Pr[B]} \qquad (16.1)$$

类似地，B 在给定 A 时的条件概率为：

$$Pr[B \mid A] = \frac{Pr[B \cap A]}{Pr[A]} = \frac{Pr[A \cap B]}{Pr[A]} \qquad (16.2)$$

第二个等式利用了 $A \cap B$ 和 $B \cap A$ 表示同一集合的事实。重写等式(16.1)和等式(16.2)，得到：

$$Pr[A \mid B] \times Pr[B] = Pr[A \cap B] = Pr[B \mid A] \times Pr[A] \qquad (16.3)$$

两边同除以 $Pr[B]$，得到：

$$Pr[A \mid B] = \frac{Pr[A] \times Pr[B \mid A]}{Pr[B]} \qquad (16.4)$$

等式(16.4)被称为**贝叶斯规则**(Bayes' rule)，或贝氏规则。关于贝氏规则，还有些术语值得一提。如果我们希望分析事件 B 对事件 A 发生的概率所产生的影响，我们以 $Pr[A]$ 表示 A 的**先验概率**(prior probability)，它反映了在不知道 B 是否已经发生的情况下，A 发生的概率。相应地，用 $Pr[A|B]$ 表示 A 在给定 B 时的**后验概率**(posterior probability)，表示在知道 B 已经发生后，新认识到的 A 发生的概率。因为事件 B 的发生，A 从先验概率转变成后验概率，这一点可以从等式(16.4)看到。

2. 一个贝氏规则的例子

我们来讨论如何运用贝氏规则在特定案例中确定最佳选择，这种特定的案例正是我们前面讨论的，给定的事件是人们获得的一些个人信息以及观察到的别人的决策行为，或是这两种信息的结合。为了熟悉贝氏规则，我们首先通过一个简单的例子说明它的应用方式。

这是一个涉及目击者证词的例子。假设某个城市 80% 的出租车是黑色的，其余 20% 是黄色的。一个交通事故逃逸事件的目击者指出，肇事出租车是黄色的。可以认为目击者的证词从某种意义上说是不完全的，因为证人有时会误判出租车的颜色。为此我们假设，如果出租车是黄色的，目击者将有 80% 的概率声称它是黄色的，如果它是黑色的，他们也会有 80% 的概率声称它是黑色的。

因此，解读目击者的证词在一定程度上成为一个条件概率问题，如果目击者说它是黄色的，那么出租车是黄色（或黑色）的概率有多大？我们引入一些符号，用"true"表示出租车的实际颜色，"report"表示目击者声称的颜色，Y 表示黄色，B 表示黑色。我们需要分析并得出表达式 $Pr[\text{true} = Y \mid \text{report} = Y]$ 的值。

已有的信息不足以得到相应的答案，但可以利用贝氏规则的帮助。利用等式(16.4)，以 true$=Y$ 表示事件 A，report$=Y$ 表示事件 B，得到：

$$Pr[\text{true} = Y \mid \text{report} = Y] = \frac{Pr[\text{true} = Y] \times Pr[\text{report} = Y \mid \text{true} = Y]}{Pr[\text{report} = Y]} \qquad (16.5)$$

已知 $Pr[\text{report} = Y \mid \text{true} = Y]$ 为 0.8（这是目击证词的准确度），$Pr[\text{true} = Y]$ 为 0.2（黄色出租车的出现频率，因此也是事件 true$=Y$ 的先验概率）。现在分析上式中的分母部分。目击者报告出租车是黄色有两种情况：一种是肇事车的确是黄色的；另一种是肇事车实际上是黑色的。对于前一种情况，目击者报告出租车是黄色的概率是：

$$Pr[\text{true} = Y] \times Pr[\text{report} = Y \mid \text{true} = Y] = 0.2 \times 0.8 = 0.16$$

对于后一种情况，目击者报告出租车是黄色的概率为：

$$Pr[\text{true} = B] \times Pr[\text{report} = Y \mid \text{true} = B] = 0.8 \times 0.2 = 0.16$$

目击者报告出租车是黄色的概率应该是上述两种概率之和：

$$Pr[\text{report} = Y] = Pr[\text{true} = Y] \times Pr[\text{report} = Y \mid \text{true} = Y]$$
$$+ Pr[\text{true} = B] \times Pr[\text{report} = Y \mid \text{true} = B]$$
$$= 0.2 \times 0.8 + 0.8 \times 0.2 = 0.32$$

将上述结果带入等式(16.5)中,得到：

$$Pr[\text{true} = Y \mid \text{report} = Y] = \frac{Pr[\text{true} = Y] \times Pr[\text{report} = Y \mid \text{true} = Y]}{Pr[\text{report} = Y]}$$
$$= \frac{0.2 \times 0.8}{0.32} = 0.5$$

因此,如果目击者说肇事车是黄色的,实际上有相同的可能性出租车是黑色的。由于黑色和黄色出租车出现的频率不同(0.8 与 0.2),在没有任何其他信息的情况下,出现黑色的可能性会更高。目击者的报告对我们判断肇事车的颜色会有很重要影响,然而,它不能让我们确信,肇事车是黄色的可能性更高①。

3. 第二个例子：垃圾邮件过滤

正如出租车的例子所述,贝氏规则是一种通过观察做出推论的基本方法,可以应用于各种不同的设置环境。其中一种很有影响的应用是对垃圾邮件进行检测,即从用户收到的电子邮件中,自动过滤掉不想要的邮件。贝氏规则是第一代垃圾邮件过滤器的重要组成部分,当前仍然是许多垃圾邮件过滤器的基础组成部分之一[187]。

我们通过下面的例子分析贝氏规则和垃圾邮件过滤的关系。假设你收到一封电子邮件,主题行包含短语"check this out"(这通常是垃圾邮件包含的短语)。单凭这一信息,没有检查发件人或邮件内容,这封邮件是垃圾邮件的概率有多大？ 这是一个条件概率的问题,是在寻求以下表达式的值：

$$Pr[\text{是一个垃圾邮件}|\text{主题行包含"check this out"}]$$

为方便起见,我们用 spam 表示"是一个垃圾邮件",用"check this out"表示"主题行包含'check this out'",因此我们希望得到以下表达式的值：

$$Pr[\text{spam} \mid \text{"check this out"}]$$

要确定这个值,还需要对邮件和主题行中的短语"check this out"做一些设定。假设你收到的所有邮件中 40% 是垃圾邮件,其余的 60% 是你想要接收的邮件。此外,假设有 1% 的垃圾邮件在主题行中包含短语"check this out",有 0.4% 的非垃圾邮件也在主题行中包含这个短语。将这些以概率的形式表示,即 $Pr[\text{spam}] = 0.4$,这是接收邮件是一个垃圾邮件的先验概率(与邮件本身无关)。同时,

$$Pr[\text{"check this out"} \mid \text{spam}] = 0.01$$

以及

$$Pr[\text{"check this out"} \mid \text{not spam}] = 0.004$$

现在的情况与目击证人案例中的计算非常类似,利用贝氏规则,得到：

---

① Kahneman 和 Tversky 进行了一项类似的实验,表明有时人们的预测并不符合贝氏规则[231]。在这个实验中,受试者更多地依赖他们的观察,较少地依赖先验概率。预测误差对于行为的影响,以及对随后的级联效应的影响,是一个有趣的话题,但不是我们这里的讨论范围。

$$Pr[\text{spam} \mid \text{``check this out''}] = \frac{Pr[\text{spam}] \times Pr[\text{``check this out''} \mid \text{spam}]}{Pr[\text{``check this out''}]}$$

利用之前的分析，可以确定分子部分为 0.4 * 0.01 = 0.004。对于分母，像出租车的例子一样，我们注意到邮件包含"check this out"有两种可能，邮件是垃圾邮件或不是，利用之前的计算，得到：

$$Pr[\text{``check this out''}] = Pr[\text{spam}] \times Pr[\text{``check this out''} \mid \text{spam}]$$
$$+ Pr[\text{not spam}] \times Pr[\text{``check this out''} \mid \text{not spam}]$$
$$= 0.4 \times 0.01 + 0.6 \times 0.004 = 0.0064$$

带入以上数值，得到：

$$Pr[\text{spam} \mid \text{``check this out''}] = \frac{0.004}{0.0064} = \frac{5}{8} = 0.625$$

这说明，尽管垃圾邮件（这个例子中）只占小于接收邮件一半的比例，如果没有其他可以参考的信息，一封邮件若是主题行包含短语"check this out"，它是垃圾邮件的可能性要高于它不是垃圾邮件。

　　因此，我们可以将主题行中出现这个短语看成是邮件的一种弱"信号"，为我们提供该邮件是否是垃圾邮件的证据。在实践中，垃圾邮件过滤器以贝氏规则为基础，检测每一封邮件多种不同的信号，包括邮件的正文、邮件的主题、发送者的属性（你是否认识他们？ 他们的邮件地址有什么特点？）、邮件服务程序的属性，以及其他一些特征。这些信息都能够提供一定的评估结果，垃圾邮件过滤器整合这些评估，最终判断邮件是否是一个垃圾邮件。例如，如果我们了解到一封邮件的发信人是你每天都会跟他联系的人，就可以视为一个极具竞争力的信号，表明该邮件不是垃圾邮件，它的强度应该大于主题行中包含短语"check this out"这一信号。

16.4　在羊群效应实验中运用贝氏规则

　　现在利用贝氏规则验证 16.2 节的实验中学生们采用的推理行为。首先注意到每个学生的抉择本质上是取决于一个条件概率：当听到别人的猜测后，每个学生都试图估算出小罐是多数蓝色或多数红色的条件概率。为了最大限度赢得猜中的机会，如果以下表达式成立，就应该猜多数蓝色：

$$Pr[\text{majority-blue} \mid \text{看到或听到的颜色}] > \frac{1}{2}$$

否则，猜多数红色。如果两个条件概率都恰好是 0.5，那么猜什么都无所谓。

　　我们知道在实验开始之前已经存在的一些实验设置情况。首先，小罐是多数蓝色和多数红色的先验概率都是 1/2：

$$Pr[\text{majority-blue}] = Pr[\text{majority-red}] = \frac{1}{2}$$

而且，基于两种小罐小球的组成情况，

$$Pr[\text{blue} \mid \text{majority-blue}] = Pr[\text{red} \mid \text{majority-red}] = \frac{2}{3}$$

　　现在，按照 16.2 节的分析方法，假设第一个学生拿到一个蓝球。他因此需要确定概率

$Pr[\text{majority-blue} | \text{blue}]$，像处理 16.3 节的例子一样，可以利用贝氏规则计算：

$$Pr[\text{majority-blue} | \text{blue}] = \frac{Pr[\text{majority-blue}] \times Pr[\text{blue} | \text{majority-blue}]}{Pr[\text{blue}]} \quad (16.6)$$

上式的分子部分是 $1/2 \times 2/3 = 1/3$，对于分母部分，采用 16.3 节的方法，拿到一个蓝球有两种可能的情况，小罐是多数蓝色或者是多数红色：

$$Pr[\text{blue}] = Pr[\text{majority-blue}] \times Pr[\text{blue} | \text{majority-blue}]$$
$$+ Pr[\text{majority-red}] \times Pr[\text{blue} | \text{majority-red}]$$
$$= \frac{1}{2} \times \frac{2}{3} + \frac{1}{2} \times \frac{1}{3} = \frac{1}{2}$$

$Pr[\text{blue}] = 1/2$ 可以理解，因为这个例子中蓝色和红色是完全对称的。

将这个结果带入式 (16.6)，并计算，得到：

$$Pr[\text{majority-blue} | \text{blue}] = \frac{1/3}{1/2} = \frac{2}{3}$$

因为这个条件概率大于 1/2，直观看这个结果，第一个学生当拿到一个蓝球时，应该猜测是多数蓝色。注意，除了能够提供猜测的基本原则，贝氏规则还可以提供这个猜测准确性的概率是 2/3。

针对第二个学生的计算非常类似，我们直接转到计算第三个学生的情况，这时级联效应已经开始形成。像 16.2 节中讨论的一样，假设前两个学生都猜蓝色，而第三个学生拿到一个红色球。这时，前两个学生传递了真实的信息，因此第三个学生实际上掌握了三次抓球的颜色，分别是蓝色、蓝色、红色。他希望根据以下表达式的值：

$$Pr[\text{majority-blue} | \text{blue}, \text{blue}, \text{red}]$$

来进行猜测，利用贝氏规则，我们有：

$$Pr[\text{majority-blue} | \text{blue}, \text{blue}, \text{red}]$$
$$= \frac{Pr[\text{majority-blue}] \times Pr[\text{blue}, \text{blue}, \text{red} | \text{majority-blue}]}{Pr[\text{blue}, \text{blue}, \text{red}]} \quad (16.7)$$

因为从小罐中抓球是独立进行的，概率 $Pr[\text{blue}, \text{blue}, \text{red} | \text{majority-blue}]$ 由抓到每一种球的三个概率相乘得到：

$$Pr[\text{blue}, \text{blue}, \text{red} | \text{majority-blue}] = \frac{2}{3} \times \frac{2}{3} \times \frac{1}{3} = \frac{4}{27}$$

为了确定 $Pr[\text{blue}, \text{blue}, \text{red}]$，我们同样考虑发生这种排序的两种情况，小罐是多数蓝色或是多数红色：

$$Pr[\text{blue}, \text{blue}, \text{red}] = Pr[\text{majority-blue}] \times Pr[\text{blue}, \text{blue}, \text{red} | \text{majority-blue}]$$
$$+ Pr[\text{majority-red}] \times Pr[\text{blue}, \text{blue}, \text{red} | \text{majority-red}]$$
$$= \frac{1}{2} \times \frac{2}{3} \times \frac{2}{3} \times \frac{1}{3} + \frac{1}{2} \times \frac{1}{3} \times \frac{1}{3} \times \frac{2}{3} = \frac{6}{54} = \frac{1}{9}$$

将这些数值带入等式 (16.7)，得到：

$$Pr[\text{majority-blue} | \text{blue}, \text{blue}, \text{red}] = \frac{\frac{4}{27} \times \frac{1}{2}}{\frac{1}{9}} = \frac{2}{3}$$

因此，第三个学生应该猜多数蓝色（这样会有 2/3 的正确机会），这就证实了我们最初在 16.2 节中凭直觉的推断,这个学生应该忽略他抓到的红色球,赞同他已经听到的前面两个猜测(蓝色)。

最后,一旦这三次抓球活动已经发生,所有接下来的学生将拥有和第三个学生同样的信息,因此运行相同的计算过程,结果形成一个选择蓝色的信息级联。

16.5 一种简单通用的级联模型

回到16.2节的实验,我们来探讨它所针对的一般性问题。这个实验可以看成是如下情形的一种程式化体现:人们结合自己的私有信息和对别人所做决定的观察依次做出决定。我们将构建一个适应于一般情况的模型,并将证明,贝氏原则能够预测该模型将形成级联,确切地说,就是当参加的人数趋于无穷大时,形成级联的概率趋于1。

1. 构建模型

考虑人们(编号为 $1,2,3,\cdots$)将依次作出决定,即第1个人首先作出决定,然后是第2个,等等。我们可以将这个决定理解为接受或者拒绝某个选项,例如,是否采用一项新技术,尝试一款时装,选择一家新餐馆,从事一种犯罪活动,选举一个政治家,或者选择一条到达某个目标的路径。

模型的第一个要素:**状态**。在一切开始之前,任何人还没有作决定,假设所考虑的情况可以随机地进入两种状态之一,一种是好状态,意味着如果接受,能带来正的回报;另一种是差状态,意味着如果接受,会带来负的回报。对于前者,有时也称“接受是个好主意”,对于后者,则称“接受是个差主意”。假设,最初人们只是知道所考虑的世界处于这两种状态之一(例如一个新餐馆可能很好,也可能不好),但不知道到底是哪一种,他们要通过所观察到的情况来做出判断。

用符号表示上述两种状态,G 表示接受是个好主意的状态,B 表示接受不是个好主意的状态。假设每个人都知道一个事实:初始随机事件将世界设定成状态 G 或者 B,进入状态 G 的概率为 p,进入状态 B 的概率就是 $1-p$。它们是 G 和 B 的先验概率;即,$Pr[G]=p$,$Pr[B]=1-Pr[G]=1-p$。

模型的第二个要素:**回报**。根据每个人决定接受或拒绝这个选项,他/她将获得一份回报。如果一个人选择拒绝,那么得到的回报是 0。选择接受的回报要视这个选项是不是一个好状态。如果接受是个好主意,即实际出现的是状态 G,那么接受得到的回报是一个正数 $v_g>0$,否则接受得到的回报是一个负数 $v_b<0$。再假设如果没有其他信息,接受行为的期望回报为 0;也就是说,$v_g p+v_b(1-p)=0$。这意味着在所有个体还没有得到任何信息时,接受和拒绝的回报相同。

模型的第三个要素:**信号**。除了回报值,我们还希望考虑信息对决策行为的影响。假设做出决定之前,每个人都有一个私有信号,提供一些用于判断接受是否为一个好主意的信息。私有信号建立在人们偶然发现的一些信息基础之上,不单单取决于某一种状态出现的先验概率 p。

私有信号不能带给你完全肯定的判断依据(我们希望构建个体决策的不确定性模型,即便已经有了信号),但它确实传递了一些有价值的信息。具体来说,有两种可能的信号:**高信号**(记为 H)表示接受是个好主意,**低信号**(记为 L)表示接受不是个好主意。更准确地讲,

如果接受的确是个好主意,那么高信号比低信号更可能出现,即 $Pr[H|G]=q>1/2$,而 $Pr[L|G]=1-q<1/2$。类似地,如果接受不是个好主意,那么低信号更频繁出现,则 $Pr[L|B]=q$,以及 $Pr[H|B]=1-q$,同样 $q>1/2$。图 16.2 的表对上述讨论进行了概括。

用这个模型描述 16.2 节的实验。两种可能状态是,放在教室前面的小罐中有多数蓝色球,或者多数红色球。我们定义猜测"多数蓝色"表示"接受"选项,如果小罐的确是多数蓝色,这个"接受"就是个好主意(G),否则它不是个好主意(B)。

		状态	
		B	G
信号	L	q	$1-q$
	H	$1-q$	q

图 16.2 收到一个低信号或高信号的概率是两种可能的状态(G 或 B)的函数

接受是个好主意的先验概率 $p=1/2$。实验中的私有信息是每个人拿到小球的颜色;如果拿到蓝色球,就意味着得到一个"高"信号,那么 $Pr[H|G]=Pr[\text{blue}|\text{majority-blue}]=q=2/3$。

类似地,对于一开始提到的两个餐馆的例子,"接受"相当于选择第一个餐馆 A;如果餐馆 A 确实要比餐馆 B 好,这就是个好主意。私有信息是你看到的别人对餐馆 A 的评价,如果这些评价相比隔壁的餐馆 B 一点也不逊色,那么就得到一个高信号。假如第一家餐馆的确是个不错的选择,这种评价的数量应该比较多,因此,$Pr[H|G]=q>1/2$。

2. 个体的决定

现在我们希望构建人们决定接受或者拒绝的模型。首先,思考人们如何根据已有的私有信号做出决定,然后再考虑其他人的决定对个体决策的影响。

假设一个人得到一个高信号,那么回报值从预期的 $v_g Pr[G]+v_b Pr[B]=0$ 变为 $v_g Pr[G|H]+v_b Pr[B|H]$。为了确定这个新的回报,我们利用贝氏规则,采用上一节的计算方法:

$$Pr[G|H]=\frac{Pr[G]\times Pr[H|G]}{Pr[H]}=\frac{Pr[G]\times Pr[H|G]}{Pr[G]\times Pr[H|G]+Pr[B]\times Pr[H|B]}$$

$$=\frac{pq}{pq+(1-p)(1-q)}>p$$

其中计算分母 $Pr[H]$ 的方法和以前一样,扩展获得一个高信号两种可能的情况(这个选项是个好主意,或者不是)。因分母 $pq+(1-p)(1-q)<pq+(1-p)q=q$,得到最后的不等式。

这个结果很容易理解,如果一个选项是个好主意,便可能产生一个高信号,因此如果一个人观察到一个高信号,就会提高对该选项是好的这个概率的估值。结果,预期的回报就会从 0 变成一个正数,因此应该接受这个选项。

采用完全类似的计算表明,如果得到的是一个低信号,则应该拒绝这个选项。

3. 多重信号

从实验可以看到,在研究人们依次做出决策的行为时,很重要的一点是要理解人们怎样利用多重信号的迹象做判断。采用贝氏规则,可以很容易推导出个体抉择的依据,每个个体都会得到一个独立信号序列 S,包含 a 个高信号和 b 个低信号,它们以某种方式混合排列。首先我们推导以下事实:

(1) 如果 $a>b$,则后验概率 $Pr[G|S]$ 比先验概率 $Pr[G]$ 大;

(2) 如果 $a<b$,则后验概率 $Pr[G|S]$ 比先验概率 $Pr[G]$ 小;

（3）当 $a=b$ 时，两个概率 $Pr[G|S]$ 和 $Pr[G]$ 相等。

因此，当得到的高信号比低信号多时，个体应该接受相应的选项；如果得到较多的低信号，则应该拒绝相应的选项；如果高信号和低信号一样多，则如何选择都可以。换句话说，在给定的信号序列中，个体用两种信号的数量关系进行表决，决策取决于多数票。

接下来，我们利用贝氏规则证明事实（1）至事实（3），将会涉及一些代数知识。下一节中将探讨这些事实对级联模型中依次做决定所产生的影响。利用贝氏规则，可以得到：

$$Pr[G\mid S] = \frac{Pr[G] \times Pr[S\mid G]}{Pr[S]} \tag{16.8}$$

其中 S 是一个由 a 个高信号和 b 个低信号组成的信号序列。要计算分子中的 $Pr[S|G]$，我们知道信号是独立产生的，因此可以简单地将这些概率相乘，得到 a 个因子 q，和 b 个因子 $(1-q)$，因此 $Pr[S|G]=q^a(1-q)^b$。

要计算 $Pr[S]$，考虑到选项可能是一个好主意，也可能不是，因此

$$Pr[S] = Pr[G] \times Pr[S\mid G] + Pr[B] \times Pr[S\mid B]$$
$$= pq^a(1-q)^b + (1-p)(1-q)^a q^b$$

将上述结果带入等式（16.8），得到：

$$Pr[G\mid S] = \frac{pq^a(1-q)^b}{pq^a(1-q)^b + (1-p)(1-q)^a q^b}$$

我们希望知道这个表达式与 p 比较会有什么结果。可以采用下面的方式做一些变换。用 $(1-p)q^a(1-q)^b$ 替换分母中第二项，分母变换为 $pq^a(1-q)^b + (1-p)q^a(1-q)^b = q^a(1-q)^b$，因此整个表达式变换为：

$$\frac{pq^a(1-q)^b}{q^a(1-q)^b} = p$$

现在的问题是这种替换后，和原来相比，分母变大了还是小了？

（1）如果 $a>b$，这种替换使分母变得更大，因为 $q>1/2$，并且现在有更多的因子 q 和较少的因子 $(1-q)$。分母变大，整体值就会减小，因此，$Pr[G|S]>p=Pr[G]$。

（2）如果 $a<b$，采用类似的论证，这个表达式使分母变小了，整体值会变得更大，因此，$Pr[G|S]<p=Pr[G]$。

（3）最后，当 $a=b$ 时，这个表达式的分母保持不变，因此，$Pr[G|S]=p=Pr[G]$。

16.6　依次抉择与级联

现在考虑当个体依次作出决定时会发生什么情况。像以前一样，这里关注的情况是，每个人都可以观察到前面人的决策行为，但并不清楚他们都知道些什么。在模型中，这意味着，当某个人决定接受或者拒绝一个选项时，会使用自己的私有信号，以及观察到所有先前人做出的决定。重要的是，每个个体没有机会得到其他人的私有信号。

这个推理与 16.2 节中一组学生的群集实验非常类似，现在考察这些相似点。

- 第 1 个人将遵循自己的私有信号，正如 16.5 节所描述的那样。
- 第 2 个人看到 1 号个体的决定，揣摩出 1 号的私有信号，因此，2 号个体得到两种信号。如果这两种信号相同，2 号的决定就很容易做出。如果它们不同，那么就像我们在 16.5 节后面看到的，2 号选择接受或者拒绝没什么区别。这里我们假设 2 号按

自己私有信号做选择。因此,无论是哪种情况,2 号会根据自己的私有信号做决定。

- 其结果是,第 3 个人知道 1 号和 2 号都是依据自己的私有信号决策,这相当于 3 号个体得到了三个独立的信号(两个是推断的,一个是自己观察到的)。从 16.5 节的论证中我们知道,3 号将按照多数信号(高或低)选择接受或者拒绝。

这意味着,如果 1 号和 2 号个体做出了相反的决定(即他们得到相反的信号),那么 3 号就会利用自己的私有信号来打破这个僵局。接下来的人们知道 3 号的决定是基于他自己的信号,并且在做自己的决定时会参考这个信息。

另一方面,如果 1 和 2 作出同样的决定(即他们得到相同的信号),那么 3 号将遵循这一决定,而忽略自己的个人信号。后面的个体都知道,3 号的决定没有传递任何关于私有信号的信息,这些人将全部与 3 号处在同一个起点上。这种情况下,级联效应便开始了。也就是说,现在的情况是,没有哪个个体的决定是受其私有信号影响的。不管他们观察到什么,从 3 号以后的每个人将作出与 1 号和 2 号同样的决定。

现在分析这个过程如何延伸到第 3 个以后的人。考虑第 N 个人,假设 N 号个体知道前面每个人都遵循自己的信号做决定,也就是说,这些早先的人接受/拒绝的决定完全取决于他们收到的是高信号或低信号,N 号个体很清楚这一点。我们需要考虑以下几种可能的情况。

- 在 N 号个体之前做决定的人中,如果接受的数量与拒绝的数量相同,N 的私有信号就成为决胜因素,N 会按照自己的信号做决定。
- 在 N 之前做决定的人中,如果接受的数量与拒绝的数量相差 1 个,那么或者 N 的私有信号对决定没什么作用,或者它会加强多数信号。无论是哪种情况,N 都会遵循自己的私有信号行事(我们假设一个人在无关紧要时遵循其私有信号做决定。)
- 如果在 N 之前做决定的人中,接受的数量与拒绝的数量相差达到 2 或者大于 2 时,那么无论 N 的私有信号是什么,都不会改变早期形成的信号分布状态。因此,N 将按照先前的大多数信号选择,而忽略自己的信号。

这种情况下,N+1,N+2,以及后面的人都清楚 N 忽略了自己的私有信号(后面的人同样清楚在 N 之前的人都是依赖自己的私有信号做决定)。因此,这些后面的人将处于同 N 完全相同的状态。这意味着,他们每个人也将忽略自己的信号,按照多数信号行事,因此级联效应便开始。

现在可以对决策行为的过程概述如下。只要接受数和拒绝数相差不超过一个,序列中的每个人就会简单地依据自己的私有信号做决定。一旦接受数和拒绝数相差达到两个,便形成级联效应,后面每个人就会一直简单地遵循多数人的决定。图 16.3 以图示的方法说明了这个过程,描绘了一个实例中人们依次做出决定后,接受数和拒绝数之差随着时间的变化情况。当一个人做出一个新的决定时,接受数或拒绝数正好增加一个,因此图形向上或向下移动一个单位。一旦接受数和拒绝数的差值离开零点附近的水平带,也就是说,当图形远离 x 轴至少两个单位时,级联效应便开始,并且会一致持续下去。

最后需要说明,接受数和拒绝数的差值很难一直保持在一个狭窄的区间内(−1 和 +1 之间)。例如,在人们遵循自己的信号做决定的一段时间内,如果有三个人碰巧连续得到相同的信号,级联就会马上开始。(注意可能还没有发生这种情况时,级联就已经开始了,不过可以验证连续三个相同的信号足以使级联开始。)现在,我们论证当 N 趋近于无穷大时,连

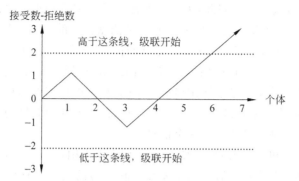

图 16.3 当接受和拒绝的数量相差达到 2 时，一个级联效应便开始

续出现三个相同信号的概率收敛于 1。为此，我们先将编号 N 之前的人按顺序分成三人一组(1、2、3 号一组，4、5、6 号一组，等等)。任何一组三个人得到相同信号的概率是 $q^3 + (1-q)^3$，那么没有一个组其中三个人得到相同信号的概率就是 $(1 - q^3 - (1-q)^3)^{N/3}$。当 N 趋于无穷大时，这个值趋于 0。

这个论证说明，当个体数量趋于无穷大时，发生级联的概率为 1。因此，在极限情况下，可以确定这个模型中级联一定会发生。

我们已经完成了相关的分析，最后还有一些问题值得一提。首先，从根本上说这是一个关于个人决策行为简化的模型。对于更一般的情况，例如，很可能有人没能看到先前做出的所有决定，而只看到其中一部分；因此并不是所有的私有信号都传递着平等的信息；或者也有可能人们所得到的回报有所不同[2,38,186]。许多更宽泛的变异情况使得分析变得更加复杂，导致一些细节上的不同(例如，级联开始的条件显然不会总是像接受数和拒绝数相差至少 2 那么简单)。然而，从这些模型推导出的总体结构本质上是相似的。当人们可以看到别人怎么做，而不清楚别人的信息时，在初始阶段，人们依靠自己的私有信息；但随着时间的推移，群体便形成一种状态，这个状态中的人仍然在做理性的行为，但开始忽略他们自己的信息，而去迎合人群的做法。

我们现在从这些级联模型转向更一般性的结论，将这些模型发展成为一些不同环境中的信息级联都遵循的定性原则。

16.7 从级联中获得的认识

在 16.2 节最后，我们对简单的群集实验提出了一些观点，利用刚刚分析的通用模型可以进一步证实这些观点。

(1) 级联可能是错误的。例如，接受一个选项实际上并非是好主意，但前两个人碰巧都得到高信号，这样接受的级联效应便马上开始，即使它是个错误的选择。

(2) 级联可能基于很少的信息。一旦级联开始，人们便忽略自己的私有信息，只有在级联发生之前，信息会影响人群的行为。这意味着，如果一个级联开始得相对比较快，大多数人拥有的私有信息(即个体的私有信号)都没有被利用。

(3) 级联是脆弱的。前面提到级联可以基于相对较少的信息，这使得它们很容易启动，但也可以让它们很容易停止。一种表现是，当人们接收到略具优势的信息就可以颠覆已经存在一段时间的级联。

例如,考虑前述接受级联模型,在级联开始时,高信号数比低信号数多两个。假设在级联过程中某人要做决定时,碰巧收到两个私有信号。如果这两个信号都是低信号,这个人(考虑到之前得到的信号,可以推断出)就会得到相同数量的高信号和低信号。因为他怎样选择都无关紧要,按照我们的假设,他应该选择拒绝(因为来自他自己的信号是低信号),尽管此时接受可能已经持续了一段时间。一个单一的公开信号具有相同的效应,如果在级联过程中,有一个私有信号碰巧被所有人看到了,那么接下来做决定的人就得到两个信号(公开信号和自己的私有信号),因此会发生同样的结果。

更一般地,研究级联给我们一个很重要的启示是,对于群体行为的不同过程的效果,应该谨慎下结论。正如我们刚刚看到的,即便每个人的行为都是合理的,而且每个人的行为相同,人群也可能出现决策偏差。

这与 James Surowiecki 的畅销书《群体的智慧》中的观点形成有趣的对比[383],书中指出大量人群基于有限信息的聚合行为,有时可以产生非常准确的结果。作者在最初的例子中指出,如果许多人都在独立猜测,总体上看人们的平均猜测结果往往与实际情况出乎意料的吻合(可能是猜一个瓶子里的糖豆数,或一头公牛的重量等)。这一结论的前提是,每个人利用自己的私有信息(他们的信号)进行独立猜测,并不了解别人是怎么猜的。如果相反,人们依次进行猜测,每个人都可以观察到前面其他人的猜测,那么便回到级联环境,也就没有理由再相信平均猜测结果的准确性。Surowiecki 也注意到这种级联的可能性,指出随大流时需要谨慎。

这些发现启发我们进一步思考,在不同情况下个体或团体行为是否会发生级联效应?它将如何影响决策?一种非常容易产生级联效应的情况是委员会式的团体决策方式,人们围坐在一起,讨论一个问题可能的解决方案。例如,一个招聘委员会要决定是将工作机会提供给候选人 A 还是 B。这种情况下,一个常用的策略是大家围坐在桌前,依次发表他们对所支持候选人 A 或 B 的看法。如果参会者对两个候选人的看法大致相当,就会很快地产生级联效应:如果几个人最初赞成 A,可能导致其他人觉得也应该赞成 A,即使他们最初的首选可能是 B。在本章研究的级联有一个基本原则,人们并不是简单地迫于社会压力来迎合大多数,而是根据理性的判断作出决定,人们可能会认为先前发表意见的人有更有价值的信息。

这种情况表明存在两种力量的作用,一方面,一组专家携手合作彼此依赖其他人的想法,另一方面,他们各自又都持有自己的意见。要平衡这两种力量,就要求每个专家在彼此合作形成一致之前能够形成部分独立的意见。这样,如果某些人对一个问题有很有价值的信息,无论他是否有机会发表意见,这些信息都会起到一定作用。

市场营销人员同样利用级联效应,试图形成一个新产品的购买级联。如果他们能诱发最初一批人采用新的产品,那么后来的人也可能会决定采用这个产品,即便是它没有比竞争产品好在哪,甚至更糟糕。让后来的买家观察到前人采用新产品的选择,但不了解这些选择实际上是否能满足了他们的需求,这样的促销是最有效的;此时人们的购买很像级联出现时人们的行为,即是基于看到了别人的做法,但不了解他们所掌握的信息。如果能够了解早期消费者的回报(或者一些相关的统计数字)信息,则可以有效地避免产生一个错误选择的级联,这再次说明,改变一群人已有的信息会对他们的整体行为产生影响。

16.8 练习

1. 考虑一种特殊情况,如果每个人只能看到他的近邻而不是先前所有人的选择行为,是否可能发生一个信息级联。保留 16 章对信息级联的所有设置,唯一不同的是,当 i 选择时,只能观察到自己的信号以及 $i-1$ 的选择行为。

    (a) 简要解释对这种改变的信息网络,为什么 1 号和 2 号个体的决策行为性质不变?

    (b) 3 号个体能观察到 2 号的选择行为,但观察不到 1 号的选择,3 号从 2 号的选择中能够获得什么信号?

    (c) 3 号个体可以从 2 号的选择中推断出 1 号的信号吗? 为什么?

    (d) 如果 3 号个体得到一个高信号,并且知道 2 号选择接受,会怎样选择? 如果 3 号得到一个低信号,且知道 2 号选择了接受,会怎样选择?

    (e) 你认为这种情况会产生级联吗? 请解释为什么。不必提供正式的证明过程,但要给出简要且充足的论据。

2. 考虑 16 章讨论的信息级联模型的一种变体形式。假设每个个体顺序决定是采用或者拒绝一项新技术。假设每个接受新技术的人,通过使用该项技术,会得到正或负的回报。不同于 16 章的模型,这些回报是随机的,并且平均来看,如果技术好,回报就是正数,否则,回报是负数。任何决定拒绝这项新技术的人得到的回报为 0。在 16 章讨论的模型中,每个个体得到一个关于该技术的私有信号,以及观察到之前所有人的选择。然而,这里有些不同,每个个体也将被告知前面所有人得到的回报。(一种解释是一个官方机构免费向公众提供所收集的关于个体使用该技术的信息)。

    (a) 假设这项新技术其实并不好。那么这些回报信息(前面每个采用该技术的人收到的回报)对形成和维持采用这个新技术的信息级联会产生怎样的影响?

    (b) 假设这项新技术实际上很好。拒绝该项技术的信息级联可能发生吗? 简要解释。

3. 考虑 16 章讨论的信息级联模型。假设世界可能处于“好”或“坏”两种状态,接受(A)是一个好主意的概率 $p=1/2$;如果世界处于好状态,得到高信号的概率为 $q=3/4$(对应地,如果世界处于坏状态,得到低信号的概率也是 3/4)。最后,假设世界现在处于好状态。

    (a) 第一个人选择接受(A)和拒绝(R)的概率分别有多大?

    (b) 不难认识到,前两个人可能的选择组合有(A,A),(A,R),(R,A)和(R,R)。它们出现的概率分别是多少? (组合(A,R)表示第一个人选择接受,第二个人选择拒绝,等等)

    (c) 当第三个人要做决定的时候,已经显现出级联(接受或拒绝)的概率是多少? 请给予解释。

4. 考虑一个信息级联模型,假设状态是好的(G)概率 $p=1/2$,如果给定状态 G,得到一个高信号的概率 $q=2/3$。(同样,如果给定状态 B,得到一个低信号的概率 $q=2/3$。)注意每个人都会得到一个信号,并观察到之前所有人的选择行为(而不是他们的私有信号),每个人可以选择接受(A)或拒绝(R)。

    假设你是第 10 个做选择的人,观察到前面所有人的选择都是 R,就是说这是一个拒绝级联。

    (a) 这是一个错误级联的概率是多少? (状态为 G,产生拒绝级联的概率。)

    (b) 现在假设你在没有得到信号之前,决定询问 9 号所观察到的信号,假设 9 号观察到一个高信号,并告诉了你这个结果,你也知道他说的是真话。之后,你会收到自己的信号。此时你应该做什么决定? A 还是 R,这个决定是否取决于你得到的是什么信号?

    (c) 现在考虑第 11 个人。11 号个体能观察到自己的信号和前面所有人的选择(1 到 10)。11 号知道你(10 号)能同时看到你自己和 9 号的信号。11 号并不能观察到这些信号;他所知道的是前面所有已经做出的决定。前 9 个人选择了 R。11 号在你选择 R 时会怎样选择? 在你选择 A 时又会怎样选择? 为什么? 注意 11 号只能观察到一个信号,因此他的选择取决于他的信号和前面人的选择。

5. 假设你在为一家公司工作,你的老板要求你解释一个近期发生的聘用错误。公司要面试两个候选人 A 和 B,他们同时申请一份工作。招聘委员会成员全部参加面试并一起决定聘用哪一个。委员会每个人都希望选择一个最合适人选,面试之后,委员会成员对两个人谁是最佳选择有不同的看法。委员会要最做终决定时,让每个人宣布两个候选人中的最佳人选。结果是,委员会的每个人认为候选人 A 最合适,因此没有再进行讨论,便决定 A 得到这份工作。

现在 A 工作了一段时间,大家又觉得实际上 B 应该是最好的选择。

(a) 你的老板要求你解释,老板很确定,在委员会会议之前,至少一些成员可能认为 B 是最好的选择,那么委员会成员怎么会一致支持候选人 A,你能告诉老板吗?

(b) 你能否设计另一种机制,假若委员会采用的话,即可以得到大家的不同意见,也可以导致候选人 B 更可能实际上胜出。

6. 你需要在两种选择中抉择。这两种选择可能是,相信或不相信一则传言,在两款竞争产品中选择一款,在两个竞选政治家中选择一个,选择一项新技术还是保持原来的技术,等等。不幸的是,你不太清楚选择某一种选项潜在的好处。严格地说,你认为每一种选项是最佳选项的概率相同。然而,有些专家能够提供你需要的信息,他们清楚选择不同选项你能得到的回报,这些专家并不完美,他们只是比你知道的更多些。我们可以严格地描述这种情况,每个专家对每个选项的回报拥有一些不完全的私有信息,我们假设所有专家对两种选项的评估水平相同。

每个专家公开宣布他们认为哪个选项是最佳选项。(专家并不直接传递他们掌握的私有信息。那样的话,你很难从他们的叙述中得出结论。)专家们依次公布他们推荐的选项,每个专家在宣布自己的看法时知道前面其他专家所推荐的选项。你可以看得到所有专家的推荐结果,但并不了解这些结果产生的顺序。最后,我们假设专家都很诚实;也就是说,根据他们的私有信息以及其他专家的推荐结果,专家们总是做出他们认为是最好的建议(对你来说)。

(a) 假设大多数专家赞成选项 A。你对选择 A 有多大的信心?如果赞成 A 的专家比例更高一些,你会增加选择 A 的自信心吗?也就是,不仅仅是超过半数,而是将近是全部。请解释你的答案。(你不能仅提供数字来回答这个问题,而需要讨论你从这种推荐状态中得出的推论。)

(b) 假设现在专家不公开发表推荐意见。因此,你需要聘请一个专家组来获取他们的意见。我们假设这些专家之前不会互相交换意见,而是独自获得关于选项的信息,并更新他们对选项的意见。你知道专家都是不完全的,因此决定聘请 5 个人,希望能够获得更多的意见。考虑两种方案,组织并获得专家的意见。第一个方案,将所有的专家集中在一起,要求他们依次发表对选项的意见。第二个方案,私下分别询问他们对选项的看法。哪个方案能够给你提供更多的信息?为什么?

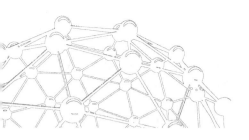

第 17 章　网络效应

在第 16 章开头,我们讨论了个体模仿他人行为有两种基本不同的原因。一种是基于**信息效应**:其他人的行为传递了他们所知道的信息,观察别人的行为并模仿着去做(即便有时会违背自己的个人信息)有时也是一个合理的决定。这是第 16 章的主要研究内容。另一种模仿他人的原因是基于**直接受益效应**(direct-benefit effects),也称为**网络效应**(network effects):对于某些决定,如果能与他人的决策行为保持一致可以带来直接的利益。这一章将研究这种网络效应。

网络效应产生的一个自然环境是采用的技术需要与其他人交互或相容。例如,当传真机作为新产品推出时,它潜在的价值取决于有多少其他人也使用相同的技术。社交网络或媒体共享网站也表现出同样的特性,它们的价值在一定程度上体现在有多少其他人也在使用。同样,计算机操作系统也因为更多人使用而发展得越来越实用,即便它本身并不是以交互为主要目的,有更多用户的操作系统往往也涉及大量丰富多样的软件,形成的系统能够兼容各种文件格式(如文档、图片、电影等),便于更多的人使用。

网络效应的外部性

我们这里所描述的效应称为**积极外部性**(positive externalities,也称正外部性)。一个外部性是这样一种情形,一个人的福利会受到其他人行动的影响,而没有什么相互补偿。例如,从一个社交网站能受益多少与有多少人使用这个网站有直接关系。当有更多的人加入该网站时,便无形中增加了你的福利,尽管没有什么明确的报酬合约。从增加福利这个意义上说,这种外部性是一种积极因素。这一章,我们将探讨网络效应对外部性产生的积极影响因素。在我们的分析环境中,回报取决于使用一种商品的人数,而与这些人如何发生联系的细节无关。第 19 章,我们将主要关注网络连接的细节,以及它们对积极外部性的影响。

我们曾在前面章节看到**消极外部性**(negative externalities,也称负外部性)的例子,即一个外部性造成福利减少的情况。第 8 章讨论的交通堵塞就是一个例子,一个人使用一种运输或通信网络,会降低其他使用者的回报,同样遭受影响的用户并没有任何补偿协定。在本章的最后一节,我们将对积极外部性和消极外部性进行更详细对比和研究。

有一点很重要,并非所有的事情都是外部性;最关键的是要看这种影响有没有报酬或补偿。打个比方,你喝了一听健怡可乐,世界上就减少一听可供消费的健怡可乐,因此你的行为减少了其他人的福利。但是,在这种情况下,你必须花钱买健怡可乐,如果你付的钱可以再生产出另一听可乐,那么你就为你的行为作出了补偿。也就是说,不存在无偿的效应,也就没有外部性。我们在第 24 章讨论产权时将进一步讨论外部性和补偿的相互作用。

17.1 没有网络效应的经济

这一章对一种商品市场的研究步骤是首先考虑没有网络效应的市场机制,也就是说,消费者不在乎有多少其他用户使用相应的商品,然后再探讨网络效应对市场产生的影响。

一个潜在买家数量庞大的市场,每个人相对于整个市场非常渺小,个体决定不会影响市场的整体行为。例如,每个买面包的人不用担心自己的决定会影响面包的价格。(注意,这与大量的人都买面包会影响面包价格的情况不同。)当然,实际市场中消费者数量是有限的,每个人的决定确实对整体有一个非常小的影响,鉴于这种影响对于市场行为太微弱,我们在构建市场模型时将忽略个人决定的影响。

我们构建不考虑个体影响的市场模型,以严格限定在 0 到 1 之间的实数集表示一个消费群体。也就是说,每个消费者以一个不同的实数命名,消费群体总量为 1。这种以实数命名消费者的方式对分析很有帮助,例如,0 到 $x < 1$ 之间的消费群体的人数比例可以用 x 表示。可以用另一种方式理解这种模型,一个拥有大量但有穷的消费群体的市场可以用一个连续的近似值表示;连续性模型的优势在于许多情况下可以避免处理任何个体对总体产生的直接影响。

假设每个消费者至多想要一个单位量的商品;每个买到商品的消费者会获得一定但不同的利益。如果没有网络效应的影响,我们认为消费者的购买意愿完全取决于这个固有的利益。当存在网络效应时,消费者的购买意愿取决于两方面的因素:

- 本身固有的利益。
- 其他购买该商品的人数,购买的人数越多,消费者越想买。

对网络效应的研究是分析上述第二个因素所起的作用。

下面首先分析没有网络效应的市场。

1. 保留价格(Reservation Prices)

如果没有网络效应,每个消费者从商品中获得的利益取决于一个单一的保留价格,是消费者愿意为相应的商品支付的单位最高价。我们用 0~1 之间的数以保留价格的降序表示每个消费者,因此,如果消费者 x 比 y 的保留价格高,那么,以上述命名方式表示,就有 $x < y$,用 $r(x)$ 表示消费者 x 的保留价格。对于本章的分析,假设函数 $r(\cdot)$ 是连续函数,并且任何两个消费者的保留价格是不同的,因此函数 $r(\cdot)$ 在 0~1 区间内严格递减。

假设某个商品的单位市场价格是 p,每个人都可以以这个价格购买该商品,这价格不会升高也不会下降。因此,保留价格不低于 p 的消费者会购买这个商品,而保留价格低于 p 的人不会购买。显然,如果商品的价格是 $r(0)$ 或更高,就没有人购买;如果价格是 $r(1)$ 或更低,每个人都会购买。我们来考虑当 p 被严格限定在 $r(1)$ 和 $r(0)$ 区域内的情况,这个区域存在一个特殊的值 x,能够满足 $r(x) = p$,如图 17.1 所示,因为 $r(\cdot)$ 是一个严格递减的连续函数,因此一定与水平线 $y = p$ 在某一点相交。

这意味着所有以 0 到 x 之间的数命名的消费者购买这个商品,以大于 x 命名的消费者

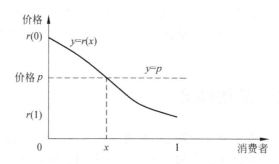

图 17.1   如果没有网络效应，某个商品固定市场价格为 p，该商品的需求量
定位在曲线 $y=r(x)$ 和水平线 $y=p$ 的相交点

不会购买，即比例为 x 的消费者购买该商品。对于任何一个价格 p，存在一个由 p 决定的 x，x 表示以价格 p 购买商品的人数比例。这种描述价格和数量（针对任何价格的购买需求量）关系的方式通常被称为对某个商品的市场需求，它是考虑价格和购买数量之间关系的一种非常有用的方法。[①]

2. 商品的均衡量

假设生产某种商品的单位成本固定为 p^*，对消费者而言，有充足的生产商提供商品，他们都没有足够的能力左右商品的市场价格。总体来说，生产商会愿意以单位价格 p^* 提供任何数量的商品，价格不会再低。此外，生产商能够以固定的成本价 p^* 生产充足的商品的假设意味着这个价格不会高于 p^*，因为竞争会使生产商的利润趋于 0。总之，我们可以设定一个市场价格 p^*，而不必考虑商品的生产数量[②]。如上所述，我们对 p^* 高于 $r(0)$ 和低于 $r(1)$ 的情况不感兴趣，因为那种情况要么是每个人或者是没有人会购买商品，为此，假设 $r(0) > p^* > r(1)$。

为得到没有网络效应的市场运行的完整概念，我们来确定商品的供给。因为 p^* 介于最高和最低保留价格之间，那么在 0 和 1 之间就会存在一个 x^*，使得 $r(x^*) = p^*$。我们称 x^* 是在给定保留价和成本价 p^* 的前提下，商品的**均衡量**。图 17.2 以图 17.1 为基础，表达了商品的成本价 p^* 和均衡数量 x^*。

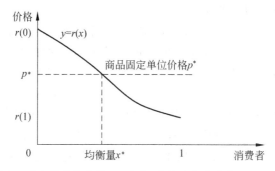

图 17.2   如果商品以固定单位成本价 p^* 生产，消费均衡量值为 x^*，x^* 满足 $r(x^*) = p^*$

①   用微观经济学术语，函数 $r(\cdot)$ 描述逆需求函数。$r(\cdot)$ 的反函数（用 p 表示 x）是需求函数。

②   同样基于微观经济学理论，这是任何以固定成本生产的商品长期竞争性供给图示。

从直观上看,x^* 代表了人群对某种商品的消费平衡。如果少于占比 x^* 的人购买了商品,就有一些人尽管没有购买商品,但却有购买的动机,因为他们的保留价格高于 p^*。换言之,商品的消费存在"上行动力",因为有一部分人没有购买,但希望购买。另一方面,如果超过 x^* 比例的人购买了商品,就有些人尽管买了商品,但又有些后悔,因为他们的保留价格低于 p^*。这种情况下,商品的消费就有一个"下行动力"。

这个均衡有一个吸引人的特征,它符合第 6 章定义的社会最优。为此,我们来看所带来的社会福利,在这里相当于消费者对所购商品的保留价格总和与生产相应数量产品的成本价格总和之间的差额。如果社会能够产生出充足的商品,提供给比例为 x 的消费者,那么,产品供给介于 0 和 x 之间的消费者会使社会福利达到最高,因为这个区间的消费者对商品的估值最高。那么 x 值应该是多少最好?由于消费者 x' 对社会福利的贡献是差额 $r(x') - p^*$,那么 0 到 x 的购买者贡献的社会福利对应于曲线 $y = r(x)$ 和水平线 $y = p^*$ 之间(带符号的)面积。从图上看曲线 $y = r(x)$ 在直线 $y = p^*$ 以下的部分贡献的是负面积,那么应该选择一个 x,包括 $y = r(x)$ 和 $y = p^*$ 之间所有正面积部分,而没有任何负面积区域。因此,选择 $y = r(x)$ 和 $y = p^*$ 的相交点 x 作为平衡点 x^* 就达到了这个目的,表明平衡数量 x^* 满足社会最优。

接下来介绍网络效应,它导致市场中的一些重要特征从根本上发生变化。

17.2　具有网络效应的经济

这一节讨论具有网络效应的商品市场模型。我们将借鉴 Katz、Shapiro、Varian[235, 368] 提出的思想,以及 Brian Arthur[25, 27] 的著作中关于这些思想对早期研究影响的讨论。

在网络效应的作用下,消费者对商品的购买意向不仅取决于他/她自己的保留价格,还与该商品的用户总数有关。可以用一个简单的方法构建这个模型,其中涉及两个函数。设占比为 z 的人数使用这个商品,那么消费者 x 的保留价就是 $r(x) f(z)$,其中 $r(x)$ 的含义与前面一致,是消费者 x 从商品中得到的利益,$f(z)$ 表示每个消费者从比例为 z 的使用该商品的人中获得的利益。函数 $f(z)$ 是一个递增函数,它体现使用商品的人数增加能为商品带来价值的提高。以乘积 $r(x) f(z)$ 表示保留价格,意味着本身就认为商品价值较高的人会从较多人的使用中得到更大的好处。

参照通信技术和社交媒体的情形,我们先假设 $f(0) = 0$,意味着如果还没有人购买这个商品,也就没有人愿意购买。在 17.6 节,我们将考虑 $f(0)$ 不等于 0 的模型。我们同样假设 f 是一个连续函数。最后,为使讨论更简化,假设 $r(1) = 0$,这表明接近于数值 1 的消费者 x(最不感兴趣购买的那部分人),愿意支付的价格收敛于 0[①]。

一个消费者是否愿意购买取决于使用该商品的人数占比,每个消费者需要推测这比例来决定是否购买。假设商品的价格是 p^*,消费者 x 认为占比为 z 的人使用这个商品,那么当 $r(x) f(z) \geqslant p^*$ 时,x 会购买商品。

我们先考虑所有的消费者对商品的使用人数都有一个准确的预测这种情况。然后,再考虑不准确的预测导致人数动态变化的情况。

---

① 假设 $r(1) = 0$ 对于我们定性的结果不是必须的,但它可以免除一些额外的步骤。

1. 具有网络效应的均衡

假设消费者的预测是准确的,会给我们的讨论带来什么结果? 这意味着消费者形成一个共同的期望:使用该商品的人数比例为 z,如果每个消费者因此而决定购买,那么实际上购买商品的人数比例同样也是 z。我们将这个结果称为购买量 z 的**自实现期望均衡**(self-fulfilling expectations equilibrium):如果每个人都期望比例为 z 的人会购买该商品,那么这个期望反过来因为人们的行为而实现。

我们来看这个均衡值 z 在 $p^* > 0$ 时具有什么特性。首先,如果每个人期望有比例为 $z=0$ 的人购买商品,那么每个消费者 x 的保留价格 $r(x)f(0)=0$,低于 p^*。因此,没有人会购买,对 z 的共同期望值 $z=0$ 因此实现。

现在,考虑一个严格在 0 和 1 之间的值 z。如果恰好有比例为 z 的人购买了商品,那么它对应于哪个区间的个体? 显然,如果消费者 x' 购买了商品,并且 $x < x'$,那么消费者 x 也会购买。因此这个购买集合应该正好是介于 0 和 z 之间的消费群体。那么什么价格 p^* 正好是这个购买群体想要支付的价格? 这个群体集合的最低保留价格应该是消费者 z 的保留价格,因为大家共同期望比例为 z 的人购买商品,因此 z 的保留价为 $r(z)f(z)$。为了满足只有这个集合的人购买商品,而其他的人不会购买的条件,应将价格定为 $p^* = r(z)f(z)$。

总结以上所述:

如果价格 $p^* > 0$ 与预期量 z(严格在 0 和 1 之间)形成自实现期望均衡,那么 $p^* = r(z)f(z)$。

这个论述与上一节没有网络效应的模型形成了鲜明的对比。那里我们看到,为了售出更多的商品,价格要降得比较低,或者说当商品的价格较高时,商品出售的数量就比较小。这一结论的基础是,没有网络效应的均衡量 x^* 由 $p^* = r(x^*)$ 确定,其中 $r(x)$ 是 x 的递减函数。有网络效应的市场比较复杂,因为消费者对商品的需求量取决于它们被期望的需求量有多少,这就导致比较复杂的均衡方程,即均衡量 z 要满足 $p^* = r(z)f(z)$。根据我们 $f(0)=0$ 的假设,我们看到一个有网络效应的均衡发生在价格为 p^*,以及 $z=0$ 时,此时生产商愿意提供的商品数量为 0,因为没人想购买,商品也就没有需求。

2. 一个实例

为了分析等式 $p^* = r(\cdot)f(\cdot)$,观察它是否还存在其他的均衡,需要了解函数 $r(\cdot)$ 和 $f(\cdot)$。我们通过实际函数分析这个问题,设 $r(x)=1-x$, $f(z)=z$。因此 $r(z)f(z)=z(1-z)$,其图形为图 17.3 所示的抛物线,在 $z=0$ 和 $z=1$ 时,函数值为 0;$z=1/2$ 时,函数值达到最高值 $1/4$。当然,函数 $r(\cdot)$ 和 $f(\cdot)$ 的一般情况并不一定是这样,但形式上具有图 17.3 的一些特征。

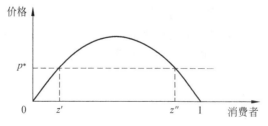

图 17.3　如果有网络效应的作用,并且 $f(0)=0$,此时存在多重自实现期望均衡,
在 $z=0$,以及曲线 $r(z)f(z)$ 与高度为 p^* 的水平线的相交点

继续这个例子,可以发现一组均衡。当 $p^* > 1/4$ 时,$p^* = z(1-z)$ 无解(等式右边在 z 为 1/2 时,达到最大值 1/4),因此这种情况下只有在 $z=0$ 时达到均衡。这相当于商品的价格太高,仅有的均衡是所有的人都决定不买它。

另一方面,考虑 p^* 在 0 和 1/4 之间,$p^* = z(1-z)$ 有两个解,即抛物线 $y = z(1-z)$ 和水平线 $y = p^*$ 的相交点 z' 和 z'',如图 17.3 所示。也就是说这种情况有 3 个可能的均衡,$z=0$,以及 z' 和 z''。对于每个均衡点 z,如果人们都预期恰好比例为 z 的人购买商品,那么就正好有比例为 z,在区间 0 到 z 的消费者会这样做。

从这个例子可以观察到两点。第一,自实现期望均衡的概念一般来说符合"消费信心"的聚合效应。如果人们对一种商品的成功没有信心,那么因为网络效应,就没有人想买它,而这种对商品缺乏信心的状态又将被失败的购买所证实。另一方面,对于同样价格的同一种商品,如果人们信任它,那么就可能有相当比例的人会购买,因此也就确定了商品的成功。存在这种多重均衡,也表现了市场中网络效应发挥了作用。

第二个观察涉及这种情况下消费需求的特性。相比图 17.2 的简单递减曲线,图 17.3 突出了价格和均衡量之间的复杂关系。特别是,当价格 p^* 逐渐降至低于 1/4 时,"高"均衡点 z'' 向右移动(正像没有网络效应的简单模型),但"低"均衡点 z' 向左移动,趋向较小的人数占比。要理解这两个均衡之间的相互关系,需要分析和对比它们的一个重要特性,我们将在下一节讨论这个问题。

17.3　稳定性、不稳定性和转折点

我们继续通过图 17.3 的例子探讨消费平衡的特性。首先讨论为什么当 z 的值不是 0、z'、z'',就不能构成均衡。假设比例为 z 的人要购买商品,且 z 不是这三个均衡量值。

- 如果 z 是 0 和 z' 之间的数,那么商品消费存在"下行动力",这是因为 $r(z)f(z) < p^*$,以 z 命名的购买者(以及其他低于 z 的购买者)对商品的估值小于 p^*,因此他们可能希望自己没有买这个商品。这将会驱使需求下降。

- 如果 z 在 z' 和 z'' 之间,商品消费存在"上行动力",因为 $r(z)f(z) > p^*$,以略大于 z 命名的消费者没有购买商品,却希望能够购买。因此推动需求上升。

- 最后,如果 z 高于 z'',同样存在下行动力,因为 $r(z)f(z) < p^*$,以 z 或刚刚低于 z 命名的购买者会希望他们没有购买商品,驱使需求下降。

上述三个 z 的非均衡性讨论对研究平衡点 z' 和 z'' 的特性非常有帮助。首先,我们发现 z'' 具有较强的**稳定性**。如果比例稍大于 z'' 的人购买商品,那么需求有被推回到 z'' 的动力;如果比例稍小于 z'' 的人购买,那么相应的需求朝着 z'' 被向上推动。因此,当人们的期望围绕着 z'' 小幅度变化时,最终的结果总会回归到 z''。

均衡点 z' 附近的情况却不一样,实际上是极不稳定的。如果比例稍大于 z' 的人购买商品,那么上行动力驱使需求远离 z',朝着更高的均衡 z'' 伸延。如果比例稍小于 z' 的人购买商品,下行动力驱使需求朝着另一个方向远离 z',向下延伸到均衡点 0。因此,如果恰好比例为 z' 的人购买商品,那么就处于均衡状态;但如果比例略微偏离这个均衡,系统状态将顺势大幅上升或下降。

所以说,z' 不仅是一个非稳定均衡,实际上也是商品成功与否的一个"**临界点**",或者说

是一个**转折点**。如果生产商能够预期其商品的购买人数比例会高于 z'，那么就可以利用需求的上行动力达到稳定均衡 z''，进而占有一定份额的市场。另一方面，如果预期购买商品的人即使是略低于 z'，那么在下行动力的作用下，其市场占有率将趋于 0。z' 的值是生产商成功必须跨越的障碍。

这种分析均衡的方法对价格 p^* 提供了一种思考方式。如果生产商要将商品的价格定得更便宜，也就是降低价格 p^*，那么会产生两个有利的影响。首先，图 17.3 的抛物线此时会被一条较低些的水平线切开（价格被降低），低均衡点 z' 会向左移动，这使得临界点比较容易通过。此外，高均衡点 z'' 会向右移动，也就是说，如果生产商能够越过临界点，它的用户最终量 z'' 会更大。当然，如果 p^* 设置得低于生产成本，厂商就会赔钱。但是作为长期价格策略的一部分，早期的损失可能通过用户群的增长和更高的利润来抵消，这实际上是一个可行的策略。很多生产商都这样做，他们提供商品的免费试用，或设定较低的初始价格。

17.4　市场的一种动态观

另一种分析这个临界点的方式很具有启发性。前面讨论的均衡有一个前提，消费者能够正确地预测实际购买商品的人数。如果我们认为消费者可以预测出一个共同的购买人数，但允许这种预测出现偏差，结果会怎样？

这意味着，如果每个人都知道比例为 z 的人购买了商品，基于这个信息，对于消费者 x，如果 $r(x)f(z) \geqslant p^*$，x 会购买这个商品。也就是说，所有想要购买这个商品的人应该在区间 0 到 $\hat{z}$ 之间，其中 $\hat{z}$ 满足方程 $r(\hat{z})f(z)=p^*$。相当于：

$$r(\hat{z}) = \frac{p^*}{f(z)} \tag{17.1}$$

或者，以 $r(\cdot)$ 反函数形式表示：

$$\hat{z} = r^{-1}\left(\frac{p^*}{f(z)}\right) \tag{17.2}$$

这个方程可以通过共同预期值 z 而计算出结果 $\hat{z}$，但应该注意，只有在等式(17.1)有解的条件下才能通过上式计算出 $\hat{z}$。否则的话，结果就是最简单的，即没有人购买。

因为 $r(\cdot)$ 是一个从 $r(0)$ 到 $r(1)=0$ 的递减函数，那么当 $\frac{p^*}{f(z)} \leqslant r(0)$ 时，方程有一个唯一的解。通常，对于预期值 z，我们用函数 $g(\cdot)$ 描述 $\hat{z}$，当 $z \geqslant 0$ 时，$\hat{z}=g(z)$，因此：

当方程有解的条件 $\frac{p^*}{f(z)} \leqslant r(0)$ 成立时，$g(z)=r^{-1}\left(\frac{p^*}{f(z)}\right)$；否则，$g(z)=0$。

将上述结果带入图 17.3 的例子，其中 $r(x)=1-x$，$f(z)=z$。因此 $r^{-1}(x)$ 仍然为 $1-x$，而 $r(0)=1$，所以条件 $\frac{p^*}{f(z)} \leqslant r(0)$ 变成 $z \geqslant p^*$。那么在这个例子中，

当 $z \geqslant p^*$ 时，$g(z)=1-\frac{p^*}{z}$；否则，$g(z)=0$。

图 17.4 显示了函数 $\hat{z}=g(z)$ 的图形。这不是一个简单的曲线图形，然而，它与 $45°$ 角直线 $\hat{z}=z$ 的关系为我们提供了很直观的视图，有助于我们分析讨论消费均衡、稳定性、不稳定性等问题。我们通过图 17.5 分析这些问题。首先，两个函数 $\hat{z}=g(z)$ 和 $\hat{z}=z$ 的图形相交于

自实现期望均衡点：此时 $g(z)=z$，如果每个人都期望比例为 z 的人购买商品，那么实际上此时就有比例为 z 的人这样做。当曲线 $\hat{z}=g(z)$ 位于直线 $\hat{z}=z$ 以下时，商品消费具有下降动力：如果人们期望比例为 z 的人购买商品，此时结果低于这个预期，并且还存在消费大幅下降的压力。与此相对应，当曲线 $\hat{z}=g(z)$ 位于直线 $\hat{z}=z$ 以上时，存在商品消费的上升动力。

图 17.4　基于网络效应的模型，定义函数 $\hat{z}=g(z)$：如果每个人预期比例
为 z 的人购买商品，那么实际上会有比例为 $g(z)$ 的人这样做

图 17.5 为我们提供了均衡的稳定性图示解释。根据函数与均衡点 z'' 相交点附近的情况，可以看出这是一个稳定均衡：它具有由下向上的动力，以及由上向下的动力。另一方面，函数与平衡点 z' 的相交处是不稳定的，存在自下而向下和自上而向上的动力，不管向哪个方向发展，都会破坏原有的均衡。

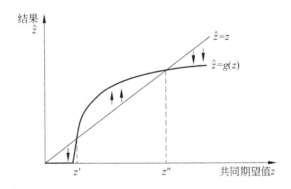

图 17.5　曲线与直线 $\hat{z}=z$ 相交于自实现期望均衡点 z' 和 z''，
z' 是不稳定均衡点，z'' 是稳定均衡点

图 17.5 中曲线的特定形状与我们选择的函数有关，然而这个图形体现出的特性却具有一般意义。一般情况下，在具有网络效应影响的市场中，这个曲线定性地描述了商品的预期用户数与实际购买商品的用户数之间的关系，或者像图 17.6 中的曲线那样更平滑一些。曲线 $\hat{z}=g(x)$ 与直线 $\hat{z}=z$ 相交，形成的均衡点可能是稳定的，或不稳定的，取决于曲线是从直线的上面还是下面与直线相交。

1. 总体人数的动态模型

20 世纪 70 年代，Mark Granovetter 和 Thomas Schelling 利用图 17.5 和图 17.6 所展现的观念构建了在网络效应作用影响下的总体人数动态变化模型[192,366]。具体来说，他们关注一个具有网络效应的特定活动，研究其参加人数随时间增长或缩小的趋势。

为了更有利于构建模型，我们不用购买传真机那样的例子，而选择人们参与大型社交媒体网站的活动为研究对象，通过这样的网站可以和朋友聊天，分享视频，或参加一些类似的

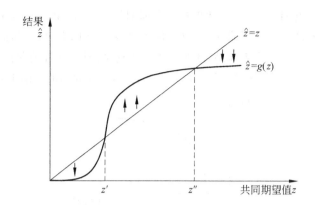

图 17.6　曲线 $g(z)$ 及其与直线 $\hat{z}=z$ 的关系，不仅限于图 17.5
所用的具体例子，也适用于更普遍的模式

活动。因此构建的模型是一种参与活动，而不是购买活动，参与比购买更具有动态特性，人们可以随时改变主意参与或退出一个社交媒体网，而购买一个物质的商品，却不能随意自然撤销。

　　尽管采用了不同的研究对象，形成的模型却完全一致。每个人 x 使用这个网站会产生一个固有的利益，用函数 $r(x)$ 表示，使用网站的人数越多，网站就越具有吸引力，以函数 $f(z)$ 表示网站对用户的吸引力。假设使用该网站需要付出一定程度的努力，这相当于"价格" p^* 的角色（只是这个价格由付出的努力定义，而不是金钱）。因此，如果用户 x 认为比例为 z 的人参与该网站，那么当 $r(x)f(z) \geqslant p^*$ 时，x 将参与。这与前面提出的观点一致。

　　我们以一组固定的时间间隔表示时间的推移，$t=0,1,2,\cdots$（时间单位可以是天、周、月等）。在时间 $t=0$ 时，比例为 z_0 的人参与了这个网站，我们称其为初始用户量。现在用户量随着时间的推移动态变化如下。在每个时间间隔 t 中，用户根据一个共同的期望值决定是否参与，这个共同期望值是前一个时间周期的用户量。用函数 $g(\cdot)$ 描述用户量随共同期望值的变化关系，在周期 $t=1$ 时期望的用户量为 z_0，因此得到 $z_1=g(z_0)$，在周期 $t=2$ 时，人们期望的用户量为 z_1，得到 $z_2=g(z_1)$；更一般地，对于任何 t，有 $z_t=g(z_{t-1})$。

　　显然，这种模型中人们的行为似乎是一种短视行为，在评估参与的利益时，并没有考虑到将来可能发生的变化。然而，它可以看成是一种近似模型，针对当人们有相对有限的信息，并且他们的行为遵循一些简单的规则的情况。此外，这种近似模型的价值在于它产生的动态行为与均衡的观念密切相关：如果人口演变遵循这种模式，那么将准确地收敛于稳定的自实现期望均衡。以下我们将对此进行推论。

2. 人数的动态性分析

　　人数的动态变化可以通过一种纯"图解"的方式分析，不一定很严格。其工作方式通过对曲线 $\hat{z}=g(z)$ 在两个均衡点附近进行放大描述，如图 17.7 所示。

　　初始用户量为 z_0，我们需要理解一系列的用户量 $z_1=g(z_0)$，$z_2=g(z_1)$，$z_3=g(z_2)$，$\cdots$，随时间的变化规律。当 $t=0,1,2,\cdots$ 时，我们跟踪点 (z_t,z_t) 的变化；注意所有

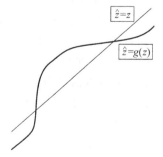

图 17.7　经过放大的曲线 $\hat{z}=g(z)$
和直线 $\hat{z}=z$ 的关系

这些点都在对角线 $\hat{z}=z$ 上。图 17.8 展示了从一点移动到另一点的基本方法。首先在直线 $\hat{z}=z$ 上定位当前用户量 z_0,然后为了确定 z_1,因为有 $z_1=g(z_0)$,因此从直线垂直移动直到与曲线 $\hat{z}=g(z)$ 相交而得到 z_1。再次在直线 $\hat{z}=z$ 上定位 z_1;这需要从点 $(z_0,z_1=g(z_0))$ 水平移动到点 (z_1,z_1)。因此按照第一个时间周期用户量的演变规律,从点 (z_0,z_0) 移动到 (z_1,z_1)。

概述上述基本操作:对于每个周期 t,用同样的方式以当前的用户量 z_{t-1} 确定新的用户量 z_t。首先从点 (z_{t-1},z_{t-1}) 垂直移动到点 (z_{t-1},z_t)(这个点在曲线 $\hat{z}=g(z)$ 上);然后从点 (z_{t-1},z_t) 再水平移动到点 (z_t,z_t)。

图 17.9 展示了这一系列点随着用户量变化的移动轨迹。曲线 $\hat{z}=g(z)$ 在对角线 $\hat{z}=z$ 以上的部分,移动轨迹不断向上移动,收敛于最近的两个函数的相交点,也就是稳定均衡点。现在看图形的左右两边对角线 $\hat{z}=z$ 与曲线 $\hat{z}=g(z)$ 相交点的情况。在稳定均衡点右侧,移动轨迹不断向下移动,收敛于所遇到的稳定均衡点。而在不稳定均衡点附近,点的移动轨迹是离开这个点向不同方向移动,这符合我们前面对不均衡点的观察,除了是从这一点开始,曲线上的点将不会到达这一点。

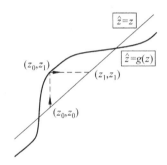 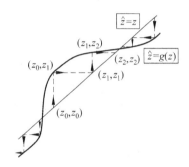

图 17.8 当人们行为受当前用户量影响时,用户量会动态变化,这种效应通过曲线 $\hat{z}=g(z)$ 和直线 $\hat{z}=z$ 描述

图 17.9 不断的更新使用户量收敛于稳定的均衡点(从不稳定均衡点的附近离开)

这个简单的用户量动态更新模型虽然是基于"短视"的总体行为,仍然能够说明稳定和不稳定均衡对市场运行轨迹的控制。稳定均衡点从两个方向吸引用户,而不稳定的均衡点像一个"分叉点",用户量从这一点向两个方向流走。

17.5 具有网络效应商品的产业

以上讨论的模型直观地提供了一个产业如何在网络效应的作用下随时间发展的轨迹。接下来进一步定性地探讨这些模型表现出来的特性。我们将继续使用"用户量"表示购买某种产品的人群占比。

利用图 17.3,我们假设一种新产品上市,并且该产品的初始生产成本较高;具体来说,高度为 p^* 的水平线高于抛物线的顶部。这种情况下,唯一的均衡是在用户量 $z=0$。如果随着时间的推移,产品的生产成本下降,最终高度为 p^* 的水平线会与抛物线相交于两点,像我们在图 17.3 中看到的,此时存在三种可能的均衡。然而,当 p^* 再高一些,接近图 17.3 中曲线的顶点，很可能没有商品被卖出，原因是如果要售出商品，消费者就需要预期一个至少为 z' 的用户量，当 p^* 较高时，z' 的值也比较大（这个人群占比对应接近于抛物线顶部）。我们前面提到当成本价高于抛物线顶端，商品就没有售出，这似乎是个无法实现的预期。随着生产成本继续下降，临界点也随之降低（当 z' 接近于 0 时），这时至少比例为 z' 的人口越来越倾向于购买。一旦消费者认为这个商品可以被接受，如果用户量能至少达到 z'，最终就会达到稳定平衡点 z''。因此，我们最初看到没有商品出售，当成本下降时，一旦人们开始购买，就可以预期销售将快速上升到稳定点。

1. 利用网络效应的市场营销

一个公司应该如何利用网络效应的作用制定其产品市场营销策略？假设你运行一家公司，生产出的新产品，其营销将受到网络效应的影响，新产品可能是一个新的软件技术、通信技术、社交媒体等。产品市场营销的成功只有在你超越转折点（z'）时才可能实现，如果开始销量很小，寄希望于慢慢地增长是不太可能成功的，除非你的产品被广泛使用，因为公司能够从每个潜在的购买者身上获取的利润很低。

因此，在其他人还没有购买你的产品之前，你应该想办法先说动一大批初始用户接受你的产品。具体应该怎样操作？一种可能的方式是为商品设置较低的初始价格，甚至提供免费使用。这个价格可能因为低于成本价而造成公司早期的亏损，但如果产品能够不断扩大销售量，超过转折点，你再提高价格，用获得的利润来补偿早期的亏损。

另一种方式可以利用时尚领衔人物的影响，他/她们购买或使用某种产品，会带动和吸引其他的人。这一策略同样涉及网络效应的影响，但它不是我们基于总体层面研究的问题。因此，当存在受网络效应影响的购买行为时，要区分这两种不同的网络效应。我们将在 19 章探讨这个问题。

2. 具有网络效应的社会最优

在 17.1 节讨论到，没有网络效应的市场形成的均衡满足社会最优。就是说对于所有可能的分配方案，均衡状态中消费者保留价和商品成本价差额总和达到最高值。

然而，对于具有网络效应的商品，均衡点通常不能形成最优。从较高的角度谈这个问题，原因是每个消费者的选择会影响到其他消费者的回报，以下我们来分析可能产生的后果。假设在某一个均衡点，用户量为 z^*。那么以 z^* 命名的消费者从商品中得到的利益最少，设其保留价为 $r(z^*)f(z^*)=p^*$。现在，考虑以高于 z^* 且低于 z^*+c 命名的消费人群，c 是大于 0 的常数。这个集合中没有人想要购买商品，因为这个区间的 z，满足 $r(z)f(z^*)<p^*$。但假如他们购买商品，那么所有当前其他的购买者将从中获利：对于消费者 $x<z^*$，得到的利益将从 $r(x)f(z^*)$ 增长到 $r(x)f(z^*+c)$。而介于 z^* 和 z^*+c 之间的消费者在做购买决定的时候应该没按这种方式计算，因为他们的回报实际上是负的。

很容易设置一个环境，说明当前消费者得到的利益总和要高于在 z^* 和 z^*+c 之间的消费者因购买商品而造成的总损失。这种情况下，均衡点就不是社会最优，由于这些额外的人购买商品，社会福利将变得更好。这个例子也阐明了一个普遍原则，具有网络效应的商品，市场通常提供的商品量要小于社会最优所需要的量。

3. 网络效应和竞争

最后，我们来讨论如果多个厂家都生产某种新入市的竞争产品，并且它们都有各自的网络效应，结果会怎样？例如，考虑两个互为竞争对手的社交网站提供类似的服务，或者说两种技术本质上实现同样的功能,但每种技术的价值体现在有多少人使用它。过去几十年来,科技产业中有很多这种经典的竞争案例[27]。例如,微软公司的崛起主宰了个人电脑操作系统市场,20 世纪 80 年代,VHS 成功地超越 Betamax,成为录像带行业的标准格式。

这种具有网络效应的产品竞争,结果很可能是一种产品主宰市场,而不是两种(或更多)竞争产品共同发展。率先超越其临界点的产品将吸引许多消费者,并且使得其他竞争产品对用户的吸引力下降。第一个超越这个临界点非常重要,甚至要比产品"最佳"这个抽象意义更重要。也就是说,假如产品 A 的用户量为 z,则消费者 x 对它的估值为 $r_A(x)f(z)$,而如果产品 B 的用户量是 z,并且消费者 x 对其有较高的估价,即 $r_B(x)f(z)>r_A(x)f(z)$。假设两种产品生产成本相同。这样看来,说产品 B 更好些似乎很合理。但如果产品 A 先进入市场,并且超过了它的临界点,那么产品 B 很可能就无法生存下去①。

以上的讨论引发我们一些思考,市场的发展趋势在较强的网络效应作用下会怎样?1996 年,Brian Arthur 在哈佛商业评论(Harvard Business Review)中总结了这种市场的"标志"特征:"市场的不稳定性(市场倾向于先进入的产品),多种潜在的结局(如,根据历史经验,其他的操作系统也曾有赢的机会),不可预测性,锁定市场的能力,劣质产品主导市场的可能性,优胜者优厚的利润[27]"。并不是说一种市场在网络效应的作用下,会体现出所有上述特征,但它们是这种市场环境中应该注意到的一些现象。

当然,在我们的讨论中,产品 A 战胜 B 而主导市场,这个假设还有一个条件是并没有其他变化来改变这种均衡。如果生产 B 的公司充分改进它的产品,并且市场营销也做得很好,而生产 A 的公司没有作出有效的反应,那么 B 也会超越 A 成为主导产品。

17.6　个体效应与群体效应的混合作用

迄今为止,我们关注的网络效应模型中,如果商品的用户量为 0,那么它对于消费者来说是无用的;这是由我们的假设 $f(0)=0$ 得到。当然我们还可以学习更一般的网络效应模型,当购买某个商品时,即便是第一个购买者,商品也具有一定的价值,随着购买商品的人增多,商品的价值也跟着提高。我们可以将这种情况看成是一个模型,混合了个体影响(一个人自己对商品的估值)和群体影响(当商品拥有一个较大的用户量时,个体从商品得到派生出来的价值)。在这种模型中,$f(0)>0$,并且当 z 增加时,$f(z)$ 也会增加。

我们不打算全面讨论这种模型覆盖的所有内容,而是通过一个例子定性地说明在混合个体效应和群体效应的影响下出现的一些新现象。具体地,我们将关注由 Mark Granovetter[192] 提出的一个现象,在网络效应的作用下,新产品的市场营销面临的很自然和直观的问题。

1.　一个实例

作为一个例子,考虑函数 $f(\cdot)$ 的形式为:$f(z)=1+az^2$,a 是一个常数。继续使用函数 $r(x)=1-x$;因此,当用户量为 z 时,产品对于消费者 x 来说价值是:

$$r(x)f(z) = (1-x)(1+az^2)$$

采用 17.4 节所用的分析方法观察这个函数的市场动态行为。假设价格 p^* 严格限定在

---

① 后面的练习题 3 和练习题 4 提供了与这个问题类似的模型。

0 到 1 之间。当每个人期望的用户量为 z 时，实际购买商品的人数比例 $\hat{z} = g(z)$，其中 $g(\cdot)$ 按照 17.4 节中定义：

当条件 $\dfrac{p^*}{f(z)} \leqslant r(0)$ 成立时，方程 $g(z) = r^{-1}\left(\dfrac{p^*}{f(z)}\right)$ 有解；否则，$g(z) = 0$。

和前面一样，$r^{-1}(x) = 1 - x$。因为这里 $r(0) = 1$，$f(z) \geqslant 1$，并且 $p^* < 1$，因此，条件 $\dfrac{p^*}{f(z)} \leqslant r(0)$ 永远成立。将它带入 $g(z)$ 的公式，得到：

$$g(z) = 1 - \frac{p^*}{1 + az^2}$$

图 17.10 同时画出了函数 $\hat{z} = g(z)$ 和 45°直线 $\hat{z} = z$。

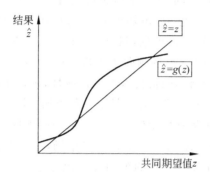

图 17.10　当 $f(0) > 0$ 时，曲线不再穿过点 $(0,0)$，
用户量为 0 也不再是一个均衡

2. 用户量从 0 增长

我们先前讨论的模型中，$f(0) = 0$，用户量为零是一个稳定均衡：如果每个人都知道没有人使用这个产品，那就没人会购买。但是，当 $f(0) > 0$ 时，即便是唯一的购买者，这个产品对于该用户也是有价值的，此时用户量为零不再是一个均衡点（当 $p^* < 1$ 时）：即使人们都知道没有人使用这个产品，仍有人会购买。

因此，人们自然会问如果某个产品的用户量从最初的零开始，会怎样发展？图 17.11 以 17.4 节定义的动态模型为基础，展示了这种变化规律：用户量从最初的 $z_0 = 0$，上升到第一个点 (z^*, z^*)，是曲线 $\hat{z} = g(z)$ 和直线 $\hat{z} = z$ 的相交点。这是运行市场动态模型，从用户量为零开始到达的一个稳定均衡点。

注意到我们正在构建的模型，其操作过程与之前 $f(0) = 0$ 的模型没有直接联系。那个模型中，如果用户量为零，产品就是没有价值的，为了得到用户，厂家需要采用各种手段让产品的市场营销超越不稳定的低均衡临界点。但如果 $f(0) > 0$，从图 17.11 的简单动态变化可以看到，用户量从零开始上升到较高的稳定均衡 z''。换句话说，我们可以认为产品从根本没有用户，逐渐地有机地上升，并不需要通过其他方式被推动到一个初始的临界点。

3. 瓶颈和大幅变化

公司对产品的营销可能希望能超越图 17.11，达到更高的均衡。尽管就其本身而言，用户量能够增长到 z^*，但还有一个更高的稳定均衡点，图中标识的点 (z^{**}, z^{**})，那将是公司更

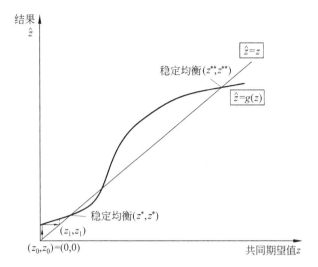

图 17.11 用户从初始量为 0 动态增长到一个相对较小的均衡量 z^*

希望能够达到的点。但从零开始,用户量不能如愿达到这个高均衡点 z^{**},因为它被一个瓶颈阻止在点 z^*。

现在我们给出从这个例子中得到的最神奇的现象:市场中一个小的特征变化会引发用户均衡规模从零开始的巨大的变化[192]。假设该企业能够稍微降低价格 p^*,降到一个新的价格 $q^* < p^*$。那么就得到一个新的函数 $h(z)$,描述共同期望值与结果的关系:

$$h(z) = 1 - \frac{q^*}{1 + az^2}$$

它定义了一个新的变化规律。因为 q^* 比 p^* 小,曲线 $\hat{z} = h(z)$ 向上移动不再与直线 $\hat{z} = z$ 在点 (z^*, z^*) 附近相交,如图 17.12 所示。然而,在 $h(\cdot)$ 的高均衡点 (z^{**}, z^{**}) 附近仍然有一个高稳定均衡。

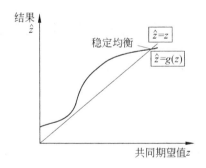

图 17.12 如果价格稍微降低,曲线 $\hat{z} = g(z)$ 向上移动,不再与

直线 $\hat{z} = z$ 在点 (z^*, z^*) 附近相交

当函数 $h(\cdot)$ 上升到足够高,不再与直线 $\hat{z} = z$ 在 (z^*, z^*) 附近相交,均衡用户量就会从零急剧改变:从一个接近 z^* 的值突然跳跃至一个更高的接近 z^{**} 的值。原因很简单:如图 17.13 所示,点 (z^*, z^*) 处的瓶颈开通了一个狭窄的通道,使得均衡用户量从 $(0, 0)$ 开始,

一直动态上升到接近(z^{**}, z^{**})的稳定均衡点①。

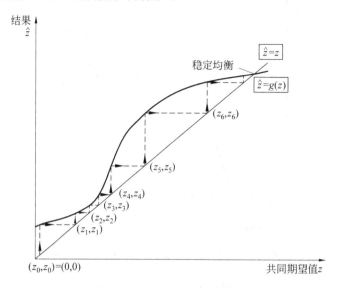

图17.13 一个小降价引起曲线$\hat{z}=g(z)$移动，对平衡用户量从零
开始能够达到的量造成巨大的影响

这一个现象表明有网络效应的模型中，市场条件细小的改变能够对结果造成强大的不连续的影响。对比图17.11和图17.13可以观察到网络效应作用下产品市场的一个重要特征。图17.11中，产品有一小群热心支持的消费者（这个消费群体对产品有最高的估值），但是未能使这个小群体飞跃扩展到更大的人群——不那么热衷的主流消费群体，进而将用户量推动到较高的均衡z^{**}。然而，如果略微降低价格，使产品能够有稍多一些的吸引力，就有可能使最热衷的消费者发展成更大的主流群体，驱动均衡用户量上升到更高的水平，为产品的成功打开一个通道。

17.7 深度学习材料：负外部性和埃尔法罗尔酒吧问题

在不同的上下文中，我们分析过一些具有负外部性（交通堵塞和布雷斯悖论）和正外部性（网络效应作用下的商品市场）的情形。分析所涉及的环境细节顺应各自所在章节的脉络，例如，在讨论负外部效应时，我们谈到网络流量的复杂性；对于正外部效应，我们谈到针对一种共同的市场价格，不同的人有不同的保留价格。

然而即便是忽略所有这些细节，仅关注问题的形式，也能看出负外部性和正外部性的基本特征仍然表现出本质的区别。在本节，我们利用几个简单的概念化例子对这两种性质的一些特征进行对比，分析和研究它们的差异。这个过程中，我们也将探讨个体之间如何在相应的环境中协调形成均衡的行为。

① 不难发现一些特定的数字能产生这种效应：例如，可以尝试$f(z)=1+4z^2$和$p^*=0.93$。这种情况下，均衡用户量从0开始升到0.1左右。如果稍微降低价格为$q^*=0.92$，均衡用户量将从零开始跳跃至0.7左右。

1. 负外部性和正外部性的简单情形

作为负外部性的简单设置环境,我们采用被广泛研究的由 Brian Arthur 提出的 El Farol 酒吧问题(The El Farol Bar Problem)[26]。该问题是以 Sante Fe 的一个酒吧命名,这个酒吧曾经在每周四晚上有现场音乐表演。问题是,酒吧仅有 60 个人的座位,所以最多只能容纳 60 个人愉快地欣赏音乐。如果超过 60 个人,就会造成不愉快的拥挤,这样的话人们情愿呆在家里。现在,很不幸,有 100 个人都有兴趣每周去这个酒吧,并且他们都清楚只有当酒吧不多于 60 人时,才值得去。每个人应该怎样推测这一周是该去酒吧还是应该呆在家里? 假设每个人也知道其他人也在做同样的决定?

El Farol 酒吧问题描述了一个非常简单的负外部性:参加一种特定活动的回报(去酒吧)随着参加人数的增加而减小。尽管这个问题的描述简单,却提出了每个参加者都要面临的复杂的推理问题。为了说明造成这些复杂性的原因,我们与一个正外部性作个简单的类比。

想象某大公司的分支机构由 100 个人组成,管理层鼓励员工使用一个特定的企业社交网站作为进行工作交流的一种手段。管理层希望每个员工创建一个账号,并保持在线以便加强整个部门的互动。每个员工都相信只有全部门足够多的人参加这个网站并保持在线才有意义,否则,就不值得这样做。因此,每个员工使用这个社交网络的前提是,至少有 60 个其他员工使用该网站。(也就是说,算上自己,参加该网站的员工总人数大于 60 才值得。)这个例子与我们在本章早些时候讨论的有网络效应的商品市场情况很类似,不过每个人并没有一个不同的保留价,而是当用户量足够大时,每个人会得到共同的利益。(同样,员工总数是有限的)这个例子与前面提到的 El Farol 酒吧问题有一个不同之处,社交网络的例子是正外部性,参加人数超过 60 会更好,而 El Farol 酒吧问题是负外部性,参加人数超过 60 会更糟糕。

这两个例子比较特殊,一个只体现了负外部性,而另一个只体现了正外部性。值得注意的是,事实上许多情况是同时兼具这两种外部效应,某种程度范围内有其他一些人参加很好,但如果太多人参加就不好了。例如,在 El Farol 酒吧,如果有一群人参加,只要不超过60,应该是最愉快的。类似地,一个在线社交媒体网站,基于有限的网络设施,如果在线人数保持在合理范围内,大家都很愉快,但如果太多的人加入进来,就会发生网络拥塞而造成网络连接速度下降。为了保持我们的讨论尽可能简单明了,我们保持两种外部性的独立性,研究这两种效应的组合作用是一个正在兴起的重要研究专题[229]。在本章后面的练习 2 要考虑一种简单的方法,能够结合这两种外部效应的影响。

2. 两种情形的基本比较

对比两种情形——El Farol 酒吧和企业社交网络,最大的差异是预测人们行为的方式不同。我们先非形式化地看看这种差异,然后再进行较详细的分析。

对于社交网络的情形,采用在本章学习的方法进行推理,我们发现这 100 个人可以很自然地形成两个均衡。如果每个人都参与,那么每个人都从参与中获得利益;类似的,如果没有人参加,那么没有人获得利益。(也有其他更复杂的均衡,正如我们将看到的,但是这两个,全部或全部都不参加的均衡是两个最简单的。)

另一方面,这两个结果都不是 El Farol 酒吧问题的均衡。如果每个人都参加了,那么每个人都会觉得应该留在家里;如果没有一个人参加,那么每个人都觉得应该参加。相反,这里的均衡表现出更复杂的结构,要求个体能突破这种一致性的行为,以一种方式使得有些人参加,而另一些人留在家里。

还可以用一种本质上等价的方法进行这种对比,利用本章前面讨论的共同期望值的思想。在社交网络情形中,如果个体有一个共同的预期,每个人都会参加,那么这个预期就可以自我实现:每个人实际上都将参加。另一方面,如果大家有一个共同的预期,没有人会参加,这个预期也将会自我实现。可见,理解这种自实现期望是对正外部性的状态进行推理的关键。

相反,El Farol 酒吧问题中的负外部性,共同的期望会引发一些问题。具体地,对于 El Farol 的用户量,人们不能自我实现一个固定的共同预期。如果每个人都预期用户量没有达到 60,那么大家都会出现在酒吧,从而否定了这种预测。同样,如果每个人都预期用户量超过了 60,那么所有人都会待在家里,同样否定了这个预测[①]。

两种效应的基本对比为:对于正外部性,存在自实现的预期,以及与它相对应的结果集合;对于负外部性,任何一个固定用户量的共同预期将被自我否定,个体必须以更复杂的方式自己解决问题。鉴于这种复杂性,El Farol 酒吧问题已成为各种各样的个体行为模型的试验场。现在,我们详细地描述其中的一些模型,以及详细的分析方法。

3. El Farol 酒吧问题的纳什均衡

首先,我们将 El Farol 模型设计成一个由 100 个人参与的一次性选择博弈。(可以想象酒吧提供一场音乐会,而不是每周四都有,每个人需要提前决定是否参加。)每个人有两种选择,去(酒吧),或留(在家里),获得的回报如下所示:

* 如果选择"留",得到的回报是 0。
* 如果选择"去",那么当酒吧人数不多于 60 时,得到回报 $x>0$;如果酒吧人数多于 60 人时,得到回报 $-y<0$。

对于这场博弈,有很多不同的纯策略纳什均衡,但没有一种均衡是所有的参与者都使用同一种纯策略而形成的。而任何恰好 60 人选择"去",40 人选择"留"都是纯策略纳什均衡。当然,这还远不足以解释一个群体如何选定这些不同的策略,因为在游戏的开始,每个个体都是相同的。我们将在本节后面再回来讨论这个问题。

然而,当所有参与者采取某种一致性的行为时,通过某种混合策略可以形成均衡,如,每个参与者以同样的概率 p 选择"去"。这种情况还存在一些微妙之处,人们很自然会猜到,这个混合策略均衡的共同概率 p 应该是 0.6,但实际上并不一定要这样。相反,p 的值取决于回报 x 和 $-y$:根据我们在第 6 章的推理,需要选择一个 p,使得每个参与者选择"去"或"留"的回报无差异,这将确保每个人都没有动机偏离这种两者之间的随机选择。

因为"留"的回报总是 0,我们需要选择一个 p,使得选择"去"得到的回报也是 0。因此,应该选择 p,使得以下方程成立:

$$x \cdot Pr[\text{最多 60 人去}] - y \cdot Pr[\text{多于 60 人去}] = 0 \tag{17.3}$$

利用以下事实:

$$Pr[\text{多于 60 人去}] = 1 - Pr[\text{最多 60 人去}]$$

整理方程(17.3)得到:

---

① 正如 Brian Arthur 注意到的,这后一种可能性与棒球运动员 Yogi Berra 的说法类似,他打趣一家很流行的餐馆说,"没有人去那里了,那里太拥挤了"[26,105]。

$$Pr[最多 60 人去] = y/(x + y) \tag{17.4}$$

因此，为了得到一个混合策略均衡，所选择的 p 要使方程(17.4)成立。当 $x=y$ 时，选择 $p=0.6$ 是对的[212]。假如 x 和 y 不同，例如，尽管 El Farol 的音乐令人愉快，但拥挤的场地会让人难以忍受，因此很可能 y 要高于 x。这种情况下，p 的选择应该使"最多 60 人去"的概率很高，那么 p 应该选择远小于 0.6。因为参加人数的期望是 $100p$，这意味着实际到场的人数会明显少于 60。因此，当 $y>x$ 时，酒吧在混合策略均衡下的利用率是较低的，因为大家都担心会过于拥挤。

这个混合策略均衡的存在非常有意义，特别是针对我们早些时候非正式地提到 El Farol 酒吧问题形成一个共同期望面临的难题。的确，由任何一个固定量值代表的顾客数作为共同期望，就像我们在本章前面所讨论的那样，将被实际结果否定。但如果允许更复杂形式的预期，那么实际上会有一个共同预期将会自我实现，这个预期就是每个人都随机选择是否去酒吧，且以满足等式(17.4)的概率 p 选择"去"。

4. 类比相关博弈的均衡

为了对以上讨论的均衡有更直观的认识，可以与一些相关的博弈形成的均衡进行对比。

首先，假设前面讨论的企业社交网络模型对应于一个类似的一次性选择策略：两种可能的策略是"加入"或"不加入"（相应的网站）；"不加入"的回报永远是 0。当多于 60 人加入时，"加入"的回报是 y；当至多 60 人加入时，"加入"的回报是 $-x$。这种情况相当于我们在前面讨论中看到的，只存在两个纯策略均衡：一个是所有的人都选择"加入"，另一个是所有的人都选择"不加入"。有趣的是，El Farol 酒吧问题中的混合策略均衡在这里同样适用：如果每个人以 p 的概率选择"加入"，当

$$-x \cdot Pr[最多 60 人参加] + y \cdot Pr[多于 60 人参加] = 0 \tag{17.5}$$

那么，每个人选择"加入"或"不加入"得到的回报无差异，因此形成一种均衡。因为方程(17.3)和方程(17.5)是等价的（它们只是互为相反），因此得到与 El Farol 酒吧问题相同的概率值 p。

鉴于 100 个人本身的复杂性，了解只有两个人参与的结果也很有意义。具体地，两人参与的 El Farol 酒吧活动中，只要另一个人不参加，每个人都会想要参加；在两人参加的社交网站，只要另一个人使用网站，每个人都想要使用网站。缩小到这个规模后，每一种情况都相当于第 6 章介绍的一种基本博弈：二人 El Farol 酒吧问题是一个鹰鸽博弈，其中两个参与者试图让他们的行为不一致，而二人社交网络的情形是一个协调博弈，其中两个参与者希望他们的行为一致。

每一个博弈都有纯策略均衡，也有混合策略均衡，其中参与者随机选择两种可用的策略。例如，在两人版的 El Farol 酒吧问题中，回报矩阵如图 17.14 所示。

纯策略均衡是一个人选择"去"，另一个选择"留"。

		参与者2	
		留	去
参与者1	留	0,0	0,x
	去	x,0	-y,-y

图 17.14 二人参加的 El Farol 问题

对于混合策略均衡，每个人以 p 的概率选择"去"，使得因此而产生的回报为 0，即：

$$x(1-p) - yp = 0$$

则 $p=x/(x+y)$。类似于多人参加的情形，只有在 $x=y$ 时，p 才等于 $1/2$。并且，正如多人参加的酒吧问题中人员出席情况会在 $100p$ 附近随机波动，二人版中选择"去"的人数也会是个变数。具体来说，两人都选"去"的概率为 p^2，两人都选择"留"的概率为 $(1-p)^2$。

5. 重复进行的 El Farol 博弈

我们观察到在 El Farol 酒吧问题中，尽管人们采用相同混合策略均衡的存在是一个重要结果，然而讨论并没有就此结束。我们还不清楚为什么或者怎样才能使一个群体实际达到这个混合策略均衡，或是达到任何其他可能存在的特定的行为均衡或模式。一旦一个群体正在形成一种均衡，就没有人有偏离的动机，这是均衡中个体行为的表现。但是，最初人们应该如何协调他们的行为以达到这种均衡？

要解决这些问题，有必要考虑一种设置环境，能够重复运行 El Farol 博弈。也就是说，假设每个周四晚上，相同的 100 个人都需要决定是去酒吧还是留在家里，每个人获得的回报是 x（如果选择"去"，且酒吧的人数最多 60 人），获得回报－y（如果选择"去"，且酒吧的人数多于 60 人），或者获得的回报为 0（选择"留"在家中）。每个人也知道酒吧上个周四的情况，因此他们可以利用这些信息作出决定。通过对这个重复埃尔法罗尔博弈中的决策进行推理，我们希望能看到一种行为模式从考虑了过去经历的规则中逐渐浮现出来。

很多不同的形式体系可以用来研究重复 El Farol 博弈。一种是基于 6.10 节学习的方法，将一系列的周四视为一个动态博弈，每个参与者通过一系列对应于不同周四的策略选择，并分别得到相应的回报。我们来思考这个动态博弈中的纳什均衡，分析单次 El Farol 博弈形成的均衡是否最终也能够发生在重复 El Farol 博弈中。本质上，可能有人会问，如果经验丰富的人参与这个动态博弈，是否会收敛于很简单的均衡结果。尽管个体可以在动态博弈平衡过程中不断增加经验[175]，但这并不能解答个体在纳什均衡博弈中如何表现这个基本问题，因为这是一个较大的动态博弈中的纳什均衡。

另一种做法是问当参与者比较单纯时会有什么结果。判断重复博弈中的参与者老道还是单纯有个有效的方法，将他们的选择策略分解成一个**预测规则**（forecasting rule）和根据这个预测规则进行的选择。预测规则是一种函数，它描述过去发生的事情和对将来所有其他参与者行为预测的关系。预测规则的原理非常复杂。个体通过之前发生的所有行为形成其预测，同时还要预测到其当前的行为会对其他人将来的行为产生什么影响。相比之下，单纯的玩家只能预测到对方一直使用一个固定不变的策略。基于预测规则，个体可以对其行为做出推测；我们假设每个人根据其预测规则做出最优选择。也就是说，基于对他人行为的预报，个体将选择使其期望的回报最高的行为。

对于重复 El Farol 博弈，很多人都专注于研究与用户规模有关的预测规则：一个给定的预测规则是一个函数，它描述之前一系列的用户量与下周四可能会去酒吧的用户量之间的映射关系。（因此，如果给定过去一系列的用户量，预测规则将产生一个介于 0 和 99 的用户量。）这个预测规则对于一个个体来说，很难具体预测出他们是应该去酒吧还是留在家里，但它能够捕获整体利益的量值，也就是出现在酒吧的总人数。任何个体使用这样的预测规则，他的选择很容易描述：如果预测规则生成的数字是 59 或更小，那么他应该去酒吧，而如果得到的数字是 60 或更大，他就应该呆在家里。

继续关于自我实现和自我否定一种期望的讨论，我们首先发现如果每个人使用对用户量同样的预测规则，那么每个人都会产生一个很糟糕的预测。任何情况下，这个共同的预测规则要么是出现人数为 59 或更小，要么是 60 或更大。前一种情况，每个人都会选择去；后一种情况，每个人都将选择留在家里；不管哪一种情况，预测规则都将是错误的。因此，为了使研究有任何进展，我们需要让参与者采用多样性的预测规则。

有许多关于不同类型的预测规则如何影响群体行为的研究,目的是了解系统是否收敛于一种状态,对于任何一个周四,大约 60% 人通过预测规则产生"去"的结果,大约 40% 的人通过预测规则产生"留"的结果[26,104,167]。相关的研究分别通过数学方法以及计算机仿真方法,其中一些分析方法相当复杂。总之,研究人员发现在各种不同的条件下,系统收敛于一种状态,平均出现在酒吧的人数大约为 60 人,换句话说,长此以往,酒吧的利用情况接近最佳。

尽管我们没有给出更详细的分析,但不难得到一些直观的感觉,为什么人们从一个多样性预测规则中进行选择会很自然地得到平均出现人数为 60 这个结果。要做到这一点,我们来分析可以说是最简单的一种个体预测模型,每个人用一个固定的预测值 k 预测将出现的人数,并且每周都使用这个预测。也就是说,忽略过去的历史,总是预测将有 k 个其他人出现在酒吧。现在,如果每个人都随机挑选一个 0 到 99 之间的固定值 k,那么每周酒吧预计用户量是多少? 实际出现在酒吧的人是那些预测规则给出 k 值在 0 到 59 之间的人,这样的人数期望为 60。因此,基于这个非常朴素的预报,得到每周出现人数为 60 的预期,正如我们所盼望的一样。

当然,这种分析基于的预测规则是极其单纯的,但它表明了预测规则多样性的意义,以及它们怎样自然地导致正确的出席数量。可能人们会问当以一个更复杂的模式随机预测时,若预测是基于过去几次用户的数量,会发生什么情况。基于一个一般的假设,平均出席人数为 60 仍然成立,然而构建这个模型却非常复杂[104]。

17.8 练习

1. 考虑一个产品具有本章讨论的网络效应。消费者以 0 到 1 的实数命名;当比例为 z 的消费者购买了产品时,消费者 x 的保留价格以 $r(x)f(z)$ 定义,其中 $r(x)=1-x$, $f(z)=z$。

   (a) 假设该产品的售价为 1/4,可能的均衡购买量是多少?

   (b) 假设销售价降至 2/9,可能的均衡购买量是多少?

   (c) 简单解释为什么(a)和(b)的答案不同。

   (d) 在(a)和(b)中,哪个是稳定均衡? 请解释你的答案。

2. 在 17 章,我们专注于产品的积极网络效应,即在它的作用下,更多的用户会吸引更多的人购买产品。但我们从早先关于 Braess's Paradox 的讨论中知道网络效应有时是消极的:更多的用户有时反而会降低产品的吸引力,而不是提高。有些商品实际上同时有两种效应;当使用人数增加,只要不是有太多的人使用,产品可能变得更有吸引力,一旦有太多的人使用,就会降低其吸引力。考虑一家俱乐部,如果已经有比较合理数量的会员,人们比较希望考虑加入,如果俱乐部已经有太多的会员,可能就会造成拥挤,其吸引力也就随之降低。现在我们结合这两种网络效应构建模型。

   保持与 17 章一致的符号,假设消费者以 0 到 1 的实数命名。个体 x 的保留价格在没有考虑网络效应前为 $r(x)=1-x$。网络效应 $f(z)$ 定义为,当 $z<1/4$ 时,$f(z)=z$,当 $z \geqslant 1/4$ 时,$f(z)=(1/2)-z$。因此当比例为 $z=1/4$ 的人口使用该产品时,用户得到最高的网络利益;当超过 1/4 比例的人口使用产品时,用户得到的利益下降,当使用比例超过 1/2,利益变成负数。假设该产品的价格为 p,其中 $0<p<1/16$。

   (a) 存在有几个均衡? 为什么? (你不需要计算出具体人数,可以通过图示解释)

   (b) 哪些均衡是稳定均衡? 为什么?

   (c) 考虑均衡中的用户及其规模,是否达到社会福利最高? 如果有更多的用户使用产品,这个社会福利是否会上升? 如果更少的人使用这个产品,社会福利是否会上升? 请解释。(同样,不需要计算,只需要给出必要的解释。)

3. 某公司推出了一个新产品，提供的功能与现有的一种产品一致，但性能比它提高了很多。具体来说，如果两种产品的用户数一样，那么每个潜在的用户对该新产品的保留价会高于另一个产品 2 倍。这个公司面临的困难是这些产品具有网络效应，并且每个用户只需要一种产品。当前 80% 的人使用目前市场上的产品。新产品的成本和竞争对手完全一样，假设其产品销售价格也同竞争产品一致。

   如果当前市场上产品的所有用户都转向使用新产品，公司能够出售的最高价格（仍然让用户购买该产品）将是当前市场价格的两倍。显然，如果能够吸引这些潜在的用户，将获得很好的利润。该公司应该怎样使用户信服并转向其新产品？你不需要构建一个正式的模型说明这个问题。只需要描述你尝试的策略，并解释为什么你认为在网络效应的作用下你的策略能够成功。

4. 在 17 章讨论的具有网络效应的模型中，只涉及一种产品。现在我们分析如果有两个竞争产品，都具有网络效应结果会怎样。假设每种产品有如下特性：

   （a）如果预期没人会使用这个产品，那么没有人会对产品设置一个正的估值。

   （b）如果有一半的消费者被认为将使用该产品，那么恰好有一半人会购买这个产品。

   （c）如果所有的消费者都被预测会使用该产品，那么所有的人都会买这个产品。

   使用网络效应的分析方法描述可能的均衡形态对应的使用相应产品的消费者人数，简单讨论你认为哪种均衡是稳定均衡。你不需要构建正式的模型回答这个问题。只要用语言描述这个市场会发生什么情况。

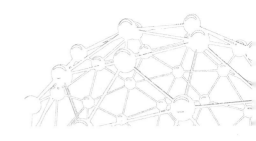

第 18 章　幂律与富者愈富现象

18.1　流行成为一种网络现象

前面两章讨论了个体行为或决策受他人影响的情况,或是因为个体决策得到的回报直接取决于他人的决策行为,或是因为他人的选择向个体传递了有价值的信息。我们看到这种与群体行为相关联的决策所产生的结果与个体独立的决策结果有很大差异。

这一章,我们利用这种网络方法研究与**流行**(popularity)相关的一些基本概念。流行是一种极端不平衡的现象:绝大部分人一生只在与他/她们直接相关的社会圈子里被认知,少数人有更广泛的知名度,而极少数人具有全球范围的知名度。同样,书籍、电影或者是任何有受众的事物也存在这种现象。我们应该如何量化这些不平衡? 为什么会产生这样的不平衡? 它们是否在某种程度上反映出流行现象本身特有的属性?

利用网络行为的基本模型可以提供解答这些问题的重要论据。具体地,我们把万维网看成是一个特定的领域,并尝试非常精确地测量每个网页的人气指数(流行度)。虽然可能很难估算出全球有多少人听说过像巴拉克·奥巴马或比尔·盖茨这样的名人,但却很容易通过完整的万维网快照计算出诸如谷歌、亚马逊、维基百科这类知名度较高的网站的**链入链接数**。我们定义指向某个网页的所有链接为该网页的链入集合。这样,就可以利用一个网页的链入链接数来测量该网页的流行度;当然,这仅仅是许多方法中的一种。

在万维网发展的早期,就有人提出了与网页流行度相关的问题,如下所述。

作为 k 的函数,整个万维网中有多少个网页有 k 个链入数?

k 值增大,意味着网页的流行度相应提高,因此采用这种方式可以精确地描述一个网页集合中流行度的分布状态。

一个简单假设:正态分布

在试图回答这个问题前,先来思考可能的结果。很自然人们会猜测到正态分布或高斯分布,即所谓的钟形曲线,广泛地应用于各种领域中的概率和统计计算。在此不需要介绍正态分布的细节,只是回顾与它相关的两个量:平均值及围绕该平均值的标准差。图 18.1 显示了一个正态分布的概率密度函数,按比例处理后,其平均值为 0,标准差为 1。正

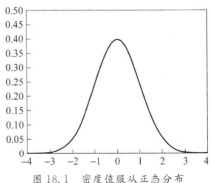

图 18.1　密度值服从正态分布

态分布的基本特点是，观察到偏离均值 c 倍于标准差的概率随着 c 的增长呈指数下降。

正态分布是一种很自然的猜测，因为它在自然科学领域普遍存在。作为 20 世纪初期的一个研究成果，中心极限定理对正态分布出现在大量场合提供了基本解释：粗略地说（忽略所有细节），中心极限定理表明，如果考虑任何独立的小的随机量集合，在极限情况下，这些随机量的和（或平均）将服从正态分布。换言之，任何可以被看成是许多独立的小的随机效应累积的和，都可以很好地由正态分布近似。举例来说，如果一个人重复测量一个固定的物理量，每次独立测量的误差将服从正态分布。

现在尝试将这个定理应用到网页中。如果我们构建网页的链接结构模型，比如说，假定每个网页独立地随机决定是否链接到一个给定的网页，那么这个给定网页的链入数等于多个独立的随机量值之和（即有或没有从其他网页链入的链接），于是我们预期它会服从正态分布。具体地，我们就是针对前面的问题提出了一种假设：如果相信这个模型，那么拥有 k 个链入链接数的网页数当 k 增大时，应该以指数率减少。

18.2　幂律

人们在分析万维网中的网页链接分布时，发现与采用中心极限定理得到的结果差异很大。经过研究多个不同时间点的万维网快照，人们多次发现，拥有 k 个链入数的网页占比近似地与 $1/k^2$ 成正比[80]。（比较准确地说，k 的幂次通常是稍微大于 2 的数。）

为什么这个结果与正态分布如此不同？关键的一点是函数 $1/k^2$，当 k 增加时，下降得要缓慢得多，也就是说实际上拥有很大链入数量的网页相当普遍，超出我们预期的正态分布。例如，当 $k=1000$ 时，$1/k^2$ 为百万分之一，而以指数形式衰减的函数如 2^{-k}，当 $k=1000$ 时会变得非常非常小。一个随着 k 值的某个固定的幂次递减的函数称为一个幂律，如前面提到的 $1/k^2$。当测量一个整体中拥有量值 k 的部分所占的比例（百分比）时可能看到非常大的 k 值。

这为我们最初提出的观点提供了一个定量的解释形式：流行度表现出极端的不平衡，可能出现非常大的量值。它同样符合我们对万维网的认识，其中存在相当多流行度极高的网页。人们在许多其他领域也观察到类似的流行度幂律分布，比如说，每天能接到 k 个电话的电话号码量所占的百分比近似地与 $1/k^2$ 成正比；有 k 个人购买的书籍占书籍总量百分比近似地与 $1/k^3$ 成正比；被引用 k 次的科技文章所占比例大约与 $1/k^3$ 成正比；还有很多其他相关的例子[10,320]。

的确，正如正态分布被广泛应用于自然科学领域中，当测量的量值可以被视为某种类型的流行度时，幂律分布占主导地位。因此，如果你手头上有这种类型的数据，例如，有人提供给你一个大型在线音乐网站每月每首歌曲的下载数量，一个值得去做的事情就是验证它是否服从或近似于服从幂律 $1/k^c$，并且估算指数 c 的量值。

可以用一个简单的方法快速检测一个数据集是否服从幂律分布。设 $f(k)$ 表示某个整体中属性值为 k 的那部分所占的份额，我们希望能证明方程 $f(k)=a/k^c$ 成立或近似成立，其中指数 c 和系数 a 均为常数。如果将方程写成 $f(k)=ak^{-c}$，对等式两边取对数，得到：

$$\log f(k) = \log a - c\log k$$

这说明如果存在一个幂律关系,那么以 $\log k$ 作为变量的函数 $\log f(k)$ 将是一条直线:斜率为 $-c$,$\log a$ 为直线与 y 轴的相交点。这种双对数图提供了一个快捷方法,让我们考察一组数据是否体现近似幂律的关系:因为很容易看到是否呈现出一条近似的直线,指数可以从直线的斜率得到。例如,图 18.2 中是按照上述方法绘制的图形,描述了链入数为 k 的网页占总网页的份额分布[80]。

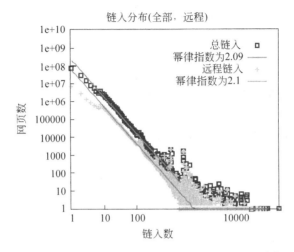

图 18.2   一个幂律分布(这里的网页链入数由 Broder 等[80] 提供),
在对数图中表现为一条直线(由 Elsevier 公司提供)

但是,如果要接受幂律分布是非常普遍的这一说法,还需要能够简单说明为什么会有这样的结果:就像中心极限定理为人们提供了一个正态分布的基本理由,我们同样需要一个对应于幂律分布的理由。例如,图 18.2 中一个突出特点是大部分的分布与一条直线非常接近,我们应该想到有许多完全不可控的因素在万维网链接结构的形成过程中发挥了作用,这样一种近乎直线的分布就更是令人惊奇。是什么样的过程使得这条线呈现出直线的形式?

18.3   富者愈富模型

分析信息级联和网络效应的思想和方法为我们构建幂律分布提供了基础。正态分布描述许多独立的随机选择最终形成的平均状态,我们将看到幂律分布则源自于人群决策结果的信息反馈。

完全可以像分析信息级联一样,先从个体决策的简单模型开始,进而形成一个完整的幂律模型,这是一个非常有趣的开放的研究问题。这里采用另一种方式,不依赖于每个个体决策的内部过程模型,而是根据级联效应决策行为中观察到的一个结果:人们有一种倾向,复制之前他人所做的决定。

基于这个思想,下面给出一个在网页之间创建链接的简单模型[42,265,300,340,371]。

(1)网页按顺序被创建,以数字 $1, 2, 3, \cdots, N$ 标记。

(2)当网页 j 被创建时,按照以下的概率规则(概率 p 为 0~1 之间的一个数),选择(a)或(b)的操作,产生一个指向之前被创建的网页的链接:

（a）以概率 p，网页 j 均匀随机地从所有早先创建的网页中选择一个网页 i，创建一个指向 i 的链接。

（b）以 $1-p$ 的概率，网页 j 均匀随机地从所有早先建立的网页中选择一个网页 i，创建一个链接，指向 i 所指向的网页。

（c）这种方法使得网页 j 每次只创建一个单一的链接；但也可以重复上述过程创建多个由 j 独立产生的链接。（为了简单起见，假设每个网页只能创建一个向外的链接。）

上述过程（b）是一个关键步骤：网页 j 均匀随机选择一个早期的网页 i，j 没有链接到 i，而是复制网页 i 的链接行为，链接到 i 指向的网页。

这个模型的主要结果是当有许多网页遵循这个链接规则时，链入数为 k 的网页所占比例近似地服从幂律分布 $1/k^c$，其中指数 c 的值取决于概率 p 的选择[68]。这种依赖关系以一种自然而直观的方式发展：当 p 减小时，复制行为更加频繁，指数 c 也相应减小，致使人们更容易看到极其流行的网页。

证明这个结果涉及比较复杂的过程，我们忽略这些过程的细节，但可以非形式化地提供一些直观的分析思想。首先，（b）的复制行为实际上是履行一种"富者更富"的原则：当随机选择一个早期创建的网页并复制其链接行为时，最终链接到某个网页 l 的概率直接与当前链接到网页 l 的链入总数成正比。因此，（b）的操作过程可以等效地描述如下：

（2）…

（b）以概率 $1-p$，网页 j 选择一个网页 l，任何一个网页被选上的概率与其当前的链入数成正比，创建一个从 j 指向 l 的链接。

为什么称之为"富者更富"规则？原因是网页 l 的流行度增加的概率直接与 l 当前的流行度成正比。这个现象也被称为**择优连接**（preferential attachment）[42]，就本意而言，链接的行为是"优先"选择已经有高流行度的网页。复制模型从操作层面体现了流行度的"富者更富"原则：本质上，越有名的人，越有可能被大家谈论，也就越有可能使更多的人知道他/她们。网页也是这样，这一观点正是我们模型的关注点。

还有一个直观的现象，利用富者更富模型预测流行度，其增长规律与细菌复制和复利的增长规律相同：一个网页流行度的增长率与其当前的流行度成正比，也就是随着时间呈指数增长。一个网页如果从其他网页链入的链接数较少，那么这种趋势将继续保持；基于中心极限定理，独立的小的随机值往往会相互抵消，富者更富的复制原则实际上是放大了较大量值的影响效应，使它们变得更大。在本章的18.7节，我们将这一推理进行量化，并计算幂律分布对应的指数。

同处理其他的简单模型一样，我们的目的不是捕获人们在万维网或其他网络中创建链接的原因，而是要揭示这种链接最终形成幂律分布的根源，这个根源简单而自然，并不像最初显现的那样神奇。

事实上，富者更富模型在许多场合中被视为是幂律分布的基础，包括一些与人们决策完全无关的情形。例如，人们发现城市的人口遵循幂律分布：人口数为 k 的城市大约占比例 $1/k^c$，其中 c 为常数[371]。如果假设这些城市是在不同时期形成，而且，一旦形成，一个城市的人口增长就与其当前的规模成正比，这个模型正像人类产生下一代那样简单而自然，这恰恰是我们提出的富者更富的模型，因此，现实中存在的幂律分布对我们来说也不足为奇。再考察一个非常不同的例子，生物研究人员认为（尽管论据不够充足），一个基因组中的基因拷贝数近似地遵循幂律分布[99]。如果我们相信基因拷贝在很大程度上是通过突变事件中 DNA 随机片段被意外复制而产生，那么多拷贝基因存在于一个被复制的随机 DNA 片段中的可能性更高，因此"富"基因（多拷贝基因）变得"更富"，我们又一次看到幂律分布。

事实上，网页流行度、城市人口、基因复制等都遵循相似的规律是非常神奇的，然而如果用富者更富的效应解释这些过程和结果，画面便开始变得明朗。同时，必须强调这些简单的模型只是对事物的近似描述；此外，还有一些其他类型的模型，以理解幂律行为为目的，这里并没有讨论。例如，另一种相关的研究探讨了幂律如何产生于存在制约因素的优化系统[96,136,151,284,300]。所有这些简单模型给我们的启发是，当看到数据服从幂律分布时，理解它存在的原因要比知道它的存在这一简单事实更有意义。

18.4　富者愈富效应的不可预测性

鉴于信息反馈效应具有幂律分布这一特性，很自然想到一个网页、一本书、一首歌曲或其他任何被关注的对象，其流行度的上升在初始阶段是相对比较脆弱的。一旦这些事物的某一对象被充分肯定，在富者更富模型的推动下，其流行度就可能变得更高，但最初启动这个富者更富的过程似乎是一个不确定的过程，充满了潜在的意外和侥幸。

这种不可预知的敏感性和初始波动性在前两章讨论的内容中同样存在：信息级联效应中，依赖于一小部分人的初始决定，一项较差的技术却能够胜出，因为它在竞争对手之前达到一个特定的临界用户量。事物流行的动态性表明，过程早期的随机效应同样也发挥了作用。例如，如果可以让时光倒流 15 年，然后重演历史，《哈利波特》还会售出上亿本或只是默默无闻？或是一些其他的儿童作品获得巨大成功？直觉告诉我们应该是后一种情况。总之，如果历史重演多次，似乎是每次的流行度都应该服从幂律分布，但我们并不清楚最流行的对象是否在每次重演都保持一致。

尽管这种类型的实验对分析我们的模型很有帮助，但显然这是很难真正实施的实验。最近，研究人员 Salgankik、Dodds、Watts 完成了一项实验工作，对这种观点提供了相应的实验支持[359]。他们创建了一个音乐下载网站，提供 48 首不太为公众所知的歌曲，这些歌曲的创作质量不同，全部由实际表演的团体创作。网站向用户提供一个歌曲列表，每个用户有机会试听这些歌。网站还同时向每个用户显示一个表格，列出了当前每首歌曲的"下载次数"，即到目前为止一首歌从网站被下载的次数。最后，网站提供让用户下载所喜爱歌曲的机会。

用户并不知道实际上他们在访问网站时已经被随机分配到 8 个"类似"的复制网站之一。这 8 个复制网站的初始状态完全一致，都提供同样的歌曲，并且每首歌曲的初始下载次数均为零。但是，随着用户不断地访问，每个复制网站的发展出现不同。在小规模受控环境设置条件下，这个实验提供了一种途径来观察在历史向前推进的 8 个不同过程中，这 48 首歌曲流行度的变化情况。而事实上，研究人员发现不同歌曲的"市场占有率"在不同的复制网站上差别非常大，尽管最好的歌曲永远不会在最低点，最差的歌曲也永远不会在最高点。

Salganik 等人通过这项实验观察到，总体上，信息反馈会导致结果出现很大的差别。具体来说，他们也分派了一些用户到第 9 个复制网站，其中没有提供歌曲下载的统计数字。在这个网站，用户没有直接的机会建立富者更富过程，因此，不同歌曲的市场份额变化明显很小。

对于较少受控的环境，流行度的变化明显受反馈效应的影响，这一特点符合我们曾经提出的一些观点，具体而言，一本书、一部电影、一个名人、一个网站的成功强烈地受到反馈效应的影响，因此在某种程度上表现出固有的不可预知性。

幂律和信息级联是否有更密切的关系？

以上所述提出了一个更进一步的研究问题：理解幂律和信息级联之间的深层关系。在分析信息级联时，我们观察到如果人们知道早期他人的决策（接受或拒绝一个想法），即使每个人都根据所拥有的信息做出了最佳决定，最终仍然会形成级联。我们分析幂律分布采用的复制模型借鉴了信息级联的思想，但有几个不同的方面。第一，流行度模型包含许多可能的选项（例如，所有可能的网页），而不是只有两个选择。第二，参与复制的人只能观察到总体行为中非常有限的部分：例如，当创建一个新网页时，该模型假设只是参考随机选择的某一个网页的决定。第三，复制模型的基础是后人模仿先人的处理决定，但并不意味着这种模仿源于一个更加基本的理性决定。

前两个差别简单地体现了流行度模型的特性——流行度随着时间的推移而发展的方式。但在第三个差异上若有突破将很有意义，即我们希望得到一个产生幂律分布的复制模型，它是以个体决策模型为基础的。这有助于我们进一步深入理解富者更富现象背后的机制，为我们提供一种对流行性的认识：流行度产生于相互竞争的信息级联，其强度变化符合幂律规则，正如我们在真实系统中观察到的那样。

18.5 "长尾"现象

流行度的分布可以产生很重要的商业效应，特别是在传媒业。想象一个拥有大量库存的传媒公司，例如，一家图书或音乐零售巨头，需要做出一个决定：大规模的销售是由少量非常流行的商品种类产生，还是由大多数不流行的商品产生？前一种情况，该公司的销售成功立足于"畅销"产品——少数产生极高收益的畅销产品。后一种情况，公司的销售成功立足于大量的"利基产品"，其中每一种产品只吸引一小部分用户。

一篇发表于2004年题为"长尾理论"的文章被广泛阅读，作者Chris Anderson认为，基于互联网的销售方式以及其他因素已经将媒体和娱乐产业推向后一种模式为主导的世界，那些不起眼儿的产品"长尾"吸引了大量的用户[13]。Chris Anderson指出，"你可以在长尾中找到任何想要的，有以前的旧专辑，它们仍然被人们怀念和喜爱并不断涌现出新的粉丝；有现场制作的音乐，B面内容（B-sides），混录版歌曲，甚至封面（covers）；还有数千种风格流派不同的利基产品：例如整个Tower Records唱片公司在80年代推崇的长发乐队或节奏电子音乐"。

尽管销售数据表明这个过程的发展趋势比较复杂[146]，畅销产品和利基产品之间的张力催生了一类特定的组织机构的形成。这正是像亚马逊（Amazon）或网飞（Netflix）这种公司的基本生存模式，因为没有实体店铺所受到的限制，它们具有保存大量库存的能力，并能够实现产品极大程度的多样化，虽然可能只有少量种类的产品有很大的销售量。从根本上，量化长尾现象的重要性归结为对幂律分布进行分析。

长尾现象的图示

首先需要注意，针对长尾的讨论与之前的幂律分析相比，从某种意义上说，超出了幂律分析的范畴。起初,我们从一个基准开始,希望看到高斯分布中高度集中在平均值周围的分布状态,然而却观察到,具有较高流行度的品种数量远远高于相应的基准。随后,我们转换到一个非常不同的视角,探讨传媒业的一个传统观点:只有高度畅销产品盈利。结果表明,非流行产品的总销量也相当可观。如图 18.2 所示,这种新的销售理念集中在图的左上部分,而传统的销售理念则主要是关注图的右下部分。

一旦认识到这种对比的含义,就很容易联系这两种分析问题的视角[4]。首先,我们略微调整最初对流行度曲线的定义,这并不会从根本上改变观测对象。与其提出如下问题:

作为 k 的函数,流行度恰好为 k 的品种所占比例是多少?

不如我们这样提问:

作为 k 的函数,有多少品种的流行度至少是 k?

注意,我们改变了两件事情:"比例"改成"数量"(一个完全无关紧要的改变),以及"恰好是 k"改成"至少是 k"。第二个改变修改了我们所讨论的函数,这里省略严格的推导,可以证明如果最初的函数是一个幂律函数,则这个新函数同样是一个幂律函数。图 18.3 显示了这个新函数的图示;如果讨论像图书这种事物的流行度,那么曲线中的点 (k, j) 的含义根据定义是,"有 j 种图书销售量至少达到 k"。

到目前为止,我们观察的视角仍然与上一节一致:当曲线沿着 x 轴向右伸展时,我们希望能观察到,"当销售量越来越大时,对应的图书种类有多么稀少?"为了更直接进入长尾现象的讨论,我们希望能回答这样的问题,"当沿着 x 轴向右移动,流行度越来越低的图书对应的销售量是多少?"

仔细思考,可以发现这只是简单对换了两个坐标轴。也就是说,假设绘制完全一样的曲线,但互换了 x 和 y 轴的角色,便得到图 18.4。从字面上解释这个新曲线的定义,曲线上的一个点 (j, k) 的含义是,"流行度排名为 j 的书已经售出了 k 本拷贝"。这正是我们希望得到的:以"销售排名"①对图书进行排序,观察当销售排名越来越靠后并逐渐移到利基产品时,对应的图书流行度的变化。这个曲线的形状特点是,尾部慢慢向右下降,视觉上很像一个"长尾"。

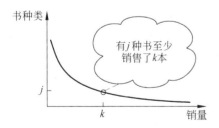

图 18.3　流行度分布:多少种书售出了至少 k 本书

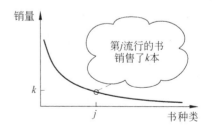

图 18.4　流行度分布:流行度排名为 j 的书销售了多少本书?

---

① 这里"销售排名"的概念简单地表现为以销售量递减顺序排序的项目。像亚马逊这样的零售商使用这个概念时,往往采用更复杂的测量方式,涉及其他一些因素。

现在利用图 18.4 中的曲线很容易讨论销售量的发展趋势和结果。本质上，从曲线上某个点 j 向右曲线以下的面积是所有销售排名为 j 或更靠后的产品销售总量，因此，畅销产品与利基产品的权衡问题在图 18.4 中具体表现为，对于一组特定的产品，曲线左边以下部分（畅销产品）面积更大还是右边以下部分（利基产品）面积更大？对于利基产品发展趋势的预测变成分析这条曲线是否会随时间改变形状，牺牲左边的一部分面积，补偿在曲线的右下方。

值得一提的是，图 18.4 中 x 轴上的变量是排名，而不是流行度，这种表达形式有很久远的历史。它被称为 **Zipf 图**（Zipf plots），以语言学家 George Kingsley Zipf 的名字命名，Zipf 利用这种曲线描述一些人类活动[423]。最著名的是，他所确定的经验性原理（empirical principle）被称为 **Zipf 定律**（Zipf's Law），指出英文中（或其他应用广泛的语言）第 j 常用的单词，其出现频率与 $1/j$ 成正比。这也许并不奇怪，关于这种曲线早在媒体行业之前就已经引起人们的注意了。

18.6 搜索工具和推荐系统的作用

最后，我们简要讨论一个更深层的问题，也是分析流行度及其分布涉及的越来越重要的问题：互联网搜索工具加强了富者更富现象还是减弱了这种现象？有趣的是对这个问题有两种观点并存，最终的答案可能涉及个人和企业如何设计和应用未来的搜索工具。

一方面，我们看到人们均匀随机地选取一个网页并复制其链接行为，这种模式已经使流行度高的网页从中获利。但是，一旦人们使用诸如谷歌这样的搜索引擎来查找网页，那么选择什么网页来复制就变得极不平衡：正如我们之前讨论过，谷歌使用流行度测量网页的排名，那些排名较高的网页是用户在建立自己的链接时能看到的主要网页。其他媒体也有类似的现象，少数极其流行的品类更具有突显的潜力。在简单的模型中，这种信息反馈会加强富者更富现象，产生更不平等的流行度[103]。

然而还存在其他因素的推动作用。例如，用户在谷歌输入一些非常宽泛的查询，结果并没有找到一个符合条件的结果列表，对于这类结果并不明朗的查询，用户可能被引领到一些从没有浏览过的网页。利用这种方式，搜索工具针对用户的兴趣点，实际上可以绕开普遍流行的网页，使人们能够更容易发现那些不太流行的，因此而削弱了富者更富现象。同样，采用简单的数学模型可以证明这种效应的确在起作用[165]。

后一种观点构成了 Anderson 关于长尾理论的重要组成部分：为了能够从巨大数量的利基产品中盈利，公司极其需要其客户了解这类产品，并采用一些合理的方式来展示这些商品[13]。从这个角度看，像亚马逊和网飞这种公司推广的**推荐系统**可以作为其经营策略不可缺的一部分：搜索工具本质上旨在向用户展示那些不那么广泛流行的事物，但这些事物符合用户的兴趣，这一点可以从他们过去的购买历史中推断。

最终，搜索工具的设计是一个高层次信息反馈效应的一个例子：通过让人们以一种方式或另一种方式处理可用的选项，可以减少富者更富的影响，或增强它的影响，也可能引导它们向不同的方向发展。当我们将复杂的信息系统注入一个已经很复杂的社会系统，便产生这些微妙的结果。

18.7　深度学习材料：富者愈富过程的分析

在 18.3 节我们描述了一个简单的模型，是以复制或等价于富者更富原则为基础而增长的有向网络。我们提出，拥有 k 个链入数的节点所占比例大约服从一个幂律分布 $1/k^c$，其中 c 取决于模型中节点的行为。这里，我们证明一个启发式的论点，它分析了该模型的行为，说明为什么会产生幂律分布，进一步显示幂律中的指数 c 与模型的基本特征的相互关系。该分析利用简单的微分方程控制指数增长，涉及微积分基础知识。

首先，重复描述 18.3 节中的模型，如下所述。

（1）网页按顺序被创建，以 $1,2,3,\cdots,N$ 进行标记。

（2）当网页 j 被创建时，按照以下概率规则（由一个 0～1 的概率 p 控制），选择（a）或（b）的操作，产生一个指向之前被创建的网页的链接：

（a）以概率 p，网页 j 均匀随机地从早先创建的网页中选择一个网页 i，创建一个指向 i 的链接。

（b）以概率 $1-p$，网页 j 选择一个网页 l，任何一个网页被选中的概率与其当前的链入数成正比，j 创建一个指向 l 的链接。

（c）网页 j 每次只能创建一个单一的链接；但可以重复上述过程创建多个由 j 发出的独立产生的链接。（为了简单起见，假设每个网页只能创建一个向外的链接。）

这里的 2（b）是体现富者更富过程的一个新版本，而不是 18.3 节中的原始版本。这两种版本实际上是等价的，但是对我们而言，使用现在的版本更易于分析。

现在我们面临一个纯粹的概率问题：指定一个运行 N 个步骤的随机过程（N 个网页被一次一个地创建），需要确定在该过程结束时，拥有 k 个链入数的网页数量的预期值（或者说分析这个数量的分布）。几个不同的研究小组都实施了相关的研究和分析[68]，但所涉及的内容比较复杂，超出了我们的讨论范围。这里只是描述如何将这个模型近似为一个更简单的计算，进而得到幂律指数 c 的正确值。这种近似分析方法是最早得到实现的[42]，它对幂律效应提供了启发式的证明，随后这个结果通过更严谨的概率模型分析而得到完全验证。

1. 富者更富过程的确定性近似

在确定模型的近似之前，首先讨论原概率模型的一些简单属性。第一，在步骤 $t \geqslant j$，节点 j 的链入数是一个随机变量 $X_j(t)$，其中 $X_j(t)$ 有两个特点。

（a）初始条件。因为节点 j 在被创建初始（$t=j$）时没有链入链接，因此 $X_j(j)=0$。

（b）X_j 随时间的预期变化。当且仅当一个新创建的节点 $t+1$ 直接链接到节点 j 时，节点 j 在步骤 $t+1$ 后增加一个链入数。这种情况发生的概率是多少？节点 $t+1$ 以概率 p 均匀随机地选择一个较早创建的节点并链接到该节点，以概率 $1-p$ 采用另一种方式选择节点，即以节点的链入数成正的概率选择一个节点并创建到该节点的链接。前一种情况，节点 $t+1$ 链接到节点 j 的概率为 $1/t$。对于后一种情况，我们观察到在节点 $t+1$ 被创建时，网络中链接的总数为 t（每一个节点产生一个链接），其中，有 $X_j(t)$ 个链接指向节点 j。因此，对于后一种情况，节点 $t+1$ 链接到节点 j 的概率为 $X_j(t)/t$。于是，节点 $t+1$ 链接到节点 j 的总概率为：

$$\frac{p}{t} + \frac{(1-p)X_j(t)}{t}$$

我们的基本计划是对模型进行近似处理,使其能够分析一种类似的、简单的富者更富过程,进而揭示其中的幂律规则。同样,这并不意味着原模型以同样的方式运行,两种模型之间的相似性提供了一定的论据,可以通过对原模型的进一步分析得到验证。

构建简化模型的中心思想是使其具有确定性,也就是一个没有概率的模型,其中一切事件都是随着时间以固定的演变方式发生,就像一个理想化的物理系统,从开始设定的初始条件按照一定的运动方程发展。要做到这一点,运行时间需要从 0 连续变化到 N(而不是离散的步骤 $1,2,3,\cdots$),因此用连续时间函数 $x_j(t)$ 近似地替代节点 j 的链入数 $X_j(t)$。我们描述函数 x_j 的两个属性,争取能接近前面描述 $X_j(t)$ 的初始条件和随时间预期变化的特性。

（a）初始条件。因为 $X_j(j)=0$,同样定义 $x_j(j)=0$。

（b）增长方程式。回忆当节点 $t+1$ 创建时,节点 j 的链入数以这个概率增加:

$$\frac{p}{t} + \frac{(1-p)X_j(t)}{t}$$

由函数 x_j 提供确定性近似,我们用微分方程确定这个增长率:

$$\frac{\mathrm{d}x_j}{\mathrm{d}t} = \frac{p}{t} + \frac{(1-p)x_j}{t} \tag{18.1}$$

采用微分方程,可以确定 x_j 的特性,即节点 j 的链入数随时间的确定性近似值。原则上,我们不去处理那些离散时间点对应的“跳跃”变化的随机变量 $X_j(t)$,而是分析量值 x_j 随时间完全平滑的增长情况,其变化速度对应于随机变量的预期变化。

通过微分方程确定 x_j 的结果;能够快速推导出所期望的幂律分布。

2. 处理确定性近似

首先通过微分方程(18.1)求解 x_j。简单起见,设 $q=1-p$,因此微分方程成为:

$$\frac{\mathrm{d}x_j}{\mathrm{d}t} = \frac{p+qx_j}{t}$$

两边除以 $p+qx_j$,得到:

$$\frac{1}{p+qx_j}\frac{\mathrm{d}x_j}{\mathrm{d}t} = \frac{1}{t}$$

对两边积分:

$$\int \frac{1}{p+qx_j}\frac{\mathrm{d}x_j}{\mathrm{d}t}\mathrm{d}t = \int \frac{1}{t}\mathrm{d}t$$

得到:

$$\ln(p+qx_j) = q\ln t + c$$

对于一个常数指数 c,设 $A=\mathrm{e}^c$,得到:

$$p+qx_j = At^q$$

因此:

$$x_j(t) = \frac{1}{q}(At^q - p) \tag{18.2}$$

现在,使用初始条件 $x_j(j)=0$,可以确定常量 A 的值。这个条件给我们如下方程式:

$$0 = x_j(j) = \frac{1}{q}(Aj^q - p)$$

因此，$A = p/j^q$。将这个 A 值代入方程(18.2)，得到：

$$x_j(t) = \frac{1}{q}\left(\frac{p}{j^q} \cdot t^q - p\right) = \frac{p}{q}\left[\left(\frac{t}{j}\right)^q - 1\right]$$ (18.3)

3. 利用确定性近似确定一个幂律

方程(18.3)是分析过程中一个重要的中间步骤，它提供了一个描述 x_j 如何随时间增长的封闭形式表达式。现在，我们希望用这个表达式解答下面的问题：对于一个给定值 k，和一个时间值 t，那么在时刻 t，有多少比例的节点拥有至少 k 个链入数？因为 x_j 近似于节点 j 的链入数，与这个问题相似的简化版本是：对于一个给定值 k 和时间 t，在所有的函数 x_j 中，满足 $x_j(t) \geqslant k$ 的占比例是多少？

利用方程(18.3)，这相当于不等式：

$$x_j(t) = \frac{p}{q}\left[\left(\frac{t}{j}\right)^q - 1\right] \geqslant k$$

或者，以 j 的形式重写上式，

$$j \leqslant t\left[\frac{q}{p} \cdot k + 1\right]^{-1/q}$$

因此，在时刻 t，对于所有函数 $x_1, x_2, \cdots, x_t$，满足 $x_j \geqslant k$ 的函数占比例应该满足以下等式[①]：

$$\frac{1}{t} \cdot t\left[\frac{q}{p} \cdot k + 1\right]^{-\frac{1}{q}} = \left[\frac{q}{p} \cdot k + 1\right]^{-1/q}$$ (18.4)

我们在这里已经看到幂律的形成：因为 p 和 q 是常数，右边方括号中的表达式与 k 成正比，所以 x_j 至少为 k 的节点比例与 $k^{-1/q}$ 成正比。

最后一步，请注意我们一直是谈论至少有 k 个链入数的节点比例 $F(k)$。经过衍变，也可以直接近似得到恰好有 k 个链入数的节点比例 $f(k)$，换句话说，$f(k)$ 由 $\mathrm{d}F/\mathrm{d}k$ 近似得到。对方程(18.4)进行微分，得到：

$$\frac{1}{q}\frac{q}{p}\left[\frac{q}{p} \cdot k + 1\right]^{-1-1/q}$$

这说明，确定性模型预期链入数为 k 的节点比例与 $k^{-(1+1/q)}$ 成正比，这是一个幂律函数，指数为：

$$1 + \frac{1}{q} = 1 + \frac{1}{1-p}$$

对原模型的分析表明，以高概率随机生成的链接，链入数为 k 的节点比例确实与 $k^{-(1+1/(1-p))}$ 成正比[68]。由确定性近似模型提供的启发式证明以一种简单的方式描述了这个幂律指数 $1 + 1/(1-p)$ 是如何形成的。

该指数随着 p 值变化的特点很有意思。当 p 值接近于 1 时，链接的形成主要是基于均匀随机选择，因此富者更富的现象消失。相应地，幂律指数趋于无穷大，表明拥有非常大的链入数的节点变得越来越稀少。另一方面，当 p 接近于 0 时，网络的发展受富者更富的影响非常强烈，而幂指数降低至 2，允许很多节点拥有很高的链入数。事实上，2 是当富者更富现象逐渐加强时指数的自然极限值，这同样提供了一个很好的方法去思考实际网络中的幂律

---

① 在 t 时刻总节点数为 t，满足 $x_j \geqslant k$ 的节点占总节点的比例应该是等式(18.4)乘以一个系数，这个系数是满足 $x_j \geqslant k$ 的节点数，因为这个系数对服从幂律分布没有影响，因此省去。——译者注

指数(如对于拥有一定链入数的网页)，它往往要略高于 2。

　　这个确定性分析最后一个吸引人的特点是，它的可塑性极强，可以很容易地被修改，以适应模型的扩展需求，这一直被视为是进一步研究的专题[10]。

18.8　练习

1. 考虑一个诸如 cnn.com 或 nytimes.com 的在线新闻网站，其首页链接许多不同的文章。经营此类网站的人一般会跟踪所刊登文章的流行度，我们现在提出在 18 章所提到的问题：“作为 k 的函数，被 k 个人浏览过的文章所占比例是多少？”我们称之为文章的流行度分布。

   现在假设这个新闻网站的经营者考虑改变首页，在每个链接旁边提供一个计数，表明有多少人浏览过该文章。（即紧挨着每个链接显示类似“30 480 人浏览过该项，”这些数字随时间不断更新。）

   首先，你觉得这个变化对人们的浏览行为产生什么影响？ 第二，你认为添加这个计数功能与没有添加这些计数时的情况比较，文章流行度分布会是加强还是减弱了服从幂律分布？ 对你的答案进行解释。

2. 我们在 18 章涵盖了幂律分布，我们讨论了一些产生幂律的案例，并提出“流行度”的概念。例如，考虑每天被 k 个人浏览过的新闻文章所占的比例：如果用 $f(k)$ 表示这个 k 的函数，那么 $f(k)$ 近似地服从幂律分布，形式为 $f(k) \approx k^{-c}$，其中指数 c 为常数。

   针对以下问题，我们来更详细地分析这个例子。采用什么机制能够使向公众提供新闻这个过程加强幂律效应的影响，使得被广泛浏览的文章更加广泛地被浏览？ 采用什么机制会减弱幂律效应，使得读者能均匀地在有较多浏览者以及较少浏览者的文章中分布？ 对你的答案给出解释。

   这是一个开放问题，可能有许多不同的正确答案；你的答案用不着形式化，对观点有清晰的阐述即可。

3. 假设一些研究人员正在进行教育体制方面的研究，决定收集一些与下面两个问题相关的数据。

   (a) 作为 k 的函数，康奈尔大学所有课程中有 k 个学生注册的课程的占比是多少？

   (b) 作为 k 的函数，纽约州所有小学三年级的教室有 k 个学生的占比是多少？

   你觉得上述哪一项作为 k 的函数更接近幂律分布？ 简单给出你的答案，利用本章所讨论幂律分布的一些思想做出简要解释。

第六部分

网络动力学：结构模型

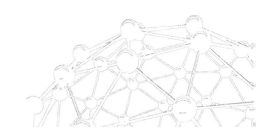

第 19 章 网络中的级联行为

19.1 网络中的传播

前面几章讨论的基本问题是个体的决策行为依赖于他人的选择,利用信息级联、网络效应和富者更富的现象,我们对一个群体采纳新思想和新技术的行为过程构建模型。在对模型进行分析时,所涉及的社会网络可以从两个不同的概念层次进行处理:一是将网络看成由相对无组织的个体构成的群体,研究整个群体的聚合效应;二是利用网络的具体图结构分析个体如何受到其他相邻网络节点的影响。前面几章我们的关注点主要是针对第一个层次的分析,研究每个人在观察到其他人的决定后所做的选择。在接下来的几章中,我们的分析将专注于网络结构层次。

基于网络结构的处理方法能为我们带来什么益处?可以列举一些现象来说明,前面几章构建的模型将群体中的个体均等对待,因此无法很好地解决一些问题。人与人之间的交往和互动往往是发生在有限的局部而不是全局范围,也就是说,我们通常比较在意朋友或同事对某事所做的决定,而不太关心群体中所有其他人的决定。例如,在工作环境中,我们可能会选择某种与直接合作者兼容的技术,而不是一些最流行的技术。类似地,我们可能会与朋友保持一致的政治观点,即便是持这种观点的人只占少数。

利用清晰的网络结构分析个体决策行为,能够将前几章讨论的模型和第 4 章引入的思维方式结合起来,当时我们关注人们如何与相类似的人连接,随着时间的推移反而变得与他们的邻居更相似。第 4 章的基本框架是研究网络的连接行为,但并没有揭示个体决策会引导人们朝着与他们的邻居相似的趋势发展:第 4 章提出人们的选择具有相似性的倾向,仅仅是一个基本的假设,并没有提供相应的理论基础。相比之下,前几章研究的模型,从群体聚合层面揭示了个体行为倾向于接近他们邻居,动因是个体行为力求在给定的情况下最大限度地发挥效应。事实上从模仿别人的行为中获益有两种不同的类型:**信息效应**是基于他人所作出的选择可以间接提供一些信息这样的事实;**直接受益效应**可以从复制别人的行为中得到直接回报(例如,使用兼容技术能够产生相应的回报,而采用不兼容技术则得不到这种回报。)

我们现在将这两种模型与社会网络中个体决策模型的一些基本原则相结合,这些原则引导人们的行为和决策与网络邻居相关联。

创新事物的传播

思考一种新的行为、做法、意见、约定或技术是如何在朋友的影响下，从一个人到一个人在社会网络中传播。长期以来，社会学研究人员做了大量的相关实验研究工作，探索**创新事物的传播**（The Diffusion of Innovations）行为[115,351,382]。20 世纪中期发展起来的现代-传统研究确定了一些基本的研究策略，人们利用它研究新技术和新思想在一组人群中的传播行为，分析促进或妨碍这种传播的一些因素。

这些早期的研究工作有些是侧重于由信息效应产生的人与人之间的影响：当人们观察到他们网络邻居的决定时，便得到一些间接信息，促使人们也尝试一些新事物。早期两项针对信息效应最有影响的研究工作，一项由 Ryan 和 Gross 实施，他们对爱荷华州一些农民采用杂交玉米种子的情况进行实验研究[358]，另一项研究工作由 Coleman、Katz、Menzel 实施，他们研究了美国内科医生采用四环素抗生素类药物的情况[115]。在 Ryan 和 Gross 的研究中，他们采访了一些农民，询问他们是怎样以及何时决定使用这种杂交玉米种子；结果发现虽然大部分农民最初都是从销售人员那里听说这种种子，但大多数人都是在社区的邻居使用过后才决定使用。Coleman、Katz、Menzel 对医生使用新药物的实验更进了一步，他们标出了使用这种新药物的医生之间的社会关系。虽然这两项研究涉及的群体非常不同，领域和相应的新事物也非常不同，但正如那个时期其他一些重要的研究一样，它们具有一些共同的基本特征。首先，这两种情况中的新事物都具有新奇性以及最初缺乏被理解的特点，采用它有一定的风险，但最终能获得较高的收益；其次，两种情况中早期的使用者具有一些共同的特性，他们有较高的社会经济地位，并且往往是旅行过很多地方；再有，这两种情况下，采纳决定的形成需要一种社会环境，即人们在做选择时能够观察到他们的邻居、朋友以及同事的行为。

还有一些针对创新事物传播行为的研究侧重于个体决策由直接受益效应驱动，而不是信息效应。很多针对通信技术的推广研究揭示了这种直接受益效应的影响；如电话、传真机或电子邮件这种技术的传播和推广，其动力取决于交流的对方是否已经采用了相应的技术[162,285]。

随着这种类型的研究不断增多，研究人员开始探索这种创新传播在不同领域都共存的一些原则。Everett Rogers 在其很有影响的探讨创新传播行为的书中明确阐述了这些原则[351]，包括为什么有些创新相比现有的方法有明显的相对优势，但却没能在人群中传播的一些因素。具体地，一项创新的成功与否取决于它的复杂性，即人们理解和应用它的方式；可观察性，人们是否可以观察到其他人在使用；可试用性，人们逐渐地越来越多地接受它，因而降低了它的风险；最重要的是它对整体社会系统的兼容性。与此相关的，我们在前面章节也涉及同质性原则有时可能成为扩散的屏障：因为人们倾向于与他们相近的人互动，而新的创新事物往往来自于"外面"的世界，要使这些创新在一个紧密的社会团体中打开一条通路可能很难。

基于这些分析，我们现在开始构建一种创新行为通过社会网络进行传播和推广的模型。

19.2 基于网络构建传播模型

我们以基本的个体决策模型为基础构建一个新行为的传播模型：当个体根据邻居的选择而作出决定时，一个特定的行为模式就开始穿过网络连接进行传播。构建这样的个体层次模型,既可以选择信息效应模式[2,38,186],也可以选择直接受益效应模式[62,147,308,420]。本章中,我们将着重于后者,从一个直接受益效应的网络模型开始,该模型由 Stephen Morris 提出[308]。

基于直接受益效应的网络模型有这样的特点:每个人有一些特定的社会网络邻居,朋友、熟人或同事,并且因接受一项新事物所获的收益随着周围采纳的邻居越多而增多。因此,从利己主义的角度出发,当你周围足够多的邻居采纳了某项创新时,你也应该采纳。例如,你会发现使用兼容技术很容易与同事合作;类似地,你会发现在交往中与那些和你的信仰和观点相近的人更容易沟通,或至少是不会更难相处。

1. 一个网络协调博弈

这些思想利用我们在 6.5 节介绍的协调博弈很容易解释。在一个基本的社会网络中,每个节点有两种可能的选择,标记为 A 和 B,如果节点 v 和 w 由一个边连接,那么对它们来说存在一个行为相匹配的动机。我们通过一个博弈描述这种情况,v 和 w 是参与者,A 和 B 是可选的策略。相应的回报定义如下:

- 如果 v 和 w 都选择 A,它们分别得到回报 $a>0$;
- 如果它们都选择 B,分别得到回报 $b>0$;
- 如果它们选择不同的选项,那么都得到回报为 0。

用矩阵的形式描述这个回报,如图 19.1 所示。当然,很容易想象出很多更一般的协调模型,但目前来说我们希望保持讨论尽可能简单。

该矩阵描述了网络中一个边的变化情况;关键的一点是每个节点 v 在博弈中的策略是复制其邻居的行为,得到的回报是所连接的边对应的回报总和。所以,v 的选择策略是基于它所有邻居选择的一个综合结果。

v 面临的基本问题是:如果它的一些邻居选择 A,一些邻居选择 B,那么 v 应该选择哪个选项使得它的回报达到最大? 这显然取决于其邻居中选择每一种选项的相对数量,以及对应的 a 和 b 的回报值。利用一些代数知识,可以很容易制定一个 v 的决策规则。假设 v 的邻居中,比例为 p 的邻居选择 A,比例为 $(1-p)$ 的邻居选择 B;也就是说,如果 v 有 d 个邻居,则 pd 个采用 A,$(1-p)d$ 个采用 B,如图 19.2 所示。因此,如果 v 选择 A,得到回报为 pda,选择 B,获得回报 $(1-p)db$。如果下式成立,A 是更好的选择,

$$pda \geqslant (1-p)db$$

或者,如果下式成立,选择 A 更好。

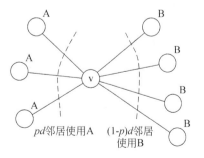

图 19.1 A-B 协调博弈

图 19.2 节点 v 基于它邻居的选择,
在选项 A 或 B 中做选择

$$p \geqslant \frac{b}{a+b}$$

我们用 q 表示上式中右边的表达式。这个不等式描述了一个非常简单的门槛规则：如果至少有比例为 $q=b/(a+b)$ 的邻居采用选项 A，那么你也应该这么做。这很容易理解：当 q 比较小，选项 A 表现为更具吸引力的行为，因此只需要一小部分邻居热衷于 A，你就会也这样做。但如果 q 比较大，就是相反的情况：B 是更具吸引力的行为，你只有在很多朋友都采纳了 A 之后才会转换到 A。当恰好有比例为 q 的邻居节点选择 A 时，为了打破僵局，我们假设节点会选择 A。

我们注意到这其实是一个很简单且短视的个体决策模型。每个节点直接根据其邻居节点当前的行为来优化自己的决定，但这个简单模型能启发更深层的研究问题，即节点在考虑从选项 B 转到 A 时，如何将较长远的考量加入到选择决策中来。

2. 级联行为

对于任何网络，这种协调博弈都存在两个明显的均衡：一个是所有节点都选择 A，另一个是所有节点都选择 B。基于这种行为的传播和扩散研究，我们希望能够理解，在特定环境下，网络中一种平衡颠覆，而形成另一种平衡实际上非常容易。我们还希望能发现一些其他"中间"平衡状态的特征，也就是网络中一部分节点选择 A，而另一部分节点选择 B 的共存状态。

具体来说，考虑以下这种情况。假设网络中每个节点最初的默认行为是采用 B。然后，一小部分"初用者"决定采用 A。假设这些初用者采用 A 是受博弈以外的原因驱动——它们对 A 具有某种更优质的信念，因而不再遵循最高回报的规则，但我们仍假设所有其他节点会继续按照协调博弈的规则评估其回报。鉴于初用者当前使用 A，导致它们的一些邻居也可能改用 A，然后这些新使用者的邻居也可能考虑改用 A，这个过程以一个潜在的级联方式继续。什么情况下整个网络中的所有节点最终都转到 A？或者是什么原因阻止了 A 的蔓延，使得所有节点转到的 A 的情况没有发生？显然，回答这些问题涉及网络的结构、初用节点的选择、影响节点决定是否转到 A 的门槛值 q。

以上我们描述了整个模型。一个初始节点集采用 A，其他所有节点采用 B。随着时间以单位间隔向前推移，每个节点在每一步利用门槛规则决定是否从 B 转成 A[①]。这个过程停止的条件是，每个节点都转到了 A，或者达到一种状态任何节点都不想再改变，此时，稳定在 A 和 B 共存的一种状态。

我们通过图 19.3(a) 的社会网络描述这个过程。

- 假设这个协调博弈设置为，$a=3,b=2$；意味着节点采用 A 的回报是采用 B 的回报的 3/2 倍。利用门槛值公式，当一个节点至少有比例为 $q=2/(3+2)=2/5$ 的邻居采用 A 时，该节点会从 B 转向 A。

- 现在，假设节点 v 和 w 构成 A 的初用节点，其他所有节点仍然采用 B。（如图 19.3(b) 所示，粗线圆表示采用 A 的节点，细线圆表示采用 B 的节点。）下一步，每个其他节

---

① 尽管我们没有讨论相关细节，但不难理解，该过程中已经转到 A 的节点不会在稍后再转回到 B，所以我们所研究的是严格意义的从 A 转到 B。这一事实是基于这样的观察，在任一时间点某个节点转到 A，它的邻居中采用 A 的数量随着时间的继续会不断增加，因此，如果门槛规则在某个时间点驱动该节点转到 A，那么在今后的时间这种驱动只会更加强烈。这只是非正式推理，但实际证明这一点也并不复杂。

点根据门槛规则估算其行为回报,节点 r 和 t 会转到 A:这两个节点都有比例为 2/3
>2/5 的邻居采用 A。而节点 s 和 u 不会换变,因为对它们来说只有比例为 1/3<
2/5 的邻居采用 A。

- 下一步,节点 s 和 u 都有比例为 2/3>2/5 的邻居采用 A,因此它们也转到 A。这个
  过程最终以每个节点都转变为 A 而告结束。

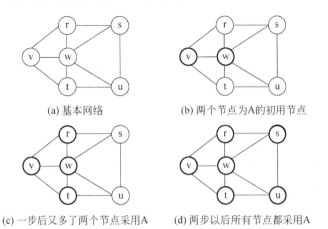

(a) 基本网络   (b) 两个节点为A的初用节点

(c) 一步后又多了两个节点采用A   (d) 两步以后所有节点都采用A

图 19.3 节点 v 和 w 为初用节点,回报 $a=3,b=2$,新行为 A 经过两步传播到所有节点。
每一步采用 A 的节点以粗线标记,采用 B 的节点以细线标记

注意这个过程实际上是一个连锁反应:节点 v 和 w 没有能力使节点 s 和 u 转换到 A,
但一旦它们使节点 r 和 t 转换,便对 s 和 u 提供了足够的影响力。

分析另一种情况也很有意义,采用行为 A 的过程持续了一段时间后停下来了。考虑
图 19.4 的社会网络,我们同样假设它表示一个 A-B 协调博弈,其中,$a=3,b=2$,对应的门
槛值 $q=2/5$。如果以节点 7 和 8 作为初用节点(如图 19.5(a)所示),经过三个步骤,首先是
节点 5 和 10 转换到 A,然后是节点 4 和 9,最后是节点 6。此后,再没有其他的节点会转换
到 A,形成图 19.5(b)的结果。

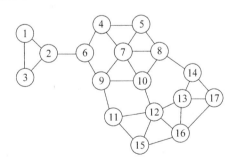

图 19.4 一个较大规模的例图,新行为在其中传播

我们称转换到 A 的连锁反应为采用 A 的级联,我们希望区分两种可能的级联:①这个
级联运行了一段时间后停止,此时网络中还有一些节点使用 B;②存在一个完全级联,网络
中的每个节点都转换到 A。我们用下列术语描述第二种级联。

考虑一个初用节点集,它们一开始就采用新行为 A,其他所有节点开始都采用行为 B。

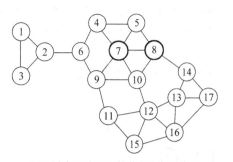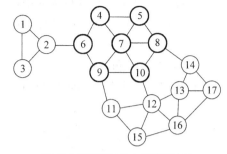

(a) 两个标记为7和8的节点为初用节点   (b) 这个过程经过三个步骤后结束

图 19.5　节点7和8为初用节点，随后新行为 A 传播到其他一些节点，但并不是所有的节点

随后，每个节点反复利用门槛值 q 评估是否从 B 转到 A。如果最终采用 A 的级联导致每个节点都从 B 转到 A，我们称这个初用节点集产生一个临界值为 q 的**完全级联**。

3. 级联行为和"病毒式营销"

基于图 19.5 中的例子，可以观察到几个特点。首先，它清楚地表明一个网络中密集区域的边缘可以阻止一项创新事物的传播。就这个例子而言，A 能够在一组有足够密集的内部连接的节点中扩散，但它始终无法跨越网络中的"海岸线"，它们将节点 8～10 与节点 11～14 分离，以及将节点 6 与节点 2 分离。因此，A 和 B 在网络中的边界处相遇，并在网络中共存。许多真实案例反映了这种扩散方式。例如，相邻社区以不同的政治观点为主导，或者考虑更偏技术的领域，不同的社交网站由不同年龄和不同生活方式的群体参加，人们更倾向于进入那些他们朋友也在使用的网站，即便是大多数人都在使用别的网站。类似地，尽管微软的 Windows 个人电脑操作系统非常流行，仍有某些行业大力推崇苹果的 Macintosh 操作系统，如果与你直接交流的人大部分使用苹果软件，你也会有兴趣这样做，尽管这样做会增加与其他人相互交流的难度。

这种分析也启发人们思考一些营销策略，试想如果图 19.5 中 A 和 B 是竞争技术，而且生产 A 的公司希望推动它的技术超越图 19.5(b) 中的停止状态。当然如果可能的话，最直接的方式是 A 的产品质量略微提高一些。例如，将协调博弈中的回报由 $a=3$ 改为 $a=4$，那么由此产生的门槛值由 $q=2/5$ 下降到 $q=1/3$。这样，可以检验从图 19.5(b) 的状态开始所有的节点最终都将转换到 A。也就是说，这个较低的门槛值能够使得 A 闯入当前网络中那些拒绝它的区域。这个结论很有意义，现有的创新只要稍微提高其吸引力，就可以大大增加它的覆盖面。它还表明，A 和 B 在网络中共存的自然边界并不仅仅依赖于网络的结构，还与 A 相对于 B 的相对回报差异有关。

如果无法再提高 A 的质量，也就是说 A 的生产者不可能改变其门槛值，就要采用不同的策略增强 A 的传播，让一些正在使用 B 的少部分关键人物转而使用 A，这些人要仔细挑选以达到级联效应。例如，可以检验，如果努力让图 19.5(b) 中的节点 12 或 13 转向 A，那么采用 A 的级联过程将再次启动，最终使得所有节点 11～17 全部转向 A。另一种情况，如果营销人员努力使节点 11 或 14 转到 A，那么对网络其余部分并没有什么效果；所有其他采用 B 的节点仍然处于低于门槛值 $q=2/5$ 的状态，因此不会转到 A。这说明如何选择节点对转换到一个新产品非常关键，本质上说是基于它们在网络中的位置。这些问题都是"病毒式营销"研究的重点内容[230]，我们这里讨论的模型也曾被相关研究人员作为案例进行分析[71,132,240,309,348]。

最后有必要做一个对比,针对一种新技术的采用,第 17 章我们基于总体层面构建网络效应模型,这里基于网络层面讨论级联效应。在总体层面模型中,每个人根据整个群体中使用这种特定技术的人数比例决定是否采纳某项技术,因此一项新技术开始占据市场非常难,即便它比现有的技术更具优势。而在网络结构中,节点只关心它直接邻居的行为,一小部分初用者像一个长长的导火线,最终可能使相应的创新遍及全球。一个新的思想最初在一个局部范围的社会网络中传播,最终被广泛接受,这事实上正是许多创新事物的发展轨迹。

19.3　级联与聚簇

继续探讨上一节的简单模型产生的级联行为:分析了级联的形成过程,现在进一步讨论哪些因素致使这种级联停止运行。我们的目标是针对图 19.5 展示的一些现象,一种新行为的传播在试图闯入网络的密集区域时终止这种过程进行形式化研究。这实际上也是早些时候提出的一个定性原则——同质性往往可能成为扩散的障碍,使得创新事物难以从外部进入密集连接的社区。

首先,考虑如何精确地描述"密集连接区域",使得模型中可以对它进行量化。这种区域有一个关键属性,如果一个节点属于一个区域,许多它的邻居也倾向于属于该区域。我们具体描述这个定义,如下所述。

我们称一个节点集为密度为 p 的聚簇,若其中每个节点至少有比例为 p 的网络邻居也属于这个节点集合。

例如,图 19.6 的网络中,由节点 a、b、c、d 组成的节点集构成密度为 2/3 的聚簇,由节点 e、f、g、h 组成的节点集和 i、j、k、l 组成的节点集也分别构成密度为 2/3 的聚簇。

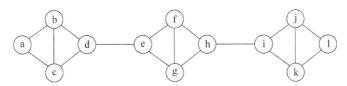

图 19.6　几个聚簇,每个聚簇有 4 个节点,密度为 2/3

正如许多严格定义一样,它有迎合我们需求的一面,也同样存在另一面。聚簇中每个节点都有特定比例的邻居也属于相同的聚簇,这意味它们之间具有某种内部"凝聚力"。另一方面,我们的定义并不意味一个聚簇中任何两个节点必须有很多共同之处。例如,任何网络中,所有节点的集合总是密度为 1 的聚簇,因为根据定义——一个节点所有的网络邻居必然也在网络中。另外,如果两个聚簇密度为 p,那么,这两个聚簇的并集(即至少属于一个聚簇的节点集)同样是一个密度为 p 的聚簇。这些观察说明,网络中的聚簇可以同时存在于不同的规模中。

1. 聚簇和级联的关系

图 19.7 的例子提示我们,网络中的聚簇结构可能会影响一个级联的成功或失败。这个例子基于图 19.4 描述的网络,可以看到有两个密度分别为 2/3 的区域。它们对应于节点 7

和 8 作为初用节点,最终使 A 的级联无法闯入的两个区域。这是否隐含了一个普遍原则?

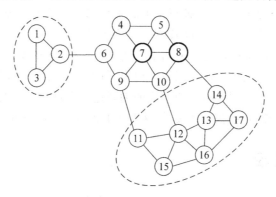

图 19.7　图 19.4 的网络中两个密度为 2/3 的聚簇

事实上,至少在我们所研究的模型中是这样的。现在给出这个结论,本质上,当一个级联遇到一个密度高的聚簇时,便会停下来,并且这是唯一致使级联停止的原因[308]。换句话说,聚簇是级联的自然障碍。我们利用以下术语给出精确的陈述,其中除了初用节点,还用到剩余网络,表示除了初用节点以外的所有节点组成的部分。

断言:考虑一个行为 A 的初用节点集,剩余网络中的节点采用行为 A 的门槛值为 q。

(1)如果剩余网络包含一个密度大于 $1-q$ 的聚簇,则这个初用节点集不能产生一个完全级联。

(2)并且,如果一个初用节点集不能产生一个完全级联,并且门槛值为 q,则剩余网络一定包含一个密度大于 $1-q$ 的聚簇。

这个断言最具吸引力之处是利用网络结构的自然特征,为我们的模型提供了级联成功或失败的精确表征方式。此外,对网络中密集区域阻断级联传播的这种感观认识提供了形式化的描述。

我们现在分别论证(1)和(2)部分。在证明这两部分时,应该将它们视为普适的结论,尽管这里借助于图 19.7 中的例子,其中密度大于 $1-2/5=3/5$ 的聚簇阻止了门槛值为 2/5 行为 A 的级联传播。

首先证明第(1)部分。

2. 第(1)部分:聚簇是级联的障碍

考虑任意一个网络,行为 A 有一个初用节点集,以门槛值 q 传播。假设剩余网络包含一个密度大于 $1-q$ 的聚簇。现在证明这个聚簇中所有节点都永远不会接受 A。

假设相反的情况成立,聚簇中一些节点最终采用了 A,考虑一个最早的时段 t,其间聚簇中某些节点采用了 A。设 v 是聚簇在时段 t 采用 A 的节点。这种情况如图 19.8 所示。本质上,我们需要证明节点 v 采用 A 时,不可能有足够多的邻居采用了 A,致使它基于门槛规则的驱动而选择 A。这个矛盾说明其实 v 不可能采用 A。

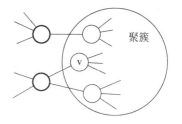

图 19.8　新行为的传播当遇到一个密度大于 $1-q$ 的聚簇时停止,q 是相应的门槛值

现在阐述这个证明过程。在 v 采用 A 的时刻,它的决定是基于在前一步 $t-1$ 结束时已经采用 A 的节点集。因为这个聚簇中在 v 之前并没有节点采用 A(这是我们选择 v 的前提),在 v 决定转到 A 时,只有它所在聚簇以外的节点采用 A。因为该聚簇的密度大于 $1-q$,意味着 v 的邻居中比例高于 $1-q$ 的节点与 v 同在一个聚簇中,而邻居中节点不属于该聚簇的占比小于 q。由于这些是 v 的邻居中可能采用 A 的所有节点,这是一个矛盾。因此,最初关于聚簇中的一些节点在某个时刻采用了 A 的假设不可能成立。

证明了聚簇中没有节点会采用 A,就说明初用节点集不会产生一个完全级联,因此完成了第(1)部分的证明。

3. 第(2)部分:聚簇是级联唯一的阻碍

现在证明断言的第(2)部分,聚簇不仅是级联的自然障碍,而且是唯一的障碍。从方法论的角度看(尽管相关的细节不同),让我们联想到匹配市场的一个问题:我们证明了受限组是一个完美匹配的自然障碍这个结论,又进一步论证它们其实是唯一的障碍。

对第(2)部分,我们需要证明只要一个初用节点集不能产生一个门槛值为 q 的完全级联,在剩余网络中就必然存在一个聚簇,其密度大于 $(1-q)$。事实上,这并不难证明:考虑一个 A 传播的过程,从初用者开始,直到它停止。停止是因为仍然有节点采用 B,并且这个节点集中的节点并不打算转到 A,如图 19.9 所示。

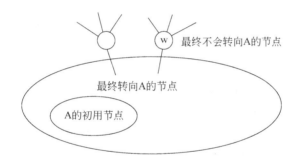

图 19.9　如果 A 的传播在充满整个网络之前停止,采用 B 的节点集
构成一个密度大于 $1-q$ 的聚簇

设 S 是在该过程结束时采用 B 的节点集。如果能论证 S 是一个密度大于 $1-q$ 的聚簇,便完成第(2)部分的证明。考虑 S 中的任何一个节点 w,因为 w 不希望转到 A,那么一定是 w 的邻居中采用 A 的比例小于 q,也就是它的邻居中采用 B 的比例大于 $1-q$。因为整个网络中所有采用 B 的节点都属于节点集 S,因此 w 的邻居中属于 S 的比例大于 $1-q$。由于这对于 S 中所有节点都成立,因此证明了 S 是一个密度大于 $1-q$ 的聚簇。

总结以上针对聚簇和级联的分析,这个模型中,如果门槛值为 q,则当且仅当剩余网络不包含一个密度大于 $(1-q)$ 的聚簇时,初用者就能够产生一个完全级联。所以从这个意义上说,级联和聚簇实在是自然的对立面:聚簇阻挡级联的传播,无论何时一个级联进行不下去了,一定是存在一个聚簇阻挡了它的传播。

19.4　传播、门槛值和弱连接的作用

研究扩散行为给我们一个启示,认识一种新思想和实际采用它有着根本区别。这种差别在早期的扩散行为研究中就已经被注意到。例如,图 19.10 源自 Ryan-Gross 最初关于杂

交玉米种子的研究[358]，它表明，认识这种创新的波动明显比实际采用的波动要早。

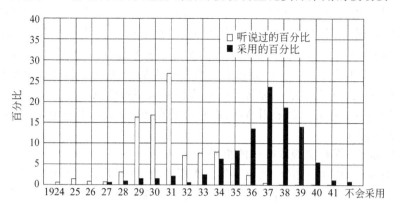

图 19.10 Ryan-Gross 的研究中，首次听说杂交玉米种子的年代和首次采用的年代[358]

其实我们的模型也说明了这种差别。想象一个人通过邻居首次采用某种创新技术而知道了这种创新，这种情形就像图 19.5 中节点 4 和 9 通过节点 7 的行为马上得知新行为 A，但需要一定时间后它们才会实际纳入 A。而另一个更强的体现是，节点 11～14 尽管后来也看到了 A 的存在，但始终没有采纳它。

Centola、Macy[101] 和 Siegel[369] 观察到一个有趣的现象，门槛值扩散模型进一步揭示了第 3 章讨论的弱连接优势理论的微妙之处。回想一下，弱连接优势植根于弱社会联系的概念，那些我们不常见到的人，往往构成社会网络中的一条捷径。它们提供一些信息来源，比如新的工作机会，这些信息我们通常没有机会通过其他的途径得知。利用第 3 章的一个典型图形，在这里以图 19.11 描述，u-w 和 v-w 的边连接不同的紧密区域，得以相互传递消息，可以想象 v 能通过这个边得到 w 的信息，并且它不可能从其他边得到这些信息。

但如果考虑一个新行为的传播，情况就非常不同了，采纳一项新行为不仅要首先认识它，还涉及该新行为的门槛值。举例来说，假设图 19.11 中的 w 和 x 是一个新行为的初用节点，对应的传播门槛值为 1/2。我们可以检验这个由 6 节点组成的密集区域中所有节点都将采用 A 这种行为，但节点 u 和 v 则不会。（网络中超出这个范围的其他的节点也不会采用 A。）

这说明社会网络中的桥以及捷径具有双重特性：它们是传递新事物信息的有力途径，但在传送有某种程度的风险或需要付出的行为时力度不够，此时，节点需要确定有足够多的邻居采用后才会采用。从这个意义上说，图 19.11 中的节点 u 和 v 比它们所在的密集区域其他节点拥有更丰富的信息，它们可以从节点 w 了解到新行为在 w 所在区域的传播情况，但对于临界值较高的行为，它们还是要使自己行为与所在区域其他节点保持一致。仔细想想，这实际上明显符合第 3 章的分析，捷径和结构洞附近处提供了获取信息的入口，而这些信息你不会从所在的聚簇中得到。对于门槛值较高的行为传

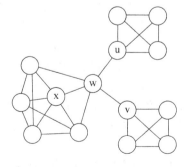

图 19.11 u-w 和 v-w 边更可能作为传递信息的管道，而不是传递具有高门槛值创新行为的管道

播,一个捷径可以将你与另外一个节点相连,但其网络邻居已经迫使它采用了一个与你不同的行为。

图 19.11 固有的特性给我们一些启示,它揭示了许多社会运动倾向于在局部建立支持,并且传播比较慢的原因。在全球社交网络中跨越全球的弱连接系统能够以惊人的速度传播一个笑料或一个在线视频,而政治活动却传播得很慢,往往需要在居民区和小社区增加传播动力。用门槛值的概念可以解释这个问题:社会运动本身具有一定的风险,因此个体参与倾向于有较高的门槛值①;这种条件下,连接不同部分的捷径所起的作用很小。这种分析从扩散理论的角度提出了一个关于社会运动众所周知的观点,正如 Hedstrom 的研究指出,这种运动经常是按地区传播[215],McAdam 的研究表明,在 20 世纪 60 年代的自由之夏学生激进运动中,强连接比弱连接扮演了更重要的角色[290,291]。

19.5　基本级联模型的扩展

我们的讨论已显示出从一个简单的级联模型可以获得许多关于新行为和创新事物传播的定性结论。我们现在考虑如何将这个模型扩展,尽管涉及的情况更为复杂和微妙,但仍然保持其基本特点不变。

异质门槛值

我们之前讨论的模型中为保持个体行为尽可能简单,每个人的回报相同,与网络邻居的作用强度也相同。现在尝试将这个模型扩展,但仍然保持模型的基本结构,以及聚簇和级联的密切关系。

作为主要的扩展方式,我们假设社会网络中每个人对行为 A 和 B 的估值不同。因此,对于每个节点 v,定义一个回报 a_v,表示 v 在配合其他节点的行为而采用 A 得到的回报。同样,定义回报 b_v 为节点 v 配合其他节点的行为采用 B 所收到的回报。当网络中两个节点 v 和 w 通过一条边相互作用时,它们运行图 19.12 描述的协调博弈。

		w	
		A	B
v	A	a_v, a_w	0,0
	B	0,0	b_v, b_w

图 19.12　A-B 协调博弈

几乎所有前面的分析在这里依然成立,只需要做些小改动,下面简要说明这些变化。在前面介绍协调博弈时,所有的节点对 A 和 B 的回报值一致,我们讨论了对于一个给定节点 v,它如何根据其邻居的行为选择行为。这里采用类似的分析方法,设 v 有 d 个邻居,其中比例为 p 的邻居采用行为 A,比例为 $(1-p)$ 的邻居采用行为 B,因此选择 A 的回报为 pda_v,选择 B 的回报是 $(1-p)db_v$。因此,如果以下式子成立,则最好选择 A。

$$p \geq \frac{b_v}{a_v + b_v}$$

以 q_v 表示右边的表达式,我们同样得到一个简单的规则,现在每个节点 v 都有自己的门槛值 q_v,如果至少比例为 q_v 的邻居选择 A,则 v 也应该选择 A。此外,这些异质节点不同的门槛值也可以直观地以不同的回报值来解释:如果节点对 A 的评价相对高于 B,则对应的门槛值 q_v 相对较小。

---

① 即有比例较高的邻居节点参与到相应的运动中。——译者注

这个过程的运行与前面一致，最初有一个初用节点集，然后在每一步每个节点根据自己的门槛规则评估它的决策，如果达到门槛值就转向 A。图 19.13 显示了这个过程的一个例子（每个节点的门槛值在节点的右侧标明）。

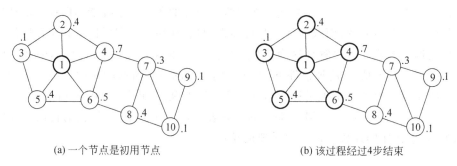

(a) 一个节点是初用节点   (b) 该过程经过4步结束

图 19.13　节点 1 是唯一的初用者，行为 A 传播到其他一些节点，但没能传播到全部节点

通过图 19.13 可以观察到一些有趣的现象。首先，节点门槛值的多样性发挥了重要作用，体现在门槛值与网络结构的交互方式更为复杂。例如，尽管节点 1 具有"中心"位置，如果不是因为节点 3 极低的门槛值，它不会成功地向其他任何节点传播 A。这与 Watts 和 Dodds 的观点密切相关[409]，他们认为，一种行为在社会网络中传播，不仅取决于有影响的节点强度，还要看这些有影响的节点能够多大程度地接近那些容易被影响的节点。

分析图 19.13 中行为 A 的传播如何停止也很有启发，我们来看聚簇阻止级联传播的概念是否可以推广到异质门槛值的情况。适当定义这种环境下聚簇的概念，便可以得到与前面类似的结果。给定一组节点门槛值，网络的**阻挡聚簇**（blocking cluster）定义为一个节点集，其中每个节点 v 都有超过 $1-q_v$ 占比的邻居也属于同一个节点集。（注意，聚簇密度的概念此时同门槛值一样，也具有异质性：每个节点对它的邻居节点属于同一聚簇的占比有不同的要求。）适当地将 19.3 节的分析方法引入到这里，可以表明，给定一组节点门槛值，一个初用节点集能够产生一个完全级联的条件是，当且仅当剩余网络不存在一个阻挡聚簇。

19.6　知识、门槛值和集体行动

这里我们探讨另一个相关主题，整合总体层次和局部网络层次两种网络效应的影响。我们将分析一种要求许多人协调的情形，其中社会网络传递人们是否愿意参与的信息。

1. 集体行动和多元无知

一个启发性例子是组织一个抗议、暴动、反抗专制政权这样的活动[109,110,192]。试想你在这样的社会生活，了解到有人在策划明天进行一次反政府的示威活动。如果有大量的人参与这个活动，政府将让步，社会中每个人包括示威者在内都将受益。但是，如果只有几百人参与，则所有示威者将被逮捕（或者更糟），这样的话大家最好都不要参与。这种情况下，你该怎么办？

这是**集体行动**（collective action）问题的一个例子，一项活动只有足够多的人参与才会产生利益。这种情况让我们回想起第 17 章分析总体层次的网络效应：是否购买传真机，如同这里说的是否参加游行示威，只有足够多的其他人购买传真机时，你才会考虑买。然而，这里的例子与第 17 章的情形也有些不同。传真机的例子中,你可以观察到早期采用者的经验;可以查看评价和广告;还可以和许多同事讨论并了解他们的想法。由于反对专制政府涉及更严重的负面回报,人们的想法大都是不愿公开的,这种事情只能在少数可信任的朋友之间谈论。因为缺乏别人是否愿意参加示威活动的信息,或者不了解别人参加的标准是什么,你也很难决定是否参加。

这也说明为什么一些专制政府极力限制公民之间的沟通。的确可能发生这种情况,有足够多的人反对该政府,并愿意采取极端的行动,但这些人大多觉得自己是一个小群体,认为这种反抗有很大风险。这样,尽管反政府的力量已足够强大,但往往它仍然可以维持很长一段时间。

这种现象被称为**多元无知**(pluralistic ignorance)现象[330],人们普遍地错误估计某些看法在整个民众的广泛性。这是一个相当普遍的现象,不仅仅是在一个中央权威限制信息流通的环境中才有。例如,1970 年在美国进行的一项调查表明(同一时期实施的几个调查也得到了类似的结果),虽然那个时期只有少数美国白人主张种族隔离,但远超过 50% 的人认为他们所在地区大多数美国白人支持这个主张[331]。

2. 集体行动的知识效应模型

我们进一步分析社会网络结构如何影响人们对这种集体行动做出决定,以下提出的模型和一些例证基于 Michael Chwe 的研究工作[109,110]。假设社会网络中每个人都知道可能会发生一个反政府抗议活动,每个人有一个决定自己是否参加的门槛值。门槛值 k 意味着,"如果能确定至少有 k 个人参加(包括我本人),我将参加抗议活动"。

社会网络中的边可以看成是强关系,每条边的两个端点彼此信任。因此,我们假设网络中每个人都知道其所有邻居的门槛值,但由于异议交流的风险特性,并不知道其他所有人的门槛值。现在,给定一个网络,对应一组门槛值,应该如何推测会发生什么情况?

考虑如图 19.14 所示的例子,它显示出了一些微妙的特点。我们将"暴动"这个运动缩减到 3~4 个人的规模,假设每个节点代表一家公司的高级副总裁之一,每个人必须决定在第二天的董事会上是否要参与抗议不受欢迎的总裁。如果没有其他人的适当支持,这将是一个灾难,因此,每个人如果能确定至少有特定数目的其他人这样做才会有所行动。假设每个节点知道这个社会网络的结构。

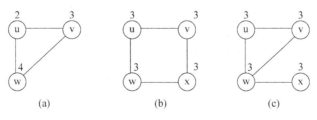

图 19.14　对于三个不同的网络,(a)和(b)不会发生暴动,而(c)会发生暴动

首先,图 19.14(a)说明了节点在考虑到其他节点决定时所做的推理。在这里,节点 w 参与抗议的前提是至少有 4 个节点这样做;因为总共只有 3 个人,也就是说 w 永远不会参与这个行动。节点 v 知道 w 的门槛值为 4,所以确定 w 不会参加。因为 v 需要确定有 3 个人参与才愿意加入,所以 v 也不会参与。最后,u 只需要确定有两个人参与就可以加入,但 u 知道其他两个节点的门槛值,因此可以确定他们都不会参与,所以 u 也不会参与。最终,这

个抗议将不可能发生。

图 19.14(b) 的情况更微妙,此时节点必须先推测其他节点都知道什么信息,再决定自身的选择。具体地,从 u 的角度考虑这个情况(因为所有节点是对称的)。u 知道 v 和 w 的门槛值均为 3,因此,u、v、w 会对由他们三个都参加的抗议感到安全。但同时 u 也知道,v 和 w 彼此不知道对方的门槛值,所以就不能像 u 一样得出同样的推测。

u 加入抗议是否安全呢? 答案是否定的,原因如下。由于 u 不知道 x 的门槛值,有可能是非常高的值,比如 5。这样,节点 v 看到两个邻居的门槛值为 3 和 5,将不会加入。同样 w 也不会参与。因此这种情况下,如果 u 参与,u 就是唯一的参与者,这对 u 来说将是一个灾难。因此,u 将不会采取这个机会参与抗议行动。

这种情况对于图 19.14(b) 中 4 个节点是类似的,我们可以得出结论,所有节点将不会加入抗议行动,所以抗议不会发生。这种情况有个突出的特点：网络中的每个节点知道有 3 个节点的门槛值为 3 这个事实,这对于形成一个成功的抗议是充足的,但每个节点都因为不能确定其他节点知道这个事实而没有采取行动。

如果将 v 到 x 的连接改变为 v 到 w 的连接,事情会变得非常不同,图 19.14(c) 显示了这个网络。现在,每个节点 u、v、w 不仅知道有 3 个节点的门槛值为 3 这个事实,这个事实还成为一个共识[29,154,276]：在由 u、v、w 组成的节点集中,每个节点知道这个事实,每个节点知道每个其他节点也知道这个事实,以此类推。我们在第 6 章博弈理论中简要谈到了共识这个概念,正如我们在这里看到的,它在以实现协调为目的相互作用中也起着很重要的作用。

图 19.14(b) 和图 19.14(c) 的例子的差异非常微妙,归结为节点对于其他节点的情况拥有不同知识的结果。这种差别为我们研究关系的强度和密集区域对激励高风险活动所起的作用提供了另一种思考方式,这也是 19.4 节讨论的一个主题。强关系是针对那些知道的事情和你有大量重叠的人,因此弱关系更具有信息优势。但对于集体行动,这种知识的重叠恰恰是需要的。

共识和协调模型随后得到进一步的研究和发展[111],理解集体行动中知识相互作用的精确模式仍然是一个有趣的进一步的研究方向。

3. 共识和社会制度

基于这些模型,Chwe 等研究人员认为,许多社会制度实际上起着帮助人们实现共识的作用[111]。一个被广泛宣传的演讲或流行报纸上的一篇文章不仅只有传递消息的效果,还可以使听众或读者认识到许多其他人也得到了相关信息。

这一点对研究新闻自由和集会自由,以及它们与开放社会的关系很有帮助。尽管制度相对来说远非政治,但仍起着产生共识的重要作用。例如,Chwe 认为美国橄榄球超级赛的广告经常被用来宣传产品,会产生强大的网络效应,像手机计划或其他有大量用户的某种商品[111]。举例来说,苹果公司的 Macintosh 操作系统的广告在 1984 年美国橄榄球超级赛期间,由 Ridley-Scott 执导制作并向电视观众播放(几年后它被电视指南和广告时代宣称是"有史以来最伟大的电视广告")。正如 Chew 对此评论：苹果操作系统与现有的个人电脑系统完全不兼容：苹果用户只能较方便地与其他苹果用户进行数据交换,如果只有为数不多的人购买苹果电脑,也就只有很少的可用软件。因此,有意购买的客户更倾向于确认其他人的购买后再决定购买；也就是说苹果的潜在购买群体面临一个协调问题。通过橄榄球超级赛期间无线传播这个广告,苹果公司并不只是简单地告知观众它的产品,它还向每个观众传递了一个信息,就是许多其他观众也因此知道了苹果电脑这一商品[111]。

David Patel 最近的研究表明,利用共识的原则分析伊斯兰教逊尼派(Sunni)和什叶派(Shiite)宗教体制之间的差异,有助于解释 2003 年美国侵袭伊拉克后一些政权发展情况[339]。具体地,什叶派的组织结构强壮,致使星期五在清真寺的布道活动得到很好的协调,而逊尼派的组织结构缺乏可比性:"什叶派管理不同层级教士代表的阿亚图拉,能够坚持一贯地在不同的清真寺传播类似的消息,因此在分散的什叶派教友集会上产生共识和协调,与国家联邦制和选举策略类似。通过清真寺这种网络,什叶派教徒能够确定不同地区什叶派教徒知道的事情"[339]。Patel 因此认为,这种促进共享知识的机制使什叶派能够在全国范围内实现对某个目标的协调,而其他团体在美国入侵伊拉克后的时代则缺乏相应的制度性力量。

通过这一切,我们看到,社会网络不只是简单的提供互动和信息交流,这些过程反过来又为个体抉择提供了参考依据,个体通过了解其他人知道些什么以及期望其他人怎么做来决定自己的选择。研究人员正在积极地探索这个框架对社会进程和社会制度提供的潜能。

19.7　深度学习材料:级联的能力

回到本章的基本模型,节点基于门槛值在网络协调博弈中选择行为 A 或者 B,分析网络结构对级联的友好性是个很有趣的问题。19.3 节对这个问题提供了一种分析方式,指出网络结构中聚簇是级联的自然障碍。这里,我们采取一种不同的方法,给定一个网络,我们试问:能让一个 "小"的初用节点集产生一个完全级联的最高门槛值是什么? 这个最高门槛值是网络本身的固有特性,表示其支持级联的一种外部能力极限(outer limit),我们将它定义为网络的**级联能力**。

为使这种方法更严谨,需要小心处理"小"集合这种说法。很显然,如果设初用节点集合为所有的网络节点,或几乎是所有节点,那么即便是门槛值接近 1 仍然能够达到级联。

解决这个问题最彻底的方法是考虑一种无限网络,网络中每个节点都有数量有限的邻居。因此,我们定义级联能力是指一个有限数量的节点集合产生一个完全级联所对应的最高门槛值。这样,针对一个无限节点构成的网络,"小"集合就意味着是有限的节点集合。

19.7.1　无限网络中的级联

基于这种方法,我们现在描述这个模型的一般形式。社会网络可以描述成一个由无限节点集组成的连接图,节点集合是无限的,但每个节点只连接到其他有限数量的节点。

节点的行为模式与本章前面的定义相同,事实上无限的节点集合不会产生任何问题,因为每个节点的邻居节点是有限的,而且每个节点的决策只取决于它们邻居的行为。具体地,最初,一个有限节点集 S 采用行为 A(即一个小节点集合早期采用 A),所有其他节点采用行为 B。时间以单位 $t = 1、2、3$……向前推移,每一步,每个 S 以外的节点根据门槛规则 q 决定选择行为 A 还是 B。(像前面一样,假设 S 中的节点一旦选择了 A,将不会再改变选择。)最后,如果以 S 作为行为 A 的初用者集,当网络中所有节点最终全部永久性地采用了行为 A,则称集合 S 产生了一个完全级联。(在网络节点集是无限的这个前提下,必须注意其实际含义：对于每个节点 v，都存在一个时间步 t，在 t 之后，v 将永远采用行为 A。）

级联能力

级联能力的定义如下所述。网络的级联能力是某些有限的早期采用者集能够产生一个完全级联的最高门槛值 q。为了理解这个定义，我们考虑两个简单的例子。首先，在图 19.15 描述的网络中，包含一条可以向两边无限扩充的路径。假设两个阴影节点是 A 的初用者，所有其他节点开始均采用行为 B。这将会发生什么情况？不难检验，如果 $q \leqslant 1/2$，那么节点 u 和 v 将转到 A，之后，w 和 x 也会转到 A，这种转换会简单地向路径上的所有节点延伸：对于每个节点，在某个步骤会永久地转到行为 A。因此这个无限路径的级联能力至少是 1/2。事实上，1/2 正好是这个无限路径的级联能力的精确值：当门槛值 $q > 1/2$ 时，不存在一个有限的初用者集能够使它右边的节点转到行为 A，因此 A 显然不能传播到网络中所有节点。

图 19.15   一个无穷路径图，阴影节点是行为 A 的早期使用者

第二个简单例子如图 19.16 所示，一个网络由无限的网格组成，其中每个节点连接其他 8 个最近的邻居节点。设其中 9 个阴影节点是 A 的初用者，所有其他节点开始时采用 B。可以检验，如果门槛值 q 最高为 3/8，则行为 A 可以从阴影节点逐渐向外推广到邻居节点：首先传播到标记为 c、h、i、n 的节点，再到节点 b、d、f、g、j、k、m、o，然后再向网络中的其他节点蔓延，直到最终所有的节点都转为 A。如果是一个较小门槛值，如 $q \leqslant 2/8$，行为 A 将传播得更快。可以检验，3/8 实际上是这个无限网络的级联能力：给定任何有限的初用者集，如果它们是包含在网络一个矩形区域中，当门槛值 $q > 3/8$ 时，这个矩形以外的所有节点将永远不会采用行为 A。

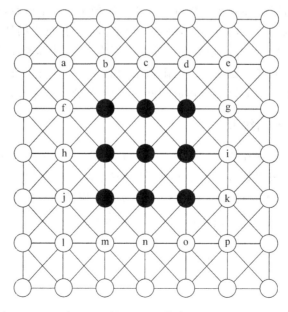

图 19.16   一个无限网格网络，阴影节点是行为 A 的初用者

注意级联能力是网络本身固有的特性。一个网络具有较高的级联能力意味着级联更"容易"发生,换句话说,即使行为 A 并没有比行为 B 提供更多的回报优势,级联仍然会发生。我们在 19.2 节谈到,一个较小的初用者集最终可能导致整个群体全部转变,说明一个更好的技术(A,当 $q<1/2$ 时)能够取代当前较差的技术(B)。从这个意义上看,图 19.16 网格的例子可以看成一种社会最优的失败。网格级联能力为 3/8 的事实说明,当 q 限定在 3/8 和 1/2 之间时,尽管 A 是一个更好的技术,但网络结构使得 B 如此坚固,没有一个有限的 A 的初用集合能够使 A 取胜。

现在思考一个基本问题:网络的级联能力能够达到多大?无限路径的例子显示,网络的级联能力最高为 1/2,这意味着一个新行为 A 可以取代现有的行为 B,即使这两个行为的回报基本上相当(假设 A 有打破僵局的优势,即当一个节点的邻居使用 A 和 B 的数量相同时,会选择 A)。是否存在任何网络有更高的级联能力?如果网络具备这种能力,就意味着低劣技术可以取代优质技术,即便是劣质技术开始只有一小部分的最初使用者,这是不可思议的。

我们将论证事实上没有网络的级联能力能够大于 1/2。也就是说,不管底层的网络结构如何,如果一个节点只有当它 51% 的邻居采用一个新行为时才选择采用,那么这个行为将不会在网络中传播得太远。尽管这也许是一个自然而又直观的事实,证明它却有些复杂而玄妙,需要设计一种方法能够限定一种行为当其门槛值超过 1/2 时的传播范围。

19.7.2　级联能力可以达到多大

现在证明这个关于级联能力的基本事实。

断言:网络的级联能力不可能超过 1/2。

虽然这个断言看似非常自然,但我们还不太清楚为什么它是正确的。毕竟,人们可能根据先验想象有一种网络,它的构造巧妙并且工作方式独特,即使每个节点需要有 51% 的邻居采用一种行为才会采用,仍然能够推动级联的逐步形成,最终导致所有节点都转向这个行为。现在需要证明:当 $q>1/2$ 时,无论基础网络的结构怎样,一个以有限节点集开始的新行为不会蔓延到所有其他节点。

1. 针对界面的分析

要解决这个问题,首先分析采用 A 的节点和采用 B 的节点连接的"交界面"。我们从一个较高的层次论证,随着这一过程的运行,这个界面会变得越来越窄,最终缩小到一种状态,该过程终止,没有达到所有节点。

更精确地,假设行为 A 从一个有限的初始节点集 S 开始,以门槛值 $q>1/2$ 传播。随着时间一步步向前推移,$t=1,2,3,\cdots\cdots$,可能有越来越大的节点集采用 A。在给定的任何一个时间点,网络中每个边可以描述成 A-A 边(连接两个采用 A 的节点),B-B 边(连接两个采用 B 的节点),或 A-B 边(连接采用 A 的节点和采用 B 的节点)。我们定义界面为 A-B 边的集合。图 19.17 显示了一种描述界面的方式:如果椭圆中的节点表示采用 A 的节点,那么与该椭圆相交的边就是界面中的边。

现在要证明,经过每一个时间步,该界面所包含的边数一定会严格递减。这将足以证明我们所需要的,以下阐述原因。显然界面的边数开始为某个数字 I_0:因为最初一个有限的节点集 S 使用 A,这些节点又都有有限的邻居节点集,因此 A-B 边的集合是有限的,即初始值 I_0。因为界面的大小总是一个非负的整数,如果界面边数经过每一步严格递减,那么,A 的

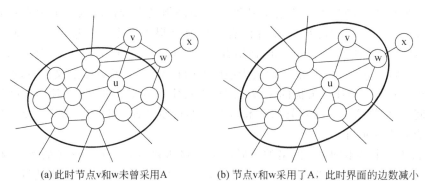

(a) 此时节点v和w未曾采用A　　　　(b) 节点v和w采用了A，此时界面的边数减小

图 19.17　椭圆中的节点表示采用 A 的节点，当 $q>1/2$ 时，界面的边数随着过程中的每个步骤严格递减

传播最多经过 I_0 步后将停止。因为每一步会导致有限数量的节点转向 A，则整个过程将致使有限的节点集采用 A。（事实上我们将得到超出预期的结果：不仅仅是 A 不会传播到所有的节点，由 S 开始它只能传播到一个有限的节点集。）

2. 界面的边数经过每一步递减

关键是要分析这个过程中的一个步骤，并证明该界面的边数严格递减。这个过程在每一步会发生什么？图 19.17 提供了一个方式来分析这个问题。当前采用 B 的某些节点刚刚发现它们至少有比例为 q 的邻居目前采用 A，因此它们也会转向 A。

这将导致界面以下列方式改变。当一个节点 w 从 B 转向 A 时，它与其他仍然采用 B 的节点的边从 B-B 边转变为 A-B 边，这些边因此加入界面集合，例如图 19.17 中连接 w 和 x 的边。另一方面，连接 w 和其他已经采用 A 的节点的边由 A-B 边变成为 A-A 边；也就是说，这些边离开了界面集合，如图 19.17 中连接 u 和 w 的边。在这一步每个加入或离开界面的边可以通过每个从 B 转向 A 的节点计算。

因此，要分析界面边数的变化，可以分别考虑每个转变行为的节点对界面边数所做的贡献。考虑一个转变行为的节点 w，假设转变之前，它有 a 个边与已经采用 A 的节点连接，步骤结束时，有 b 个边与仍然采用 B 的节点连接。因此节点 w 有 b 个边加入界面，a 个边离开界面。因为 $q>1/2$，所以如果节点 w 在这一步决定采用 A，必须是 w 的邻居中，采用 A 的比采用 B 的节点更多，意味着 $a>b$，那么，节点 w 对界面的贡献是离开的边比加入的边更多。这一结论对这一步中每个转变行为的节点都一样成立，因此，界面的整体边数会下降。

这正是我们需要的结果。回到前面的论述，由于该界面从一个固定的量值 I_0 开始，这个过程最多只能进行 I_0 个步骤，然后停止，没有达到每个节点。

3. 一些思考

我们已经证明任何网络当 $q>1/2$ 时，不存在一个有限的节点集能够产生一个完全级联。在用户选择技术 A 或 B 这种设定中，$q>1/2$ 直观上相当于新技术 A 实际上是较差的技术，A-A 相互作用产生的回报要低于 B-B 的相互作用，一个节点只有在超过一半的邻居都采用 A 后才会选择 A。因此，至少对于这里讨论的简单模型，表明一个低劣的技术不会取代一个更好的技术，这已经是被广泛认可的观点。（然而，回顾我们之前讨论的网络效应，对于级联能力严格低于 1/2 的网络，很可能一个更好的技术最终无法取代一个糟糕的但已经被广泛使用的技术。）

　　有趣的是,我们讨论行为 A 在 $q>1/2$ 时不能传播到所有节点时,采用的方法与之前讨论匹配市场有些相似(不过细节完全不同)。那里同样涉及一个过程——二部图中的拍卖过程,我们希望能够证明该过程最终必须停下来。由于缺乏对该过程进展情况明确的测量措施,我们提出了一个不是那么明显的的概念——"潜能",它随着过程的进行逐步被耗尽,最终迫使过程终止。回想这种方法,我们这里采用非常类似的策略,这里的界面大小功能上与潜能类似,不断地降低直到该过程停止。

19.7.3　兼容性及其在级联中的作用

　　利用一个很简单的具有两种可能策略的协调博弈,通过复杂的网络结构分析如何进行这场博弈,我们已经完成了本章大部分的讨论。这个博弈可以进一步向多个方向扩展,形成更复杂的模型,针对这些扩展模型的研究大多是当前开放的研究专题。实际上,即使是对底层博弈很小程度的扩展,也会产生一些新的微妙的结果,为了说明这一点,我们分析一种扩展情况,一个个体可以选择两种行为的组合[225]。

　　首先说明这种扩展的含义,回顾图 19.5 中的扩展例子,我们在 19.2 节后面讨论到行为 A 和 B 在网络中共存的情况。共存是一个很普遍的结果,试想此时 A 和 B 之间的边界会是什么样? 比如,A 和 B 可以是两个相邻国家分别使用的两种不同的语言,或者 A 和 B 也可以是分别针对高中生和大学生的两个社交网站。我们的模型认为,网络中任何位于 A 和 B 相交之处的节点,如图 19.5 中的节点 8~14,从选择同样选项的邻居中得到正数回报,从选择不同选项的邻居中得到 0 回报。

　　经验表明,当人们实际面临这种情况时,往往会选择既不是 A 也不是 B 的选项,更倾向于双重选择,也就是同时选择 A 和 B。在某些情况下,双重的字面意思是:打个比方,有些人生活在既讲法语也讲德语的地方,自然就会讲两种语言(或者是一部分)。在技术方面双重性的含义更丰富:当人们使用不兼容的即时通信系统或不同的社交网站时,很可能会分别建立账户实现彼此之间的交互,因工作需要两个不同的计算机操作系统,人们通常同时运行这两种系统。所有这些例子的共同特征是,个体选择一种可以使两种行为都适用的形式,以同时拥有并维护两种技术为代价(即额外学习一种语言、维护两种不同的系统等所付出的代价)来换取能够更容易地与多种类型的人互动的便利。这种双重选项对一种行为在网络中传播会产生什么影响?

1. 构建双重选项模型

　　事实上不难建立一个模型,分析一个节点选择双重行为的可能性。对于连接节点 v 和 w 的边,仍然想象成是一个正在进行的博弈,但现在有三种策略:A、B、AB。策略 A 和 B 与以前一样,而策略 AB 表示既选 A 又选 B 的决定。回报遵循前面的自然规则:节点之间可以通过它们都接受的行为相互作用。如果通过 A 作用,分别得到一个回报 a;如果通过 B 作用,则分别得到回报 b。这意味着两个双重节点可以选择一个具有更高回报的行为;一个双重节点和一个非双重节点只能采用非双重节点的行为相互作用,两个非双重节点只能在它们采用的行为相同时才可以作用。图 19.18 描述了这

	w		
	A	B	AB
v A	a,a	0,0	a,a
v B	0,0	b,b	b,b
v AB	a,a	b,b	$(a,b)^+,(a,b)^+$

图 19.18　一个具有双重选择的协调博弈。符号 $(a,b)^+$ 表示 a 和 b 中较大的值

个博弈的回报矩阵,其中符号$(a,b)^+$表示a和b中较大的值。

很容易看到,这个博弈中 AB 是一个占优策略:如果能达到两全其美,为什么不选择双重选项? 然而,为了匹配前面讨论的利弊相兼的原则,还需要引入一个伴随双重选择出现的成本概念,成本在不同的情况下意义不同,在这里相当于维持两种不同的行为所付出的额外的努力或者资源支出。因此,假设在这个双重协调博弈中,每个节点 v 的选择策略是根据其邻居所持的这三种策略选择一种;像本章前面讨论的模型一样,对于它的多个邻居,v 必须使用相同的策略。它的回报等于与所有邻居互动的回报总和,如果选择 AB 选项,则需要减去一个成本值c。这个额外的成本成为节点不选择 AB 的原因,节点通过回报矩阵平衡这种回报激励机制,做出选择。

模型的其余部分工作方式与前面一致。假设一个无限网络中每个节点最初默认采用行为 B,然后(基于某种外部原因)一个有限的初用节点集 S 开始采用 A。设时间以步骤$t=1$,$2,3,\cdots\cdots$为单位向前推移,在每一步,S 以外的每个节点根据它的邻居在前一个步骤所做的选择,选择一个能够获得最高回报的策略。我们感兴趣的是随着时间的推移,节点如何选择一种策略,特别是最终哪些节点将决定永久地从 B 转向 A 或 AB。

2. 一个例子

利用图 19.19 中的无限路径,可以得到一些与该模型相关的体验。假设节点 r 和 s 为 A 的初用者,相应的回报定义为$a=2,b=3,c=1$。

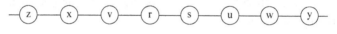

图 19.19 一个无限路径,节点 r 和 s 为 A 的初用者

以下描述节点随时间的行为变化情况。第一步,唯一需要关注的是节点 u 和 v,因为所有其他节点要么是初用者,要么是所有的邻居节点都采用 B。u 和 v 面临的选择情况类似,对于 u 和 v,可以检验策略 AB 能为它们提供最高的回报。(它们能同时与两个邻居进行作用,但需要支付费用为 1 的双重选择成本,因此产生的回报为$2+3-1=4$。)第二步,节点 w 和 x 做出一个新的决定,因为它们目前有邻居使用 AB,但可以检验对它们来说,B 仍然产生最高回报。从这时开始,没有节点会改变它在今后任何时间的行为。因此,以这些回报,新行为 A 不会传播得很远:由初用者导致它们邻居做出双重选择,但之后便停止了进一步的进展。

继续利用这个例子,保持网络相同,但改变相应的回报值使 A 变得更受欢迎:具体而言,设$a=5$,保持$b=3$和$c=1$不变。这使得情况变得更为复杂,其过程如图 19.20 所描述。(以下只针对图中初用者右边进行讨论,左边是完全对称的。)

- 第一步,节点 u 转到 AB,它因此而得到的回报为$5+3-1=7$。因此,第二步,节点 w 也换到 AB。

- 从第三步开始,策略 AB 继续向右移动,每一步移动一个节点。然而,还有其他的事件从这一步开始发生。由于节点 w 在第二步转到 AB,节点 u 面临着一个新的决定:它有一个邻居使用 A,另一个使用 AB,因此当前 u 最好的选择是从 AB 转到 A。本质上讲,如果一个节点的所有邻居都采用一种有更高回报的行为(此时是 A),那么该节点也就没有必要再保持双重选项。

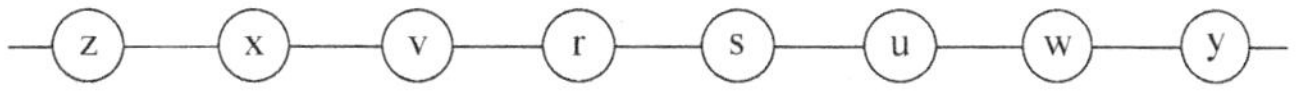

	z	x	v	r	s	u	w	y
初始状态	B	B	B	A	A	B	B	B
第一步	B	B	AB	A	A	AB	B	B
第二步	B	AB	AB	A	A	AB	AB	B
第三步	AB	AB	A	A	A	A	AB	AB
第四步	AB	A	A	A	A	A	A	AB

图 19.20　使用 A 和 B 对应的回报为 $a=5$,$b=3$,双重选择的成本 $c=1$,
策略 AB 首先传播,之后节点永久地从 AB 转换到 A

- 第四步,节点 w 也从 AB 转到 A,概括而言,策略 A 落后 AB 两步向右移动。从此再没有其他策略上的变化发生,因此每个节点先转到 AB(当双重策略波动通过时),两步后再永久地转到 A(较高回报的单一策略)。

我们可以用这样的方式解释上述例子:当 AB 通过节点传播时,B 逐渐退化。也就是说,节点没有必要再采用 B。因此,随着时间的推移,节点完全放弃 B,从长远来看,只有 A 能够持久。

3. 级联能力的二维模型

在本章前面讨论的基本模型中,协调博弈只有两个策略 A 和 B,我们曾提出这样的问题:对于一个无限图;回报值为 a 和 b,是否可能存在一个有限的节点集将产生一个行为 A 的完全级联? 我们的结论是,这个问题取决于两个数字(a 和 b),准确地说它实际上取决于一个单一数值 $q=b/(a+b)$。

对于包含策略 AB 的模型,我们同样提出类似的问题:给定一个无限图,对应的与回报相关的量为 a、b、c,是否存在一个节点集能产生一个行为 A 的完全级联? 正如我们处理早先提出的问题一样,可以很容易消减一个数。注意,如果 a、b、c 都乘以一个相同的因子,对这个问题的答案将保持不变。例如,如果 a、b、c 都乘以 100,用分来代替元表示回报,结果不会受任何影响。因此,可以假设 $b=1$,作为基本的"货币单位",分析取决于 a 和 c 的级联发生情况。选择 b 为固定数字 1 也不难理解,因为 b 是使用默认行为 B 的回报,以这种方式表达,本质上是提出这样的问题:为了一个可能形成的级联,采用新行为 A 得到的回报(回报 a)需要提高多少? 它与 B 的兼容性(回报 c)对级联的形成有什么影响?

针对这个问题,研究人员最近在一般图结构上进行了研究[225],产生了一个有趣的定性结论:当 A 的回报较高时,它传播得也较好(这很自然),但总体来说当兼容性处于"中级",即 c 的值既不太高也不太低时,级联有一个特别困难时期。下面,我们省略针对一般情况的分析过程,只展示在无限路径中发生的情况,这样会使分析简单得多,但也已展现了主要的影响。之后,再对这些影响提供一些必要的解释。

4. 无限路径的级联何时发生

无限路径是一个非常简单的图,我们之前在讨论只有策略 A 和 B 的模型时涉及这个图,A 的级联形成条件很简单:当门槛值 q 不超过 $1/2$,或者说 $a \geqslant b$ 时,产生 A 的级联。换句话说,一个更好的技术终究会在无限路径中传播开。

当增添了一个策略 AB 作为选项,情况就变得比较微妙了。由于我们只关心是否存在有限的 A 的初用节点集能够最终引发一个 A 的完全级联,可以假设这种初用节点集由路径中一组连续相邻的节点组成。(否则,我们就可选择从最左边到最右边所有节点都是初用节点的集合作为初用节点集,这个节点集仍然是有限的,且它形成一个完全级联的机会是一样的。)节点的策略变化向外扩散行为对初用集左侧和右侧是完全对称的,在评价它们的策略时,只需要考虑节点可能做出的决策。基于这种对称性,我们只考虑初用节点集右侧决策变化的情况,左边的变化情况完全一致。

从节点层面看,分析以下两种情况的决策非常有帮助。

图 19.21　无限路径中一个节点的回报,该节点有两个邻居,分别使用 A 和 B

（1）首先,我们需要考虑像图 19.21 中 w 这样的节点,其左侧邻居使用 A,右侧邻居使用 B。例如,当一个节点位于一个初用节点的右侧,级联的第一步会发生这种情况。此时,节点 w 选择 A 将获得回报 a（与其左侧的邻居作用）,选择 B 的回报为 1（与其右侧的邻居作用）,选择 AB 得到的回报为 $a+1-c$（与两侧的邻居作用,需要付出双重选项的成本 c）。

节点 w 将会选择一个能获得最高回报的策略,这取决于 a 和 c 的量值。换句话说,我们应该思考：当 a 和 c 如何取值时,w 会选择 A,或选择 B,或选择 AB? 为了回答这个问题,我们在以 (a,c) 为坐标的图中绘制一个回报对比图,如图 19.22(a)所示,x 轴表示 a,y 轴表示 c。例如,策略 AB 和 B 的平衡点,即两个回报相同的点形成一条直线,$a+1-c=1$,或 $a-c=0$。这是图中的对角线。类似地,可以画出策略 A 和 B 的平衡点($a=1$),以及策略 A 和 AB 的平衡点($a=a+1-c$,即 $c=1$)形成的直线。

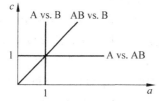 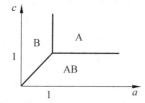

(a) 直线代表不同决策的回报平衡点　(b) 几个区域对应于不同的最佳选择

图 19.22　给定一个节点,其邻居使用 A 和 B,设 $b=1$,a 和 c 的值将决定该节点的选择策略 A、B、AB

这三条直线相交于同一点$(1,1)$,并且它们将(a,c)平面分隔成 6 个区域。如图 19.22(b)所示,其中两个区域 A 是最佳策略,两个区域 B 是最佳策略,以及两个区域 AB 为最佳策略。

图 19.23　无限路径中,一个节点的两个邻居分别使用 AB 和 B 对应的回报

（2）若 AB 开始蔓延,还需要考虑图 19.23 所示的情况：一个节点的左侧邻居使用 AB,右侧邻居使用 B。

那么,如果 $a<1$,无论 c 的成本是多少（只要它是一个正数）,B 将为 w 提供最高的回报。因此我们将关注更有意义情况,即 $a\geq1$。这与之前 w 左侧邻居使用 A 的情况非常类似,一个变化是 w 使用 B 的回报现在上升到 2,因为 w 使用 B 可以同时和两侧的邻居作用,而不是仅仅与一侧的邻居作用。

因此,(a,c)平面中定义策略 B 与其他策略平衡的直线都向右移动（成为 $a=2$,和 $a+1$

−c=2)。这样,定义 w 选择策略的三个区域也相应移动,图 19.24 显示了这个结果。

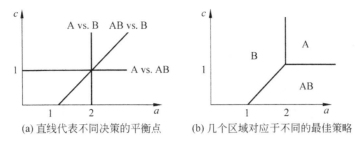

(a) 直线代表不同决策的平衡点　　　(b) 几个区域对应于不同的最佳策略

图 19.24　给定一个节点,其邻居分别使用 AB 和 B,a 和 c 的值决定该节点将选择 A、B 或 AB

现在需要确定 a 和 c 的值,使得能够产生一个 A 的级联。考虑一个相邻的初用节点集,设刚好位于这个节点集右侧的是节点 u。同样,基于对称性,这里所讨论的结果也适用这个初用节点集的左侧。

- 如果位于图 19.22(b)中的 B 区,则节点 u 倾向于策略 B,因此会保持这一策略,新策略 A 根本不会传播。
- 如果位于图 19.22(b)中的 A 区,则节点 u 倾向于选择策略 A,因此将转到 A。下一步的情况与上一步完全一样,只是向右移动了一个节点,结果是策略 A 会向路径中所有节点传播:一个级联产生。
- 最有趣的是位于图 19.22(b)的 AB 区。此时,下一步的情况会有变化:节点 u 右边的节点 w 将面临一个关键的抉择,它面对左侧邻居(u)使用 AB,右侧邻居使用 B。

基于图 19.24(b)的区域图,我们分析 w 如何根据 a 和 c 的值进行选择。我们知道第一步 AB 是最佳选择,关键是还知道所对应的 a 和 c 值也是在图 19.22(b)的 AB 区中的,因此在分析图 19.24(b)的区域图时,我们并不关心整个坐标平面被如何分隔,而只是关注图 19.22(b)中的 AB 区域将被如何分隔。

事实上,图 19.22(b)中的 AB 区域被一条从(1,0)到(2,1)的对角线段分隔,如图 19.25 所示。这条线段的左边,B 取胜而级联停止。这条线段的左边,AB 取胜,因此 AB 继续向右蔓延,这个 AB 波以后,节点将稳定于放弃 B 而选择 A。这正是我们在例子里看到的情景,在双重选择的情况中,B 未能持续下去,逐渐退化。

图 19.25 总结了基于 a 值和 c 值 4 种可能的级联结果(即根据它们位于坐标系的不同区域)。(1)所有初用节点集以外的节点都倾向于维持 B;(2)不需要借助于 AB 的帮助,A 向所有节点传播;(3)在初用节点集以外,AB 传播了一步,但之后所有节点最终都保留 B;(4)AB 无限地向右传播,随后所有的节点都转到 A。

因此,如果(a,c)的值满足上述(2)或者(4)区域,一个 A 的级联就可能发生。(a,c)平面中能够产生级联的区域由图 19.26 描绘:以一条垂直线和一个角为界限,右边为级联区域。垂直线很容易理解:它划分出 $a \geqslant 1$ 的区域,或者说,使用 A 比使用 B 产生更高的回报。这个三角形切角表示什么意思?从形式上看,它表明如果双重选择的成本不太高也不太低,那么新策略 A 就一定要“非常好”,就是说使用 A 的回报 a 要明显高于 1,才可以使其传播。而且,虽然这里没有考虑更复杂的图结构,实际上在(a,c)平面,A 的级联发生区域对任何图都有与这个三角形类似的锯齿形状,具体的锯齿边界取决于图的结构[225]。

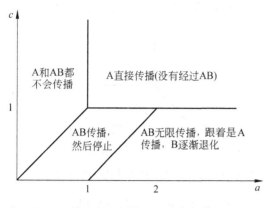

图 19.25 A 在无限路径中的传播情况有 4 种结果，
对应于图中不同的区域

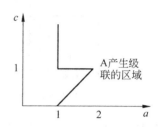

图 19.26 在 (a,c) 平面中定义一个
能使 A 产生级联的区域，该区域由一条
垂直线和一个切角划分

对这个角切成的区域有一个自然的定性解释，它能帮助我们理解兼容性和双重性对网络扩散过程的影响。下面对此进行讨论。

5. 对级联区域的解释

一种值得借鉴的解释这种锯齿形状的方式是，从技术采纳的角度思考以下问题。假设你是提供技术 B 的公司，通过 B 得到的回报等于 1。现在，一个新的技术 A 开始出现，其回报 $a=1.5$。你认为双重选择成本 c 应该取值多大才能够维持 B 的生存？

即使没有进行任何具体的计算，也可以得到如下推理。如果同时维护两种技术非常容易，那么 AB 将普及，一旦 AB 被足够广泛的传播，人们将开始整体放弃 B，因为 A 是更好的技术，并且大家都使用 A 也可以进行彼此交互。本质上，A 将通过"渗透"最终取胜，通过先与 B 共存进而渗入到所有人群。另一方面，如果同时维护这两种技术非常困难，那么，位于两个用户群体边界的人，即那些既有朋友使用 A 又有朋友使用 B 的人，会简单地选择一个或另一个技术。这种情况下，可以认为人们倾向于选择 A，因为 A 更好些。这样，A 将通过一种"直接征服"而取胜，因而简单地消除了 B。

但如果处在中间地带，也就是维护这两种技术既不太容易，也不太难，可能会出现更有利于 B 的情况。具体来说，只选择 A 和只选择 B 的人之间形成一个双重"缓冲地带"。这个缓冲地带的 B 侧，没有人有动力改变其当前的选择，因为继续使用 B 能够与所有邻居相互交流，包括所有使用 AB 的和使用 B 的邻居，而不会为了只和一部分邻居交流而转换到只有少量人使用的更好的技术 A。换句话说，劣等技术 B 的生存条件是它与 A 既不是完全兼容，也不是完全不兼容，更确切地说，通过部分地与 A 兼容，B 可以阻止 A 传播的更远①。

非技术领域同样存在类似的情况。例如，相邻地域使用的语言可以从传统语言 B 转到一个更具全球性的语言 A，其社会福利可能超出当前的，或者也可能最终导致使用双语的居

---

① 对于一个无限路径，双重缓冲地带的形成很简单，只要有一个节点就可以形成。但对于一般图，缓冲地带可能有更复杂的结构。事实上，可以利用 19.3 节内容得到一个相似的证明，在那里我们论证了聚簇是两种策略选择模型中级联唯一的障碍。此时，对于一个拥有额外双重选择 AB 的更一般的情况，一个聚簇伴随一个双重缓冲地带结构构成 A 的级联唯一的障碍[225]。

民。相关的环境还有,更传统的文化习俗(B)面对现代生活方式(A)的冲击依然可以持续存在,关键是人们是否能够很容易地接受这两种方式。

当然,我们所讨论的模型非常简单,任何现实情形的完整解读会涉及许多其他因素。在分析技术公司之间的竞争时,对于兼容性和非兼容性所起的作用还存在很大的研究空间[143,235,415],包括针对即时通信[158]、数字成像[283]等案例的研究。但正如我们前面的很多分析,这个简单模型所揭示的新行为传播的原则同样也适用于更复杂的场合。这个模型的分析还表明,对于将个体看成聚合中的相互作用的总体层次分析环境,网络的结构细节同样发挥着重要的作用。

基于一个简单的协调博弈,我们讨论了网络中的基本扩散模型,并由此分析了其扩展模型的一些特性。即使是一个很小的扩展,也可能表现出非常复杂的特征,更复杂的扩展模型已经形成一个开放的研究领域。

19.8　练习

1. 考虑图 19.27 所示的网络,假设每个节点开始采用行为 B,每个节点转成行为 A 的临界值 $q=1/2$。
   (a) 设 e 和 f 组成一个行为 A 的初用节点集 S。如果其他节点遵循临界规则选择行为,哪些节点最终会转到行为 A?
   (b) 在图中 S 以外找出一个密度大于 $1-q=1/2$ 的聚簇,当行为 A 以 S 为开始集合,q 为临界值时,这个聚簇阻碍 A 传播到所有其他节点。

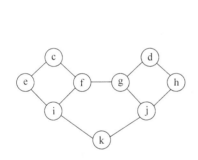

图 19.27　从节点 e 和 f 开始,新行为 A
没有传播到整个图中的节点

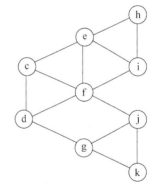

图 19.28　以节点 c 和 d 开始,新行为 A
最终没有传播到所有节点

2. 考虑第 19 章讨论的一个新行为在社会网络中传播的模型。假设一个社会网络如图 19.28 所示,每个节点以行为 B 开始,每个节点转到行为 A 的临界值 $q=2/5$。
   (a) c 和 d 组成一个双节点的行为 A 的初用集 S。如果其他节点按照临界规则选择行为,哪些节点最终会转到行为 A? 用 1~2 句话简要解释你的回答。
   (b) 在图中,求不包含 S 密度大于 $1-q=3/5$ 的聚簇,它能阻止行为 A 传播到所有节点,设该过程从 S 开始,临界值为 q,给出 1~2 句话的简短解释。
   (c) 假设允许在指定的网络中添加一个边,从节点 c 或 d 连接到任何一个当前未连接的节点。是否存在这样一种连接方式,使得以初用节点集 S 开始,临界值为 2/5,最终行为 A 将传播到所有节点? 对你的回答给出简要的解释。

3. 考虑第 19 章讨论的新行为在社会网络中扩散的模型。我们需要设置一个网络环境,每个节点以行为 B 开始,一个节点转到新行为 A 的临界值为 q,也就是说,任何节点如果至少有比例为 q 的邻居采用了 A,它将转到 A。

考虑图 19.29 所示的网络,假设每个节点的开始行为是 B,每个节点转到行为 A 的临界值 $q=2/5$。

设 e 和 f 构成两节点的集合 S,作为行为 A 的初用节点。

(a) 如果其他节点按照临界规则选择行为,最终哪些节点将转到行为 A?

(b) 在图中 S 以外查找密度大于 $1-q=3/5$ 的聚簇,它阻止行为 A 蔓延到所有节点,设 A 以 S 开始,临界值为 q。

(c) 假如可以添加一个节点到初用集合 S 中,S 当前包含节点 e 和 f。是否可以找到这样的节点,使得这个三节点的初用节点集当临界值 $q=2/5$ 时,产生一个级联?

对你的答案提供必要的解释。如果存在这样的节点,给出这个节点的标号,并解释会发生什么情况;否则,解释为什么不存在这种能够最终产生级联的节点。

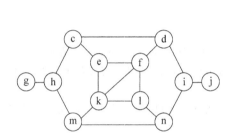

图 19.29　一个新行为在一个社会网络中传播

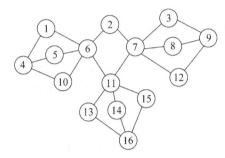

图 19.30　一个新行为通过一个社交网络扩散

4. 考虑第 19 章讨论的新行为在社会网络中扩散的模型。

假设最初社交网络中每个节点采用行为 B,如图 19.30 所示,之后一个行为 A 开始出现。这个新行为临界值 $q=1/2$,也就是说,任何节点如果至少有比例为 q 的邻居采用了 A,它将转到 A。

(a) 在网络中找出一个三节点的集合,满足如果以这个集合为 A 的初用者,则 A 将传播到所有节点。(也就是说,寻找三个节点能够产生采用 A 的级联。)

(b) 上述(a)中的三节点集合是唯一能够产生 A 的级联的初用节点吗? 你是否还能够找出其他的三节点集合也能产生 A 的级联?

(c) 在网路中找出三个聚簇,每个聚簇的密度大于 1/2,并且每个节点只属于一个聚簇。

(d) 上述(c)的答案是否能够帮助解释为什么网络中没有只包含两个节点的集合能够产生 A 的级联?

5. 考虑第 19 章讨论新行为在社会网络中扩散的模型,临界值 q 来源于一个协调博弈,其中每个节点和它的每个邻居进行博弈。具体地,如果节点 v 和 w 都试图决定是选择行为 A 还是 B,则:

• 如果 v 和 w 都选择行为 A,它们分别得到回报 $a>0$;

• 如果它们都采用 B,则分别获得回报 $b>0$;

• 如果他们采取相反的行为,分别获得回报 0。

任何一个节点的总回报取决于该节点与每个邻居进行这种协调博弈获取的回报总和。

现在我们考虑一个更一般化的模型,当与邻居选择不同行为时,得到的回报不为 0,而是一些小的正数 x。具体地,我们以如下规则替换上面的第三点:

• 如果与邻居采取相反的行为,它们分别得到回报 x,其中 x 是一个小于 a 和 b 的正数。

试问: 这个具有更一般回报的模型变体中,每个节点的决定是否仍然基于临界规则? 具体来说,是否可以形成一个以变量 a、b、x 形式表达的临界值 q 的公式,且如果每个节点 v 至少有比例为 q 的邻居采用 A,也会采用行为 A,否则将采用 B?

在你的答案中,可以提供一个以 a、b、x 形式表达的临界值 q 的公式,或解释为什么在这种更一般的模型中,一个节点的决策不能以这种临界值的形式表达。

6. 20 名学生组成一个群体,住在大学宿舍楼的第三和第四层,他们都喜欢玩在线游戏。当校园出现一个新游戏时,每个学生需要决定是否参与,他/她们需要通过注册、创建一个游戏账户、采取一些其他必要步骤,然后开始这个新游戏。

每个学生评估是否要加入一个新在线游戏,其决定取决于这个群体中有多少自己的朋友也在玩这个新游戏。(这个 20 人的群体中,并不是每一对都是朋友,这里更重要的是你的朋友是否在玩这个游戏,而不是这个群体是否有很多人在玩这个游戏。)

为了使问题更具体化,我们假设每个游戏在这群学生中具有如下的"生命周期":

(a) 游戏有一些初用者,这些学生最初发现了它,并已经参与其中。

(b) 这个初用者以外的每个学生如果在该组中至少有一半的朋友在玩这个游戏,就愿意加入该游戏。

(c) 规则(b)随着时间的推移反复运行,正如我们在第 19 章讨论的社会网络中新行为的扩散模型。

假设,这个 20 名学生组成的群体,10 个人住在三楼,10 个人住在四楼。假设每个学生在这个组中有 2 个朋友住在同层,一个朋友住在不同层。现在,一个新游戏出现,并且有 5 个住在四楼的学生都在玩这个新游戏。

试问:如果其他学生采用上述规则决定是否加入这个游戏,这个新游戏最终会被群体中所有 20 个学生接受吗? 这个问题有三种可能的答案:是,不是,或不确定。说明你认为哪个答案正确,并解释原因。

7. 你的一些朋友在一家大型的在线游戏公司工作,他们希望能利用你对网络的了解,帮助他们更好地了解一种游戏的用户群体。

游戏中的每个角色选择一系列的任务去完成,一般一组个体共同完成这些任务;有很多任务可供选择,一旦一个角色在一个组中选择了一项任务,通常能维持几周时间。

你在游戏公司工作的朋友也给出了该游戏玩家之间的社会网络,而且他们发明了一种对玩家的朋友进行分类的有效方法:一个加强朋友是与他至少有一个共同朋友的游戏者,一个非加强朋友则与他没有共同朋友。例如,图 19.31 显示了 A 的朋友:游戏者 B、C、D 是 A 的加强朋友,E 是 A 的非加强朋友。

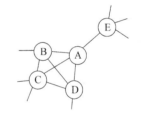

图 19.31　一个参与在线游戏的社会网络中的一小部分

现在,你的朋友特别关心是什么原因导致游戏者选择某个特定的任务;他们同样有兴趣了解游戏者在游戏过程中如何学到特定的作弊方法——使人们更容易得分的游戏规则以外的一般技巧,这些通常与特定的任务无关。为此,他们匿名问卷了一些游戏者,提出两个问题:

(a) 你是怎么知道当前正在参与的这项任务的?

(b) 你是怎么学到游戏的作弊方式的?

令他们吃惊的是,这些问题的答案非常不同。关于(a),80% 的受访者表示,他们首次听说当前选择的任务是通过他们的加强朋友;而对(b),60% 的受访者表示,他们从非加强朋友那里学到了作弊的方式。

你的朋友以为你也许能对这些问题做出一些解释。为什么这两个问题的答案不同? 这些区别是这个游戏特有的,还是可从社会网络的一般原则预计到的? 用 1~2 段文字,根据本书中的一些观念对你的解释进行说明。

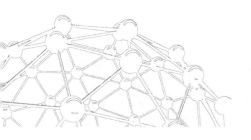

第 20 章 小世界现象

20.1 六度分隔

前一章我们讨论了社会网络就像一些管道,创新事物和理念通过这些管道在人群中流传。这一章我们结合另一种基本的结构概念——社会网络中的群体可以通过很短的路径连接,进一步深入讨论这个专题。当人们试图利用这些短路径连接到那些社会关系比较疏远的人,要进行"聚焦式"的搜索,与信息或创新事物扩散过程中表现出来的广泛式传播相比,它更具有目标性。理解目标搜索和广泛扩散之间的关系对研究事物通过社会网络的传播方式非常重要。

我们在第 2 章谈到,其实社会网络的短路径非常丰富,因此而得名的小世界现象,或"六度分隔",一直以来成为深具传奇色彩和科学魅力的研究专题。简单概括在先前章节中的讨论,第一个关于小世界现象的实证研究由社会心理学家 Stanley Milgram 实施[297,391],他随机选择一些"起始人",要求每个人尝试向一个指定的"目标"人物转发一封信,该目标人物住在麻省波士顿郊区的一个小镇。Stanley Milgram 提供了目标人物的姓名、地址、职业和一些个人信息,但规定所有的参与者不能直接将信寄给目标收信人,而只能将信件转发给能直呼其名的熟人,经过几次这种转发信件最终达到目的地,并要求信件要尽可能快速地转发到目标。约三分之一的信件经过平均六次转发最终到达目标,后来这一实验被视为全球朋友网络存在短路径的基本实证,短路径将社会中所有人(或几乎所有人)连接起来。这种实验模式在随后的几十年曾被多个不同的研究小组反复实施[131,178,257]。

Milgram 的实验展示了关于大型社会网络两个显著的事实:第一,它包含丰富的短路径;第二,没有借助于任何类型的全球网络"地图",人们能够有效地找到这些短路径。对于一个社会网络,很容易理解第一个事实的合理性,而第二个事实很难理解,一个包含短路径的世界具有错综迷离的社会关系,一封始发于几千里以外的信从一个熟人转发到另一个熟人,很可能最终迷失了方向[248]。对一个大型的社交网站,假如每个人以一个 9 位数字命名,如果要求"向用户名为 482285204 的用户转发一封信,要求只能通过熟人转发",这项任务显然无法实现。真实世界的全球朋友网络包含人们彼此联系的充足信息,构成一个庞大的地域和社交结构,能够在搜索过程中逐步聚焦远处的目标。继 Milgram 的实验之后,Killworth和 Bernard 进一步研究人们向某个目标转发信件所采用的策略,发现人们在转发过程中主要结合了地理关系和职业关系,具体利用哪些关系取决于收信人与发信人的关系特征[243]。

我们首先针对这两个原则建模,即存在短路径,并且它们能够被发现。之后,我们将展示这些模型产生的结果与实际大规模社交网络的数据惊人的吻合。最后,在 20.6 节,我们将分析小世界现象的脆弱性,并提出一些需要注意的问题:特别是对于高社会地位和高认知度的目标,人们更容易成功地找到路径[255]。这些研究难点引起人们对社会网络的全球结构更加浓厚的兴趣和关注,也产生了进一步研究的专题。

20.2　结构与随机性

首先讨论一个存在短路径的模型,可能人们会惊讶地发现看似是任意的两个人之间的路径竟如此之短。图 20.1(a) 提供了一种基本的推理,短路径至少从直觉上可以理解。假如每个人认识超过 100 个能直呼其名的朋友(事实上对大多数人来说,这个数字要更高)。同样,你的每个朋友除你之外也有至少 100 个朋友,原则上只有两步之遥,你就可以接近超过 $100 \times 100 = 10\,000$ 个人。进一步推断,原则上经过三步你就可以接近超过 $100 \times 100 \times 100 = 1\,000\,000$ 个人。换言之,这个数字经过每一步以 100 的指数形式增长,经过 4 步,可以接近 1 亿人,5 步后达到 100 亿人。

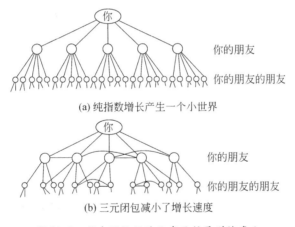

(a) 纯指数增长产生一个小世界

(b) 三元闭包减小了增长速度

图 20.1　社会网络经过几步后扩展到许多人

数学上看这个推理并没有错,但它所提供的关于真实社会网络的信息并不清晰。当我们得出结论第二步后可能会接近超过 1 万人,问题就已经产生了。我们知道,社会网络呈三角形态,即三个人互相认识,也就是说,你的 100 个朋友中,许多人也都相互认识。因此,当考虑沿着朋友关系构成的边到达的节点时,很多情况是从一个朋友到另一个朋友,而不是到其他的节点,图 20.1(b) 展示了这种情况。数字 10 000 这个结果是假设你的 100 个朋友连接到 100 个新朋友;如果不是这样,经过两步你能达到的朋友数将大大减小。

因此,社会网络中的三元闭包效应限制了人们可以通过短路径达到的人数,图 20.1(a)和图 20.1(b) 提供了这两种情况的对比。事实上,从某种程度上说这正是很多人首次听说到小世界现象后感到吃惊的主要原因:局部角度看社会网络的个体被高度聚集,没有大量的分支结构沿着很短的路径达到许多节点。

Watts-Strogatz 模型

是否可以构建一个简单的模型，兼备以上讨论的两个特点：存在许多闭合的三元组合，以及很短的路径。1998 年，Duncan Watts 和 Steve Strogatz[411] 指出这种模型自然结合了第 3 章和第 4 章提出的社会网络的两个基本特征：同质性（人们与自己志趣相投的人建立关系）和弱连接（这些连接能让人们与网络中较远的人建立关系）。同质特性产生了许多三角关系，而弱连接生产出广泛的分支结构，可以经过几步达到许多节点。

基于上述思想，Watts 和 Strogatz 提出了一个非常简单的模型，产生的随机网络具备我们需要的特性。简单复述他们最初的方案，假设每个人都生活在一个二维网格中。可以将网格想象成是一种地理关系或某种更抽象的社会关系的近似，无论哪种情况它是形成连接关系的一种类似描述。图 20.2(a) 显示了以网格形式排列的一组节点，如果两个节点纵向或横向直接相邻，称它们相距一个网格步。

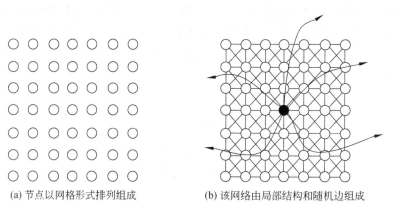

(a) 节点以网格形式排列组成　　　　　(b) 该网络由局部结构和随机边组成

图 20.2   Watts-Strogatz 模型由一个高度聚集的网络产生，其中添加了少量随机连接

该模型为网络中每个节点创建两种连接，一种是纯粹的同质性连接，一种是弱关系连接。同质连接是某个节点到那些相距 r 网格步以内的节点的连接，r 是常数：这些连接是连接到那些熟悉的人。另外，对于另一个常数值 k，每个节点也形成到网格中 k 个其他节点的连接，这些节点被随机均匀地选择，对应于弱关系连接，可以将节点连接到较远的其他节点。

图 20.2(b) 展示了由此产生的网络示意图，是一种混合结构，基本结构（同质连接）上散落着少量随机连接（弱关系）。Watts 和 Strogatz 观察到，第一，该网络有许多三角形：任何两个相邻节点（或邻近的节点）有很多共同的朋友，原因是它们在 r 网格步内的邻居有重叠。他们同时发现，网络中每一对节点能够以很短的路径相连，并且这种短路径存在的概率较高。他们的观点大体描述如下，跟踪一个节点 v 向外的路径，只关注它的 k 个随机弱连接，由于那些节点是被随机均匀地选择，因此不太可能在从节点 v 向外连接的前几步就遇到某个节点两次，也就是说前几步应该是像图 20.1(a) 描述的样子，因为没有三元闭合，所以大量的节点经过较少的步骤可以达到。Bollobas 和 Chung 以精确的数学模型论证了这种观点[67]，并确定了典型的路径长度。

一旦理解这种混合网络类型如何形成短路径，就会发现只要极少量的随机连接便可以达到同样的效果。例如，假设不要求每个节点都有 k 个随机朋友，而是 k 个节点中只有一个节点有一个随机朋友,为保持相似性,设基本的边像以前一样,如图 20.3 所示。简单地说,这个模型与之前的模型相比有较少的随机朋友,大多数人只认识他们的近邻,只有少数人认识某个较远的人。即使这样的网络,所有节点对之间仍然存在短路径。现在来解释其中的原因,把图中 $k \times k$ 子网格形成的方块想象成不同的城镇,我们从城镇的角度考虑小世界现象,每个城镇约有 k 个人分别有一个随机朋友,因此每个城镇共有 k 个随机均匀选择的到其他城镇的连接。这样就回到了之前的模型,只是这里以城镇替代了前面的节点,因此,我们能够找到任何两个城镇之间的短路径。现在要发现任何两个人之间的短路径,首先要找到两个人居住的城镇之间的短路径,然后利用邻近边形成路径,进而连接网络中不同的个体。

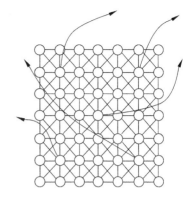

图 20.3　即便网路中只有很少比例的节点有一个单一的随机连接,Watts-Strogatz 模型的一般性结论仍然成立

Watts-Strogatz 模型的关键是,以远距离弱关系的形式引入少量的随机性,就足以通过每对节点之间的短路径使世界变"小"。

20.3　分散搜索

现在考虑 Milgram 小世界实验的第二个基本观点,人们实际上能够找到到指定目标的短路径。这种新奇的"社会搜索"任务是 Milgram 为参与者制定的实验模式导致的必然结果。要真正找到一条从起始者到目标的最短路径,需要指导参与者向他或她的所有朋友转发这封信件,再让这些收到信件的朋友向他/她们的所有朋友转发信件,以此类推。这种网络"泛洪"会使信件以最快速度到达目标,本质上是第 2 章介绍的广度优先搜索过程,但很明显这样的实验过程很难实施。因此,Milgram 才设置一个更有趣的实验,通过网络中的"隧道"构建路径,信件在每一步只通过一个人转发,这种过程即使短路径存在,信件最终也很可能未能达到目标。

这个实验的成功提出一个根本问题,集体搜索的力量:即便我们假设社会网络包含短路径,为什么它会形成这种结构使得分散的搜索(decentralized search)这样有效?显然,网络包含某种形式的"梯度",能帮助参与者将信件朝着目标转发。正如 Watts-Strogatz 模型力求提供一种简单的框架帮助我们思考高度集中型网络的短路径,我们也可以尝试为这种分散搜索构建模型:是否能够建立一个随机网络,可以成功地形成分散式路由,并定性地揭示这些成功的关键是什么。

一个分散搜索模型

首先,基于 Milgram 实验不难构建一个分散搜索模型。首先考虑 Watts 和 Strogatz 构建的网格模型,假设从一个节点 s 开始,消息要沿着网络中的边最终被传递到目标节点 t。最初,s 只知道 t 在网格中的位置,除了自己连接的节点并不了解其他节点连接的随机边。路径上每个中间节点也都仅具有这种局部信息,而且它们必须选择某个邻居转发该消息。这些选择相当于寻找一条从 s 到 t 的路径,就像 Milgram 实验中参与者共同构建了到达目标人物的路径。我们依据"交付时间"来评估不同的搜索过程——随机选择一个起始节点和目标节点，通过随机产生的一组远程联系节点使消息到达目标节点预期需要的步骤数。

很遗憾，可以证明基于这种设置，Watts-Strogatz 模型中分散搜索要达到一个目标需要相当多的步骤——比实际最短路径要长得多[248]。作为一个数学模型，Watts-Strogatz 网络能够有效地捕获三角形的密度和短路径，但很难获得人们在网络中共同合作从而找到路径的能力。从本质上讲，问题出在这个模型中致使小世界现象的弱连接"太随机"：它们与产生同质相似性节点的连接没有任何关系，因此很难被有效地利用。

一种方式可以利用图 20.4 的形式思考这个问题，这个手绘图摘自 Milgram 名为"当代心理学"的文章。为了达到一个遥远的目标，人们必须利用远程的弱连接，以一种合理的结构和系统的方法不断减小到目标的距离。Milgram 在这张图中指出，"信件从内布拉斯加州到马萨诸塞州的地理运行过程非常惊人。每当一个新人加入到这个链，信件就向目的地更接近一步"[297]。因此，网络模型只描述弱连接能够跨越很远的距离是不够的，还需要能描述该过程所跨越的中程范围。是否有一种简单的方式能将这些因素考虑到模型中？

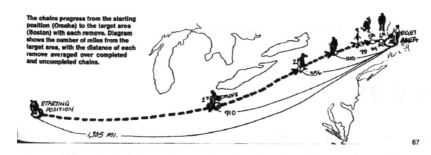

图 20.4　针对某个目标人物的一个成功路径"组合"，每个中间步骤的落点到目标的距离与步骤数具有一定的关系（图片摘自文献[297]）

20.4　构建分散搜索过程的模型

尽管 Watts-Strogatz 模型不能提供一个有效的分散搜索结构，对该模型稍加扩展可以得到我们所需要的两种性质：网络包含短路径，通过分散搜索可以发现这些短路径[248]。

1. 扩展的网络模型

我们为模型引入一个衡量远程弱连接跨越距离的"尺度"。网格中的节点像以前一样，每个节点在 r 个网格步内与其他节点相互连接。然而，每个节点的 k 个随机边以到该节点的距离衰减的方式生成，由下面定义的聚集指数 q(clustering exponent)控制。对于两个节点 v 和 w，设 $d(v,w)$ 表示它们之间的网格步数（即一个节点沿着网格中相邻节点的边到另一个节点的步数）。要产生一条由 v 发出的随机边，用与 $d(v,m)^{-q}$ 成正比的概率产生由 v 连接到 w 的随机边。

因此，对于不同的 q 值会得到不同的模型。最初的网格模型对应于 $q=0$，因为连接是被随机均匀地选择；改变 q 的值就像转动一个旋钮来控制随机连接的均匀性。具体地，当 q 非常小时，远程连接就"太随机"，因此不能有效地用于分散搜索（正如我们所看到的 $q=0$ 的情况）；当 q 非常大时，远程连接就"不够随机"，因为它们没有提供创造一个小世界足够多的远距离跳跃。图 20.5 形象地描述了两个网络中 q 值的差异情况。网络是否存在一个最佳工作点，使得远程连接的分布能够有效地在这两种极端之间达到平衡，从而实现快速的分散搜索？

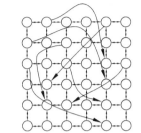 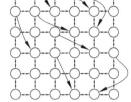

(a) 对于一个较小的聚集指数，随机边较长　　　(b) 对于一个较大的聚集指数，随机边较短

图 20.5　q 值的差异对网络结构的影响

实际上存在这样的工作点使这种模型能够达到最佳工作状态，其主要的特征是，在大型网络规模的条件下，分散搜索当 $q=2$ 时最有效（此时随机连接遵循反平方分布）。图 20.6 展示了一个由几亿个节点组成的网络，采用不同的 q 值实施分散搜索产生的结果。注意只有在网络规模趋于无穷大时，才能准确地表现出相应的特性，对于图 20.6 中的网络规模，分散搜索在指数 q 介于 1.5 和 2.0 之间时具有几乎等同的效率（这个范围的网络，q 略低于 2 为最佳）。然而总的趋势非常明显，随着网络规模的扩大，q 越来越接近 2 时，性能越接近最佳状态。

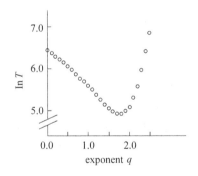

图 20.6　利用网格模型仿真聚集指数为 q 的分散搜索过程。网格由 4 亿个节点组成，图中每个点表示运行 1000 次的平均交付时间（摘自文献[248]）

2. 反平方网络的一种简单解释

我们很自然想了解指数 $q=2$ 有什么特别之处，能使分散式搜索效果最好。在本章的最后 20.7 节，我们将证明分散搜索当 $q=2$ 时效率比较高，并阐述在大型网络的限定下它比任何其他指数效率高的原因。这里跳过详细完整的证明过程，利用一个简短的计算来说明数字 2 的重要性，简要说明如下。

在 Milgram 实验实施的真实世界，主观上我们可以用不同分辨率的尺度来描述距离：如跨度为全球、国家、省市或街区等不同的范围。对于一个网络模型，这种尺度可以从一个特定的节点 v 为视角来理解，按照与 v 递增的距离范围来思考每一组节点，如距离范围在 2～4、4～8、8～16 等。这种节点的组织方式与分散搜索的关系可以通过图 20.4 理解，通过这些不同分辨率的范围,分散搜索有效地越来越接近目标,正如前面图中所描绘的,信件到目标的距离每经过一步近似地以因子 2 的倍数缩短(到目标的距离＝总距离$/2^n$, n 是步数)。

现在进一步分析反平方指数 $q=2$ 与这些分辨尺度的作用关系。首先考虑一个具体的单一尺度,设一个网络节点 v 和一个固定的距离 d,考虑到 v 的距离在 d 到 $2d$ 范围内的节点组,如图 20.7 所示。

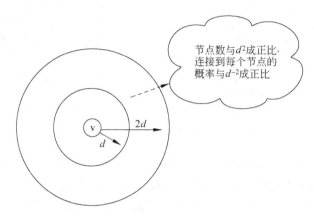

图 20.7　围绕一个特定节点的同心尺度范围

那么,v 形成到这个节点组中节点的连接的概率是多少? 因这个范围的面积与半径的平方成正比,这个组中节点总数应该与 d^2 成正比。另一方面,节点 v 连接到该组中任何一个节点的概率取决于它距离 v 究竟有多远,即连接到每个节点的概率与 d^{-2} 成正比。这两个分项——该组中的节点数量,以及连接到任何一个节点的概率,可以近似地相互抵消,我们因此得出结论:产生连接到这个环上某个节点的随机边的概率近似地独立于 d 值。

这为我们提供了一种方式来定性地思考 $q=2$ 所形成的网络:远程弱连接大致上是均匀地分布在所有不同的分辨率范围内。这使得人们在转发信件过程中能不断地找到缩短到目标距离的路径,不管与目标相距有多远或多近。这种方式在形式上很像邮政服务系统通过信封上的地址传递信件:典型的邮政地址同样体现了这种分辨尺度,包括国家、州、城市、街道,最后是门牌号码。然而,邮政系统是以相当大的代价经过集中设计和维护来实现邮递工作;而这里讨论的能引导消息向目标传递的反平方网络却自发地产生于一个完全随机的连接模式。

20.5　实验分析以及推广模型

我们迄今的分析结果都是基于程式化的模型,是否可以尝试用真实的社会网络数据验证该模型提出的一些定性结论? 本节将进行一些实证研究,通过分析社会网络的一些地理资料寻求指数 $q=2$ 为最佳的论据,进而再扩展到非地理概念的社会关系距离的一般模型。

1. 朋友关系的地理数据

在过去几年,社交网站提供了丰富的数据,使人们更容易得到大规模反映朋友关系连接随距离变化的数据。Liben-Nowell 等[277]利用博客网站 LiveJournal,分析了美国大约 50 万个提供了居住地邮政编码的用户,以及他/她们所联系的朋友。LiveJournal 在这里更主要的是作为一个非常有用的"模型系统",提供了基于地域分布的朋友之间的连接关系,其数据规模以传统的调查方法是极难达到的。从方法论的角度看,要了解网上社团形成的朋友关系结构与我们所理解的生活中朋友关系结构之间的密切关系,仍是一个有趣的悬而未决的问题。

要使 LiveJournal 数据与基本网格模型相联系还需要些准备工作,最关键的是要考虑到用户人口密度分布非常不均匀(因为它是以美国作为一个整体)。图 20.8 形象地描述了 LiveJournal 数据中的人口密度分布情况。具体来说,当节点均匀地以两个维度分布时,反平方分布对于发现目标能工作得很好;而对于非常不均匀的分布情况会怎样?

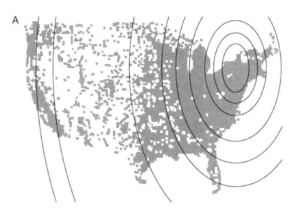

图 20.8　由 Liben-Nowell 等人研究的 LiveJournal 网络中的人口密度分布情况[277]

2. 朋友关系排名

一种有效的方法是不以物理距离确定连接概率,而是按照排名。假设从一个节点 v 的角度按亲近程度对所有其他节点进行排名:节点 w 的排名记为 rank(w),等于其他比 w 更接近 v 的节点数。例如,图 20.9(a)中,节点 w 排名为 7,因为有 7 个节点(包括 v 本身)比 w 更接近 v。现在,假设对于某个指数 p,节点 v 以下列方式创建一个随机连接:以某个概率选择一个节点 w 并创建连接,该概率与 rank(w)^p 成正比。我们称其为基于指数 p 的**朋友关系排名**(rank-based friendship)。

对于均匀分布的节点,指数 p 应该如何选择才能形成反平方分布? 如图 20.9(b)所示,均匀分布的网络中如果节点 w 到 v 的距离为 d,那么它位于一个半径为 d 的圆周上,这个圆包含约 d^2 个其他离 v 更近些的节点,因此 w 的排名约为 d^2。也就是说,v 连接到 w 的概率与 d^{-2} 成正比,这相当于近似地以概率 rank(w)$^{-1}$ 连接到 w,这意味着指数 $p=1$ 对应于反平方分布的一般推广。事实上,Liben-Nowell 等人证明了,本质上对任何人口密度,如果采用指数为 1 的朋友关系排名创建随机连接,由此产生的网络能提供高效和高性能的分散搜索。除了推广了网格的反平方结果,这一结果还提供了一个很好的定性结论:要构建一个有效的搜索网络,创建到某个节点的连接的概率,应该与比该被连接节点距离源节点更近的节点数成反比。

现在回到 LiveJournal 数据,观察朋友关系排名怎样与实际社会网络中的连接分布很好地吻合:考虑一些节点对,每对节点中一个节点指定另一个节点对其排名为 r,我们分析这些节点对中实际是朋友关系的比例 f 是多少,是否能描述成 r 的函数。这个比例能否近似地以 r^{-1} 的形式递减? 因为我们试图寻找排名 r 和连接边的比例 f 之间的幂律关系,可以

(a) w到v的距离排在第7位，　　　(b) 原始模型中节点以均匀的密度分布，
　　因此w对v的排名为7　　　　　　　与v相距为d的节点w排名与d²成正比

图 20.9　当人口密度非均匀分布时，以排名的形式而不是物理
距离描述从 v 到 w 的距离非常有益

利用第 18 章的方法：绘制 $\log f$ 与 $\log r$ 的关系图，观察是否能够得到一条近似的直线，指数 p 可以通过估算直线的斜率得到。

图 20.10(a)显示了采用这种方法分析 LiveJournal 数据的结果。可以看到，曲线的大部分近似为一条直线，斜率在 $-1.2 \sim -1.15$ 之间，接近于最佳指数 -1。有趣的是，如果分别考虑由西海岸和东海岸用户组成的同质结构子群，会发现这种情况的指数变得非常接近最优值 -1。图 20.10(b)显示了这一结果：较低的点线分布看起来遵循 r^{-1} 的分布，而较高的点线看起来遵循 $r^{-1.05}$ 的分布。实际网络的排名指数接近于最佳值 -1，这一现象被随后的相关研究进一步证实。Backstrom 等研究人员[33]最近基于大规模脸谱社交网络进行的地域现象的研究过程中，又回到社交网络的朋友关系排名问题，再次发现非常接近于 -1 的指数。在他们的研究中，大多数分布接近于 $r^{-0.95}$。

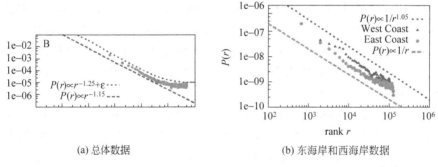

(a) 总体数据　　　　　　　　　　　(b) 东海岸和西海岸数据

图 20.10　LiveJournal 博客网站朋友关系的概率是地域排名的函数[277]

图 20.10 以及随后的研究事实上都展现出这种研究方法的有关步骤，开始进行一项实验（Milgram），建立基于这个实验的数学模型（结合本地和远程的连接），基于这个模型进行预测（控制远程连接的指数量值），然后根据实际数据验证这个预测（引入朋友关系排名后，利用 LiveJournal 网络验证）。这基本上就是人们所希望的实验、理论、测量相互结合的方式。我们还会惊奇地发现在这种特殊环境下理论推理与实际测量结果的密切吻合，尽管我们的预测是基于一个高度简化的社会网络模型，却通过真实的社交网络数据得到近似地证明。

事实上，这些研究结果还存在一个核心奥秘。这种分布并不意味着一定需要任何特定的组织机制[70]，人们很自然会问，为什么真实的社会网络有能力形成一种接近最优的跨距离的朋友关系模式,向远方的目标转发消息。此外,无论 LiveJournal 和 Facebook 的用户在进行什么操作,都不会明确地按照 Milgram 的实验模式运行,即便是有推动网络向这个方向发展的动力或选择压力,那也是非常含蓄的,确定这种动力是否存在以及它们如何发挥作用仍然是一个未解决的开放问题。Oskar Sandberg 针对这个问题提出了一个有趣的观点,他分析了一个网络随着人们进行分散搜索不断更新的网络模型,发现随着时间的推移,网络本质上开始"适应"搜索模式,最终搜索变得更有效率,远程连接的分布开始接近一种结构,该结构可以由具有最佳指数的朋友关系排名近似[361]。

3. 社会焦点与社会距离

我们在 20.2 节首次讨论 Watts-Strogatz 模型时就注意到,网格节点能够作为个体相似性的一种程式化描述。显然,最容易确定的是地理上的相近,但随后的模型研究了其他类型的相似性,以及它们在网络中生产小世界效应的方式[250,410]。

社会焦点(social foci,也称社团)这一概念我们曾在第 4 章讨论过,它提供了一种灵活而通用的方式,能够产生具有大量短路径和有效分散搜索的网络模型。回顾一下,一个社会焦点可以是任何类型的社团、职业、邻居、共享利息,或是围绕某种活动的社会组织[161]。焦点是一种概括方式,描述两个人认识或成为朋友多种不同的途径:因为居住在同一个街区,在同一家公司工作,常去同一家餐馆,或参加同类的音乐会。两个人可能有很多共同的焦点,但只有包含少数成员的共同焦点最有助于产生新的社会关系。例如,两个人可能都在同一家上千人的公司工作,生活在同一个百万人的城市,但事实上,使他们更有可能相识的是他们都属于同一个 20 人参加的读写能力辅导班。因此,一种合理的描述两人之间社会距离的方式是定义他们共属的同一个最小焦点的大小。

在前面的章节中,我们定义的模型在社会网络中以物理距离为基础建立连接。现在考虑如何把这些应用到一般概念的社会距离。假设有一个节点集合,以及包含不同节点的焦点集合。我们用 dist(v,w) 表示按照焦点定义的节点 v 和 w 的社会距离:dist(v,w) 是同时包含 v 和 w 的最小焦点的大小。遵循早先构建连接原则,建立节点 v 到 w 连接的概率与 $dist(v,w)^{-p}$ 成正比。例如,图 20.11 中,标记为 v 的节点创建到其他三个节点的连接,相应的社会距离分别为 2、3、5。可以证明,基于焦点结构的技术性假设,以指数 $p=1$ 产生连接,由此产生的网络以较高的概率支持有效的分散搜索[250]。

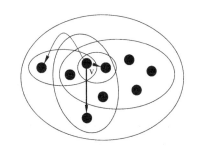

图 20.11　图中以椭圆表示焦点,节点 v 属于 5 个大小分别为 2、3、5、7、9 的焦点

这个结果的某些方面与我们刚刚看到的朋友关系排名有相似之处。第一,像朋友关系排名一样,其基本原则描述简单:当节点彼此连接的概率与社会距离成反比时,由此产生的网络搜索效率较高。第二,指数 $p=1$ 再次成为简单网格模型反平方定律的自然推广。假设我们用网格节点定义一组焦点:对于网格中某个位置 v,以及任何围绕该位置的半径 r,存在一个焦点包含所有到节点 v 距离为 r 范围内的节点。(本质上,这些焦点包含不同规模的邻居节点或本地节点)那么,对两个距离为 d 的节点,它们的最小共同焦点包含的节点数与 d^2 成正比,因此这是它们的社会距离。建立两个节点之间连接的概率与 d^{-2} 成正比本质

上和以社会距离成反比的概率建立连接是相同的概念。

最近针对人们之间相互交流的数据研究验证了这个模型与社会网络结构相吻合。特别是，Adamic 和 Adar 分析了惠普实验室员工电子邮件构成的社会网络，我们在第 1 章简要讨论过，如果两个人 3 个月内交换电子邮件至少 6 次，就连接这两个人[6]（如图 20.12 所示）。他们随后为该组织结构中每个组定义一个焦点（由一个经理领导的一组员工），发现机构内社会距离为 d 的员工之间产生连接的概率与 $d^{-3/4}$ 成正比。也就是说，这个网络产生连接的概率指数接近但小于使网络分散搜索最有效的指数。

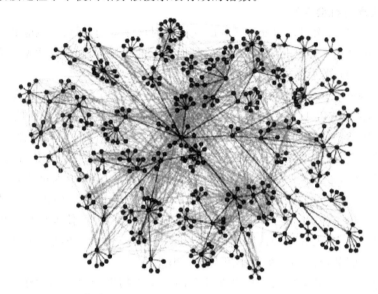

图 20.12　惠普实验室 436 名员工通过电子邮件通信与公司组织
结构相叠加，展示了网络连接跨越不同的社会焦点[6]

（图片来源 http://wwwpersonal.umich.edu/ladamic/img/hplabsemailhierarchy.jpg，爱思维尔科技期刊）

这些模型为我们提供了一种分析社交网络数据的方式，以一种定量的方式讨论不同跨度级别的连接。这不仅对于理解网路小世界现象的特性非常重要，而且提供了更有效的方式，使同质和弱连接相结合产生我们在真实网络中看到的连接结构。

4. 搜索作为一种分散式问题求解的实例

虽然 Milgram 实验旨在验证全球社会网络中人们通过短路径连接这一假设，这里的讨论表明，它还可以作为人们共同解决一个问题的能力研究，人们通过局部信息并且只和所在社会网络中的邻居沟通，最终寻找到远方目标的路径。除了这里讨论的搜索方法，即旨在每一步尽可能地接近目标，研究人员还分析了将消息发送给拥有大量边的朋友这种寻找路径策略的有效性（一般来说他们能被"更好地连接"）[6,7]，以及如何权衡一个更接近的人和连接边更多的人的策略问题[370]。

社会网络能够有效地解决分散问题这个观点，不仅仅适用于 Milgram 实验的路径发现问题，还适用于更宽泛的领域。网络中存在很多人们希望相互作用共同解决的问题，很自然有效地解决这些问题取决于问题的难度以及连接人们的网络。针对共同解决问题的实验研究已经有很长的历史了[47]，第 12 章讨论了一种分析议价的实验，研究受到网络相互作用限定的一组人共同达成一组相互兼容的交易的能力。最近的实验研究基于多个不同的网络结构,揭示了与此相关的一些基本问题[236,237],同时越来越多的针对系统设计的研究也在试图揭示通过大量在线人群共同解决问题的能力[402,403]。

20.6 核心-外围结构与分散搜索的困难

自 Milgram 实验的 40 年以来,研究界一直感叹于“六度空间”原则的健壮性和微妙性。正如我们在第 2 章提到,许多针对大型社会网络数据的研究表明,几乎每种结构都普遍存在很短的路径。另一方面,人们从网络内部找到这些路径的能力是一个很玄妙的现象,在惊叹的同时,人们并不能完全理解促成这种现象的条件。

正如 Judith Kleinfeld 最近对 Milgram 实验的评论中指出[255],重新实施这项实验,发现目标的成功率比原实验要低得多。主要困难是因为缺乏参与者:实验要求每个参与者转发一封信件,而许多人把要求转发的信件随手扔掉了。这与通过邮递系统实施的各类社会调查活动缺乏参与者的情况一样;假设这个过程有或多或少的随机性,就可以预测它对结果的影响,并修正相应的结果[131,416]。

但实际上还存在一些更根本的困难,问题出在大型的社会网络往往具有更丰富的结构特点。具体来说,Milgram 式的网络搜索当目标人物很富有且社会地位较高时最容易成功。例如,迄今最大规模的小世界实验[131],18 个不同的目标从完全不同的社会背景中选取。因为参与者没有使用电子邮件转发消息,对所有目标的搜索速度都很低,但其中搜索速度最高的目标是大学教授和记者,速度特别低的是那些地位较低的目标。

核心-外围结构

对于不同目标成功搜索速度的大幅变化并不是简单地因为不同个体的属性差异,这主要是由于社会网络的结构特性使得地位较高的个体比地位较低的个体更容易被找到。同质性原则表明,地位较高的人也主要熟知其他地位较高的人,而地位较低的人认识的也大多是地位较低的人,但是这并不意味着这两个群体是对称的,或在社会网络可以互换位置。相反,大型社会网络往往是以一种所谓的**核心-外围结构组成**[72],其中地位较高的人被连接在一个密集连接的核心,而地位较低的人都分散在网络的外围。图 20.13 给出了这种结构的示意图。地位较高的人有丰富的关系资源;他/她们通过各种俱乐部、共同兴趣、共同的教育或职业背景相聚在一起,形成共同焦点;很容易建立跨越地域和社会界限的网络连接。地位较低的人往往更容易形成比较集中的本地连接。因此,要连接两个地域或社会距离较远地位较低的两个人,最短路径往往是先进入到核心后再返回来。

所有这些论述隐含了人们在网络中寻找到目标的路径的能力。具体地,它揭示了一些深层的结构性原因,解释为什么 Milgram 式分散搜索中寻找地位较低的目标比地位较高的目标更难。如果向地位较高的目标移动,根据基础社会网络的连接阵列,连接结构会变得越来越丰富。另一方面,如果试图寻找一个地位较低的目标,连接结构在向着外围移动时在结构上变得更加贫瘠。

这些分析表明,引入社会地位的直接影响会产生更丰富的模式。我们前面讨论的模型是描述这样一个过程,人们处在可以彼此发现的基础社会结构,积极地构建一条朝着一个特

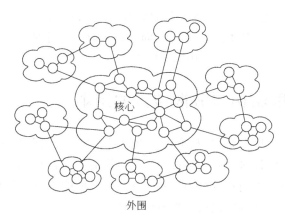

图 20.13　社会网络的核心-外围结构

定目标的路径。但是，随着社会结构在外围区域开始变得稀疏，此时要理解如何发现路径，不仅要考虑网络自身的结构特性，还要考虑网络结构与社会地位的交织方式，以及整体社会中不同社会群体的位置变化。

20.7　深度学习材料：分散搜索过程的分析

我们在 20.4 节提出了基于距离平方的倒数分布建立节点之间的连接能够产生有效的分散搜索这一观点，并阐述了一些基本直觉。但那还不足以让我们真正看到这种分布能导致成功搜索的原因。在本节中，我们描述这个完整的分析过程[249]。

为了计算简单，我们对模型的维度进行修改：假设所有节点以一维而不是二维方式组织。事实上，这个分析过程无论节点以几维方式组织从根本上都是相同的，只是一维模型更有利于讨论的简单性（即使这种模型与实际人口的地理结构并非是最好的匹配）。正像我们接下来要论证的，最有利于搜索的指数应该等于模型的维度，所以基于这里采用的一维分析模型，将使用指数 $q=1$，而不是 $q=2$。最后，我们将讨论如何将这个一维模型的论证扩展到二维或更高维度的模型。

应该指出，这个分析还涉及另一个基本内容，回顾本章早些时候讨论的，分散搜索最佳 q 值的选择实际上是与网络规模有关的，它随着规模的扩大趋向极限最优值。最后，我们将阐述设定这个条件限制的原因，但完整的证明细节超出了本书的范围。

20.7.1　一维模型的最佳指数

以下首先描述这个模型。n 个节点排列在一个一维的环上，如图 20.14(a) 所示，每个节点通过有向边与两边的直接邻居节点连接。每个节点 v 还通过一个有向边连接到环上其他一个节点；v 连接到任何一个特定节点 w 的概率与 $d(v,w)^{-1}$ 成正比，其中 $d(v,w)$ 是两个节点在环上的距离。我们称 v 连接到的节点为联系节点，与 v 直接连接的邻居称为它的本地联系节点，它连接的另一个节点为远程联系节点。因此，这个环的整体结构增加了一些随机边，如图 20.14(b) 所示。本质上这是图 20.5 描述的具有随机边的网格模型的一维版本[①]。

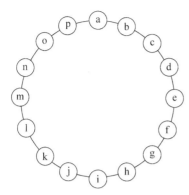
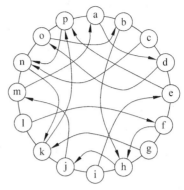

(a) 节点集合被设置在一个一维的环上　　　　(b) 一维环添加一些随机远程连接

图 20.14　采用一维模型分析分散搜索比较简单,并且结果很容易推广到二维网络

1. 短视搜索

在这个扩展环上随机选择一个起始节点 s 和一目标节点 t。根据米尔格拉姆实验,我们的目标是从起始节点向目标节点转发一个消息,中途每个节点只知道自己的邻居以及节点 t 的位置,不了解网络的其他信息。

这里采用的转发策略在一维模型中当 $q=1$ 时能很好地工作,我们称这个简单技术为**短视搜索**(myopic search):当节点 v 持有这个消息时,尽可能地向它在环上靠近 t 的联系节点转发。短视搜索技术即使是节点对网络的了解只限于它的邻居和 t 的位置,也可以清晰地执行搜索操作,这是对米尔格拉姆实验中大多数人使用的传递策略的一个合理近似[243]。

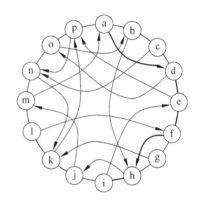

例如,图 20.15 描述了图 20.14(b)中的网络,选择 a 为起始节点 i 为目标节点而形成的短视路径。

(1) 节点 a 首先将消息传递给节点 d,因为在 a 的联系节点 p、b、d 中,节点 d 在环上距离 i 最近。

(2) 节点 d 将消息传递给其本地联系节点 e,e 同样将消息传递给它的本地联系节点 f,因为 d 和 e 的远程联系节点都离目标 i 更远些。

图 20.15　在短视搜索过程中,持有消息的节点选择一个距离目标节点最近的联系节点传递消息

(3) 节点 f 的远程联系节点 h 很具优势,因此 f 将消息传递给它。目标节点实际上是节点 h 的本地联系节点,因此 h 直接将消息传给 t,整个传递过程经过 5 步结束。

注意,这条短视路径并不是从 a 到 i 的最短路径。如果 a 知道 h 其实是它的朋友 b 的联系节点,可能在一开始就将消息传给 b,从而以三步 $a-b-h-i$ 完成消息传递。正是因为对整体网络结构缺乏了解,短视搜索一般并不能找到真正的最短路径。

<hr />

①　我们还可以分析一个模型,其中节点有很多向外的连接,但这只能使搜索问题变得更容易;这里的结果将显示,即使每个节点只有两个本地联系节点和一个远程联系接节点,搜索仍然可以非常有效。

尽管如此，我们将看到短视搜索查找到的路径如预期的一样实际上非常短。

2. 分析短视搜索：基本计划

我们现在有了一个明确定义的概率问题，描述如下。用前面所描述的方式在环中添加远程边产生一个随机网络，在网络中随机选择一个起始节点 s 和目标节点 t。短视搜索所需的步骤数是一个随机变量 X，我们希望能证明 X 的期望值 $E[X]$ 相对较小。

我们参照图 20.4 中米尔格拉姆图形的启发来构思 X 期望值的表达：看消息在向目标移动过程中，到目标的距离每减半所需的时间之和。具体来说，在消息从 s 向 t 移动过程中，如果与目标的距离在 2^j 和 2^{j+1} 之间，我们说搜索处于第 j 个阶段。图 20.16 的例子说明了将搜索分成多个阶段的过程。注意不同的阶段数最多为 $\log_2 n$。（下文中，我们省略对数的底，以 $\log n$ 表示 $\log_2 n$。）

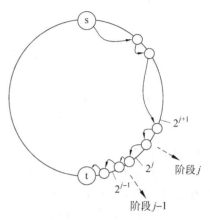

图 20.16　阶段 j 包含的搜索操作是消息到目标的距离在 2^j 和 2^{j+1} 之间涉及的搜索

可以将搜索过程经历的步骤数 X 表示为：

$$X = X_1 + X_2 + \cdots + X_{\log n}$$

即简单地将每个阶段所用的时间相加，得到总的搜索时间。基于数学期望的线性性质，随机变量之和的期望值等于其分项期望值的总和，因此得到：

$$E[X] = E[X_1 + X_2 + \cdots + X_{\log n}] = E[X_1] + E[X_2] + \cdots + E[X_{\log n}]$$

现在要证明的也是整个分析的关键，每个 X_j 的期望值最高与 $\log n$ 成比例。这样，由于 $E[X]$ 是 $\log n$ 个分项之和，如果每一项都最高与 $\log n$ 成比例，那么就说明 $E[X]$ 最高与 $(\log n)^2$ 成比例。

这样将实现证明对于给定的连接分布，短视搜索非常有效这一总体目标：整个网络有 n 个节点，短视搜索形成一条以对数形式缩短的路径——与 $\log n$ 的平方成比例。

3. 中间步骤：归一化常量

为了实现这个证明，首先需要解决一个基本问题：我们一直在说节点 v 以与 $d(v,w)^{-1}$ 成比例的概率形成到 w 的远程连接，那么比例常数是多少？这相当于一组缺少一个比例常数 $1/Z$ 的概率，这里 Z 的值是环上所有 $u \neq v$ 的节点对应的 $d(v,u)^{-1}$ 的总和。除以这个归一化常量 Z，得到由 v 连接到 w 的概率等于 $\frac{1}{Z} d(v,w)^{-1}$。

要确定 Z 的值，注意到有两个节点与 v 的距离为 1，两个节点与 v 的距离为 2，概括地说，有两个节点与 v 的距离为 d，d 最高为 $n/2$。设 n 为偶数，到 v 的距离为 $n/2$ 的节点只有一个，是在环上与 v 正对着的节点。因此：

$$Z \leqslant 2\left(1 + \frac{1}{2} + \frac{1}{3} + \frac{1}{4} + \cdots + \frac{1}{n/2}\right) \tag{20.1}$$

右边括号中是整个概率计算的表达式：对于某个 k，这里即 $n/2$，对应的前 k 个倒数之和。要确定这个量值的上限，可以将它与曲线 $y = 1/x$ 以下所表示的面积比较，如图 20.17 所示。以单位长度为宽，以 $1/2, 1/3, 1/4, \cdots, 1/k$ 为高表示的一系列长方形，可以与曲线

$y=1/x$ 以下在 x 从 1 到 k 区间的面积进行比较。再加上一个长宽都为 1 的长方形,得到:

$$1+\frac{1}{2}+\frac{1}{3}+\frac{1}{4}+\cdots+\frac{1}{k} \leqslant 1+\int_1^k \frac{1}{x}\mathrm{d}x = 1+\ln k$$

将 $k=n/2$ 带入不等式(20.1)的右边,得到:

$$Z \leqslant 2(1+\ln(n/2)) = 2+2\ln(n/2)$$

简单起见,基于 $\ln x \leqslant \log_2 x$ 这个简单的事实,我们略微放大 Z 的上限:

$$Z \leqslant 2+2\log_2(n/2) = 2+2(\log_2 n)-2(\log_2 2) = 2\log_2 n$$

因此,得到 v 连接到 w 的实际概率表达式(包括比例因子):

$$\frac{1}{Z}d(\mathrm{v},\mathrm{w})^{-1} \geqslant \frac{1}{2\log n}d(\mathrm{v},\mathrm{w})^{-1}$$

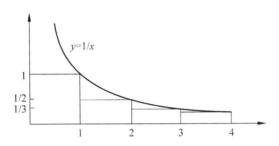

图 20.17　确定连接概率的归一化常量涉及计算前 $n/2$ 个整数的倒数之和。

这个和的上限可以由曲线 $y=1/x$ 下部的面积确定

4. 分析短视搜索一个阶段所用的时间

最后,进入分析的最核心也是最后一步:证明任何一个阶段搜索所花的时间都不是非常大。考虑搜索过程中的阶段 j,此时消息传递到了节点 v,v 离目标 t 的距离 d 在 2^j 到 2^{j+1} 之间。(图 20.18 是这种讲法的图示说明。)这个阶段在消息离目标的距离减小到 2^j 以下时结束,我们希望能证明这种情况会很快发生。

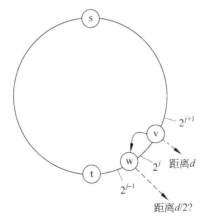

图 20.18　在某阶段 j,消息传到距离目标为 d 的节点 v,如果 v 的远程
联系节点与目标 t 的距离 $\leqslant d/2$,这个阶段宣告结束

一种方式能使这个阶段马上结束,就是 v 的远程联系节点 w 与 t 的距离 $\leqslant d/2$。这种情况下,v 就是阶段 j 的最后一个节点。因此,我们要证明这种立即将距离减半的发生概率

实际上相当大。

图 20.19 描述了这个论证过程。设 I 是一个与 t 的距离小于或等于 $d/2$ 的节点集；我

们希望 v 的远程联系节点属于这个节点集。I 中有 $d+1$ 个节点：包括节点 t 本身和 $d/2$ 个分别位于 t 两边的相继节点。v 离 I 中每个节点 w 的距离最远为 $3d/2$：距 v 最远的一个节点在 t 的另一侧，距离为 $d+d/2$。因此，I 中每个节点 w 成为 v 的远程联系节点的概率至少为：

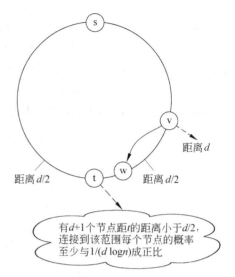

$$\frac{1}{2\log n}d\,(v,w)^{-1} \geqslant \frac{1}{2\log n} \times \frac{1}{3d/2} = \frac{1}{3d\log n}$$

因为 I 中有多于 d 个节点，它们中存在一个 v 的远程联系节点的概率至少为：

$$d \times \frac{1}{3d\log n} = \frac{1}{3\log n}$$

如果这些节点中有一个是 v 的远程联系节点，那么阶段 j 在这一步立即结束。因此，在阶段 j 运行的每一步，使该阶段立即结束的概率至少为 $1/(3\log n)$，独立于前面所发生的任何情况。如果

图 20.19　v 的远程联系节点与目标节点的距离在一半以内的概率相当大

阶段 j 运行了至少 i 步，那么该阶段就有连续 $i-1$ 次未能结束，因此阶段 j 运行至少 i 步的概率不超过：

$$\left(1 - \frac{1}{3\log n}\right)^{i-1}$$

现在利用随机变量的期望值公式进行推导：

$$E[X_j] = 1 \times Pr[X_j = 1] + 2 \times Pr[X_j = 2] + 3 \times Pr[X_j = 3] + \cdots \quad (20.2)$$

注意到右边的表达式可重写为：

$$Pr[X_j \geqslant 1] + Pr[X_j \geqslant 2] + Pr[X_j \geqslant 3] + \cdots \quad (20.3)$$

这是因为，表达式中量值 $Pr[X_j=1]$ 出现一次（在第一项中），$Pr[X_j=2]$ 出现两次（在前两项中），以此类推。因此，式(20.2)和式(20.3)的表达式是等价的，我们于是得到：

$$E[X_j] = Pr[X_j \geqslant 1] + Pr[X_j \geqslant 2] + Pr[X_j \geqslant 3] + \cdots \quad (20.4)$$

而我们前面刚刚论证了：

$$Pr[X_j \geqslant i] \leqslant \left(1 - \frac{1}{3\log n}\right)^{i-1}$$

因此：

$$E[X_j] \leqslant 1 + \left(1 - \frac{1}{3\log n}\right) + \left(1 - \frac{1}{3\log n}\right)^2 + \left(1 - \frac{1}{3\log n}\right)^3 + \cdots$$

上式右边是乘数 $1-\dfrac{1}{3\log n}$ 的几何级数，因此它将收敛于：

$$\frac{1}{1 - \left(1 - \frac{1}{3\log n}\right)} = 3\log n$$

因此，我们得到：

$$E[X_j] \leqslant 3\log n$$

至此我们就结束了整个证明。$E[X]$是包含$\log n$个加项之和，$E[X_1] + E[X_2] + \cdots + E[X_{\log n}]$，其中每一项最大为$3\log n$。因此，$E[X] \leqslant (3\log n)^2$，其量值与$(\log n)^2$成比例，这正是我们所需要的。

20.7.2　更高的维度和其他指数

利用前面刚刚完成的分析，我们进一步讨论另外两个问题。首先，我们概述如何利用这种方法分析网络节点具有两个维度远程联系节点的情况。之后，我们将说明在网络规模越来越大的限定条件下，搜索效率当q等于基础网络的维度时为最佳。

1. 分析二维模型

不难将之前对一维环的分析方法直接运用到二维网格上。本质上在一维模型中的分析涉及两个关键部分。首先，利用该结构确定了归一化常量Z。随后的分析是最关键的，利用它论证至少有d个节点离目标的距离在$d/2$以内。这个因子d与连接概率d^{-1}相互抵消，我们因此得出结论，在搜索过程中的任何一步，将到目标的距离减半的概率至少与$1/(\log n)$成比例，并且与d的值无关。

定性地说，后一项是整个分析的核心部分：以d^{-1}为连接概率，连接到环上任何一个节点的概率恰好抵消了（这个被连接节点）接近 t 的节点数，因此短视搜索使每个远离目标的距离都有所进展。

对于两个维度的模型，距离目标距离在$d/2$以内的节点数与d^2成比例。这表明要获得同样相互抵消的效果，v 连接到每个其他节点 w 的概率应该与$d(v,w)^{-2}$成比例，这里的指数-2正是我们将要论证的。

思考前面采用的讨论方法以及这个指数-2的变化，对于二维模型的分析几乎与我们刚刚进行的对一维环的分析完全相同。首先，尽管我们省略相应的计算细节，很容易理解当 v 连接到 w 的概率与$d(v,w)^{-2}$成比例时，归一化常数Z同样应该与$\log n$成比例。同样，考虑$\log n$个不同的搜索阶段。如图 20.20 所描述，思考在任何特定时刻，当前持有消息的节点 v 有一个远程联系节点 w，w 能够减半到目标的距离，致使该阶段立即结束这种情况发生的概率是什么。现在，我们采用前面用到的预示计算方法：离目标距离在$d/2$以内的节点数与d^2成比例，而且 v 连接到每个这种节点的概率与$1/(d^2\log n)$成比例。因此，该消息在这一步能够减半到目标距离的概率至少是与$d^2/(d^2\log n) = 1/(\log n)$成比例，余下的分析可以采用与前面完全一致的过程。

类似的分析表明，通过向网络添加远程联系节点构建的网络，当维度$D>2$时，在指数q等于D时分散搜索的效率最高。

2. 为什么采用其他指数值搜索效率较低

最后，我们概述为什么分散搜索效率在指数为其他值时较低。作为一个具体的例子，我们将分析为什么当$q=0$时搜索效率并不理想，这是远程连接被均匀随机选择的 Watts-Strogatz 原始模型。同样，简单起见，我们的讨论仍采用一维环模型，本质上对二维模型的分析是相同的。

正如讨论"好"的指数$q=1$的情况一样，最关键的是考虑那些所有与目标节点距离在一定范围内的节点集。对于$q=1$的情况，我们希望证明进入以 t 为中心越来越小的节点集很容

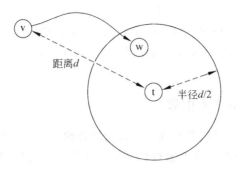

图 20.20 二维模型中，当消息距目标 t 的距离为 d，关注与目标的距离在 d/2 到 d 之间的节点集，并展示一步进入该节点集的概率很大

易，这里我们需要展示围绕 t 的节点集有些"难以接近"——这是一组搜索非常难进入的集合。

事实上，这并不难做到。基本思想通过图 20.21 描述；以下概述相应的论证过程，其中不包含所有的细节。（详细内容可参考文献[249]）设 K 是所有与目标 t 距离在 $\sqrt{n}$ 以内的节点集。现在起始节点在 K 以外的概率应该较高。因为远程联系节点以均匀随机方式建立（$q=0$），任何一个节点其远程联系节点在 K 中的概率等于 K 的值除以 n：它小于 $2\sqrt{n}/n=2/\sqrt{n}$。因此，任何分散搜索策略预期将至少需要 $\sqrt{n}/2$ 步找到一个在 K 中的远程联系节点。只要没有找到一个在 K 中的远程联系节点，就无法在 $\sqrt{n}$ 步内到达目标，因为利用本地联系节点一步一步走到 K 中需要 $\sqrt{n}$ 步。由此可以证明任何分散搜索策略达到目标 t 的预期时间必须至少与 $\sqrt{n}$ 成正比。

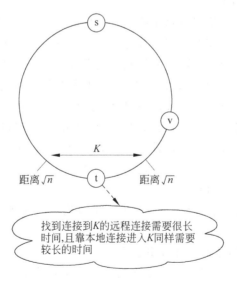

图 20.21 要证明分散搜索策略当指数 $q=0$ 时需要很长时间，需要证明搜索很难接近距目标距离为 $\sqrt{n}$ 的节点集

类似的证明方法可以适用于任何 $q\neq1$ 的情况。当 q 严格限定在 0 和 1 之间时，上述证明过程仍然适用，其中围绕 t 的节点集合 K 其宽度取决于 q 的值。当 $q>1$ 时，分散搜索的

效率较低是基于一个不同的原因：远程连接相对较短，分散搜索需要较长的时间找到跨度距离足够长的连接。因此，很难迅速跨越从起始节点到达目标节点的距离。

总体而言，可以证明对于任何以指数 $q \neq 1$ 产生的网络，存在一个常数 $c > 0$（取决于 q 值），任何分散搜索策略预期达到目标的步骤数至少与 n^c 成正比。在 n 非常大的条件限定下，指数 $q = 1$ 的分散搜索需要的时间以 $\log n$ 的多项式形式增长，而基于其他指数的分散搜索需要的时间以 n 的多项式形式增长——相关的程度是指数量级的[①]。指数 $q = 1$ 的环或 $q = 2$ 的平面，产生的网络对于搜索是过于随机或不够随机的最佳平衡点。

20.8 练习

1. 在基本的"六度分隔"问题中，有人问是否世界上大多数的人通过社会网络中一条最多有 6 个边的路径彼此连接，其中连接任何两个人的边基于能够直呼其名的关系。

   现在，考虑这个问题的一个变化形式。假设我们考虑整个世界的人口，并假设每个人到其 10 个最亲密的朋友分别创建一条有向边（除此之外不再与其他好朋友建立连接）。在这个基于"最亲密朋友"的社会网络，是否可能有一条最多 6 个边的路径连接世界上的每一对人？请解释。

2. 在基本的"六度分隔"问题中，有人问是否世界上大多数的人通过社会网络中一条最多有 6 个边的路径彼此连接，其中连接任何两个人的边基于能够直呼其名的关系。

   现在，思考一个变换的问题。我们要求世界上的每个人对他们的 30 个最好的朋友排名，以对这些朋友了解程度的降序排序。（假设为了这个练习，每个人能够想到 30 个人的名单。）然后，构造两个不同的社会网络：

   (a)"亲密朋友"网络：每个人向其最亲密朋友列表中的前 10 个朋友分别创建一条有向边。

   (b)"疏远朋友"网络：每个人向最亲密朋友列表中排在 21~30 的 10 个朋友分别创建一条有向边。

   思考这两种网络中小世界现象有什么不同。特别是，设 C 是亲密朋友网络中一个人可以通过 6 步连接到的平均人数，D 为疏远朋友网络中一个人可以通过 6 步连接的平均人数（取全世界的平均数）。

   当研究人员完成了这个实证研究，并对比这两种类型的网络时（每个人的研究细节往往有所不同），他们往往会发现，C 或 D 始终比另一个大。你认为 C 或 D 哪个比较大？对你的答案给出简要的解释。

3. 假设你正在和一个研究小组研究社会交际网络，特别关注在这类网络中人们之间的距离，探索小世界现象更广泛的影响。

   该研究小组目前正在与一个大型移动电话公司协商一项协议，了解他们"谁给谁打电话"的快照。具体而言，根据严格的保密协议，电话公司答应将提供一个图，其中每个节点代表一个客户，每条边表示固定的一年间一对彼此通话的人。（每条边附加说明呼叫的次数和时间。每个节点并不提供个人的其他信息。）

   最近，电话公司提出他们将只提供那些一年中平均每周至少通话一次的边，而不是所有的边。（也就是说，所有节点都包含，但只有那些通话至少 52 次的边。）电话公司知道这并不是完整的网络，但他们坚持提供更少的数据，他们认为这已经是一个很好的逼近完整的网络。

   尽管你的研究小组反对，但电话公司依然不愿意改变立场，除非你的团队能确定具体的研究结果，证明这种减少的数据集很可能产生误导。研究小组负责人要求你准备一个简短的论据回应电话公司，确定一些具体方法说明减少的数据集可能会产生误导性的结论。请简述你的论据。

---

① 当然，非常大的 n 值可以使这种区别更加明显；回顾图 20.6，其中显示了由 4 亿个节点组成的网络的模拟结果。

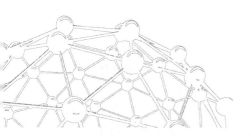

第 21 章　流行病

传染性疾病的流行一直是生物学与社会学交融的研究主题。当谈到传染性疾病,人们会想到由生物病原体引起的疾病,如流感、麻疹、性病等,都是通过人际传播的。传染病可能在人群中爆发,也可能在低潮期持续很长一段时间;其传染性可能突然加剧,还可能呈现出一种波浪起伏的变化模式。极端情况下,一种单一的疾病爆发可能对整个文明世界产生重大影响,例如 14 世纪初正当欧洲人向美洲迁移之时[130],腺鼠疫(bubonic plague)传染病开始在美洲爆发,造成 7 年内超过 20%的欧洲人死于该疾病[293]。

21.1　疾病和传播网络

传染病在人群中的传播模式不仅取决于它携带的病原体特性,包括它的传染性、传染周期、严重性,还取决于受它影响的人群形成的网络结构。社会网络体现了人与人之间的关系,对于疾病如何在人群中传播起着重要作用。概括来说,疾病通过一种**接触网络**(contact network)传播:其中每个节点代表一个人,两个点之间的边表示两个人之间存在有可能传染疾病的联系。

因此,对底层网络建模是理解传染病蔓延行为的关键。一些研究者通过分析人们在城市中的出行模式[149,295]以及全球航空网络[119],研究它们对传染病迅速蔓延的影响。接触网络对于了解疾病在动物种群中的传播也很重要,研究人员通过跟踪 2001 年英国牲畜群中爆发的口蹄疫[211],发现和植物病害一样,受影响的动物个体主要限于局部地域,疾病传播显现出一个清晰的空间轨迹[139]。而类似的模型也被应用于研究计算机病毒的传播,计算机病毒是穿越基础通信网络在计算机之间传播的恶意软件[241]。

病原体和网络是密切交织在一起的:即使是相同的群体,两种不同疾病的接触网络可以有非常不同的结构,这取决于疾病不同的传染方式。一个具有高度传染性的疾病,如咳嗽或打喷嚏等通过空气传播的疾病,其接触网络中有大量的连接,例如任何在公共汽车或飞机上坐在一起的两个人就意味着一个连接。对于需要亲密接触如性接触的传染病,接触网络就稀疏得多,彼此接连的个体对也少得多。计算机病毒也涉及类似的区别,一个通过互联网使计算机感染的病毒软件比有限覆盖范围内移动设备之间传播的病毒有更广泛的接触网络[251]。

与行为和思想传播的联系

传染性疾病与新思想和新事物在社会网络中传播有着清晰的联系。它们都是通过接触网络在人们之间传播,从这个角度看,它们表现出非常相似的结构机制——某种程度上行为思想的传播也是一种"社会传染"[85]。我们在第 19 章已经讨论了新思想、创新和新行为的传播机制,为什么又要从疾病传播的角度再次涉及这个话题?

这里讨论到的网络,生物传染和社会传染最大的区别在于一个人"传染"到另一个人的过程不同。对于社会性传染,人们做出一个决定采取/拒绝一个新思想或创新,第 19 章讨论的模型主要关注基本决策过程与网络层面的效果之间的密切关系。而对于疾病传播,当疾病从一个人传到另一个人不仅没有决策行为,这一过程也非常复杂,在人与人的层面很难进行观测,因此采用随机模型比较可行。也就是说,我们通常会假设,当两个人在接触网络中有连接,其中一人有这种疾病,患病者会以一个给定的概率把疾病传染给对方。采用这种随机性,可以解决一个人如何从另一个人感染到某种疾病这个技术问题,否则很难用简单的模型描述。

这是我们所讨论的生物传染对比社会传染的具体差别,本质上它并没有什么新意,只是网络中增加了一些随机过程。在接下来的三节,我们讨论一些最基本的传染病在网络中传播的概率模型;然后再基于这些模型深入理解疾病传播的一些基本性质问题,包括传播的同步性和并发性以及传播的时机。最后,我们通过一种基于随机繁衍方式形成的宗谱网络,讨论我们在这里构建的模型与基因遗传理论中一些观点的关系。

在讨论之前,需要提出随机模型有时对于研究社会行为传播也非常有帮助,特别是当难以对基本个体决策过程建模时,采用这种随机方式抽象描述决策行为更为有效。通常这两种基于决策和基于概率的方法会产生相关的结果,有时这两种方法可以同时使用(如[62,408])。理解这些方法更深层次的关系是有趣的进一步研究方向。

21.2 分支过程

我们从一个可能是最简单的传染病模型开始,称为**分支过程**(branching process)。其工作过程如下。

- 第一波:假设一个人携带一种新的病菌进入人群,以一个独立的概率 p 将疾病传染给遇到的每个人。此外,假设疾病感染期间他遇到 k 个人,我们称这 k 个人是该传染病的第一个疫情波。基于随机传染特性,这一波中有些人会感染该疾病,有些人则不会。
- 第二波:现在,第一波的每个人进入到人群中,又分别遇到 k 个不同的人,致使第二疫情波的人数达到 $k \times k = k^2$。第一疫情波中每个受感染的人同样以独立的概率 p 将疾病传染给所遇到的人。
- 随后的疫情波:随后,以同样的方式形成后来的疫情波,即当前疫情波中每个人接触到 k 个人,以独立的概率 p 将疾病传染给所接触的人。

图 21.1(a)画出了这个疾病传播的接触网络(其中 $k = 3$,图中显示了前三个疫情波)。我们把这样的网络称为树结构:单一的顶级节点称为根;每个节点与下一级的一组节点连接;除了根节点每个节点与上一级的一个节点连接。分支过程形成的这个树结构接触网络实际上是无限的,因为我们可以继续定义下一次疫情波。

现在分析这个模型中的疾病传播行为。在接触网络中以粗线边表示疾病从一个人传播到另一个人，这种传播如上所述以独立的概率 p 发生。图 21.1(b)显示了一个传染性较强的疾病在第一波中 2 人感染，第二波有 3 人感染，第三波 5 人感染，可以推测后面会有更多人感染(图中未显示)。图 21.1(c)显示了一个传染性较弱的疾病(对应较小的 p 值)传播情况，第一波受感染的两个人，一个没有再传播给其他人，另一个只传播给一个人，且这个被传播的人也没有再传播给别人。这种疾病在第二波后便在人群中完全消失，总共只有 4 个人受感染。

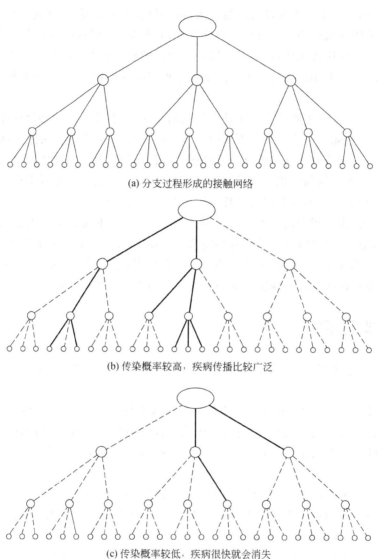

(a) 分支过程形成的接触网络

(b) 传染概率较高，疾病传播比较广泛

(c) 传染概率较低，疾病很快就会消失

图 21.1　分支过程模型是一个流行病传播的简单框架，描述了疾病蔓延层级中感染人数的变化

分支过程的基本再生数和二分性

从图 21.1(c)可以观察到分支过程的一个基本属性：如果分支过程的某一层没有任何人感染该疾病，则疾病就此消失，因为个体只能从树的上一层感染疾病，如果一个分支层没

有人感染，接下来的分支也将不会。

因此，分支过程模型实际上只有两种疾病传播的可能性：某一疫情波没有人受到感染，疾病因此在经过有限的传播步骤后消失；或者它继续在每个疫情波中传染某些人，这个过程一直无限地在接触网络中持续下去。事实上基于一个称为**基本再生数**（basic reproductive number）的量值，可以简单地区分这两种情况。

基本再生数记为 R_0，是一个体引发新病体数的期望值。因我们的模型中每个人会遇到 k 个人，每个人受感染的概率为 p，因此基本再生数 $R_0 = pk$。疾病在分支过程模型中传播的结果取决于基本再生数是小于 1 或是大于 1。

断言：如果 $R_0 < 1$，则疾病将在有限的疫情波后以概率 1 消失。如果 $R_0 > 1$，则疾病持续在每一波以大于 0 的概率至少传染一个人。

我们将在 21.8 节对上述断言进行证明。即使没有具体的证明细节，也可以看到该断言的基本条件，将 R_0 与 1 比较，有自然而直观的依据。当 $R_0 < 1$，疾病无法自身补充，每个被感染的人预期传染的新病体不足一人，即使因随机波动而暂时增长，爆发的规模将不断趋于下降趋势。另一方面，当 $R_0 > 1$ 时，疾病爆发规模将不断趋于上升趋势。但需要注意，即使 $R_0 > 1$，上述断言只是说疾病持续传播的概率为正，并不确定一定会持续传播：只要 $p < 1$，总是有可能最先感染的几个人不再传染给其他人，导致疾病消失。换句话说，即便是极强传染性的疾病也可能"不幸"地从人群中消失，而没有大范围扩散。

这种以 R_0 为条件的二分性当 R_0 接近于 1 时有一个有趣的"刀刃"特性。具体地，假设有一个分支过程，其中 R_0 略低于 1，略微增加传染概率 p；结果可能会使 R_0 最终高于 1，导致一个疾病突然大爆发的正概率。同样的效果可以向相反的方向发展，略微减少疾病的传染性将导致 R_0 减小到 1 以下，进而消除疾病大范围流行的风险。因为 R_0 是 p 和 k 的乘积，当 R_0 接近于 1 时，稍微改变人们联系的人数 k 也会对结果产生很大影响。

上述分析表明，在门槛值 $R_0 = 1$ 附近，社会应该付出加倍的努力来降低基本再生数，哪怕是一个较小的变化。由于 R_0 是 p 和 k 的乘积，要减小 R_0 的值，实际上涉及两种基本的公共卫生措施：隔离人群能降低 k 的量值，提倡良好的卫生行为和习惯能减少细菌传播，从而减小量值 p。

分支过程模型显然是疾病传播非常简化的模型，接触网络结构并没有考虑到三角关系，使我们联想到第 20 章讨论小世界现象最初提出的模型。因此，在接下来几节中，我们将着眼于能处理更复杂接触网络的模型。对于这些模型，上述结论中提出的简单的二分性不再成立。然而，基本再生数这一概念对更复杂的模型行为仍具有有益的启发和引导；尽管传染病学专家很难掌控传染病持续或者消亡的确定时间，但他们发现再生数 R_0 是对疾病传播能力的一种非常有效的近似。

21.3　SIR 传染模型

我们现在讨论一种传染病模型，它可以应用于任何网络结构。为此，我们保留分支过程模型中节点的一些基本要素，但使接触结构更一般化。分支过程模型中每个节点在疾病传播过程中经历以下三个阶段。

- 易感期（susceptible）：节点患病之前，处于容易被邻居传染的时期。

- 传染期(infectious)：一旦节点被传染患病,就会以一定的概率把疾病传染给处于易感期的邻居。
- 移出期(removed)：当一个节点经历了完整的传染期,就不再被考虑了,因为它不会再受感染,也不会对其他节点构成威胁。

为每个节点引入三个状态的"生命周期",我们可以定义一个传染病网络模型。用一个有向图表示接触网络；从 v 指向 w 的边意味着,如果某个时刻 v 感染到疾病,它有可能直接传染给 w。事实上人们之间的关系是对称的,彼此联系的人都有可能直接被对方传染,因此可以将图中的有向边改成双向：从 v 指向 w 以及从 w 指向 v。从人们对称关系的角度,网络采用双向边比较合理,但有时采用非对称边描述更有利于分析的方便性。

现在,每个节点都可能经历易感—传染—移出状态的循环,简称这三个状态分别为 S、I、R。传染病的发展情况取决于接触网络结构,以及两个量值：p(传染概率)和 t_1(传染期长度)。

- 最初,一些节点处于传染期 I,所有其他节点处在易感期 S。
- 每个进入 I 的节点 v 在固定的步骤 t_1 期间内具有传染性。
- 在 t_1 的每一步,v 以概率 p 将疾病传染给其处于易感期的邻居。
- 经过 t_1 步后,节点 v 不再具有传染性,也不会再受感染；进入移出期 R,成为接触网络中的一个无效节点。

以上描述了该模型的全部过程,称为 SIR 模型,以节点经历的三种状态而命名。图 21.2

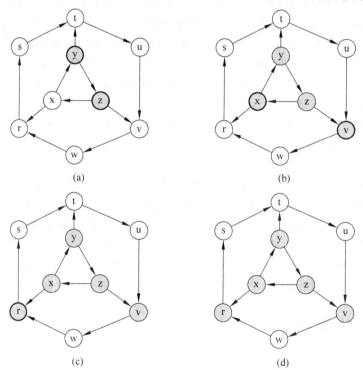

图 21.2　该例中 $t_1=1$,最初节点 y 和 z 感染疾病,之后疾病传播到其他一些节点,但不是所有剩余的节点。每一步中,粗线边界的阴影节点处于传染状态(I),细线边界的阴影节点处于移出状态(R)

展示了一个 SIR 模型的示例,描述了某个特定的接触网络历经几个连续的步骤,每一步中粗边框的阴影节点处于状态 I,而细边框的阴影节点处于状态 R。

该 SIR 模型显然适合每个个体终生只会感染一次疾病的情况;每个节点感染后即被消除,可能因为获得终身免疫,也可能是死于这种疾病。在下一节中,我们会考虑一个相关的模型,其中同一个人可能多次感染某种疾病。还要注意到,21.2 节讨论的分支过程模型是 SIR 模型的一种特殊情况:它对应于 SIR 模型当 $t_l = 1$ 的情况,并且接触网络是一个无穷的树结构,每个节点与下一层固定数量的节点连接。

1. SIR 模型的扩展

尽管 SIR 模型中的接触网络可以具有任意的复杂性,疾病的动态变化仍然是以一种简单的模型描述。传染概率一律采用统一的 p 值,传染性具有一种"开关"特性:一个节点感染疾病后,在 t_l 期间的每一步都保持相同的传染特性。

事实上,不难将该模型进行扩展以处理更复杂的情况。首先,很容易接受这样的思想,不同的节点组合可能有不同的传染概率,对于有向接触网络中一对节点 v 和 w,v 连接到 w,设其相应的疾病传播概率为 $p_{v,w}$。$p_{v,w}$ 值较高意味着接触比较密切,容易传,而 $p_{v,w}$ 值较低则表示接触比较稀少。我们还可以考虑节点感染期长度是随机的,假设一个受感染的节点在感染期内每一步都以概率 q 恢复健康,模型其他细节不变。

对于该模型更复杂的扩展是将状态 I 进一步分离成若干子状态(例如感染的早期、中期、后期),并允许这些子状态中的传染概率有所不同[238]。这种模型适用于研究在潜伏期具有高度传染性,而有发病症状后传染性反而减小的疾病。研究人员也在研究 SIR 模型的一种变体,其中致病病原体在疾病爆发过程中发生变异(改变了疾病特征)[183]。

2. 基本再生数的作用

我们现在讨论 SIR 模型的一些特性,主要针对基于任意网络最基本的模型。回顾 21.2 节最后提出的观点,对于非树形结构的网络,根据基本再生数 R_0 简单二分性描述传染病传播行为并不一定成立。事实上,并不难举例说明二分性不成立的情况。以下利用图 21.3 描绘的网络说明,假设这个网络由每层两个节点组成并向右无限延续下去。考虑一个 SIR 传染模型,设 $t_l = 1$,传染概率 p 为 2/3,最左边的两个节点是最初感染者。

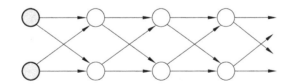

图 21.3　疫情被限定穿过一个狭窄的节点"通道",即使是高度传染性的疾病也有相对比较快消失的趋势

对于非树形网络,需要确定如何定义一个类似的基本再生数。对于图 21.3 描述的高度结构化网络,可以直接采用 R_0 的定义作为由单一节点产生新病例数的期望值。(对于结构性不强的网络,可以考虑将 R_0 定义为由人群中随机选中的个体产生新病例的期望值。)图 21.3 中,每个受感染的节点连接下一层两个节点;因为传染概率为 2/3,由一个节点产生的新病例数预期为 4/3。

因此这个例子中,$R_0 > 1$。但尽管如此,还是很容易看出这种疾病肯定会在有限的步骤内消失。每一层有 4 条连接到下一层的边,每条边不会传播疾病的独立概率为 1/3。因此,所有 4 条边都不会传播疾病的概率为 $(1/3)^4 = 1/81$,这样 4 条边形成一个"路障",确保疾病无法超越它们达到网络的其他部分。由于疾病是一层向一层传播,而每一层将成为最后一层的概率至少是 1/81。因此,这种疾病传播一定会在有限数量的步骤后结束传播过程,这种情况发生的概率为 1。

这是一个非常简单的例子,但说明不同的网络结构会对疾病传播起不同的推动作用——不仅是对传染性,对疾病的其他属性也会产生不同的影响。21.2 节讨论的简单分支过程对应的接触网络是一个全方位展开的树结构,而图 21.3 描述的网络迫使疾病穿过一个狭窄的"通道",其中一个小小的传播屏障就可以使该疾病在网络中完全消除。理解特定类型的网络结构与传染病发展动向的相互作用仍然是一个具有挑战性的研究问题,它对预测传染病的真实过程有直接影响。

3. SIR 传染病和渗透

迄今我们一直将 SIR 传染病视为一个动态过程,即网络状态随时间的推移逐步演进。这实际体现了疾病在人群中传播本身具有的时间动态特性。然而有趣的是,针对这些传染病还有一个等价的完全静态的视图,从建模角度看也是非常有价值的[44,173]。

现在从静态视角描述该过程,主要关注 $t_1 = 1$ 的 SIR 基本模型。考虑 SIR 模型的某个状态,节点 v 刚刚受到疾病感染,它有一个易感邻居 w。节点 v 有一次机会将疾病传染给 w $(t_1 = 1)$,传染概率为 p。我们可以将其看成由掷硬币决定的随机事件,其中正面朝上的概率为 p,然后观察结果。从过程来看,显然不管是在 v 刚受到感染还是在整个过程的开始投掷硬币都无关紧要,只要现在知道它的结果。假设在过程的最开始为网络的每条边投掷硬币,并且硬币翻转为"正面"的概率是 p(独立于其他边的硬币投掷),这些结果暂时保存,一旦 v 成为受感染者而 w 成为易感染者(处于易感状态),可以直接利用。

如果预先为所有边投掷硬币,SIR 过程可以描述如下。接触网络中对应于硬币投掷成功的边定义为**开放边**;其余的边定义为**阻塞边**。图 21.4 显示了图 21.2 的案例经过投掷硬币后的疾病感染模式(粗线边为开放边,细线边为阻塞边)。现在讨论如何利用开放边和阻塞边描述流行病传播过程:

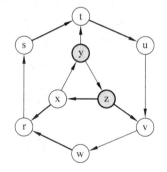

节点 v 将成为一个受感染的节点,当且仅当从某个最初受感染的节点到节点 v 有一条全部由开放边组成的路径。

因此,虽然表面上看起来图 21.4 与图 21.2 的状态序列不同,它实际上能够对流行病传播过程提供一个很好的简洁概括:最终受到疾病感染的节点正是那些能够从最初感染节点沿着网络中一组开放边达到的节点。

图 21.4　渗透是分析 SIR 流行病模型的等价方式,预先确定哪些边会传播疾病,哪些边不会

这个静态视图通常被称为**渗透模型**(percolation),这个术语来自于以下的物理类比。如果把接触网络看成一个管道系统,病原体作为通过这些管道流动的流体,那么接触网络中发生传染的边是"开放"管道,而没有发生传染的边是"阻塞"管道。我们现在想知道流体会流到哪些节点,条件是流体只能通过开放管道。事实上,这并不是一个单纯的隐喻;流体在渗透性介质中流动的专题已被物理学家和数学家广泛研

究$^{[69,173]}$。它既是那些领域有趣的研究内容,同时也对传染病的进展过程提供了一种非常实用的分析视角。

21.4 SIS 传染模型

前面章节讨论的模型中,每个人最多只会感染一次疾病。对这类模型做简单的改变,便可以推出节点可能多次受感染的疾病传播行为模型。

为了描述这种流行病,可以简单地允许节点在易感(S)和传染(I)两个状态之间交替变化。因此不再有移出状态,当节点结束传染状态后便循环回到易感状态,并具备再次被传染的条件。因为是在 S 和 I 两种状态中交替,称这种模式为 SIS 模型。

除了缺少一个状态 R,该模型的结构非常接近 SIR 模型。

- 最初,一些节点处于状态 I,其余节点处于状态 S。
- 每个进入状态 I 的节点 v 在一定数量的步骤 t_I 内具有传染性。
- 在 t_I 期间的每一步,v 以概率 p 将疾病传染给它所有处在状态 S 的邻居。
- 经过 t_I 步骤后,节点 v 不再具有传染性,返回到状态 S。

图 21.5 展示了一个基于 SIS 模型的例子,接触网络由三个节点组成,其中 $t_I=1$。注意节点 v 开始感染、恢复、再次感染的过程,可以想象这个接触网络是三个人居住的公寓,或三口之家,因为生活在一起,一个人可能把疾病传给别人,可能之后又受别人的传染。

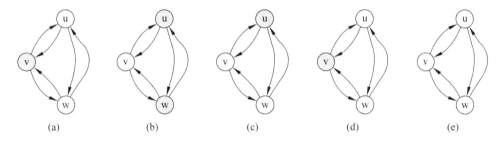

图 21.5 SIS 流行病,节点可以受感染,康复,然后再次被感染。图中阴影节点表示
每一步中受感染的节点

正如 SIR 模型,SIS 模型也可以进一步扩展以处理更一般的情况:不同的两个人可以有不同的传染概率;以及不同的康复概率,即每个受感染节点在每一步以概率 q 获得康复并转回到易感状态;同样可以将感染状态分离成多个子状态,每个子状态的病情特征不同。

1. SIR 和 SIS 传染病的生命周期

通过本节和前面章节的例子可以看到,SIR 和 SIS 传染病在图中(有限大小)的整个"轨迹"本质上是完全不同的。有限图中 SIR 传染病因为节点不会再次被感染,可能受感染的节点范围越来越小,因此它必然在数量相对较少的步骤后结束。而对于 SIS 传染病,却可以持续一个相当长的时期,它实际上可以在节点之间多次循环。但正如图 21.5(e)所示,如果 SIS 传染病能够达到某种状态,所有节点同时都不在感染期,疫情就会永远消失:不会再有任何受感染的个体将疾病传染给其他人。在有限图中,如果最终能(以概率 1)达到一种状态,在连续的步骤 t_I 期间内任何一个传染都未能出现,意味着该传染病的传播结束。因此,对于给定的接触网络,SIS 传染病传播的关键是要了解疫情能持续多久,以及在不同的时间点有多少人受感染。

对于从数学上易于处理的接触网络结构，研究人员已经证明了 SIS 模型的"刀刃"特点，类似于分支过程的二分性。研究结果表明，对于特定类型的接触网络，在特定传染概率 p 的门槛值附近，SIS 传染病在网络中会经历一个快速转变，从迅速消失转变到持续一个很长的时间[52,278]。这种类型的分析往往涉及相当复杂的数学推导，并且这个传染概率门槛值依赖于网络结构的方式非常微妙。

2. SIR 和 SIS 流行病之间的关系

虽然 SIR 和 SIS 模型之间有差异，实际上可以将 SIS 模型的一些基本变体视为 SIR 模型的特例。这种令人惊奇的关系进一步表明基本传染病模式的灵活性，以不同方式定义的模型彼此却有着非常密切的关系。

进一步讨论这种关系，考虑 SIS 模型，其中 $t_I = 1$，表示每个节点传染期为一个时间步骤，之后康复。关键的一点是，将节点 v 在每一个时间步骤视为"不同的个体"，那么就可以将这个模型表示为节点永远不会再次感染。具体来说，对于一个 $t_I = 1$ 的 SIS 模型，在每个时间步骤 $t = 0,1,2,3 \cdots$ 为每个节点分别创建一个节点副本。我们称形成的网络为**时间扩展接触网络**。对于原网络每条连接节点 v 到 w 的边，在时间扩展接触网络中创建 t 时刻节点 v 的副本到 $t+1$ 时刻 w 的副本的边；这种复制方式简单地体现了这样的思想，如果 v 在 t 时刻受感染，那么 w 可能在 $t+1$ 时刻被传染。图 21.6(a) 显示了图 21.5 的接触网络基于这种方式构建的网络。

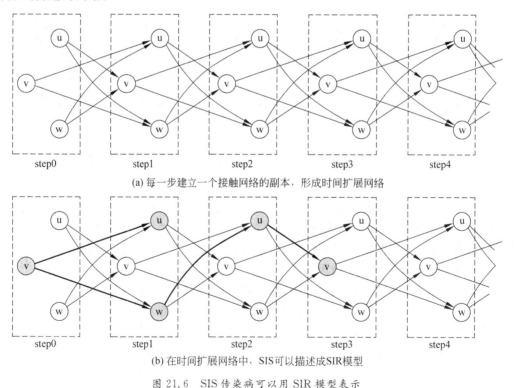

(a) 每一步建立一个接触网络的副本，形成时间扩展网络

(b) 在时间扩展网络中，SIS可以描述成SIR模型

图 21.6 SIS 传染病可以用 SIR 模型表示

问题的关键是，之前基于原始接触网络构建的 SIS 疾病传播模式，现在同样可以利用时间扩展接触网络描述，t 时刻处在状态 I 的节点副本在 $t+1$ 时刻产生新的受感染节点副本。

这个时间扩展图实际上包含一个 SIR 过程,任何一个节点的副本当一步感染期结束就可以看成进入结束(R)状态;以这种视角观察这个过程,可以得到与原始 SIS 过程相同的分布结果。图 21.6(b)展示的这种 SIR 传染病过程对应于图 21.5 的 SIS 传染病。

21.5　同步性

我们构建的模型提供了分析疾病传播中各种更广泛问题的框架。我们曾经在讨论分支过程二分性中遇到相应的问题,疾病爆发对于很小的传染性变化具有很强的敏感性,并讨论了基本再生数的关键作用。现在分析一个与疾病全球动态变化相关的问题——某种疾病在整个人群中同步蔓延的趋势,有时受感染的个体数量随时间推移会产生强烈的振荡。这种效果常见于一些众所周知的疾病,如麻疹[196,213]和梅毒[195]。

如果要分析公共卫生数据,很自然应该观察病例数量的周期振荡,并揭示外部因素对这种振荡的影响。例如,过去 50 年美国各地的梅毒病的传染周期传统上被归因于大规模的社会变化,包括性观念和其他一些因素变化[195]。虽然这些因素有明显的作用,最近的研究还表明,疾病随时间的振荡和同步结果在很大程度上归因于疾病本身的动态传染特性,利用我们讨论的模型对疾病传染过程进行直接模拟,也可以得到类似的结论[195,267]。

我们利用简单的传染病模型描述这种影响。这里的关键问题是要把接触网络中暂时免疫性和远程连接相结合起来。粗略地说,远程连接在疾病爆发期间起着使网络各分散部分彼此接应的作用,当爆发平息后,暂时免疫性使得网络范围内易感个体以及连接数量减少,导致从早期的爆发"顶峰"直接转入到规模大幅减小的"低谷"。现在,我们介绍如何利用一个简单的模型描述这个具体情景。

1. SIRS 传染病模型

构建振荡模型的第一步是赋予受感染个体对疾病的暂时免疫特性,而不是长期免疫——许多疾病实际具有这种特性。为此,我们以一种简单的方式结合 SIR 和 SIS 模型中的基本元素:受感染的节点恢复后,短暂地经过 R 状态,再回到状态 S。我们称这个模型为 SIRS 模型[267],表示传播过程中节点经过的状态序列为 S-I-R-S。具体而言,该模型的工作过程如下。

- 开始,某些节点在 I 状态,其他所有节点在 S 状态。
- 每个进入 I 状态的节点 v 在固定的步骤数 t_I 内都具有传染性。
- 在这个 t_I 期间的每一步,节点 v 将疾病传染给易感邻居的概率为 p。
- (该模型的新特点)经过 t_I 步骤之后,节点 v 不再具有传染性,进入 R 状态并在固定步骤数 t_R 期间维持在该状态。这期间,它不会再被感染,也不会传染给其他节点。在 R 状态 t_R 步骤之后,节点 v 回到 S 状态。

对于 SIRS 传染病,疾病在人群中传播过程不仅受量值 p 和 t_I 影响,同时还受到暂时免疫长度 t_R 的影响。

2. 小世界接触网络

暂时免疫特性可能在网络中一些局部区域产生振荡,并随着大量集中区域的感染产生一块块的免疫区域。但要产生整个网络范围较大规模的振荡,发生在不同地区的疾病爆发就要在大致相同的时间彼此呼应。产生这种协调作用的自然机制就是网络中具有丰富的远程连接,能够连接到网络较远的部分。

这种类型的结构与第 20 章讨论的小世界性质类似。在那里,我们考虑的网络模型中有许多"本地"集群式的连接,按照同质原则,它们连接社会和地理特性非常类似的节点,还有一些远程连接,相当于弱连接,连接网络非常不同的部分。在第 20 章我们主要关注这种结构对节点之间距离的影响。但有一个非常重要的结论:远程连接使得网络一个地区发生的事情迅速影响到其他地方。

Watts 和 Strogatz 在他们关于这个专题的原始文章中论述了小世界特性与同步性的关联[411],Kuperman 和 Abramson 展示了这种关联自然地导致传染病的同步和振荡[267]。在分析中,他们构造了具有小世界特性的随机网络,其特点非常类似于第 20 章讨论的网格。

Kuperman 和 Abramson 构建的模型与 Watts 和 Strogatz 提出的原始模型非常接近,他们对一个环形网络进行设置,并创建一些随机的捷径连接[411]。具体来说,节点安排在一个环上,每个节点都通过几步连接到每个方向的一些邻居。这些都是同质连接,使环上非常接近的节点连接在一起。然后,再以一个独立的概率 c 将每条边改变成弱连接,并为每个弱连接均匀随机地选择一个远程节点。因此,概率 c 控制网络中作为远程弱连接的比例。

在这种网络上运行 SIRS 模型,会发现根据 c 值有非常不同的结果,图 21.7 展示了这种现象。当 c 非常小时,疾病主要通过本地短距离的边在网络中传播,因此在网络局部地区的疾病爆发不会与其他地区的疾病爆发相呼应。随着 c 的增长,这种爆发开始同步,由于每次爆发产生大量具有暂时免疫力的节点,接下来因为疾病很难在那些稀疏的没有免疫力的节点组合中再次爆发,因此会有一个疾病爆发的低谷。对于非常大的 c 值(如图 21.7 中,$c=0.9$),受感染的人数形成明显的波形;对于 c 的中间值(如 $c=0.2$),可以观察到一些很有趣的结果,整个网络范围内会同步一段时间,然后回到"不同步"状态,这种变化过程目前很难量化。

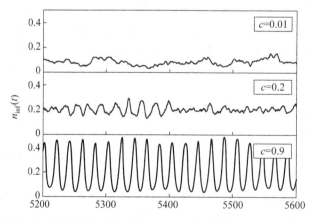

图 21.7　SIRS 传染病在具有不同远程连接比例的网络中受感染人数随时间的变化情况[267]

注:y 轴表示受感染人数 $n_{inf}(t)$,c 表示远程连接的比例。可以看到当 c 较小时($c=0.01$),没有发生振荡;当 c 较大时($c=0.9$),振荡比较充分;c 处于过渡区间时($c=0.2$),振荡间歇出现,然后消失。

上述结果表明相当复杂的传染病疫情势态可以通过简单的传染病模型和接触网络结构

产生。不过还存在一些有趣的开放问题;这里讨论的结果主要通过模拟仿真而得到,用数学方法分析该模型发病的同步行为还有大量的研究和探索有待于开发。

3. 关于传染病同步的资料

大量的疾病记录资料可以为研究这些影响提供实证,以评价我们所提出的模型。Grassly、Fraser、Garnett[195]对梅毒和淋病进行了启发式的对比研究,发现了一些同步规律。梅毒的流行表现出突出的振荡特性,周期为 8～11 年,而淋病的周期性表现非常弱。然而,这两种疾病影响的人群却非常相似,并且也受制于非常相似的社会动因。

这些差异是一直存在的,而事实上梅毒感染后能维持有限的暂时免疫力,而淋病却没有。并且,梅毒发病周期也正好与这种疾病本身的免疫期相吻合。从发病周期的循环模式分析,可以发现美国不同地区该疾病的同步程度随着时间的推移有增长趋势,说明 20 世纪后几十年中,疾病传播的接触网络跨越全国的连接越来越多[195]。

还有很多关于传染病同步方面的研究工作正在进行,包括对更复杂的时态现象建模。例如,像麻疹一类的疾病数据显示,在不同城市发生的传染病可能同步,但时期却不同,一个城市发生疾病爆发时,另一个城市可能正值低谷[196]。这种特性不仅仅是简单地用远程联系能够解释的[213]。同样,还有一些预防方案,如免疫接种以及其他医疗干预措施都可以充分利用这些时机特性,这为我们提供了一种思考方式,从简单模型产生的认识可以帮助人们作出更合理有效的决策。

21.6　短暂接触与并发的危险

到目前为止,我们讨论的传染病模型是以一个相对静态底层接触网络为基础,其中所有的连接在整个传染病传播过程中都存在。这对于传染性较高且传染速度较快的传染病是一个合理的简化假设,这种情况传染速度要快于联系网络中解除联系或创建新联系的速度。

但是,如果进一步分析那些需要很长时间在人群中传播的疾病,就有必要重新审视这些假设。诸如艾滋病毒/艾滋病(HIV/AIDS)这类疾病,疫情进展需要经历许多年,其进展过程与性接触网络的特性有密切联系。大多数人在任何单一时间点都是零接触或单一接触,也有人与很少数人接触(少数人会与多人接触,这一点也很重要),随着伙伴关系的形成和破裂,病情的发展也在这些接触者之间明显地转移。

因此,对这种疾病建立接触网络模型,重要的是要考虑到接触是短暂的这一事实,这种关系不一定会持续到整个疫情过程,而仅限于特定的时间阶段。因此,我们将接触网络的每条边注明其存在的时段,也就是一端的节点可能将疾病直接传染给另一端的时间范围。

图 21.8(a)显示了标有这种时段的例子,方括号中的数字表示每条边存在的时间范围。因此,u-v 和 w-x 的伙伴关系首先发生,并且它们有部分时间重叠;之后,节点 w 与节点 v 成为伙伴,接着又与节点 y 成为伙伴。注意,此处我们认为艾滋病毒/艾滋病与其他疾病类似具有双向传染的特性,这里采用无向边表示疾病可以从一对伙伴的任一方传染给对方。(正如前面几节我们也可以用指向两个方向有向边连接一对有关系的节点,由于这里的对称特性,采用无向边更方便。)

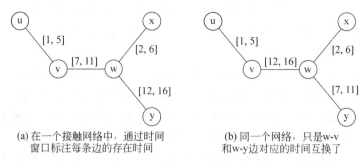

(a) 在一个接触网络中，通过时间   (b) 同一个网络，只是w-v
　　窗口标注每条边的存在时间   和w-y边对应的时间互换了

图 21.8　接触网络中边的时间不同可以影响疾病在个体中的传播潜力

1. 短暂接触的影响

图 21.8(a)的实例表明，这些边的时间确实影响着一个疾病的传播。例如，如果节点 u 在时刻 1 患有疾病，就可能传染给通向节点 y 的所有节点，包括中间节点 v 和 w(当然，如果像以前一样以一定的概率发生传染，不一定会成功地传播，但存在这样的潜力)。另一方面，节点 u 不能将疾病传染给节点 x：节点 u 可以将疾病传给节点 v，v 可能又传给节点 w，而此时节点 w 与 x 的伙伴关系早已结束了。

此外，改变伙伴关系的时间参数可以改变疾病传播的路径，即便是底层网络的连接关系保持不变。例如，图 21.8(b)与图 21.8(a)的不同只是 w-v 和 w-y 伙伴关系的时间参数对换。注意，节点 u 之前在图 21.8(a)中可以将疾病一直传染到节点 y，在图 21.8(b)中却不会这样。在后一种情况，w-y 的伙伴关系在 u 可能将疾病传染给 w 时就已经结束了。

这些分析结果对于卫生工作者和传染病专家非常重要，可以将接触网络与诸如艾滋病毒/艾滋病这类疾病进行关联。例如，从图 21.8(a)和图 21.8(b)的差异可以看出，为了让节点 y 认识到是否存在从节点 u 感染到疾病的风险，只掌握完整的性关系图是不够的；了解这种关系的时序信息也相当重要。这使我们联想起第 2 章的一个典型的图形图 2.7，其中描述了一个高中维持 18 个月的人际关系，很显然，关系图本身不能充分体现群体中疾病的传播潜力，还需要了解这些关系对应的时间信息。

网络中的边对应于特定的时段这种建模方法是许多领域的研究专题，包括社会学[182,305,258]、传染病学[307,406]、数学[106]和计算机科学[53,239]。这个问题不单单与疾病传播有关，也应用到基于网络建模广泛的研究领域。例如，信息、思想以及行为在社会网络中的传播行为显然也取决于信息沟通的时机，它可以促使或阻碍信息在网络不同部分的流通。

2. 并发性

不同的接触时机不只是潜在地影响到谁会将疾病传染给谁，这种时序模式还可以影响到传染病整体的严重性。对艾滋病研究人员来说，**并发**(concurrency)是一个特别被关注和担忧的时序模式[307,406]。

并发伙伴关系是指一个人与两个或多个人有伙伴关系，并且有时间重叠。例如，在图 21.9(a)和图 21.9(b)中，节点 v 与节点 u 和 w 有伙伴关系。第一个图中，伙伴关系是串行发生的，先是与一个节点，然后与另一个节点，而第二个图中，这种关系是并行发生，在时间上有重叠。并发模式导致疾病在这个三人网络中传播的更加活跃。节点 u 和 w 可能并没有意识到对方的存在，但这种并发的伙伴关系可能使节点 u 或 w 将疾病传播给对方；串行伙伴关系只可能通过节点 u 将疾病传给节点 w，不可能是相反的过程。通过一个较大规模的例子可以发现更极端的影响;例如,图 21.10(b)与图 21.10(a)的差异是伙伴关系的时间被"挤在一起",使它们都有部分重叠。但效果相当可观:图 21.10(a)的模式通过时间效应把网络不同区域用"墙"隔开了,而并发伙伴关系却使得任何携带疾病的节点都可能将疾病传播到网络任何其他节点。

(a) 串行伙伴关系　　　　　(b) 并行伙伴关系

图 21.9　疾病在具有并行伙伴关系中比串行伙伴关系传播得更广泛

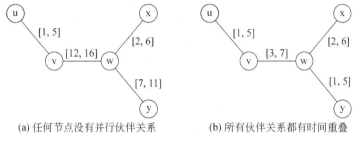

(a) 任何节点没有并行伙伴关系　　　　(b) 所有伙伴关系都有时间重叠

图 21.10　在较大规模网络中,并发效应对疾病传播作用尤其突出

Morris 和 Kretzschmar 通过对不同类型的并发行为进行模拟发现,并发数量的一个小变化——其他变量如伙伴关系的平均值和持续时间等保持不变,可能会产生该传染病规模较大的变化[307]。定性地说,前面几节谈到即使略微改变一个受感染个体产生新发病例的平均数会对结果产生重大的影响,直觉上与这里的观点是相符的。对于一些最简单的模型如分支过程,可以对这种结论进一步量化;对于更复杂的模型如涉及任意网络的并发特性,仍然是正在进行的研究课题。

并发性是针对接触网络中时间序列一种特定模式的研究。这个领域进一步的研究可能揭开更微妙的模式;时机和网络结构的相互作用能够提供对疾病传播方式的进一步理解,特别是群体中连接关系的改变对疾病传播产生的影响。

21.7　宗谱、基因遗传和线粒体夏娃

对传染病的讨论为我们提供了一种分析一些过程在网络中随时间随机传播的方式。如前所述,这个框架不仅仅对于疾病,对不同类型的事物传播建模都非常有意义。信息传播也可以用这种方法建模,它可以作为第 19 章讨论的决策规则的一种替代方法。这样说来,本章提出的思想可以说相对简单直接,但非常有意义。

在本节中,我们将随机传播的方法运用到连接关系更微妙的设置环境;首先我们需要对传播的网络和过程进行一些精确的描述和说明。这是一个基因遗传环境。如果我们将生物特质的遗传视为一个发生在由世代生物体连接的网络中的随机过程,也就是说,网络中的边连接父母与后代,那么就可以观察到一些基本的遗传过程。我们从一个基本遗传问题的故事开始。

1. 线粒体夏娃（Mitochondrial Eve）

1987 年，Rebecca Cann、Mark Stoneking、Allan Wilson 在自然刊物上发表了一篇论文[94]，提出了一个相当惊人的命题证据。以时间倒转的顺序分析人类史的母系祖先，产生这样一条线索，从你到你的母亲，到你母亲的母亲（即你的外祖母），再到外祖母的母亲，无限地推下去。我们每个人原则上都可以产生这样一条母系祖先的线索，我们称之母系的世系（lineage）。现在，Cann、Stoneking、Wilson 的结论是，所有这些世系实际上源自 10 万至 20 万年前的一个单一女子，可能是在非洲。她是我们所有母系祖先的根。

我们首先要问他们是何以得此结论，然后再思考它意味着什么。一种推论母系祖先的方法是研究一种并不在我们的细胞核里，而是在更小的分离基因组里的 DNA，每个人的细胞里都有这种线粒体 DNA。不同于核 DNA，它同时包含父亲和母亲的基因组，线粒体 DNA（近似地）完全由母亲传给孩子。所以大致来说，除了随机突变的情况，你会有你母亲的 DNA，她有她母亲的 DNA，等等。考虑到这一点，Cann、Stoneking、Wilson 根据广泛的地理和种族背景样本分析了人类线粒体，采用标准技术来估算基因序列通过许多代的随机突变发生偏离的速度，他们得出结论，人类所有的线粒体 DNA 很可能在大约 10 万至 20 万年前有一个共同的起源。所谓"共同起源"是指属于一个人的单一的线粒体基因组，因为她是地球上每个人线粒体 DNA 的源，研究人员规范地称这个女子为线粒体夏娃。

这一发现在首次宣布就引起了公众的想象力，并在当时受到媒体相当的关注，其影响已经扩展到探讨人类历史的一般书籍中[333]。最初的发现所涉及的分析方法后来被其他一些研究小组进一步提炼；相关人员指出线粒体 DNA 的遗传可能比原来的理解更为复杂这样的事实，但基本结论已经被普遍接受。

至于这一发现意味着什么：首次听到后，需要调整我们的思路，它意味着什么或者不意味着什么。这个结论实在是惊人，设想在不太遥远的过去存在一个人，她是我们每个人的祖先。不能断言线粒体夏娃（与圣经中的夏娃同名）是那个年代唯一生存的女子，有许多推测表明有其他妇女和她同时生存在那个时期。但是，从当今线粒体 DNA 的角度看，这些女子的基因是不相关的：从那个时代到现在这个过程中，她们的线粒体 DNA 线索消失了。

另一方面，在分析线粒体夏娃的存在时还需要特别谨慎。尽管她同时代的人与我们的线粒体 DNA 无关，她们并不是与我们基因组的其余部分无关；我们每个人都从祖先遗传大量基因。（尽管实际上比我们能看到的更多，我们将在稍后讨论。）此外，我们各自的祖先的重叠模式非常复杂，很多问题仍然没有得到很好的理解；我们从线粒体夏娃学到的是，我们所有的祖先都沿着母系世系连接在一起，追溯到几十万年前。

最后，对线粒体夏娃的鉴定在某种意义上是遗传学界过去几十年研究思想的一种展示[245,325]。这些思想是基于可以预测共同祖先存在的模型，并可以估算这个共同祖先生存的时间。相关研究完全采用数学模型分析方法，避开了建立遗传数据证据的困难，结果表明像线粒体夏娃这样的人的存在不仅是自然的，而且正如我们将看到的，本质上也是不可避免的。这些工作的核心思想涉及网络的概率模型，事实上，定性地理解这个问题，可以利用流行病模型进行分析，不同的人类线粒体 DNA 的拷贝都可以传播到后代，并保持在后代身上，直到最终一个排挤掉其他所有的。我们现在描述这些模型的基本形式，以及它们与祖先问题的关系。

2. 一个单亲血统模型

以下讨论基于人类基因学界著名的基本血统模型,Wright-Fisher 模型[325]。方便起见,对模型做一些简化假设。考虑一个群体受到资源的约束,每一代的人口数量维持为固定的 N。时间一代一代地向前演进;当前一代 N 个个体产生 N 个后代。新一代的每个个体由一个单亲产生,这个单亲是在当代中均匀独立地随机选择。图 21.11 描述了这个过程;图中展示了一代人与下一代人的关系,每个节点代表一个个体,每条边连接一个后代和均匀随机选择的上一代的一个单亲。注意鉴于这个选择单亲的规则,上一代特定的个体可能会有多个孩子(如图 21.11 中第一个和最后一个),还有些可能没有孩子。

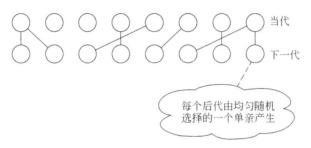

图 21.11　基本的 Wright-Fisher 单亲祖先模型,时间以一代为一步向前推进;
每一代有固定数量的个体,每个后代由当代的一个单亲产生

该模型的结构体现出了一些基本的假设。首先,我们假设一个**中性模型**(neutral model),其中任何个体都没有选择繁衍后代的优势;每个人都有同样的机会产生后代。此外,我们对每个个体从一个单亲生产建模,这与由双亲通过两性关系繁衍后代不同。这可以有几种可能的解释。

- 首先,也是最直接的,它可以用来建模无性繁殖的物种,每个生物体从一个单亲产生。
- 第二,即使对于有性繁殖后代,它也可以用来建模单亲遗传,包括我们前面讨论的只涉及女子的线粒体 DNA 遗传。基于这种解释,每个节点代表一个人类的女子,每个女子连接到上一代她的母亲。此外,我们将在后面讨论,可以更普遍使用这个模型分析有性繁殖种群的遗传现象。
- 第三,它可以用来建模纯粹"社会"意义的继承,如师傅-学徒关系。例如,如果你获得某学术领域的博士学位,你会有一个主要的导师。如果你在建模学生"出身"于哪个导师,可以向前追踪导师,导师的导师,等等,正如我们追踪母系世系一样。

现在,以时间顺序运行这个模式,得到一个如图 21.12 所示的网络。每个个体都连接到上一代的一个单亲;时间自上向下运行,最底层表示当代有 N 个个体(图中以字母 s~z 命名)。注意从底部任何一个个体,都可以沿着向上的边追溯它的单亲世系。

如果图 21.12 最底部一行个体表示当代的女子,那么线粒体夏娃就是图中所有母系世系首次完全收敛到的最低的节点。这个问题有些让人迷惑,视觉上,可以在图 21.12 找到这个节点,但我们可以整理路径并重新绘制相同的祖先,如图 21.13 所示,使得夏娃的位置变得更容易看到:从顶部数第二行第三个节点(追索到她的世系以粗线边标记)。

这些例子说明共同祖先的存在,并且达到她们所经历的世代数可以通过 Wright-Fisher

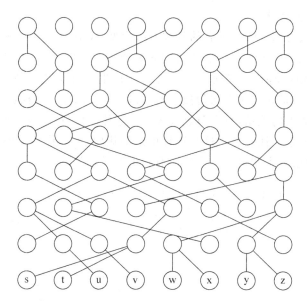

图 21.12　　每个当代的个体沿着网络向上的边可以追踪它的单亲世系

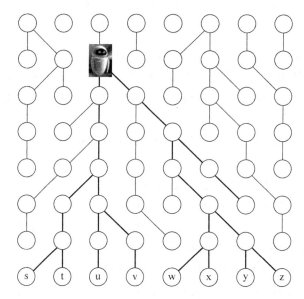

图 21.13　　重新绘制图 21.12 的单亲网络，不同的世系不断合并，
最终合并成一个最近的共同祖先

模型进行预测。要做到这一点，可以利用一个技巧：想象这个祖先是以时间倒转的顺序产生，而不是正转顺序。换言之，该模型等价的描述是，基于当代的一组个体，每次构建出前一代个体，每个当代个体均匀随机地选择一个前一代个体为自己的单亲，以此类推。

可以通过图 21.13 自下向上的轨迹描述这个模型的工作过程。当两个个体碰巧选择同一个单亲作为上辈时，那么他们的世系从这一点起合并为一个共同的世系。因此，我们从当代 N 个不同的世系开始，以时间倒转的顺序往回追踪这种世系关系，不同的世系数量随着多个个体选择同一个单亲而减少。最初，存在有许多世系并且世系之间的碰撞概率较高，此时世系合并也会迅速发生；随着时间的推移，世系数量的减少变得越来越缓慢。但只要还有不止一个世系，就存在一个有限的预期时间，其中不同的世系发生碰撞，最终只剩下一个单一世系。发生这种情况的第一个节点被称为最近的共同祖先，即这个模型中的线粒体夏娃。这个模型非常简单，可以利用它估算世系之间的碰撞时间，预测出历经多少代能够达到最近的共同祖先[245,325]。

3. 基因解释

尽管线粒体 DNA 的母系遗传是一个非常简单的单亲遗传过程，而 Wright-Fisher 模型同样对有性繁殖种群的一些基因遗传问题提供了基本的论据。虽然父母的染色体重组产生子女的基因组，使得子女的染色体成为一种混合体，而子女基因组中任何一个单一点——染色体上的单个核苷酸，只是继承了其父亲或母亲中的一个人。从这个角度说，它们也同样是只继承了母亲或父亲中的一个，以此类推。因此，即使是有性繁殖产生的后代，如果我们想追踪其基因组中一个单点的祖先，就可以沿着单亲世系进行。要研究这个单点最近的共同祖先，对于包含 N 个个体的群体，可以遵循我们刚刚讨论的分析线粒体 DNA 那样的方法。

因为基因重组行为，基因组某个点的世系可能不同于基因组其他点的世系，即便是附近的点；因此，它们最近的共同祖先也可能不同。可以利用相应的概率模型推论这些世系之间的作用关系，但涉及的分析工作非常复杂[418]。

要将这些简单的模型扩展到更复杂的基因应用，还需要考虑许多其他的问题。例如，地理障碍可能阻隔人群中不同的个体，这将会对世系之间的相互作用模式产生影响[354]。概括地说，个体相互作用的空间限制可能会影响这些模式，这意味着网络特性对基因结果具有潜在的广泛影响。

21.8　深度学习材料：分支过程和合并过程的分析

这一节我们进一步分析本章讨论的两个基本过程：传染病在简单接触网络结构中传播的分支过程，以及世系融合成一个共同祖先的合并过程。这两种分析都以分支树结构的概率推理为基础，前者分析传染病在个体中传播，后者分析时间倒推的世系轨迹。

21.8.1　分支过程的分析

回顾我们在 21.2 节讨论的分支过程模型：每个被感染的个体遇到 k 个其他人，并以概率 p 传染这些人。因此，由每个被感染的个体产生的新的病体数为 $R_0 = pk$，即基本再生数。我们希望能够证明该疾病的持久性主要取决于 R_0 的值是小于还是大于 1，以下我们将对此进行严格证明。

图 21.1(a) 用树结构描述这个模型中的人群，其中每个节点向下连接 k 个节点。设该传染病至少持续 n 个疫情波的概率为 q_n，也就是说在树的第 n 层仍然有些个体被感染。设 q^* 为 n 趋于无穷大时 q_n 的极限值；可以想象是该疾病无限期持续下去的概率。我们将要证明下面的结论。

断言：(a) 如果 $R_0 < 1$，则 $q^* = 0$。(b) 如果 $R_0 > 1$，则 $q^* > 0$。

这正是 21.2 节讨论的 R_0 的"刀刃"特性。

1．感染个体数的期望值

考虑一种能够分步证明该断言的方法：思考树结构中每一层受感染个体数的期望值。

首先，考虑每一层的个体总数。对于给定的一层，个体总数将超出上一层总数 k 倍，因此，第 n 层的个体总数为 k^n。（这对于 $n=0$ 同样成立，顶层节点数为 $k^0=1$）

设 X_n 是一个随机变量，表示第 n 层受感染个体数。一种描述 X_n 的期望值 $E[X_n]$ 的方式是，简单用随机变量的和表示 X_n，如下所示，j 表示第 n 层不同的个体，随机变量 Y_{nj} 当个体 j 受感染时为 1，否则为 0。因此：

$$X_n = Y_{n1} + Y_{n2} + \cdots + Y_{nm}$$

显然，$m=k^n$，因为上式右边分项个数应该是第 n 层的总个体数。基于期望值的线性原则，一组随机变量期望值的和等于它们之和的期望值，因此：

$$E[X_n] = E[Y_{n1} + Y_{n2} + \cdots + Y_{nm}] = E[Y_{n1}] + E[Y_{n2}] + \cdots + E[Y_{nm}] \quad (21.1)$$

之所以这样表达是因为右边每个期望值分项很容易计算出结果：$E[Y_{nj}] = 1 \times Pr[Y_{nj}=1] + 0 \times Pr[Y_{nj}=0] = Pr[Y_{nj}=1]$，因此 Y_{nj} 的期望值正是个体 j 受感染的概率。

第 n 层个体 j 受感染的前提是，自根到该层个体 j 的 n 个接触节点都成功地向下层传递了疾病，如图 21.14 所示。因为每个节点以独立的概率 p 传递疾病，个体 j 受感染的概率为 p^n。因此，$E[Y_{nj}] = p^n$。我们提到树结构中第 n 层包含 k^n 个个体，因此，等式(21.1)右边共有 k^n 个分项式，正如图 21.15 的概括，得到如下结论：

$$E[X_n] = p^n k^n = (pk)^n = R_0^n \quad (21.2)$$

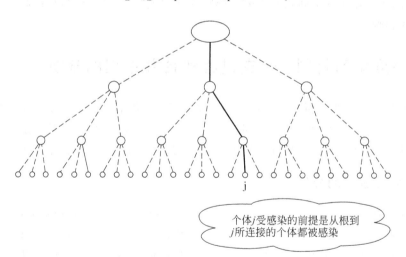

个体 j 受感染的前提是从根到 j 所连接的个体都被感染

图 21.14　一个特定的节点受感染的概率是由根到该节点每条边独立的感染概率相乘

2．由期望值推导出持续概率

等式(21.2)表明分支过程模型中基本再生数 R_0 对于疾病传播非常重要。我们进一步分析这个结果与流行病的持续概率 q^* 有什么关系。

首先，$E[X_n] = R_0^n$ 的事实可以直接证明断言的(a)部分，即当 $R_0 < 1$ 时，$q^* = 0$。以下简述这个证明过程。回到 $E[X_n]$ 的定义，回顾我们曾在 20.7 节中采用的一种分析方法，对期望值进行如下定义：

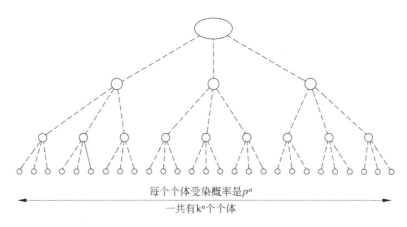

图 21.15 第 n 层受感染个体期望值是该层的个体数(k^n)与每个个体受感染的概率(p^n)的乘积

$$E[X_n] = 1 \times Pr[X_n = 1] + 2 \times Pr[X_n = 2] + 3 \times Pr[X_n = 3] + \cdots \quad (21.3)$$

右边可以用一种等价的形式描述:

$$Pr[X_n \geqslant 1] + Pr[X_n \geqslant 2] + Pr[X_n \geqslant 3] + \cdots \quad (21.4)$$

可以观察到,式(21.4)中每一项 $Pr[X_n = i]$ 都包含 i 个相同的拷贝,因此得到:

$$E[X_n] = Pr[X_n \geqslant 1] + Pr[X_n \geqslant 2] + Pr[X_n \geqslant 3] + \cdots \quad (21.5)$$

从等式(21.5)可以观察到,$E[X_n]$ 的值至少不会比第一项小,即 $E[X_n] \geqslant Pr[X_n \geqslant 1]$。同时注意到 $Pr[X_n \geqslant 1]$ 正是 q_n 的定义,因此得到 $E[X_n] \geqslant q_n$。因为 $E[X_n] = R_0^n$,并且当 n 增大时将收敛于 0;因此 q_n 也必然将收敛于 0。这样就证明了,当 $R_0 < 1$ 时,$q^* = 0$。

当 $R_0 > 1$ 时,期望值 $E[X_n] = R_0^n$ 当 n 增大时趋于无穷,这个事实本身并不能证明 $q^* > 0$。完全可能存在一组随机变量当 n 增大时,使得 $E[X_n]$ 趋于无穷,但 $Pr[X_n > 0]$ 收敛于 0。作为一个简单的例子,假设 X_n 为一个随机变量,以概率 2^{-n} 取值为 4^n,否则取值为 0。那么 $E[X_n] = (4/2)^n = 2^n$,将趋于无穷大,而 $Pr[X_n > 0] = 2^{-n}$ 趋于 0。

尽管这种影响在我们这里不会发生,但引发我们考虑要证明 $R_0 > 1$ 时 $q^* > 0$,对于这个过程的描述需要采用更具体的方式,而不仅仅是简单的受感染个体期望值。为此,我们利用一个 q_n 的公式确定 q^* 的精确值。

3. 关于 q_n 的一个公式

q_n 的值取决于三个基本量值:每个个体接触节点数 k,传染概率 p,树结构的层数 n。事实上很难用这些变量直接形成一个 q_n 的公式,但可以用 q_{n-1} 表示 q_n。

对于根节点,我们思考下列事件发生后会产生什么结果:

(∗)疾病通过根节点第一个接触节点 j 传播,并继续传播 n 个层次到 j 可能到达的部分。

这个事件如图 21.16 所描述。首先,要使事件(∗)发生,要求节点 j 直接从根节点受到感染,其概率为 p。此时,j 对于它以下的节点充当了一个分支过程的根,该过程包含所有 j 可以通达到的节点。因此,要使事件(∗)发生,j 被感染后,该疾病需要在以 j 为根的分支过程中持续传播 $n-1$ 个层次。这个过程发生的概率为 q_{n-1},基于 q_{n-1} 的定义。因此,事件(∗)发生的概率为 pq_{n-1}。或者,从另一个角度说,事件(∗)不会发生的概率为:

$$1 - pq_{n-1}$$

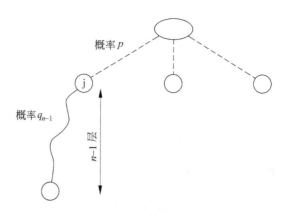

图 21.16　如果第 n 层有个体感染,必然是根传染给其直接连接的子节点,
该子节点再传染给其子节点,这个过程一直持续到第 $n-1$ 层

对于根节点的每一个接触节点都有同样的结果,每个节点不发生上述过程的概率为 $1-pq_{n-1}$。因为这些概率都是独立的,因此所有节点都不发生该过程的概率是：

$$(1-pq_{n-1})^k$$

到此,我们基本完成了这个证明。如果从根节点开始传播疾病,根的任何一个直接连接节点都没有持续传播到第 n 层,那么该疾病就不能持续传播到树结构第 n 层。换句话说,该疾病不能持续到第 n 层的前提是,根的每一个直接连接节点都没能完成事件(＊)。前面提到这个概率为 $(1-pq_{n-1})^k$,但这个概率也同样是 $1-q_n$,因为根据对 q_n 的定义,量值 $1-q_n$ 正是疾病不能持续 n 个层次的概率。因此：

$$1-q_n=(1-pq_{n-1})^k$$

对 q_n 求解,得到：

$$q_n=1-(1-pq_{n-1})^k \qquad (21.6)$$

因为我们假设根节点是受感染的,可以将根视为树的层次 0,则 $q_0=1$;也就是说根受感染的概率为 1。从 $q_0=1$ 开始,利用等式(21.6)可以依次确定 q_1、q_2、q_3 的量值。这种方式可以简单地确定每个 q_n 的值,然而,并不能马上确定当 n 趋于无穷时它的走向。要解决这个问题,我们需要一种方法能够确定这组概率的极限值。

4. q_n 值的极限

定义函数 $f(x)=1-(1-px)^k$,等式(21.6)可以表示为：$q_n=f(q_{n-1})$。这样可以用简单纯粹的代数方式处理 q^*。对于函数 $f(x)=1-(1-px)^k$,可以依次得到 $1,f(1)$,$f(f(1)),f(f(f(1)))\cdots\cdots$。

为此,我们在 $x-y$ 坐标中绘制函数 f,如图 21.17 所示。该函数的以下几个特点可以帮助我们绘制这个图形。

- 首先,$f(0)=0,f(1)=1-(1-p)^k<1$。这意味着函数 f 的图形经过原点,并且当 $x=1$ 时位于直线 $y=x$ 以下,如图 21.17 所示。
- 第二,函数 f 的导数 $f'(x)=pk(1-px)^k$。注意当 x 在 0 到 1 区间时,$f'(x)$ 量值为正数但单调递减。也就是说 f 是具有凹形形状的递增函数,如图 21.17 所描述。
- 最后,函数 f 当 $x=0$ 时的斜率为 $f'(0)=pk=R_0$。因此对于我们所关注的情况

$R_0 > 1$，函数 f 最初位于直线 $y = x$ 以上一个小的正数值。

当 $R_0 > 1$ 时，综合上述特点（$y = f(x)$ 最初位于 $y = x$ 以上一个较小的正数值，当 $x = 1$ 时位于 $y = x$ 以下），$y = f(x)$ 必须当 x 在 0 和 1 之间某处与 $y = x$ 相交于一点，$x^* > 0$。

利用这个图形我们从几何的角度分析这一组量值 $1, f(1), f(f(1)), f(f(f(1)))$ ……。具体地，我们利用直线 $y = x$ 来分析这一组量值。对于直线 $y = x$ 上某一点 (x, x)，我们希望能够定位点 $(f(x), f(x))$，我们采用以下方式分析。首先，从 $y = x$ 上点的 (x, x) 垂直移动到曲线 $y = f(x)$ 上的点 $(x, f(x))$，然后再水平移回到直线 $y = x$ 上，便可以达到点 $(f(x), f(x))$。图 21.18 中前两条虚线描述了这两个垂直-水平移动步骤。继续这个过程，沿着直线 $y = x$ 历经所有的点序列包括 $x, f(x), f(f(x))$ ……。

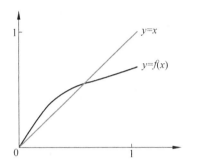

图 21.17 利用函数 $f(x) = 1 - (1 - px)^k$ 可以确定当 n 趋于无穷时第 n 层感染概率的极限，这是一个基本的递归函数 $q_n = f(q_{n-1})$

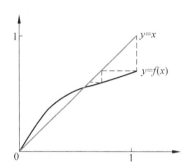

图 21.18 从 $x = 1$ 开始，反复应用函数 $f(x)$，在曲线 $y = f(x)$ 和 $y = x$ 之间描绘其移动轨迹

如果这个过程从 $x = 1$ 开始，如图 21.18 所描述的那样，这个过程收敛于曲线 $y = f(x)$ 和直线 $y = x$ 的相交点 (x^*, x^*)。现在回来使用分支过程的术语来解释这个整个过程。正如我们前面所指出，序列 $1, f(1), f(f(1)), f(f(f(1)))$ …… 的量值正是序列 q_0, q_1, q_3 ……。因此可以得出结论，这个序列将收敛于 $x^* > 0$：严格限定在 0 和 1 之间的唯一的一点 $f(x) = x$。

这样便证明了当 $R_0 > 1$ 时，当 n 趋于无穷大时，流行病持续 n 个层次的概率收敛于一个正数值。

值得注意的是这种分析也证明了当 $R_0 < 1$ 时，$q^* = 0$。事实上，如果 $R_0 < 1$，曲线 $y = f(x)$ 看起来很像图 21.17 中的图形，除了函数的导数在 x 为 0 时是 $R_0 < 1$，因此，曲线在整个 0 到 1 区间都位于直线 $y = x$ 以下。这意味着如果沿着图 21.18 中的虚线移动对应的序列值 $1, f(1), f(f(1))$，$f(f(f(1)))$ …… 将一直下降，中间没有停顿，直到 $x = 0$（如图 21.19 所示）。说明这种情况下，结果 q^* 收敛于 0。

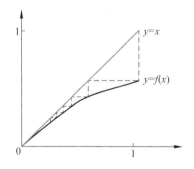

图 21.19 当曲线 $y = f(x)$ 与直线 $y = x$ 只相较于一点 $(0, 0)$ 时，从 $x = 1$ 开始重复应用 $f(x)$，最后收敛于 0

21.8.2 合并过程的分析

现在分析本章前面涉及的另一个过程即 21.7 节提到的祖先世系的合并。具体地，我们将推导出一种方法，能够估算模型中的一组个体向前追溯到最近的共同祖先历经的世代期望值[245,325]。像分析分支过程一样，这个方法涉及树结构的概率计算。然而在这种情况下，要得到准确的答案需要一些技巧，这里用到两个近似。（事实上，这些近似不会影响结果的准确性）

关于近似我们将在后面讨论，除此之外，我们对这个问题的描述稍加改变，但仍然遵循原始的研究工作。具体地，我们关注一个人数为 N 的大群体中含 k 个个体的较小的样本；分析这 k 个个体聚合为一个共同祖先的时间，而不是分析整个群体中所有世系合并成一个共同祖先的时间。从应用的角度看这样做是合理的，因为一般人们也都是研究一个大型群体中固定大小的样本；而且，其中涉及的计算提供了对完整群体问题的理解。

回顾 21.7 节讨论的模型，将其应用到包含 k 个个体的固定样本中，以下描述这个问题。每一代包含 N 个个体，对于初始样本中 k 个个体，从上一代中均匀随机地为每个个体选择一个单亲父母。继续以这种方式为每个个体从上一代选择父母，将 k 个世系伸延到更早的世代。当两个个体碰巧选择同一个父母时，他们的世系合并（因为他们的先辈是同一个），随着这个过程继续，不同的世系数也不断减少。最后，当首次达到一个时间点使世系数减少为 1 时，称为合并。我们希望估算发生合并的期望时间。图 21.20 的例子中，当代初始样本个体数 $k=6$（在最底部的一行中），人群总数 $N=27$（每一行的节点数）。

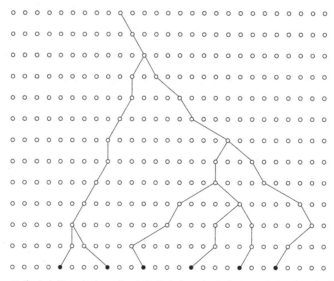

图 21.20 沿着世系线一代代回退，过程中它们不断发生彼此碰撞，最终相聚在合并点

1. 一步内发生碰撞的概率

这个分析的关键是考虑一个单一的步骤，其中包含一组 j 个被跟踪的不同世系；我们估算它们中至少有两个选择上一代同一个父母的概率。（我们称这是两个世系碰撞。）

最简单的是考虑 $j=2$ 的情况。假设两个被考察的世系依次进行随机选择。第一个均匀随机地选择一个父母，那么只有当第二个均匀地从 N 个可选项中随机选择了同一个父母才会发生碰撞。这种情况发生的概率因此正好是 $1/N$。

当 j 大于 2 使情况变得比较复杂。首先,我们计算没有两个世系碰撞的概率,想象世系依次选择自己的父母。没有两个世系碰撞必须满足这样的条件,当第一个世系选择了父母后,第二个接着选择了一个不同的父母,第三个又选择了与这两个都不同的父母,等等,一直到第 j 个世系,它必须选择一个与前 $j-1$ 个选择都不同的父母。这种情况发生的概率是:

$$\left(1-\frac{1}{N}\right)\left(1-\frac{2}{N}\right)\left(1-\frac{3}{N}\right)\cdots\left(1-\frac{j-1}{N}\right)$$

扩展这个乘积,它相当于:

$$1-\left(\frac{1+2+3+\cdots+j-1}{N}\right)+(\text{分母是 } N^2 \text{ 或更大值的分项})$$

具体地,它最高为:

$$1-\left(\frac{1+2+3+\cdots+j-1}{N}\right)+\frac{g(j)}{N^2}$$

其中 $g(j)$ 是一个随着 j 变化的函数。目前为止所涉及的都是精确计算,不过现在我们要引入两个近似中的第一个,相应的分析方法源自[245]:为了避免处理上式复杂的最后一项,我们观察到当群体大小 N 比 j 大得多时,表达式 $g(j)/N^2$ 与 $(1+2+\cdots+j-1)/N$ 相比要小得多。因此我们将它们忽略,没有两个世系碰撞的概率近似为:

$$1-\left(\frac{1+2+3+\cdots+j-1}{N}\right)=1-\frac{j(j-1)}{2N} \tag{21.7}$$

现在,如果两个世系实际发生碰撞,有几种可能性:一种是两个世系相互碰撞,而其他所有世系仍然保持不同,另一种是同一代中两个以上的世系发生碰撞。现在我们描述后一种情况如何发生,并推证这是非常不可能的。

- 首先,可能是三个世系都选择了同一代的同一个父母。对于任何特定一组三个世系,这种情况发生的概率是恰好是 $1/N^2$:想象每个个体依次作出选择,第一个世系可以选择任何父母,然后第二个和第三个世系必须独立地从 N 个选项中选择这个相同的父母。因为三个世系为一组的个数少于 j^3,对于一个给定世代任何三个一组的世系碰撞发生的概率要少于 j^3/N^2。当 N 比 j 大得多时,这个量值与式(21.7)只有 N 做分母的值相比同样要小得多。

- 或者,也可能是同一代中两对不同的世系分别碰撞:假设世系 A 与世系 B 碰撞,世系 C 与世系 D 碰撞。A 与 B 碰撞的概率为 $1/N$,C 和 D 碰撞是一个独立事件,概率同样是 $1/N$。因此,对于这四个世系来说,两两发生碰撞的概率是 $1/N^2$。由于 A、B、C、D 的排列组合种类少于 j^4,因此这四个世系同时发生任意两个相碰撞的概率要小于 j^4/N^2。并且,由于 N 比 j 大得多,因此这个量值相比分母为 N 的量值要小得多,甚至可以忽略不计。

上述分析因此引出第二个近似:假设在最近的共同祖先前一代(即更接近当代的一代)不存在多于一个的两路世系碰撞。

这意味着,如果一代中 j 个现有的世系不能够保持完全不变,则必然是恰好因为其中两个世系选择了共同的父母,使得世系数从 j 减少到 $j-1$。

2. 合并的期望时间

上面提出的两个近似对这种时间向回移动的过程提供了非常清晰的视图。基于这种近似方法，我们以 k 个不同的世系开始，分析两个世系发生碰撞的情况。每一代出现这种情况的概率是 $k(k-1)/2N$。一旦发生一次碰撞，世系总数就减少至 $k-1$，它们中每一代两个发生碰撞的概率为 $(k-1)(k-2)/2N$。这个过程一直持续直到只剩下两个不同的世系，此时，这两个世系在每一代发生碰撞的概率为 $2/2N=1/N$。图 21.21 中的例子显示了当 $k=6$ 时的整个过程。

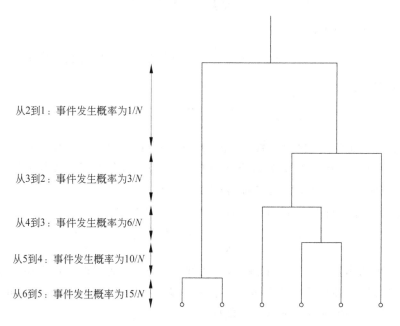

图 21.21　假设没有三个世系同时碰撞，合并的时间可以计算为一系列不同的碰撞事件发生的时间

通过这一过程的引导，我们可以用下面的方式进行分析。设 W 是一个随机变量，表示形成合并需要的世代数。可以得出如下表达式：

$$W = W_k + W_{k-1} + W_{k-2} + \cdots + W_2$$

其中 W_j 是一个随机变量，表示世代数，期间一共有 j 个不同的世系。基于线性理论，有：

$$E[W] = E[W_k] + E[W_{k-1}] + \cdots + E[W_2]$$

因此现在需要解决右边分项的量值。

每个随机变量 W_j 可以通过以下方式分析：当有 j 个不同的世系，通过连续的几代向上移动，等待一个特定的事件（冲突）首次发生。现在利用我们提到的近似：W_j 接近于一个更简单的随机变量，其中有 j 个世系，计算世系数从 j 减至 $j-1$ 经过的步骤数，并且在每一代这个世系数减少发生的概率是 $p=j(j-1)/2N$。用 X_j 表示这个相关的简化的随机变量；可以得到：

$$X = X_k + X_{k-1} + X_{k-2} + \cdots + X_2$$

我们感兴趣的是确定以下这个期望值，而不是 $E[W]$：

$$E[X] = E[X_k] + E[X_{k-1}] + \cdots + E[X_2]$$

应该如何思考这个简化的随机变量 X_j 的期望值？这正像投掷一个硬币，每次是"正面朝上"的概率 $p=j(j-1)/2N$，而我们想知道预期抛掷多少次才可以首次出现正面朝上。要计算这个期望值，回顾前面章节中的等式(21.5)，应用于当前的随机变量 X_j 中：

$$E[X_j] = Pr[X_j \geqslant 1] + Pr[X_j \geqslant 2] + Pr[X_j \geqslant 3] + \cdots$$

X_j 至少为某个量值 i 的概率正是前面硬币被投掷 i 次均为"反面朝上"的概率，即 $(1-p)^i$，因此得到：

$$E[X_j] = 1 + (1-p) + (1-p)^2 + (1-p)^3 + \cdots = \frac{1}{1-(1-p)} = \frac{1}{p}$$

这是非常直观的关系：硬币发生正面朝上的期望时间是 $1/p$，其中 p 为正面朝上的概率。

随机变量 X_j 准确地描述了这个过程，其中 $p=j(j-1)/2N$。因此，

$$E[X_j] = \frac{2N}{j(j-1)}$$

因此

$$E[X] = \frac{2N}{2 \times 1} + \frac{2N}{3 \times 2} + \frac{2N}{4 \times 3} + \cdots + \frac{2N}{j(j-1)} + \cdots + \frac{2N}{k(k-1)} \tag{21.8}$$

$$= 2N \left[\frac{1}{2 \times 1} + \frac{1}{3 \times 2} + \frac{1}{4 \times 3} + \cdots + \frac{1}{j(j-1)} + \cdots + \frac{1}{k(k-1)} \right] \tag{21.9}$$

下面一个表达式的和可以通过以下等式变换：

$$\frac{1}{j(j-1)} = \frac{1}{j-1} - \frac{1}{j}$$

将这个等式应用到等式(21.9)每一项，得到：

$$E[X] = 2N \left[\left(\frac{1}{1} - \frac{1}{2} \right) + \left(\frac{1}{2} - \frac{1}{3} \right) + \cdots + \left(\frac{1}{j-1} - \frac{1}{j} \right) \right.$$
$$\left. + \left(\frac{1}{j} - \frac{1}{j+1} \right) + \cdots + \left(\frac{1}{k-1} - \frac{1}{k} \right) \right]$$

这样，括号中的项几乎完全可以相互抵消，只剩下两项 1 和 $-1/k$。因此得到：

$$E[X] = 2N \left(1 - \frac{1}{k} \right)$$

这正是我们希望得到的结果——合并需要的世代数近似值——因此，我们可以结束这个证明，不过还需要提出最后几个观点。第一，当 k 值适度地增大时，合并的预期时间取决于 k 的程度很弱；这个值随着 k 增加大致为 $2N$。第二，X 分解为 $X_k + X_{k-1} + \cdots + X_2$，可以让我们了解合并到一个共同的祖先主要时间消耗在哪里。当我们开始往回移动时间，起初碰撞发生相对比较快；但随着时间继续往回推移，我们发现基本上一半的预期时间花在当世系合并成仅剩下两个，这两个正在寻找一个最后的碰撞点，即最近的共同的祖先。第三，采用近似为我们提供了一个非常简单的方式构建这个过程的树结构：我们简单地按照图 21.21，以时间倒转的顺序绘制平行线，直到抛硬币的结果告诉我们均匀随机选择两条世系线，将它们合并成一条。

最后，应该注意，虽然这里针对问题的原始公式提出了一些近似，随后的研究工作表明，最终的估算结果非常接近于通过复杂分析而得到的结果[91,174]。

21.9 练习

1. 假设你正在研究一群人中一种罕见疾病的传播行为,如图 21.22 所示。这些人的接触关系如图所描述,每条边都包含一个时间段,表示接触发生的时间范围。我们假设观察期从 0 到 20。

   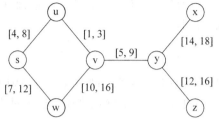

   图 21.22　一组人群中的接触情况,显示的时间间隔表示接触发生的时间段

   (a) 假设节点 s 在时刻 0 是唯一的患病个体。在时刻 20,哪些节点可能感染上这种疾病?

   (b) 假设你发现,其实所有节点都在时间点 20 患病。你相当肯定这种疾病不可能有其他来源,所以你怀疑,是否某个时间段的开始或结束时间搞错了。你能否替换那些时间段的某一个开始或结束时间,这样改变后,这种疾病就可能在网络中从节点 s 传染到所有其他节点?

2. 想象你了解一群人的接触结构,但不知道这些接触发生的时间段。假设你认为一种疾病在某些接触关系中曾传播,而在另一些关系中不曾传播。(我们称前者为阳性,后者为阴性。)很自然要询问是否有可能找到一些边的时间段,强烈支持这一假设:使得疾病在阳性组对中传播,而在阴性组对中不传播。我们尝试用简单的 5 人接触图描述这样的问题,如图 21.23 所示。

   图 21.23　一个 5 人组成的联系图

   (a) 你能否找到边的时间段,使得疾病有可能从每个节点流向所有其他节点,只有一个例外,就是不可能从节点 a 传到节点 e? 如果你认为这是可能的话,描述这样一组时间段;如果你认为不可能,解释为什么没有这样的时间段存在。

   (b) 你能否找到边的时间段,使得疾病可能从节点 a 传到节点 d,以及从节点 b 传到节点 e,但不能从节点 a 传到节点 c? 同样,如果你认为它是可能的,描述这样一组时间段,如果你认为这是不可能的,解释为什么没有这样时间段存在。

3. 想象你在指导一组农业官员,他们正在考察在早期阶段控制家畜瘟疫爆发的措施。他们考虑的措施有两种。第一,控制动物之间的彼此接触范围;第二,采用更高水平的卫生处理方案,以减少动物之间传递疾病的概率。这些措施都需要成本,成本的估计如下。如果花费 x 美元控制动物之间的接触,那么他们预期每个动物接触

$$40 - \frac{x}{200\,000}$$

   个其他动物。如果花 y 美元引进卫生处理设施以减少传播的可能性,那么他们预计动物传递到其他动物疾病的接触感染的概率是:

$$0.04 - \frac{y}{100\,000\,000}$$

   官员对这项工作有 200 万美元的预算。他们目前的计划是每种措施花费 100 万美元。利用你所学习的流行病知识,你会认为这是一个很好地利用现有资金的方案吗? 如果是,解释为什么? 如果不是,你能否提出一个更好的方案来花这笔钱?

第七部分

制度及其聚合行为

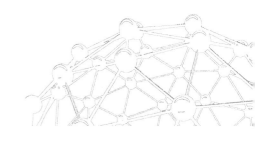

第 22 章　市场与信息

在本书最后这一部分,我们要基于前面发展起来的那些原理来考虑制度设计的问题,特别地,要讨论不同的制度怎样产生不同形式的聚合行为。**制度**(institution)这个词,在此的含义很宽泛,任何规则、惯例,或者某种机制,都可以看成是制度,它们起到将一个人群中个体的行为聚合成某种总体结果的作用。在下面三章,我们将分别考虑三种基本的制度类型:市场、表决,以及产权。

我们从讨论市场开始,特别要看看它们在人群中聚合和转达信息的作用。可以想象,人们参与市场活动的时候会带有一些信念和期望,包括对某些财产或产品价值的认识,以及关于某些会影响那些价值的事件的可能性。我们研究的市场(作为一种制度)有这样的效能:将这类信念聚合成为一个总体结果,这种总体结果的形式通常就是市场价格,表示对背后各种信息和信念的一种综合。

人们的行为受他们期望(或者预期)的影响。这样的问题,我们到目前为止已经见过多次。例如,在第 8 章关于布雷斯悖论的讨论中,我们看到在选择驾车路线时,对一个人来说最优的路线取决于对其他人选择路线的预计;在第 16 章,我们谈到信息的级联效应,人们根据他人的行为,形成在多种可能(餐馆或时尚)中进行选择的认识;在关于网络效应的第 17章,一个产品(传真机或社交网站)对一个人的价值,取决于有多少其他人也来使用这产品。在所有这些情形,每一个体都需要在不知道到底将会产生什么结果的情况下做出决定。道路会拥挤吗?餐馆是好还是差?其他人也会加入这社会网络吗?总之,个人关于回报的预期与他们的选择有关。

这些情形,除了有相似性外,也有重要的差别,它们对其后的讨论有根本的意义,即在不同选择上的未知愿望是**外生的**(exogenous)还是**内生的**(endogenous)?外生愿望指的是给定选择的好坏是固有的,与个体如何做决定无关。例如,在我们的信息级联模型中,人们决定是否接受一个观点,从根本上是有好坏客观评价的,人们是否接受,不影响对一个观点的预期。内生愿望则不同,多少要微妙些,它意味着一个选择背后的愿望是否成真取决于人们关于它所做出的实际决定。在我们的网络流量模型和布雷斯悖论中,不能先验地说哪条道路堵还是不堵;如果选择它的人多了,它就会堵起来。类似地,对于一个具有网络效应的产品(像传真机),在知道是否许多人已经买了它之前,我们也没法说是不是值得购买。

这两种情况在这一章都将考虑。首先,我们看看资产市场,其中资产到底能有多大价值是外生但未知的。博彩市场就是一个简单而典型的例子,每一回合的结果都是外生但未知的。我们描述在博彩市场中个体的行为和价格的确定,然后讨论将博彩市场的概念用于认识股票市场那种比较复杂的情形。这之后,我们考虑内生愿望情况下市场的现象,集中在非对称信息的作用上。

本书这一部分的后面两章分别讨论表决和产权的作用。市场和表决机制都是将个体行为聚合成为群体结果的制度。一个重要的区别是,表决机制通常用来产生代表群体的一个决定,而在市场中每个个体可能选择不同的结果。最后一章,讨论产权在影响结果可能性方面的作用。

22.1　外生事件的市场

这一节,我们来考察在外生事件条件下市场是如何聚合关于事件的看法的。所谓外生事件,指的是事件如何发生的概率不受市场结果的影响。**预测市场**(prediction markets)就是这种情形的一个基本例子。这种市场中的资产通常是非常简单的,一般是特别设计出来以聚合人们关于一个未来事件的预测,以形成群体(或市场)的一个认识。在预测市场中,参与者对某个事件的结果下注,交易索赔的金额的多少与事件的结果有关。

预测市场最有名的用法之一是预报大选结果。例如,爱荷华电子市场[①]曾经运作一个活动(类似结构的还有许多),其中参与者可以买卖一种合约,如果民主党赢得 2008 年的美国总统大选,就支付给合约持有者 1 美元;如果这事件没出现,就什么也得不到。参与者买这个合约相当于下注在民主党要赢得大选这事件结果上。对应的也有一个关于共和党赢得大选就获得 1 美元的合约。从第 1 章的图 1.13,我们看到这两个合约的价格随时间变化的曲线,看到价格是怎么随着外部事件形成的过程发生变化,影响人们对大选结果的感知。

在一个预测市场,或者任何市场,交易都有两个方面:某人买到的东西,即是另一个人所卖的。这样,在预测市场中的一个交易意味着两个人对事情发生的可能性有不同认识。但注意到,在交易实际发生的价格上,买家和卖家都认为这个交易是称心的。在一定意义上(后面有准确含义),价格隔离了他们的信念:他们的信念在价格的两边,我们可以认为价格是他们信念的一种平均。基于这种认识,人们通常将预测市场的这种价格看成是对应事件发生概率的平均值。于是,如果民主党取胜的合约价格是 60 美分,通常的解释就是"市场"相信民主党赢得大选的概率是 0.6[②]。当然,市场自身不会有什么信念,它只不过是一种制度,是交易在特定规则下发生的场所。因此当我们说市场相信一个未来事件的某种走向,实际上指的是市场价格代表了一种平均的信念。

诸如赛马那种体育事件的博彩市场,也是将各种看法聚合为一个价格的制度。如同预测市场的情形,体育事件的结果独立于参与者下注的行为。当然,某些参与者可能比其他人有比较准确的认识。但是,假定没有欺诈行为,在博彩市场所发生的交易活动不会影响体育事件的结果。

股市的情况与预测市场或在赛马中的下注类似,在那些博彩市场得到的认识可用来理

---

①　www.biz.uiowa.edu/iem/。

②　这里不是严格意义上的概率,只是一种方便的类比。例如,大选总会有一方胜,而且是互斥的,因此概率之和应该为 1,但两个价格之和完全可以不等于 1 美元。——译者注

解股市的运行。在那两种博彩市场和股市中,人们都是在不确定性下作出关于合约、赌注或者股票价值的决定,市场则起到将他们多样性的观念聚合起来的作用。但是,股市和博彩之间有一个重要区别。博彩市场的价格以及谁下了哪些赌注,虽然都是值得关心的,但它们不影响真实资本的分配。另一方面,股市则扮演着分配一个公司股份的角色。股票的市场价格决定了公司的流动资本;它是投资人持有或者买入新股票回报的期望值。一个公司从其股市中收回的金融资本影响它的实际投资决定,从而也就影响股票的未来价值。因此,对一家公司来说,在市场中存在三个相关的方面,即人们对它的总体看法,它的股票价格,以及它的实际价值。但它们之间的联系实际上是相当间接的,因此当我们开始来理解股市价格的时候,可以忽略不计(事实上,大量关于资产定价的学术文献也都忽略这种联系)。

我们将看到,在市场中被交易资产的价格,无论它是股票、民主党取胜回报的合约,还是赛马的赌票,都可以解释为关于某个事件的市场预测。下一节,我们来考察这些市场如何运转,理解不同的情况对它们产生聚合预测效果的影响。

22.2　赛马、博彩和信念

要理解这些市场是怎么回事,我们从在两匹马上投注的简单例子开始[64]。假设有 A、B 两匹马,在它们之间安排一场竞赛,其中总有一个会赢(忽略平手的可能)。一个有 w 美元的赌客应该如何在这两匹马上投注呢?

假设这赌客要将他的钱财全部分配到两匹马的赌注上。令 r 是 0 和 1 之间的一个数,表示他要投到 A 上的份额,那么 $1-r$ 就是投到 B 上的份额。他可以将钱全部投到 A 上($r=1$),也可以都投到 B 上($r=0$),或者分配到两匹马上(选择一个严格在 0~1 之间的数),但不能保留一部分钱不参与下注。后面会看到,在我们的模型中存在一种投注策略,肯定能返回他的财富,因此这种不让有所保留的要求其实不是什么限制。

看起来,赌客在赌注上的选择取决于他关于每匹马取胜可能性的信念。假设这赌客相信 A 赢的概率是 a,于是 B 赢的概率 $b=1-a$。看来,如果 A 取胜的概率增加,则投在 A 上的财富 r 不应该减少。如果 $a=1$,则 r 应该等于 1,因为此时 A 是肯定取胜。但如果两匹马的胜负都不是很肯定的,这赌注该如何下呢? 对这个问题的答案,除了取决于 A 和 B 取胜的概率外,还可能与其他两个因素有关。

首先,赌客在赌注上的选择可能取决于赔付率。如果在 A 上的赔付率是 3 比 1,即在 A 赢的情况下,在 A 上投入 1 块钱将得到 3 块钱的回报,否则就什么也得不到。一般而言,如果在 A 上的赔付率是 o_A,在 B 上的是 o_B,那么如果 A 赢了,在它上面投下的 x 块钱就要得回报 $o_A x$,如果 B 赢了,在它上面投下的 y 块钱就要得回报 $o_B y$。赌客可能认为高赔付率是有吸引力的,从而将大量的钱投到有高赔付的马上,希望赢上一大笔。但如果他这么做了,在低赔付的马上就没什么钱可投了,如果那匹马赢了,他拿回来的也就不多。在这些看法下面,一个赌客该如何评估不同层次的风险,就是我们下面的内容。

1. 风险建模和财富效用的评估

赌客对风险的态度是影响其选择投注的第二个因素。可以设想,一个很担心风险的赌客会追求无论哪匹马取胜,他都不要输得精光,于是他会考虑在两匹马上分别都投下一些。如果赌客不太在乎风险,则可能倾向于在其中一匹马上多投入一些;如果他完全不在乎,则其至可能将所有赌注都放到一匹马上。当我们理解了这种赛马的简单例子,转而研究金融市场投资行为的时候,能看到对风险进行刻画的问题将变得更加重要。对于投资者来说,他们会将其财富在十分多样化的资产上进行投资,其中每一种资产都会有某些风险。很自然地,我们可以假设大多人不会选择有可能导致他们所有积蓄变成零的投资策略。针对赛马例子,将在 A 或 B 上下注看成是包含风险的选项,我们能够将这个问题以数学形式表达出来;但要记住,整个例子只是关于一般具有外生事件市场的一个简化的比喻。

如何建立赌客对风险的态度的模型?我们在第 6 章见过这种问题的一个简单版本,其中,我们关心在随机回报的情形,博弈的参与者如何评估一个策略的回报。答案是,他按照回报的期望值来评估策略,这里我们用同样的想法。我们假设赌客按照赌注回报的期望值来评价一个投注。但这儿需要有些仔细的考量。投注上的回报到底是什么?是输赢的钱数,还是赌客关于这个钱数的感觉?

可以设想,赌客喜欢他能得到很多钱的回报,但他对结果的具体评估取决于他已经拥有的财富①。准确地讲,我们需要定义一种数值方法,使赌客对于结果的评价是其财富量的函数,然后用这个函数值作为赌客的回报。我们用**效用函数**(utility function)$U(\cdot)$来体现这个观念。当赌客拥有财富 w,他对此的评价(感受),即他的回报,等于 $U(w)$。

线性函数 $U(w)=w$,是最简单的效用函数,赌客财富的效用就是他拥有的财富量。我们也可以考虑更一般的线性效用函数,例如 $U(w)=aw+b$,其中 $a>0$。对于这样的函数,赌客从获得 1 美元上得到的效用增加,恰好就等于失去 1 美元后效用的减少。初看起来,不会有什么理由采用其他的效用函数,但事实上线性函数预测的行为与经验证据或常识都不能很好地吻合。

我们可以从赌客会不会接受一种看起来是公平合理的赌局来认识这一点。下面看一种公平赌局的例子,其他例子显示类似的效果。假设赌客当前的全部财富是 w,参与的赌局的特点是得到 w 美元的概率是 $1/2$,失去 w 的概率也是 $1/2$。换句话说,在赌局结束后,他的财富变成 $2w$ 的概率是 $1/2$,变成 0 的概率也是 $1/2$。我们称这是"公平的",因为赌客的财富在赌局结束后的期望值是 $\frac{1}{2}\times(2w)+\frac{1}{2}\times 0=w$。现在,采用线性效用函数的赌客对这种赌局将无所谓接受还是拒绝,因为他接受这个赌局的效用预期是:

$$\frac{1}{2}U(2w)+\frac{1}{2}U(0)=\frac{1}{2}\times(2w)+\frac{1}{2}\times 0=w$$

与他放弃这次赌局的效用预期是一样的。对于任何线性效用函数,都会是同样的结论。但如果我们想象这种情形作为个人在金融市场投资行为的模型,那它相当于说,在这种策略下,一个有 1 百万美元的投资人获得和损失 1 百万美元的概率是相等的,因此他无所谓接受还是拒绝这种策略。这对于投资行为来说不是一个好的策略。人们一般会认为投资人应该是更多地看到这种策略的不利一面,即相对于财富翻倍而言,更看重财富的全部丧失。换言之,上述想法建立起的模型,会让投资人在某种程度上感到是很有风险的,尽管他的财富变化的期望是零。

我们可以通过假设赌客效用的增长率是他财富(w)的减函数来把握这种行为。具有这

种性质的函数很多,例如 $U(w) = w^{1/2}$ 和 $U(w) = ln(w)$,即财富的自然对数。在这样的函数下,效用本身依然是财富的增函数,只是增加的幅度随财富的增加而减小,相当于说,你越是富有,多得 1 块钱对你的吸引力就越小。稍加分析,我们就能看到采用这种效用函数的赌客会拒绝参加前面那种公平的赌局。例如,设 $U(w) = w^{1/2}$,对于前面提出的赌局规则,他将考虑若参加的话,其效用的期望如下:

$$\frac{1}{2}U(2w) + \frac{1}{2}U(0) = \frac{1}{2} \times (2w)^{1/2} + \frac{1}{2} \times 0 = 2^{-1/2} \times w^{1/2}$$

这要少于他当前的效用 $w^{1/2}$,于是他就可能不会下注。也就是说,在这种效用函数下,效用的增长率随财富增加而减少,赌客会拒绝那种"公平赌局"。

我们在后面的分析中将采用具有这种性质的效用函数。不过,要记住的是,不管我们将效用表达为财富的什么函数,我们总是假设赌客是按照效用的期望值来评估他的下注;所不同的,只是效用函数的形状。

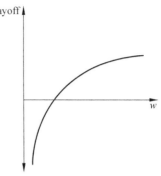

图 22.1 若效用是财富的对数函数,则意味着一个人财富越多,他获得同等财富增量所带来的效用增量越少

2. 对数效用

为了建立赌客行为的简单模型,我们假定赌客的效用是他财富的自然对数,$ln(w)$,其中 $w > 0$ 是他的财富。这个效用函数的形状如图 22.1 所示。如前所述,它随财富增加,但增加的幅度逐渐减小。效用的这种对数形式有一个简单的性质:无论他当前财富是多少,翻番得到的效用增量总是一样的。换句话说,每新增 1 美元的价值随着财富的增加而下降,但财富翻番带来的价值增量总是一样的。这个结论可以从对数函数的基本性质得到,即对于任何 x 和 y:

$$ln(x) - ln(y) = ln(x/y) \tag{22.1}$$

于是,若当前的财富是 w,翻倍后效用的增加即为:

$$ln(2w) - ln(w) = ln(2w/w) = ln(2)$$

其中第一个等号是因为在公式(22.1)中取 $x = 2w$ 和 $y = w$ 的结果[①]。类似的结论,即效用的变化与当前财富无关,对于财富任何倍数的增加或减少都是成立的。

任何具有增长率随自变量的增加而减少性质的函数都可以用于做这种分析,但对数效用函数使得我们的分析特别简练。

3. 优化的策略:根据你的信念下注

给定赔付率和赌客关于 A、B 两匹马分别取胜概率的认识,采用对数效用函数,我们来看赌客的优化策略应该是什么。

如前所述,在 A 和 B 上的赔付率分别记为 o_A 和 o_B。假设赌客在 A 上投放他财富的份额为 r,即下注量是 rw,即若 A 取胜,他将拥有财富 rwo_A。对应地,在 B 上的下注量是 $(1-r)w$,于是若 B 取胜,他将拥有财富 $(1-r)wo_B$。赌客相信 A 取胜的概率为 a,B 取胜的

---

① 第二个等号右边是一个常数,由于 w 是变量,这意味着无论当前财富是多少,翻倍所带来的"感觉"(效用)都是一样的。——译者注

概率为 $b=1-a$。也就是说,在这种策略下,赌客获得效用 $\ln(rwo_A)$ 的概率为 a(对应于 A 取胜),获得效用 $\ln((1-r)wo_B)$ 的概率为 $1-a$(对应于 B 取胜)。加起来,在赌局结束后的期望效用即:

$$a\ln(rwo_A) + (1-a)\ln((1-r)wo_B) \tag{22.2}$$

为了得到这个式子的极大值,我们可利用对数函数的另一个与式(22.1)相关的基本性质,即对于任意 x 和 y:

$$\ln(x) + \ln(y) = \ln(xy) \tag{22.3}$$

这样,我们可以将式(22.2)中对数函数中的乘积项展开,得到如下关于效用期望的一种等价形式:

$$a\ln(r) + (1-a)\ln(1-r) + a\ln(wo_A) + (1-a)\ln(wo_B) \tag{22.4}$$

从中,我们看到一种有意思的情况,第 3 项和第 4 项不包含 r。注意到这个 r 是赌客唯一能控制的量,因此赌客的优化问题实际变成了只要优化前面两项:即他要选择 r,使得下面的式子取最大值:

$$a\ln(r) + (1-a)\ln(1-r) \tag{22.5}$$

这似乎有些违反直觉,即公式(22.5)不包含赔付率 o_A 和 o_B,但它正是我们关于对数效用函数假设的结果,也就是说赌客确定 r 的时候,他不需要考虑赔付率的因素。进一步思考对数效用的实际含义,我们会看到这种结果是有道理的。A 上的赔付率 o_A,可以这么解释,在 A 取胜的情形,赌场先付给你 rw 美元,然后扩大 o_A 倍。但我们刚才说了,在对数效用条件下,财富倍增带来的利益是固定的,独立于你当初有多少。因此,尽管财富最后得到 o_A 倍提升是一个不错的红利,但你对它价值的认定与你当初拥有的钱数无关,于是它不影响你对 r 的选择。

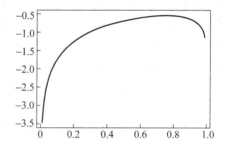

现在我们回到赌客求式(22.5)的极大值问题。作为 r 的函数,它典型的形状如图 22.2 所示,在 0 和 1 附近下降很快,其间有唯一的一个极值。根据微积分的基础知识,我们可以证明它在 $r=a$ 时最大。下面,我们将这个结果当成"黑盒子",不用管它是怎么得到的。不过证明其实不难,即求公式(22.5)相对于 r 的导数得:

图 22.2 $a\ln(r)+b\ln(1-r)$ 作为 r 的函数的曲线,其中 $a=0.75$。当 $r=a$,函数取得极大值

$$\frac{a}{r} - \frac{1-a}{1-r} \tag{22.6}$$

令它为零,得到一个方程,其解在 $r=a$,这就是使函数取极大值的点。

这个结果有一个很好的解释,**赌客按照他的信念下注**。在 A 上投下的财富的份额就是赌客关于 A 取胜的概率的信念。还需注意,这种优化的赌法有一个明显的性质,在 A 上的下注量随着 A 取胜的概率增加,随着这概率接近 1,投下的财富就接近他的全部财富。

我们现在用这个基本结果来看市场中有多个参与者的情形。在整个分析中,我们还是假设所有赌客都采用对数效用函数。如果我们用不同的效用函数,也会得到总体上性质相同的结论,但分析过程会复杂很多,我们在对数效用函数上可利用的某些特别的性质也不成

立了。特别是,若用其他效用函数,赌客的决定不一定独立于赔付率了,这就会使关于赌客行为的推理复杂许多。

22.3　信念聚合与"群众智慧"

当只有一个赌客,我们可通过观察他的优化策略来了解其信念,但只有一个赌客的赛马场称不上对众多看法的聚合。为了理解聚合作用的产生,下面考虑有多个赌客的系统。

设有 N 个赌客,用 $1,2,3,\cdots,N$ 代表,其中赌客 $n,1\leqslant n\leqslant N$,相信 A 取胜的概率为 a_n,那么 B 马取胜的概率就是 $b_n=1-a_n$。其中,赌客们关于参赛马胜负的这些概率可以是不同的,但也不要求一定是不同的[①]。我们会看到,如果赌客们在概率上一致,那么市场给出的赔率恰好准确反映了他们的共同认识。

没理由假设赌客们有同样的财富,因为一旦他们开始下注,就会有赢家和输家,于是他们的财富总会是有区别的。这样,我们不妨从一开始就认为他们有不同的财富。假设赌客 n 的财富为 w_n,记参与博彩的总财富量为 w,我们有:
$$w = w_1 + w_2 + \cdots + w_N$$
还假设每个赌客用同样的效用函数,即 $\ln(w)$,评估其财富对他的价值。

在 22.2 节,我们看到了对 A 取胜具有信念 a_n 的赌客 n 的优化策略是取 $r_n=a_n$,即 n 将投 $a_n w_n$ 给 A,投 $(1-a_n)w_n$ 在 B 上。这样,在 A 上投下的赌注共有:
$$a_1 w_1 + a_2 w_2 + \cdots + a_N w_N$$
对应的在 B 上有:
$$b_1 w_1 + b_2 w_2 + \cdots + b_N w_N$$
由于每个赌客都投入了全部财产,上面两个式子求和即为总财富量 w。

1. 赛马场确定的赔率

现在我们来看赛马场如何确定在 A 和 B 上提供的赔率。这里采用无成本和非盈利假设,即无论哪匹马赢了,马场都要将赌客们投下的所有赌注都付出去。具体来说,就是假设赛马场没有开销,也没有利润,赛马开始前它收到了 w,赛马结束后它要将这个数全部支付出去。

如果 A 赢了,赛马场欠赌客 n 的钱是 $a_n w_n o_A$。对所有赌客的总数就是:
$$a_1 w_1 o_A + a_2 w_2 o_A + \cdots + a_N w_N o_A$$
由于要将赛马前收到的所有赌注全部付出,也就是要有:
$$a_1 w_1 o_A + a_2 w_2 o_A + \cdots + a_N w_N o_A = w \tag{22.7}$$
这就是说,在 A 上均衡的赔率(o_A)可由这个关系确定,解出其倒数,我们得到:
$$\frac{a_1 w_1}{w} + \frac{a_2 w_2}{w} + \cdots + \frac{a_N w_N}{w} = o_A^{-1} \tag{22.8}$$
记 $f_n=w_n/w$,即赌客 n 在总财富中的份额,这个式子则可写成:

---

① 我们将赌客们在这些概率上的不一致看成是外部原因产生的(即不因看到别人的行为而变)。有进一步兴趣的读者还可能问,如果这种不一致是由信息的差别产生的,情况会如何呢?但那情况会很复杂,因为赌客们也需要根据他们所能看到的市场统计,对他人掌握的信息进行推理[345]。

$$a_1 f_1 + a_2 f_2 + \cdots + a_N f_N = o_A^{-1} \tag{22.9}$$

类似地,关于 B 的均衡赔率倒数则是:

$$b_1 f_1 + b_2 f_2 + \cdots + b_N f_N = o_B^{-1} \tag{22.10}$$

对这种赔付率的倒数有一个不错的解释,即如果在 A 上的赔率是 4(即 4 比 1,对 1 美元赌注支付 4 美元),那么为了在 A 取胜的结果上得到 1 美元的回报,赌客需要在 A 上投注 1/4 美元。这就是 A 的赔率的倒数,即在 A 上投注 o_A^{-1},若 A 赢了,则会得到 1 美元的回报。这样,在 A 上赔率的倒数可以看成是为了在 A 取胜时得到 1 美元需要支付的价格;类似地,在 B 上赔率的倒数可以看成是为了在 B 取胜时得到 1 美元需要支付的价格。

2. 状态价格

我们记这种 A 取胜事件发生时得到"1 美元的价格"为 $\rho_A = o_A^{-1}$,对于 B 取胜则是 $\rho_B = o_B^{-1}$。由于它们是某种未来状态事件发生时获得 1 美元的价格,这种价格通常称为**状态价格**(state prices)[24]。

均衡赔率还有一个重要的性质。我们问,一个赌客如果希望保证收回 1 美元,他需要付出多少? 为此,他需要考虑在 A 和 B 上分别投入足够的钱,以至于无论哪匹马取胜,他都能收回 1 美元。如前所述,这个足够的钱数就是 o_A^{-1} 和 o_B^{-1}。于是,为了保证无论赛马结果如何都能得到 1 美元,赌客需要付 $o_A^{-1} + o_B^{-1}$。下面,我们利用前面得到的均衡赔率公式来看看这是多少钱:

$$
\begin{aligned}
o_A^{-1} + o_B^{-1} &= (a_1 f_1 + a_2 f_2 + \cdots + a_N f_N) + (b_1 f_1 + b_2 f_2 + \cdots + b_N f_N) \\
&= (a_1 + b_1) f_1 + \cdots + (a_N + b_N) f_N \\
&= (1 \times f_1) + \cdots + (1 \times f_N) \\
&= 1
\end{aligned}
$$

这个计算说明存在一个将赛前 1 美元变成赛后 1 美元的策略,也就是前面说过的,我们假设赌客要将他所有财产下注并不失一般性的道理。按照这种赔率倒数,他们可以用财产的任何部分参赌而不会有风险。这个计算也告诉我们赔率倒数或状态价格的一个很有用的性质,即它们之和为 1。

在做了这些计算后,现在我们可以来解释状态价格了。首先,注意到若每个赌客都相信 A 取胜的概率是 a,则 $\rho_A = a$。也就是说,赌客在这个概率上是一致的,市场也准确地反映了他们的信念,即状态价格等于这个共同的信念。其次,因为财富的份额之和为 1,于是状态价格是赌客信念的**加权平均**(weighted average)。赌客 n 的权重即他在总财富中的份额 f_n。特别地,如果一个赌客没财富,那么他的权重为零,于是这状态价格不受他的信念的影响。另一方面,如果一个赌客控制所有财富,那么状态价格就是他的概率。更一般地讲,一个赌客的信念对于状态价格的影响的程度取决于他对总体财富控制的多少。

这样,将状态价格看成是市场对人们信念的平均,是有道理的;更常用的说法是状态价格可被解释为市场的信念(market's beliefs)。对我们的赛马市场(具有对数效用函数)而言,这个市场概率就是投资者信念的加权平均,每个投资人的权重由他在总财富中的份额决定①。

---

① 对数效用函数的假设是得到这种关系的精确表示形式的前题。若是其他效用函数,状态价格也取决于各人对于风险的态度。

3. 与"群众智慧"的关系

这种分析,与 James Surowiecki 最近出版的《群众智慧》(*The Wisdom of Crowds*)[383] 中提出并变得很流行的机制有没什么关系?那里的基本论点是,从市场长期的历史看来,尽管每个人掌握的信息都有限,但许多人的聚合行为,可以产生十分准确的信念。

我们在状态价格上的结论可以解释这种机制的某些技术基础。特别是,我们发现在赛马场上,群众决定了赔率或状态价格,即赔率是群众信念的一种平均。如果群众中对于 A 取胜概率的信念独立来自一个分布,均值等于 A 取胜的真实概率,并且如果财富的份额是相等的,那么状态价格随群众规模的扩大就收敛到真实概率。这种情形的发生是因为状态价格实际上是群众的平均信念,且随着群众规模的扩大,这个平均值收敛到真实的概率①。

但是,这些认识中有两个重要的前提条件对于理解群众智慧的局限性很重要。首先,每个人的信念要是独立的。我们在第 16 章研究过由于信念的不独立带来的一些微妙的问题,这种不独立性使得对群众行为的推理比较困难,即使有很多人参与,对其聚合行为的预测也会很差。其次,所有信念是同等加权的。如果某些赌客的财富要比其他人多,状态价格在他们的信念上的权重就要比财富少的高。这种情况到底是提高还是降低状态价格的准确性,取决于那些比较富有的赌客的信念是否要比那些比较穷的赌客准确。但人们可能会想,随着时间的进展,那些有比较准确信念的赌客会变得富有起来,因为他们能够比那些信念不准确的更好地进行投注。如果这样,比较准确的信念就会在状态价格上有较高的权重,从而市场价格变成一种越来越好的预测器。在 22.10 节,我们详细考察这种想法。

由于赌客可以观察赛马的情况,不断了解每匹马取胜的可能性,因此考虑状态价格随时间变化的情况也会很有意思。例如,我们假设 A 和 B 每周比赛一次,每次的结果是独立的。如果 A 取胜的真实概率是 a,那么 A 赢的百分比就会收敛到 a。一个赌客,如果最初预计的 A 取胜概率不是 a,但随着一次次赛马的进行,他应该根据经验来修改他的信念。在第 16 章研究贝叶斯学习中,我们说,随着时间进展,独立事件的观察者运用贝叶斯规则会学到真实的概率。(在 22.10 节,我们还会再回顾这个结果,并有所扩充。)这样,随着时间进展,每个赌客关于 A 取胜的信念将会收敛到 a;类似地,每个赌客关于 B 取胜的信念将会收敛到 b。状态价格是这些信念的加权平均,因此也会收敛到 a 和 b。

22.4　预测市场和股票市场

到目前为止,我们一直在说赛马的事情。但其中的精神在一类市场都有相似的体现。这类市场的特点是参与者所购买财产的未来价值取决于某些非确定性事件的结果。两个具体的例子是预测市场和迄今为止这些概念最自然应用的产物——股票市场。在这两种情形,我们都会看到状态价格在推理市场活动中起到的关键性作用。

1. 预测市场

在预测市场中,人们相当于是购买一个断言,如果某个事件发生,则会获得 1 美元回报。

---

① 在这个讨论中,我们假定赌客的信念是固定且外生的。若不然,赌客们会由于掌握不同的信息而有不同的信念,那么他们会从价格中学习。在群众的信念是独立同分布,且均值等于真实概率情况下,市场价格揭示平均信念,所有赌客会用它来更新他们各自的信念。

例如，在本章开始时我们讨论过的，参与者可以先花钱买进"民主党赢得下届美国总统大选"这个断言，如果事件真的发生，则可以去兑现 1 美元回报。这种预测市场机制的结构不同于赛马的博彩市场。在预测市场，人们通过市场相互进行交易，而在赛马场，人们直接投注给参赛马。尽管如此，价格在两种市场上起着同样的作用。在一匹马上赔率的倒数就是为了在该马赢得比赛后得到 1 美元的代价。类似地，预测市场上一个合同的价格就是当合同中说的事件（特定的大选结果）发生时得到 1 美元回报的价格。在两种情形，价格都反映了市场参与者的平均信念。

这里，我们忽略预测市场中的各种制度性结构，只是看看通过应用我们在赛马上有关状态价格的分析，能得到哪些结果。例如，考虑 2008 年美国总统大选的预测市场，有两种可能的结果：民主党赢或者共和党赢。（同样的分析也可以用于多种可能结果的情形，例如在 2008 年大选前期，预测民主党和共和党参选总统提名人。）

用 f_n 表示在预测市场总财富中参与者 n 投下的份额，a_n 和 b_n 分别表示参与者 n 认定的民主党和共和党赢得大选的概率。那么，如同赛马的情形，民主党取胜合同的市场价格 ρ^D 就会是在投资人的民主党取胜概率上按照财富份额大小的加权平均，即：

$$\rho^D = a_1 f_1 + a_2 f_2 + \cdots + a_N f_N \tag{22.11}$$

类似地，共和党取胜合同的市场价格就是在投资人的共和党取胜概率上按照财富份额大小的加权平均。在这个讨论中，我们看到的是预测市场中在一个时间点上的情况，可以认为是事件即将发生之前那个时间。我们也可以考察市场在时间区间上的动态行为，其中信念和财富的份额都可以变化；这种动态性问题是本章最后 22.10 节所讨论的内容。

这种合同的价格是不是一种好的大选结果预测器呢？价格是市场中投资人信念的加权平均，但如我们在赛马中所看到的，我们很难讲作为预测器来说是好还是差。这取决于信念在投资人中间的扩散，也取决于财富在投资人中的分布。讨论这个问题的一种经验方式是看由预测市场给出的预测与实际事件发生情况的关系。Berg、Nelson 和 Rietz 写过一篇有趣的文章[51]，指出在 1988—2004 年间，爱荷华电子市场所做的关于美国总统选举的预测，要大大好于主流民调的平均值。

2. 股票市场

股票市场也是给人们提供在未来状态上下注的机会，但投注的情况会复杂一些；因为，当特定状态的事件发生时，股票不是恰好返回 1 美元。某公司的一个股份所对应的金额随着许多可能状况的出现而变化。这些状况可能是"公司当前在研发上的投资获得成功"，"一个有力的新竞争者进入了市场"，"市场对公司产品的需求超过预期"，或者"工人罢工了"。这每个状况都会对公司股票的未来价值有影响，因此可以合理的假设股票针对不同的状况给出的是不同的价值量。这样，与赛马相比，在一支股票上投注，针对的是多个状况，就好像是有多匹马参加比赛，并且持股人能获得的回报，不是由公开的赔率给定的，而是由在每个状况上的股值确定①。

如果我们知道在这些状态上 1 美元的价格（即状态价格），以及在每个状态上的股值，我们就可以知道投资人在每个状态上愿意付多少钱来买这支股票，它将是在该状态的股值乘

---

① 这里，正如赛马的情形，我们认为每个事件对股值的影响是外生的。这是一个重要的简化，在实际情况，对应于每个事件的股值是内生的，由该状态所导致的市场平衡确定。

以该状态上 1 美元的价格。这支股票的价格就会是包括所有状态的分项之和。只要参与交易的股票足够丰富,就有可能根据股票价格确定出状态价格,反过来也就可以从状态价格确定股票价格。下面,通过一个简单例子来体会这是怎么关联起来的。

3. 股市中的状态价格

一般来说,从股票价格确定状态价格,或者反过来从状态价格确定股票价格,明确何时股票的种类"足够丰富"以至于我们能够来做这种计算,是相当复杂的。下面我们只是给出一个传达其中心思想的例子。

假设我们有两家公司,称为 1 和 2,它们的股票在市场中交易。有两个可能的状态,称为 s_1 和 s_2。为了具体化些,我们想象状态 s_1 的含义是"公司 1 办得好",s_2 是"公司 2 办得好"。假设公司 1 的股票在状态 s_1 上的价值是 1 美元,在 s_2 上为零,公司 2 的股票在 s_2 上的价值是 1 美元,在 s_1 上为零。那么,这样的股票就等同于在预测市场交易的合同,因此,如同我们在预测市场看到的,它们的价格就是状态在市场上出现的概率。

现在我们更加实际些,假设每支股票在每个状态上都有点价值。假设公司 1 的股票在状态 s_1 上的价值是 2 美元,在 s_2 上为 1 美元,公司 2 的股票在 s_1 上的价值是 1 美元,在 s_2 上为 2 美元。如果我们知道状态价格,就可以确定每支股票的价格。让我们称公司 1 的股票价格 v_1,公司 2 的为 v_2,用 ρ_1 和 ρ_2 分别代表在 s_1 和 s_2 上的状态价格。公司 1 的股价此时就是该公司未来的价值,$2\rho_1 + 1\rho_2$。直觉上,这是因为我们可以将公司 1 的股价看成是"打包的"结果,包含在状态 1 上的 2 美元,在状态 2 上的 1 美元;这个包的价格恰好是它含有成分的价格,如果单独卖,那就是在状态 1 上的 2 美元的合同(价格是 $2\rho_1$),加上在状态 2 上的 1 美元合同(价格是 ρ_2)。(当然,这些基于状态的合同本身不会分开出售。这里的要点是,它们是隐含地"打包"在股票的价格中。)类似地,公司 2 股票的价格是 $1\rho_1 + 2\rho_2$。

反过来讲,如果我们知道每股的价格(v_1 和 v_2),我们就可以通过求解下面的方程组确定状态价格(ρ_1 和 ρ_2)。

$$v_1 = 2\rho_1 + 1\rho_2$$
$$v_2 = 1\rho_1 + 2\rho_2$$

即,

$$\rho_1 = \frac{2v_1 - v_2}{3}$$

$$\rho_2 = \frac{2v_2 - v_1}{3}$$

脑子里有了这些例子,我们就可以来看什么叫"一个足够丰富的股票集合"。本质上,我们需要若干支股票,当以状态价格的形式写下它们的股价后,能得到一个类似于上述的方程组,从中可以解出唯一的一组状态价格。如果我们能这样做,股价就决定了状态价格,投资人就能够通过股票交易,以他们想要的方式在状态之间转移财富。的确,在这种情况下,我们本质上就可以想象有那么一个巨大的预测市场,每个状态对应有一个合同,就可以发现均衡的状态价格,进而根据状态价格确定股价。

分析到这里,我们的结论是,股票市场、预测市场,以及博彩市场本质上都是一样的。它们都是给予人们下注的机会,它们都产生可以解释成关于未来状态似然的聚合预测价格。这种观点也给予我们一些关于什么引起价格变化的直觉:即财富的分布变化(且人们的信念不同),或者如果人们关于状态概率的信念变化,价格都会变化。如果人们突然相信(无论什么原因),高回报状态不太可能,那么价格就要往下掉。反过来,如果人们变得更乐观了,价格就会涨起来。当然,这让我们要问为什么人们的信念会改变。一个可能性是,他们在不自觉中采用贝叶斯规则,学习着状态的似然①。如果他们的观察使他们预测了不怎么乐观的概率,价格就会下降。如果他们所处的环境会产生信息连锁反应,就像我们在第16章所看到的,即使很小的事件也会引起预测有很大的变化。

22.5　内生事件的市场

正如我们在本章开始时提到的,有时候人们关心的事件是内生的,也就是说,它们是否成真取决于关心它们的人们的聚合行为。以我们讨论过的网络效应为例,如果没人相信其他人会加入某个社交网站,那么也就没人相信从加入该网站能得到正面的回报;结果就是,没有人加入,从而加入的回报就真的很低。反过来,如果许多人都相信会有很多人加入这社交网站,那么他们就会相信能得到很大回报;结果就有许多人加入,从而回报真的就很高。

这儿有一个不同的例子,涉及一个有买家和卖家的市场。假设人们认为拿出来卖的二手车质量都低。那么就没人会出高价来买二手车。结果就是,没人会出售质量好的二手车(因为市场价格会低于其价值),这样,在市场上就真的只有低质量的二手车了。另一方面,如果人们相信二手车也有不错质量的,那么他们可能就会愿意付出足够高的价格,使得有高低质量二手车的卖家都可能将车拿到市场上来。

这两个故事中的一个重要共性是"自我实现的期望"的概念,特别是,多个不同的自我实现期望均衡的出现。这概念是第17章讨论网络效应的中心,我们在二手车市场又看到了。针对一组期望,这个世界能以某种方式使它们都得以实现。如果是另一组不同的期望,这世界同样能使它们都得以实现,但是以不同的方式。

不对称信息

然而,这两个故事有一个重要的区别。在社交网站情形,我们可以合理地假设,大多数人对于加入该网站能得到的好处都有相似的信息。这种信息可能准确,也可能不准,但没有理由假设其中一大群人在本质上比另一大群人有更好的信息。但在二手车市场的情况不同,每辆二手车的卖家多少是了解他的车的质量的,但潜在的买家则不知道。这就是二手车市场运作的一个内在特征,**信息的不对称**(asymmetric information)。

在第17章,我们研究了在没有信息不对称情形下自我实现期望的均衡问题。在本章剩下的部分,我们将信息的不对称性放到其中来看看,会发现它实际上是一种基本的成分,表现为对内生事件的信念能在市场中张显它们自己。这有一个基本的原因,即在许多买卖双方互动的情形,市场的一方对交易的货物或服务要比另一方有更好的信息。在二手车市场,卖方要比买方对出售的车有更多了解。在诸如 eBay 那样的电子市场,卖家经常也是比买家更多地了解他们要出售的东西。而在另外一些情形,例如医疗保险市场,保险的买方要比卖方更知道所要购买的商品(医疗保险)的价值,因为买家要比提供保险的公司更了解他

---

① 在本章最后的 22.10 节,我们将详细探讨这个内容。

或她存在的健康风险。在股票市场,交易的每一方都可能掌握一些对方不了解的关于股票未来价值的信息(我们在前面股票市场的讨论中忽略了这个特征)。在所有这些情况下,信息不充分的一方需要形成对交易商品价值的期望,而这种期望的形成应该考虑到有充分信息一方的行为。

22.6　柠檬市场

在本章开始的时候,我们先是讨论了与赛马相关的简单情况,然后说明从中得到的原理如何推广到诸如股票市场那种更大、更复杂的系统。下面在考虑信息不对称时将遵循类似的策略,即先看看一种简单的、理想化的例子,然后说明在其中发展出来的原理怎么应用到一些更复杂和基本的市场。

先看二手车市场的问题。我们采用经济学家乔治・阿克罗夫的做法,他发表的关于信息不对称性的奠基性文章[9]使他分享了 2001 年的诺贝尔经济学奖。他在论文中的例子就是二手车市场,或者像他说的,"柠檬市场"(特别差的二手车称为柠檬)。这些说法背后的思想并不新,也许就像贸易本身那样古老,但阿克罗夫是第一个清楚地阐述了背后的原理,以及它们对市场运行的含义,包括在某些情形市场是怎么失效的。一旦我们对二手车例子建立起了基本概念,就可以讨论怎么将这些思想用于其他市场。

假设有两种类型的二手车:**好车与破车**(good cars and bad cars)。每个卖家了解他或她的车的质量,买家不清楚任何车的质量,但买家清楚卖家是知道的。市场的参与者,买家与卖家,对二手车有不同的估值。为了分析简单,假设如下特定的估值。

- 卖家对好车估值10,破车估值4(可以想象这数字是千美元的倍数之类)。这种价值可以解释为卖家对他们车的底线价格。即,一个有好二手车的卖家会在不低于 10 的价格上将车卖掉,低了则不卖。类似地,一个有破二手车的卖家会在不低于 4 的价格上将车卖掉,低了也不卖。
- 买家对好车估值12,破车估值6。这种价值可以解释为买家的价格底线。也就是说,如果知道是一辆好二手车,他会愿意付不高于12的价格;如果是破二手车,则愿意付不高于 6 的价钱。

注意:我们这里假设了,无论何种车,所有买家认定的是同样的价值,并且这个价值要高于所有卖家认定的。这种简化对我们的分析不完全必要,但会使我们市场失效的例子更加突出。

假设二手车中好车率是 g,那么破车就是 $1-g$。我们也假设每个人都知道 g。最后,我们还假设买家要比二手车多(也就是比卖家多,因为每个卖家有一辆车)。

1. 信息对称的市场

作为最初的基础,我们考虑每个人都知道每辆车的好坏的简单情形。此时,由于买家多于卖家,每辆车都会卖出去了。

在这种假设下市场是如何起作用的? 我们会期望观察到不同的价格。好车的价格会在 10 和 12 之间,因为在这之间好车才能卖出去。类似地,破车的价格会在 4 和 6 之间。由于买家要比卖家多,有些买家会买不到车,于是我们可以预期每辆车的价格会叫到对应范围的上限。即,好车的价格将是 12,破车则是 6。

2. 信息不对称的市场

如果买家预先不知道他要买的车的类型,情况会如何? 由于买家分不清楚是什么车,那么对一辆二手车来说就只会有一个价格,所有的车都会在那个价格上交易。进而,由于买家不了解她所买的车的质量,她得到的车的质量是随机的,具体随市场上两种车的数量情况而变。对这种结果的随机性,需要考虑买家如何评估风险,如同我们考虑赌客在赛马上那样。为了保持当前这种情况下分析的简单,假设买家不在乎风险,他们只是简单评估要买的车的期望价值。像在本章前面那样,我们也可以引入效用函数的概念,来体现买家关心风险的情况,但在现在的情况下,那会将模型弄得很复杂,却不会显著改变我们的定性的结论。

现在来考虑在买家不可辨别二手车类型的情况下的市场。首先,设在所有供出售的二手车中,好车的份额是 h。这个 h 可能就是 g,即所有二手车中好车的份额,但也可能不是,因为好车的卖家们不一定都要将他们的车投放到市场上来。给定这个 h,买家认定的二手车的价值(期望)就是:

$$12h + 6(1-h) = 6 + 6h \tag{22.12}$$

这样,买家若要知道他们该付多少钱,他们需要对 h 有一个预测。

这就使我们进入了自我实现期望的平衡,类似于在第 17 章中讨论网络效应那样(但这里多了个信息不对称问题)。我们需要找到买家们共享的一个自我实现的期望 h,即如果每个买家预期市场上的车有 h 份额是好车,那么市场上真的就有 h 份额的车是好车。

3. 自我实现期望均衡的刻画

达到均衡的一种可能是 $h=g$。如果所有卖家都拿出他们的车出售,这就会是一个正确的预测。若这种情况发生,就可以用 g 来替换等式(22.12)中的 h,于是看到买家愿意付 $6+6g$ 来买一辆车。用 p^* 表示这个价格。如果 $h=g$ 这个预计是正确的话,那就一定是好车和破车的卖家都要在 p^* 这个价格上出售他们的车。若:

$$p^* = 6 + 6g \geqslant 10$$

或者 $g \geqslant 2/3$,好车的卖家就会卖他的车。显然,若好车主愿意在 p^* 这个价格上卖掉他的车,破车主也会很高兴如此卖掉。这样,当 $g \geqslant 2/3$,就有一个自我实现预期的均衡,所有的车都会拿出来卖掉。

现在考虑 $g < 2/3$ 的情况。也会在 $h=g$ 上有一个自我实现预期的均衡,即所有车都拿出来卖掉吗? 当 $g < 2/3$,我们可以做如下分析,若买家相信所有车都会拿出来卖,他们愿意付的价钱按照等式(22.12)就是:

$$p^* = 6 + 6g < 10$$

但是,好车的主人不会愿意以低于 10 的价格卖掉他的车,这样,当 $g < 2/3$,他们就不会把车拿到市场上来,这就意味着好车在市场上的份额 h 不等于 g。于是在这种情形就不会有自我实现预期均衡 $h=g$。

然而,对任何 g 值,总会有一个自我实现预期均衡的情形,即 $h=0$。也就是说,市场上只有破车出售。为什么呢? 注意到如果买家预期市场上只有破车,那么他们就愿意付 6 来买一辆。在这个价格上,破车的卖家是会愿意出售的,但好车主不会愿意,于是市场上就只有破车,也就自我实现了一个均衡,$h=0$。

总而言之,$g = 2/3$ 是这个例子的一个关键点。如果 $g \geqslant 2/3$,会有两个可能的自我实现预期均衡。一是所有车都卖掉了,另一个是只卖出了破车。另一方面,如果 $g < 2/3$,那就只

有一个均衡,只有破车卖掉了。在后者情形,大量破车与买家分辨不了车的好歹的事实相结合,就将好车都赶出了市场。

4. 彻底的市场失效

我们这个二手车例子解释了信息不对称性在市场中产生作用的基本概念,但还没有全面把握市场失效的可能范围,或者说这效应到底可能有多糟糕。为探讨这一点,让我们考虑一个例子,其中有三种车:好车、破车和柠檬(lemons)。好车和破车还是起和在前面例子中一样的作用,柠檬则是对买卖双方都完全没有价值:在只有柠檬出售的市场,实际上是一个完全无用的市场,因为它只提供交易价值为零的机会。

我们对于这个有三种二手车的例子做如下假设:

- 三分之一是好车,三分之一是破车,三分之一是柠檬。
- 卖家对好车估值 10,破车估值 4,柠檬 0。
- 买家对好车估值 12,破车估值 6,柠檬 0。
- 买家要比二手车多。

由于买家比车多,并且买家对车的价值的认识不比卖家低,因此如果有完整的信息,我们可以预计所有好车和破车分别都会在价格 12 和 6 上卖出去。柠檬是否能卖出去,取决于买卖双方无所谓的态度,因为它们对双方的价值都是 0。

但在信息不对称情况下,我们需要考虑可能的自我实现预期的均衡问题。均衡有三种可能:(a)所有车都拿出来卖;(b)只有破车和柠檬拿出来卖;(c)只有柠檬拿出来卖。注意,由于可能性(c)的市场上所有东西的价值都为零,它代表着市场彻底失效。我们来一个个考虑这些情况,看看哪些实际是可能的。

(a) 首先,假设买家预期所有的车都会出现在市场上。那么一辆车对他们的价值就是:

$$\frac{12+6+0}{3} = 6$$

这要低于卖家对好车价值的看法,因此他们不会将好车放到市场来,这意味着这种预期不会出现,因此就不是一个均衡。

(b) 再者,假设买家预期破车和柠檬会出现在市场上。那么买家对市场上一辆车的价值预期就是:

$$\frac{6+0}{2} = 3$$

但这要低于卖家对破车价值的看法,因此他们不会将它们放到市场来,这同样意味着这种预期不会出现,因此也就不是一个均衡。

(c) 最后,如同我们在两种类型车的例子中所看到的,若买家预期只有柠檬出现在市场上,肯定就是一个均衡了。在这种情形,他们预期车的价值为 0,如果这也就是他们愿意支付的话,市场上就都是柠檬了。

注意这市场是怎么被一连串反作用破坏的:因为有一些破车和柠檬,好车在市场上没法生存,即使没有好车,因为有一些柠檬,破车在市场上没法生存。不难在有更多种档次的车的情况下也看到这个效果,按照阿克罗夫的话说,"……差的驱逐了不那么差的,不那么差的驱逐了中等的,中等的驱逐了不那么好的,不那么好的驱逐了好的……有可能出现这样一系列事件,使市场荡然无存。"[9]

5．总结：柠檬市场的要素

在下一节,我们将从二手车市场得到的认识应用到更大、更基本的市场。为此,有必要回顾一下当前例子导致市场失效的关键特征:

(1) 能拿到市场上出售的物品有不同的质量。

(2) 对给定档次的质量,买家对其价值的评估不低于卖家的评估,这样,如果有完整信息,市场就会成功,所有物品都会卖掉,不同质量的物品卖出不同的价格。

(3) 存在关于物品质量的信息不对称性,只有交易的一方能可靠地确定交易对象的质量。(在二手车例子,卖家了解他要卖的车的质量。下一节,我们会看到另一个基本的市场,其中买家相对于卖家要更有优势。)

(4) 由于特征(3),所有物品只能以同样的价格出售,卖家将他们的物品拿出来卖的前提是他们对该物品的估值不高于这个统一的价格。

上述要素的存在不一定导致市场失效。它取决于是否存在一个均衡态,其中买家预期的质量的平均(也就对应他们愿意付的价格)能够使卖家将他们的物品拿到市场上来。当低质物品占较大份额,或者买卖双方对价值的估计相差较小时,市场更容易失效。

在讨论中,我们隐含地将这种市场的结果与完整信息市场的结果进行了比较。但只有卖方知道他的车的价值,因此任何配置过程(不仅仅是市场),都要面对这个问题。至少要隐含地奖励那些透露信息的卖方,这种奖励相当于是一种沟通,起到说服卖方参与市场,买方调整愿意支付的价格的作用。精确地确定各种安排的可能性是很复杂的事情,而且像完整信息那样的优化结果不是总可以达到的。

22.7　其他市场中的非对称信息

柠檬市场背后的这些概念,对社会中一些最重要的市场其实具有基础性意义。一旦你开始考虑这样的市场,即交易的一方知道一些另一方关心(但不知道)的事情,你就会认识到我们讨论的现象完全不是例外,而是常常可见的。

1．劳务市场

这些概念能够很自然地应用到劳务市场,其中找工作的人相当于卖方,找雇员的公司相当于买方,即,我们把形成雇佣的过程看成是一个市场,其中人们将他们的技能卖给雇主,以换得工资作为回报。下面针对劳务市场,我们重新考虑上一节柠檬市场的基本假设(1)～(4)。

(1) 工人有不同的才能;有些人生产能力很强,有些人生产能力较弱,这影响他们能为雇主公司产生的价值。

(2) 很自然地,我们可以考虑多种不同的工作,对应着不同级别的工资;公司愿意雇佣一个人的前提是它能确定哪种工作和工资级别对他是合适的。

(3) 存在着信息的不对称性:与可能的雇主相比,一个人通常更了解自己的工作能力。

(4) 如果我们采用假设(3)的一个加强(但可能)的版本,雇主不能可靠地确定他们拟雇佣的人的能力,那么他们不可能只雇到了高生产能力的工人,从而工资也就不能和雇员的能力挂钩。这样,开出来的会是一个统一的工资,于是只有那些相信这工资不低于其技能价值的人会接受提供的工作。

在这个分析中我们假设,尽管工人们具有不同的生产力,每个人的生产力是一个固定的量,不受他选择所做的工作的影响。有可能,工人的生产力受他们实际投入的努力的影响,但我们现在忽略这个问题。这样,关键点是(4),与二手车市场一样,可以看成是一个**不利选择**(adverse selection)问题。公司不可能从一个只有高生产率的工人人群中进行挑选;如果它要雇佣工人,唯一能肯定的事情是它会雇佣一些低生产率的人。

用一个例子将劳务市场信息不对称的后果演绎一遍是有用的,这个例子和二手车例子十分相似。假设一个公司要从一个很大的潜在雇员池中雇佣工人。还假设工人有两种类型,高生产率和低生产率,并且他们的人数是一半对一半。雇佣一个高生产率的工人,每年能为公司产生 \$80 000 收入,低生产率的则可以产生 \$40 000。

每个工人知道他自己的类型。而且我们还假设,每个工人可能选择不去为公司工作,而是自己单干。高生产率的工人单干也会得到较高的收入:假设高生产率的工人单干每年可挣 \$55 000,低生产率的单干每年可挣 \$25 000。因此,如果公司能准确了解每个申请工作的人的类型,情况是很清楚的:它对高生产率的人提供的年薪要在 \$55 000 和 \$80 000 之间,它对低生产率的人提供的年薪要在 \$25 000 和 \$40 000 之间,工作都会被接受,工人和公司都会从这个结果中获益。

对公司不幸的是,它不能可靠地确定每个工人的类型。于是公司只能提供一个统一的工资 w,聘用那些愿意接受 w 作为工资的工人。公司愿意给出工资 w 的前提是所聘用的工人为公司带来的平均收入不低于 w。

2. 劳务市场中的均衡

在我们的例子中,应该提供什么样的工资,什么样的工人会愿意为公司工作? 这里的分析与二手车的情形十分相似。我们首先来寻找一个自我实现预期的均衡。如果公司预期所有的工人都会出现在就业市场上,那么由于两类工人的数量是一样的,平均每人产生的收入就是:

$$\frac{80\,000 + 40\,000}{2} = 60\,000$$

于是就可以按照每年 \$60 000 提供一个统一的工资。在这个工资上,两类工人都会愿意为公司工作,因此公司的预期就被现实确认了,就达到了一个均衡,每个工人都被雇用。

与二手车例子类比,这里还有一个不是社会所期望的均衡,即如果公司预期只有低效率的工人出现在就业市场上,它就会按照每年 \$40 000 开出工资。这样,只有低效率的工人愿意接受工作,于是公司的预期再次被证实。因此,这里存在两个可能的均衡,一高一低,对应申请人中不同的工人配比。从本质上讲,公司对于它的职位申请者的质量的先验置信度得到了自我实现。

如果我们改变高效和低效工人的比例,情况会不同。设只有 1/4 高效工人,3/4 低效。也存在只有低效工人被雇佣了的均衡,但是否也存在所有工人都被雇佣的均衡呢? 如果公司期望所有工人都在市场上,那么它对平均每人带来的收入估计为:

$$\frac{1}{4} \times 80\,000 + \frac{3}{4} \times 40\,000 = 50\,000$$

这就是它提供的最高工资。但在这个工资上,高效率工人不会接受工作,从而事实上不是所有工人都会在市场上。换言之,高效率工人申请公司工作的均衡不存在,这就像好的二手车被破车逐出了市场一样,高效率的工人被太多的低效率工人"赶出了"市场。

3. 保险市场

我们可以用类似的方式分析许多市场。例如,非对称信息在健康保险市场有重要的作用。保险公司通常没有投保人了解他们自己的健康状况。对于一个人群来说,保险公司通常能很好地预测为他们提供健康保险的平均代价,但难以预测对任何特定人士提供保险的代价。它们一般是基于医疗史将人们分成不同的风险类别,但在任何一类中,每个人还是比保险公司更清楚自己过去以及将来可能发生的情况。

因此,我们有了柠檬市场的所有成分:对一种给定风险类别中的不同人提供保险的代价会不同,但保险公司不可能可靠地做这种细粒度的区分。我们还应该看到在健康保险情形的一个有趣的转变:是健康保险的购买者,而不是卖方,拥有更多的信息。但结果是一样的。对于任何风险类别,保险公司基本上需要收取一个统一的价格,要足以支付提供该群体的平均医疗费用。这意味着,在该群体中很健康的人所付的保费要高于他们医疗费的期望值,于是他们可能不愿意购买保险。然后,因为这些相对健康的人不参加保险,剩下的人的总体平均健康状态就变得较低,保险公司将需要向这个不太健康的人群收取较高的保费。现在,在那些剩下的人中相对健康的人也可能会认为保费太贵,因而他们也可能选择不买保险,于是人群的平均健康水平进一步下降。类似于在二手车市场的情形,健康保险市场能够如此拆分下去,直到没有人愿意买保险。当然,这是否确实发生取决于实际的数字:提供保险的成本是多少,有多少人更看重保险的价值(而不是其他什么措施)。但正如前面的例子,这里我们看到,当信息失衡时,社会不希望发生的结果有可能在市场上出现。

如同在二手车或就业的情况,我们讨论的健康保险市场上的信息不对称导致一种有害的选择。保险公司不能只选择一个由健康人组成的人群;相反,如果有人买保险的话,唯一可以肯定的是其中肯定有些不太健康。在医疗保险市场,还有另一种类型(我们一直忽略)的信息不对称。如前面的例子中,我们认为每个人的健康状况是固定不变的,因此他或她需要为保险支付的代价也不变。但人们可以采取行动来影响他们的健康。如果保险公司不可观察到这些行动,于是就有一个信息不对称的新来源,因为每个人都比保险公司更知道他未来的行为。一旦个人购买了医疗保险,他采取(昂贵的)行动来保持他健康的动机就减少了,因为他已不再承担健康状况不佳的全部费用。这引入了一个称为**道德风险**(moral hazard)的效果:当你不需要承担你不良行为的全部潜在代价时,你回避那些行为的动力就会减少。

4. 交易和股票市场中的信息不对称

从本章学到的基本观念的角度进一步想想这几个例子是有用的:在任何交易中,每个交易者应该问为什么对方想做这笔买卖。正如我们在本章开始时提到的,如果一个交易者在买,那么另外的交易者就是在卖,反之亦然。因此,这两个交易者的行动,正好彼此相反。理解另一个交易者行为背后的动机,对理解这笔买卖是否该做可能是至关重要的。例如,在二手车市场,买方应该问为什么那个卖家想卖。卖方也是一样,当他们处在潜在不利的信息地位时(例如,销售健康保险的公司不能确定到底为什么一个人正寻求购买它们的保险),也可问类似的问题。

所有这些问题在本章前面讨论的另一个市场都扮演了重要角色,那就是金融资本市场,如股票或债券。这里,同样是每一个买方对应有个卖家,每个人都应该对对方的动机感到好奇。一个人要卖股票,可能是希望调整他的投资组合,或者是因为缺现金;还可能是因为他对该股票的认识不同于市场价格（市场信念）反映出来的认识，即使他没有什么私有信息。还可能，一个人卖股票是因为他掌握了某些私有信息（内部消息），预示未来这支股会掉价，等等。类似地，一个买家可能是因为他有多余的现金要投资，因为他与市场的信念不相同，或者因为他有这支股票将来要涨的私有消息。

在这样的股票交易中，双方信息的差异会导致对股票价值认识的差异。确定交易的另一方知道些什么常常是不可能的，但理解有时候另一方会知道一些事情则不是不可能的。一旦交易的每一方将这种情形考虑进来，就可能没有交易发生，如同在二手车例子中那样[299]。

22.8　质量信号

讲了这么些信息的不对称对市场运行的影响，人们很自然会去想减小它的方法。一种在许多场合都使用的基本途径就是创建一种认证机制：让卖方提供拟出售物品质量的信号的一种方式。

回到二手车的例子，我们可以看到有若干种可能的信号。其一，中间商有时提供一种保证，称一辆车为"经过认证的车"。中间商确认这些车在一些可能有问题的方面都被检查过，而且若有问题的话都已被修好。另一个信号机制是提供一个担保，承诺如果车在某个时间内需要修理的话，费用将由卖方负责，或者是卖方负责免费修理。这两种质量保证都是对买方有直接价值的，而且它们的价值可能超过你的想象。对于好车，提供这种保证的代价要比对破车小，可以预期出售前后所需的修理会比较少些。如果对于破车卖主来说提供这种信号的代价太高，那么只有好车会有这种信号，或者至少可以说，在有这种信号的所有车中，好车的比例会高一些。这样，买家可以通过这种信号的存在来推测一辆车的质量。对买家来说，这种推测对该车预期价值的提升甚至高于保证中承诺修车的直接价值。

因此，这种保修系统对于化解可能造成市场失效的信息不对称性是很关键的。

劳务市场的信号

这种给信号的想法不仅适用于二手车市场，也许它对劳务市场更加重要，其中，可以将人们受教育的情况看成是信号；迈克尔·斯潘斯（Michael Spence）发展出这种思想[379]，并因此与乔治·阿克罗夫和约瑟夫·斯蒂格利茨分享了 2001 年诺贝尔经济学奖。

通过我们前面关于劳务市场的例子，不难理解斯潘斯的思想。在那个例子中，有一些高效率和低效率的工人，公司最初区别不了。假设，高效率的工人要比低效率的工人受教育的情况好些（也许是因为高效率工人在学校的成绩好些，能通过较少的努力就得到学位）。在这种情况下，教育就提供了一个生产率的认证信号，雇主会愿意对受过较多教育的工人支付较高的工资。

注意：即便在教育对工人的生产率没有直接影响的场合，这种信号机制也是起作用的。当然，教育本身就有价值，但当我们考虑信息不对称性的时候，就看到教育在市场中有双重作用。它为人们将来工作提供训练；在这之外，它也降低了关于工人质量的信息不对称性，起到了劳务市场有效运行不可或缺的一种作用。

22.9 在线信息质量的不确定性：信誉系统与其他机制

一旦认识到掌握信息在许多市场中是至关重要的，我们就可以理解电子商务网站采用的一些标准的机制，它们事实上是受到非对称信息和信号的启发所产生的。在这一节，我们考虑两种机制：信誉系统，以及在带有广告的搜索中广告质量测度的作用。

1. 信誉系统

在网络环境下，这种想法起作用最清楚的例子之一是在诸如 eBay 那种网站上**信誉系统**（reputation systems）的发展[171]。由于 eBay 是用来支持以前从没见过，并且以后也可能不再来往的人们之间进行交易的平台，因此买家面对着与很差的卖家（就像那些卖柠檬的）打交道的风险，即卖家所提供的物品的质量低于所宣称的，甚至根本就不提供所承诺的物品。这样我们就有了一个与柠檬市场很相似的情形：如果买家相信得到很差的产品（或者就是被欺骗）的几率太高，那么他们愿意在 eBay 上为一件物品支付的价格就会很低，以至于持有好物品的卖家都不愿意加入。这样，eBay 市场就彻底失效了。

信誉系统是像 eBay 这种网站的一种特征，旨在提供一种缓解这个问题的认证机制。在每次购买行为之后，买家对卖家给一个评估，报告所作的交易和收到的物品是否满足预期。一个卖家收到的（来自多方的）评估由一个算法来综合，给出该卖家的总体**信誉分数**（reputation score），该算法就是信誉系统的核心。卖家的信誉分数随时间变化：好评使分数提高，批评使它降低。这样，一个好的信誉分起着一种信号的作用——原则上，得到好分是有代价的，因为它要求这个卖家做了一系列得到买家满意的生意。如果较好的卖家能得到较高的信誉分，那么信誉就可以看成是卖家质量的信号，就好像卖家认证他的二手车，或者工人付费受教育所起的信号作用那样。以这种方式，如果像 eBay 这样的网站能使买家对信誉系统的可靠性有信心，则信誉分数就能减少这种网站固有的信息不对称性的影响。

创建一个有效的信誉系统充满挑战，其中一些直接来自这种应用本身的在线性质[171]。特别是像 eBay 那种网站的参与者通常可以通过注册多个账户来创建多个身份，这就导致了若干破坏信誉系统目的的方式。首先，刻意使坏的卖家可以故意抬高它所掌握的一个特定身份的信誉，从而得到买家的信任，然后以那个身份从事信誉不好的活动，直到其信誉彻底毁坏（即信誉分降到很低），抛弃这个身份，创建另一个新的，重新开始这个过程。换句话说，如果很容易通过注册一个新的账号"重新开始"，不良行为的信誉后果就会减轻。这种可以重新开始的能力对在线交易问题增加了一个严重的道德风险特征，就好像一个人影响他健康状态的能力对医疗保险增加了一个道德风险成分一样，这就使创建可靠信誉系统的问题更加困难了。此外，由于另一种潜在的卖家误导行为，信誉系统的设计进一步复杂化。特别地，一个卖家可以同时操纵多个身份，让不同的身份参与相互的交易，只是为了相互哄抬正面的反馈。这个卖家因而就可能在没有真正良好行为历史的情况下也得到信誉高分。

从基本精神看，这些策略使我们想起在 Web 搜索中关于链接分析的讨论，它们是这种一般性原理的极端版本。这个原理就是，当人的行为由计算机算法来评价时，我们应该预计，许多人会想办法适应算法的标准而从中获得利益。设计能有效地抵御这种困难的信誉系统是一个热点研究问题。

2. 在基于关键词的广告中的广告质量

柠檬市场背后的思想,在搜索引擎用来支持关键词广告的系统中也有清楚的体现,事实上,这形成了一个有趣的案例研究,说明这些概念对一个巨大在线市场的影响。特别地,在第 15 章我们谈到了广告质量问题:如何让广告出现在网页上的排序不只是基于投放广告的厂家的竞价,也要考虑这广告在给定位置,相对于其他广告,得到的真实点击率。否则,一个高竞价但没什么吸引力的广告可能会挤占网页前面的空间,但几乎没人点击它,从而不能为搜索引擎带来什么收入。

但是,当你看看搜索产业实际上是怎么运行广告市场的时候,就很快会认识到"广告质量"的概念不仅仅是反映在该广告得到的点击率,它实际上更加微妙,取决于用户对广告满意度的一种综合估计。一个通常的场景如下。可能有一个广告者,在某个查询词上给出很高的竞价,并且,这个广告有一种迷人的广告词,使得人们从搜索结果页面上给予了很高的点击率。在每个点击上的高竞价,乘以高点击率,能为搜索引擎产生显著的收入。然而,这广告词链接所到的实际网页(landing page,当用户点击广告后到达的网页)是低质量的——不是欺诈的,只是与广告所关联的查询不很相关。例如,一个广告商在查询词"加勒比度假"上出了一个很高的竞价,并且在 Google 结果网页上包含一段广告文字"梦中的度假地",但当你点击这广告词时,却得到在世界上一个完全不同的地方出租度假住处的网页。很自然,大多数点击这个广告的用户都会是很失望的。

在这种情况下,搜索引擎当前的策略是大大降低那种广告在网页上的地位,或者根本就不显示它,即使这显然会使搜索引擎公司失去将这广告放在高位带来的高点击率收入。他们这么做的理由是:如果用户得到了被这广告引导到低质量网页的经历,他们通常就不会点击很多广告了,长此以往,这种用户行为的整体效果会对收入产生巨大的负效应。从本质上讲,这种从高点击/低质广告中获得的短期收入,会被用户形成的低质量感受所带来的长期损失抵消。

信息的不对称,是这权衡背后的基本问题,事实上,搜索广告市场表现出了柠檬市场的基本成分。虽然在一个搜索广告上点击一次是很小一个动作,与购买汽车或雇用新员工不可比(如在前面二手车市场和劳动力市场的例子),它仍然是用户(买家)信念的一个反映,即只有当她相信链接的另一端是值得的,她才会去点击。而且,正如买方只有在购买后才会知道一个二手车的质量,用户也只有在点击广告到达目标网页后才能知道网页的质量。在这方面,做广告的比搜索引擎用户有更多关于他们的目标网页质量的信息,而用户对广告文字在多大程度反映目标网页质量,隐含地形成了一种心理估计。

因此,我们注意到,虽然这里和柠檬市场的类比是相当自然的,但也是有点微妙。特别是,它不是关于广告商和搜索引擎之间的关系(虽然人们也可以在那里寻找信息不对称),而是用户和广告商的关系,其中有价值的是用户点击广告所付出的努力。总体来看,用户决定在一个链接上点击是至关重要的,因为它们造成了搜索行业收入的很大一部分。

在前面的分析中,我们看到在这类市场可以有多种自我实现的期望的均衡:一些是买方预测平均高品质,同时实际上也是高品质的货物出售;一些是买家预测低平均质量,同时在市场上也只有低质量的货物。这种平衡是基于消费者作出正确预测的假设。如果用户有时间来了解广告质量的分布,这在搜索广告的情况下也有一定道理。由于搜索引擎对它们显示的广告是可控制的,它们试图维持一个合理品质的广告混合,从而选择一个整体市场的均衡,其中用户期望高品质的广告,持有高品质内容广告的客户也愿意通过搜索引擎来做广告。

22.10 深度学习材料:市场中的财富动力学

当考虑财产市场的时候,例如股票、预测市场中的份额,或者是赛马中的投注,我们观察到市场价格体现了聚合市场参与者们信念的作用,基本意思就是,市场产生了参与者信念的一个加权平均,其中的权重是由他们在总体财富中的相对份额决定的。现在,如果我们观察市场的运行,经过一段时间后,有些参与者会比另一些干得好些,他们占有的财富份额会增加,于是他们对于聚合市场价格的总体影响也增加。如果我们预期具有较准确信念的人在市场中会干得比较好,那么倾向于他们的权重调整会产生比较准确的市场价格。

这种关于市场随时间演化的直觉,是 20 世纪中叶若干经济学家在他们的一些文章中发展起来的[11,157,172]。基本的认识是,市场产生一种"自然的选择",偏向那些决策接近优化的交易者。早期的作者利用这个想法论述市场中的投资人会倾向于越来越理性(因为其他人将会被赶出市场),于是股市趋向高效(因为价格是由经过长时间后依然存活的交易者确定的)。

然而,只是在最近,人们才比较精细地研究了这种一般的想法,它的范围和局限性开始被人们理解。这一节,我们描述将这些想法的核心思想形式化的一种基本数学方法[64]。这里的分析将通过对比市场中的财富动力学与一个人利用贝叶斯规则进行学习的过程来体现。通过前面第 16 章的内容,我们看到贝叶斯规则提供了一种在决策过程中系统地利用新观察结果的方法。我们将看到,随着财富在市场参与者之间的迁移,他们对聚合市场价格的贡献随时间变化的情形与贝叶斯规则中基于不同假设所导致的概率变化情形十分相似。

因此,在精确的意义上,尽管市场只是一种便利交易的机构,它也可以看成是一种聚合信息的人工智能贝叶斯代理。此外,如果一些人有正确的信念,那么随着时间的演进,他们拥有的财富就会越来越接近总体财富,市场价格就会收敛到反映他们的(正确)信念上。这就为一种一般的想法提供了一个具体的表达,即财产市场趋向于很好地综合人们掌握的信息。

22.10.1 市场中的贝叶斯学习

我们从分析贝叶斯学习者(即应用贝叶斯规则的人)如何在市场中更新他的信念开始。一旦我们了解了这个原理,我们就可以将它与市场参与者的财富随时间变化的情形类比。

在第 16 章讨论过贝叶斯规则,但为了适应本章的需要,这里采取不同的角度来阐述,还要推广一些结论。赛马问题是一个很好的例子,可以说明在股市那种比较复杂情况下一些现象的作用,因此我们这里也用它来讨论。这样,假设两匹马 A 和 B,每周比赛一次;假设每次比赛的结果是独立的;还假设 A 每次取胜的概率是 a(因此 B 取胜的概率就是 $b=1-a$)。

现在,我们的贝叶斯学习者不知道 a 和 b 的值,他要通过多次观察比赛的情况来学到这两个参数。从 N 个可能的概率假设开始,记作:

$$(a_1,b_1),(a_2,b_2),\cdots,(a_N,b_N)$$

我们假设其中一个是正确的(尽管这学习者还不知道哪个是);如果必要的话,可以重新编号,令$(a_1,b_1)=(a,b)$。

对每个概率假设,学习者从一个先验概率开始;用 f_n 表示(a_n,b_n)的先验概率,并假设 $f_n>0$,表示这学习者多少认为有些可能性。因为这些先验概率形成了对那些概率假设的一种初始的加权平均,那么学习者最初预测 A 取胜的概率就是:

$$a_1 f_1 + a_2 f_2 + \cdots + a_N f_N$$

现在,设总共赛马 T 次,令 S 是观察到的结果序列,其中 A 赢了 k 次,B 赢了 l 次。那么用第 16 章学过的贝叶斯规则,可以计算在序列 S 条件下,假设(a_n,b_n)的后验概率是:

$$Pr\left[(a_n,b_n)\mid S\right]=\frac{f_n Pr\left[S\mid(a_n,b_n)\right]}{Pr\left[S\right]}$$

$$=\frac{f_n P\left[S\mid(a_n,b_n)\right]}{f_1 Pr\left[S\mid(a_1,b_1)\right]+f_2 Pr\left[S\mid(a_2,b_2)\right]+\cdots+f_N Pr\left[S\mid(a_N,b_N)\right]}$$

现在,给定假设(a_n,b_n),S 的概率只不过是在 S 中 A 赢 k 次,B 赢 l 次的概率,也就是 $a_n^k b_n^l$。因此,我们有:

$$Pr\left[(a_n,b_n)\mid S\right]=\frac{f_n a_n^k b_n^l}{f_1 a_1^k b_1^l+f_2 a_2^k b_2^l+\cdots+f_N a_N^k b_N^l} \tag{22.13}$$

此外,在观察到这 S 个结果后,学习者对 A 预测的概率就是:

$$a_1 Pr\left[(a_1,b_1)\mid S\right]+a_2 Pr\left[(a_2,b_2)\mid S\right]+\cdots+a_N Pr\left[(a_N,b_N)\mid S\right] \tag{22.14}$$

这就是该学习者是贝叶斯学习者的含义:随着对结果的观察,他按照贝叶斯规则更新他对概率的预测。

1. 向正确假设的收敛

现在,考虑在一个长时期中不同假设的后验概率会如何变化。最简单的方式是考虑这些概率的比率。在 S 个连续观察结果上,A 赢了 k 次,B 赢了 l 次,假设(a_m,b_m)的后验概率与假设(a_n,b_n)的后验概率的比率可以容易地按照式(22.13)取对应的表达式之比得出,注意到两个表达式的分母是相同的,有:

$$\frac{Pr\left[(a_m,b_m)\mid S\right]}{Pr\left[(a_n,b_n)\mid S\right]}=\frac{f_m a_m^k b_m^l}{f_n a_n^k b_n^l} \tag{22.15}$$

我们特别关心其中正确的假设(a_1,b_1)和候选假设(a_n,b_n)的比率:

$$\frac{Pr\left[(a_1,b_1)\mid S\right]}{Pr\left[(a_n,b_n)\mid S\right]}=\frac{f_1 a_1^k b_1^l}{f_n a_n^k b_n^l} \tag{22.16}$$

称这个比率为 $R_n[S]$。取对数,得到两个假设在给定观察结果 S 条件下的所谓对数机会比率(log odds ratio):

$$\ln\left(R_n[S]\right)=\ln\left(\frac{f_1}{f_n}\right)+k\ln\left(\frac{a_1}{a_n}\right)+l\ln\left(\frac{b_1}{b_n}\right)$$

现在将两边都除以总的实验观察次数 T,得到:

$$\frac{1}{T}\ln\left(R_n[S]\right)=\frac{1}{T}\ln\left(\frac{f_1}{f_n}\right)+\frac{k}{T}\ln\left(\frac{a_1}{a_n}\right)+\frac{l}{T}\ln\left(\frac{b_1}{b_n}\right) \tag{22.17}$$

我们关心当 T 趋向无穷的时候会发生的情况,此时,等式右边可以如下化简。第一项是一个固定的常数 $\ln(f_1/f_n)$ 除以 T,因此它会随 T 的增加趋向 0。对于后面两项,利用大数定律,k/T 要几乎肯定收敛到 A 取胜的概率,即 a,同时 l/T 几乎肯定要收敛到 b。因此,等式(22.17)的整个右手部就几乎肯定收敛到：

$$a\ln\left(\frac{a_1}{a_n}\right) + b\ln\left(\frac{b_1}{b_n}\right) = a\ln(a_1) + b\ln(b_1) - [a\ln(a_n) + b\ln(b_n)] \quad (22.18)$$

我们想知道这个极限是正、是负，还是 0，那样我们就可以知道等式(22.17)左手部的性质了。下面是考虑这问题的一个思路。头两项可以看成形如，$a\ln(x) + (1-a)\ln(1-x)$，其中 $x = a_1$；第三和第四项也有同样的形式，但 $x = a_n$。从 22.2 节，特别是关于等式(22.5)的讨论中我们知道，表达式 $a\ln(x) + (1-a)\ln(1-x)$ 在 $x = a$ 时取得最大值，并且 x 取其他值的时候都严格小于这个最大值。因为 $a_1 = a$，前两项之和达到极大值，而由于 $a_n \neq a$，要减掉的第三和第四两项之和达不到这个极大值。因此，表达式(22.18)是严格正的（前两项比后两项大），回到等式(22.17)，我们的结论就是，当 $T \to \infty$，

$$\frac{1}{T}\ln(R_n[S]) > 0$$

也就是说，当 T 趋向无穷，$\ln(R_n[S])$，因而 $R_n[S]$ 本身都要趋向正无穷。进而，这对于每个 $n > 1$，即每一个不正确的假设都如此。为什么会是这样的？每个 $R_n[S]$ 是两个概率的比率，因此要使一个概率（关于 (a_1, b_1)）变得比其他都大出一个任意因子，一定是在假设 (a_1, b_1) 上的概率收敛到 1，而其他那些收敛到 0。

从这个分析中得到的结论是，贝叶斯学者在极限情况下会将概率 1 赋予正确的假设。此外，这也就意味着他关于 A 取胜概率的预测，如式(22.14)所计算的，会收敛到 $a_1 = a$。

2. 没有正确假设情况下的收敛

我们会看到上面的分析实际上表明的是一个更强的结果。为了使学习者在假设 (a_1, b_1) 上的后验概率收敛到 1，没必要 (a_1, b_1) 一定是正确的。我们只需要等式(22.18)中的表达式对于所有其他假设 $(n > 1)$ 是正的。

对这个较强断言的解释通常表达为假设之间的某种"距离"。给定假设 (a_n, b_n)，我们定义它和真实假设 (a, b) 之间的**相对熵**(relative entropy) $D_{(a,b)}(a_n, b_n)$ 如下：

$$D_{(a,b)}(a_n, b_n) = a\ln(a) + b\ln(b) - [a\ln(a_n) + b\ln(b_n)] \quad (22.19)$$

由前面关于 $a\ln(x) + (1-a)\ln(1-x)$ 极值的认识，我们知道等式(22.19)右边的前两项一定可以抵消后两项的负面影响，因此 $D_{(a,b)}(a_n, b_n)$ 总是一个非负的数，且当 $(a_n, b_n) = (a, b)$ 时为 0。于是，我们可以将这个相对熵解释为一个假设与真实情况之间的一种非线性测度：相对熵越小，表示与真实情况越一致。

回到式(22.17)和式(22.18)，我们看到，即使 (a_1, b_1) 不是正确的假设，$\ln(R_n[S])/T$ 这个量也是几乎肯定地收敛到：

$$D_{(a,b)}(a_n, b_n) - D_{(a,b)}(a_1, b_1)$$

因此，设 $a_1 \neq a$，但假设 (a_1, b_1) 比任何其他的 (a_n, b_n) 在相对熵意义下都更加接近于真实，即对于所有 $n > 1$，都有：

$$D_{(a,b)}(a_1, b_1) < D_{(a,b)}(a_n, b_n)$$

那么如前，我们就有，随 $T \to \infty$，几乎肯定有：

$$\frac{1}{T}\ln(R_n[S]) > 0$$

由此，我们得到如前同样的结论，学习者赋予 (a_1, b_1) 的后验概率趋向于 1。

换言之，当没有假设是正确的，但某个假设要比其他的都更接近真实（在相对熵的意义

下),一个贝叶斯学习者将在极限意义下给这个假设的后验概率赋值 1。

22.10.2　财富动力学

我们现在已经见到一个贝叶斯学者是怎么聚合市场中所发生事件的信息的:设定若干假设,每个假设有一个发生的概率,贝叶斯学者对这些概率建立一个加权平均值,然后用贝叶斯规则来更新这个平均值。在本章的前面,我们曾看到市场算出的赔付率也是一个加权平均,即按照财富份额对赌客信念的平均。随着时间的进展,赌客有赢有输(即财富变多变少),于是在这种加权平均中的权重会被更新。我们现在来说明这种更新与贝叶斯规则的行为完全一样,这也就是为什么市场自身的聚合行为可以看成是一个贝叶斯学习者行为的理由。

1. 财富占有率的演化

我们采用 22.2 节和 22.3 节关于博彩市场的框架(这里,博彩市场同样起着代表诸如股票市场那种更复杂情况的作用)。有 N 个赌客,每个人 n 有一个关于 A 取胜的固定信念 a_n(因此对 B 取胜的信念就是 $b_n = 1 - a_n$)。赌客 n 有一个初始财富 w_n,记总财富量为 w,则 $f_n = w_n/w$ 是赌客 n 在总财富中的占有率。

现在,A 和 B 要比赛多次,用 $t = 1, 2, 3, \cdots$ 表示不同的赛次。在第 t 次比赛开始前,市场确定关于 A 和 B 取胜的赔付率 $o_A^{(t)}$ 和 $o_B^{(t)}$,注意,每次比赛的赔付率可以是不一样的,像我们在 22.3 节所见,它们可能取决于赌客下注的多少。同时,在每次开始前,每个赌客有一个当前财富 $w_n^{(t)}$,他要根据他的信念 (a_n, b_n) 来最优地下注。如我们在 22.2 节所见,这对应于在 A 上下注 $a_n w_n^{(t)}$,在 B 上下注 $b_n w_n^{(t)}$。结果,赌客 n 在这一轮赛事后的新财富量 $w_n^{(t+1)}$,若 A 取胜就是 $a_n w_n^{(t)} o_A^{(t)}$,若 B 取胜就是 $b_n w_n^{(t)} o_A^{(t)}$。

考虑两个赌客 m 和 n,最初分别有财富 f_m 和 f_n。设在 t 次比赛之前,基于前 $t-1$ 次比赛的结果,他们的财富份额分别是 $f_m^{(t)}$ 和 $f_n^{(t)}$。下面考虑这第 t 次赛事的两种可能结果。

- 若 A 赢了这第 t 场比赛,赌客 m 的财富就要翻 $a_m o_A^{(t)}$ 倍,赌客 n 的财富就要翻 $a_n o_A^{(t)}$ 倍。因此,在这种情况下,赌客 m 和 n 的财富的比率就从 $f_m^{(t)}/f_n^{(t)}$ 变到 $a_m f_m^{(t)}/a_n f_n^{(t)}$(注意,赔付率在这个比率上约掉了,因为它对两个赌客是一样的)。换言之,这比率翻了 a_m/a_n 倍。

- 若 B 赢了这第 t 场比赛,赌客 m 的财富就要翻 $b_m o_B^{(t)}$ 倍,赌客 n 的财富就要翻 $b_n o_B^{(t)}$ 倍。因此,在这种情况下,赌客 m 和 n 的财富的比率就从 $f_m^{(t)}/f_n^{(t)}$ 变到 $b_m f_m^{(t)}/b_n f_n^{(t)}$。换言之,这比率翻了 b_m/b_n 倍。

于是我们就看到了,只要是 A 赢了,赌客 m 和 n 财富的比率的变化因子就是 a_m/a_n,而只要是 B 赢了,赌客 m 和 n 财富的比率的变化因子就是 b_m/b_n。

设我们从财富份额 f_m 和 f_n 开始,将这种变化应用到一个赛事序列 S 上,其中 A 赢 k 次,B 赢 l 次。那么我们就得到一个财富份额的比率为:

$$\frac{f_m a_m^k b_m^l}{f_n a_n^k b_n^l} \tag{22.20}$$

这里的要点是:它和等式(22.15)中的完全一样!在那个式子中描述的是贝叶斯学者,从先验概率 f_m 和 f_n 开始,经 S 次观察后,赋予假设 (a_m, b_m) 和 (a_n, b_n) 后验概率的比率。因此,这是一个完美的类比:赌客财富份额的演化与假设在贝叶斯规则下的后验概率的演化完全一样。也就是说,市场将每个赌客看成是关于两匹马的一个假设,作为对赛事结果的响应,它对赌客财富的调整就好像贝叶斯学者调整假设上的概率一样。

由此,我们可以得到两个主要结论。

- 首先,市场维护的赔付率的倒数是赌客信念的加权平均,由 22.3 节的式(22.9)计算,其中权重为他们的财富占有率。这个式子是和贝叶斯学者预测 A 取胜的概率的式(22.14)平行的。因此,市场的赔付率倒数也是遵从贝叶斯学习结果的。

- 由于财富份额的比率与假设的后验概率演进的方式相同,我们就可以下结论说,如果有一个超群的赌客,他的信念在相对熵意义下最接近正确的概率(a,b),那么在极限情况下,这个赌客的财富份额就会收敛到 1。因此,市场会选择有更加精确信念的赌客,其中"精度"指的是在相对熵意义下赌客信念到真实情况的距离。与我们先前关于赔付率倒数的观察相结合,可以看到,在极限条件下,财产(即,可能的赌局)的价格是按照市场参与者掌握的最精确信息形成的。

注意一个特殊情况,即若一个赌客的信念是正确的,在极限情况下他获得的财富份额就是 1,市场也就会反应这个赌客的(正确)信念。

2. 扩充与解释

为使计算清晰,我们一直保持让模型非常简单。但也有可能将它扩充,包含一些进一步的考量。

首先,我们假设了赌客的信念是固定的,并不从观察到的赛马结果中学习。这样做便于将市场中财富动力学的效果独立出来,将它和参与者的学习动力学相区别。但是,尽管处理起来会有些啰嗦,将财富动力学分析与赌客的贝叶斯学习结合起来并不是特别困难。其次,我们的分析假设了每个赌客在每次比赛中都是将他的全部财产进行投资。但这也是可以在模型中放松的,允许赌客决定投资的数量,以及该数量在不同选项上的分配[64]。

我们的总体结论是,市场选择具有最精确信念的交易人,而且会按照那些信念(在渐进意义上)为财产定价。这在诸如预测市场等其他场合也同样有效。注意,这里关于市场表现的论证不是基于平均利益(即不是前面讨论过的那种"群众智慧")。相反,在这里的讨论中,群众的聪明程度,在极限条件下和他们中最聪明的人相同,因为在极限条件下,只是这个最聪明的人的信念影响市场的预测。像我们先前注意到的,这种想法在基于自然选择的市场效率经济学讨论中已有很长的历史[11,157,172],其中,最聪明的交易者在市场中掌握的财富份额越来越大,因而在市场上发挥越来越大的影响。这里的模型将这种直觉落实到了一种更加精确的基础上[64],后续的研究也将它在多个方面进行了扩展[65,362]。

虽然在此讨论那些扩充模型的细节会太复杂,但它们与本章前面提到的若干问题有一些有趣的联系。首先,而且是有些令人惊讶的,较复杂的模型说明关于对数效用的假设(目前的模型一直用的)对于市场选择的一般性结论并不重要。一种更加一般且抽象的分析表明,我们只需要交易者是反风险的假设,即他们从增加的财富中得到的效用增量随他们的财富增多而减少。最近的一些研究也表明,这些结果也适用于更加复杂的市场,只要市场中有足够丰富的财产进行交易。直觉上,如果没有足够交易的财产,就可能没有足够多的方式,让具有较好信念的交易者胜过较差信念的交易者,这样,最差信念的交易者可能就不会被逐出市场。这个股票市场的富足条件与 22.4 节讨论的条件完全一样。这里的结论是,若在股市中有足够丰富的财产交易,那么从长远看,市场中形成的财产价格就可能相当准地反映交易者的信念。

22.11　练习

1. 考虑一个如 22.3 节讨论的博彩市场,有两匹赛马 A 和 B,有两个赌客 1 和 2。设每个赌客的财富量都是 w。赌客 1 相信 A 赢的概率是 $1/2$,因此 B 也是 $1/2$。赌客 2 相信 A 赢的概率是 $1/4$,因此 B 是 $3/4$。两个赌客的财富效用都是对数函数,都根据自己的信念下注,要使财富效用的期望最大化。

   (a) 赌客 1、2 分别应该在赛马 A、B 上投多少钱?

   (b) 求 A 和 B 的均衡赔付率倒数。

   (c) 如果 A 赢了,赌客 1 会有多少钱? 若 B 赢了呢?

2. 考虑一个如 22.3 节讨论的博彩市场,有两匹赛马 A 和 B,有两个赌客 1 和 2。设每个赌客的财富量都是 w。赌客 1 的信念是 (a_1, b_1),其中第一个数是他相信 A 取胜的概率。两个赌客的财富效用都是对数函数。赌客 1 根据自己的信念下注,要使财富效用的期望最大化。但赌客 2 则不同,他相信赔付率倒数是正确的概率,因此他要按照赔付率倒数下注。

   (a) 赌客 1 在 A 上的优化下注是他的财富和信念的某种函数,记作 $f_1(w, a_1)$。试确定这个函数。

   (b) 设赌客 2 知道 A 的均衡赔付率倒数,记作 ρ_A。赌客 2 的优化下注就是他的财富和这个赔付率倒数的函数,记作 $f_2(w, \rho_A)$。试确定这个函数。

   (c) 若我们将 22.3 节中的式(22.8)应用于这问题中的投注规则,那么我们会看到 A 上的均衡赔付率倒数可从求解下面的方程而得:

   $$\frac{f_1(w, a_1)}{2w} + \frac{f_2(w, \rho_A)}{2w} = \rho_A$$

   试用这种认识,求得 A 上的均衡赔付率倒数。

   (d) 现在,将这种思想推广到多个赌客的情形。假设多数赌客都像赌客 2,相信赔付率倒数在一定意义上是正确的,从而根据它来决定如何下注。只有很少赌客像赌客 1,他们有自己的信念,而且会根据信念来下注。相对于每个赌客都有自己的信念且按照信念下注的市场,你会期望"群众智慧"在这种市场上是更正确的吗? 你的答案是否取决于哪些赌客用赔付率倒数作为自己的信念,哪些用他们自己的信念来决定下注呢?(想想哪些赌客更可能有正确的信念。)

3. 考虑柠檬市场的模型。设有三种二手车:好的、中等的和柠檬,卖家知道他们车的情况,买家不知道。每种车在总体中都占 $1/3$,这个买家知道。设卖家对好车的估值是 \$8000,中等的车估值是 \$5000,柠檬估值是 \$1000。在这些价格或之上,卖家会愿意卖掉他相应的车,低了则不卖。买家对三类车的估值分别是 \$9000、\$8000 和 \$4000。如在 22 章一样,我们假设买家愿意按照均价购买一辆车。

   (a) 在这个二手车市场中,是否存在所有车都卖出去的均衡? 简要解释。

   (b) 在这个二手车市场中,是否存在只有中等车和柠檬卖出去的均衡? 简要解释。

   (c) 在这个二手车市场中,是否存在只有柠檬卖出去的均衡? 简要解释。

4. 考虑第 22 章中柠檬市场的模型。设有两种二手车,好的和柠檬,卖家知道他们车的情况,买家不知道。每种车在总体中都占 $1/2$,这个买家知道。设卖家对好车的估值是 \$10 000,柠檬是 \$5000。在这些价格或之上,卖家会愿意卖掉他相应的车,低了则不卖。买家对两类车的估值分别是 \$14 000 和 \$8000。如在第 22 章一样,我们假设买家愿意按照均价购买一辆车。

   (a) 在这个二手车市场中,是否存在所有车都卖出去的均衡? 简要解释。

   (b) 在这个二手车市场中,是否存在只有柠檬卖出去的均衡? 简要解释。

5. 考虑柠檬市场的模型。设有三种二手车:好的、中等的和柠檬,卖家知道他们车的情况,买家不知道。每种车在总体中都占 $1/3$,这个买家知道。设卖家对好车的估值是 \$4000,中等是 \$3000,柠檬是 \$0。在这些价格或之上,卖家会愿意卖掉他相应的车,低了则不卖。买家对三类车的估值分别是 \$10 000、

$4000 和 $1000。如在第 22 章一样,我们假设买家愿意按照均价购买一辆车,买家的数量多于二手车的数量。

(a) 在这个二手车市场中,是否存在所有车都卖出去的均衡? 如果存在,求所有卖掉的车的均衡价格,并简要解释为什么所有车都卖掉了。如果不存在,解释为什么。

(b) 现在假设某人开发了一种让卖家认证他们好车的方式。所有好车都得到认证之后,它们就不是那些未认证车二手车市场的一部分了,该市场现在只有等量的中等车和柠檬。在这个留下的未认证二手车市场中,是否存在中等车和柠檬都卖出去的均衡? 如果存在,求卖掉的车的均衡价格,并简要解释为什么所有车都卖掉了。如果不存在,解释为什么。

6. 考虑柠檬市场的模型。设有两种二手车,好的和柠檬,卖家知道他们车的情况,买家不知道。好车在总体中的份额是 g,这个买家知道。设卖家对好车的估值是 $10 000,柠檬是 $4000。在这些价格或之上,卖家会愿意卖掉他相应的车,低了则不卖。买家对两类车的估值分别是 $12 000 和 $5000。如在第 22 章一样,我们假设买家愿意按照均价购买一辆车。

(a) 设你观察到二手车的价格是 $10 000。你能知道柠檬在所有车中所占的比例吗?

(b) 反过来假设,若柠檬的比例是 $g=0.5$,最高销售的价格是多少?

7. 在这个问题中,我们来考察在购买二手车上征税会如何影响车辆交易的价格和质量。设有两种二手车,好车和破车,卖家知道他们车的情况,买家不知道。但买家知道市场上的车有好有破,而且知道有 100 人卖车,50 辆好,50 辆破。设买家有 200 个(也就是买家要比车多,以便分析简单)。设卖家对好车的估值是 $8000,破车是 $3000。在这些价格或之上,卖家会愿意卖掉他相应的车,低了则不卖。买家对两类车的估值分别是 $10 000 和 $6000。如在第 22 章一样,我们假设每个买家最多买一辆车,且他们愿意按照均价购买一辆车。

(a) 求出这个二手车市场中的所有均衡。对于每个均衡,给出二手车的价格以及交易的车的数量。

(b) 现在假设政府要对每辆车征 $100 购买税,即买车的人还要支付 $100 的税钱。这等效于买家对二手车的估值降低了 $100。求出这个二手车市场中的所有均衡。

(c) 现在我们稍微改变一下问题的条件,有三种车:好的、破的和柠檬,各 50 辆。对好车和破车的价值估计如前,大家都认为柠檬的价值为 0。还是有 200 个买家。

　　(i) 没有购买税的问题,求出这个二手车市场中的所有均衡。

　　(ii) 设政府对每辆购买的二手车要征 $100 购买税,求出这个二手车市场中的所有均衡。

8. 一些研究人员在调查美国五年旧的游艇的质量和航行性。他们将那些游艇分成五类,优秀、良好、中等、较差,以及危险。他们得到的结论是五年旧的游艇中已没有优秀的,大都中等或较差。在开展研究的时候,他们装成五年旧艇的买家,考查了大量待售的五年旧游艇,包括私人的和中间商的。基于他们研究的结果,他们结论说应该安排美国海岸警备队对这些游艇的质量进行调查。你对这些研究人员采用的研究方法有什么看法吗? 你能否建议一种不同的做法,以得到关于那些游艇实际质量分布的更加细致的结论?

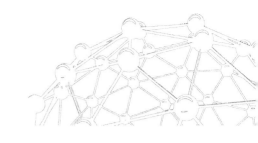

第 23 章　表决

前一章,我们讨论了制度的第一个例子,它通过市场机制来聚合投资人的信念,体现了制度可以起到综合许多人掌握的信息的作用。现在我们转向第二种基本的制度:表决。

23.1　表决以形成群体决策

与市场一样,表决系统的作用也是在一个群体中聚合信息,因此,很难给这两种制度划出一条非常明确的界线。但它们的典型应用环境是有明确区别的。第一个重要的区别是,使用表决的场合,是一群人明确地要达成一项决定,来代表这一群人的意愿。应用表决机制的场合有许多,例如,要在一个候选人集合中选出一个(或几个)人来,立法单位通过表决来决定是否通过一项法案,陪审团在审判中的判决,奖励委员通过表决选出获奖人,影评家通过表决来认定过去一个世纪以来最好的电影,等等,其共性是形成一个代表群体意见的单一结果,并对相关事宜的后续发展有某种约束力。与此相反,市场对于群体意见的综合是间接的,因为投资者的信念是通过他们在市场交易中隐含转达出来的,包括买还是不买,买多还是买少,等等。市场的直接目的是促成交易,而不是要形成什么广泛的综合意见或群体的决定,尽管从那些交易中实际上可能会聚合出人们共同的意见①。

还有其他一些重要的区别。例如,在市场的选择往往是数值性的(用多少钱做交易),所发生的综合通常涉及对这些量的计算,加权平均和其他方法等。另一方面,在表决的许多关键应用中,没有什么自然的方式来对人们的偏好做“平均”——因为偏好在于不同的人、不同的政策决定,以及在相当主观标准下的意见。事实上,正如我们将在本章中要看到的,丰富的表决理论,正是人们试图在没有像平均这种简单概念下对各种偏好进行综合的结果。

表决的概念包括很宽一类用以达成群体决定的方法。例如,形成陪审团裁决的方法,产生美国总统大选结果的方法,或者是产生大学橄榄球赛的海斯曼杯冠军的方法,都是不同的,而这些差别既影响进程,也影响结果。此外,表决可用于选择一个单一的“赢家”,也可以用于产生一个排名名单。后者的例子包括聚合多个民意调查的结果,得到高校运动队的排名,以及综合多种评论意见,发布有史以来最好的电影、歌曲或专辑的排行榜,等等。

在使用表决的场合,常常是因为在人们的主观认识中有本质的分歧,从而不能对某一事

---

① 例如“市场价格”。——译者注

宜达成一致意见。例如,电影评论家们就《公民凯恩》和《教父》哪个是有史以来最伟大的电影形成不了一致的意见,不是由于他们缺乏两部电影的相关信息——我们可以认为他们是很熟悉那两部电影的,但有不同的审美观。然而,在另外的情形,用表决的方式来实现群体决策的地方是因为有信息缺乏的困难,在那些场合,如果群体的成员都有有关信息,他们可能就会达成一致。例如,在刑事审判的陪审团裁决中,往往就是纠结在被告是否犯了罪的不确定性上;在这种场合,人们可认为陪审员心中都有大致相同的目标(给出正确的裁决),差异是所获得的信息,以及对所得到的信息的处理。在这一章中我们会考虑这两个情形。

表决理论最近也用于一些网络应用[140]。不同的搜索引擎产生不同的排序结果;一系列关于元搜索的工作提出了一些工具,来将这些排名聚合成一个单一排序。书籍、音乐和其他物品的推荐系统,如亚马逊的产品推荐系统,也已用到了相关的想法来聚合不同的偏好。在这种应用中,推荐系统根据历史信息,确定出若干与你有类似口味的用户,然后再使用表决的方法,将那些用户的偏好进行综合,为你产生一个建议排名单(或一个最好的建议)。注意,在这种情况下,目标不是要为所有人产生一个单一的排名,而是为每个用户,根据类似用户的偏好,形成一个聚合的排名。

在所有这些表决发挥作用的场合,人们看到一些反复提出的问题。应如何从多方的冲突意见中产生一个单一的排名?某种方式的多数票决是一种好机制吗?是否有更好的?而最终,当我们说一个表决系统很好,意味着什么?这些都是我们在这一章要讨论的问题。

23.2　个体的偏好

表决系统的作用,就我们的目的而言,可如下描述。一群人要对一组有限可能的备选项(候选项)进行评估:这些备选项可能对应政治候选人、审判中可能的判决、国防开支的数量、奖项的提名人,或者在一个决定中的一组观点。表决涉及的人希望在多个备选项中产生一个单一的排名,确定那些备选项从好到差的顺序,在某种意义下反映这群人集体的意见。当然,这里的挑战是定义如何就叫"反映"了群体中成员们的各种意见。

作为开始,我们来考虑建立群体中一个成员的意见的模型。假设,对每个人而言,给定一对候选项(X,Y),他或她能够在其中两个候选项中做出偏好的决定。如果某人i偏向于X,我们记作$X >_i Y$(有时,为讨论方便,我们也说,按照i的偏好,X"胜过"Y。)举例来说,如果我们给每个影评家一个很大的电影名单,并要求他们表达偏好,我们可以写公民凯恩$>_i$教父(CitizenKane$>_i$TheGodfather),来表达影评家i更喜欢前面一个影片的事实。有时,我们用$>_i$表达一个人在所有可供选择的"候选项对"上的喜好,用它作为这个人在所有候选项对上的偏好关系(preference relation)。

1. 完备性和传递性

我们要求个人的偏好满足两个性质。首先是每个人的偏好是**完备的**(complete),即对于每对不同的备选项X和Y,要么她偏爱X,或者她偏爱Y,但不能既偏爱X,也偏爱Y。这个理论可以推广到允许在她的偏好上出现平手的情况(即,对某些候选项对,他/她对它们喜欢的程度相同),也可以允许对于一些候选项对,个人没有偏好(也许是因为她没有关于X或Y的任何知识)。这两个推广都会引入有趣的新问题,但对于本章而言,我们侧重于每人对任何两个候选项都有明确偏好的情形。

第二个要求是每个人的偏好是**传递的**(transitive)：如果个人 i 在 X 和 Y 之间偏爱 X，在 Y 和 Z 之间偏爱 Y，那么他在 X 和 Z 之间偏爱 X。这似乎是在偏好关系上的一个非常明智的限制，因为否则我们可能出现个人没有明显偏爱的情况。换句话说，假设我们正在评估人们对各种冰淇淋口味喜好，有一个人 i，他有偏好 $chocolate >_i vanilla$, $vanilla >_i strawberry$，以及违反传递性的 $strawberry >_i chocolate$。通过一个简单的说明，我们就能看到为什么这样的偏好似乎是病态的：如果 i 到一家冰激凌店柜台，看到上述三种冰激凌都摆在那里，她将选哪一种呢？在某种意义上，她应该有个首选，但按照她的喜好，这三个口味的每一个都不如另外某一个。人们做了大量的研究，来探讨传递性偏好的哲学基础和心理基础，也还探讨过非传递性偏好可能出现的自然情形[12,41,163]。就我们这里的目的而言，我们假设每个人的偏好是传递的。

2. 个人的排名

到目前为止，我们都是将个人关于一组候选项的意见表达为他或她在其中候选项对上的偏好。关于意见的另一种模型是想象每个人都给出一个所有候选项的排序表单，从最佳到最差。

注意，从这样一个排序表，我们可以定义一个很简单的偏好关系 $>_i$：我们说 $X >_i Y$，如果在排序表中 X 候选项出现在 Y 的前面。在这种情况下，我们会说，从排序表产生了偏好关系。不难看出，如果一个偏好关系是从一个排序表产生的，那么它必定是完备的和传递的：完备性是因为，在排序表中，每对候选项中总有一个出现在另一个之上。传递性是因为，如果在排序表中，X 在 Y 之前，Y 在 Z 之前，则 X 也就在 Z 之前。

不那么明显的是这一事实反过来也成立：

如果一个偏好关系是完备的和传递的，那么它必定可以从某个排序表生成。

为认识到这一点，我们考虑从一个完备和传递的偏好关系构建排序表的方法。首先，我们识别出一个候选项 X，在成对比较中，它胜过最多的其他候选项，即有最多 Y 的 $X >_i Y$。我们断言这个 X 胜过所有其他 Y，即对所有 Y 都有 $X >_i Y$。

我们很快将看到为什么是这样的。首先，来理解为什么这个事实能有助于构建起我们想要的排名表。因为，如果我们确定了 X 胜过所有其他的候选项，我们就可以保险地置它于排名列表的前面。然后从候选项集合中删除 X，并对其余剩下的候选项重复同一过程。由 $>_i$ 定义的偏好，在剩下的候选项上仍然是完备的和传递的，于是我们可以再次应用断言：胜过大多数候选项的 Y 实际上胜过所有候选项。这样，Y 除了败给 X 外，胜过所有其他候选项。因此我们可以将它放到排序表的第二个位置，并将它从候选项集合中删除。如此继续，直到耗尽候选项集合。我们这里构造排序表的方式，要求每个候选项胜过所有它后面的，因此这个排序表体现了 $>_i$ 偏好关系。

所有这些取决于要说明对于在一个候选项集合上完备和传递的偏好关系(包括原始偏好和我们删去候选项后的)，胜过最多其他候选项的 X，事实上也就胜过所有候选项。这里有一个论证，如图 23.1 所示。通过假设这个说法不对，来推出矛盾。即假设存在某个 W 胜过 X，但那样的话，凡是被 X 胜过的 Y，此时有 $W >_i X$ 和 $X >_i Y$，由传递性，就有 $W >_i Y$。这就是说 W 胜过所有 X 胜过的，而且也胜过 X。也就是说，W 要比 X 胜过更多的候选项，这与我们选择 X(胜过最多的候选项)的条件矛盾。因此我们假设 W 胜过 X 是不正确的，也就是 X 事实上胜过所有其他候选项。这个论证保证了我们排序表的正确构造。

览于此,当我们有一个完备且传递的偏好关系,就可以等价地将它看成是一个排序表。在后面的讨论中,这两种角度都是有用的。

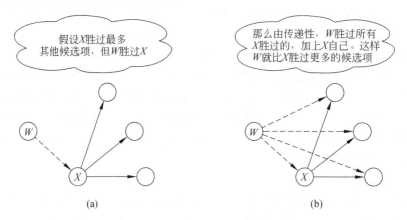

图 23.1　在完备性和传递性条件下,胜过最多候选项的 X 实际上就是胜过了所有候选项

23.3　表决系统:大多数规则

前一节,我们发展出一种讨论个人偏好关系,从而可能将它们组合起来的方法。现在来定义表决系统(也称为聚合过程)如下:基于一组完备且传递的偏好关系,或者等价地说,一组个人排序表,从中产生一个集体的排序。这是一个非常一般性的定义,在这种一般性层次上,我们难以讨论什么叫一个“合理的”表决系统。因此,在下面两节,先讨论两类最通用的表决系统。从中,我们可以更一般地看出在表决中起作用的一些原理和反常的情形。

1. 大多数规则与孔多塞(Condorcet)悖论

当只有两个候选项时,最广泛使用的表决制度也是最自然的,即**大多数规则**(majority rule),此时也就相当于少数服从多数。在这种规则下,我们采取的是将多数选民偏爱的选择排在第一位,将另一个选择放在第二位。在这种讨论中,总假定选民人数为奇数,这样就不必担心产生平局的可能性。

由于大多数规则对两种选择的情况是太自然了,因此在多于两个候选项的情况下,人们也很自然地会尝试基于大多数规则来设计一个表决系统。然而,这实际上是非常棘手的。也许最直接的方法是首先建立**群体偏好**(group preferences),做法是将大多数规则应用到每个候选项对,然后试图把这种群体偏好转变成群体排名。也就是说,我们建立一个群体偏好关系 $\succ$,其基础是每个人的偏好 $\succ_i$。对于每对候选项 X 和 Y,我们统计给出 $X \succ_i Y$ 的投票人的个数,以及给出 $Y \succ_i X$ 的投票人个数。如果第一个数字比第二个大,那么就可以说群体偏好 $\succ$ 满足 $X \succ Y$,因为多数选民在单独考虑 X 和 Y 的时候都偏向 X。同样,我们说群体偏好是 $Y \succ X$,如果给出 $Y \succ_i X$ 的人数要多。由于选民人数是奇数,我们不会在 X 和 Y 之间看到相等的偏好数。因此,对于每个不同的候选项对,我们一定有 $X \succ Y$ 或 $Y \succ X$。也就是说,群体偏好关系是完备的。

到目前为止,我们还没有任何问题。但令人吃惊的困难是,即使每个人的偏好都是传递的,该群体的偏好也可能是不传递的。考察这怎么可能发生。假设我们有三个人 1、2 和 3,

三个候选项 X、Y 和 Z。进一步假设

1 的排名是：

$$X \succ_1 Y \succ_1 Z \qquad (23.1)$$

2 的排名是：

$$Y \succ_2 Z \succ_2 X \qquad (23.2)$$

3 的排名是：

$$Z \succ_3 X \succ_3 Y \qquad (23.3)$$

　　然后，应用大多数规则来定义群体偏好，我们得到 $X \succ Y$（因为相对于 Y，1 和 3 都偏向 X），$Y \succ Z$（因为相对于 Z，1 和 2 都偏向 Y），以及 $Z \succ X$（因为相对于 X，2 和 3 都偏向 Z）。这就违反了传递性，它要求一旦有了 $X \succ Y$ 和 $Y \succ Z$，则应该有 $X \succ Z$。

　　从传递性个人偏好得出非传递性群体偏好的可能性称为**孔多塞悖论**（Condorcet Paradox），是法国政治哲学家马奎斯·德·孔多塞（Marquis de Condorcet）在 1700 年代讨论过的一种现象。关于它，有一些本质的东西与直觉相悖。如果我们记得前面关于非传递性偏好的讨论是多么"混乱"，这里的孔多塞悖论则描述了一种简单的情形，即一群人，当要通过大多数规则表达他们的集体偏好时，他们可以在保持每个人都有完全合理的偏好的情况下，整体表现得自相矛盾。让我们回到一个人对巧克力，他更喜欢草莓；对草莓，他喜欢香草；对香草，他偏好巧克力的例子。即使我们假设没有哪个人会有这样的行为，孔多塞悖论说明，当一群朋友要分享一品脱冰激凌，通过大多数表决规则来决定买哪一种口味时，这样的情况能很自然的产生。

　　事实上，孔多塞悖论也用来说明如何自然地引导一个人形成非传递的个人偏好[41,163]。例如，考虑一个学生要选择上哪所大学，她理想中的大学是排名高，课堂的平均人数少，而且还能给她相当数量的奖学金。假设她被三所大学录取了，各自的特点如图 23.2 所示。在比较这些大学的时候，该生打算针对三个方面的考虑，两两进行比较，采用"少数服从多数"的规则来做决定。不幸的是，这导致了 $X \succ_i Y$（因为在排名和奖学金上，X 比 Y 好）、$Y \succ_i Z$（因为在排名和课堂规模上，Y 比 Z 好），以及 $Z \succ_i X$（因为在课堂规模和奖学金上，Z 比 X 好）。不难看到这其中的相似性，每个方面相当于一个投票人，这个学生的"个人偏好关系"实际上就是从这三个方面综合出来的群体偏好关系。但它确实表明即便是一个人在以多重标准做决定的时候也会出现的复杂性。

大学	全国排名	平均班级大小	奖学金额度
X	4	40	\$3000
Y	8	18	\$1000
Z	12	24	\$8000

图 23.2　在多个角度的标准下，人们在比较大学时会遇到不可避免的困难（孔多塞悖论）

2. 基于大多数规则的表决系统

　　孔多塞悖论预示着在表决系统的设计中会有一些麻烦，但如果我们就是需要某种方法来从一个群体中产生实际的排名（包括一个排在最前面的候选项），还是值得探索用少数服从多数原则能做些什么。我们将着重于将排名第一选择出来的方法，认为它是"群体的首选"。为产生一个完整的排序表，人们可以首先选择出群体首选项，将它从候选项集合中删去，然后对剩下的候选项重复应用这个过程。

一种找到群体首选项的自然方式如下。我们将所有候选项排成某种序,然后利用少数服从多数原则从这个序中一个个删除候选项。具体做法是,首先用少数服从多数表决法比较头两个候选项,将胜者与第 3 个候选项进行比较,然后再将胜者与第 4 个候选项进行比较,如此下去。最后比较出来的胜者一定就是群体首选项了。我们可以将这个过程图示在图 23.3(a)中,表示在一个 4 候选项上的删除序列,A 和 B 首先进行比较,胜者与 C 比,再胜者与 D 比。我们可以将此看作是一个会议的议程,其中候选项两两提交到群体,采用多数表决法,群体首选项从这个过程中浮现出来。

这是在候选项对上运用多数规则发现群体首选项的一种更一般策略的一个例子:我们可以将它们排成任何样子的"淘汰赛",其中候选项以某种形式成对安排,胜者进入下一轮,输者则被淘汰。在这个比赛中最终浮现出来的那个候选项就被称为群体首选项。图 23.3(a)就是一种淘汰赛的结构;图 23.3(b)画出了另一种结构。

3. 基于大多数表决法则的弊病

这些系统的确产生一个群体最喜欢的(并且,通过在剩下的候选项上反复调用系统,也产生一个群体排名)。但是,孔多塞悖论可以用来揭示这种系统的一个重要毛病:其结果有赖于一种**策略议程设置**(strategic agenda setting)。让我们回到原来的孔多塞悖论的例子,其中三个投票人对于候选项 X、Y 和 Z 有各自个人的排序。他们决定利用图 23.3(a)所示的系统(针对三个候选项)来选出群体首选项:他们将首先在两个候选项上做一个少数服从多数表决,然后再在胜者和第三个候选项之间进行多数表决。

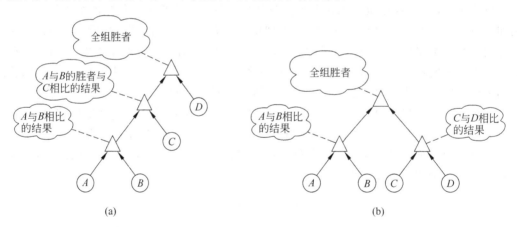

图 23.3 按照少数服从多数规则,对三个或更多候选项决定全组胜者的淘汰赛方式

这就变成了如何为这个过程设置议程的问题,即先对 X、Y 和 Z 之间的哪两个来表决,哪一个要放到最后? 由于个人偏好的结构,在这种情况下议程的选择对结果具有决定性的作用。如果像图 23.4(a)那样,先比 X 和 Y,那么 X 取胜,但然后输给了 Z,X 当不了群体首选项了。另一方面,如果先比 Y 和 Z(如图 23.4(b)),那么 Y 取胜,但然后输给了 X,X 就成了群体首选项。(我们可以类似地让 Y 当上群体首选项)。这样,对于符合孔多塞悖论情况下的个人偏好,整体的胜者完全由在候选项对的表决序列确定。换种方式说,如果最喜欢 Z 的人来设置议程,她可以做出让 Z 取胜的序列;但如果最喜欢 X 或 Y 的人来设置议程,他可以做出让他首选的对象取胜的序列。群体首选项于是就由控制议程的人来决定了。这个问题也不可能靠重新引入已被删除的候选项的方式解决。在孔多塞悖论下的偏好,总会有一

个已被删去的候选项,胜过当前群体首选项的候选人,因此,重新引入候选项来考虑的过程没法结束。

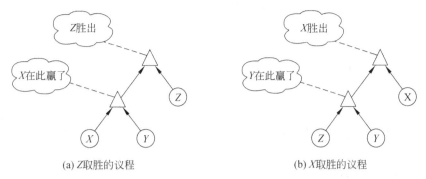

(a) Z取胜的议程   (b) X取胜的议程

图 23.4   在孔多塞悖论下的个人排序,淘汰赛中谁会取胜与议程设置有关

前面,我们通过一个学生要考虑多种因素来选择大学的例子(如图 23.2 所示),观察到孔多塞悖论也可能反映出个人(而不是群体)决策中的病态。议程设置的问题在个人决策的场合也有类似的情况。例如,假设那个学生是根据录取通知书到达时间做出放弃某所大学的决定的。那么,如果录取信到达的次序是 X、Y、Z,她就会当 Y 到达时放弃 Y 而保留 X(因为 X 有较高排名和较高奖学金),然后当 Z 到达时决定放弃 X 而保留 Z(因为 Z 有较小的班级和较高奖学金)。这种在两两之间的决定都是有道理的,但它导致最后留下的 Z,还不如她放弃了但其实更喜欢的 Y。这就是最终决定取决于议程设置所产生的问题。

23.4   表决系统:基于排位的表决

有另一种表决系统,其产生组排序的方式不是从候选项的两两比较中建立起来,而是试图直接从个人排序中产生。这种系统中,每个候选项根据其在个体排序中的位置,得到相应的权重,在组排序中按照总体权重安排。这种系统的一个简单例子是**波达计数法**(Borda Count),由让-查理斯·波达(Jean-Charles de Borda)在 1770 年提出。波达计数法常用来选择体育运动奖项的胜者,如高校橄榄球赛的海斯曼奖杯;一个变种是用来选择职业棒球的最有价值球员;也被美联社和合众国际社用来确定运动队的排名。

在波达计数法中,如果总共有 k 个候选项,那么个人 i 对她排在第一位的候选项赋予权重 $k-1$,对第二个赋予 $k-2$,直到倒数第二个 1,最后一个 0。换句话说,每个候选项从个人 i 得到的权重等于比它低的候选项的个数。每个候选项的总权重就是每个人给它的权重之和。然后,候选项就按照总权重排序。(我们假设,如果两个候选项得到相同的总权重,就采用某种预先安排好的打破平局的方法来决定谁放在前面。)

例如,假设有 4 个候选项,A、B、C 和 D,有两个投票人,分别给出排序:

$$A \succ_1 B \succ_1 C \succ_1 D$$

和

$$B \succ_2 C \succ_2 A \succ_2 D$$

那么,根据波达计数法,赋予给候选项 A 的权重是 $3+1=4$,给 B 的是 5,C 的是 3,D 的是 0。因而,按照降序排列,组排序就是:

$$B \succ A \succ C \succ D$$

不难看到,保持其基本风格,我们可以建立波达计数法的各种变种:可以给每个位置赋予任意的"点数",然后按照总点数来排列候选项。波达计数法将 $k-1$ 赋予第一个位置,$k-2$ 给第二个位置,等等。但我们可以想象不同的赋值,例如,若只想说前三名重要,我们就可以给第一名 3 分,第二名 2 分,第三名 1 分,其余的都是 0 分,组排序还是由总分决定。我们称这类系统为**排位表决系统**(positional voting system),因为候选项得到的数值权重取决于它们在个人排序中的位置。

波达计数法的一个要点是(忽略平手),对一组候选项来说,它总是产生一个完备的、传递的排序。这是它的定义使然,因为它建立了一个单一的数值标准来将候选项排序(包括一个平手消解的规则)。但是,波达计数法也有一些根本的弊病,如下所论。

1. 排位表决系统的弊病

波达计数法,以及一般的位置表决系统最大的问题,在于组排序的前列位置可能会严重依赖个人排序中的很低的部分。可通过一个场景解释这一情况。假设一个杂志要写一个专栏,请 5 名电影评论家来选出有史以来最好的电影,《公民凯恩》和《教父》是两个候选对象。专栏最后让他们采用少数服从多数表决法,评论家 1、2 和 3 喜欢《公民凯恩》,但评论家 4 和 5 更喜欢《教父》。

然而,在最后一分钟,栏目的编辑们认为该专栏需要更加"现代的"感觉,于是增加了《低俗小说》作为第三个可选项,让他们讨论和评价。由于现在有三个候选项了,杂志让每个评论家提供一个排序,然后利用波达计数法来做总体决定,作为该栏目抢眼的话题。前面三个评论家(他们都喜欢老电影)给出的是:

公民凯恩 $\succ_i$ 教父 $\succ_i$ 低俗小说

评论家 4 和 5(只喜欢在最近 40 年出的电影)给出的则是:

教父 $\succ_i$ 低俗小说 $\succ_i$ 公民凯恩

应用波达计数法,我们看到前 3 位评论家每一位给《公民凯恩》的权重是 2,后两名是 0,总权重是 6。《教父》从前三位分别得到权重 1,从后两位分别得到 2,总数是 7。《低俗小说》则从前三位得到 0,从后两位分别得 1,总数为 2。结果,波达计数法给出《教父》为群体首选项。

注意这里发生了什么。在《公民凯恩》和《教父》之间的两两比较保持不变——《公民凯恩》以 3∶2 取胜。但由于加了第三个可能,群体首选项的识别改变了。除此以外,这并不是由于这群人特别喜欢这个新的第三种可能,它实际上在与其他电影的两两比较中都输掉了。换个角度讲,《公民凯恩》在波达计数法中没能排在第一位,尽管它在按照少数服从多数规则的两两比较中要比其他两个都好。因此,我们发现,波达计数法的结果会依赖那些直觉上看起来"不相干的"候选项的出现——那样的候选项看起来很弱,但实际上起了一个"破坏者"的作用,引起了结果中高排名者的变化。

这种结果的可能性引出了波达计数法的进一步困难。特别是,**策略性偏好误报**(strategic misreporting of preferences)问题。我们考虑一个稍微不同的场景来看看这是怎么回事。假设在前面的故事中,评论家 4 和 5 实际上有真实的排序:

教父 $\succ_i$ 公民凯恩 $\succ_i$ 低俗小说

换句话说,在故事的这个版本中,所有 5 位评论家都同意《低俗小说》应该在这三个电影中排在最后。如果我们在这样 5 个个人排序上做波达计数法,组排序会将《公明凯恩》放在第一(它得到总权重 $3\times 2+2\times 1=8$,而《教父》得 $3\times 1+2\times 2=7$)。然而,假设评论家 4 和 5 理解波达计数法的性质,事先决定将他们的排序误报为:

$$教父 \succ_i 低俗小说 \succ_i 公民凯恩$$

于是我们就有前面情形的个人排序,并且《教父》最终排在第一。

这里的要点是,在波达计数法下的投票者有时可以通过撒谎,不告知他们的真实偏好而得利,特别是,可以压低其他许多投票者放在他们排序顶端候选项的排名。

2. 美国总统大选中的例子

这样一种病态现象在美国总统大选中也有过不同的版本。美国总统大选的全过程有一个复杂的规定,其中包括各州在换届选举中选出他们的选举人,即选择将获得州选举人票的候选人,通常是通过多数决(plurality vote)来完成的:被相对最多(不一定是大多数)的选民排在前面的获胜。(美国宪法不要求这样,有些州已经考虑和采用了其他的方法,但这是典型的做法。)

我们想想,多数决事实上就是一种排位表决系统,从下面这种等价的方式能看出来。让每个投票人报告他们各自对所有候选人的排序,每个个人排序于是将权重 1 赋给了排在第一名的候选人,后面的权重都为 0。从这些排序中得到最大权重的候选人胜出。注意,这不过是用不同的方式在说"被最多的选民排在前面的获胜",但它说明这个系统符合排位方法的结构。

多数决显示出来的困难类似于我们在波达计数法中观察到的。在只有两个候选人的情形,多数决规则与大多数原则相同;但若候选人多于两个,我们就会看到"第三方"效应又出现了,一个只有很少人青睐的候选项有可能起到在两个强有力的竞争者中改变结果的作用。于是,这就会使某些选民刻意策划他们的选择,故意误报他们对第一名的选择,从而让一个候选人有更多的胜出机会。这样的问题在最近美国总统选举中出现过,并且它们在一些重要的早期选举(例如亚伯拉罕·林肯在 1860 年的选举)中的效果也被研究过[384]。

23.5 阿罗不可能定理

我们已经看到了一些不同的表决系统,当需要考虑多于两个候选项的时候,它们都显示出病态的行为。如果进一步考虑在实践中采用的表决系统,我们会发现它们也是受困于在产生组排序方式中的问题。然而,在一定时候,我们也许应该离开具体的表决系统,问一个更一般的问题:是否存在什么表决系统,能在三个或更多的候选项中产生组排序,并且避免我们到目前为止谈到的所有弊病?

要使这个问题具体化,要求我们精确说明所有相关的定义。我们已经讨论了表决系统的精确定义:对于一个固定数量(k)的选民,表决系统是一个函数,它以 k 个个人排序为输入,产生一个组排序。我们需要做的另一件事是说明一个表决系统没有弊病是什么意思。为此,提出合理的表决系统应该满足的两个性质:

- 首先,如果有一对候选项 X 和 Y,所有选民都给出 $X \succ_i Y$,那么组排序中也就应该有 $X \succ Y$。这是一个十分自然的要求,称为**帕累托原则**(Pareto principle)或者**趋同原则**(Unanimity principle);它只是要求如果大家相对于 Y 都更喜欢 X,则该组排名应该反映出这一点。可以认为趋同原则旨在确保群体排名至少要在最低的要求上反映个人的排名。

- 其二,我们要求,对于任意两个候选项 X 和 Y,它们在组排序中的顺序仅取决于它们在个人排序中的相对顺序。换句话说,设从一组个人排序产生的组排序中有 $X > Y$,如果在某些个人排序中我们移动某个候选项 Z 的位置,但保持 X 和 Y 的相对位置不变,则结果组排序依然应该有 $X > Y$。

这个条件称为**无关候选项的独立性**(Independence of Irrelevant Alternatives,IIA),因为它要求在组排序中 X 和 Y 的关系仅取决于表决者关于它们俩的偏好,而与他们怎么看其他候选项无关。IIA 要比趋同性更加微妙,而且在我们前面讨论的表决系统的病态行为很多就是由于没有满足 IIA。在依照波达计数法的策略性误报偏好情况中,这种 IIA 问题是很清楚的,在那里第三个候选项 Z 在排序中的换位就足以改变了另外两个候选项 X 和 Y 在结果中的相对地位。IIA 因素也在基于少数服从多数的策略议程设置问题中有作用:那里的关键想法是,选择一种议程设置,早早就把较强的候选项 X 删除,不让它有机会和较弱的 Y 比较从而胜过它。

1. 满足趋同性和 IIA 的表决系统

由于趋同性和 IIA 都是合理的性质,很自然我们就会问什么样的表决系统满足这两条性质。当只有两个候选项的时候,少数服从多数规则显然是满足它们的:如果大家都喜欢 X,结果就认定了 X;并且由于只有两个候选项,X 和 Y 在组排序中的位置显然不会受什么其他候选项的影响。当有三个或者更多候选项时,要找一个满足这两个性质的表决系统就不简单了:前面说的位置表决系统和少数服从多数系统都不成。但是,有一种表决系统,即独裁系统是满足这两条的。所谓独裁系统,就是挑一个人 (i),让组排序就等于这个人的排序。注意,基于这种独裁的概念,实际上有 k 种不同的表决系统,k 个表决者的每个人都可能被选成独裁者。

我们很容易能看到这种独裁系统满足趋同性和 IIA。首先,如果相对于 Y 每个人都更喜欢 X,那么独裁者也是,因此组排序就反映这种认识。其次,X 和 Y 在组排序中的位置只取决于独裁者对它们的排序,与所有表决者的任何其他候选项 Z 的位序无关。

2. 阿罗定理

1950 年代,肯尼·阿罗证明了一个惊人的结果[22,23],讲清楚了为什么表决系统难以摆脱那些病态行为。

阿罗定理:如果针对至少三个候选项,则任何满足趋同性和 IIA 的表决系统必定是对应某个个人的独裁。

换句话说,独裁系统是满足趋同性和无关项独立性(IIA)的唯一的系统。

由于人们通常认为独裁是一个不好的性质,即"非独裁"是一个所期望的性质,阿罗定理常常被表达成一个不可能性结果。即如果一个表决系统的组排序不总是和某人 (i) 的排序一致,则我们说一个表决系统具有非独裁性,此时可以重新表述阿罗定理如下。

阿罗定理(等价版本):如果针对至少三个候选项,则没有任何表决系统同时满足趋同性、IIA 和非独裁性。

最后要说的是,阿罗定理告诉我们的不是表决是一定"不可能的",而是其中有不可避免的权衡需要处理,我们选择的任何系统都会有某方面的不理想行为。因此,它有助于人们将注意力放在讨论如何管理表决中的这些权衡上,并且在这种认识上评价不同的表决系统。

23.6　单峰偏好与中位项定理

孔多塞悖论和阿罗定理是天然的事实,我们没法回避。一般来说,当面对一种不可能结果的时候,一种通常的做法是考虑有关问题的一些合理的特殊情况,看看其中是否不会出现那些基本的困难。关于表决,沿着这方向有着一个长线的研究。

这些研究的起始点,是观察到在孔多塞悖论情势下所采用的个人排序有些不寻常。回顾那里有三个候选项 X、Y 和 Z,三个选举人 1、2 和 3,我们有:

$$X >_1 Y >_1 Z$$
$$Y >_2 Z >_2 X$$
$$Z >_3 X >_3 Y$$

假设 X、Y 和 Z 分别对应要花在教育或者国防上的费用,X 对应一个比较小的数,Y 中等,Z 是一个大数。那么选举人 1 的偏好符合逻辑(不一定就对):上述表达式相当于说"钱花得越少越好"。选举人 2 的偏好也可有逻辑的理解:他认为最好是花中等量的钱,但如果不行的话,那就只有多花一些了。选举人 3 的偏好则难以简单说清楚道理来:他认为应该花大钱,但第二选择却最少,中间的则放在最后。换句话说,前两个选举人的偏好可以通过与一个固定数字的相近程度来解释:他们都有一个"理想的"数量,并且按照与这个理想的相近程度来评估候选项。第三个人的偏好没法得到这样的解释:不存在一个"理想的"数,以至于问题中的"大数"和"小数"都离它较近,但"中等数"反而离它较远。这不是说一个人不可以有这种偏好(例如,有人可能认为,如果我们不舍得在教育上给予足够投资(从而才可以将它做好),就还不如一分钱也不花在教育上),只是说那样的偏好比较不寻常。

相似的推理也可以用于 X、Y 和 Z 是政治候选人的情形。例如,按照他们的政治倾向,X 是自由派,Y 是中间派,Z 是保守派。在这种情况下,选举人 1 喜欢自由派,选举人 2 喜欢中间派,但如果他必须在两个极端之间选择的话则倾向于保守,但选举人 3 喜欢保守派候选人,然后是自由派,最后是中间派。同样,选举人 1 和 2 的偏好是好解释的,因为我们可以假设他们对候选人的评判是参照政治倾向"谱"(译者注:即想象每种态度都可以放到保守和自由这两个极端之间的某一点上)中个人认定某个"理想的"点,但选举人 3 的偏好没法这么解释,因此不那么自然。

我们现在来描述一种将选举人 3 的排序的"非理性"形式化的方式,然后说明如果排序中不包含这样的结构,则孔多塞悖论就不会出现。

1. 单峰偏好

如果参与表决的候选项的特征可以对应于数值,或者可以按照政治倾向的程度做线性排序,我们有理由假设个人的偏好倾向于看起来像上述例子中的选举人 1 和 2 的偏好,即在候选项涉及的范围,每人有一个特别喜好的点,他们参照这一点来对候选项做出评估。事实上,对我们这里的讨论而言,假设还可以弱一些,即一个人的偏好在他最喜欢的候选项两边一致地"下降"。

精确地讲,假设 k 个候选项是 $X_1, X_2, \cdots, X_k$,每个人都按照这个次序看它们(同样,我们可想象它们是数值,或者政治倾向谱上的候选人)。我们说,一个投票人有着**单峰偏好**

(single-peaked preferences),如果不存在候选项 X_s,它的两个邻居 X_{s-1} 和 X_{s+1} 的排位都比它高。换句话说,一个选举人绝不会偏好两种选择,位于一个中间选择的对立的两边。由于我们假设选举人具有完备和传递的偏好,我们也称这种单峰偏好为单峰排序。

这样的偏好称为单峰的,因为我们要求的条件等价于是说每个选举人 i 有一个最高排名的选项 X_t,且她的偏好在 X_t 的两边都降低:

$$X_t \succ_i X_{t+1} \succ_i X_{t+2} \succ_i \cdots$$

且

$$X_t \succ_i X_{t-1} \succ_i X_{t-2} \succ_i \cdots$$

画出图来,如图 23.5 所示。其中的例子中有三个选举人,分别有偏好:

$$X_1 \succ_1 X_2 \succ_1 X_3 \succ_1 X_4 \succ_1 X_5$$
$$X_2 \succ_2 X_3 \succ_2 X_4 \succ_2 X_1 \succ_2 X_5$$
$$X_3 \succ_3 X_2 \succ_3 X_1 \succ_3 X_4 \succ_3 X_5$$

图中的三条曲线分别表示这三个个人的偏好。曲线上,椭圆代表一个候选项,它的高度对应其在偏好排序表中的位置。如图 23.5 所示,个人偏好排序中的单峰表现在曲线上就是一个可见的顶点。

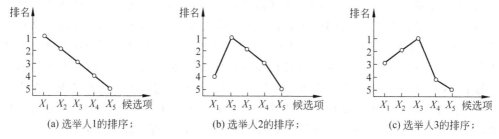

(a) 选举人1的排序;　　　　(b) 选举人2的排序;　　　　(c) 选举人3的排序;

图 23.5　在单峰偏好条件下,每个人的排序在对应于她最喜欢的选择的峰值两边下降

2. 单峰偏好下的少数服从多数规则

单峰偏好很自然地用在多种排序模型中,但它们在表决理论上的意义被邓肯·布莱克(Duncan Black)在 1948 年发现[61]。

回顾在 23.3 节的第一个最基本的例子,我们要从一组个人排序中综合出组排序。我们比较每一对候选项 X 和 Y,用少数服从多数规则来产生组的偏好 $X \succ Y$ 或 $Y \succ X$(取决于哪个候选项得到更多选举人的青睐)。如前,我们也假设选举人是奇数,因此不用担心出现平手的可能性。我们的希望是结果组偏好关系 $\succ$ 是完备且传递的,从而就能从中产生一个组排序。不幸的是,孔多塞悖论表明这种希望是枉然的:传递的个人偏好也可能导致非传递的组偏好。

但这就是我们在本节发展的框架的要点,即对于单峰偏好来说,上述方案是完美的。我们们有如下结论。

断言:如果所有个体排名都是单峰的,那么将少数服从多数规则应用到所有候选项对上,所产生的组偏好关系 $\succ$ 是完备且传递的。

初看起来,并不清楚这个惊人的事实会是真的,但它来自如下一个直觉上很自然的理由。

3. 个人首选项表中的中间项

如同其他构建组排序的方式一样,我们从找到组首选项(即可以放到排序顶端的候选项)开始,进而填充排序中后面的位置。找到一个组首选项是这个问题的关键,因为它要求我们识别出一个候选项来,其在两两多数表决中胜过所有其他候选项。

我们考虑每个选举人排在最高的候选项,把这些首选项从左到右,按照本节前面确定的顺序排列。注意,如果一些选举人的首选项是相同的,那么该候选项在排列表中就会出现多次,但这没什么关系。现在考虑排列表的"中位"候选项,即恰好在表中间的那个。例如,按照图 23.5 的三个个人偏好,个人首选项的排序表会是 X_1、X_2、X_3,因此中间项是 X_2。对于更多选举人的情形,如果个人首选项排列是 X_1、X_1、X_2、X_2、X_3、X_4、X_5,则中间项也是 X_2,我们考虑的是所有项,包括重复。

考虑个人首选项表的中间项作为组的首选项是一个自然的想法,因为它自然地在两个极端之间取得了"妥协"。而且,事实上它对我们的目的而言的确不错:

中位项定理:在个人排序具有单峰性质条件下,个人首选项列表的中间项在少数服从多数的两两比较中胜过所有其他候选项。

下面考察这为什么是对的。令 X_m 为个人首选项列表的中间项,X_t 是任意其他候选项。假设 X_t 在 X_m 的右边,即 $t > m$(它在左边的情形可完全对称论述)。也设想将选举人按照各自首选项在列表中的顺序做排序。

我们的论证思路如图 23.6 所示。选举人的个数 k 是奇数,在有序表的第 $(k+1)/2$ 位置上的 X_m 就是中间项。这意味着对于前面 $(k+1)/2$ 个位置上的选举人,X_m 要么是他们的首选项,或者他们的首选项在 X_m 的左边。对于后者而言,X_m 和 X_t 都在该选举人首选项右手边的"下坡"上,但 X_m 要比 X_t 离峰更近,因此相对于 X_t,他们要更偏好 X_m。也就是说,在前 $(k+1)/2$ 位置上的每个人都更偏好 X_m。注意到这已经是选举人严格的多数了,因此在少数服从多数的两两比较中 X_m 胜过 X_t。

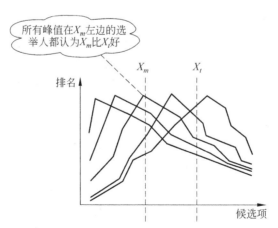

图 23.6 在两两比较的少数服从多数表决中,个人首选项表的中间项
胜过所有候选项的证明

简单地讲,个人首选项表的中间项 X_m,相对于任何其他候选项 X_t 而言,总是可以获得多数支持,这是因为对多于一半的选举人而言,X_m 介于 X_t 和他们各自的首选项之间。

从这个关于个人首选项表的中间项的事实,不难看出为什么在所有候选项对上施行少数服从多数规则,可以产生完备且传递的组排序:通过一次次将组首选项识别出来,我们就建立起了组排序。也就是说,我们从找到个人首选项的中位项开始,并将它放到组排序的顶端。这样做是保险的,因为中位项定理保证了它胜过所有其他将被放到这个组排序表上的候选项。

现在,我们从每个个人排序中删除此候选项。注意,当这样做之后,所有个人的排序依然保持单峰性质,从本质上讲,我们只是从每个排序中"削掉了"峰顶,因而在原来排序中的第二项成了新的峰顶。我们现在有了一个同样问题的不同版本,即关于若干(比先前少一个)候选项的一组单峰排序。因此,我们可以从这些排序的第一名之间找到新的中位项,将它排到组排序的第二个位置,继续这种方式,直到所有候选项都被处理完毕。

例如,将这个过程应用于图 23.5 的三个选民情形,我们会首先将 X_2 选出来,将它放到组排序的第一个位置。一旦我们从候选项集合中删除了它,就得到三个关于 X_1、X_3、X_4 和 X_5 的单峰排序。在这个集合中,三个选民的个人首选分别是 X_1、X_3 和 X_3,因此 X_3 是新的个人首选中位项,我们将它放到组排序的第二位。如此进行,最后得到组排序:

$$X_2 > X_3 > X_1 > X_4 > X_5$$

由于选民 2 的首选项被认定为第一个个人首选项表的中位项,他就是最初的"中位项选民",组排序的第一项就和他的首选项一致,即都是 X_2。然而,组排序并不完全与选民 2 的个人排序一致,例如选民 1 和选民 3 都偏爱 X_1 和 X_4,尽管选民 2 不那么想,但组排序反映了这个现实。

23.7 表决以实现信息聚合

到目前为止,我们主要集中在表决用来聚合群体中有本质差别观点的情形。表决也可用于一群人有共同目标的场合。在那些场合,可以合理地假设存在一个真正的最好的排序,表决的目的是发现这个排序。对政治候选人,或者艺术品来说,这很可能是不适合的;但它可能是陪审团研究问题的方式,特别是当陪审团员纠缠在事实的不确定性上而难以形成决定的时候。还有一个场合它也可能是个好模型,那就是公司的咨询委员会,当委员们对公司提出的多个商业计划进行评价时,由于每个计划所产生的未来回报都是不确定的,需要以一定的方式形成一个优先排序。

在这样一些情形,我们想象有一个真正最好的排序,可以认为个人排序的不同只是他们掌握的信息不同,或者对已有信息的不同评价。如果所涉及的每个人有同样的信息,并且对它有相同的评价方式,则会形成相同的排序。

我们将看到,这些想法在人们考虑他们表决方式的时候能导致某些复杂的效果。作为一个基点,我们从一个简单的模型开始,其中人们纯粹基于他们的个人排序同时进行表决。

然后我们讨论在这两个假设不成立时会发生什么情况,即表决顺序进行,或者对他人排序的了解会引起一个人改变她的排序。

同时且诚实的表决:孔多塞陪审团定理

我们从简单情况开始,假设有两个候选项 X、Y,其中一个本质上就是好些,每个选民会给她相信是较好的一个投票。选民们拥有不同但非确定的信息,我们利用在第 16 章关于信息链的框架为这种情况建模。首先假设有一个"X 最好"的**先验概率**(a prior probability)，每个选民都知道。为简单起见，我们取这个概率为 $1/2$ 来做分析。这意味着在开始的时候，X 和 Y 同等可能是最好的选择。然后，每个选民收到一个独立的、私有的信号(关于 X 和 Y 哪一个更好)。该信号给出的方式是以某个 $q>1/2$ 的概率，指出 X 和 Y 中哪一个更好；以如同第 16 章中那种条件概率的形式写出来就是：

$$Pr\ [X\text{-}signal\ is\ observed\ |\ X\ is\ best\,] = q$$

且

$$Pr\ [Y\text{-}signal\ is\ observed\ |\ Y\ is\ best\,] = q$$

我们可以想象每个选民获得信号的方式是扔一个不平衡的硬币，对每个选民而言，它以概率 q 落在指示较好候选项那一面。

不同于第 16 章的情形，在我们当前的分析中，所有投票都是同时进行的。也就是说，没人可以在她做出决定之前看到他人的决定。同时，我们假设每个人投票都是诚实的，即她一定投给她相信是更好的候选项，其信念来源于她掌握的信息(以她的私有信号的形式)。建立个人诚实投票的模型，可以采用如同第 16 章中的条件概率方式，即当一个选民观察到一个关于 X 的信号，她首先估计条件概率：

$$Pr\ [X\ is\ best\ |\ X\text{-}signal\ is\ observed\,]$$

然后，如果这个概率 $>1/2$，她就决定选 X，否则就选 Y。如果她观察到的是关于 Y 的信号，也可有类似分析。我们这里只讨论 X 信号的情形就够了，因为两种情况是对称的。

与在 16.3 节做的分析完全相似，我们可以用贝叶斯规则来估计这个选民决定背后的条件概率。即：

$$Pr\ [X\ is\ best\ |\ X\text{-}signal\ is\ observed\,]$$
$$= \frac{Pr\ [X\ is\ best\,] \times Pr\ [X\text{-}signal\ is\ observed\ |\ X\ is\ best\,]}{Pr\ [X\text{-}signal\ is\ observed\,]}$$

由我们关于先验概率的假设，有 $Pr\ [X\ is\ best\,]=1/2$。根据对信号的定义，我们知道 $Pr\ [X\text{-}signal\ is\ observed\ |\ X\ is\ best\,]=q$。最后，观察到 X 信号有两种情形：X 是最好，或者 Y 是最好。因此：

$$Pr\ [X\text{-}signal\ is\ observed\,] = Pr\ [X\text{-}is\ best\,] \times Pr\ [X\text{-}signal\ is\ observed\ |\ X\ is\ best\,]$$
$$+ Pr\ [Y\ is\ best\,] \times Pr\ [X\text{-}signal\ is\ observed\ |\ Y\ is\ best\,]$$
$$= \frac{1}{2}q + \frac{1}{2}(1-q)$$
$$= \frac{1}{2}$$

将这些整理到一起，我们得到：

$$Pr\ [X\ is\ best\ |\ X\text{-}signal\ is\ observed\,] = \frac{(1/2)q}{1/2} = q$$

一个完全自然的结论就是，选民将倾向于所收到信号支持的候选项。事实上，用贝叶斯规则得到的计算结果给我们的不仅是这个结论，它还告诉我们，基于这个信号该选民应赋予这候选项的概率。

马奎斯·德·孔多塞(侯爵)描述这个场景的时候是 1785 年。在他的版本中，他直接假设每个选民以某个概率 $q>1/2$ 来选择其最喜欢的候选项，而不是从私有信号的假设中推导出来这个概率。但基于这两种假设的模型效果是一样的。孔多塞想说明，当许多选民以一个稍大于 0.5 的概率倾向于两个选择中的某一个时，少数服从多数规则是有效的。他从概率的角度对个人决定做形式化是一个新颖的做法,因为在那个年代概率还是一个比较新的东西。他的主要结论,现在称为孔多塞陪审团定理,如下所述。假设 X 是最好的候选项(Y 的情况是对称的)。那么,随着选民数量的增加,选择 X 的选民(的份额)会几乎肯定地收敛到接收一个 X 信号的概率 $q>1/2$。特别地,这意味着多数人达到一个正确决定的概率,随着选民人数的增加,会收敛到 1。在这个意义上,孔多塞的陪审团定理也许是"群众智慧"概念最早的形式化结果,即聚合许多人的认识可以导致比任何专家个人都要更高质量的决定。

23.8　信息聚合中不诚实的表决

上一节中孔多塞陪审团定理的假设之一是所有人都诚实表决,即每个人基于得到的信息都会选他或她相信是最好的。表面上看,这似乎是个比较温和的假设。如果选民能分享他们的信号,他们就会对最好的候选项形成全体一致的意见。但由于他们不能相互通信,并且只能看到他们自己的私有信号,一个选民除了根据她的信号做出最好的判断外,有什么理由还做别的什么呢?

事实上,存在许多自然的情形,人们实际上会选择投出不诚实的票,偏向于她相信是最差的候选项,尽管她的目标还是最大化群体选出最好候选项的概率。这显然是一个违反直觉的断言,其背后的道理只是近期才有人阐明[30, 159, 160]。为解释这种现象,我们来看一个基于 Austen-Smith 和 Banks 描述的场景的假想实验[30]。

1. 鼓励虚假投票的实验

这里是实验的安排。实验者宣布,一个装有 10 颗弹子的坛子要放在一间屋子的前面;有 50% 的机会,坛子装有 10 颗白色的弹子,50% 机会是 9 颗绿色的和 1 颗白色的(我们称这第一种坛子为"纯粹的",第二种为"混合的")。

实验者让 3 个人一起来猜一猜现在是哪一种情况。他们的集体决定将按照下面的协议形成。首先,每个人允许从坛子中取出一颗弹子,看看它(但不给另外两人看),然后将它放回去。然后,三个人要做一次同时的投票,不能通信交流信息,猜这坛子是哪种类型。如果多数人说对了,那么三个人都获得一笔奖金;否则,三人什么也得不到。(注意:如果多数人错了,每个人什么都得不到,尽管其中可能有人自己对了。)可以看到,实验的目的是为这些选民建立一组独立的私有信号:每个选民取出看的弹子的颜色是她的私人信号,不能传达给任何其他选民。但是,群体决定又必须通过少数服从多数表决来达成,而每个选民得到的概率信号是不同且可能是冲突的。

我们现在来看一个人应该如何推理基于她抽取到的弹子情况的条件概率;这之后,我们考虑她应该如何进行实际的投票。

2. 条件概率和关于投票的决定

首先,假设你(作为三名实验人之一)抽得了一个白色弹子。不用精确计算,像我们在前面的小节中一样,利用贝叶斯规则,容易得出这种情形下的坛子很可能就是全部白色弹子那一种。(直觉上,如果你看到一颗白色弹子,它从全白坛子出来的可能性要比从只有一颗白弹子坛子出来的可能性大很多。)另一方面,如果你抽到了绿弹子,那肯定就是混合坛子了,因为只有它包含绿弹子。

因此,如果你诚实地投票,当抽到白色,就会投"纯的",绿色就会投"混合的"。但是,如果假设你知道其他两人也会诚实投票,你想选择你的投票来最大化三人中多数产生正确答案的机会。于是,就可以问自己一个问题,"在什么情况下,我的投票会影响整体结果"? 稍加考虑,就会看到你的投票对结果的影响仅发生在另两个(诚实的)人投票意见不相同的时候(一个说纯的,一个说混合的)。此时,另两个人之一已经抽到了一个绿色弹子,因此坛子一定是混合的了。从这个推理得出的结论是:在你的一票起作用的时候,坛子一定是混合的!

因此,如果你知道你的同伴会诚实投票,你为群体能帮的忙就总是投"混合的",于是就给单次抽取绿色弹子支配多数结果的机会。换句话说,你这样做就是通过策略的投票操纵了群体的选择。的确,你这样做不是为了占别人的便宜,而只是为了让群体更可能做出最好的选择。但不管怎样,在这种情况下,如果你的两个同伴诚实投票,你也诚实投票的话就不是最优的。

3. 投票实验的解释

一旦我们意识到这个例子的妙处,自然就会想到针对一个共同目标的投票是不是与博弈论有什么关系。选民对应参与者,他们可能的策略就是基于私有信息选择投票的可能,得到的回报基于每个人的投票选择。我们刚才考虑的实验构造了一种场景,其中诚实的投票不是一个均衡。注意,虽然其中的分析排除了能够达到均衡的最自然的候选项,但实际上它没有确定这个博弈中均衡是什么样子的。事实上,存在多个均衡,其中一些计算起来有点复杂,我们这里暂且不管它们。

从这个讨论中,有一些进一步的要点值得多思考。首先,实验以一种非常清晰和漂亮的形式,展现出了非诚实投票的现象,清楚地揭示出其中的细节。但这种场景在现实世界情形也会出现,其特征是一个像少数服从多数投票这样的高度对称的决策过程,与具有非对称结构的一对候选项(像这里的单纯和混合坛子)相冲突。例如,假设一个公司的顾问委员会要为该公司在一个有风险和一个安全的举措上作决定,决定的方式是少数服从多数。进一步假设委员会成员有他们自己关于哪个方案更好的私有证据,并且如果任何一个人有真正的证据表明有风险的方案要好些,它就会是最好的选择。如果你是这种情况下的委员会成员,且你知道其他人会诚实投票,那么你知道你的一票只是在一半的委员会成员有倾向于风险方案是才有用,届时,风险方案是较好的。因此,如果你违心地将票投给风险方案,群体会较好一些,提高了委员会做出较好选择的机会。当然,将表决看成一种博弈,你应该理解这里的情形事实上要更加复杂:若其他委员会成员也不诚实投票,你可能会假设他们也跟你有同样的推理。给定这种情况,确定如何行动,是一个复杂的问题。

最后,值得特别提出的是这种分析中的一个关键方法,也就是当你的行动实际影响总体结果的情况下,你才评估它们的后果。它清楚地揭示了非诚实投票是正确决定的原因。研究人员观察到,将这个原理用于表决,也形成了一个与其他博弈场合相似的推理方法,包括我们在第 9 章看到的"赢者的诅咒"[159]。那里,当多人在一个有公共价值的项目(诸如石油开采权)上投标时,你投标的价值只是在你赢的时候才有意义,在那种情况,对项目真实价值的估计很可能是过高的(而不是过低)。因此,当你投标的时候,你需要考虑这个情况,让投下的标低于你对项目真实价值的估计。在投标活动中的这种虚假性类似于我们这里一直讨论的表决中的非诚实性;在这两种情况下,它们之所以出现是因为你评估你的决定是针对其对结果的实际影响,而结果所提供的附加隐含的信息,是需要加以考虑的。

23.9 陪审团决定和一致通过规则

刑事审判中的陪审团决定是最初引起这个讨论的重要例子：它们形成了一类自然的事例，其中投票人（陪审团成员）原则上认为是存在一个"最佳"群体决定，被告若有罪就应该定罪，若无辜就应该宣判无罪；他们就是要通过聚合个人的观点来达到这个最佳决定。有了前面那些讨论，这里很自然要问：在这种情况下会出现非诚实的投票吗？如果有，后果会如何？如同费德森(Feddersen)和帕森多夫(Pesendorfer)所论证的，在有些陪审员刻意要使他们的表决贡献于群体最佳决定的情况下，非诚实投票实际上会自然地作为一种策略出现[160]。我们这里给出其分析的基本结构。

1. 裁决，一致意见和私有信号

如果将刑事审判中的陪审团决定与 23.7 节中的孔多塞定理的情形相比较，我们能注意到两个基本区别，都是源于刑事司法系统中旨在避免给无辜的被告定罪的体制特点。

第一个区别是，为了给被告定罪，它通常要求一致的表决。因此，如果我们有 k 个陪审员，有"无罪"和"有罪"这两个选项，每个陪审员投其中一个，只有当每人都投"有罪"，群体结论才是有罪。第二个区别是陪审员用于评估两个选项的标准。在第 23.7 节的模型中，如果每一个选民可以观察所有可用的信息，且下式成立，她会选择候选项 X：

$$Pr\left[X \ is \ best \mid all \ available \ information\right] > \frac{1}{2}$$

然而在刑事审判中，给陪审员的指示不是"如果相比无辜而言被告更可能是有罪的，则他/她应该被定罪"，而是"只有在相当程度上怀疑被告是有罪的，他才该被定罪。"这意味着陪审员不该问是否：

$$Pr\left[defendant \ is \ guilty \mid all \ available \ information\right] > \frac{1}{2}$$

而是问，对于某个较大的数 z，是否有：

$$Pr\left[defendant \ is \ guilty \mid all \ available \ information\right] > z$$

我们现在给每个陪审员得到的信息建模。按照 23.7 节用在孔多塞陪审团定理上的框架，假设每个陪审员收到一个独立的私有信号，指向有罪（G 信号）或无辜（I 信号）。在实际中的被告当然是要么有罪要么无辜，我们假设倾向于真实情况的信号要比倾向于错误的信号丰富，也就是对某个 $q > 1/2$，我们有：

$$Pr\left[G\text{-}signal \mid defendant \ is \ guilty\right] = q$$

以及

$$Pr\left[I\text{-}signal \mid defendant \ is \ innocent\right] = q$$

观察到 G 信号的陪审员会在意相应的条件概率，即 $Pr[defendant \ is \ guilty \mid G\text{-}singal]$。假设被告有罪的先验概率即没有任何信号出现时的概率是 1/2。那么，23.7 节中利用贝叶斯规则的论证也可以在此使用（有罪和无罪对应于那里的候选项 X 和 Y），得到：

$$Pr\left[defendant \ is \ guilty \mid G\text{-}signal\right] = q$$

类似地有：

$$Pr\ [defendant\ is\ innocent\ |\ I\text{-}signal\,] = q$$

对于任意 0 和 1 之间的先验概率,下面接下来分析的结论本质上与 23.7 节是一样的,只是计算稍有不同。

在分析之前,我们可以问这个模型的假设,即每个陪审员收到独立的私有信号,是不是合理的,毕竟他们在法庭中坐在一起,而且都看到了同样的证据。显然,私有信号假设是一个简化的近似。但我们也很清楚,在真实法庭的陪审员,就一个案子的事实,可以而且的确形成相当多样化的看法。这其实是自然的:尽管看到同样的证据,陪审员还是有不同的解释和推理,这在于他们每个人的直觉和决策风格,它们是难以作为事实从一个人传达到另一个人的[160]。因此,在这种情形,我们可以将私有信号理解为对信息的不同**解释**(interpretations),而不是个人的附加信息来源。一个理性的陪审员会受她自己信号的引导,但也会被别人信号结果的影响,即其他人对案子的看法与她相同还是不同。

2. 陪审员决定的模型

如上所述,一致同意规则的设计使得难以给一个无辜被告定罪,因为那要求每一个陪审员都"无误地"选择有罪。从表面看,这种原则有道理,但如同我们在 23.8 节看到的,当我们假设人们选择自己的投票时会考虑群体决定结果的话,关于这种原理效果的理解是微妙的。

特别地,因下列原因,事情可变得更加复杂。假设你是陪审员之一,收到一个 I 信号。首先,似乎很清楚,你要投一个"无罪开释",毕竟,你的 I 信号给你一个指出被告无罪的条件概率 $q > 1/2$。但然后你记得两件事,首先,群体认定有罪的标准是:

$$Pr\ [defendant\ is\ guilty\ |\ available\ information\,] > z$$

意味着,原则上讲,未观察到的其他人的信号(假若你知道的话)足以使这个有罪条件概率大于 z,尽管你的是 I 信号。再者,像在 23.8 节那样,你问自己一个关键问题:在什么情况下,我的投票会影响结果? 在全体一致规则下,你唯一能影响结果的情形是别人都投"有罪",就你不一样。如果你相信其他人都会按照他们自己的信号投票,你就可以准确地知道你的投票影响大局时的信号情况:$k-1$ 个 G 信号和你的一个 I 信号。

在这种情况下,什么是被告有罪的概率? 利用贝叶斯规则,有:

$$Pr\ [defendant\ is\ guilty\ |\ you\ have\ the\ only\ I\text{-}signal\,]$$

$$= \frac{Pr\ [defendant\ is\ guilty\,] \times Pr\ [you\ have\ the\ only\ I\text{-}signal\ |\ defendant\ is\ guilty\,]}{Pr\ [you\ have\ the\ only\ I\text{-}signal\,]}$$

我们的假设是 $Pr\ [defendant\ is\ guilty\,] = 1/2$,并且由于 G 信号的独立性,我们有 $Pr\ [you\ have\ the\ only\ I\text{-}signal\ |\ defendant\ is\ guilty\,] = q^{k-1}(1-q)$。(后面这个等号是由于另外 $k-1$ 个陪审员收到 G 信号的概率是 q^{k-1},乘以你收到 I 信号的概率 $1-q$)。最后,如同通常贝叶斯规则计算,我们确定除你之外所有陪审员收到 G 信号的两种方式,被告有罪或者他是无辜的:

$$Pr\ [you\ have\ the\ only\ I\text{-}signal\,]$$

$$= Pr\ [defendant\ is\ guilty\,] \times Pr\ [you\ have\ the\ only\ I\text{-}signal\ |\ defendant\text{-}is\text{-}guilty\,]$$

$$+ Pr\ [defendant\ is\ innocent\,] \times Pr\ [you\ have\ the\ only\ I\text{-}signal\ |\ defendant\ is\ innocent\,]$$

$$= \frac{1}{2}q^{k-1}(1-q) + \frac{1}{2}(1-q)^{k-1}q$$

（最后表达式中的第二项与第一项的精神类似，即如果被告无辜，除你之外每人得到 G 信号的概率是 $(1-q)^{k-1}$，乘以你得到 I 信号的概率 q）。整理上述，我们得：

$$Pr\left[defendant\ is\ guilty\ |\ you\ have\ the\ only\ I\text{-}signal\right]$$

$$=\frac{\dfrac{1}{2}q^{k-1}(1-q)}{\dfrac{1}{2}q^{k-1}(1-q)+\dfrac{1}{2}(1-q)^{k-1}q}=\frac{q^{k-2}}{q^{k-2}+(1-q)^{k-2}}$$

其中，最后一个等号是从前面式子的分子分母同时约去 $q(1-q)/2$ 而得。

现在，由于 $q>1/2$，当陪审团规模 k 趋向无穷时，$(1-q)^{k-2}$ 是分母的一个任意小量，这样

$$Pr\left[defendant\ is\ guilty\ |\ you\ have\ the\ only\ I\text{-}signal\right]$$

随 k 趋向无穷而收敛到 1。因而，若 k 足够大，就总会有 $Pr[defendant\ is\ guilty\ |\ you\ have\ the\ only\ I\text{-}signal]>z$。

从这个计算我们得到的结论是，如果你相信其他人都是按照他们的信号投票的，且如果有足够多的陪审员，那么在你投"无罪开释"可影响结果的唯一场合，被告事实上就是很可能有罪的。因此，如果你的投票是按照法庭给陪审团的指示精神，你就应该忽略信号而投"有罪"。当然，在收到一个 G 信号的时候，你这么做会更有信心，因而我们能将这里的结论归纳得更加透彻：如果你相信其他人都会按照他们的信号投票，且陪审团足够大，你就应该总是忽略你的信号而投"有罪"。

直觉上，这个情况就是，你只是在其他人都有相反观点时影响一致表决的结果；假设其他人都像你一样获得信息，且按照他们的真实认识投票，结论是他们可能（集体）是对的，但你是错的。如同早先在 23.8 节的例子，这成为一个有趣的提醒，当你设计一个过程或者协议让一群人遵循的时候，你应该预期他们会根据你定的规则来调整他们的行为。这里，基于一致同意的表决系统设计来帮助避免错误的定罪，但它实际上也创造了一个人们忽略"被告无辜信号"的动机。

3. 在一致同意和其他系统中表决的平衡态

如同 23.8 节，我们说明了（对于足够大的陪审团），按照你的信号投票不是一个均衡，即如果每人都这么做，则你应该总是投"有罪"。在关于这个问题的分析中，费德森和佩森多夫进一步给出了在这种陪审团表决模型下均衡的实际特点。

首先，有一个容易发现但有点病态的均衡：如果每人都决定忽略他们的信号而投"无罪"票，就是一个均衡。理解这一点，注意到没有陪审员能通过改变他们的行为来影响结果，因此任何陪审员都没有理由改变她的行动。

更有意思的是，有一个独特的均衡，具有如下性质：（1）所有陪审员采用同样的策略；（2）每个陪审员的行为实际上决定于她所得到的信号。这是一个混合策略的均衡，其中每个陪审员总是在 G 信号上投"有罪"票，在 I 信号上以一个概率（0 和 1 之间）投"有罪"票。这里的想法是，有 I 信号的陪审员可以随机选择忽略它，有效地纠正了她可能犯错的概率。我们可以说明，当陪审员们遵循这个均衡时，他们的集体决定，将一个无辜被告定罪的概率，是一个不会随陪审团规模变大趋向于 0 的正数。这就形成了与孔多塞陪审团定理的一个鲜明对比，该定理说的是达到正确决定的概率随投票人数的增加趋向于 1。这里的问题是，一致通过规则鼓励投票人太"过分纠正"他们可能犯错的机会，它说明，在这种机制下，群体达成错误决定的概率是明显的。

进一步地,一致同意规则在这个意义下特别的不好。具体来说,我们可以研究这样的表决系统,其中为被告定罪只要求陪审团的 f 部分投有罪票,对 0 和 1 之间不同的 f 分别考虑。对一个给定的 f,我们称这系统为 $f-$多数规则系统。这里依然有一个均衡,其中陪审员们利用随机性,不时忽略他们的信号来校正他们可能犯错的概率。但是,对 $f-$多数规则来说,一个陪审员的表决,当其他陪审员按照 f 和 $(1-f)$ 分成"有罪"和"无罪"两个阵营的时候,就可以影响结果;远没有一致通过规则那么极端,那里,一个陪审员只是在她自己独行且与"有罪"相对的时候影响表决结果。这里,陪审员采用的随机校正相应就没那么极端,而且可以证明随陪审团规模趋向无穷,集体决定错误的概率趋向于 $0^{[160]}$。

这个结果,让我们进一步质疑一致同意规则是否合适。这结果表明,要求一个大多数,而不是一致同意定罪的陪审团决策规则,实际上可能带来较低的错误定罪概率的行为。它再次表明,不同的社会制度,会引起参与其中的人们的行为改变,这种改变对我们评估和权衡社会制度的效果带来了十分微妙的问题。

23.10 依次表决及其与信息级联的关系

让我们回到孔多塞陪审团定理的最初形式,人们同时并诚实地对两个候选项 X 和 Y 进行表决。前面两节,我们考察了当去掉诚实性假设后会发生的情况。现在我们来考察如果去掉同时性假设会发生什么,也会很有意思。我们将保留诚实性,因为一次只改变模型的一个方面可以简化讨论。因此,每个选民要按照她相信是最好的选择投票。

当假设选民们诚实但顺序行动的时候,我们就有了一个与第 16 章讨论的信息级联很一致的模型。在信息级联的模型中,我们假定选民依次作出选择:他们能够观察到前面选民的选择(但不是私人信号),如果对前面选民的观察增加了他们自己选择更好候选项的机会,他们可以选择忽略自己的信号。注意,在这个级联模型中,选民们仍然表现得诚实,即他们总是基于所观察到的信息,试图选择最可能是正确的候选项。

除了同时和顺序投票之间的这种区别外,第 23.7 节的孔多塞陪审团定理的情况与第 16 章信息级联模型是非常相似的。在这两种模型中,有一个"X 是正确的"先验概率,而且有偏向正确候选项、以概率大于 $1/2$ 出现的私有信号。因此,我们可以利用在 16.5 节的分析来论证,如果选民依次行动,最初两个人投 X 的票,将导致随后的人也都投 X 的票,不论 X 是否正确的决定。更一般地说,一旦一个候选项得票数超过另一个候选项两个,就会形成一个连锁反应,所有后续选民都会选择不顾他们自己的信号而随大流了。

当一个候选项的票数刚好领先另一个候选项两张,连锁反应即开始的事实,依赖于我们在第 16 章里简化模型的特殊结构。然而,其原理是相当一般的。在我们描述的顺序表决类型中,连锁反应最终是会建立起来的。此外,增加选民的数量从本质上阻止不了这种连锁反应。因此,孔多塞陪审团定理的原理在这里不适用:没有理由指望一大群顺序投票的选民会得到正确的答案。

23.11 深度学习材料: 阿罗不可能定理的一种证明

本节我们证明在 23.5 节介绍的阿罗定理$^{[22,23]}$,源自约翰·金纳寇普罗斯(John Geanakoplos)近期完成一项工作$^{[179]}$,比阿罗当初的证明要简短许多。

首先,让我们以一种不同的方式重新表述这个定理,它将有助于理解证明中的思路。我们从一个候选项有穷集合开始。设有 k 个人,记为 $1, 2, 3, \cdots, k$,每人有一个对候选项的排序。称这 k 个排序的集合为一个**组合**(profile)。用这种术语,**表决系统**(voting system)就是一个函数,它以一个组合为自变量,产生一个**组排序**(group ranking,候选项的一个排序[①])。称表决系统满足趋同性,如果每个选民 i 在个人排序中都有 $X \succ_i Y$,则系统在组排序中一定给出 $X \succ Y$。称表决系统满足无关项独立性(IIA),如果组排序中 X 和 Y 的次序只受它们在每个人排序中的相对次序影响,而与任何其他候选项的相对位置无关。

这里是描述 IIA 的一个等价但稍有不同的方式,在后面的讨论中将是有用的。考虑一个排序的组合,以及任何两个候选项 X 和 Y。我们称"限定到 X 和 Y 的个人排序",指的是将一个个人排序中的所有其他候选项都去除,只留下 X 和 Y,并保持它们原来的序关系。一个限定到 X 和 Y 的排序组合则是其中所有个人排序限定到 X 和 Y 的结果。那么,如图 23.7 所示,若一个表决系统满足 IIA,则对两个限定到 X 和 Y 后相等的两个组合,它必须在两个组排序中对 X 和 Y 有相同的偏好关系。(换句话说,限定到 X 和 Y 的组合是表决系统在考虑 X 和 Y 在组排序中次序的时候仅有的"数据"。)

组合 1:

个人	排序	限定到 X 和 Y 的排序
1	$W \succ X \succ Y \succ Z$	$X \succ Y$
2	$W \succ Z \succ Y \succ X$	$Y \succ X$
3	$X \succ W \succ Z \succ Y$	$X \succ Y$

组合 2:

个人	排序	限定到 X 和 Y 的排序
1	$X \succ Y \succ W \succ Z$	$X \succ Y$
2	$Z \succ Y \succ X \succ W$	$Y \succ X$
3	$W \succ X \succ Y \succ Z$	$X \succ Y$

图 23.7　解释将个人排序限定到两个元素上的含义的两组例子

回顾 23.5 节中,表决系统可通过独裁来满足趋同性与 IIA,即它事先确定一个人 j,对任何个人排序组合,都令组排序就是 j 的排序。取决于事先挑选哪一个人,我们一共有 k 种不同的独裁可能。阿罗定理说的是,这 k 种独裁是唯一能满足趋同和 IIA 二者的表决系统。这就是我们要证明的。

证明阿罗定理的挑战是趋同性和 IIA 条件都很简单,因此我们没有太多的抓手。在这种情况下,我们考虑的思路是,取任意满足这两个性质的表决系统,证明它事实上与某个个人的独裁一致。

证明由三个步骤构成。首先,我们说明下面这个有趣的事实,其效用在证明中不是立刻很明显,但它起一个关键作用。称 X 是一个**极化候选项**(polarizing alternative),如果它在每个人的排序中都是位于第一或者最后。在图 23.8 中的 P 组合中,X 就是极化候选项的

[①]　如同本章前面的小节,我们只考虑个人排序没有并列的情形,表决系统所产生的排序也没有并列的候选项。

例子。我们将证明,如果一个表决系统满足趋同性和 IIA,则它必须将极化候选项放在组排序中的第一或者最后的位置。换言之,这样的表决系统没办法将一个极化候选项在组排序中"平均到"某个中间位置。我们注意到许多组合并不包含极化候选项,这个事实仅适用于那些有极化候选项的。在证明的第二步,我们用这个事实来确定一个可能会扮演独裁者角色的个人,在第三步,我们证明这个人事实上就是一个独裁者。

1. 第一步:极化候选项

在后面的证明中,让 F 表示一个满足趋同性和 IIA 的表决系统。用 P 表示个人排序的组合,$F(P)$ 表示 F 在 P 上产生的组排序。我们的证明路线是要找出一个 j,说明 F 实际上是 j 独裁的结果(也就是它们完全一致)。

首先,令 P 是一个组合,其中 X 是一个极化候选项。然后,用反证法设 F 没有在 $F(P)$ 中将 X 放在第一位或者最后一位。这意味着存在候选项 Y 和 Z,在组排序 $F(P)$ 中有 $Y > X > Z$。

现在,对于每个将 Y 放在 Z 前面的个人排序,我们将 Z 抽出来插到 Y 的紧前面。这就产生了一个新的组合 P',如图 23.8 所示。由于 X 是一个极化候选项,当我们这样做的时候,X 和 Z 的相对次序不会变,X 和 Y 的相对次序也不会变。因此,由 IIA,我们在组排序 $F(P')$ 中依然有 $Y > X > Z$。但在 P' 的每个人排序中,Z 都是在 Y 的前面,由趋同性,我们在组排序 $F(P')$ 就应该有 $Z > Y$。将上述结果放在一起,就有 $Y > X > Z > Y$,这与表决系统 F 总要产生传递的组排序的性质矛盾。

组合 P:

个人	排序
1	$X > \cdots > Y > \cdots > Z > \cdots$
2	$X > \cdots > Z > \cdots > Y > \cdots$
3	$\cdots > Y > \cdots > Z > \cdots > X$

组合 P':

个人	排序
1	$X > \cdots > Z > Y > \cdots$
2	$X > \cdots > Z > \cdots > Y > \cdots$
3	$\cdots > Z > Y > \cdots > X$

图 23.8　证明满足 IIA 的表决系统性质的关键一步示例

这矛盾说明我们最初假设候选项 Y 和 Z 在 $F(P)$ 满足 $Y > X > Z$ 是不正确的,因此 X 在组排序 $F(P)$ 中一定出现在要么第一位,要么最后一位。

2. 第二步:确定潜在的独裁者

下面,我们创建一个组合序列,让相邻的两个之间只变化一点点,然后看按照 F 产生的组排序沿着这个序列是怎么变化的。跟踪这种变化,一个候选独裁者将会自然地浮现出来。

构造这个组合序列的方法是这样的。取一个候选项 X,我们从任意一个具有下列特点的组合 P_0 开始:X 在它的所有个人排序中都是最后一个。现在,每次一个个人排序,将 X 放到它的第一位置,其他都不变,如图 23.9 所示。这就产生了一个组合序列 $P_0, P_1, P_2, \cdots,$

P_k。对于其中任意 P_i，$i=1,2,\cdots,k$，都有：

（1）X 在其所包含的个人排序 $1,2,\cdots,i$ 中都是第一位。

（2）X 在其所包含的个人排序 $i+1,i+2,\cdots,k$ 中都是最后一位。

（3）所有其他候选项的次序如同 P_0。

换句话说，P_{i-1} 和 P_i 的唯一区别是 i 的个人排序在 P_{i-1} 中将 X 放在最后，在 P_i 中则是放在最前。

组合 P_0：

个人	排序
1	$\cdots>Y>\cdots>Z>\cdots>X$
2	$\cdots>Z>\cdots>Y>\cdots>X$
3	$\cdots>Y>\cdots>Z>\cdots>X$

组合 P_1：

个人	排序
1	$X>\cdots>Y>\cdots>Z>\cdots$
2	$\cdots>Z>\cdots>Y>\cdots>X$
3	$\cdots>Y>\cdots>Z>\cdots>X$

组合 P_2：

个人	排序
1	$X>\cdots>Y>\cdots>Z>\cdots$
2	$X>\cdots>Z>\cdots>Y>\cdots$
3	$\cdots>Y>\cdots>Z>\cdots>X$

组合 P_3：

个人	排序
1	$X>\cdots>Y>\cdots>Z>\cdots$
2	$X>\cdots>Z>\cdots>Y>\cdots$
3	$X>\cdots>Y>\cdots>Z>\cdots$

图 23.9　通过研究一个表决系统的行为，可以找到一个潜在的独裁者

现在，由趋同性，X 必须在组排名 $F(P_0)$ 的最后一个，并且它必须是组排名 $F(P_k)$ 的第一个。因此，沿着这个序列，就存在一个（第一个）组合，X 在其组排序中不是最后一个；假设这第一个组合是 P_j。由于 X 是 P_j 中极化的候选项，并且不在组排序的最后一个位置，它就一定是在第一个位置。

因此，至少在这个排序序列中个人 j 就在候选项 X 的结果上有很大的权力：通过将 X 从自己排序中的最后一名换到第一名，她也就使 X 从组排序中的最后一名移到了第一名。在这个证明的最后一步，我们来说明 j 实际上就是个独裁者。

3. 第三步：说明 j 是个独裁者

说明 j 是个独裁者的关键论点是要说明，对任何组合 Q①，以及任何与 X 不同的候选项

---

① 我们可以想像上述 P_0 是从 Q 通过将 X 放到每个个体排序最后而得到的。——译者注

Y 和 Z,在 $F(Q)$ 组排序中 Y 和 Z 的次序与它们在 j 在 Q 的个人排序中的次序相同。之后,我们再说明对其中有 X 的候选项对而言,这个同样也成立。这样,我们就建立起这样的认识,即每个候选项对的排序完全由 j 的排序而定,因此 j 就是个独裁者。

为此,令 Q 为任意一个组合,Y 和 Z 是不等于 X 的候选项,j 在个人排序中将 Y 放在了 Z 的前面。我们来说明 $F(Q)$ 也将 Y 排在 Z 的前面。

我们创建一个附加组合 Q',它是 Q 的一种变形,这个新组合将帮助我们理解 j 是如何控制 Y 和 Z 的次序的。首先,取 Q,将 X 移到 $1,2,\cdots,j$ 的个人排序的前面,同时将 X 移到 $j+1,j+2,\cdots,k$ 的个人排序的后面。然后,我们将 Y 移到 j 的个人排序的前面(即恰好在 X 前面)。称这结果组合为 Q'。

现在,我们可以看到下面几点。

- 我们知道 X 在 $F(P_j)$ 的组排序中是第一位。进而,当限制到 X 和 Z 的时候,Q' 和 P_j 是相同的,于是根据独立无关项(IIA)概念,在 $F(Q')$ 中有 $X > Z$。
- 我们知道 X 在 $F(P_{j-1})$ 的组排序中是最后一位。进而,当限制到 X 和 Y 的时候,Q' 和 P_{j-1} 是相同的,于是根据独立无关项(IIA)概念,在 $F(Q')$ 中有 $Y > X$。
- 由传递性,我们知道在 $F(Q')$ 中有 $Y > Z$。
- 当限制到 Y 和 Z 的时候,Q 和 Q' 是相同的,这是因为我们从 Q 中生成 Q' 的时候没有在任何个人排序中交换过 Y 和 Z 的次序。根据 IIA,在 $F(Q)$ 中有 $Y > Z$。
- 由于 Q 是任意组合,并且 Y 和 Z 是任何两个不同于 X 的候选项(只要求在 j 中 Y 排在 Z 的前面),因而 Y 和 Z 在组排序中的次序总是和在 j 中相同。

这样,我们就说明了 j 是在所有不涉及 X 的候选项对上的独裁者。到此,基本完成证明。还需要说明的是 j 其实也是所有涉及 X 的候选项对上的独裁者。

为此,首先看到我们可以将到目前为止的论证施行到任何不同于 X 的某个候选项 W,进而建立起有那么一个 l,它是在所有不涉及 W 的候选项对上的独裁者。假设 l 不等于 j。现在,对于 X 和某个既不同于 X,也不同于 W 的候选项 Y,我们知道组合 P_{j-1} 和 P_j 的区别仅仅在于 j 的个人排序,而 X 和 Y 的次序在组排序 $F(P_{j-1})$ 和 $F(P_j)$ 中是不同的,因而它们之中必定有一个不同于 X 和 Y 在 l 的个人排序中的次序,这与 l 是候选项对 X 和 Y 的独裁者性质矛盾。因而,我们关于 l 不同于 j 的假设是不成立的,这样 j 事实上就是所有候选项对上的独裁者。

23.12 练习

1. 在这一章中,我们讨论了少数服从多数表决系统在存在策略性议程设置情况下受到质疑的问题。通过一些基本的例子,我们来探讨如何实施。

   (a) 假设有 4 种选择,命名 A、B、C 和 D。有 3 个选举人 1、2 和 3,分别有下列偏好:

   $$B >_1 C >_1 D >_1 A$$
   $$C >_2 D >_2 A >_2 B$$
   $$D >_3 A >_3 B >_3 C$$

   你负责设计一个议程,两两考虑这几个候选项,并按照少数服从多数原则进行删除,参照图 23.3 例子中的淘汰赛程。

   你想让候选项 A 取胜。你能设计一个议程(一个淘汰赛程)保证 A 取胜吗。如果可以,描述你的构造,如果不行,解释为什么。

(b) 现在,考虑同样的问题,但稍微不同的个人排序,选举人 3 的后两个位置做了个交换,即我们有:

$$B >_1 C >_1 D >_1 A$$
$$C >_2 D >_2 A >_2 B$$
$$D >_3 A >_3 C >_3 B$$

我们问同样的问题:你能设计一个保证 A 取胜的议程吗。如果可以,描述你的构造,如果不行,解释为什么。

2. 波达计数法在策略性误报偏好的情况下是有问题的。这里是几个体现其精神的例子。

(a) 假设你是三个人之一,要对 4 个候选项 A、B、C 和 D 进行投票。表决系统采用波达计数法。另外两个选民有下列偏好:

$$D >_1 C >_1 A >_1 B$$
$$D >_2 B >_2 A >_2 C$$

你是选民 3,希望在波达计数法下 A 成为组排序中的第一项。你能给出一个排序,使得你的希望实现吗? 如果可以,解释你排序的想法;如果不行,解释为什么。

(b) 考虑同样的问题,但另外两个选民的排序不同,即:

$$D >_1 A >_1 C >_1 B$$
$$B >_2 D >_2 A >_2 C$$

同样,作为选民 3,你希望在波达计数法下 A 成为组排序中的第一项。你能构造出一个排序,使得你的希望实现吗? 如果可以,解释你排序的想法;如果不行,解释为什么。

3. 在 23.6 节,我们考虑了一种情况,其中候选项排成一线。每个选举人在这个线上有一个“理想的”点,她按照与这个理想点的距离排候选项的次序。这种安排的一个有趣的性质是孔多塞悖论不会出现;更进一步讲,在候选项对上的少数服从多数表决总能产生既完备也传递的组偏好。

假设,我们要来推广这个性质,让候选项和选举人可以在两个维度上安排。也就是说,假设每个候选项对应二维空间的一个点。(例如,也许候选项是法律条款不同的版本,它们在两个方面有区别,即对应两个维度。)如前,每个选民在候选项所处的二维平面上都有一个“理想”的点,她按照与这个理想点的距离(平面中)评价候选项。不幸的是,在一维偏好下具有的理想的属性在此不成立。说明如何在两维平面构建一个包含 3 个候选项,3 个选举人的情况,其中每个选举人在平面中有一个理想的点,他们的(单峰)个人偏好产生具有孔多塞悖论的组偏好。

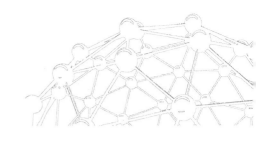

第 24 章 产权

我们考虑的最后一类社会制度关注的是通过**产权**（property rights）在一个社会中配置资源。产权赋予权利的持有人利用一种资源的能力，排除他人利用该资源的能力，通常还有权将该资源出售或转让给他人。这里的财产可以有多种形式，从物质财产，如一块土地或一罐健怡可乐，到知识财产，如一首歌曲或一种工艺流程。本章我们将研究产权的存在形式，以及产权的缺失会如何影响到相关财产的社会性后果。本章的中心思想是，一个社会选择建立的产权制度将影响到资源的配置，有的产权要比其他产权更有可能导致社会资源的优化配置。

24.1 外部性与科斯定理

在第 17 章我们讨论过，商品的分配在市场均衡时（对于没有网络效应的经济）达到社会最优。在市场均衡时，生产的商品被分配给最看重它们的消费者，生产商品消耗的社会成本，要低于得到该商品的消费者认可的价值。这就会导致社会总盈余最大化。对这个事实的直觉来自于观察，在市场均衡配置情况下，消费了一个单位商品的人，愿意支付社会生产一单位物品所需的成本，没消费物品的人即是不愿支付生产该物品所需的成本。在这种讨论中，以及在第 17 章，我们假设（隐含）：生产物品的成本正确地反映了社会生产该物品的真正成本；一个人愿意支付一个单位物品的价格正确地反映了他消费该物品的社会价值，物品的生产者拥有它（有它的产权），并且可以以市场价格卖掉它；而且，为了消费该物品，一个人必须以市场价格买这个物品。

这些是市场均衡的社会最优的重要条件。要看看为什么搞清楚价值是如此的重要，让我们以不同的术语来说说生产和贸易的故事。当一个人消费了一罐健怡可乐，她就得到了一种个人利益（否则她就不会自愿地消费它），并且她对社会的其余部分也带来了损失，因为此时社会少了一罐可乐，本可以被社会的另一位成员消费。但是，如果消费者对这一罐健怡可乐支付的价格等于社会生产另一罐可乐的成本，那么该消费者购买和消费的健怡可乐，正好补偿了她带给社会的损失。明确定义的产权在这个故事的背后发挥着重要作用。它可以使每一个生产或消费的物品都有一个明晰的产权。如果这罐可乐的产权是清楚的，并且健怡可乐的生产者和消费者的行动不影响任何其他人，那么这笔交易就是一个完整的产权交易。否则，如果我们这罐可乐的生产者或消费者的行动会在某种没有产权覆盖的方式下影响他人,那么由此产生的均衡就不一定是社会最优。当某些个人或公司的福利因其他个人或公司的行为,在没有双方同意补偿的产权要求下受到影响,我们就说一个**外部性**(externality)发生了。外部性可能是负面的,就像在第 8 章讨论交通堵塞时看到的,外部性也可能是正面的,就像在第 17 章讨论具有网络效应的商品情形时看到的。在这一章中,我们将更一般地讨论外部性问题。

1. 外部性和非优化配置

让我们探讨几个例子,考察外部性发生的可能,以及为什么它们可能形成非优化配置。首先,假设某人要在餐厅吸烟,该餐馆中还有另一个人。该吸烟者买了雪茄,可以认为其价格涵盖了生产这雪茄的成本,所以至少在吸烟者和生产者之间没有因这雪茄的买卖形成外部性。但在餐馆消费雪茄的行为中,吸烟者将一种伤害强加到了餐馆中另一个人身上,而且是没有补偿的。所造成的这种配置是否是社会最优,取决于所形成的伤害和利益的定量关系。

假设那个用餐者遭受的损失价值是 10 美元,即如果他因吸二手烟得到了 10 美元的补偿,他的感觉就和没人抽烟一样好。另外,假设吸烟者因吸烟得到的好处值 5 美元,于是抽烟这件事就使社会盈余减少了 5 美元:10 美元的危害与 5 美元的好处之差。在这种情况下,社会最优要求无烟环境的餐厅。实现这个目标的机制之一是一个法律,即禁止在餐馆吸烟。

另一种可以实现同一目标的机制,是建立一个餐馆无烟空气的权利,并使这个权利是可交易的。在这种情况下,其他用餐者可以选择是否放弃这个权利以得到合适的补偿,来允许吸烟者抽他的雪茄,也就是出售了权利。由于我们假设吸烟者对可以在餐馆吸烟这件事的估值只有 5 美元,在这种情况下,就不会有在餐厅吸烟的,因为吸烟者不会愿意对所造成的损害支付足够的补偿(10 美元)来使其他用餐者满意。当然,如果吸烟者在吸烟中得到的利益值是 15 美元,而不是 5 美元,就会有交易了。吸烟者将支付 10 和 15 美元之间的一个数给那个用餐者(从而买到了清洁空气权),吸烟者抽他的雪茄,双方将都满意于这一结果,我们达到了一个社会最优配置[①]。

在吸烟的例子中,建立一个无烟空气的权利,导致了一种社会最优配置,与个人对吸烟和无烟空气价值的认识无关。另外,允许吸烟者吸烟的权利也会产生设想的作用,因为在吸烟者与另一个用餐人之间达成了协议后,吸烟也就在社会最优时发生。社会最优的缺失,会在产权不明晰,或者根本没有产权的情况下出现。在这种情况下,人们可能在允许吸烟与否上就产生冲突,导致社会最优配置的协商意见似乎不大可能形成。

最后,如果最优配置的价值所在就是要求不吸烟的话,一项禁止在餐馆吸烟的法律会导致社会最优配置,但这样的法律不能提供吸烟被认为是有价值的最优配置。在实践中,美国有些地方的餐馆中是禁止吸烟的,将这种情况与最优配置问题关联起来会有些意思。禁烟令的出现有多种动机,前面的讨论中都有所论及。也许,最优配置的基本价值总是或几乎总是在于要求无烟空气;也许,制定政策的人认为人们总是低估无烟空气的价值,因此若允许交易的话,他们会犯错;还也许,在餐厅执行和交易无烟空气权利的成本会很高,还不如禁止吸烟了事。

---

① 在这个以及本章后面的讨论中,我们假设人们的估值独立于他们的富裕程度。

让我们来稍微详细探讨最后这个动机,即建立产权的成本。在我们的例子中,只有一个其他食客。如果有多个食客和餐馆员工怎么办?那么无论谁拥有这个权利(吸烟者或在餐厅的其他人),将需要一个复杂的谈判,如果食客们来来去去,谈判将不得不反复进行。这其中的代价很容易就变得十分高,以至于完全是不可行的,于是建立一个禁止吸烟法律会成为下一个选择。如果社会最优的追求通常会导致一个无烟的环境,这很可能就是我们能做到最好的。

这个在餐馆吸烟的问题是一个简单的例子,它反映了一个广泛且产权在其中发挥作用的重要方面:工业生产活动对环境的影响。当产权不清晰和执行不力时,也可能会出现类似的问题。例如,考虑一个对空气和水有污染的发电厂。该电厂需要购买许多东西用于发电过程;如劳动力,大型设备和燃料,以市场价格买进,补偿了这些货物的卖方在失去它们时蒙受的损失。但这电厂在生产过程中也在隐含地使用清洁的空气和干净的水。如果该电厂要为产生污染空气和水支付一个价格,补偿对他人造成的危害(包括个人和其他公司),那么电力、清洁的空气和水的配置就会是社会最优了。如在餐厅吸烟的情形,建立一个关于洁净的空气和水的产权,或电厂可以污染空气和水的权力的产权,将从原则上可导致社会在电力和空气和水的污染程度上的最优配置。这里值得指出的是,社会最优配置不可能意味着就没有污染。相反,它只是要求所确定出来的污染量,如所有其他货物的数量一样,得到优化的补偿。但也正如在餐厅的情况一样,在电厂和所有受其影响的方方面面之间谈判的交易成本,可能会使人们望而却步。

2. 确定社会最优配置的机制

在我们的电厂例子中,利用产权和双方同意的补偿来确定社会最优配置的一个困难是:如何定量确定由污染造成的损害的程度?如果我们只是问人们从污染中受到多大的伤害,并试图以此来决定是否允许污染,那么受伤害的每个人都有动机夸大危害的程度。同样,制造污染的公司会夸大降低污染的成本。然而,有一个方法,可以用来解决这个动机问题,我们前面分析过它的一个特例。

在第 15 章,我们介绍了威克利-克拉克-格鲁夫斯(Vickrey-Clark-Groves,VCG)机制,在匹配市场中(针对广告位和广告主的情形),它能够在买卖双方之间导致一个有效的匹配,即便不知道买家对物品的估值。这是因为 VCG 的定价使告知真相成为买家的一个占优策略。一个类似的机制可以用于引导污染者和受污染者都讲真话。不过环境污染的情形要比较复杂些,因为两者的估值,买方(排污者)和卖方(受影响的人们),都是未知的。在这里,我们可以想象是政府在运行这个机制,从污染者那里收费,为因污染而遭受损失的提供补偿。这一机制的目标是确定社会最优的污染量,而不是要用从污染者那里收取的款项来充分补偿那些受到污染的人。事实上,一旦这机制运行起来,支付开始发生,人们可能会感觉更好或更坏。此外,收取的金额可能不等于赔偿的金额,因此政府可能是盈余运行,也可能是赤字运行①。

实际运行 VCG 机制,以确定最佳的污染量会是困难和昂贵的。第一个问题是确定谁是潜在的污染受害者,从而应包括在该机制中。其次,每当受影响的对象群体发生改变,或者污染者改变它们的污染量,该机制就需要重新运行。对每个污染者都要这样做。一遍又

---

① 关于设计优化机制的问题的讨论,见诺贝尔奖励委员会对 2007 年诺贝尔经济学奖的科学背景表述[329],当年该奖发给了机制设计方面的工作。

一遍运行这些机制的代价将很高。相反,一些政府采用更基于市场的方法,即企业可以按市场价格购买污染的权利。这些被称为**限额和交易**(cap-and-trade)体系。美国在二氧化硫排放上就是采用的限额和交易系统[394]。在限额和交易系统下,政府提供若干污染排放许可证,允许公司交易这些许可证,并要求排放污染的企业要持有相应数目的排放许可权。如果初始许可的数目设置正确,那么也就实现了污染的社会优化配置。

利用产权或可交易的污染许可证,作为一种解决由外部性造成的问题的方法,其核心思想是**科斯定理**(Coase's Theorem)[113]。它的大致含义是,如果建立并执行可交易的产权,那么受外部性影响的各方之间的谈判将导致社会最优结果,无论是谁最初拥有这个产权。例如,在我们前面的餐厅吸烟者情景中,为达到社会最优所需的无非是要建立和执行允许吸烟的权利,或者有无烟空气的权利。然后,双方之间的交易将导致社会最优配置的实现。当然,谁拥有这个权利会影响各方在达到均衡时的地位,因此他们在谁应该最初拥有权利的问题上一定会有不同意见。但是,不管初始权给了谁,吸烟的发生当且仅当它是社会最优。同样的想法也适用于污染排放许可证问题。如果清晰地建立起产权,某方作为权利的初始拥有者,则交易将导致优化。同样,许可证的初始发放情况会使得某些方面占便宜,另一些则吃亏,因此它一定是在政治上有争议的[81]。

科斯论点(最初的所有权无关)的一个必要条件是它忽略交易成本,只是假定从任何产权安排开始的谈判将导致有效的结果。正如我们在吸烟例子中注意到的,如果许多人都参与谈判,这是做不到的。同样,在污染例子中,建立市场化的污染权更有可能降低交易成本,导致社会最优结果。

24.2　公地悲剧

在 1968 年《科学》上的一篇题为"公地悲剧"的文章中[205],加勒特·哈丁讲了一个引人关注的故事,在共享资源上不可避免的"悲剧"。在他的故事中,一个村庄有片公地,任何牧民都可以自由地放牧①。哈丁说,这些公地将不可避免地被过度使用,最后损害所有村民的利益。然后,他认为,建立产权可以解决这个问题。这些产权可以是私人持有,公地可以出售给一些个人,或者它们也可以由集体持有。然而,如果村庄要继续拥有这公地,就必须仔细限制它的使用,否则就达不到一个社会最优配置。

1. 一个公地模型

让我们构建一个简单的例子看看哈丁的故事如何演绎。假设村庄有 N 个人,N 是一个很大的数,每个村民拥有一头奶牛。如果 N 中的 x 占比的奶牛在公地上吃草,那么每头牛产生的收入是 $f(x)$,其中 $f(\cdot)$ 是某个函数。哈丁说,公地的牛越少,每头牛能吃的草就越多,所以每头牛就能产生较大的收入。也就是说,函数 $f(\cdot)$ 是递减的。让我们假设,$f(x)=c-x$,其中 c 是某个小于 1 的数。这意味着,x 达到 c 之前,每头奶牛带来的收入都是正的,在 $x=c$ 这一点它变为 0,在那之后,由于公地上牛的拥挤,每头牛带来的收入就变成负的了。

因此,如果使用公共资源的牛占总数的百分比是 x,所产生的总收入就等于 $f(x)(xN)$,在我们的例子中就是 $(cx-x^2)N$。图 24.1 画出了曲线 $y=(cx-x^2)N$。如果使用公地的目

---

① "公地"一词在欧洲指村庄的公用草场。许多老的村庄还有这样的地方,但通常不再用于放牧了。

标是通过放牧产生收入,那么在公地上奶牛的最佳数量是能够使函数 $f(x)(xN)$ 极大的 x^*;在我们的情形,就像从图中可以看到的,这个最大值在曲线与 x 轴的两个交点的中间,即在 $x^*=c/2$ 上取得。这样,最大的收入为:

$$f(x^*)(x^*N) = \left(c - \frac{c}{2}\right)\left(\frac{c}{2}\right)N = \frac{c^2N}{4}$$

我们在第 17 章分析了一个类似的函数,该函数用来描述用户会支付的最高价格,其对象是一种具有网络效应的物品,人群总体中有 x 占比在使用该物品,随着 x 的不同,单个用户得到的效用也不同。

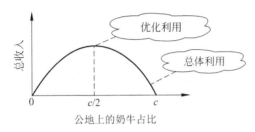

图 24.1　在"公地悲剧"中,如果不建立某种产权形式,一个自由共享的
资源会很容易被过度消耗

在那种情况下,因为每个人愿意为该物品支付的钱受到用户总数的影响,于是也有一种外部性。不过,在网络效应情形和涉及公地的问题之间,有一些重要的不同。在网络效应下,每个新增的用户都对已经在使用该产品的人们产生正面影响,这是由于正面的外部性。但就放牧而言,由于拥挤,增加公地上的奶牛数量对已经在公地上的奶牛有一个负面影响(平均吃的草少了)。在我们这个简单例子中,草场上奶牛数量的增加,一方面引起拥挤,另一方面也产生收入,当后者带来的好处能抵消前者带来的坏处时,总收入会随着牛的数量增加而增加,并在 $x=c/2$ 上取得最大值。

如果我们能够控制在公地上放牧的数量来获得最大的收入,这就是我们能看到的情况。但是,如果公地是对所有村民完全免费开放的,情况会如何? 此时,只要收入是正的,村民们会不断增加奶牛的数量。最终会导致每头奶牛的收入产出为零(只要有足够多的牛)。要知道为什么这一定会发生,请注意,如果目前有占比 x 数量的牛在公地上,且 $f(x)>0$,那么还有村民的牛没在公地上,对他们而言,将牛放上去是有好处的,哪怕只是得到了正收入中的一点点。这种状况的停止,只有当牛的占比数达到 $\bar{x}$,使 $f(\bar{x})=0$,在我们的例子中是 $\bar{x}=c$。在那一点上,公地上的奶牛数是社会最优的两倍,并且集体从公地得到的总收入为 $f(\bar{x})(\bar{x}N)=0$。这就是哈丁的悲剧。村庄拥有显然是有价值的资源,但由于对它的使用是没有限制的,以至于每个使用它的人从中得到零回报。

2. 悲剧的避免

对这种失去社会最优的情形,一个更"悲剧"的是村里其实可以很容易地解决这个问题。有两个明显的方法,每一个都有多个变形。

一种方法是让村集体继续拥有这块公地,但要以某种方式将牲畜数限制到社会最优量。要做到这一点,可以是收放牧费,或者直接将在公地上可放牧奶牛的数量控制在最佳值 x^*,这在我们的例子等于 $c/2$。如果村里收费,最优的价格就是每头奶牛收取 $c/2$。要知道为什么这是最优的,只需注意到一个村民会在公地上放牧,当且仅当因此得到的收入多于他要付的价格。因此,在平衡点,在公地放牧的收入等于这个价格。因此,平衡点就是能解出 $f(x)=c/2$ 的 x 值,也就是 $x=c/2$。另外,村里可以出售 $x^* N$ 头奶牛的放牧权。同样,与我们前面算出的一致,村里能收取得这个放牧权的最高价格是每头奶牛 $c/2$。这个方法上的各种变化都导致社会公共资源优化利用,以及对村里 $c^2 N/4$ 的收入。

除了共同拥有这种方式,村里也可以将公地出售给一个有许多奶牛的村民。这个村民也会是在公地上放 $x^* N$ 头牛,因为这能最大化他的收入。村里能够卖出的最高价格,也就是买方在最佳利用情况下能得到的收入,这又是 $c^2 N/4$。因此,用这两种方法——由村集体拥有放牧权,且以适当的价格收取放牧费;或直接将公地出售给个人,村里都得到一份 $c^2 N/4$ 的收入,并且公地得到优化使用。

在哈丁的公地例子中,为避免悲剧,只需要建立一种产权就行了。它可以是一种由某种形式的政府持有的权利,该政府优化限制资源的使用,也可以是私人持有的产权。正如科斯的观点,对于社会最优而言,谁拥有财产不重要;重要的是有人拥有它。哈丁用这个故事来论证为什么有太多污染产生,为什么国家公园被过度使用(如果没有入门费或对用户数量的限制),为什么有过度捕捞,以及人口过多,从而对世界资源的过度使用是不可避免的。在上述这些例子中,都有一种外部性,体现为一个企业或个人的行为影响他人,如果没有产权,也就没有补偿,因此也就没有理由优化地使用资源。

24.3 知识产权

我们在科斯定理或哈丁的悲剧中讨论的财产独立于个人或公司的投资而存在。餐厅的空气,以及可能受发电厂污染的空气或水,都是与生俱来,不管社会针对它们创建了什么产权。同样,一旦村子的草场形成了,它的存在就独立于村民的任何行动。但是,在草场和空气或水之间有一个区别,而且,正如我们将看到的,这三个例子中的财产与另一种财产——知识财产——之间还有另一个区别。

到目前为止,我们的分析只是关注资源的有效利用,而没有考虑这些资源是怎么来的。对于空气和水,这似乎是合理的。这些自然资源不是由人类的努力创造出来的,也不需要努力才能使它们有用。村里的草场也是一种自然资源,但它的价值与人的努力有关。定期割草,清除杂草,施用化肥或天然肥料都可以使草场具有更强的生产力。建立什么样的产权对于那些活动是否能开展是有关系的。如果没有人拥有那片草地,那么就没有人能够充分受益于开展这些耗资巨大以提高草场价值的投资行为,因此它们似乎也就不会发生。通过将产权安排给某人来解决产权问题,也就解决了资源利用效率低的问题,而且还解决了一个为提高资源价值的投资激励问题。如果一个人拥有了这片草地,那他就能收获在草地上投资的回报,这就是使他进行物有所值的投资的动机。他将愿意承担在草地上的任何投资,只要产生的收入超过投入成本。同样,如果村里集体拥有那草地,但出售使用它的权利,村里也就有适当的动机来维护这草地。因此,与空气和水等自然资源相比,对村里草地安排一个产权对社会福利的优化是更重要的。

1. 竞争性和非竞争性商品

到目前为止,我们讲了许多关于创建和执行产权的问题,也许令人惊讶的是,有些商品,如果赋予了产权,会导致低效率的使用,还不如根本就没有所有权。例如,考虑一个创作过程的结果。这可能是一本书、一首歌曲、一个新的计算机程序、一个作物新品种、一种治疗癌症的新药,或生产电池的一个新工艺。一个人或公司使用该创造过程的结果(不是指物理实体,而是在物理实体中蕴含的思想),不会影响他人使用它的能力[①]。例如,制造电池或制药的流程,无数人都可以使用。每个人都可以听从互联网下载的一首歌曲,或在线阅读一本书,不会影响别人听歌曲或读书的能力。与此相反,一个人喝的那罐健怡可乐,别人不能再喝了。村里草地上的草,一个村民的牛吃了后,另一头牛就吃不到了。一种商品,如果一个用户的使用或消费排除了其他潜在用户使用或消费的可能,被称为**竞争性商品**(rivalrous goods);而可以重复使用或消费的商品称为**非竞争性商品**(nonrivalrous goods)。

对于非竞争性商品,建立产权可以干预对该商品的有效利用。在那种情况下,商品的拥有者可以收取使用费,任何非零价格的使用费都可能使一些潜在用户不去购买这个商品,因此就不会使用它(或至少不能合法使用)。这就导致了一种低效,因为对社会来说允许每个人都用它是没有任何成本的,所以禁止一个人使用它就是个浪费。这和村庄草地的情形相反,那里为了达到社会最优,需要限制物品(草地)的使用。在那种场合,物品是竞争性的。但对于非竞争性商品,哈丁的想法并不适用。

当然,这不是有关非竞争性商品的产权故事的结局。我们还是要问它们是怎么来的,没有产权的话是否会存在。如果一个非竞争性物品的创造者并不拥有它,那么该创造者从他的创造中获得利润的能力是有限的。当然,创造者还是可能从他的创造中得到一定的利益。人类曾经发现了许多有用的东西(例如,用火来烧肉),那时没有任何法律来对这些想法的结果进行保护。这些早期的发明者从他们自己的使用中直接受益。柏拉图写作,莫扎特作曲,都没有或很少有对他们作品的保护。但他们也从直接使用和他人使用其作品中获益。因此,总会存在一些创造性的活动,创造者将从中获得一定的利益,而无须产权来保护他们的知识财产。但我们并不清楚在没有这种产权的情况下,创造性活动的社会最优是不是会出现,并且,也不清楚这些权利应是什么形式,才能产生最佳数量的创造性活动。

相关的问题是在对创造性活动提供激励和允许高效使用创造的结果之间进行权衡。没有其他人会掌握一个创造发明,如果创造者不披露它,因此创造者至少可以从首先使用一个有价值的物品上获益。如果没有保护,那么该物品最终将成为公开的,创造者要从中收费的能力将消失。这样,没有产权,创造性活动的经济回报可能很小,并且,在现代经济中,快速和廉价的复制和通信的出现,创造者收费的能力的确会非常小。对创造性活动实行产权,提高了创作者的积极性,但它的代价是创造出现后的低效利用。

2. 版权

我们不试图在这之间寻找一种抽象的平衡,下面通过几个例子体会其中的要点。首先,让我们考虑图书、歌曲、戏剧,电视节目和电影的情形。在美国,所有这些作品都受**版权法**(copyright law)(现为 1976 年版权法)保护,它给作品的创作者独家复制、分发、修改它的权利;在歌曲、戏剧、电视剧和电影的情形下,还有表演的权利。这项权利将一直持续到该作品的创作者去世后 70 年。版权拥有人具有将这个权利转让给他人的权利。

对于版权作品,理解在没有得到权利持有者许可的情况下,哪些使用是允许的,哪些使

[①] 许多人的使用当然可能影响使用这创造性过程的结果的利润,但它不影响其他人使用的可行性。

用是非法的,是很重要的。首先,版权所有者对作品进行复制的专有权并没有禁止所有复制。**合理使用**(fair use)的原则已经随着时间的推移,允许对版权保护作品在非商业用途上的有限部分复制。例如,它允许在评述、学术文章,或者教室里对版权作品进行引用。合理使用原则在 1976 年版权法的第 17 段的第 107 节有概述(整个法案见 http://www.copyright.gov/title17/)。这一法律没有准确定义什么是或不是合理使用;而是,受版权保护的作品是否被合理使用要逐案确定,复印者的意图在裁定中是一个关键因素。其二,版权法不禁止作品副本的拥有者倒卖该副本。(这不同于做一个新的副本,然后销售这个新副本,那是禁止的。)因此,虽然复制书籍或 CD 并将复制品转给他人是非法的,出售一个依法取得的副本是允许的。

版权法赋予权利的持有者一种垄断(单一卖方)。一般来说,垄断是有害的,人为的垄断,通过设置高于社会最优的价格,限制了商品的使用。对版权作品,如果价格对作品的创造没有作用的话,社会最优价格应该是零。人们仍然不清楚,在多大程度上,由版权提供的保护,对于产生足够的激励来产出那些当前得到保护的作品是必要的。例如,一些作者,如博尔德林和莱文[65]认为,完全不应该存在版权,因为他们相信版权对于创新是没有必要的,而且阻碍了创新作品的使用效率。较普遍的看法是,版权是一种双刃剑:它们的确阻碍了有效的使用,但如果没有它们,专门用于创作活动的资源量会小到不利于创新。

3. 专利

接下来,让我们考虑发明,例如,一种新药,一个新的制造工艺,或一种新的电脑硬件。发明人可以向美国专利商标局提出申请发明专利,并且,如果专利被授予,发明者有权不让其他人在一个固定的时间内使用这个发明,通常是 20 年。美国专利和商标局的网站(http://www.uspto.gov/main/patents.htm)给出了这个法律的描述。

专利的经济作用很像作品的版权。它们增加了对专利发明活动的回报,代价是专利发明后的低效利用。然而,专利在几个方面不同于版权。首先,对原创作品授予版权是自动的,创作者只需要指出作品是有版权的。专利则是要向美国专利和商标局申请,它要负责审查申请内容的创新性。第二,版权和专利权的执行一般取决于版权或专利持有人。主要的例外是互联网上对版权歌曲和电影的侵权问题,以及开发一些工具或办法来规避数字版权管理。根据 1998 年的数字千年版权法,这些活动已被部分认为是犯罪的。第三,相对于在大多数艺术作品上的投资而言,许多可获专利的商品在创新研究和开发上所需的投资是非常大的。例如,制药行业在研发上花费大量资金,如果没有给发明赋予专利的能力,这样的投入很可能是不会发生的。因此,限制性和强化实施的专利法比著作权法更引人注目。与产权的许多其他方面一样,这其中的权衡是很复杂的,依然是一个活跃的话题。

24.4　练习

1. 考虑一个机场,要将它的无线网络的排他运营权卖出去。取决于有多少人用这网络,它有可能变得拥塞,从而导致低质量的用户体验。具体来说,为简单起见,假设任何时候机场都有 N 个旅客,如果其中 x 占比同时要用这个网络,那么对每个人的回报就是 $1/2-x$。(我们可以将这回报看成是他们愿意支付的服务价格)

(a) 当机场将这个运营权卖给第三方运营商,该运营商会对在机场上网的旅客收费来挣回它所支付

的运营权费用。机场可以预期这运营权卖多少钱,第三方运营商该向旅客收费多少,对所有旅客的
回报总和如何? 请解释。

(b) 假设机场让人们免费使用这服务。此时对所有旅客的回报总和如何? 请解释。

2. 基本情况和练习 1 相同,但考虑一个变化。假设机场的旅客有两种类型,一种要比另一种更看重无线网
访问服务。

具体来说,假设当 x 占比的旅客用网络时,第一种旅客得到的回报是 $1/2 - x$。(这里,x 是针对所有旅
客群体而言的,因为两种类型的旅客都对拥塞有影响。)第二种旅客得到两倍的回报,即 $1 - 2x$。注意,
当 $x = 1/2$ 时,两种回报都是 0,因为在那一点上,网络变得十分拥塞,该服务对大家都没有用了。

如同练习 1,机场要把这个网络运营权卖给运营商,该运营商要对所有旅客收一个统一的费用(不管是
哪一类型)。

(a) 假设机场和运营商知道旅客中第一种类型和第二种类型各占一半。机场能预期这运营权卖多少
钱,运营商会向旅客收多少钱?

(b) 考虑一个变化:假设只有 5% 的旅客是第二种类型,其他的是第一种。同样,机场和运营商都知道
这个情况。机场能预期这运营权卖多少钱,运营商会向旅客收多少钱?

参 考 文 献

[1] James Abello, Adam L. Buchsbaum, and Jeffery Westbrook. A functional approach to external graph algorithms. In Proc. 6th European Symposium on Algorithms, pages 332-343, 1998.

[2] Daron Acemoglu, Munther A. Dahleh, Ilan Lobel, and Asuman Ozdaglar. Bayesian learning in social networks. Technical Report 2780, MIT Laboratory for Information and Decision Systems (LIDS), May 2008.

[3] Theodore B. Achacoso and William S. Yamamoto. AY's Neuroanatomy of C. Elegans for Computation. CRC Press, 1991.

[4] Lada Adamic. Zipf, power-laws, and Pareto: A ranking tutorial, 2000. On-line at http://www. hpl. hp. com/research/idl/papers/ranking/ranking. html.

[5] Lada Adamic and Natalie Glance. The political blogosphere and the 2004 U. S. election: Divided they blog. In Proceedings of the 3rd International Workshop on Link Discovery, pages 36-43, 2005.

[6] Lada A. Adamic and Eytan Adar. How to search a social network. Social Networks, 27(3):187-203, 2005.

[7] Lada A. Adamic, Rajan M. Lukose, Amit R. Puniyani, and Bernardo A. Huberman. Search in power-law networks. Physical Review E, 64:046135, 2001.

[8] Ravindra K. Ahuja, Thomas L. Magnanti, and James B. Orlin. Network Flows: Theory, Algorithms, and Applications. Prentice Hall, 1993.

[9] George Akerlof. The market for 'lemons': Quality uncertainty and the market mechanism. Quarterly Journal of Economics, 84:488-500, 1970.

[10] Réka Albert and Albert-László Barabási. Statistical mechanics of complex networks. Reviews of Modern Physics, 74:47-97, 2002.

[11] Armen A. Alchian. Uncertainty, evolution, and economic theory. Journal of Political Economy, 58: 211-221, 1950.

[12] Paul Anand. Foundations of Rational Choice Under Risk. Oxford University Press, 1993.

[13] Chris Anderson. The long tail. Wired, October 2004.

[14] Lisa R. Anderson and Charles A. Holt. Classroom games: Information cascades. Journal of Economic Perspectives, 10(4):187-193, Fall 1996.

[15] Lisa R. Anderson and Charles A. Holt. Information cascades in the laboratory. American Economic Review, 87(5):847-862, December 1997.

[16] McKenzie Andre, Kashef Ijaz, Jon D. Tillinghast, Valdis E. Krebs, Lois A. Diem, Beverly Metchock, Theresa Crisp, and Peter D. McElroy. Transmission network analysis to complement routine tuberculosis contact investigations. American Journal of Public Health, 97 (3): 470-477, 2007.

[17] Helmut K. Anheier, Jürgen Gerhards, and Frank P. Romo. Forms of capital and social structure in cultural fields: Examining Bourdieu's social topography. American Journal of Sociology, 100(4): 859-903, January 1995.

[18] Elliot Anshelevich, Anirban Dasgupta, Jon M. Kleinberg, Éva Tardos, Tom Wexler, and Tim Roughgarden. The price of stability for network design with fair cost allocation. In Proc. 45th IEEE Symposium on Foundations of Computer Science, pages 295-304, 2004.

[19] Elliot Anshelevich, Anirban Dasgupta, Éva Tardos, and Tom Wexler. Near-optimal network design with selfish agents. In Proc. 35th ACM Symposium on Theory of Computing, pages 511-520, 2003.

[20] Tibor Antal, Paul Krapivsky, and Sidney Redner. Social balance on networks: The dynamics of friendship and enmity. Physica D, 224(130), 2006.

[21] Sinan Aral, Lev Muchnik, and Arun Sundararajan. Distinguishing influence-based contagion from homophily-driven diffusion in dynamic networks. Proc. Natl. Acad. Sci. USA, 106(51):21544-21549, December 2009.

[22] Kenneth J. Arrow. A difficulty in the concept of social welfare. Journal of Political Economy, 58(4):328-346, August 1950.

[23] Kenneth J. Arrow. Social Choice and Individual Values. John Wiley & Sons, second edition, 1963.

[24] Kenneth J. Arrow. The role of securities in the optimal allocation of risk-bearing. Review of Economic Studies, 31(2):91-96, April 1964.

[25] Brian Arthur. Positive feedbacks in the economy. Scientific American, pages 92-99, February 1990.

[26] W. Brian Arthur. Inductive reasoning and bounded rationality. American Economic Review, 84:406-411, 1994.

[27] W. Brian Arthur. Increasing returns and the two worlds of business. Harvard Business Review, 74(4):100-109, July-August 1996.

[28] Robert Aumann and Adam Brandenberger. Epistemic conditions for Nash equilibrium. Econometrica, 63(5):1161-1180, 1995.

[29] Robert J. Aumann. Agreeing to disagree. Annals of Statistics, 4:1236-1239, 1976.

[30] David Austen-Smith and Jeffrey S. Banks. Information aggregation, rationality, and the Condorcet Jury Theorem. American Political Science Review, 90(1):34-45, March 1996.

[31] Yossi Azar, Benjamin Birnbaum, L. Elisa Celis, Nikhil R. Devanur, and Yuval Peres. Convergence of local dynamics to balanced outcomes in exchange networks. In Proc. 50th IEEE Symposium on Foundations of Computer Science, 2009.

[32] Lars Backstrom, Dan Huttenlocher, Jon Kleinberg, and Xiangyang Lan. Group formation in large social networks: Membership, growth, and evolution. In Proc. 12th ACM SIGKDD International Conference on Knowledge Discovery and Data Mining, 2006.

[33] Lars Backstrom, Eric Sun, and Cameron Marlow. Find me if you can: Improving geographical prediction with social and spatia; proxinity. In proc. 19th International World Wide Web Conference, 2010.

[34] David A. Bader, Shiva Kintali, Kamesh Madduri, and Milena Mihail. Approximating betweenness centrality. In Proc. 5th Workshop on Algorithms and Models for the Web Graph, pages 124-137, 2007.

[35] David A. Bader and Kamesh Madduri. SNAP: Small-world network analysis and partitioning: An open-source parallel graph framework for the exploration of large-scale networks. In Proc. 22nd IEEE International Symposium on Parallel and Distributed Processing, pages 1-12, 2008.

[36] Ricardo Baeza-Yates and Berthier Ribeiro-Neto. Modern Information Retrieval. Addison Wesley, 1999.

[37] Linda Baker. Removing roads and traffic lights speeds urban travel. Scientific American, pages 20-21, February 2009.

[38] Venkatesh Bala and Sanjeev Goyal. Learning from neighbours. Review of Economic Studies, 65(3):595-621, 1998.

[39] Venkatesh Bala and Sanjeev Goyal. A non-cooperative model of network formation. Econometrica, 68:1181-1229, September 2000.

[40] Abhijit Banerjee. A simple model of herd behavior. Quarterly Journal of Economics, 107: 797-817, 1992.

[41] Maya Bar-Hillel and Avishai Margalit. How vicious are cycles of intransitive choice? Theory and Decision, 24:119-145, 1988.

[42] Albert-László Barabási and Réka Albert. Emergence of scaling in random networks. Science, 286: 509-512, 1999.

[43] Albert- László Barabási and Zoltan Oltvai. Network biology: Understanding the cell's functional organization. Nature Reviews Genetics, 5:101-113, 2004.

[44] A. D. Barbour and D. Mollison. Epidemics and random graphs. In Stochastic Processes in Epidemic Theory, volume 86 of Lecture Notes in Biomathematics, pages 86-89. Springer, 1990.

[45] John A. Barnes. Social Networks. Number 26 in Modules in Anthropology. Addison Wesley, 1972.

[46] Chris Barrett and E. Mutambatsere. Agricultural markets in developing countries. In Lawrence E. Blume and Steven N. Durlauf, editors, The New Palgrave Dictionary of Economics. Oxford University Press, second edition, 2008.

[47] Alex Bavelas. Communication patterns in task-oriented groups. Journal of the Acoustical Society of America, 22(6):725-730, November 1950.

[48] Peter Bearman and James Moody. Suicide and friendships among American adolescents. American Journal of Public Health, 94(1):89-95, 2004.

[49] Peter Bearman, James Moody, and Katherine Stovel. Chains of affection: The structure of adolescent romantic and sexual networks. American Journal of Sociology, 110(1):44-99, 2004.

[50] Morton L. Bech and Enghin Atalay. The topology of the federal funds market. Technical Report 354, Federal Reserve Bank of New York, November 2008.

[51] Joyce E. Berg, Forrest D. Nelson, and Thomas A. Rietz. Prediction market accuracy in the long run. International Journal of Forecasting, 24(2):285-300, April-June 2008.

[52] Noam Berger, Christian Borgs, Jennifer T. Chayes, and Amin Saberi. On the spread of viruses on the Internet. In Proc. 16th ACM-SIAM Symposium on Discrete Algorithms, pages 301-310, 2005.

[53] Kenneth Berman. Vulnerability of scheduled networks and a generalization of Menger's theorem. Networks, 28:125-134, 1996.

[54] Tim Berners-Lee, Robert Cailliau, Ari Luotonen, Henrik Frystyk Nielsen, and Arthur Secret. The World-Wide Web. Communications of the ACM, 37(8):76-82, 1994.

[55] Tim Berners-Lee and Mark Fischetti. Weaving the Web. Harper Collins, 1999.

[56] Krishna Bharat, Bay-Wei Chang, Monika Rauch Henzinger, and Matthias Ruhl. Who links to whom: Mining linkage between web sites. In Proc. IEEE International Conference on Data Mining, pages 51-58, 2001.

[57] Krishna Bharat and Monika Rauch Henzinger. Improved algorithms for topic distillation in a hyperlinked environment. In Proc. 21st ACM SIGIR Conference on Research and Development in Information Retrieval, pages 104-111, 1998.

[58] Krishna Bharat and George A. Mihaila. When experts agree: Using non-affiliated experts to rank popular topics. In Proc. 10th International World Wide Web Conference, pages 597-602, 2001.

[59] Sushil Bikhchandani, David Hirshleifer, and Ivo Welch. A theory of fads, fashion, custom and cultural change as information cascades. Journal of Political Economy, 100:992-1026, 1992.

[60] Ken Binmore, Ariel Rubinstein, and Asher Wolinsky. The Nash bargaining solution in economic modeling. RAND Journal of Economics, 17:176-188, 1986.

[61] Duncan Black. On the rationale of group decision-making. Journal of Political Economy, 56:23-34, 1948.

[62] Lawrence Blume. The statistical mechanics of strategic interaction. Games and Economic Behavior, 5:387-424, 1993.

[63] Lawrence Blume, David Easley, Jon M. Kleinberg, and Éva Tardos. Trading networks with price-setting agents. In Proc. 8th ACM Conference on Electronic Commerce, pages 143-151, 2007.

[64] Lawrence Blume and David Easley. Evolution and market behavior. Journal of Economic Theory, 58:9-40, 1992.

[65] Lawrence Blume and David Easley. If you're so smart, why aren't you rich? Belief selection in complete and incomplete markets. Econometrica, 74:929-966, 2006.

[66] Michele Boldrin and David K. Levine. Against Intellectual Monopoly. Cambridge University Press, 2008.

[67] Bela Bollobás and Fan R. K. Chung. The diameter of a cycle plus a random matching. SIAM Journal on Discrete Mathematics, 1(3):328-333, August 1988.

[68] Bela Bollobás and Oliver Riordan. Mathematical results on scale-free random graphs. In Stefan Bornholdt and Hans Georg Schuster, editors, Handbook of Graphs and Networks, pages 1-34. John Wiley & Sons, 2005.

[69] Bela Bollobás and Oliver Riordan. Percolation. Cambridge University Press, 2006.

[70] Abraham Bookstein. Informetric distributions, Part II: Resilience to ambiguity. Journal of the American Society for Information Science, 41(5):376-386, 1990.

[71] Stephen P. Borgatti. Identifying sets of key players in a network. Computational and Mathematical Organization Theory, 12(4):21-34, 2006.

[72] Stephen P. Borgatti and Martin G. Everett. Models of core/periphery structures. Social Networks, 21(4):375-395, October 2000.

[73] Stephen P. Borgatti and Martin G. Everett. A graph-theoretic perspective on centrality. Social Networks, 28(4):466-484, 2006.

[74] Stephen P. Borgatti, Candace Jones, and Martin G. Everett. Network measures of social capital. Connections, 21(2):27-36, 1998.

[75] Pierre Bourdieu. The forms of capital. In J. E. Richardson, editor, Handbook of Theory of Research for the Sociology of Education, pages 241-258. Greenwood Press, 1986.

[76] Dietrich Braess. Über ein paradoxon aus der verkehrsplanung. Unternehmensforschung, 12:258-268, 1968.

[77] Ulrich Brandes. A faster algorithm for betweenness centrality. Journal of Mathematical Sociology, 25:163-177, 2001.

[78] Ronald L. Breiger. The duality of persons and groups. Social Forces, 53:181-190, 1974.

[79] Sergey Brin and Lawrence Page. The anatomy of a large-scale hypertextual Web search engine. In Proc. 7th International World Wide Web Conference, pages 107-117, 1998.

[80] Andrei Broder, Ravi Kumar, Farzin Maghoul, Prabhakar Raghavan, Sridhar Rajagopalan, Raymie Stata, Andrew Tomkins, and Janet Wiener. Graph structure in the Web. In Proc. 9th International World Wide Web Conference, pages 309-320, 2000.

[81] John M. Broder. From a theory to a consensus on emissions. New York Times, 16 May 2009.

[82] Chris Brown. Run/pass balance and a little game theory, 10 July 2006. http://smartfootball. blogspot. com/2006/07/runpass-balance-and-little-gametheory. html.

[83] Luciana S. Buriol, Carlos Castillo, Debora Donato, Stefano Leonardi, and Stefano Millozzi. Temporal analysis of the wikigraph. In Proc. IEEE/WIC/ACM International Conference on Web Intelligence, pages 45-51, 2006.

[84] Brian Burke. Game theory and run/pass balance, 13 June 2008. http://www. advancednstats. com/ 2008/06/game-theory-and-runpass-balance. html.

[85] Ronald S. Burt. Social contagion and innovation: Cohesion versus structural equivalence. American Journal of Sociology, 92(6):1287-1335, May 1987.

[86] Ronald S. Burt. Structural Holes: The Social Structure of Competition. Harvard University Press, 1992.

[87] Ronald S. Burt. The network structure of social capital. Research in Organizational Studies, 22: 345-423, 2000.

[88] Ronald S. Burt. Structural holes and good ideas. American Journal of Sociology, 110(2):349-99, September 2004.

[89] Vannevar Bush. As we may think. Atlantic Monthly, 176(1):101-108, July 1945.

[90] Vincent Buskens and Arnout van de Rijt. Dynamics of networks if everyone strives for structural holes. American Journal of Sociology, 114(2):371-407, 2009.

[91] Samuel R. Buss and Peter Clote. Solving the Fisher-Wright and coalescence problems with a discrete Markov chain analysis. Advances in Applied Probability, 36:1175-1197, 2004.

[92] Robert B. Cairns and Beverly D. Cairns. Lifelines and Risks: Pathways of Youth in our Time. Cambridge University Press, 1995.

[93] Colin Camerer. Behavioral Game Theory: Experiments in Strategic Interaction. Princeton University Press, 2003.

[94] Rebecca L. Cann, Mark Stoneking, and Allan C. Wilson. Mitochondrial DNA and human evolution. Nature, 325:31-36, January 1987.

[95] E. C. Capen, R. V. Clapp, and W. M. Campbell. Competitive bidding in high-risk situations. Journal of Petroleum Technology, 23:641-653, June 1971.

[96] Jean M. Carlson and John Doyle. Highly optimized tolerance: a mechanism for power laws in designed systems. Physical Review E, 60(2):1412-1427, 1999.

[97] Dorwin Cartwright and Frank Harary. Structure balance: A generalization of Heider's theory. Psychological Review, 63(5):277-293, September 1956.

[98] James Cassing and Richard W. Douglas. Implications of the auction mechanism in baseball's free agent draft. Southern Economic Journal, 47:110-121, July 1980.

[99] Stanislaw Cebrat, Jan P. Radomski, and Dietrich Stauffer. Genetic paralog analysis and simulations. In International Conference on Computational Science, pages 709-717, 2004.

[100] Bogachan Celen and Shachar Kariv. Distinguishing informational cascades from herd behavior in the laboratory. American Economic Review, 94(3):484-498, June 2004.

[101] Damon Centola and Michael Macy. Complex contagions and the weakness of long ties. American Journal of Sociology, 113:702-734, 2007.

[102] Soumen Chakrabarti, Byron Dom, Prabhakar Raghavan, Sridhar Rajagopalan, David Gibson, and Jon M. Kleinberg. Automatic resource compilation by analyzing hyperlink structure and associated text. In Proc. 7th International World Wide Web Conference, pages 65-74, 1998.

[103] Soumen Chakrabarti, Alan M. Frieze, and Juan Vera. The influence of search engines on preferential attachment. In Proc. 16th ACM-SIAM Symposium on Discrete Algorithms, pages 293-300, 2005.

[104] Damien Challet, M. Marsili, and Gabriele Ottino. Shedding light on El Farol. Physica A, 332: 469-482, 2004.

[105] Murray Chass. View of sport: It's over now that it's over. New York Times, 1 October 1989.

[106] Eddie Cheng, Jerrold W. Grossman, and Marc J. Lipman. Time-stamped graphs and their associated influence digraphs. Discrete Applied Mathematics, 128:317-335, 2003.

[107] P. A. Chiappori, S. Levitt, and T. Groseclose. Testing mixed-strategy equilibria when players are heterogeneous: The case of penalty kicks in soccer. American Economic Review, 92: 1138-1151, 2002.

[108] Nicholas A. Christakis and James H. Fowler. The spread of obesity in a large social network over 32 years. New England Journal of Medicine, 357(4):3700-379, July 2007.

[109] Michael Suk-Young Chwe. Structure and strategy in collective action. American Journal of Sociology, 105(1):128-156, July 1999.

[110] Michael Suk-Young Chwe. Communication and coordination in social networks. Review of Economic Studies, 67:1-16, 2000.

[111] Michael Suk-Young Chwe. Rational Ritual: Culture, Coordination, and Common Knowledge. Princeton University Press, 2001.

[112] Edward H. Clarke. Multipart pricing of public goods. Public Choice, 11:17-33, Fall 1971.

[113] Ronald Coase. The problem of social cost. Journal of Law and Economics, 1:1-44,1960.

[114] Jere M. Cohen. Sources of peer group homogeneity. Sociology in Education, 50:227-241, October 1977.

[115] James Coleman, Herbert Menzel, and Elihu Katz. Medical Innovations: A Diffusion Study. Bobbs Merrill, 1966.

[116] James S. Coleman. The Adolescent Society. Free Press, 1961.

[117] James S. Coleman. Social capital in the creation of human capital. American Journal of Sociology, 94(S1):S95-S120, 1988.

[118] James S. Coleman. Foundations of Social Theory. Harvard University Press, 1990.

[119] Vittoria Colizza, Alain Barrat, Marc Barthélemy, and Alessandro Vespignani. The role of the airline transportation network in the prediction and predictability of global epidemics. Proc. Natl. Acad. Sci. USA, 103(7):2015-2020, 2006.

[120] Karen S. Cook and Toshio Yamagishi. Power in exchange networks: A power-dependence formulation. Social Networks, 14:245-265, 1992.

[121] Jacomo Corbo and David C. Parkes. The price of selfish behavior in bilateral network formation. In Proc. 24th ACM Symposium on Principles of Distributed Computing, pages 99-107, 2005.

[122] David Crandall, Dan Cosley, Dan Huttenlocher, Jon Kleinberg, Xiangyang Lan, and Siddharth Suri. Feedback effects between similarity and social influence in online communities. In Proc. 14th ACM SIGKDD International Conference on Knowledge Discovery and Data Mining, 2008.

[123] Vincent P. Crawford. Lying for strategic advantage: Rational and boundedly rational misrepresentation of intentions. American Economic Review, 93(1):133-149, 2003.

[124] Partha Dasgupta, Peter Hammond, and Eric Maskin. The implementation of social choice rules: Some general results on incentive compatibility. Review of Economic Studies, 46:216, 1979.

[125] Ian Davis. Talis, Web 2. 0, and all that, 4 July 2005. Internet Alchemy blog, http://

internetalchemy. org/2005/07/talis-web-20-and-all-that.

[126] James A. Davis. Structural balance, mechanical solidarity, and interpersonal relations. American Journal of Sociology, 68:444-462, 1963.

[127] James A. Davis. Clustering and structural balance in graphs. Human Relations, 20(2):181-187, 1967.

[128] Gabrielle Demange. Strategyproofness in the assignment market game, 1982. Laboratiore d' Econometrie de l'Ecole Polytechnique.

[129] Gabrielle Demange, David Gale, and Marilda Sotomayor. Multi-item auctions. Journal of Political Economy, 94(4):863-872, 1986.

[130] Jared Diamond. Guns, Germs, and Steel: The Fates of Human Societies. W. W. Norton & Company, 1999.

[131] Peter Dodds, Roby Muhamad, and Duncan Watts. An experimental study of search in global social networks. Science, 301:827-829, 2003.

[132] Pedro Domingos and Matt Richardson. Mining the network value of customers. In Proc. 7th ACM SIGKDD International Conference on Knowledge Discovery and Data Mining, pages 57-66, 2001.

[133] Debora Donato, Luigi Laura, Stefano Leonardi, and Stefano Millozzi. The web as a graph: How far we are. ACM Transactions on Internet Technology, 7(1), 2007.

[134] Shawn M. Douglas, Gaetano T. Montelione, and Mark Gerstein. PubNet: a flexible system for visualizing literature derived networks. Genome Biology, 6(9), 2005.

[135] Zvi Drezner (editor). Facility location: a survey of applications and methods. Springer, 1995.

[136] Raissa M. D'Souza, Christian Borgs, Jennifer T. Chayes, Noam Berger, and Robert D. Kleinberg. Emergence of tempered preferential attachment from optimization. Proc. Natl. Acad. Sci. USA, 104(15):6112-6117, April 2007.

[137] Jennifer A. Dunne. The network structure of food webs. In Mercedes Pascual and Jennifer A. Dunne, editors, Ecological Networks: Linking Structure to Dynamics in Food Webs, pages 27-86. Oxford University Press, 2006.

[138] Steven Durlauf and Marcel Fafchamps. Social capital. In Phillippe Agion and Steven Durlauf, editors, Handbook of Economic Growth. Elsevier, 2004.

[139] Richard Durrett. Stochastic spatial models. SIAM Review, 41(4):677-718, 1999.

[140] Cynthia Dwork, Ravi Kumar, Moni Naor, and D. Sivakumar. Rank aggregation methods for the Web. In Proc. 10th International World Wide Web Conference, pages 613-622, 2001.

[141] Nathan Eagle and Alex Pentland. Reality mining: Sensing complex social systems. Personal and Ubiquitous Computing, 10(4), May 2006.

[142] Nathan Eagle, Alex Pentland, and David Lazer. Mobile phone data for inferring social network structure. In John J. Salerno Huan Liu and Michael J. Young, editors, Social Computing, Behavioral Modeling, and Prediction, pages 79-88. Springer, 2008.

[143] Nicholas Economides. Desirability of compatibility in the absence of network externalities. American Economic Review, 79(5):1165-1181, December 1989.

[144] Ben Edelman, Michael Ostrovsky, and Michael Schwarz. Internet advertising and the generalized second price auction: Selling billions of dollars worth of keywords. American Economic Review, 97 (1):242-259, March 2007.

[145] Leo Egghe and Ronald Rousseau. Introduction to Informetrics: Quantitative Methods in Library, Documentation and Information Science. Elsevier, 1990.

[146] Anita Elberse. Should you invest in the long tail? Harvard Business Review, 86(7/8):88-96, Jul-Aug 2008.

[147] Glenn Ellison. Learning, local interaction, and coordination. Econometrica, 61:1047-1071, 1993.

[148] Richard M. Emerson. Power-dependence relations. American Sociological Review, 27: 31-40, 1962.

[149] Stephen Eubank, Hasan Guclu, V. S. Anil Kumar, Madhav V. Marathe, Aravind Srinivasan, Zoltan Toroczkai, and Nan Wang. Modelling disease outbreaks in realistic urban social networks. Nature, 429:180-184, 2004.

[150] Eyal Even-Dar, Michael Kearns, and Siddharth Suri. A network formation game for bipartite exchange economies. In Proc. 18th ACM-SIAM Symposium on Discrete Algorithms, pages 697-706, 2007.

[151] Alex Fabrikant, Elias Koutsoupias, and Christos H. Papadimitriou. Heuristically optimized trade-offs: A new paradigm for power laws in the Internet. In Proc. 29th Intl. Colloq. on Automata, Languages and Programming, pages 110-122, 2002.

[152] Alex Fabrikant, Ankur Luthra, Elitza N. Maneva, Christos H. Papadimitriou, and Scott Shenker. On a network creation game. In Proc. 22nd ACM Symposium on Principles of Distributed Computing, pages 347-351, 2003.

[153] Marcel Fafchamps and Eleni Gabre-Madhin. Agricultural markets in Benin and Malawi. African Journal of Agricultural and Resource Economics, 1(1):67-94, 2006.

[154] Ronald Fagin, Joseph Y. Halpern, Yoram Moses, and Moshe Y. Vardi. Reasoning About Knowledge. MIT Press, 1995.

[155] Michalis Faloutsos, Petros Faloutsos, and Christos Faloutsos. On power-law relationships of the Internet topology. In Proc. ACM SIGCOMM Conference on Applications, Technologies, Architectures, and Protocols for Computer Communication, pages 251-262, 1999.

[156] Daniel S. Falster and Mark Westoby. Plant height and evolutionary games. Trends in Ecology and Evolution, 18(7):337-343, July 2003.

[157] Eugene F. Fama. The behavior of stock market prices. Journal of Business, 38:34-105, 1965.

[158] Gerald R. Faulhaber. Network effects and merger analysis: Instant messaging and the AOL Time Warner case. Telecommunication Policy, 26:311-333, June/July 2002.

[159] Timothy J. Feddersen and Wolfgang Pesendorfer. The swing voter's curse. American Economic Review, 86(3):408-424, June 1996.

[160] Timothy J. Feddersen and Wolfgang Pesendorfer. Convicting the innocent: The inferiority of unanimous jury verdicts under strategic voting. American Political Science Review, 92(1):23-35, March 1998.

[161] Scott L. Feld. The focused organization of social ties. American Journal of Sociology, 86(5):1015-1035, 1981.

[162] Claude S. Fischer. America Calling: A Social History of the Telephone to 1940. University of California Press, 1992.

[163] Peter C. Fishburn. Nontransitive preferences in decision theory. Journal of Risk and Uncertainty, 4:113-134, 1991.

[164] Lester R. Ford and D. Ray Fulkerson. Flows in Networks. Princeton University Press, 1962.

[165] S. Fortunato, A. Flammini, F. Menczer, and A. Vespignani. Topical interests and the mitigation of search engine bias. Proc. Natl. Acad. Sci. USA, 103(34):12684-12689, 2006.

[166] James H. Fowler and Sangick Jeon. The authority of Supreme Court precedent. Social Networks, 30:16-30, 2008.

[167] Reiner Franke. Reinforcement learning in the El Farol model. Journal of Economic Behavior and Organization, 51:367-388, 2003.

[168] Linton C. Freeman. A set of measure of centrality based on betweenness. Sociometry, 40(1):35-41, 1977.

[169] Linton C. Freeman. Centrality in social networks: Conceptual clarification. Social Networks, 1: 215-239, 1979.

[170] Noah Friedkin. A Structural Theory of Social Influence. Cambridge University Press, 1998.

[171] Eric Friedman, Paul Resnick, and Rahul Sami. Manipulation-resistant reputation systems. In Noam Nisan, Tim Roughgarden, Éva Tardos, and Vijay Vazirani, editors, Algorithmic Game Theory, pages 677-698. Cambridge University Press, 2007.

[172] Milton Friedman. Essays in Positive Economics. University of Chicago Press, 1953.

[173] H. L. Frisch and J. M. Hammersley. Percolation processes and related topics. SIAM Journal on Applied Mathematics, 11(4):894-918, 1963.

[174] Yun-Xin Fu. Exact coalescent for the Wright-Fisher model. Theoretical Population Biology, 69: 385-394, 2006.

[175] Drew Fudenberg and David Levine. The Theory of Learning in Games. The MIT Press, 1998.

[176] Douglas Gale and Shachar Kariv. Financial networks. American Economic Review: Papers and Proceedings, 97(2):99-103, May 2007.

[177] Eugene Garfield. Citation analysis as a tool in journal evaluation. Science, 178:471-479, 1972.

[178] Eugene Garfield. It's a small world after all. Current Contents, 43:5-10, 1979.

[179] John Geanakoplos. Three brief proofs of Arrow's Impossibility Theorem. Economic Theory, 26 (1):211-215, 2005.

[180] Nancy Geller. On the citation influence methodology of Pinski and Narin. Information Processing and Management, 14:93-95, 1978.

[181] Mordechai Gersani, Joel S. Brown, Erin E. O'Brien, Godfrey M. Maina, and Zvika Abramski. Tragedy of the commons as a result of root competition. Journal of Ecology, 89:660-669, 2001.

[182] David Gibson. Concurrency and commitment: Network scheduling and its consequences for diffusion. Journal of Mathematical Sociology, 29(4):295-323, 2005.

[183] Michelle Girvan, Duncan Callaway, Mark E. J. Newman, and Steven H. Strogatz. Simple model of epidemics with pathogen mutation. Physical Review E, 65:031915, 2002.

[184] Michelle Girvan and Mark E. J. Newman. Community structure in social and biological networks. Proc. Natl. Acad. Sci. USA, 99(12):7821-7826, June 2002.

[185] Scott A. Golder, Dennis Wilkinson, and Bernardo A. Huberman. Rhythms of social interaction: Messaging within a massive online network. In Proc. 3rd International Conference on Communities and Technologies, 2007.

[186] Benjamin Golub and Matthew O. Jackson. Naive learning in social networks: Convergence, influence and the wisdom of crowds. American Economic Journal: Microeconomics, 2(1):112-49, 2010.

[187] Joshua Goodman, Gordon Cormack, and David Heckerman. Spam and the ongoing battle for the inbox. Communications of the ACM, 50(2):24-33, February 2007.

[188] Sanjeev Goyal and Fernando Vega-Redondo. Structural holes in social networks. Journal of

Economic Theory, 137(1):460-492, 2007.

[189] Ronald L. Graham. On properties of a well-known graph, or, What is your Ramsey number? Annals of the New York Academy of Sciences, 328(1):166-172, June 1979.

[190] Mark Granovetter. The strength of weak ties. American Journal of Sociology, 78: 1360-1380, 1973.

[191] Mark Granovetter. Getting a Job: A Study of Contacts and Careers. University of Chicago Press, 1974.

[192] Mark Granovetter. Threshold models of collective behavior. American Journal of Sociology, 83: 1420-1443, 1978.

[193] Mark Granovetter. Economic action and social structure: The problem of embeddedness. American Journal of Sociology, 91(3):481-510, November 1985.

[194] Mark Granovetter. Problems of explanation in economic sociology. In Nitin Nohria and Robert G. Eccles, editors, Networks and Organization, pages 29-56. Harvard Business School Press, 1992.

[195] Nicholas C. Grassly, Christophe Fraser, and Geoffrey P. Garnett. Host immunity and synchronized epidemics of syphilis across the united states. Nature, 433:417-421, January 2005.

[196] B. T. Grenfell, O. N. Bjornstad, and J. Kappey. Travelling waves and spatial hierarchies in measles epidemics. Nature, 414:716-723, December 2001.

[197] David Griffeath. Ultimate Bacon: The giant component of a complex network. http://psoup. math. wisc. edu/archive/recipe59. html.

[198] Jerrold W. Grossman and Patrick D. F. Ion. On a portion of the well-known collaboration graph. Congressus Numerantium, 108:129-131, 1995.

[199] Theodore Groves. Incentives in teams. Econometrica, 41:617-631, July 1973.

[200] John Guare. Six Degrees of Separation: A Play. Vintage Books, 1990.

[201] R. V. Guha, Ravi Kumar, Prabhakar Raghavan, and Andrew Tomkins. Propagation of trust and distrust. In Proc. 13th International World Wide Web Conference, 2004.

[202] Sunetra Gupta, Roy M. Anderson, and Robert M. May. Networks of sexual contacts: Implications for the pattern of spread of HIV. AIDS, 3:807-817, 1989.

[203] Werner Güth, Rolf Schmittberger, and Bernd Schwarze. An experimental analysis of ultimatum bargaining. Journal of Economic Behavior and Organization, 3:367-388, 1982.

[204] Frank Harary. On the notion of balance of a signed graph. Michigan Math. Journal, 2(2):143-146, 1953.

[205] Garrett Hardin. The tragedy of the commons. Science, 162(3859):1243-1248, 1968.

[206] Larry Harris. Trading and Exchanges: Market Microstructure for Practitioners. Oxford University Press, 2002.

[207] Milton Harris and Robert M. Townsend. Resource allocation under asymmetric information. Econometrica, 49:33-64, 1981.

[208] John C. Harsanyi. Game with incomplete information played by "Bayesian" players, I-III. Part I: The basic model. Management Science, 14(3):159-182, November 1967.

[209] Joel Hasbrouck. Empirical Market Microstructure: The Institutions, Economics, and Econometrics of Securities Trading. Oxford University Press, 2007.

[210] Kjetil K. Haugen. The performance-enhancing drug game. Journal of Sports Economics, 5(1):67-86, 2004.

[211] D. T. Haydon, M. Chase-Topping, D. J. Shaw, L. Matthews, J. K. Friar, J. Wilesmith, and

M. E. J. Woolhouse. The construction and analysis of epidemic trees with reference to the 2001 UK foot-and-mouth outbreak. Proc. Royal Soc. London B, 270:121-127,2003.

[212] Kais Hazma. The smallest uniform upper bound on the distance between the mean and the median of the binomial and Poisson distributions. Statistics and Probability Letters, 23:21-25, 1995.

[213] Daihai He and Lewi Stone. Spatio-temporal synchronization of recurrent epidemics. Proc. Royal Soc. London B, 270:1519-1526, 2003.

[214] F. Heart, A. McKenzie, J. McQuillian, and D. Walden. ARPANET Completion Report. Bolt, Beranek and Newman, 1978.

[215] Peter Hedstrom. Contagious collectivities: On the spatial diffusion of Swedish trade unions. American Journal of Sociology, 99:1157-1179, 1994.

[216] Fritz Heider. Attitudes and cognitive organization. Journal of Psychology, 21:107-112, 1946.

[217] Fritz Heider. The Psychology of Interpersonal Relations. John Wiley & Sons, 1958.

[218] Robert Heinsohn and Craig Packer. Complex cooperative strategies in group-territorial African lions. Science, 269:1260-1262, September 1995.

[219] Miguel Helft. Google and Apple eliminate another tie. New York Times, 12 October 2009.

[220] James Hendler, Nigel Shadbolt, Wendy Hall, Tim Berners-Lee, and Daniel Weitzner. Web science: An interdisciplinary approach to understanding the Web. Communications of the ACM, 51 (7):60-69, 2008.

[221] Douglas Hofstadter. Gödel, Escher, Bach: An Eternal Golden Braid. Basic Books, 1979.

[222] Bernardo A. Huberman, Daniel M. Romero, and Fang Wu. Social networks that matter: Twitter under the microscope. First Monday, 14(1), January 2009.

[223] Steffen Huck and Jorg Oechssler. Informational cascades in the laboratory: Do they occur for the right reasons? Journal of Economic Psychology, 21(6):661-671, 2000.

[224] Robert Huckfeldt and John Sprague. Networks in context: The social flow of political information. American Political Science Review, 81(4):1197-1216, December 1987.

[225] Nicole Immorlica, Jon Kleinberg, Mohammad Mahdian, and Tom Wexler. The role of compatibility in the diffusion of technologies through social networks. In Proc. 8th ACM Conference on Electronic Commerce, 2007.

[226] Y. Iwasa, D. Cohen, and J. A. Leon. Tree height and crown shape, as results of competitive games. Journal of Theoretical Biology, 112:279-298, 1985.

[227] Matthew O. Jackson and Asher Wolinsky. A strategic model of social and economic networks. Journal of Economic Theory, 71(1):44-74, 1996.

[228] Thorsten Joachims. Optimizing search engines using clickthrough data. In Proc. 8th ACM SIGKDD International Conference on Knowledge Discovery and Data Mining, pages 133-142, 2002.

[229] Ramesh Johari and Sunil Kumar. Congestible Services and Network Effects. In Proc. 11th ACM Conference on Electronic Commerce,2010.

[230] Steve Jurvetson. What exactly is viral marketing? Red Herring, 78:110-112, 2000.

[231] Daniel Kahneman and Amos Tversky. On the psychology of prediction. Psychological Review, 80 (4):237-251, 1973.

[232] Sham M. Kakade, Michael J. Kearns, Luis E. Ortiz, Robin Pemantle, and Siddharth Suri. Economic properties of social networks. In Proc. 17th Advances in Neural Information Processing Systems, 2004.

[233] Denise B. Kandel. Homophily, selection, and socialization in adolescent friendships. American

Journal of Sociology, 84(2):427-436, September 1978.

[234] Yakar Kannai. The core and balancedness. In Robert J. Aumman and Sergiu Hart, editors, Handbook of Game Theory, volume 1, pages 355-395. Elsevier, 1992.

[235] Michael L. Katz and Carl Shapiro. Network externalities, competition, and compatibility. American Economic Review, 75(3):424-440, June 1985.

[236] Michael Kearns, Stephen Judd, Jinsong Tan, and Jennifer Wortman. Behavioral experiments on biased voting in networks. Proc. Natl. Acad. Sci. USA, 106(5):1347-1352, February 2009.

[237] Michael Kearns, Siddharth Suri, and Nick Montfort. An experimental study of the coloring problem on human subject networks. Science, 313(5788):824-827, 2006.

[238] Matt J. Keeling and Ken T. D. Eames. Network and epidemic models. J. Royal Soc. Interface, 2: 295-307, 2005.

[239] David Kempe, Jon Kleinberg, and Amit Kumar. Connectivity and inference problems for temporal networks. In Proc. 32nd ACM Symposium on Theory of Computing, pages 504-513, 2000.

[240] David Kempe, Jon Kleinberg, and Éva Tardos. Maximizing the spread of influence in a social network. In Proc. 9th ACM SIGKDD International Conference on Knowledge Discovery and Data Mining, pages 137-146, 2003.

[241] Jeffrey Kephart, Gregory Sorkin, David Chess, and Steve White. Fighting computer viruses. Scientific American, pages 88-93, November 1997.

[242] Walter Kern and Dani el Palusma. Matching games: The least core and the nucleolus. Mathematics of Operations Research, 28(2):294-308, 2003.

[243] Peter D. Killworth and H. Russell Bernard. Reverse small world experiment. Social Networks, 1: 159-192, 1978.

[244] Peter D. Killworth, Eugene C. Johnsen, H. Russell Bernard, Gene Ann Shelley, and Christopher McCarty. Estimating the size of personal networks. Social Networks, 12 (4): 289-312, December 1990.

[245] John F. C. Kingman. The coalescent. Stochastic Processes and their Applications, 13: 235-248, 1982.

[246] Aniket Kittur and Robert E. Kraut. Harnessing the wisdom of crowds in Wikipedia: Quality through coordination. In Proc. CSCW'08: ACM Conference on Computer-Supported Cooperative Work, 2008.

[247] Jon Kleinberg. Authoritative sources in a hyperlinked environment. Journal of the ACM, 46(5): 604-632, 1999. A preliminary version appears in the Proceedings of the 9th ACM-SIAM Symposium on Discrete Algorithms, Jan. 1998.

[248] Jon Kleinberg. Navigation in a small world. Nature, 406:845, 2000.

[249] Jon Kleinberg. The small-world phenomenon: an algorithmic perspective. In Proc. 32nd ACM Symposium on Theory of Computing, pages 163-170, 2000.

[250] Jon Kleinberg. Small-world phenomena and the dynamics of information. In Proc. 14th Advances in Neural Information Processing Systems, pages 431-438, 2001.

[251] Jon Kleinberg. The wireless epidemic. Nature (News & Views), 449:287-288, 2007.

[252] Jon Kleinberg, Siddharth Suri, Éva Tardos, and Tom Wexler. Strategic network formation with structural holes. In Proc. 9th ACM Conference on Electronic Commerce, 2008.

[253] Jon Kleinberg and Éva Tardos. Algorithm Design. Addison Wesley, 2006.

[254] Jon Kleinberg and Éva Tardos. Balanced outcomes in social exchange networks. In Proc. 40th

ACM Symposium on Theory of Computing, 2008.

[255] Judith Kleinfeld. Could it be a big world after all? The `six degrees of separation` myth. Society, April 2002.

[256] Paul Klemperer. Auctions: Theory and Practice. Princeton University Press, 2004. On-line at www. paulklemperer. org.

[257] Charles Korte and Stanley Milgram. Acquaintance networks between racial groups: Application of the small world method. Journal of Personality and Social Psychology, 15, 1978.

[258] Gueorgi Kossinets, Jon Kleinberg, and Duncan Watts. The structure of information pathways in a social communication network. In Proc. 14th ACM SIGKDD International Conference on Knowledge Discovery and Data Mining, 2008.

[259] Gueorgi Kossinets and DuncanWatts. Empirical analysis of an evolving social network. Science, 311:88-90, 2006.

[260] Dexter Kozen. The Design and Analysis of Algorithms. Springer, 1990.

[261] Rachel Kranton and Deborah Minehart. A theory of buyer-seller networks. American Economic Review, 91(3):485-508, June 2001.

[262] Lothar Krempel and Thomas Pl umper. Exploring the dynamics of international trade by combining the comparative advantages of multivariate statistics and network visualizations. Journal of Social Structure, 4(1), 2003.

[263] David Kreps. A Course in Microeconomic Theory. Princeton University Press, 1990.

[264] Ravi Kumar, Jasmine Novak, Prabhakar Raghavan, and Andrew Tomkins. Structure and evolution of blogspace. Communications of the ACM, 47(12):35-39, 2004.

[265] Ravi Kumar, Prabhakar Raghavan, Sridhar Rajagopalan, D. Sivakumar, Andrew Tomkins, and Eli Upfal. Random graph models for the Web graph. In Proc. 41st IEEE Symposium on Foundations of Computer Science, pages 57-65, 2000.

[266] Jérôme Kunegis, Andreas Lommatzsch, and Christian Bauckhage. The Slashdot Zoo: Mining a social network with negative edges. In Proc. 18th International World Wide Web Conference, pages 741-750, 2009.

[267] Marcelo Kuperman and Guillermo Abramson. Small world effect in an epidemiological model. Physical Review Letters, 86(13):2909-2912, March 2001.

[268] Amy N. Langville and Carl D. Meyer. Google's PageRank and Beyond: The Science of Search Engine Rankings. Princeton University Press, 2006.

[269] Paul Lazarsfeld and Robert K. Merton. Friendship as a social process: A substantive and methodological analysis. In Morroe Berger, Theodore Abel, and Charles H. Page, editors, Freedom and Control in Modern Society, pages 18-66. Van Nostrand, 1954.

[270] Herman B. Leonard. Elicitation of honest preferences for the assignment of individuals to positions. Journal of Political Economy, 91(3):461-479, 1983.

[271] Jure Leskovec, Lada Adamic, and Bernardo Huberman. The dynamics of viral marketing. ACM Transactions on the Web, 1(1), May 2007.

[272] Jure Leskovec, Lars Backstrom, Ravi Kumar, and Andrew Tomkins. Microscopic evolution of social networks. In Proc. 14th ACM SIGKDD International Conference on Knowledge Discovery and Data Mining, pages 462-470, 2008.

[273] Jure Leskovec and Eric Horvitz. Worldwide buzz: Planetary-scale views on an instant-messaging network. In Proc. 17th International World Wide Web Conference, 2008.

[274] Jure Leskovec, Dan Huttenlocher, and Jon Kleinberg. Signed networks in social media. In proc. 28th ACM SIGCHI Conference on Human Factors in Computing Systems, 2010.

[275] Jure Leskovec, Kevin J. Lang, Anirban Dasgupta, and Michael W. Mahoney. Statistical properties of community structure in large social and information networks. In Proc. 17th International World Wide Web Conference, pages 695-704, 2008.

[276] David Lewis. Convention: A Philosophical Study. Oxford University Press, 1969.

[277] David Liben-Nowell, Jasmine Novak, Ravi Kumar, Prabhakar Raghavan, and Andrew Tomkins. Geographic routing in social networks. Proc. Natl. Acad. Sci. USA, 102(33):11623-11628, August 2005.

[278] Thomas Liggett. Stochastic Interacting Systems: Contact, Voter and Exclusion Processes. Springer, 1999.

[279] Nan Lin. Social Capital: A Theory of Social Structure and Action. Cambridge University Press, 2002.

[280] László Lovász and Michael Plummer. Matching Theory. North-Holland, 1986.

[281] Jeffrey W. Lucas, C. Wesley Younts, Michael J. Lovaglia, and Barry Markovsky. Lines of power in exchange networks. Social Forces, 80(11):185-214, 2001.

[282] Sean Luke. Schelling segregation applet. http://www.cs.gmu.edu/clab/projects/mason/projects/schelling/.

[283] Jeffrey K. MacKie-Mason and John Metzler. Links between markets and aftermarkets: Kodak (1997). In John E. Kwoka and Lawrence J. White, editors, The Antitrust Revolution, pages 558-583. Oxford University Press, fifth edition, 2004.

[284] Benoit B. Mandelbrot. An informational theory of the statistical structure of languages. In W. Jackson, editor, Communication Theory, pages 486-502. Butterworth, 1953.

[285] M. Lynne Markus. Toward a "critical mass" theory of interactive media: Universal access, interdependence and diffusion. Communication Research, 14(5):491-511, 1987.

[286] Cameron Marlow, Lee Byron, Tom Lento, and Itamar Rosenn. Maintained relationships on facebook, 2009. On-line at http://overstated.net/2009/03/09/maintainedrelationships-on-facebook.

[287] Seth A. Marvel, Steven H. Strogatz, and Jon M. Kleinberg. The energy landscape of social balance. Technical Report nlin/0906.2893, arxiv.org, June 2009.

[288] Andreu Mas-Collel, Michael Whinston, and Jerry Green. Microeconomic Theory. Oxford University Press, 1995.

[289] Michael Maschler. The bargaining set, kernel, and nucleolus. In Robert J. Aumman and Sergiu Hart, editors, Handbook of Game Theory, volume 1, pages 592-667. Elsevier, 1992.

[290] Doug McAdam. Recruitment to high-risk activism: The case of Freedom Summer. American Journal of Sociology, 92:64-90, 1986.

[291] Doug McAdam. Freedom Summer. Oxford University Press, 1988.

[292] Preston McAfee and John McMillan. Auctions and bidding. Journal of Economic Literature, 25: 708-747, 1987.

[293] Colin McEvedy. The bubonic plague. Scientific American, 258(2):118-123, February 1988.

[294] Miller McPherson, Lynn Smith-Lovin, and James M. Cook. Birds of a feather: Homophily in social networks. Annual Review of Sociology, 27:415-444, 2001.

[295] Lauren Ancel Meyers, Babak Pourbohloul, Mark E. J. Newman, Danuta M. Skowronski, and

Robert C. Brunham. Network theory and SARS: Predicting outbreak diversity. Journal of Theoretical Biology, 232:71-81, 2005.

[296] Donna Miles. Bush outlines strategy for victory in terror war. American Forces Press Service, 6 October 2005.

[297] Stanley Milgram. The small-world problem. Psychology Today, 2:60-67, 1967.

[298] Stanley Milgram, Leonard Bickman, and Lawrence Berkowitz. Note on the drawing power of crowds of different size. Journal of Personality and Social Psychology, 13(2):79-82, October 1969.

[299] Paul Milgrom and Nancy Stokey. Information, trade and common knowledge. Journal of Economic Theory, 26:17-27, 1982.

[300] Michael Mitzenmacher. A brief history of generative models for power law and lognormal distributions. Internet Mathematics, 1(2):226-251, 2004.

[301] Mark S. Mizruchi. What do interlocks do? an analysis, critique, and assessment of research on interlocking directorates. Annual Review of Sociology, 22:271-298, 1996.

[302] Markus M. Möbius and Tanya S. Rosenblat. The process of ghetto formation: Evidence from Chicago, 2001. Working paper.

[303] Dov Monderer and Lloyd S. Shapley. Potential games. Games and Economic Behavior, 14:124-143, 1996.

[304] James Moody. Race, school integration, and friendship segregation in america. American Journal of Sociology, 107(3):679-716, November 2001.

[305] James Moody. The importance of relationship timing for diffusion. Social Forces, 81:25-56, 2002.

[306] Michael Moore. An international application of Heider's balance theory. European Journal of Social Psychology, 8:401-405, 1978.

[307] Martina Morris and Mirjam Kretzschmar. Concurrent partnerships and the spread of HIV. AIDS, 11(4):641-648, 1997.

[308] Stephen Morris. Contagion. Review of Economic Studies, 67:57-78, 2000.

[309] Elchanan Mossel and Sebastien Roch. On the submodularity of influence in social networks. In Proc. 39th ACM Symposium on Theory of Computing, 2007.

[310] Roger Myerson. Incentive compatibility and the bargaining problem. Econometrica, 47: 61-73, 1979.

[311] Roger Myerson. Optimal auction design. Mathematics of Operations Research, 6:58-73,1981.

[312] John Nash. The bargaining problem. Econometrica, 18:155-162, 1950.

[313] John Nash. Equilibrium points in n-person games. Proc. Natl. Acad. Sci. USA, 36:48-49, 1950.

[314] John Nash. Non-cooperative games. Annals of Mathematics, 54:286-295, 1951.

[315] National Research Council Committee on Technical and Privacy Dimensions of Information for Terrorism Prevention and Other National Goals. Protecting Individual Privacy in the Struggle Against Terrorists: A Framework for Program Assessment. National Academies Press, 2008.

[316] Ted Nelson. Literary Machines. Mindful Press, 1981.

[317] Mark E. J. Newman. Scientific collaboration networks: II. Shortest paths, weighted networks, and centrality. Physical Review E, 64:016132, 2001.

[318] Mark E. J. Newman. The structure of scientific collaboration networks. Proc. Natl. Acad. Sci. USA, 98(2):404-409, January 2001.

[319] Mark E. J. Newman. Mixing patterns in networks. Physical Review E, 67:026126, 2003.

[320] Mark E. J. Newman. The structure and function of complex networks. SIAM Review, 45:167-

256, 2003.

[321] Mark E. J. Newman. Fast algorithm for detecting community structure in networks. Physical Review E, 69:066133, 2004.

[322] Mark E. J. Newman and Michelle Girvan. Finding and evaluating community structure in networks. Physical Review E, 69(2):026113, 2004.

[323] Mark E. J. Newman, Duncan J. Watts, and Steven H. Strogatz. Random graph models of social networks. Proc. Natl. Acad. Sci. USA, 99(Suppl. 1):2566-2572, February 2002.

[324] Jakob Nielsen. The art of navigating through hypertext. Communications of the ACM, 33(3):296-310, 1990.

[325] Magnus Nordborg. Coalescent theory. In David J. Balding, Martin Bishop, and Chris Canning, editors, Handbook of Statistical Genetics, pages 179-212. John Wiley & Sons, 2001.

[326] Martin A. Nowak and Karl Sigmund. Phage-lift for game theory. Nature, 398: 367-368, April 1999.

[327] Martin A. Nowak and Karl Sigmund. Evolutionary dynamics of biological games. Science, 303: 793-799, February 2004.

[328] Barack Obama. Inaugural address, 20 January 2009.

[329] Prize Committee of the Royal Swedish Academy of Sciences. Mechanism design theory, 15 October 2007. Online at http://nobelprize. org/nobel- prizes/economics/laureates/2007/sci. html.

[330] Hubert J. O'Gorman. The discovery of pluralistic ignorance: An ironic lesson. Journal of the History of the Behavioral Sciences, 22:333-347, 1986.

[331] Hubert J. O'Gorman and Stephen L. Garry. Pluralistic ignorance-A replication and extension. Public Opinion Quarterly, 40:449-458, 1976.

[332] Maureen O'Hara. Market Microstructure Theory. Wiley, 1998.

[333] Steve Olson. Mapping Human History: Genes, Race, and our Common Origins. Houghton Mifflin, 2002.

[334] J.-P. Onnela, J. Saramaki, J. Hyvonen, G. Szabo, D. Lazer, K. Kaski, J. Kertesz, and A.-L. Barabasi. Structure and tie strengths in mobile communication networks. Proc. Natl. Acad. Sci. USA, 104:7332-7336, 2007.

[335] Tim O'Reilly. What is Web 2.0: Design patterns and business models for the next generation of software. Communication and Strategy, 1:17, 2007.

[336] Martin Osboren and Ariel Rubinstein. A Course in Game Theory. The MIT Press, 1994.

[337] I. Palacios-Huerta. Professionals play minimax. Review of Economic Studies, 70:395-415, 2003.

[338] Christopher R. Palmer, Phillip B. Gibbons, and Christos Faloutsos. ANF: A fast and scalable tool for data mining in massive graphs. In Proc. 8th ACM SIGKDD International Conference on Knowledge Discovery and Data Mining, pages 81-90, 2002.

[339] David S. Patel. Ayatollahs on the Pareto frontier: The institutional basis of religious authority in iraq, 2006. Working paper.

[340] David M. Pennock, Gary W. Flake, Steve Lawrence, Eric J. Glover, and C. Lee Giles. Winners don't take all: Characterizing the competition for links on the web. Proc. Natl. Acad. Sci. USA, 99(8):5207-5211, April 2002.

[341] Gabriel Pinski and Francis Narin. Citation influence for journal aggregates of scientific publications: Theory, with application to the literature of physics. Information Processing and Management, 12: 297-312, 1976.

[342] Alejandro Portes. Social capital: Its origins and applications in modern sociology. Annual Review of Sociology, 24:1-24, 1998.

[343] William Poundstone. Prisoner's Dilemma. Doubleday, 1992.

[344] Robert D. Putnam. Bowling Alone: The Collapse and Revival of American Community. Simon & Schuster, 2000.

[345] Roy Radner. Rational expectations equilibrium: Generic existence and the information revealed by prices. Econometrica, 47:655-678, 1979.

[346] Anatol Rapoport and Albert M. Chammah. Prisoner's Dilemma. University of Michigan Press, 1965.

[347] Anatole Rapoport. Spread of information through a population with socio-structural bias I: Assumption of transitivity. Bulletin of Mathematical Biophysics, 15(4):523-533, December 1953.

[348] Matt Richardson and Pedro Domingos. Mining knowledge-sharing sites for viral marketing. In Proc. 8th ACM SIGKDD International Conference on Knowledge Discovery and Data Mining, pages 61-70, 2002.

[349] Sharon C. Rochford. Symmetrically pairwise-bargained allocations in an assignment market. Journal of Economic Theory, 34:262-281, 1984.

[350] John E. Roemer. Political Competition: Theory and Applications. Harvard University Press, 2001.

[351] Everett Rogers. Diffusion of Innovations. Free Press, fourth edition, 1995.

[352] Tim Roughgarden. Selfish Routing and the Price of Anarchy. MIT Press, 2005.

[353] Tim Roughgarden and Éva Tardos. How bad is selfish routing? Journal of the ACM, 49(2):236-259, 2002.

[354] Francois Rousset. Inferences from spatial population genetics. In David J. Balding, Martin Bishop, and Chris Canning, editors, Handbook of Statistical Genetics, pages 239-270. John Wiley & Sons, 2001.

[355] Matthew C. Rousu. A football play-calling experiment to illustrate the mixed strategy Nash equilibrium. Journal of the Academy of Business Education, pages 79-89, Summer 2008.

[356] Ariel Rubinstein. Perfect equilibrium in a bargaining model. Econometrica, 50:97-109, 1982.

[357] Paat Rusmevichientong and David P. Williamson. An adaptive algorithm for selecting profitable keywords for search-based advertising services. In Proc. 7th ACM Conference on Electronic Commerce, pages 260-269, 2006.

[358] Bryce Ryan and Neal C. Gross. The diffusion of hybrid seed corn in two Iowa communities. Rural Sociology, 8:15-24, 1943.

[359] Matthew Salganik, Peter Dodds, and Duncan Watts. Experimental study of inequality and unpredictability in an artificial cultural market. Science, 311:854-856, 2006.

[360] Gerard Salton and M. J. McGill. Introduction to Modern Information Retrieval. McGraw-Hill, 1983.

[361] Oskar Sandberg. Neighbor selection and hitting probability in small-world graphs. Annals of Applied Probability, 18(5):1771-1793, 2008.

[362] Alvaro Sandroni. Do markets favor agents able to make accurate predictions? Econometrica, 68:1303-1342, 2000.

[363] Leonard Savage. The Foundations of Statistics. Wiley, 1954.

[364] Thomas Schelling. The Strategy of Conflict. Harvard University Press, 1960.

[365] Thomas Schelling. Dynamic models of segregation. Journal of Mathematical Sociology, 1:143-186, 1972.

[366] Thomas Schelling. Micromotives and Macrobehavior. Norton, 1978.

[367] Bruce Schneier. Drugs: Sports' prisoner's dilemma. Wired, 10 August 2006.

[368] Carl Shapiro and Hal Varian. Information Rules: A Strategic Guide to the Network Economy. Harvard Business School Press, 1998.

[369] David A. Siegel. Social networks and collective action. American Journal of Political Science, 53 (1):122-138, 2009.

[370] Özgür Simsek and David Jensen. Navigating networks by using homophily and degree. Proc. Natl. Acad. Sci. USA, 105(35):12758-12762, September 2008.

[371] Herbert Simon. On a class of skew distribution functions. Biometrika, 42:425-440, 1955.

[372] Simon Singh. Erdos-Bacon numbers. Daily Telegraph, April 2002.

[373] John Skvoretz and David Willer. Exclusion and power: A test of four theories of power in exchange networks. American Sociological Review, 58:801-818, 1993.

[374] Brian Skyrms. The Stag Hunt and Evolution of Social Structure. Cambridge University Press, 2003.

[375] John Maynard Smith. On Evolution. Edinburgh University Pres, 1972.

[376] John Maynard Smith and G. R. Price. The logic of animal conflict. Nature, 246:15-18,1973.

[377] Thomas A. Smith. The web of law. San Diego Law Review, 44(309), 2007.

[378] Tamás Solymosi and Tirukkannamangai E. S. Raghavan. An algorithm for finding the nucleolus of assignment games. International Journal of Game Theory, 23:119-143, 1994.

[379] Michael Spence. Job market signaling. Quarterly Journal of Economics, 87:355-374,1973.

[380] Olaf Sporns, Dante R. Chialvo, Marcus Kaiser, and Claus Hilgetag. Organization, development and function of complex brain networks. Trends in Cognitive Science, 8:418-425, 2004.

[381] Mark Steyvers and Joshua B. Tenebaum. The large-scale structure of semantic networks: Statistical analyses and a model of semantic growth. Cognitive Science, 29(1):41-78, 2005.

[382] David Strang and Sarah Soule. Diffusion in organizations and social movements: From hybrid corn to poison pills. Annual Review of Sociology, 24:265-290, 1998.

[383] James Surowiecki. The Wisdom of Crowds: Why the Many Are Smarter Than the Few and How Collective Wisdom Shapes Business, Economies, Societies and Nations. Little, Brown, 2004.

[384] Alexander Tabarrok and Lee Spector. Would the Borda Count have avoid the Civil War? Journal of Theoretical Politics, 11(2):261-288, 1999.

[385] Éva Tardos and Tom Wexler. Network formation games and the potential function method. In Noam Nisan, Tim Roughgarden, Éva Tardos, and Vijay Vazirani, editors, Algorithmic Game Theory, pages 487-516. Cambridge University Press, 2007.

[386] Richard H. Thaler. Anomalies: The ultimatum game. Journal of Economic Perspectives, 2(4): 195-206, 1988.

[387] Richard H. Thaler. Anomalies: The winner's curse. Journal of Economic Perspectives, 2(1):191-202, 1988.

[388] Michael F. Thorpe and Philip M. Duxbury. Rigidity Theory and Applications. Springer, 1999.

[389] Shane Thye, Michael Lovaglia, and Barry Markovsky. Responses to social exchange and social exclusion in networks. Social Forces, 75:1031-1049, 1997.

[390] Shane Thye, David Willer, and Barry Markovsky. From status to power: New models at the

intersection of two theories. Social Forces, 84:1471-1495, 2006.

[391] Jeffrey Travers and Stanley Milgram. An experimental study of the small world problem. Sociometry, 32(4):425-443, 1969.

[392] Paul E. Turner and Lin Chao. Prisoner's Dilemma in an RNA virus. Nature, 398:441-443, April 1999.

[393] Paul E. Turner and Lin Chao. Escape from Prisoners Dilemma in RNA phage φ6. American Naturalist, 161(3):497-505, March 2003.

[394] U. S. Environmental Protection Agency. Clean air markets. http://www. epa. gov/airmarkt/.

[395] Brian Uzzi. The sources and consequences of embeddedness for economic performance of organizations: The network effect. American Sociological Review, 61(4):674-698, August 1996.

[396] Thomas Valente. Evaluating Health Promotion Programs. Oxford University Press, 2002.

[397] Marcel van Assen. Essays on actor models in exchange networks and social dilemmas, 2001. Ph. D. Thesis, Rijksuniversiteit Groningen.

[398] Hal Varian. Intermediate Microeconomics: A Modern Approach. Norton, 2003.

[399] Hal Varian. Position auctions. International Journal of Industrial Organization, 25: 1163-1178, 2007.

[400] William Vickrey. Counterspeculation, auctions, and competitive sealed tenders. Journal of Finance, 16:8-37, 1961.

[401] Dejan Vinkovićand Alan Kirman. A physical analogue of the Schelling model. Proc. Natl. Acad. Sci. USA, 103(51):19261-19265, 2006.

[402] Luis von Ahn and Laura Dabbish. Designing games with a purpose. Communications of the ACM, 51(8):58-67, 2008.

[403] Luis von Ahn, Ben Maurer, Colin McMillen, David Abraham, and Manuel Blum. reCAPTCHA: Human-based character recognition via Web security measures. Science, 321(5895):1465-1468, September 2008.

[404] Jakob Voss. Measuring Wikipedia. In International Conference of the International Society for Scientometrics and Informetrics, 2005.

[405] Mark Walker and John Wooders. Minimax play at Wimbledon. American Economic Review, 91: 1521-1538, 2001.

[406] Charlotte H. Watts and Robert M. May. The influence of concurrent partnerships on the dyanmics of HIV/AIDS. Mathematical Biosciences, 108:89-104, 1992.

[407] Duncan J. Watts. Small Worlds: The Dynamics of Networks Between Order and Randomness. Princeton University Press, 1999.

[408] Duncan J. Watts. A simple model of global cascades on random networks. Proc. Natl. Acad. Sci. USA, 99(9):5766-5771, April 2002.

[409] Duncan J. Watts and Peter S. Dodds. Networks, influence, and public opinion formation. Journal of Consumer Research, 34(4):441-458, 2007.

[410] Duncan J. Watts, Peter S. Dodds, and Mark E. J. Newman. Identity and search in social networks. Science, 296(5571):1302-1305, May 2002.

[411] Duncan J. Watts and Steven H. Strogatz. Collective dynamics of 'small-world' networks. Nature, 393:440-442, 1998.

[412] Ivo Welch. Sequential sales, learning and cascades. Journal of Finance, 47:695-732, 1992.

[413] Barry Wellman. An electronic group is virtually a social network. In Sara Kiesler, editor, Culture

of the Internet, pages 179-205. Lawrence Erlbaum, 1997.

[414] Barry Wellman, Janet Salaff, Dimitrina Dimitrova, Laura Garton, Milena Gulia, and Caroline Haythornthwaite. Computer networks as social networks: Collaborative work, telework, and virtual community. Annual Review of Sociology, 22:213-238, 1996.

[415] Michael D. Whinston. Tying, foreclosure, and exclusion. American Economic Review, 80(4): 837-859, September 1990.

[416] Harrison C. White. Search parameters for the small world problem. Social Forces, 49(2):259-264, December 1970.

[417] David Willer (editor). Network Exchange Theory. Praeger, 1999.

[418] Carsten Wiuf and Jotun Hein. On the number of ancestors to a DNA sequence. Genetics, 147: 1459-1468, 1997.

[419] B. Wotal, H. Green, D. Williams, and N. Contractor. WoW!: The dynamics of knowledge networks in massively multiplayer online role playing games (MMORPG). In Sunbelt XXVI: International Sunbelt Social Network Conference, 2006.

[420] H. Peyton Young. Individual Strategy and Social Structure: An Evolutionary Theory of Institutions. Princeton University Press, 1998.

[421] Wayne Zachary. An information flow model for conflict and fission in small groups. Journal of Anthropological Research, 33(4):452-473, 1977.

[422] Alice X. Zheng, Andrew Y. Ng, and Michael I. Jordan. Stable algorithms for link analysis. In Proc. 24th ACM SIGIR Conference on Research and Development in Information Retrieval, pages 258-266, 2001.

[423] George Kingsley Zipf. Human Behaviour and the Principle of Least Effort: An Introduction to Human Ecology. Addison Wesley, 1949.

本书常用术语和短语中英文对照

A

B

保留价格　reservation prices
备选项　alternative
表决　voting
并发性　concurrency

C

财产　asset
参与人　player
参与者　player
测度　measure
策略推理　strategic reasoning
策略行为　strategic behavior
初用者　early adopter
传播　diffusion
创新事物　innovations
纯策略　pure-strategy
次价拍卖　second price auction
次优均衡　sub-optimal equilibrium

D

点击成本　cost-per-click
动机　incentive
短视搜索　myopic search
多元无知　pluralistic ignorance

E

F

反平方分布　inverse-square distribution
非确定性决策　decision-making under uncertainty
非优策略　dominated strategy
非优均衡　non-optimal equilibrium
分辨尺度　scales of resolution
阻塞聚簇　blocking cluster

G

个性化价格　personalized prices
共同价值　common value
估值　valuation

广告位　advertising slot
广义次价拍卖　Generalized Second-Price Auction (GSP)

H

候选项　alternative
回报　payoff
会员闭包　membership closure
混合策略　mixed-strategy

I

J

制度　institution
级联　cascade
集体活动　collective action
简约图　reduced graph
降价拍卖　Descending-bid auctions，
交叉参考　cross-references
结构洞　structural hole
结构平衡　structural balance
捷径　local bridge
局部桥　local bridge
聚合　aggregation
聚合行为　aggregate behavior
聚集指数　clustering exponent

K

扩散　diffusion

L

理想竞争　perfect competition
利基产品　niche product
路径　path

M

密封首价拍卖　first-price sealed-bid auction
密封次价拍卖　second-price sealed-bid auction

N

纳什均衡　Nash Equilibrium